● 统计学与数据科学丛书 ●

现代多元统计分析

Modern Multivariate Statistical Analysis

田茂再 编著

中国教育出版传媒集团
高等教育出版社 · 北京

内容简介

本书全面系统地阐明了现代多元复杂数据分析理论与方法，反映该领域国际前沿研究状况。内容包括多元数据可视化方法、矩阵代数、多元分析基本工具、多元统计分布、多元正态分布理论、多元似然方法、多元统计假设检验、多元数据因子降维技术、主成分分析、因子分析、聚类分析、判别分析、对应分析、典型相关分析、多维标度分析、联合分析以及高维数据分类等。部分章节配有相应的 R 代码，帮助读者借助计算机理解相关理论内容，直接上手分析解决实际问题。

本书可作为高等学校统计学类相关专业的本科生和研究生教材或教学参考书，亦可供教师和科技人员参考。

图书在版编目（C I P）数据

现代多元统计分析 / 田茂再编著. --北京：高等教育出版社，2024.5

ISBN 978-7-04-061415-2

Ⅰ.①现… Ⅱ.①田… Ⅲ.①多元分析-统计分析-高等学校-教材 Ⅳ.①O212.4

中国国家版本馆 CIP 数据核字（2023）第 233176 号

Xiandai Duoyuan Tongji Fenxi

策划编辑 张晓丽　责任编辑 朱 瑾　封面设计 姜 磊　版式设计 杜微言
责任绘图 邓 超　责任校对 张 然　责任印制 赵 振

出版发行	高等教育出版社	网　址	http://www.hep.edu.cn
社　址	北京市西城区德外大街 4 号		http://www.hep.com.cn
邮政编码	100120	网上订购	http://www.hepmall.com.cn
印　刷	唐山嘉德印刷有限公司		http://www.hepmall.com
开　本	787mm × 1092mm 1/16		http://www.hepmall.cn
印　张	19.75		
字　数	490 千字	版　次	2024年 5 月第 1 版
购书热线	010-58581118	印　次	2024年 5 月第 1 次印刷
咨询电话	400-810-0598	定　价	48.80 元

本书如有缺页、倒页、脱页等质量问题，请到所购图书销售部门联系调换

物 料 号 61415-00

前　言

现代多元统计分析是现代统计学的一个重要分支，旨在探索多个对象或多个指标互相关联情况下的统计规律。经典多元统计学集中研究样本量 $n \gg$ 变量维度 p 的问题，而现代多元统计学则将研究范围扩展到了研究变量维度 $p \gg$ 样本量 n 的问题。后者面临的主要挑战之一是"维度灾难"问题。

本书主要内容包括经典多元统计方法和现代高维多元复杂数据统计分析方法两大部分。包括：多元数据可视化方法、矩阵代数、多元分析基本工具、多元统计分布、多元正态分布理论、多元似然方法、多元统计假设检验、多元数据因子降维技术、主成分分析、因子分析、聚类分析、判别分析、对应分析、典型相关分析、多维标度分析、联合分析、高维数据分类等。

目前市面上的多元统计分析教材种类繁多，但缺乏用现代复杂多元数据分析国际前沿研究的教材。本书致力于用严谨的数学语言对多元统计分析的现代面貌做较为详细的入门介绍。特点是内容新颖、理论性强，通俗易懂地介绍了近年来许多国际上关于多元统计分析理论与方法的研究成果，参考了国际一流相关领域的教材与学术期刊上的代表性文章，内容丰富，与时俱进。

自 2007 年以来，本书作者在中国人民大学一直担任多元统计分析课程的主讲老师。本书大部分材料在课堂上试用过，深受学生欢迎。

本书在写作过程中，得到了许多人的支持和帮助，包括以下参加过翻译、校对等工作的硕士研究生和博士研究生：白永昕、刘艳霞、马少沛、梁晋雯、王芝皓、郭婧璇、李聪玥、芮荣祥、虞祯、王一昊等。在此对他们表示衷心的感谢！

本书获得以下基金的部分资助：国家自然科学基金 (No.11861042)，全国统计科学研究项目重点项目 (No.2020LZ25)，国家级一流本科课程金课建设规划项目。

由于作者水平有限，书中难免有不妥之处，望读者批评指正！

田茂再

2023 年 5 月

目　　录

第 1 章

多元数据可视化方法

本章针对多元描述统计分析, 介绍了基本的描述统计法、图示法, 和简单的探索性数据分析方法. 首先介绍了箱线图, 箱线图是简单的一元分析法, 可以比较不同样本的分布状况并发现数据中的异常值等信息. 然后介绍了两种估计密度的基本方法, 即直方图和核函数, 并且得出核密度估计克服了直方图的诸多缺点的结论. 此外还介绍了散点图, 其可以直观展示一组数据的相关性, 从而可以通过观察散点图剔除异常数据. 对于多个变量, 可以用散点图矩阵来分析多个变量间的相关关系. 最后介绍了几种多元的图形表示方法并且对这些方法的优缺点进行了阐述. 例如, 可以用来研究异常值和需要特别注意的观察值的安德鲁曲线和平行坐标图.

1.1 箱线图

箱线图又称盒子图, 是利用数据中的最小值、下四分位数、中位数、上四分位数和最大值 5 个特征值描述数据分布的一种工具, 常用于显示原始数据或分组数据的分布. 通过箱线图可以粗略地挖掘出数据的对称性、分布的离散程度、数据中的异常值等信息, 特别适用于对多个样本的比较.

首先, 通过下面例题的数据集来具体了解一下画箱线图所需的五个统计量.

例题 1.1 从某大学统计学专业二年级学生中随机抽取 9 人, 对其统计学期末考试成绩进行调查, 所得结果如表 1.1 所示. 试绘制这 9 名学生统计学期末考试成绩的箱线图, 并分析统计学期末考试成绩的分布特征.

表 1.1 9 名学生统计学期末考试成绩

学生编号	成绩	顺序统计量
1	89	$x_{(7)}$
2	90	$x_{(8)}$
3	72	$x_{(4)}$
4	58	$x_{(1)}$
5	68	$x_{(3)}$
6	81	$x_{(6)}$
7	78	$x_{(5)}$
8	91	$x_{(9)}$
9	66	$x_{(2)}$

顺序统计量 $\{x_{(1)}, x_{(2)}, \cdots, x_{(n)}\}$ 是把各个学生的成绩按从小到大的顺序排列, 其中 $x_{(1)}$ 表示最小值, $x_{(n)}$ 表示最大值, 中位数 M 定义如下:

$$M = \begin{cases} x_{\left(\frac{n+1}{2}\right)}, & n \text{ 为奇数}, \\ \dfrac{1}{2}\left(x_{\left(\frac{n}{2}\right)} + x_{\left(\frac{n}{2}+1\right)}\right), & n \text{ 为偶数}. \end{cases}$$

为计算四分位数, 从顺序统计量的角度, 定义一个数据 $x_{(i)}$ 的深度为 $\min\{i, n-i+1\}$, 那么中位数的深度为 $\dfrac{n+1}{2}$. 在例题 1.1 中, $n=9$, 则中位数的深度为 5, 中位数 $M = x_{(5)} = 78$. 四分位数的深度为 (中位数的深度 $+1)/2$.

在例题 1.1 中, 算得四分位数的深度为 3, 则有下四分位数 $F_L = x_{(3)} = 68$; 上四分位数 $F_U = x_{(7)} = 89$. 下四分位数和上四分位数之差, 称为四分位距, 不妨表示成 $d_F = F_U - F_L$, 把不在区间 $(F_L - 1.5d_F, F_U + 1.5d_F)$ 内的观测值称为异常值.

箱线图是利用 5 个特征值, 通过一个"箱子"和两条线段绘制而成. 具体步骤如下:

(1) 首先, 找出该组数据的 5 个特征值, 即最大值、最小值、中位数和上四分位数和下四分位数;

(2) 其次, 连接上四分位数和下四分位数画出箱子, 再将两个最值点与箱子连接;

(3) 最后, 若数据中有异常值, 则用"$\circ$"标出超出区间 $(F_L - 1.5d_F, F_U + 1.5d_F)$ 的异常值.

单变量未分组数据用单个箱线图表示, 多变量或分组数据用多个箱线图表示. 对多元数据, 依据上述步骤绘制各变量的箱线图, 并组合在一起, 形成多维箱线图.

由图 1.1 可以看出 9 名学生的统计学期末考试成绩分布均匀, 未出现异常值.

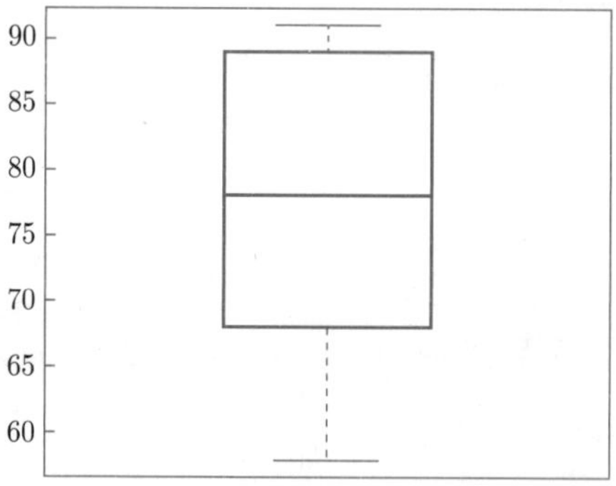

图 1.1 9 名学生统计学期末考试成绩箱线图

例题 1.2 为进一步研究性别对统计学期末考试成绩的影响, 现统计一个班中全部 68 名学生的统计学期末考试成绩. 该数据集中男同学和女同学统计学期末成绩的 5 个特征值分别为 {0, 78.5, 81, 84, 95} 和 {0, 80, 84, 92, 98}, 箱线图如图 1.2 所示. 从图中可以看出:

(1) 该班学生期末成绩大多分布在 80 ~ 90 分;

(2) 女生的平均期末成绩略高于男生的平均期末成绩;

(3) 男生的期末成绩分布比女生的期末成绩分布更集中;

(4) 男生的期末成绩分布中存在 3 个离群点, 而女生的期末成绩分布中存在 1 个离群点.

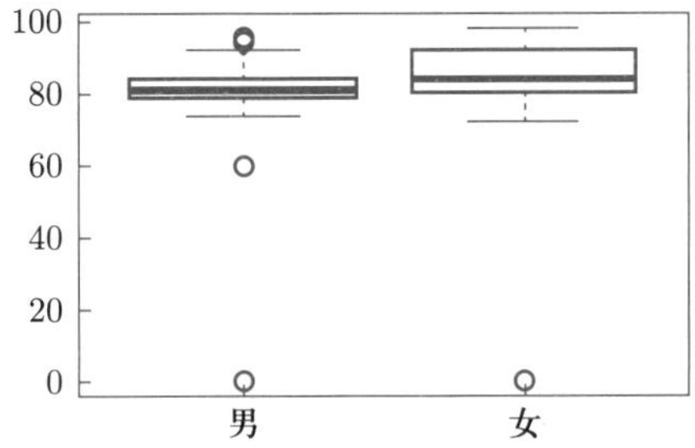

图 1.2 68 名学生统计学期末成绩箱线图

例题 1.3 鸢尾花数据集是 UCI 数据集上一个多重变量分析的经典数据集. 该数据集由山鸢尾、彩色鸢尾和维吉尼亚鸢尾的测量结果组成. 测量四个变量: 花萼长度、花萼宽度、花瓣长度、花瓣宽度, 并分别表示为 X_1, X_2, X_3, X_4. 每种花取 50 组观测数据, 共包含 150 组观测数据.

对 X_1 变量所作的箱线图如图 1.3 (a) 所示, 对 X_4 变量所作的箱线图如图 1.3 (b) 所示.

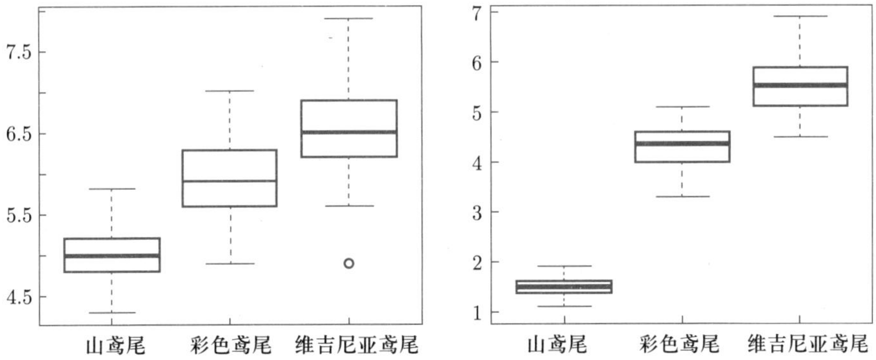

(a) 花萼长度箱线图

(b) 花瓣宽度箱线图

图 1.3

图 1.3 (a)(b) 表明三种不同鸢尾花的花萼长度和花瓣宽度有明显区别, 其中山鸢尾最短, 彩色鸢尾次之, 维吉尼亚鸢尾最长.

箱线图作为描述统计的工具之一, 独特之处主要有以下几点:

(1) 可直观明了地识别数据批中的异常值;

(2) 可判断数据批的偏态和尾重;

(3) 可比较几批数据的形状.

箱线图的局限之处在于:

(1) 不能提供关于数据分布偏态和尾程度的精确度量;

(2) 对于批量较大的数据批, 箱线图反映的信息更加模糊;

(3) 用中位数代表总体水平有一定的局限性.

1.2 直方图

直方图是一种用于估计数据分布密度的统计报告图. 它由一系列宽度相等、高度不等的长方形组成, 可用于表示数据的分布情况. 与箱线图相比, 直方图能够表现出数据分布的多峰性质. 制作直方图时, 只需要对数据进行分组, 然后以每个组中观测值的数量来决定这一区间长方形的高度. 该方法既简便又直观, 因此是常用的非参数密度估计方法.

绘制直方图主要有如下四个步骤:

(1) 将全部观测值 $\{x_i\}_{i=1}^n$ 由小到大排序, 任意选择分组的起始点 x_0 并把全部观测值分割成组距为 h 的若干组: $B_j = [x_0 + (j-1)h, x_0 + jh), j \in \mathbf{N}_+$;

(2) 确定每个小组包含的观测值数量并将第 j 个小组的观测值数量记为 n_j;

(3) 用每一组的 n_j 除以总样本量 n 和窗宽 h, 以此作为图中每一个长方形的高度: $f_j = \dfrac{n_j}{nh}$;

(4) 在坐标系中依次画出高度为 f_j, 宽度为 h 的长方形.

如果观测值 $\{x_i\}_{i=1}^n$ 来自密度为 f 的独立同分布样本, 我们可以进一步写出直方图的数学表达式:

$$\hat{f}_h(x) = n^{-1}h^{-1} \sum_{j\in\mathbf{N}^+} \sum_{i=1}^{n} I\{x_i \in B_j(x_0, h)\} I\{x \in B_j(x_0, h)\}. \tag{1.1}$$

在式 (1.1) 中, 第一个示性函数 $I\{x_i \in B_j(x_0, h)\}$ 用于计算落入区间 $B_j(x_0, h)$ 的观测值数量. 第二个示性函数 $I\{x \in B_j(x_0, h)\}$ 则用于判断 x 属于 $B_j(x_0, h), j \in \mathbf{N}_+$ 中的哪一个区间.

直方图的数学表达式中包含两个参数: 窗宽 h 和起始点 x_0. 窗宽 h 是一个光滑参数. 它通过控制数据分组区间的长度来影响密度估计曲线的光滑程度. 当 h 的值太大时, 划分的组数太少, 与真实的曲线相比, 所估计的密度曲线会有较大的偏差; 当 h 的值太小时, 划分的组数过多, 所估计的密度曲线就会有较大的波动, 影响数据分组规律的直观展示. 窗宽 h 的影响如图 1.4 所示, 用山鸢尾花萼长度的数据画出了分组起点为 $x_0 = 4.2$, 窗宽 h 依次为 0.05, 0.1, 0.15 和 0.2 的四组直方图. 可以看到随着窗宽的增大, 直方图估计逐渐变得光滑, 并且四幅图都显示, 密度的峰值大概位于 $x = 5$ 处. 既然窗宽 h 会影响直方图的形态, 该怎样选择合适的窗宽呢? 当总的观测值数量为 n 时, 最优窗宽计算公式为

$$h_{opt} = \left(\frac{24\sqrt{\pi}}{n}\right)^{1/3}.$$

起始点 x_0 也会影响直方图的形态. 在图 1.5 中, 用山鸢尾花萼长度的数据展示了窗宽为 $h = 0.2$, 起始点 x_0 分别为 4, 4.1, 4.2 和 4.3 的四组直方图. 由图 1.5 可见, 当窗宽 h 固定时, 移动 x_0 产生了四组不同形态的直方图. 同一组数据在起始点不同的直方图中展示出不一样的分布形态, 这种波动性使得数据分布规律难以显现.

为了解决这一问题, 可采用移动平均直方图的处理方法, 即对起始点进行 M 次移动, 然后对产生的 M 组直方图估计取算术平均值. 图 1.6 展示了用山鸢尾花萼长度的数据画出的移动

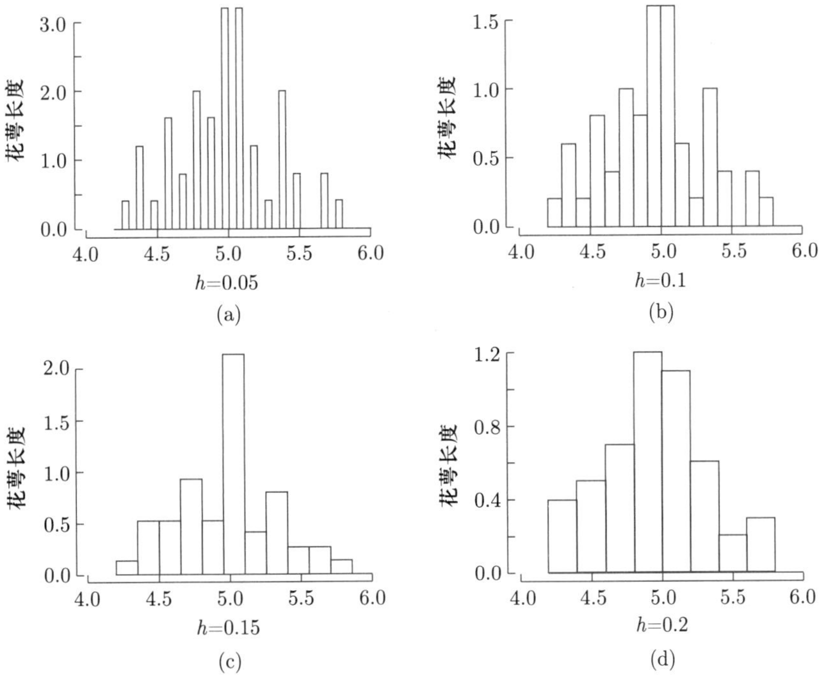

图 1.4 不同窗宽下山鸢尾花萼长度直方图

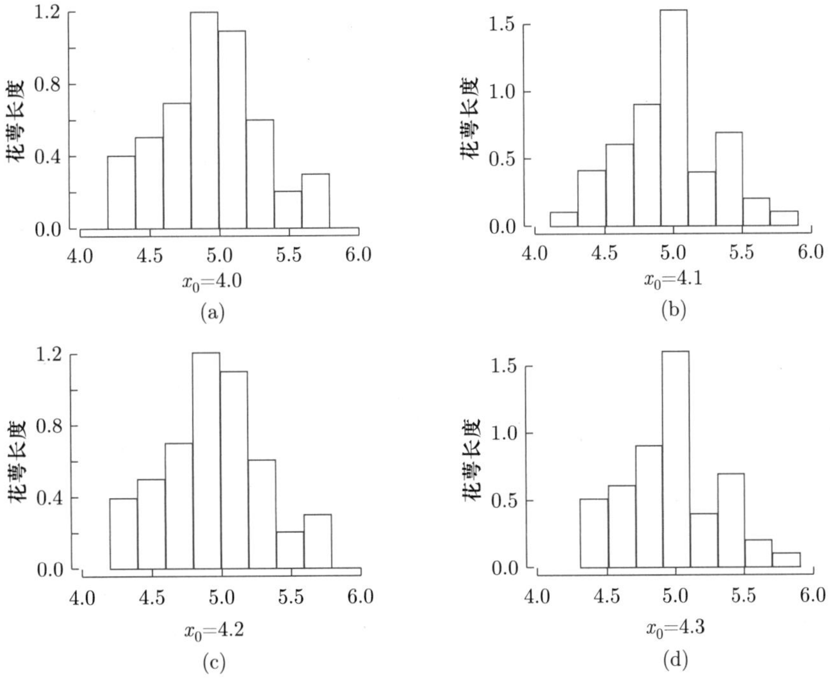

图 1.5 不同起始点下山鸢尾花萼长度直方图

次数分别为 2, 4, 8 和 16 的四组移动平均直方图. 与普通直方图相比, 移动平均直方图似乎只是窗宽 h 更小、估计更光滑的直方图, 但实际上, 它解决了普通直方图依赖起始点 x_0 的问题, 剔除了起始点变动对直方图形态变动的影响, 使得密度估计更有效.

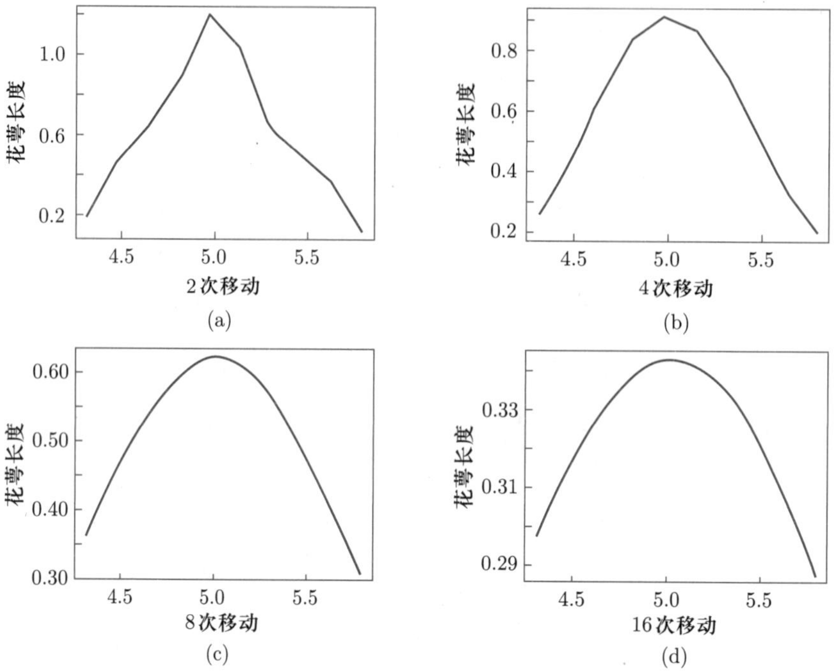

图 1.6　根据山鸢尾花萼长度数据绘制的移动次数分别为 2, 4, 8 和 16 的四组移动平均直方图

1.3 核密度估计

1.3.1　一元核密度估计

虽然直方图在展示数据经验分布以及估计未知密度函数方面易于实现, 但在实际操作中, 窗宽 h 和起始点 x_0 的选择较难把握, 而且直方图在估计 x 点的密度时只是使用了其所在的小区间内的数据, 并没有充分利用整个样本数据, 难以得到光滑的函数曲线估计. 一种新的数据分布密度的估计方法——核密度估计克服了直方图估计的局限性, 如式 (1.2) 所示.

$$\hat{f}_h(x) = n^{-1}h^{-1}\sum_{i=1}^{n} K\left(\frac{x - X_i}{h}\right). \tag{1.2}$$

与直方图相比, 核密度估计在计算 x 的密度时使用了全部样本观测值, 并且可以选择不同的核函数 $K(x)$ 作为权重, 因此能得到更好的估计. 核密度估计既可以看作加权平均方法的推广, 也可以从对不同起始点的直方图进行平均处理这一角度出发去理解.

在核密度估计中, 窗宽和核函数都是重要参数. 窗宽的选择可以使用交叉验证法、大拇指准则等方法. 交叉验证法的原理是通过计算不同窗宽下的积分误差, 选出使积分误差达到最小值的最优窗宽. 在实际操作中, 一般通过最小化式 (1.3) 来选择最优窗宽.

$$\int \hat{f}_h^2(x)\mathrm{d}x - \frac{2}{n}\sum_{i=1}^{n}\hat{f}_{h,-i}(x_i), \tag{1.3}$$

其中 $\hat{f}_{h,-i}$ 是使用除第 i 个数据以外的其他数据计算出的密度曲线估计值. 由上式可知, 这种方法涉及双重求和, 因此计算速度较慢. 另外一种速度较快的方法是运用大拇指准则, 即根据研究者的经验, 参考常用分布已有的最优窗宽计算公式来确定具体问题下的最优窗宽. 例如, 使用高斯核函数时, 正态分布的最优窗宽计算公式为

$$h_{opt} = 1.06\hat{\sigma}n^{-1/5},$$

其中 $\hat{\sigma} = \sqrt{n^{-1}\sum_{i=1}^{n}(x_i - \bar{x})^2}$. 这个窗宽使得正态分布下的积分误差达到最小.

核函数的选择也会影响核密度估计, 使用不同核函数会得到不同形态的密度估计曲线. 常用的核函数有高斯核函数、二次核函数、三角核函数等, 其具体函数形式见表 1.2.

表 1.2 常用核函数

$K(\bullet)$	核函数
$K(u) = \frac{1}{2}I(\lvert u\rvert \leqslant 1)$	均匀核函数
$K(u) = (1 - \lvert u\rvert)I(\lvert u\rvert \leqslant 1)$	三角核函数
$K(u) = \frac{3}{4}(1 - u^2)I(\lvert u\rvert \leqslant 1)$	叶帕涅奇尼科夫核函数
$K(u) = \frac{15}{16}(1 - u^2)^2I(\lvert u\rvert \leqslant 1)$	二次核函数
$K(u) = \frac{1}{\sqrt{2\pi}}\exp\left(-\frac{u^2}{2}\right)$	高斯核函数

图 1.7 展示了使用山鸢尾花萼长度数据分别在叶帕涅奇尼科夫核函数 (浅蓝色实线)、高斯核函数 (深蓝色实线) 和三角核函数 (虚线) 下得到的核密度估计曲线.

在某些实际问题的研究中, 往往需要估计多个变量的联合密度. 例如, 要区分一个鸢尾花样本是山鸢尾还是其他鸢尾花品种, 不仅需要比较花萼长度这一指标, 还需要比较花萼宽度和花瓣长度等其他指标. 高维核密度估计与一维核密度估计是类似的. 图 1.8 展示了用山鸢尾和维吉尼亚鸢尾两组数据绘制的高斯核函数下二维核密度估计平面, 图中的等高线表示联合密度的高度. 在这个二维空间里, 可以清楚地看到两个不同的分布, 山鸢尾花萼长度与花萼宽度联合密度中心位置与维吉尼亚鸢尾的相隔较远.

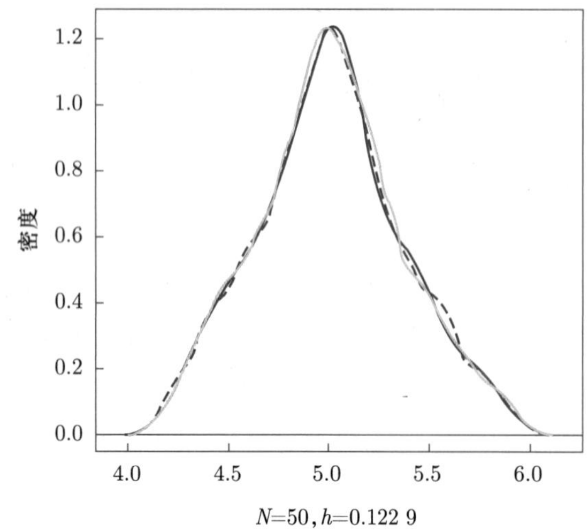

图 1.7 山鸢尾花萼长度核密度估计曲线

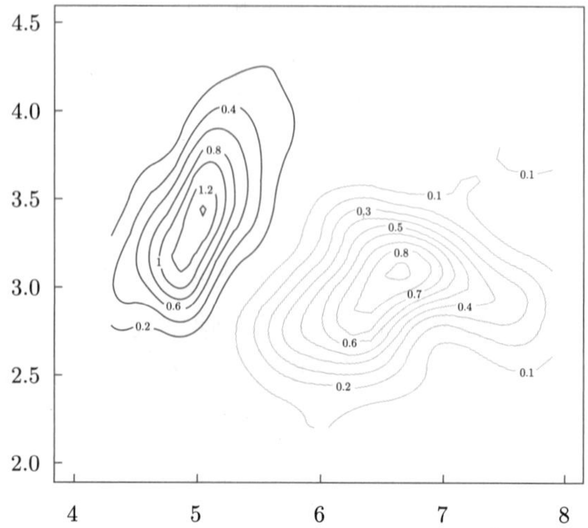

图 1.8 山鸢尾和维吉尼亚鸢尾花萼长度与花萼宽度核密度估计平面

1.3.2 多元核密度估计

仅对单一随机变量进行密度估计往往不能满足现实应用的需求, 因而多元联合密度估计的方法受到广泛关注. 考虑 d 维随机向量和 d 维核函数

$$\boldsymbol{X}=(X_1,X_2,\cdots,X_d)^{\mathrm{T}},\quad \mathcal{K}\colon \mathbf{R}^d\to\mathbf{R}_+.$$

在简单情形下, 多元核密度估计为

$$\hat{f}_h(\boldsymbol{x})=\frac{1}{n}\sum_{i=1}^{n}\frac{1}{h^d}\mathcal{K}\left(\frac{\boldsymbol{x}-\boldsymbol{X_i}}{h}\right),$$

对于更一般的情形, 多元核密度估计为

$$\hat{f}_h(\boldsymbol{x})=\frac{1}{n}\sum_{i=1}^{n}\frac{1}{h_1\cdot h_2\cdot\cdots\cdot h_d}\mathcal{K}\left(\frac{x_1-X_1}{h_1},\frac{x_2-X_2}{h_2},\cdots,\frac{x_d-X_d}{h_d}\right),$$

最一般的情形下, 多元核密度估计为

$$\hat{f}_{\boldsymbol{H}}(\boldsymbol{x})=\frac{1}{n}\sum_{i=1}^{n}\frac{1}{\det(\boldsymbol{H})}\mathcal{K}\left(\boldsymbol{H}^{-1}(\boldsymbol{x}-\boldsymbol{X_i})\right).$$

这里 $\boldsymbol{H}$ 是对称的窗宽矩阵, 每个变量可以设置不同窗宽, 同时可以通过将非对角线元素设为非零数表达各个变量的关系.

例题 1.4 员工流失和绩效数据集是 IBM 数据科学家创建的虚构的员工流失数据. 该数据集共有 35 个变量, 1 470 条数据, 包括性别、年龄、工龄、工资、绩效评估、满意度评估等. 为研究员工工资的影响因素, 特选取了受教育程度、职业级别和工资三个变量绘制核密度曲线如图 1.9 所示.

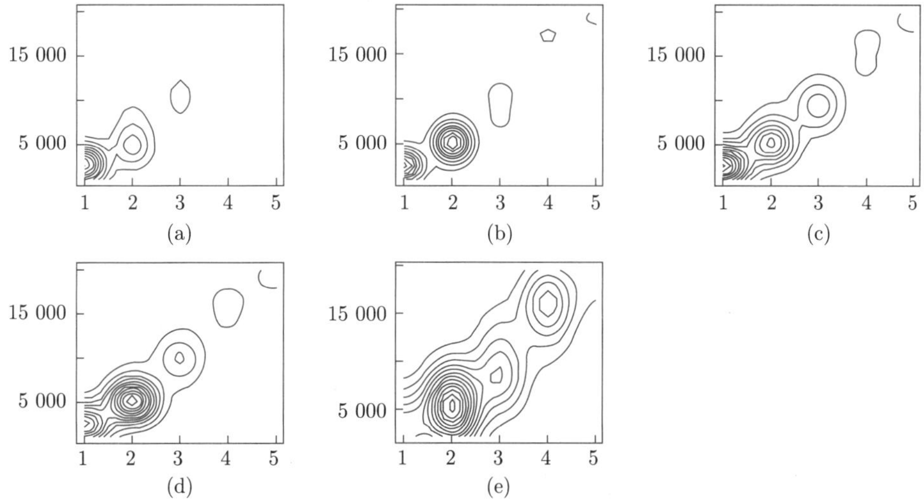

图 1.9 受教育程度、职业级别和工资的核密度估计示意图

图 1.9 中横轴代表职业级别, 数值越大级别越高; 纵轴代表工资; (a)(b)(c)(d)(e) 依次按受教育程度从低到高进行排序. 可以明显看出, 在不同的受教育程度下等高线的走势都是斜对角线方向, 说明职业级别和工资成正比. 从五幅图的对比来看, 受教育程度越高, 等高线就越往右上方移动, 说明相应的职业级别和工资都逐步上升.

为了更清晰地展现变化情况, 用不同的颜色表示不同的受教育程度, 将其绘制为图 1.10.

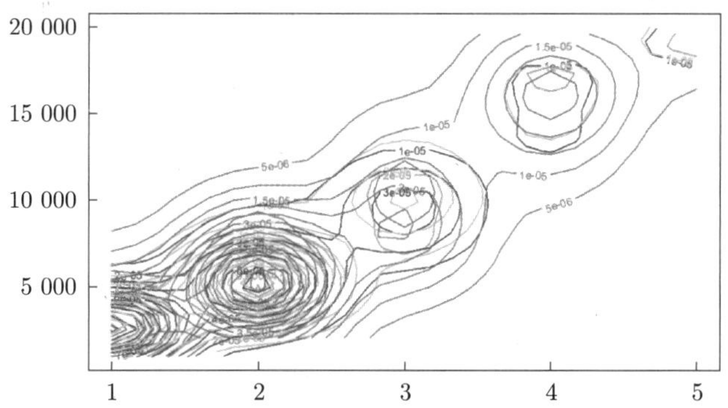

图 1.10 彩图

图 1.10 受教育程度、职业级别和工资的核密度估计汇总图

1. 多元核函数

设 $\boldsymbol{u} = (u_1, u_2, \cdots, u_d)^{\mathrm{T}}$, 有两种类型的多元核函数:

乘积核函数

$$\mathcal{K}(\boldsymbol{u}) = K(u_1) \cdot K(u_2) \cdot \cdots \cdot K(u_d),$$

径向对称或球形核函数

$$\mathcal{K}(\boldsymbol{u}) = \frac{K(||\boldsymbol{u}||)}{\displaystyle\int_{\mathbf{R}^d} K(||\boldsymbol{u}||)\mathrm{d}\boldsymbol{u}}, \quad ||\boldsymbol{u}|| = \sqrt{\boldsymbol{u}^{\mathrm{T}}\boldsymbol{u}}.$$

例题 1.5 (简单情形下的多元核密度估计)　图 1.11 (a)(b) 分别展示了利用乘积叶帕涅奇尼科夫核函数与径向对称叶帕涅奇尼科夫核函数在窗宽设置相等情形下对二元随机向量进行核密度估计的等高线. 此时窗宽矩阵设置为

$$\boldsymbol{H}=\begin{pmatrix}1 & 0\\ 0 & 1\end{pmatrix}.$$

可以发现乘积核密度估计的等高线形状近似矩形, 而径向对称核密度估计的等高线近似圆形.

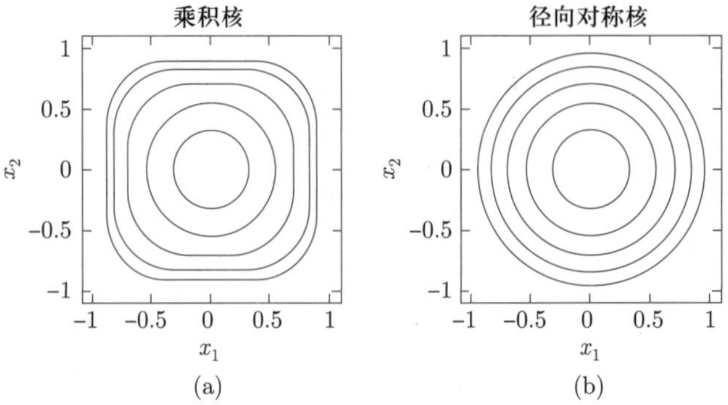

图 1.11　乘积叶帕涅奇尼科夫核密度估计与径向对称叶帕涅奇尼科夫核密度估计在窗宽设置相等情形下的等高线

例题 1.6 (更一般情形下的多元核密度估计)　图 1.12 (a)(b) 分别展示了利用乘积叶帕涅奇尼科夫核函数与径向对称叶帕涅奇尼科夫核函数在窗宽设置不等情形下对二元随机向量进行核密度估计的等高线. 此时窗宽矩阵设置为

$$\boldsymbol{H}=\begin{pmatrix}1 & 0\\ 0 & 0.5\end{pmatrix}.$$

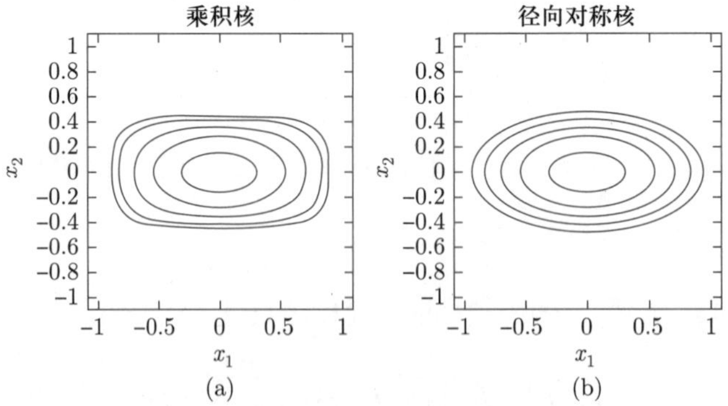

图 1.12　乘积叶帕涅奇尼科夫核密度估计与径向对称叶帕涅奇尼科夫核密度估计在窗宽设置不等情形下的等高线

可以发现由于缩小了第二个分量的窗宽, 乘积核密度估计在该分量上的等高线形状较例题 1.5 中的更为密集, 说明缩小分量窗宽对变量有挤压作用. 径向对称核密度估计的等高线变化结果也印证了这一结论, 其由近似圆形转变为近似椭圆.

例题 1.7 (最一般情形下的多元核密度估计) 窗宽矩阵设置为非对角矩阵, 即其非对角元素不为 0, 这样的窗宽等价于对数据进行变换, 因而可以利用窗宽矩阵对随机向量的相关性进行调整. 不妨设置窗宽矩阵为

$$\boldsymbol{H}=\begin{pmatrix}1 & 0.5\\ 0.5 & 1\end{pmatrix}^{1/2}.$$

由此可以得到图 1.13 的等高线. 可以发现乘积核密度估计的等高线与径向对称核密度估计的等高线均沿着同一方向进行拉伸, 这表明可以利用窗宽对随机向量作变换.

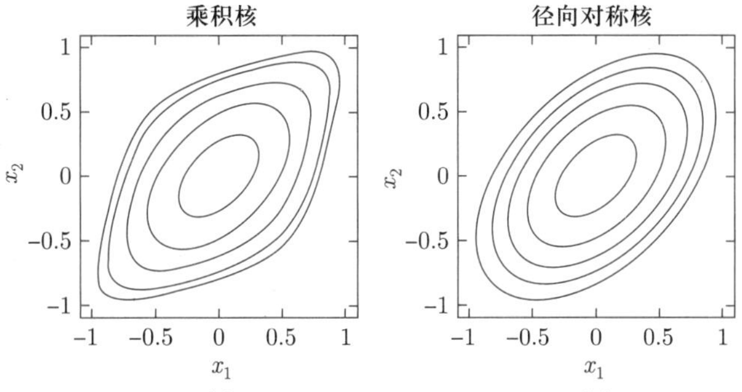

(a) (b)

图 1.13 核密度估计等高线图

2. 核函数性质

(1) $\mathcal{K}$ 是一个多元联合密度函数

$$\int_{\mathbf{R}^d}\mathcal{K}(\boldsymbol{u})\mathrm{d}\boldsymbol{u}=1,\quad \mathcal{K}(\boldsymbol{u})\geqslant 0.$$

(2) $\mathcal{K}$ 满足对称性

$$\int_{\mathbf{R}^d}\boldsymbol{u}\mathcal{K}(\boldsymbol{u})\mathrm{d}\boldsymbol{u}=\mathbf{0}_d,$$

$\mathbf{0}_d$ 为 d 维零向量.

(3) $\mathcal{K}$ 的二阶矩 (矩阵) 为

$$\int_{\mathbf{R}^d}\boldsymbol{u}\boldsymbol{u}^{\mathrm{T}}\mathcal{K}(\boldsymbol{u})\mathrm{d}\boldsymbol{u}=\mu_2(\mathcal{K})\boldsymbol{I}_d,$$

这里 $\boldsymbol{I}_d$ 是 $d\times d$ 单位矩阵.

(4) $\mathcal{K}$ 具有核范数

$$||\mathcal{K}||_2^2=\int\mathcal{K}^2(\boldsymbol{u})\mathrm{d}\boldsymbol{u}.$$

3. 多元核密度估计量统计性质

(1) 多元核密度估计的偏差

$$E[\hat{f}_{\boldsymbol{H}}(\boldsymbol{x})] - f(\boldsymbol{x}) \approx \frac{1}{2}\mu_2(\mathcal{K})\mathrm{tr}\{\boldsymbol{H}^{\mathrm{T}}\mathcal{H}_f(\boldsymbol{x})\boldsymbol{H}\}.$$

(2) 多元核密度估计的方差

$$\mathrm{Var}\{\hat{f}_{\boldsymbol{H}}(\boldsymbol{x})\} \approx \frac{1}{n\det(\boldsymbol{H})}||\mathcal{K}||_2^2 f(\boldsymbol{x}).$$

(3) 多元核密度估计的近似积分均方误差

$$\mathrm{AMISE}(\boldsymbol{H}) = \frac{1}{4}\mu_2^2(\mathcal{K})\int_{\mathbf{R}^d}[\mathrm{tr}\{\boldsymbol{H}^{\mathrm{T}}\mathcal{H}_f(\boldsymbol{x})\boldsymbol{H}\}]^2\mathrm{d}\boldsymbol{x} + \frac{1}{n\det(\boldsymbol{H})}||\mathcal{K}||_2^2.$$

这里给出关于偏差和方差的计算过程. 利用泰勒展开式

$$f(\boldsymbol{x}+\boldsymbol{t}) = f(\boldsymbol{x}) + \boldsymbol{t}^{\mathrm{T}}\nabla_f(\boldsymbol{x}) + \frac{1}{2}\boldsymbol{t}^{\mathrm{T}}\mathcal{H}_f(\boldsymbol{x})\boldsymbol{t} + o(\boldsymbol{t}^{\mathrm{T}}\boldsymbol{t}),$$

∇_f 表示梯度, $\mathcal{H}_f$ 为 f 的黑塞 (Hesse) 矩阵, 可以推导出多元核密度估计的偏差

$$\begin{aligned}
E[\hat{f}_{\boldsymbol{H}}(\boldsymbol{x})] &= E\left[\frac{1}{n}\sum_{i=1}^{n}\frac{1}{\det(\boldsymbol{H})}\mathcal{K}\left[\boldsymbol{H}^{-1}(\boldsymbol{x}-\boldsymbol{X}_i)\right]\right] \\
&= \frac{1}{\det(\boldsymbol{H})}\int_{\mathbf{R}^d}\mathcal{K}\left[\boldsymbol{H}^{-1}(\boldsymbol{u}-\boldsymbol{x})\right]f(\boldsymbol{u})\mathrm{d}\boldsymbol{u} \\
&= \frac{1}{\det(\boldsymbol{H})}\int_{\mathbf{R}^d}\mathcal{K}(\boldsymbol{s})f(\boldsymbol{H}\boldsymbol{s}+\boldsymbol{x})\det(\boldsymbol{H})\mathrm{d}\boldsymbol{s} \\
&\approx \int_{\mathbf{R}^d}\mathcal{K}(\boldsymbol{s})\left\{f(\boldsymbol{x}) + \boldsymbol{s}^{\mathrm{T}}\boldsymbol{H}^{\mathrm{T}}\nabla_f(\boldsymbol{x}) + \frac{1}{2}\boldsymbol{s}^{\mathrm{T}}\boldsymbol{H}^{\mathrm{T}}\mathcal{H}_f(\boldsymbol{x})\boldsymbol{H}\boldsymbol{s}\right\}\mathrm{d}\boldsymbol{s} \\
&= f(\boldsymbol{x}) + \frac{1}{2}\int_{\mathbf{R}^d}\mathrm{tr}\{\boldsymbol{H}^{\mathrm{T}}\mathcal{H}_f(\boldsymbol{x})\boldsymbol{H}\boldsymbol{s}\boldsymbol{s}^{\mathrm{T}}\}\mathcal{K}(\boldsymbol{s})\mathrm{d}\boldsymbol{s} \\
&= f(\boldsymbol{x}) + \frac{1}{2}\mu_2(\mathcal{K})\mathrm{tr}\{\boldsymbol{H}^{\mathrm{T}}\mathcal{H}_f(\boldsymbol{x})\boldsymbol{H}\}.
\end{aligned}$$

多元核密度估计的方差推导过程为

$$\begin{aligned}
\mathrm{Var}[\hat{f}_{\boldsymbol{H}}(\boldsymbol{x})] &= \frac{1}{n^2}\mathrm{Var}\left[\sum_{i=1}^{n}\frac{1}{\det(\boldsymbol{H})}\mathcal{K}\left[\boldsymbol{H}^{-1}(\boldsymbol{x}-\boldsymbol{X}_{\boldsymbol{i}})\right]\right] \\
&= \frac{1}{n}\mathrm{Var}\left[\frac{1}{\det(\boldsymbol{H})}\mathcal{K}\left[\boldsymbol{H}^{-1}(\boldsymbol{x}-\boldsymbol{X})\right]\right] \\
&= \frac{1}{n}E\left[\frac{1}{\det(\boldsymbol{H})}\mathcal{K}\left[\boldsymbol{H}^{-1}(\boldsymbol{x}-\boldsymbol{X})\right]\right]^2 - \frac{1}{n}(E[\hat{f}_{\boldsymbol{H}}(x)])^2
\end{aligned}$$

$$
\begin{aligned}
&\approx \frac{1}{n\det(\boldsymbol{H})^2}\int_{\mathbf{R}^d}\mathcal{K}\left[\boldsymbol{H}^{-1}(\boldsymbol{u}-\boldsymbol{x})\right]^2 f(\boldsymbol{u})\mathrm{d}\boldsymbol{u}\\
&= \frac{1}{n\det(\boldsymbol{H})}\int_{\mathbf{R}^d}\mathcal{K}^2(\boldsymbol{s})f(\boldsymbol{x}+\boldsymbol{H}\boldsymbol{s})\mathrm{d}\boldsymbol{s}\\
&\approx \frac{1}{n\det(\boldsymbol{H})}\int_{\mathbf{R}^d}\mathcal{K}^2(\boldsymbol{s})\left\{f(\boldsymbol{x})+\boldsymbol{s}^{\mathrm{T}}\boldsymbol{H}^{\mathrm{T}}\nabla_f(\boldsymbol{x})\right\}\mathrm{d}\boldsymbol{s}\\
&= \frac{1}{n\det(\boldsymbol{H})}||\mathcal{K}||_2^2 f(\boldsymbol{x}).
\end{aligned}
$$

例题 1.8 单变量核估计是多元随机向量核估计的一个特例. 令 $d=1$ 可以得到 $\boldsymbol{H}=h, \mathcal{K}=K, \mathcal{H}_f(\boldsymbol{x})=f''(x)$, 进而可以计算

$$
\begin{aligned}
E[\hat{f}_{\boldsymbol{H}}(\boldsymbol{x})]-f(\boldsymbol{x}) &\approx \frac{1}{2}\mu_2(\mathcal{K})\mathrm{tr}\{\boldsymbol{H}^{\mathrm{T}}\mathcal{H}_f(\boldsymbol{x})\boldsymbol{H}\}\\
&\approx \frac{1}{2}\mu_2(K)h^2 f''(\boldsymbol{x}),\\
\mathrm{Var}[\hat{f}_{\boldsymbol{H}}(\boldsymbol{x})] &\approx \frac{1}{n\det(\boldsymbol{H})}||\mathcal{K}||_2^2 f(\boldsymbol{x})\\
&\approx \frac{1}{nh}||K||_2^2 f(\boldsymbol{x}).
\end{aligned}
$$

4. 维数灾难

多元核密度估计的近似均方误差公式 AMISE 为

$$
\mathrm{AMISE}(\boldsymbol{H})=\frac{1}{4}\mu_2^2(\mathcal{K})\int_{\mathbf{R}^d}\left[\mathrm{tr}\{\boldsymbol{H}^{\mathrm{T}}\mathcal{H}_f(\boldsymbol{x})\boldsymbol{H}\}\right]^2\mathrm{d}\boldsymbol{x}+\frac{1}{n\det(\boldsymbol{H})}||\mathcal{K}||_2^2.
$$

考虑特殊情形下 $\mathcal{H}=h\boldsymbol{I}_d$ 可以得到最优窗宽的估计和 AMISE 的收敛速度

$$
h_{opt}\sim n^{-\frac{1}{4+d}},\quad \mathrm{AMISE}(h_{opt})\sim n^{-\frac{4}{4+d}}.
$$

可以发现收敛速度随着维数的增大而减小, 但是 AMISE 永远达不到 0, 这就是常说的维数灾难.

5. 评注

(1) 多元核密度估计是单变量核密度估计的一种直观推广.

(2) 多元核函数 (包括乘积核和径向对称核) 的构造依赖于单变量核函数.

(3) 窗宽矩阵的选择准则与单变量的窗宽选择相同.

(4) 多维变量核密度估计结果的可视化较为困难, 可以通过等高线图、三维图或二维交互图进行呈现.

(5) 多元核密度估计存在维度灾难, 即核密度估计收敛于真实值的速度随着维数的增大而减小.

1.4 散点图

散点图是同时绘制两个或三个变量的对应数值所决定的数据点的图形, 它有助于理解数据集内变量之间的相互关系. 例如, 呈下降趋势的散点图意味着当横轴变量的数值增加时, 纵轴变量的数值将减小. 上升趋势的散点图可做类似的分析.

图 1.14 绘制了彩色鸢尾和维吉尼亚鸢尾两类花的花萼长度与宽度的散点图. 图中, 浅蓝色表示彩色鸢尾, 深蓝色表示维吉尼亚鸢尾. 散点呈平缓向上倾斜的趋势. 可以发现通过花萼的长宽来区分花的种类并不容易, 因为当中都出现了同样的花萼长对应着不同的花萼宽的情况, 且两组数据有相当大程度的重叠.

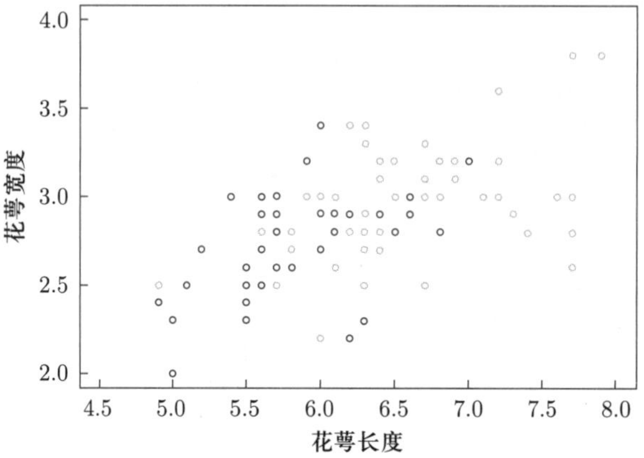

图 1.14　彩色鸢尾和维吉尼亚鸢尾的花萼长度与宽度的散点图

在图 1.14 中, 两组数据杂糅在一起, 同一小范围内的点, 有的属于彩色鸢尾, 有的属于维吉尼亚鸢尾, 所以想简单地用线分割的方式来区分两类花是不太可能的, 因而需要继续尝试其他方式.

如果加入第三个变量, 如花瓣长度, 将二维散点图扩展至三维散点图, 可以旋转三维图直到获得满意的三维视角. 一般来说, 只要符合实际情况, 转换到某个角度后, 两类花的数据散点图自然而然地被分隔在一个空间平面两侧, 就意味着找到了区分的办法. 如图 1.15 所示,

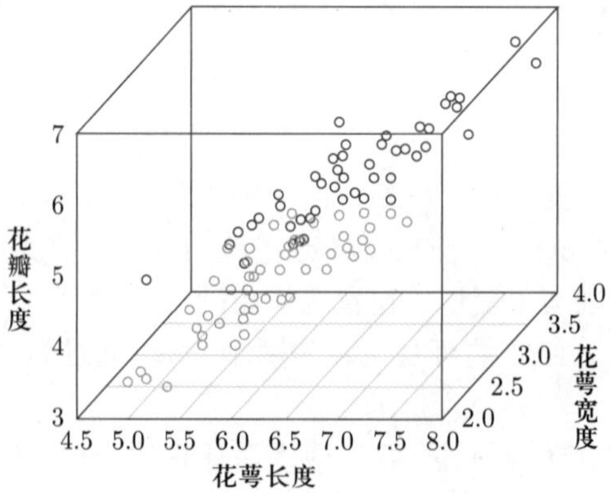

图 1.15　彩色鸢尾和维吉尼亚鸢尾三维散点图

在两类散点中间可以画出一个倾斜的平面, 进而将彩色鸢尾和维吉尼亚鸢尾两类花区分开来. 假如多次旋转后还是难以奏效, 可以换一个变量来尝试. 此例中还可尝试加入花瓣宽度这个变量.

下面介绍另一种方法, 即散点图矩阵. 如果想描绘出多元变量中所有的二维散点图, 可以创立窗格图 (散点图矩阵), 该散点图矩阵便于展示数据的依赖关系及结构. 如图 1.16, 从窗格图可以清晰看到, 山鸢尾、彩色鸢尾和维吉尼亚鸢尾是有差别的. 图中不同颜色代表不同类的花. 窗格图表明三类花在四个变量 (花萼的长和宽, 花瓣的长和宽) 上都是有差别的.

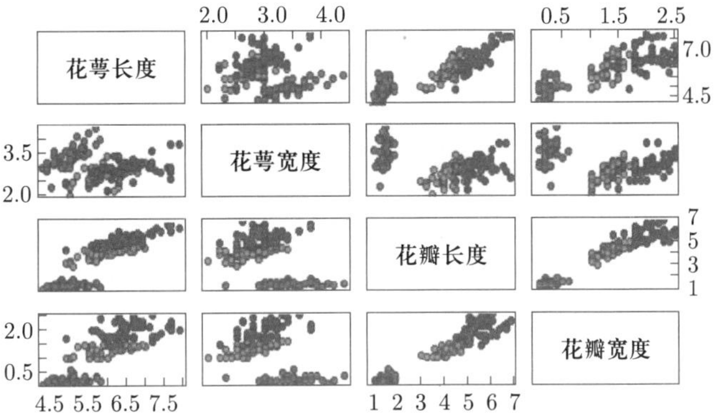

图 1.16 彩图

图 1.16　三类花的窗格图

可以发现上述二维或三维散点图难以区分, 很大可能是缺少了对变量数据的旋转或者选择的变量恰好对不同组数据的区分度不大. 下面对山鸢尾、彩色鸢尾、维吉尼亚鸢尾三类花重新选择花瓣的长和宽两个变量绘制二维散点图. 如图 1.17 所示, 三类花花瓣的长和宽差别是显著的. 对于每类花而言, 长和宽都是近似正相关的, 或者说有上升趋势.

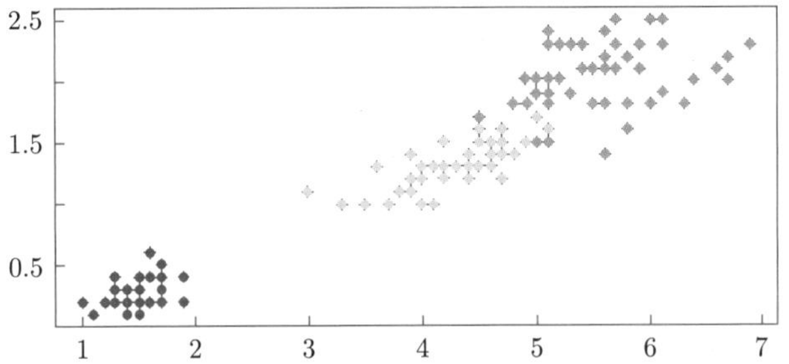

图 1.17 彩图

图 1.17　三类花对于花瓣的长和宽的二维散点图

另外, 可以结合前面讲到的箱线图、直方图来共同绘制散点图矩阵, 如图 1.18 所示, 从而更加全面地了解鸢尾花数据集. 图中给出了三类花对应的花萼长度、花萼宽度、花瓣长度、花瓣宽度的箱线图、直方图分布, 以及它们两两之间的散点图和相关系数.

图 1.18 彩图

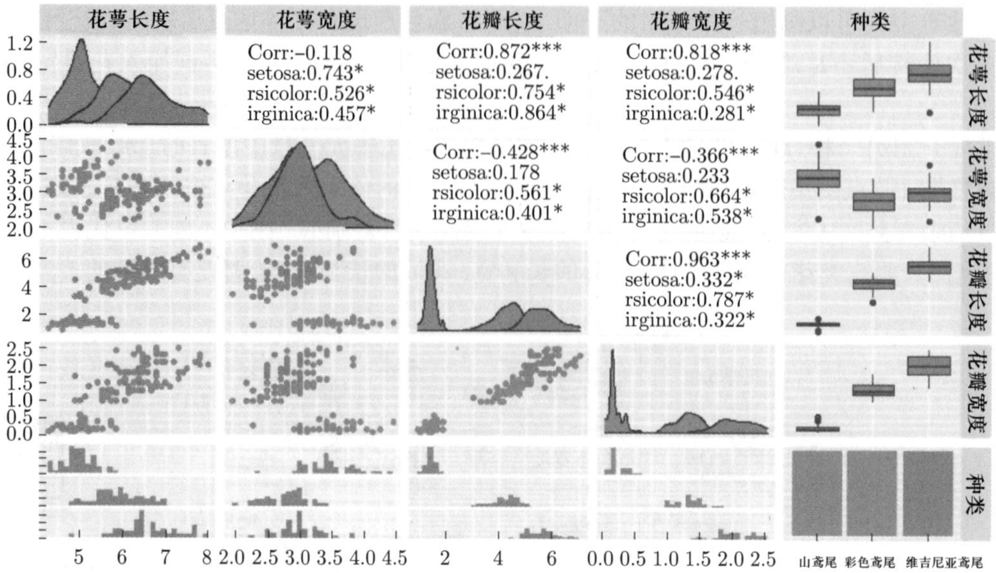

图 1.18　鸢尾花数据集三类花的散点图矩阵

1.5 脸谱图

如果数据由数量形式给出, 可以用数量形式表示该数据. 这一点已在前面几节中进行了论述. 例如, 观察值 $\boldsymbol{x}_1 = (1, 2)$ 可对应用二维平面直角坐标系中的点 $(1, 2)$ 表示. 在多元分析中, 尽管数据结构隐藏在高维中, 仍希望在低维空间 (如二维电脑屏幕) 中理解数据, 然而用坐标来描述数值型数据结构的方法在高于三维时就失效了.

如果希望将数据结构压缩至二维的元素形式, 那么就必须考虑替代的图形描述技术. 例如, 切尔诺夫—弗洛瑞 (Chernoff Flury) 脸谱图就是将高维的信息压缩至一张人脸上. 事实上, 脸谱图是一种用图形来表示高维信息的技术. 脸部部件诸如瞳孔、眼、发线等都可分别来表示特定的变量. 使用脸谱图的想法最早由切尔诺夫提出, 并经弗洛瑞进一步拓展, 形成了现今的切尔诺夫—弗洛瑞脸谱图. 其设计的面部特征包含 (1) 右眼大小, (2) 右瞳孔大小, (3) 右瞳孔的位置, (4) 右眼倾斜度, (5) 右眼水平位置, (6) 右眼垂直位置, (7) 右眉毛的弯曲程度, (8) 右眉毛的密度, (9) 右眉毛水平位置, (10) 右眉毛垂直位置, (11) 右上发线, (12) 右下发线, (13) 右脸宽度, (14) 右半部头发颜色深度, (15) 右半部头发倾斜度, (16) 右半部鼻子宽度, (17) 右半部嘴巴的大小, (18) 右半部嘴巴的弯曲程度, (19)–(36) 同 (1)–(18), 仅将右改为左.

首先, 任何要用脸上的特征部件表示的变量都要转换至 $[0, 1]$ 区间, 即变量最小值对应 0, 最大值对应 1. 因此脸部部件的极限状态对应一种特定的情况, 如用 1 表示的黑发, 用 0 表示的白发等.

从图 1.19 中显然能看出差别, 对于山鸢尾和彩色鸢尾两类花的花萼长度的脸谱图, 其中上面 50 个脸谱属于山鸢尾而下面 50 个脸谱属于彩色鸢尾, 可以清晰看到两类花的差别, 上面的脸谱图较小, 颜色较深, 但是如果单独看花萼长度变量的话, 没有绝对把握确定它属于哪一类, 例如对第 58, 60, 61 三个脸谱图来说, 它们都是属于彩色鸢尾, 但形状和颜色却很像山鸢尾的.

鉴于此, 可以选择花瓣长度再作一个脸谱图.

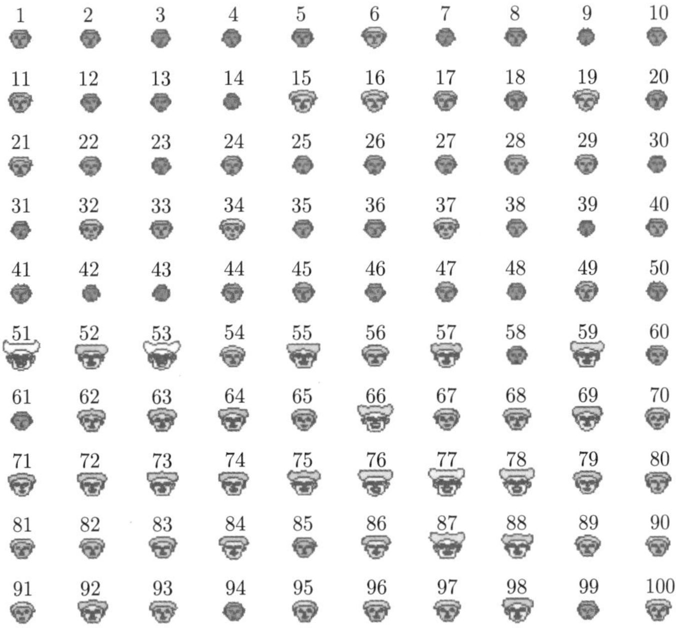

图 1.19 彩图

图 1.19 山鸢尾和彩色鸢尾花萼长度的脸谱图

如图 1.20, 选择花瓣长度作为特征变量, 山鸢尾和彩色鸢尾的脸谱图区别变得很明显, 凭此脸谱图, 几乎可以对数据进行分类.

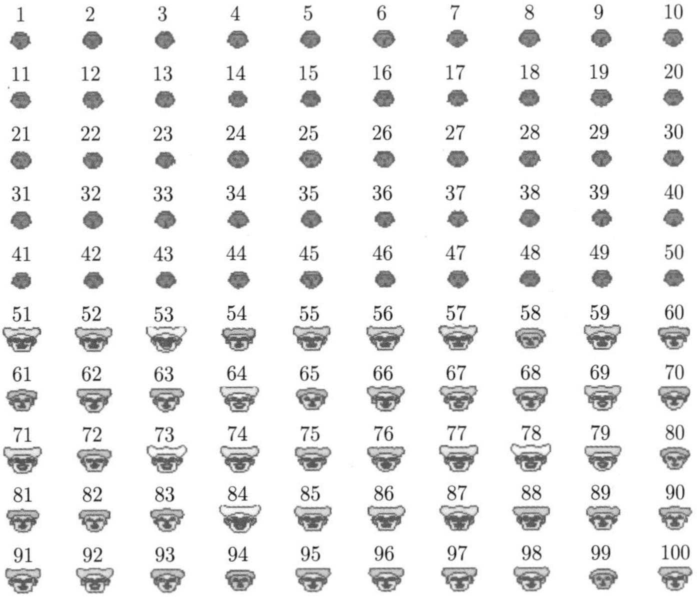

图 1.20 彩图

图 1.20 山鸢尾和彩色鸢尾花瓣长度的脸谱图

1.6 调和曲线图

调和曲线图又称安德鲁斯曲线 (Andrews curves) 或三角多项式图, 由安德鲁斯提出, 是一种较理想的展现多元数据的方法. 其思想是根据三角变换方法把高维空间中的一个样本对应二维平面的一条曲线.

设第 i 个观测为 $\boldsymbol{x}_i=(x_{i1},x_{i2},\cdots,x_{ip})^{\mathrm{T}}$, 则转化后的曲线为

$$f_i(t)=\begin{cases}\dfrac{x_{i1}}{\sqrt{2}}+x_{i2}\sin t+x_{i3}\cos t+\cdots+x_{i(p-1)}\sin\left(\dfrac{p-1}{2}t\right)+x_{ip}\cos\left(\dfrac{p-1}{2}t\right), & p\ \text{为奇数},\\[2ex] \dfrac{x_{i1}}{\sqrt{2}}+x_{i2}\sin t+x_{i3}\cos t+\cdots+x_{ip}\sin\left(\dfrac{p}{2}t\right), & p\ \text{为偶数},\end{cases}$$

其中傅里叶序列的系数代表了样本的观测值.

以鸢尾花数据集的第一个观测 $\boldsymbol{x}_1=(5.1,3.5,1.4,0.2)^{\mathrm{T}}$ 为例, 其对应的曲线为

$$f_1(t)=\frac{5.1}{\sqrt{2}}+3.5\sin t+1.4\cos t+0.2\sin 2t.$$

图 1.21 展示了鸢尾花数据集的 150 个样本的调和曲线图, 其中虚线是来自山鸢尾的数据的调和曲线图, 实线对应彩色鸢尾, 点线对应维吉尼亚鸢尾. 由图 1.21, 可以直观地看到同物种的相似性以及不同物种的区别, 山鸢尾的曲线集中在图像的下面, 彩色鸢尾的曲线集中在图像中间部分, 而维吉尼亚鸢尾的曲线集中在图像上方.

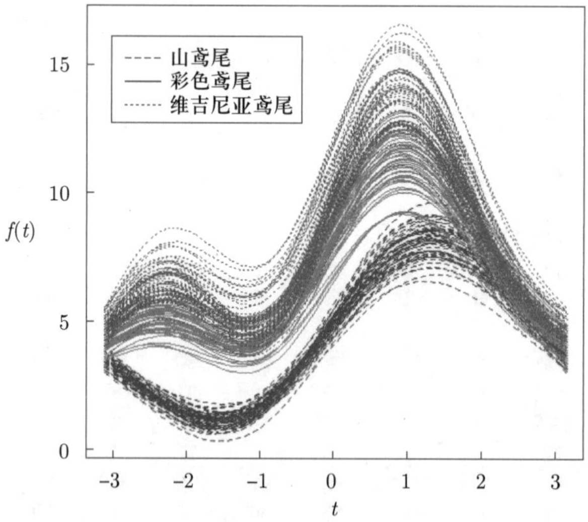

图 1.21 彩图

图 1.21　鸢尾花数据的调和曲线图

在调和曲线图中, 异常点以孤立的曲线形式表现, 而子群以聚集的相似曲线形式表现. 从图中可以清楚地看到同一类花的聚集现象, 但却难以看清楚每个个体的曲线, 这就是调和曲线

图的“泼墨效应”. 当图上个体大于 20 时, 往往难以看清楚个体的表现. 所以在样本量较大时, 要谨慎使用调和曲线图.

还需要注意的是, 如果各变量的数值差距很大, 要先对数据进行标准化, 以消除量纲影响. 另外, 变量的顺序是一个非常重要的因素, 因为排在前面的变量对曲线形状的影响较大, 而后面的较小. 如果说 X 是高维的, 那么排在后面的变量只有极少的贡献可以展现出来. 为了解决这个问题, 安德鲁斯提出使用利用主成分分析法所提取的主成分按顺序作为对应变量.

1.7 平行坐标图

平行坐标图又称轮廓图, 是一种常用的可视化方法, 它并非基于笛卡儿坐标系, 所以可以展示高于三维的数据. 其思想是, 为了表示 p 维空间的一个点集, 以 p 条平行竖直线作为坐标轴来表示 p 维变量, 该坐标轴上的纵坐标则表示该变量的值, 从而将高维空间中的点表示为一条拐点在 k 条平行坐标轴的折线. 在平行坐标图中, 变量的顺序同样重要, 因为用某种顺序来呈现数据可能能更好地展现数据的趋势.

利用 **R** 软件 lattice 包的 parallel 函数画出了鸢尾花数据集的平行坐标图, 如图 1.22 所示.

平行坐标图克服了数据高于三维时, 笛卡儿坐标系的可视化难题, 可以直观地展现数据的一些趋势.

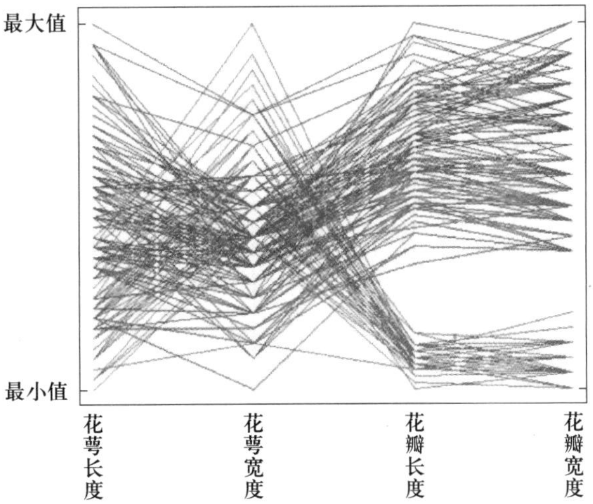

图 1.22 彩图

图 1.22　鸢尾花数据的平行坐标图

习　题　1

习题 1.1　假设以下数据是 20 名运动员的跳远成绩 (单位: m):

2.47　1.94　2.50　3.15　2.34　2.73　2.51　1.98　2.20　1.44

2.62　1.99　2.24　2.42　2.08　3.01　2.22　2.46　2.96　2.78

请画出窗宽分别为 0.05, 0.2 和 0.5 的直方图, 比较三个直方图的形态差异.

习题 1.2　条形图也是一种常用的统计图标工具, 请查阅相关资料, 说出直方图与条形图的差异.

习题 1.3　在核密度估计中, 核函数一般满足对称性以及在整个定义域上的积分等于 1 的性质. 请根据这些条件证明: 核密度估计函数在整个定义域上的积分等于 1.

习题 1.4　请根据习题 1.1 的跳远成绩数据, 分别使用高斯核函数、二次核函数、三角核函数画出核密度估计示意图, 并比较三幅图的差异.

习题 1.5　作出彩色鸢尾和维吉尼亚鸢尾的花瓣长度与宽度的二维散点图. 观察图像, 判断花瓣的长宽关系能否作为两种花的区分依据.

习题 1.6　寻找一组真实数据, 作出相应的窗格图, 观察所作的窗格图, 能得出什么有价值的结论?

习题 1.7　试作出彩色鸢尾和维吉尼亚鸢尾的花萼宽度的脸谱图, 观察脸谱图, 能否从中判别花的类属? 假如不能, 尝试换一个变量（比如花瓣宽度）, 再作类似分析.

习题 1.8　请描述如何从平行坐标图上识别离散的变量.

习题 1.9　为了研究红酒的品质, 对 20 种红酒的 11 个指标进行了测量, 记录了它们的非挥发性酸含量、挥发性酸含量、柠檬酸含量、剩余糖分、氯化物. 测量结果如表 1.3 所示.

(1) 绘制这 20 种酒的三种酸含量的盒子图;

(2) 尝试使用不同的变量顺序绘制 20 种酒的调和曲线图, 说明调和曲线图的优点和缺点;

(3) 绘制 20 种酒的平行坐标图.

表 1.3　红酒品质数据

非挥发性酸含量	挥发性酸含量	柠檬酸含量	剩余糖分	氯化物
7.4	0.7	0	1.9	0.076
7.8	0.88	0	2.6	0.098
7.8	0.76	0.04	2.3	0.092
11.2	0.28	0.56	1.9	0.075
7.4	0.7	0	1.9	0.076
7.4	0.66	0	1.8	0.075
7.9	0.6	0.06	1.6	0.069
7.3	0.65	0	1.2	0.065
7.8	0.58	0.02	2	0.073
7.5	0.5	0.36	6.1	0.071
6.7	0.58	0.08	1.8	0.097
7.5	0.5	0.36	6.1	0.071
5.6	0.615	0	1.6	0.089
7.8	0.61	0.29	1.6	0.114
8.9	0.62	0.18	3.8	0.176
8.9	0.62	0.19	3.9	0.17
8.5	0.28	0.56	1.8	0.092
8.1	0.56	0.28	1.7	0.368
7.4	0.59	0.08	4.4	0.086
7.9	0.32	0.51	1.8	0.341

习题 1.10　思考一下, 观测值的最大值总是异常值吗?

习题 1.11　思考一下, 中位数或均值可能位于四分位数甚至箱线图的箱体两端之外吗?

习题 1.12　假设数据服从标准正态分布 $N(0,1)$, 你认为落在箱线图箱体两端之外的数据点的比例有多少?

习题 1.13　若假设数据服从正态分布 $N(0,\sigma^2)$, 方差 σ^2 未知, 你认为落在箱线图箱体两端之外的数据点的比例有多少?

习题 1.14　从服从正态分布 $N(0,1)$ 的总体得到的 15 个观察值的五数概括与从该总体中得到的 50 个观测值的五数概括有何不同?

习题 1.15　五数概括的五个数可能相等吗? 如果能, 在什么情况下相等?

习题 1.16　假设有 50 个来自 $X \sim N(0,1)$ 的观测值与 50 个来自 $Y \sim N(2,1)$ 的观测值. 定义脸部部件为脸宽和头发颜色深度, 绘制脸谱图. 这 100 个脸谱图看起来像什么? 有没有相似的脸谱? 你认为会有多少观测值的脸谱图看起来像来自 Y 的观测值但事实上是来自 X 的观测值?

习题 1.17　作出汽车数据 (R 软件中自带) 每加仑汽油行驶英里数变量的直方图. 为每一类车（美国, 日本, 欧洲）分别作出同样的直方图. 你能得出和图 1.23 中这些数据的并列箱线图相似的结论吗?

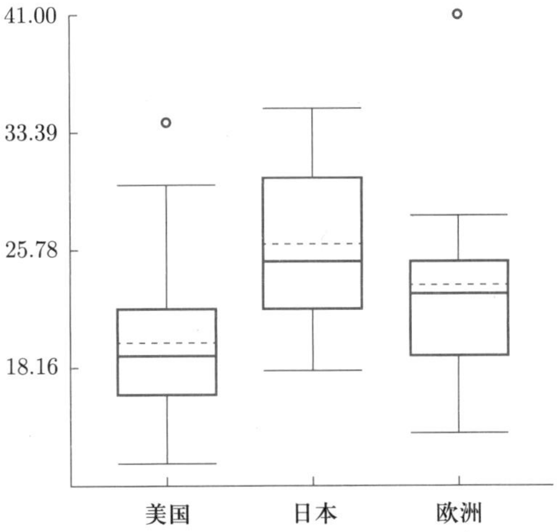

图 1.23　三类车每加仑汽油行驶英里数箱线图

习题 1.18　使用最优窗宽计算公式计算银行钞票对角线变量 (数据集为 R 软件中自带) 的最优窗宽 h. 两个子类使用同一个窗宽值会更好吗?

习题 1.19　作出汽车数据 (R 软件中自带) 的平行坐标图.

习题 1.20　在平行坐标图中怎样识别离散变量（指仅有有限结果的变量）?

习题 1.21　“直方图中柱子的高度与落进该窗宽的观察值的相对频率相等”的描述是正确的吗?

习题 1.22　“核密度估计只能在 0 与 1 之间取值”的描述正确吗? (提示: 与密度函数相联系的哪一个数值被设定为 1? 这个性质是否说明密度函数总比 1 小?)

习题 1.23 用以下变量作出汽车数据 (R 软件中自带) 的窗宽图:

X_1 为价格, X_2 为每加仑汽油行驶英里数, X_3 为质量, X_4 为长度.

你能对价格、每加仑汽油行驶英里数和长度数据解释些什么？标出日本车、美国车、欧洲车, 你应会发现和习题 1.17 中箱线图相同的结果.

习题 1.24 两个相互独立、服从标准正态分布随机变量 X_1 和 X_2 的散点图是什么形状？

习题 1.25 在三维空间中旋转一个三维标准正态分布图. 它从每一个角度看起来都一样吗? 你能解释为什么一样或者不一样吗?

第 2 章 矩阵代数

矩阵代数在多元分析中非常重要, 本章首先回顾了矩阵的基本知识、矩阵分解、二次型、矩阵导数等知识. 然后对分块矩阵的基本代数性质进行了介绍. 诸如距离、范数等几何方面的问题, 则将在最后一部分进行讨论.

2.1 基础知识

对于 n 行 p 列的矩阵 $\boldsymbol{A}$

$$\boldsymbol{A}=\begin{pmatrix} a_{11} & \cdots & a_{1p} \\ \vdots & & \vdots \\ a_{n1} & \cdots & a_{np} \end{pmatrix}$$

还可以表示为 (a_{ij}) 或 $\boldsymbol{A}(n\times p)$. 向量是只有一列的矩阵, 表示为 $\boldsymbol{x}$ 或 $\boldsymbol{x}(n\times 1)$. 一些特殊的矩阵和向量的定义见表 2.1.

表 2.1 一些特殊的矩阵和向量

名称	定义	符号	举例
标量	$p=n=1$	a	2
列向量	$p=1$	$\boldsymbol{a}$	$\begin{pmatrix}1\\2\end{pmatrix}$
行向量	$n=1$	$\boldsymbol{a}^{\mathrm{T}}$	$(1,3)$
全 1 向量	$\underbrace{(1,1,\cdots,1)}_{n}^{\mathrm{T}}$	$\mathbf{1}_n$	$\begin{pmatrix}1\\1\end{pmatrix}$
零向量	$\underbrace{(0,0,\cdots,0)}_{n}^{\mathrm{T}}$	$\mathbf{0}_n$ 或 $\mathbf{0}$	$\begin{pmatrix}0\\0\end{pmatrix}$
方块矩阵	$n=p$	$\boldsymbol{A}(p\times p)$	$\begin{pmatrix}2&3\\5&7\end{pmatrix}$

续表

名称	定义	符号	举例
对角矩阵	$a_{ij}=0, i\neq j, n=p$	$\mathrm{diag}(a_{ii})$	$\begin{pmatrix}2&0\\0&5\end{pmatrix}$
单位矩阵	$\mathrm{diag}\underbrace{(1,1,\cdots,1)}_{p}$	$\boldsymbol{I}_p$	$\begin{pmatrix}1&0\\0&1\end{pmatrix}$
全 1 方阵	$a_{ij}=1, n=p$	$\mathbf{1}_n\mathbf{1}_n^{\mathrm{T}}$	$\begin{pmatrix}1&1\\1&1\end{pmatrix}$
对称矩阵	$a_{ij}=a_{ji}$		$\begin{pmatrix}1&2\\2&3\end{pmatrix}$
零矩阵	$a_{ij}=0$	$\mathbf{0}$	$\begin{pmatrix}0&0\\0&0\end{pmatrix}$
上三角形矩阵	$a_{ij}=0, i>j$		$\begin{pmatrix}1&2&5\\0&2&7\\0&0&3\end{pmatrix}$
幂等矩阵	$\boldsymbol{A}^2=\boldsymbol{A}$		$\begin{pmatrix}1&0&0\\0&\frac{1}{2}&\frac{1}{2}\\0&\frac{1}{2}&\frac{1}{2}\end{pmatrix}$
正交矩阵	$\boldsymbol{A}^{\mathrm{T}}\boldsymbol{A}=\boldsymbol{I}=\boldsymbol{A}\boldsymbol{A}^{\mathrm{T}}$		$\begin{pmatrix}\frac{1}{\sqrt{2}}&\frac{1}{\sqrt{2}}\\\frac{1}{\sqrt{2}}&-\frac{1}{\sqrt{2}}\end{pmatrix}$

2.1.1　矩阵运算

矩阵的基本运算总结如下:

$$\boldsymbol{A}^{\mathrm{T}}=(a_{ji}),\qquad c\boldsymbol{A}=(c\cdot a_{ij}),$$

$$\boldsymbol{A}+\boldsymbol{B}=(a_{ij}+b_{ij}),\qquad \boldsymbol{A}-\boldsymbol{B}=(a_{ij}-b_{ij}),$$

$$\boldsymbol{A}\boldsymbol{B}=\boldsymbol{A}(n\times p)\boldsymbol{B}(p\times m)=\boldsymbol{C}(n\times m)=\left(\sum_{k=1}^{p}a_{ik}b_{kj}\right).$$

2.1.2 矩阵运算性质

$$\boldsymbol{A}+\boldsymbol{B}=\boldsymbol{B}+\boldsymbol{A},\quad \boldsymbol{A}(\boldsymbol{B}\boldsymbol{C})=(\boldsymbol{A}\boldsymbol{B})\boldsymbol{C},$$
$$\boldsymbol{A}(\boldsymbol{B}+\boldsymbol{C})=\boldsymbol{A}\boldsymbol{B}+\boldsymbol{A}\boldsymbol{C},\quad (\boldsymbol{A}+\boldsymbol{B})\boldsymbol{C}=\boldsymbol{A}\boldsymbol{C}+\boldsymbol{B}\boldsymbol{C},$$
$$(\boldsymbol{A}^{\mathrm{T}})^{\mathrm{T}}=\boldsymbol{A},\quad (\boldsymbol{A}+\boldsymbol{B})^{\mathrm{T}}=\boldsymbol{A}^{\mathrm{T}}+\boldsymbol{B}^{\mathrm{T}},\quad (\boldsymbol{A}\boldsymbol{B})^{\mathrm{T}}=\boldsymbol{B}^{\mathrm{T}}\boldsymbol{A}^{\mathrm{T}}.$$

更一般地, 有

$$(\boldsymbol{A}_1+\boldsymbol{A}_2+\cdots+\boldsymbol{A}_t)^{\mathrm{T}}=\boldsymbol{A}_1^{\mathrm{T}}+\boldsymbol{A}_2^{\mathrm{T}}+\cdots+\boldsymbol{A}_t^{\mathrm{T}},$$
$$(\boldsymbol{A}_1\boldsymbol{A}_2\cdots\boldsymbol{A}_t)^{\mathrm{T}}=\boldsymbol{A}_t^{\mathrm{T}}\boldsymbol{A}_{t-1}^{\mathrm{T}}\cdots\boldsymbol{A}_1^{\mathrm{T}}.$$

2.1.3 矩阵属性

1. 秩

矩阵 $\boldsymbol{A}(n\times p)$ 的秩, 定义为矩阵的行 (列) 向量组的极大线性无关组中的向量个数, 记为 $\mathrm{rank}(\boldsymbol{A})$. 矩阵 $\boldsymbol{A}(n\times p)$ 中的 k 个列向量 $\{\boldsymbol{a}_j\}$ 线性独立是指对 k 个标量 $c_1,c_2,\cdots,c_k$, 如果 $\sum\limits_{j=1}^{k}c_j\boldsymbol{a}_j=\boldsymbol{0}_p$, 那么可推出 $c_1=c_2=\cdots c_k=0$. 换而言之, 这 k 个列向量中的任意一个都不能由其余 $k-1$ 个列向量的线性组合表示.

用矩阵的初等行变换可计算向量组的秩. 把向量组按列向量排成一个矩阵, 对其实施初等行变换, 化为阶梯形矩阵, 则向量组的秩等于阶梯形矩阵中非零行的个数. 并且这个向量组的极大线性无关组由首非零元所在的列向量对应的原向量组中的列向量构成 (极大线性无关组不唯一).

例题 2.1 求向量组

$$\boldsymbol{\alpha}_1=\begin{pmatrix}1\\-1\\2\\4\end{pmatrix},\quad \boldsymbol{\alpha}_2=\begin{pmatrix}0\\3\\1\\2\end{pmatrix},\quad \boldsymbol{\alpha}_3=\begin{pmatrix}3\\0\\7\\14\end{pmatrix},\quad \boldsymbol{\alpha}_4=\begin{pmatrix}2\\1\\5\\6\end{pmatrix},\quad \boldsymbol{\alpha}_5=\begin{pmatrix}1\\-1\\2\\0\end{pmatrix}$$

的秩和一个极大线性无关组.

把向量组按列排列成矩阵, 并作初等行变换.

$$(\boldsymbol{\alpha}_1,\boldsymbol{\alpha}_2,\boldsymbol{\alpha}_3,\boldsymbol{\alpha}_4,\boldsymbol{\alpha}_5)=\begin{pmatrix}1&0&3&2&1\\-1&3&0&1&-1\\2&1&7&5&2\\4&2&14&6&0\end{pmatrix}\to\begin{pmatrix}1&0&3&2&1\\0&1&1&0&-1\\0&0&0&-4&-4\\0&0&0&0&0\end{pmatrix}.$$

可以看出, 向量组的秩为 3, 且 $\boldsymbol{\alpha}_1$, $\boldsymbol{\alpha}_2$, $\boldsymbol{\alpha}_4$ 是向量组的极大线性无关组.

2. 迹

对于方阵 $\boldsymbol{A}$, 迹可定义为方阵对角线元素之和

$$\mathrm{tr}(\boldsymbol{A}) = \sum_{i=1}^{p} a_{ii}.$$

3. 行列式

对于方阵 $\boldsymbol{A}$, 行列式可定义为

$$\det(\boldsymbol{A}) = |\boldsymbol{A}| = \Sigma(-1)^{|\tau|} a_{1\tau(1)} \cdot \cdots \cdot a_{p\tau(p)},$$

要对 $1, 2, \cdots, p$ 所有可能的排列 τ 进行加总, 并且 $|\tau| = 0$ 表示这个排列可以通过偶数次对换变成自然顺序 $12 \cdots p$, 否则 $|\tau| = 1$.

行列式的一般计算方法:

(1) n 阶行列式 $|\boldsymbol{A}|$ 按第 i 行的展开式: n 阶行列式 $|\boldsymbol{A}|$ 等于它的第 i 行元素与其对应的代数余子式 c_{ij} 的乘积之和, 即

$$|\boldsymbol{A}| = a_{i1}c_{i1} + a_{i2}c_{i2} + \cdots + a_{in}c_{in} = \sum_{j=1}^{n} a_{ij}c_{ij}, \quad i = 1, 2, \cdots, n.$$

(2) n 阶行列式 $|\boldsymbol{A}|$ 按第 j 列的展开式: n 阶行列式 $|\boldsymbol{A}|$ 等于它的第 j 列元素与其对应的代数余子式 c_{ij} 的乘积之和, 即

$$|\boldsymbol{A}| = a_{1j}c_{1j} + a_{2j}c_{2j} + \cdots + a_{nj}c_{nj} = \sum_{i=1}^{n} a_{ij}c_{ij}, \quad j = 1, 2, \cdots, n.$$

4. 矩阵的逆

如果矩阵 $\boldsymbol{A}(p \times p)$ 有 $|\boldsymbol{A}| \neq 0$, 那么存在逆矩阵 $\boldsymbol{A}^{-1}$, 且有

$$\boldsymbol{A}\boldsymbol{A}^{-1} = \boldsymbol{A}^{-1}\boldsymbol{A} = \boldsymbol{I}_p.$$

如果矩阵 $\boldsymbol{A} = (a_{ij})$ 阶数较小, 它的逆矩阵可由下列等式计算得到:

$$\boldsymbol{A}^{-1} = \frac{\boldsymbol{A}^*}{|\boldsymbol{A}|},$$

其中 $\boldsymbol{A}^* = \boldsymbol{C} = (c_{ij})$ 是 $\boldsymbol{A}$ 的伴随矩阵, $\boldsymbol{C}^{\mathrm{T}}$ 的元素 c_{ji} 是 a_{ji} 在 $|\boldsymbol{A}|$ 中的代数余子式

$$c_{ji} = (-1)^{i+j} \begin{vmatrix} a_{11} & \cdots & a_{1(j-1)} & a_{1(j+1)} & \cdots & a_{1p} \\ \vdots & & \vdots & \vdots & & \vdots \\ a_{(i-1)1} & \cdots & a_{(i-1)(j-1)} & a_{(i-1)(j+1)} & \cdots & a_{(i-1)p} \\ a_{(i+1)1} & \cdots & a_{(i+1)(j-1)} & a_{(i+1)(j+1)} & \cdots & a_{(i+1)p} \\ \vdots & & \vdots & \vdots & & \vdots \\ a_{p1} & \cdots & a_{p(j-1)} & a_{p(j+1)} & \cdots & a_{pp} \end{vmatrix}.$$

5. 广义逆矩阵

广义逆矩阵 $\boldsymbol{A}^-$ 是满足下式的矩阵:

$$\boldsymbol{A}\boldsymbol{A}^{-}\boldsymbol{A}=\boldsymbol{A}.$$

应当注意, 广义逆矩阵不止一个.

6. 特征值、特征向量

对于 $p\times p$ 矩阵 $\boldsymbol{A}$, 如果存在标量 λ 和向量 $\boldsymbol{\gamma}$, 使得

$$\boldsymbol{A}\boldsymbol{\gamma}=\lambda\boldsymbol{\gamma},$$

那么称 λ 为一个特征值, $\boldsymbol{\gamma}$ 为矩阵 $\boldsymbol{A}$ 对应特征值 λ 的一个特征向量. 可以证明, 特征值 λ 是 p 次多项式 $|\boldsymbol{A}-\lambda\boldsymbol{I}_p|=0$ 的根. 由于一个 p 次多项式在复数域上恰好有 p 个根 (若有重根按重数计算), 因此矩阵 $\boldsymbol{A}$ 不同特征值的个数不超过 p , 记为 λ_1, λ_2 , $\cdots$, λ_p. 每个特征根 λ_j 都对应一个特征向量, 它是 $(\boldsymbol{A}-\lambda_j\boldsymbol{I}_p)\boldsymbol{x}=\boldsymbol{0}_p$ 的非零解.

假设矩阵 $\boldsymbol{A}$ 的特征根为 λ_1, λ_2, $\cdots$, λ_p, 令 $\boldsymbol{\Lambda}=\mathrm{diag}(\lambda_1,\lambda_2,\cdots,\lambda_p)$, 于是矩阵的行列式 $|\boldsymbol{A}|$ 和迹 $\mathrm{tr}(\boldsymbol{A})$ 还可以表示为

$$|\boldsymbol{A}|=|\boldsymbol{\Lambda}|=\prod_{j=1}^{p}\lambda_j, \tag{2.1}$$

$$\mathrm{tr}(\boldsymbol{A})=\mathrm{tr}(\boldsymbol{\Lambda})=\sum_{j=1}^{p}\lambda_j. \tag{2.2}$$

特别地, 如果 $\boldsymbol{A}$ 是幂等矩阵, 那么 $\boldsymbol{A}$ 的特征值只能为 0 或 1, 因此 $\mathrm{tr}(\boldsymbol{A})=\mathrm{rank}(\boldsymbol{A})=$ 特征值 1 的重数.

2.1.4 矩阵属性的性质

(1) $\boldsymbol{A}(p\times p)$, $\boldsymbol{B}(p\times p)$, $c\in\mathbf{R}$,

$$\mathrm{tr}(\boldsymbol{A}+\boldsymbol{B})=\mathrm{tr}(\boldsymbol{A})+\mathrm{tr}(\boldsymbol{B}),\quad \mathrm{tr}(c\boldsymbol{A})=c\,\mathrm{tr}(\boldsymbol{A}),$$

$$\det(c\boldsymbol{A})=c^n\det(\boldsymbol{A}),\quad \det(\boldsymbol{A}\boldsymbol{B})=\det(\boldsymbol{B}\boldsymbol{A})=\det(\boldsymbol{A})\det(\boldsymbol{B}).$$

(2) $\boldsymbol{A}(n\times p)$, $\boldsymbol{B}(p\times n)$,

$$\mathrm{tr}(\boldsymbol{A}\boldsymbol{B})=\mathrm{tr}(\boldsymbol{B}\boldsymbol{A}),$$

$$\mathrm{rank}(\boldsymbol{A})\geqslant 0,\quad \mathrm{rank}(\boldsymbol{A})\leqslant\min\{n,p\},$$

$$\mathrm{rank}(\boldsymbol{A})=\mathrm{rank}(\boldsymbol{A}^{\mathrm{T}}),\quad \mathrm{rank}(\boldsymbol{A}^{\mathrm{T}}\boldsymbol{A})=\mathrm{rank}(\boldsymbol{A}),$$

$$\mathrm{rank}(\boldsymbol{A}+\boldsymbol{B})\leqslant\mathrm{rank}(\boldsymbol{A})+\mathrm{rank}(\boldsymbol{B}),$$

$$\mathrm{rank}(\boldsymbol{A}\boldsymbol{B})\leqslant\min\{\mathrm{rank}(\boldsymbol{A}),\mathrm{rank}(\boldsymbol{B})\}.$$

(3) $\boldsymbol{A}(n\times p)$, $\boldsymbol{B}(p\times q)$, $\boldsymbol{C}(q\times n)$,

$$\mathrm{tr}(\boldsymbol{A}\boldsymbol{B}\boldsymbol{C})=\mathrm{tr}(\boldsymbol{B}\boldsymbol{C}\boldsymbol{A})=\mathrm{tr}(\boldsymbol{C}\boldsymbol{A}\boldsymbol{B}), \tag{2.3}$$

$$\mathrm{rank}(\boldsymbol{ABC}) = \mathrm{rank}(\boldsymbol{B}) \quad (\text{若 } \boldsymbol{AC} \text{ 是非奇异矩阵}). \tag{2.4}$$

(4) $\boldsymbol{A}(p \times p)$,

$$\det(\boldsymbol{A}^{-1}) = (\det(\boldsymbol{A}))^{-1},$$
$$\mathrm{rank}(\boldsymbol{A}) = p, \quad \text{当且仅当 } \boldsymbol{A} \text{ 是非奇异矩阵}.$$

2.2 矩阵分解

2.2.1 谱分解

特征值和特征向量在矩阵分析中非常重要, 谱分解可以将矩阵同特征值和特征向量联系起来.

定理 2.1 (谱分解) 对任意对称矩阵 $\boldsymbol{A}(p \times p)$, 有

$$\boldsymbol{A} = \boldsymbol{\Gamma\Lambda\Gamma}^{\mathrm{T}} = \sum_{j=1}^{p} \lambda_j \boldsymbol{\gamma}_j \boldsymbol{\gamma}_j^{\mathrm{T}}, \tag{2.5}$$

其中 $\boldsymbol{\Lambda} = \mathrm{diag}(\lambda_1, \lambda_2, \cdots, \lambda_p)$, $\boldsymbol{\Gamma} = (\boldsymbol{\gamma}_1, \boldsymbol{\gamma}_2, \cdots, \boldsymbol{\gamma}_p)$ 是由矩阵特征向量构成的正交矩阵.

由定理 2.1, 对于 $\alpha \in \mathbf{R}$,

$$\boldsymbol{A}^{\alpha} = \boldsymbol{\Gamma\Lambda}^{\alpha}\boldsymbol{\Gamma}^{\mathrm{T}}, \tag{2.6}$$

其中 $\boldsymbol{\Lambda}^{\alpha} = \mathrm{diag}(\lambda_1^{\alpha}, \lambda_2^{\alpha}, \cdots, \lambda_p^{\alpha})$. 特别地, 如果 $\alpha = -1$, 矩阵 $\boldsymbol{A}$ 的逆矩阵就可以由下式计算得到:

$$\boldsymbol{A}^{-1} = \boldsymbol{\Gamma\Lambda}^{-1}\boldsymbol{\Gamma}^{\mathrm{T}}. \tag{2.7}$$

定理 2.2 任意矩阵 $\boldsymbol{A}(n \times p)$, $\mathrm{rank}(\boldsymbol{A}) = r$, 可以被分解成如下形式:

$$\boldsymbol{A} = \boldsymbol{\Gamma\Lambda\Delta}^{\mathrm{T}},$$

$\boldsymbol{\Gamma}(n \times r)$, $\boldsymbol{\Delta}(p \times r)$ 都是列正交矩阵, 即 $\boldsymbol{\Gamma}^{\mathrm{T}}\boldsymbol{\Gamma} = \boldsymbol{\Delta}^{\mathrm{T}}\boldsymbol{\Delta} = \boldsymbol{I}_r$. $\boldsymbol{\Lambda} = \mathrm{diag}(\sqrt{\lambda_1}, \sqrt{\lambda_2}, \cdots, \sqrt{\lambda_r})$ $(\lambda_j > 0)$. $\lambda_1, \lambda_2, \cdots, \lambda_r$ 是矩阵 $\boldsymbol{AA}^{\mathrm{T}}$ 和 $\boldsymbol{A}^{\mathrm{T}}\boldsymbol{A}$ 的非零特征值. $\boldsymbol{\Gamma}$ 和 $\boldsymbol{\Delta}$ 分别是由矩阵 $\boldsymbol{AA}^{\mathrm{T}}$ 和 $\boldsymbol{A}^{\mathrm{T}}\boldsymbol{A}$ 相应的 r 个特征向量组成的矩阵.

定理 2.2 是定理 2.1 更一般化的推广. 应用定理 2.2 可以找到 $\boldsymbol{A}$ 的广义逆矩阵 $\boldsymbol{A}^{-}$. 定义 $\boldsymbol{A}^{-} = \boldsymbol{\Delta\Lambda}^{-}\boldsymbol{\Gamma}^{\mathrm{T}}$, 于是可得 $\boldsymbol{AA}^{-}\boldsymbol{A} = \boldsymbol{\Gamma\Lambda\Delta}^{\mathrm{T}} = \boldsymbol{A}$. 需要注意, 广义逆矩阵不唯一.

2.2.2 奇异值分解

奇异值分解 (singular value decomposition; SVD) 是一种重要的矩阵分解, 在数值计算、信号处理以及统计学等诸多领域具有广泛应用. 首先介绍奇异值的定义. 假定矩阵 $\boldsymbol{A}(m \times n)$ 的

秩为 $\mathrm{rank}(\boldsymbol{A})=r$, 半正定矩阵 $\boldsymbol{A}^{\mathrm{T}}\boldsymbol{A}$ 的 n 个特征值 $\lambda_i \geqslant 0,\ i=1,2,\cdots,n$, 称 $\sigma_i=\sqrt{\lambda_i}$ 为 $\boldsymbol{A}$ 的奇异值.

取 $\boldsymbol{A}$ 的非零奇异值 $\sigma_1 \geqslant \sigma_2 \geqslant \cdots \geqslant \sigma_r$, 记矩阵 $\boldsymbol{D}=\mathrm{diag}(\sigma_1,\sigma_2,\cdots,\sigma_r)$,

$$\boldsymbol{\Sigma}=\begin{pmatrix}\boldsymbol{D} & \boldsymbol{0}\\ \boldsymbol{0} & 0\end{pmatrix},$$

则存在正交矩阵 $\boldsymbol{U}(m\times m)$, $\boldsymbol{V}(n\times n)$ 使得 $\boldsymbol{A}=\boldsymbol{U}\boldsymbol{\Sigma}\boldsymbol{V}^{\mathrm{T}}$. 上述分解过程就是奇异值分解.

下面介绍奇异值分解过程. 显然

$$\begin{aligned}\boldsymbol{V}^{\mathrm{T}}(\boldsymbol{A}^{\mathrm{T}}\boldsymbol{A})\boldsymbol{V} &= \boldsymbol{V}^{\mathrm{T}}(\boldsymbol{V}\boldsymbol{\Sigma}\boldsymbol{U}^{\mathrm{T}}\boldsymbol{U}\boldsymbol{\Sigma}\boldsymbol{V}^{\mathrm{T}})\boldsymbol{V}\\ &= \mathrm{diag}(\sigma_1^2,\cdots,\sigma_r^2,0,\cdots,0)\\ &= \begin{pmatrix}\boldsymbol{D}^2 & \boldsymbol{0}\\ \boldsymbol{0} & 0\end{pmatrix}.\end{aligned}$$

记 $\boldsymbol{V}=(\boldsymbol{V}_1,\boldsymbol{V}_2)$, 则有

$$\boldsymbol{V}^{\mathrm{T}}(\boldsymbol{A}^{\mathrm{T}}\boldsymbol{A})\boldsymbol{V}=\begin{pmatrix}\boldsymbol{V}_1^{\mathrm{T}}\\ \boldsymbol{V}_2^{\mathrm{T}}\end{pmatrix}\boldsymbol{A}^{\mathrm{T}}\boldsymbol{A}(\boldsymbol{V}_1,\boldsymbol{V}_2)=\begin{pmatrix}\boldsymbol{D}^2 & \boldsymbol{0}\\ \boldsymbol{0} & 0\end{pmatrix}.$$

从而有

$$\begin{cases}\boldsymbol{V}_1^{\mathrm{T}}\boldsymbol{A}^{\mathrm{T}}\boldsymbol{A}\boldsymbol{V}_1=\boldsymbol{D}^2,\\ \boldsymbol{V}_2^{\mathrm{T}}\boldsymbol{A}^{\mathrm{T}}\boldsymbol{A}\boldsymbol{V}_2=\boldsymbol{0}.\end{cases}$$

即

$$\begin{cases}\boldsymbol{V}_1^{\mathrm{T}}\boldsymbol{A}^{\mathrm{T}}\boldsymbol{A}\boldsymbol{V}_1=\boldsymbol{D}^2,\\ \boldsymbol{A}\boldsymbol{V}_2=\boldsymbol{0}.\end{cases}$$

由此可知, $\boldsymbol{V}=(\boldsymbol{V}_1,\boldsymbol{V}_2)$ 为半正定矩阵 $\boldsymbol{A}^{\mathrm{T}}\boldsymbol{A}$ 的单位正交向量构成的矩阵. 又因为

$$\begin{aligned}\boldsymbol{A}=\boldsymbol{A}\boldsymbol{V}\boldsymbol{V}^{\mathrm{T}}=\boldsymbol{A}(\boldsymbol{V}_1,\boldsymbol{V}_2)\begin{pmatrix}\boldsymbol{V}_1^{\mathrm{T}}\\ \boldsymbol{V}_2^{\mathrm{T}}\end{pmatrix} &= \boldsymbol{A}\boldsymbol{V}_1\boldsymbol{V}_1^{\mathrm{T}}+\boldsymbol{A}\boldsymbol{V}_2\boldsymbol{V}_2^{\mathrm{T}}\\ &= \boldsymbol{A}\boldsymbol{V}_1\boldsymbol{V}_1^{\mathrm{T}}=\boldsymbol{A}\boldsymbol{V}_1\boldsymbol{D}^{-1}\boldsymbol{D}\boldsymbol{V}_1^{\mathrm{T}}.\end{aligned}$$

记 $\boldsymbol{U}_1=\boldsymbol{A}\boldsymbol{V}_1\boldsymbol{D}^{-1}$, 则有

$$\begin{aligned}\boldsymbol{U}_1^{\mathrm{T}}\boldsymbol{U}_1 &= (\boldsymbol{A}\boldsymbol{V}_1\boldsymbol{D}^{-1})^{\mathrm{T}}(\boldsymbol{A}\boldsymbol{V}_1\boldsymbol{D}^{-1})=\boldsymbol{D}^{-1}(\boldsymbol{V}_1^{\mathrm{T}}\boldsymbol{A}^{\mathrm{T}}\boldsymbol{A}\boldsymbol{V}_1)\boldsymbol{D}^{-1}\\ &= \boldsymbol{D}^{-1}\boldsymbol{D}^2\boldsymbol{D}^{-1}=\boldsymbol{I}.\end{aligned} \tag{2.8}$$

进一步, 要将 $\boldsymbol{U}_1$ 扩展成为 $\boldsymbol{U}=(\boldsymbol{U}_1,\boldsymbol{U}_2)$, 只需通过获取 $\boldsymbol{U}_1$ 的线性方程组

$$\boldsymbol{U}_1^{\mathrm{T}}\boldsymbol{x}=\boldsymbol{0}.$$

于是可以得到对应的解, 再将结果进行规范化处理 (例如施密特正交化) 即可得到 $\boldsymbol{U}_2$, 进而得到正交矩阵 $\boldsymbol{U}$. 从而有

$$\boldsymbol{U}\boldsymbol{\Sigma}\boldsymbol{V}^{\mathrm{T}} = (\boldsymbol{U}_1, \boldsymbol{U}_2)\begin{pmatrix} \boldsymbol{D} & \boldsymbol{0} \\ \boldsymbol{0} & 0 \end{pmatrix}\begin{pmatrix} \boldsymbol{V}_1^{\mathrm{T}} \\ \boldsymbol{V}_2^{\mathrm{T}} \end{pmatrix} = \boldsymbol{U}_1\boldsymbol{D}\boldsymbol{V}_1^{\mathrm{T}} = \boldsymbol{A}.$$

例题 2.2　对矩阵

$$\boldsymbol{A} = \begin{pmatrix} 1 & -1 & 0 \\ -2 & 2 & 0 \end{pmatrix}$$

做奇异值分解.

由

$$\boldsymbol{A}^{\mathrm{T}}\boldsymbol{A} = \begin{pmatrix} 5 & -5 & 0 \\ -5 & 5 & 0 \\ 0 & 0 & 0 \end{pmatrix},$$

可知 $\mathrm{rank}(\boldsymbol{A}^{\mathrm{T}}\boldsymbol{A}) = 1$.

$$|\lambda\boldsymbol{I} - \boldsymbol{A}^{\mathrm{T}}\boldsymbol{A}| = \begin{vmatrix} \lambda-5 & 5 & 0 \\ 5 & \lambda-5 & 0 \\ 0 & 0 & \lambda \end{vmatrix} = \lambda^2(\lambda-10).$$

令上式等于 0 可以得到

$$\lambda_1 = 10, \quad \lambda_2 = \lambda_3 = 0\ (\text{二重}).$$

从而可知 $\boldsymbol{A}$ 的奇异值为 $\sigma_1 = \sqrt{10}$. 取 $\lambda_1 = 10$, 则有

$$10\boldsymbol{I} - \boldsymbol{A}^{\mathrm{T}}\boldsymbol{A} = \begin{pmatrix} 5 & 5 & 0 \\ 5 & 5 & 0 \\ 0 & 0 & 10 \end{pmatrix} \to \begin{pmatrix} 1 & 1 & 0 \\ 0 & 0 & 1 \\ 0 & 0 & 0 \end{pmatrix}.$$

从而有特征向量

$$\boldsymbol{\alpha}_1 = (-1, 1, 0)^{\mathrm{T}}.$$

取 $\lambda_2 = \lambda_3 = 0$, 则类似地有特征向量

$$\boldsymbol{\alpha}_2 = (1, 1, 0)^{\mathrm{T}}, \quad \boldsymbol{\alpha}_3 = (0, 0, 1)^{\mathrm{T}}.$$

从而有单位正交向量

$$\boldsymbol{\alpha}_1 = \frac{1}{\sqrt{2}}(-1, 1, 0)^{\mathrm{T}}, \quad \boldsymbol{\alpha}_2 = \frac{1}{\sqrt{2}}(1, 1, 0)^{\mathrm{T}}, \quad \boldsymbol{\alpha}_3 = (0, 0, 1)^{\mathrm{T}}.$$

所以对应的正交矩阵 $\boldsymbol{V}$ 为

$$\boldsymbol{V}=\frac{1}{\sqrt{2}}\begin{pmatrix}-1 & 1 & 0\\ 1 & 1 & 0\\ 0 & 0 & \sqrt{2}\end{pmatrix}=\boldsymbol{V}^{\mathrm{T}}.$$

$\boldsymbol{U}_1=\boldsymbol{A}\boldsymbol{V}_1\boldsymbol{D}^{-1}=\frac{1}{\sqrt{5}}(-1,2)^{\mathrm{T}}$. 进一步解方程组 $\boldsymbol{U}_1^{\mathrm{T}}\boldsymbol{x}=\boldsymbol{0}$ 得解向量 $(2,1)^{\mathrm{T}}$, 单位化得 $\frac{1}{\sqrt{5}}(2,1)^{\mathrm{T}}$. 因而

$$\boldsymbol{U}=\frac{1}{\sqrt{5}}\begin{pmatrix}-1 & 2\\ 2 & 1\end{pmatrix},\quad \boldsymbol{\Sigma}=\begin{pmatrix}\sqrt{10} & 0 & 0\\ 0 & 0 & 0\end{pmatrix},\quad \boldsymbol{V}=\frac{1}{\sqrt{2}}\begin{pmatrix}-1 & 1 & 0\\ 1 & 1 & 0\\ 0 & 0 & \sqrt{2}\end{pmatrix}.$$

从而有 $\boldsymbol{A}=\boldsymbol{U}\boldsymbol{\Sigma}\boldsymbol{V}^{\mathrm{T}}$.

2.2.3 楚列斯基分解

楚列斯基 (Cholesky) 分解是一种矩阵分解的方法, 在线性代数中有重要的应用. 为此先引入埃尔米特 (Hermite) 矩阵的概念.

将矩阵 $\boldsymbol{A}$ 的行与列互换后, 取矩阵各元素的共轭复数, 得到的新矩阵称为矩阵 $\boldsymbol{A}$ 的埃尔米特共轭 (或共轭转置), 用 $\boldsymbol{A}^*$ 表示. 若有 $\boldsymbol{A}=\boldsymbol{A}^*$, 则称矩阵 $\boldsymbol{A}$ 为埃尔米特矩阵.

定理 2.3 (楚列斯基分解定理) *如果矩阵 $\boldsymbol{A}$ 是正定埃尔米特矩阵, 那么矩阵 $\boldsymbol{A}$ 可以唯一地分解成如下形式:*

$$\boldsymbol{A}=\boldsymbol{L}\boldsymbol{L}^*,$$

其中 $\boldsymbol{L}$ 是对角线元素均为正实数的下三角形矩阵, $\boldsymbol{L}^*$ 是矩阵 $\boldsymbol{L}$ 的共轭转置.

对于实矩阵而言, 当矩阵 $\boldsymbol{A}$ 为正定对称矩阵时, 则有 $\boldsymbol{A}=\boldsymbol{L}\boldsymbol{L}^{\mathrm{T}}$, 其中 $\boldsymbol{L}$ 是一个下三角形矩阵, $\boldsymbol{L}^{\mathrm{T}}$ 是矩阵 $\boldsymbol{L}$ 的转置. 下面是一个 3×3 对称矩阵的楚列斯基分解:

$$\begin{aligned}\boldsymbol{A}=\begin{pmatrix}a_{11} & a_{21} & a_{31}\\ a_{21} & a_{22} & a_{32}\\ a_{31} & a_{32} & a_{33}\end{pmatrix}&=\begin{pmatrix}l_{11} & 0 & 0\\ l_{21} & l_{22} & 0\\ l_{31} & l_{32} & l_{33}\end{pmatrix}\begin{pmatrix}l_{11} & l_{21} & l_{31}\\ 0 & l_{22} & l_{32}\\ 0 & 0 & l_{33}\end{pmatrix}\equiv \boldsymbol{L}\boldsymbol{L}^{\mathrm{T}}\\ &=\begin{pmatrix}l_{11}^2 & l_{21}l_{11} & l_{31}l_{11}\\ l_{21}l_{11} & l_{21}^2+l_{22}^2 & l_{31}l_{21}+l_{32}l_{22}\\ l_{31}l_{11} & l_{31}l_{21}+l_{32}l_{22} & l_{31}^2+l_{32}^2+l_{33}^2\end{pmatrix}.\end{aligned}$$

通过观察并结合矩阵乘法的规则, 不难发现矩阵 $\boldsymbol{L}$ 对角线上的元素可以由如下规律计算:

$$l_{11}=\sqrt{a_{11}},$$

$$l_{22}=\sqrt{a_{22}-l_{21}^2},$$

$$l_{33} = \sqrt{a_{33} - (l_{31}^2 + l_{32}^2)}.$$

推广后得

$$l_{kk} = \sqrt{a_{kk} - \sum_{j=1}^{k-1} l_{kj}^2}.$$

对于那些位于对角线以下的元素 l_{ik}, $i > k$, 则有

$$l_{21} = \frac{1}{l_{11}} a_{21}, \quad l_{31} = \frac{1}{l_{11}} a_{31}, \quad l_{32} = \frac{1}{l_{22}}(a_{32} - l_{31} l_{21}).$$

仍然可以推广得到一个更加普适的公式

$$l_{ik} = \frac{1}{l_{kk}} \left(a_{ik} - \sum_{j=1}^{k-1} l_{ij} l_{kj} \right), \quad i > k.$$

很多数学软件或工具中都已经内置了现成的函数, 在 **R** 软件中可以利用函数 chol 进行分解, 但注意返回的是一个上三角形矩阵. 如果要得到下三角形矩阵, 只要对该结果做一下转置处理即可.

楚列斯基分解对于解决带有对称正定系数矩阵 $\boldsymbol{A}$ 的线性问题非常有效. 在计算机中, 直接求解 $\boldsymbol{Ax} = \boldsymbol{b}$ 的时间复杂度很高 (高斯消元法求解是 $O(n^3)$), 用楚列斯基分解对 $\boldsymbol{A}$ 提前变换之后再计算会有效降低复杂度.

例题 2.3　考虑利用楚列斯基分解求解矩阵方程 $\boldsymbol{Ax} = \boldsymbol{b}$.

由于

$$\boldsymbol{L}^{-1} \boldsymbol{Ax} = \boldsymbol{L}^{-1} \boldsymbol{b} \Rightarrow \boldsymbol{L}^{\mathrm{T}} \boldsymbol{x} = \boldsymbol{h},$$

其中 $\boldsymbol{h} = \boldsymbol{L}^{-1} \boldsymbol{b}$, 或等价为 $\boldsymbol{Lh} = \boldsymbol{b}$. 比较 $\boldsymbol{Lh} = \boldsymbol{b}$ 两边的向量元素, 易得向量 $\boldsymbol{h}$ 的元素 h_i 的递推计算公式如下:

$$h_1 = \frac{b_1}{l_{11}},$$

$$h_i = \frac{1}{l_{ii}} \left(b_i - \sum_{k=1}^{i-1} l_{ki} h_k \right), \quad i = 2, 3, \cdots, n.$$

现在, 方程 $\boldsymbol{Ax} = \boldsymbol{b}$ 的解等价为 $\boldsymbol{L}^{\mathrm{T}} \boldsymbol{x} = \boldsymbol{h}$ 的解. 注意到 $\boldsymbol{L}^{\mathrm{T}}$ 为上三角形矩阵, 因此 $\boldsymbol{x}$ 可以利用回代法求出

$$x_n = \frac{h_n}{l_{nn}},$$

$$x_i = \frac{1}{l_{ii}} \left(h_i - \sum_{k=1}^{n-i} l_{i+k,i} x_{i+k} \right), \quad i = n-1, n-2, \cdots, 1.$$

2.3 二次型

二次型 $Q(\boldsymbol{x})$ 可用对称矩阵 $\boldsymbol{A}(p \times p)$ 和向量 $\boldsymbol{x} \in \mathbf{R}^p$ 表示

$$Q(\boldsymbol{x}) = \boldsymbol{x}^{\mathrm{T}} \boldsymbol{A} \boldsymbol{x} = \sum_{i=1}^{p} \sum_{j=1}^{p} a_{ij} x_i x_j. \tag{2.9}$$

二次型及矩阵的正定性

若 $Q(\boldsymbol{x}) > 0$ 对所有的 $\boldsymbol{x} \neq \boldsymbol{0}$ 成立, 则称 $Q(\cdot)$ 是正定的; 若 $Q(\boldsymbol{x}) \geqslant 0$ 对所有的 $\boldsymbol{x} \neq \boldsymbol{0}$ 成立, 则称 $Q(.)$ 是半正定的. 若二次型 $Q(\cdot)$ 是正定的 (半正定的), 则对应的矩阵 $\boldsymbol{A}$ 是正定的 (半正定的).

根据下面的定理, 二次型总可以对角化. $\boldsymbol{A}$ 是正定的, 记为 $\boldsymbol{A} > 0$; $\boldsymbol{A}$ 是半正定的. 记为 $\boldsymbol{A} \geqslant 0$.

定理 2.4 如果矩阵 $\boldsymbol{A}$ 是对称矩阵并且对应的二次型为 $Q(\boldsymbol{x}) = \boldsymbol{x}^{\mathrm{T}} \boldsymbol{A} \boldsymbol{x}$, 那么存在一个变换 $\boldsymbol{x} \mapsto \boldsymbol{\Gamma}^{\mathrm{T}} \boldsymbol{x} = \boldsymbol{y}$ 使得 $\boldsymbol{x}^{\mathrm{T}} \boldsymbol{A} \boldsymbol{x} = \sum_{i=1}^{p} \lambda_i y_i^2$, 其中 λ_i 为 $\boldsymbol{A}$ 的特征值.

定理 2.5 $\boldsymbol{A} > 0$ 当且仅当所有特征值 $\lambda_i > 0, i = 1, 2, \cdots, p$.

多元数据的统计分析主要关注在某些限制下对应二次型的最大值.

定理 2.6 假设 $\boldsymbol{A}$ 和 $\boldsymbol{B}$ 是对称矩阵, 并且 $\boldsymbol{B} > 0$, 则 $\dfrac{\boldsymbol{x}^{\mathrm{T}} \boldsymbol{A} \boldsymbol{x}}{\boldsymbol{x}^{\mathrm{T}} \boldsymbol{B} \boldsymbol{x}}$ 的最大值等于 $\boldsymbol{B}^{-1} \boldsymbol{A}$ 的最大特征值. 更一般地,

$$\max_{\boldsymbol{x}} \frac{\boldsymbol{x}^{\mathrm{T}} \boldsymbol{A} \boldsymbol{x}}{\boldsymbol{x}^{\mathrm{T}} \boldsymbol{B} \boldsymbol{x}} = \lambda_1 \geqslant \lambda_2 \geqslant \cdots \geqslant \lambda_p = \min_{\boldsymbol{x}} \frac{\boldsymbol{x}^{\mathrm{T}} \boldsymbol{A} \boldsymbol{x}}{\boldsymbol{x}^{\mathrm{T}} \boldsymbol{B} \boldsymbol{x}},$$

$\lambda_1, \lambda_2, \cdots, \lambda_p$ 表示 $\boldsymbol{B}^{-1} \boldsymbol{A}$ 的特征值. 使得 $\dfrac{\boldsymbol{x}^{\mathrm{T}} \boldsymbol{A} \boldsymbol{x}}{\boldsymbol{x}^{\mathrm{T}} \boldsymbol{B} \boldsymbol{x}}$ 取到最大值 (最小值) 的向量为与 $\boldsymbol{B}^{-1} \boldsymbol{A}$ 的最大 (最小) 特征值相对应的特征向量. 如果 $\boldsymbol{x}^{\mathrm{T}} \boldsymbol{B} \boldsymbol{x} = 1$, 那么

$$\max_{\boldsymbol{x}} \boldsymbol{x}^{\mathrm{T}} \boldsymbol{A} \boldsymbol{x} = \lambda_1 \geqslant \lambda_2 \geqslant \cdots \geqslant \lambda_P = \min_{\boldsymbol{x}} \boldsymbol{x}^{\mathrm{T}} \boldsymbol{A} \boldsymbol{x}. \tag{2.10}$$

证明 根据定义, $\boldsymbol{B}^{\frac{1}{2}} = \boldsymbol{\Gamma}_{\boldsymbol{B}} \boldsymbol{\Lambda}_{\boldsymbol{B}}^{\frac{1}{2}} \boldsymbol{\Gamma}_{\boldsymbol{B}}^{\mathrm{T}}$ 且是对称矩阵. 从而有

$$\boldsymbol{x}^{\mathrm{T}} \boldsymbol{B} \boldsymbol{x} = \| \boldsymbol{x}^{\mathrm{T}} \boldsymbol{B}^{\frac{1}{2}} \|^2 = \| \boldsymbol{B}^{\frac{1}{2}} \boldsymbol{x} \|^2 .$$

令 $\boldsymbol{y} = \dfrac{\boldsymbol{B}^{\frac{1}{2}} \boldsymbol{x}}{\| \boldsymbol{B}^{\frac{1}{2}} \boldsymbol{x} \|}$, 则

$$\max_{\boldsymbol{x}} \frac{\boldsymbol{x}^{\mathrm{T}} \boldsymbol{A} \boldsymbol{x}}{\boldsymbol{x}^{\mathrm{T}} \boldsymbol{B} \boldsymbol{x}} = \max_{\{\boldsymbol{y}:\, \boldsymbol{y}^{\mathrm{T}} \boldsymbol{y} = 1\}} \boldsymbol{y}^{\mathrm{T}} \boldsymbol{B}^{-\frac{1}{2}} \boldsymbol{A} \boldsymbol{B}^{-\frac{1}{2}} \boldsymbol{y}. \tag{2.11}$$

根据定理 2.1, 令 $\boldsymbol{B}^{-\frac{1}{2}}\boldsymbol{A}\boldsymbol{B}^{-\frac{1}{2}} = \boldsymbol{\Gamma}\boldsymbol{\Lambda}\boldsymbol{\Gamma}^{\mathrm{T}}$ 为 $\boldsymbol{B}^{-\frac{1}{2}}\boldsymbol{A}\boldsymbol{B}^{-\frac{1}{2}}$ 的谱分解. 设 $\boldsymbol{z} = \boldsymbol{\Gamma}^{\mathrm{T}}\boldsymbol{y} \Rightarrow \boldsymbol{z}^{\mathrm{T}}\boldsymbol{z} = \boldsymbol{y}^{\mathrm{T}}\boldsymbol{\Gamma}\boldsymbol{\Gamma}^{\mathrm{T}}\boldsymbol{y} = \boldsymbol{y}^{\mathrm{T}}\boldsymbol{y}$, 则 (2.11) 式等价于

$$\max_{\{\boldsymbol{z}:\ \boldsymbol{z}^{\mathrm{T}}\boldsymbol{z}=1\}} \boldsymbol{z}^{\mathrm{T}}\boldsymbol{\Lambda}\boldsymbol{z} = \max_{\{\boldsymbol{z}:\ \boldsymbol{z}^{\mathrm{T}}\boldsymbol{z}=1\}} \sum_{i=1}^{p} \lambda_i z_i^2. \tag{2.12}$$

但是

$$\max \Sigma\lambda_i z_i^2 \leqslant \lambda_1 \underbrace{\max \Sigma z_i^2}_{=1} = \lambda_1,$$

当 $\boldsymbol{z} = (1, 0, \cdots, 0)^{\mathrm{T}}$ 时, 上式取到最大值. 此时,

$$\boldsymbol{y} = \gamma_1 \Rightarrow \boldsymbol{x} = \boldsymbol{B}^{-\frac{1}{2}}\gamma_1.$$

因为 $\boldsymbol{B}^{-1}\boldsymbol{A}$ 和 $\boldsymbol{B}^{-\frac{1}{2}}\boldsymbol{A}\boldsymbol{B}^{-\frac{1}{2}}$ 有相同的特征值, 定理得证.

在 $\boldsymbol{x}^{\mathrm{T}}\boldsymbol{B}\boldsymbol{x} = 1$ 的前提下, 寻找 $\boldsymbol{x}^{\mathrm{T}}\boldsymbol{A}\boldsymbol{x}$ 的最大值 (最小值), 下面是另外一种运用拉格朗日方法的证明过程:

$$\max_{\boldsymbol{x}} \boldsymbol{x}^{\mathrm{T}}\boldsymbol{A}\boldsymbol{x} = \max_{\boldsymbol{x}}[\boldsymbol{x}^{\mathrm{T}}\boldsymbol{A}\boldsymbol{x} - \lambda(\boldsymbol{x}^{\mathrm{T}}\boldsymbol{B}\boldsymbol{x} - 1)].$$

使上式对 $\boldsymbol{x}$ 的一阶导数为 $\mathbf{0}$: $2\boldsymbol{A}\boldsymbol{x} - 2\lambda\boldsymbol{B}\boldsymbol{x} = \mathbf{0}$, 即 $\boldsymbol{B}^{-1}\boldsymbol{A}\boldsymbol{x} = \lambda\boldsymbol{x}$.

根据特征值和特征向量的定义, 使上式取最大值的 $\boldsymbol{x}^*$ 是 $\boldsymbol{B}^{-1}\boldsymbol{A}$ 的特征值 λ 所对应的特征向量. 因此

$$\max_{\{\boldsymbol{x}:\ \boldsymbol{x}^{\mathrm{T}}\boldsymbol{B}\boldsymbol{x}=1\}} \boldsymbol{x}^{\mathrm{T}}\boldsymbol{A}\boldsymbol{x} = \max_{\{\boldsymbol{x}:\ \boldsymbol{x}^{\mathrm{T}}\boldsymbol{B}\boldsymbol{x}=1\}} \boldsymbol{x}^{\mathrm{T}}\boldsymbol{B}\boldsymbol{B}^{-1}\boldsymbol{A}\boldsymbol{x} = \max_{\{\boldsymbol{x}:\ \boldsymbol{x}^{\mathrm{T}}\boldsymbol{B}\boldsymbol{x}=1\}} \boldsymbol{x}^{\mathrm{T}}\boldsymbol{B}\lambda\boldsymbol{x} = \max \lambda.$$

例题 2.4　由矩阵

$$\boldsymbol{A} = \begin{pmatrix} 2 & -1 \\ 4 & 5 \end{pmatrix}, \quad \boldsymbol{B} = \begin{pmatrix} 1 & 0 \\ 0 & 1 \end{pmatrix}.$$

计算得

$$\boldsymbol{B}^{-1}\boldsymbol{A} = \begin{pmatrix} 2 & -1 \\ 4 & 5 \end{pmatrix}.$$

$\boldsymbol{B}^{-1}\boldsymbol{A}$ 的最大特征值是 6. 说明在 $\boldsymbol{x}^{\mathrm{T}}\boldsymbol{B}\boldsymbol{x} = 1$ 的限制下, $\boldsymbol{x}^{\mathrm{T}}\boldsymbol{A}\boldsymbol{x}$ 的最大值是 6.

2.4 矩阵导数

考虑 $f: \mathbf{R}^p \to \mathbf{R}$ 和向量 $\boldsymbol{x} \in \mathbf{R}^p$, $\dfrac{\partial f(\boldsymbol{x})}{\partial \boldsymbol{x}}$ 是由偏微分 $\dfrac{\partial f(\boldsymbol{x})}{\partial x_j}$, $j = 1, 2, \cdots, p$ 组成的列向量, $\dfrac{\partial f(\boldsymbol{x})}{\partial \boldsymbol{x}^{\mathrm{T}}}$ 是相应的行向量, 称 $\dfrac{\partial f(\boldsymbol{x})}{\partial \boldsymbol{x}}$ 为 f 的梯度.

同时还可以引入 $p \times p$ 二阶偏导矩阵 $\dfrac{\partial^2 f(\boldsymbol{x})}{\partial \boldsymbol{x} \partial \boldsymbol{x}^{\mathrm{T}}}$, 对应的元素为

$$\frac{\partial^2 f(\boldsymbol{x})}{\partial x_i \partial x_j}, \quad i=1,2,\cdots,p, \ \ j=1,2,\cdots,p.$$

称 $\dfrac{\partial^2 f(\boldsymbol{x})}{\partial \boldsymbol{x} \partial \boldsymbol{x}^{\mathrm{T}}}$ 为 f 的黑塞矩阵.

假定向量 $\boldsymbol{a} \in \mathbf{R}^p$, $\boldsymbol{A} = \boldsymbol{A}^{\mathrm{T}}$ 是 $p \times p$ 矩阵, 则

$$\frac{\partial \boldsymbol{a}^{\mathrm{T}} \boldsymbol{x}}{\partial \boldsymbol{x}} = \boldsymbol{a}, \quad \frac{\partial \boldsymbol{x}^{\mathrm{T}} \boldsymbol{A} \boldsymbol{x}}{\partial \boldsymbol{x}} = 2\boldsymbol{A}\boldsymbol{x}. \tag{2.13}$$

二次型 $Q(\boldsymbol{x}) = \boldsymbol{x}^{\mathrm{T}} \boldsymbol{A} \boldsymbol{x}$ 的黑塞矩阵为

$$\frac{\partial^2 \boldsymbol{x}^{\mathrm{T}} \boldsymbol{A} \boldsymbol{x}}{\partial \boldsymbol{x} \partial \boldsymbol{x}^{\mathrm{T}}} = 2\boldsymbol{A}. \tag{2.14}$$

例题 2.5 对二次型 $Q(\boldsymbol{x})$ 的矩阵

$$\boldsymbol{A} = \begin{pmatrix} 2 & 3 \\ 3 & 5 \end{pmatrix},$$

运用上述公式可得 $Q(\boldsymbol{x}) = \boldsymbol{x}^{\mathrm{T}} \boldsymbol{A} \boldsymbol{x}$ 的梯度为

$$\frac{\partial \boldsymbol{x}^{\mathrm{T}} \boldsymbol{A} \boldsymbol{x}}{\partial \boldsymbol{x}} = 2\boldsymbol{A}\boldsymbol{x} = 2 \begin{pmatrix} 2 & 3 \\ 3 & 5 \end{pmatrix} \boldsymbol{x} = \begin{pmatrix} 4 & 6 \\ 6 & 10 \end{pmatrix} \boldsymbol{x},$$

对应的黑塞矩阵为

$$\frac{\partial^2 \boldsymbol{x}^{\mathrm{T}} \boldsymbol{A} \boldsymbol{x}}{\partial \boldsymbol{x} \partial \boldsymbol{x}^{\mathrm{T}}} = 2\boldsymbol{A} = 2 \begin{pmatrix} 2 & 3 \\ 3 & 5 \end{pmatrix} = \begin{pmatrix} 4 & 6 \\ 6 & 10 \end{pmatrix}.$$

2.5 分块矩阵

通常需要考虑对矩阵 $\boldsymbol{A}(n \times p)$ 的行和列进行分组. 在将行和列分为两组的情况下, $\boldsymbol{A}$ 可以写成

$$\boldsymbol{A} = \begin{pmatrix} \boldsymbol{A}_{11} & \boldsymbol{A}_{12} \\ \boldsymbol{A}_{21} & \boldsymbol{A}_{22} \end{pmatrix},$$

其中 $\boldsymbol{A}_{ij}(n_i \times p_j), i,j=1,2, n_1+n_2=n, p_1+p_2=p$.

若对 $\boldsymbol{B}(n \times p)$ 也做相应的分割, 可以得到

$$\boldsymbol{A}+\boldsymbol{B}=\begin{pmatrix}\boldsymbol{A}_{11}+\boldsymbol{B}_{11} & \boldsymbol{A}_{12}+\boldsymbol{B}_{12}\\ \boldsymbol{A}_{21}+\boldsymbol{B}_{21} & \boldsymbol{A}_{22}+\boldsymbol{B}_{22}\end{pmatrix},$$

$$\boldsymbol{A}\boldsymbol{B}^{\mathrm{T}}=\begin{pmatrix}\boldsymbol{A}_{11}\boldsymbol{B}_{11}^{\mathrm{T}}+\boldsymbol{A}_{12}\boldsymbol{B}_{12}^{\mathrm{T}} & \boldsymbol{A}_{11}\boldsymbol{B}_{21}^{\mathrm{T}}+\boldsymbol{A}_{12}\boldsymbol{B}_{22}^{\mathrm{T}}\\ \boldsymbol{A}_{21}\boldsymbol{B}_{11}^{\mathrm{T}}+\boldsymbol{A}_{22}\boldsymbol{B}_{12}^{\mathrm{T}} & \boldsymbol{A}_{21}\boldsymbol{B}_{21}^{\mathrm{T}}+\boldsymbol{A}_{22}\boldsymbol{B}_{22}^{\mathrm{T}}\end{pmatrix},$$

其中

$$\boldsymbol{B}^{\mathrm{T}}=\begin{pmatrix}\boldsymbol{B}_{11}^{\mathrm{T}} & \boldsymbol{B}_{21}^{\mathrm{T}}\\ \boldsymbol{B}_{12}^{\mathrm{T}} & \boldsymbol{B}_{22}^{\mathrm{T}}\end{pmatrix},$$

当 $\boldsymbol{A}(p\times p)$ 是非奇异方阵且分解的子矩阵 $\boldsymbol{A}_{11}$, $\boldsymbol{A}_{22}$ 都是方阵时, 可以证明

$$\boldsymbol{A}^{-1}=\begin{pmatrix}\boldsymbol{A}^{11} & \boldsymbol{A}^{12}\\ \boldsymbol{A}^{21} & \boldsymbol{A}^{22}\end{pmatrix}, \tag{2.15}$$

其中

$$\begin{aligned}
\boldsymbol{A}^{11}&=(\boldsymbol{A}_{11}-\boldsymbol{A}_{12}\boldsymbol{A}_{22}^{-1}\boldsymbol{A}_{21})^{-1},\\
\boldsymbol{A}^{12}&=-\boldsymbol{A}_{11.2}^{-1}\boldsymbol{A}_{12}\boldsymbol{A}_{22}^{-1},\\
\boldsymbol{A}^{21}&=-\boldsymbol{A}_{22}^{-1}\boldsymbol{A}_{21}\boldsymbol{A}_{11.2}^{-1},\\
\boldsymbol{A}^{22}&=\boldsymbol{A}_{22}^{-1}+\boldsymbol{A}_{22}^{-1}\boldsymbol{A}_{21}\boldsymbol{A}_{11.2}^{-1}\boldsymbol{A}_{12}\boldsymbol{A}_{22}^{-1},
\end{aligned}$$

或

$$\begin{aligned}
\boldsymbol{A}^{11}&=\boldsymbol{A}_{11}^{-1}+\boldsymbol{A}_{11}^{-1}\boldsymbol{A}_{12}\boldsymbol{A}_{22.1}^{-1}\boldsymbol{A}_{21}\boldsymbol{A}_{11}^{-1},\\
\boldsymbol{A}^{12}&=-\boldsymbol{A}_{11}^{-1}\boldsymbol{A}_{12}\boldsymbol{A}_{22.1}^{-1},\\
\boldsymbol{A}^{21}&=-\boldsymbol{A}_{22.1}^{-1}\boldsymbol{A}_{21}\boldsymbol{A}_{11}^{-1},\\
\boldsymbol{A}^{22}&=(\boldsymbol{A}_{22}-\boldsymbol{A}_{21}\boldsymbol{A}_{11}^{-1}\boldsymbol{A}_{12})^{-1},
\end{aligned}$$

其中 $\boldsymbol{A}_{11.2}=\boldsymbol{A}_{11}-\boldsymbol{A}_{12}\boldsymbol{A}_{22}^{-1}\boldsymbol{A}_{21}$, $\boldsymbol{A}_{22.1}=\boldsymbol{A}_{22}-\boldsymbol{A}_{21}\boldsymbol{A}_{11}^{-1}\boldsymbol{A}_{12}$.
当 $\boldsymbol{A}_{11}$ 是非奇异矩阵时,

$$|\boldsymbol{A}|=|\boldsymbol{A}_{11}||\boldsymbol{A}_{22}-\boldsymbol{A}_{21}\boldsymbol{A}_{11}^{-1}\boldsymbol{A}_{12}|=|\boldsymbol{A}_{11}||\boldsymbol{A}_{22.1}|. \tag{2.16}$$

当 $\boldsymbol{A}_{22}$ 是非奇异矩阵时,

$$|\boldsymbol{A}|=|\boldsymbol{A}_{22}||\boldsymbol{A}_{11}-\boldsymbol{A}_{12}\boldsymbol{A}_{22}^{-1}\boldsymbol{A}_{21}|=|\boldsymbol{A}_{22}||\boldsymbol{A}_{11.2}|. \tag{2.17}$$

若矩阵有如下形式:

$$\boldsymbol{B}=\begin{pmatrix}1 & \boldsymbol{b}^{\mathrm{T}}\\ \boldsymbol{a} & \boldsymbol{A}\end{pmatrix},$$

其中 $\boldsymbol{a}$ 和 $\boldsymbol{b}$ 是 $p\times 1$ 向量, 矩阵 $\boldsymbol{A}$ 是非奇异的, 则可得

$$|\boldsymbol{B}|=|\boldsymbol{A}-\boldsymbol{a}\boldsymbol{b}^{\mathrm{T}}|=|\boldsymbol{A}|(1-\boldsymbol{b}^{\mathrm{T}}\boldsymbol{A}^{-1}\boldsymbol{a}).$$

进而可以得到

$$(\boldsymbol{A}-\boldsymbol{a}\boldsymbol{b}^{\mathrm{T}})^{-1}=\boldsymbol{A}^{-1}+\frac{\boldsymbol{A}^{-1}\boldsymbol{a}\boldsymbol{b}^{\mathrm{T}}\boldsymbol{A}^{-1}}{1-\boldsymbol{b}^{\mathrm{T}}\boldsymbol{A}^{-1}\boldsymbol{a}}. \tag{2.18}$$

假定 $\boldsymbol{A}(n\times p)$,$\boldsymbol{B}(p\times n)$ 是任意两个矩阵且 $n\geqslant p$. 由上述的结论可知

$$\begin{vmatrix}-\lambda\boldsymbol{I}_n & -\boldsymbol{A}\\ \boldsymbol{B} & \boldsymbol{I}_p\end{vmatrix}=(-\lambda)^{n-p}|\boldsymbol{B}\boldsymbol{A}-\lambda\boldsymbol{I}_p|=|\boldsymbol{A}\boldsymbol{B}-\lambda\boldsymbol{I}_n|. \tag{2.19}$$

上式右端的两个行列式都是关于 λ 的多项式, 可以看出 $\boldsymbol{B}\boldsymbol{A}$ 的 p 个非零特征值加上 $n-p$ 重特征值 0, 即为 $\boldsymbol{A}\boldsymbol{B}$ 的 n 个特征值.

定理 2.7 对矩阵 $\boldsymbol{A}(n\times p)$, $\boldsymbol{B}(p\times n)$, $\boldsymbol{A}\boldsymbol{B}$ 和 $\boldsymbol{B}\boldsymbol{A}$ 有相同的非零特征值且重数也相同. 如果 $\boldsymbol{x}$ 是 $\boldsymbol{A}\boldsymbol{B}$ 的一个非零特征值对应的特征向量, 那么 $\boldsymbol{y}=\boldsymbol{B}\boldsymbol{x}$ 是 $\boldsymbol{B}\boldsymbol{A}$ 的一个特征向量.

推论 2.1 对于 $\boldsymbol{A}(n\times p),\boldsymbol{B}(q\times n),\boldsymbol{a}(p\times 1),\boldsymbol{b}(q\times 1)$, 那么 $\mathrm{rank}(\boldsymbol{A}\boldsymbol{a}\boldsymbol{b}^{\mathrm{T}}\boldsymbol{B})\leqslant 1$. 如果存在非零的特征值, 那么此特征值为 $\boldsymbol{b}^{\mathrm{T}}\boldsymbol{B}\boldsymbol{A}\boldsymbol{a}$, 对应的特征向量为 $\boldsymbol{A}\boldsymbol{a}$.

证明 根据定理 2.7 可知, $\boldsymbol{A}\boldsymbol{a}\boldsymbol{b}^{\mathrm{T}}\boldsymbol{B}$ 与 $\boldsymbol{b}^{\mathrm{T}}\boldsymbol{B}\boldsymbol{A}\boldsymbol{a}$ 有相同的特征值. 注意到矩阵 $\boldsymbol{b}^{\mathrm{T}}\boldsymbol{B}\boldsymbol{A}\boldsymbol{a}$ 是一个标量, 因此它即是其本身的唯一特征值 λ_1. 由 $(\boldsymbol{A}\boldsymbol{a}\boldsymbol{b}^{\mathrm{T}}\boldsymbol{B})(\boldsymbol{A}\boldsymbol{a})=(\boldsymbol{A}\boldsymbol{a})(\boldsymbol{b}^{\mathrm{T}}\boldsymbol{B}\boldsymbol{A}\boldsymbol{a})=\lambda_1\boldsymbol{A}\boldsymbol{a}$, 原命题得证.

设 $\boldsymbol{A}=(a_{ij})$ 是 $p\times m$ 矩阵, $\boldsymbol{B}=(b_{\alpha\beta})$ 是 $q\times n$ 矩阵, 记 $\boldsymbol{A}$ 和 $\boldsymbol{B}$ 的克罗内克 (Kronecker) 乘积或直积为 $\boldsymbol{A}\otimes\boldsymbol{B}$, 即

$$\boldsymbol{A}\otimes\boldsymbol{B}=\begin{pmatrix}a_{11}\boldsymbol{B} & \cdots & a_{1m}\boldsymbol{B}\\ \vdots & & \vdots\\ a_{p1}\boldsymbol{B} & \cdots & a_{pm}\boldsymbol{B}\end{pmatrix}.$$

当矩阵的阶数允许相乘时, 以下性质成立:

$$(\boldsymbol{A}\otimes\boldsymbol{B})(\boldsymbol{C}\otimes\boldsymbol{D})=(\boldsymbol{A}\boldsymbol{C})\otimes(\boldsymbol{B}\boldsymbol{D}),$$
$$(\boldsymbol{A}\otimes\boldsymbol{B})^{-1}=\boldsymbol{A}^{-1}\otimes\boldsymbol{B}^{-1}.$$

定理 2.8 设 $p\times p$ 矩阵 $\boldsymbol{A}$ 的第 i 个特征值为 λ_i, 对应的特征向量为 $\boldsymbol{x}_i=(x_{1i},x_{2i},\cdots,x_{pi})^{\mathrm{T}}$, $q\times q$ 矩阵 $\boldsymbol{B}$ 的第 α 个特征值为 v_α, 对应的特征向量为 $\boldsymbol{y}_\alpha$, 则 $\boldsymbol{A}\otimes\boldsymbol{B}$ 的第 (α,i) 个特征值为 $\lambda_i v_\alpha$, 对应的特征向量为 $\boldsymbol{x}_i\otimes\boldsymbol{y}_\alpha=(x_{1i}\boldsymbol{y}_\alpha^{\mathrm{T}},x_{2i}\boldsymbol{y}_\alpha^{\mathrm{T}},\cdots,x_{pi}\boldsymbol{y}_\alpha^{\mathrm{T}})^{\mathrm{T}}$, $i=1,2,\cdots,p,\alpha=1,2,\cdots,q$.

证明

$$\boldsymbol{A}\otimes\boldsymbol{B}(\boldsymbol{x}_i\otimes\boldsymbol{y}_\alpha)=\begin{pmatrix}a_{11}\boldsymbol{B} & \cdots & a_{1p}\boldsymbol{B}\\ \vdots & & \vdots\\ a_{p1}\boldsymbol{B} & \cdots & a_{pp}\boldsymbol{B}\end{pmatrix}\begin{pmatrix}x_{1i}\boldsymbol{y}_\alpha\\ \vdots\\ x_{pi}\boldsymbol{y}_\alpha\end{pmatrix}=\begin{pmatrix}\sum_j a_{1j}x_{ji}\boldsymbol{B}\boldsymbol{y}_\alpha\\ \vdots\\ \sum_j a_{pj}x_{ji}\boldsymbol{B}\boldsymbol{y}_\alpha\end{pmatrix}$$

$$=\begin{pmatrix}\lambda_i x_{1i}\boldsymbol{B}\boldsymbol{y}_\alpha\\ \vdots\\ \lambda_i x_{pi}\boldsymbol{B}\boldsymbol{y}_\alpha\end{pmatrix}=\lambda_i v_\alpha\begin{pmatrix}x_{1i}\boldsymbol{y}_\alpha\\ \vdots\\ x_{pi}\boldsymbol{y}_\alpha\end{pmatrix}.$$

定理 2.9

$$|\boldsymbol{A}\otimes\boldsymbol{B}|=|\boldsymbol{A}|^q|\boldsymbol{B}|^p.$$

证明　由于矩阵行列式的值等于特征值乘积, 因而有

$$|\boldsymbol{A}\otimes\boldsymbol{B}|=\prod_{i=1}^p\prod_{\alpha=1}^q\lambda_i v_\alpha=\left(\prod_{i=1}^p\lambda_i\right)^q\left(\prod_{\alpha=1}^q v_\alpha\right)^p=|\boldsymbol{A}|^q|\boldsymbol{B}|^p.$$

如果 $p\times m$ 矩阵 $\boldsymbol{A}=(\boldsymbol{a}_1,\boldsymbol{a}_2,\cdots,\boldsymbol{a}_m)$, 那么 $\mathrm{vec}(\boldsymbol{A})=(\boldsymbol{a}_1^{\mathrm{T}},\boldsymbol{a}_2^{\mathrm{T}},\cdots,\boldsymbol{a}_m^{\mathrm{T}})^{\mathrm{T}}$, 并且有如下性质:

$$\mathrm{vec}(\boldsymbol{ABC})=(\boldsymbol{C}^{\mathrm{T}}\otimes\boldsymbol{A})\mathrm{vec}(\boldsymbol{B}),$$
$$\mathrm{vec}(\boldsymbol{x}\boldsymbol{y}^{\mathrm{T}})=\boldsymbol{y}\otimes\boldsymbol{x}.$$

2.6 几何部分

2.6.1 距离

在数学中, 距离函数定义为集合元素之间距离的函数. 设 $\boldsymbol{x},\boldsymbol{y}\in\mathbf{R}^p$, 则对应的距离函数 d 定义为

$$d\colon\mathbf{R}^{2p}\to\mathbf{R}_+,\quad \text{满足}\begin{cases}d(\boldsymbol{x},\boldsymbol{y})>0, & \forall\boldsymbol{x}\neq\boldsymbol{y},\\ d(\boldsymbol{x},\boldsymbol{y})=0, & \boldsymbol{x}=\boldsymbol{y},\\ d(\boldsymbol{x},\boldsymbol{y})\leqslant d(\boldsymbol{x},\boldsymbol{z})+d(\boldsymbol{z},\boldsymbol{y}) & \forall\boldsymbol{x},\boldsymbol{y},\boldsymbol{z}.\end{cases}$$

$\boldsymbol{x}$ 和 $\boldsymbol{y}$ 间的欧氏距离定义为

$$d^2(\boldsymbol{x},\boldsymbol{y})=(\boldsymbol{x}-\boldsymbol{y})^{\mathrm{T}}\boldsymbol{A}(\boldsymbol{x}-\boldsymbol{y}),\tag{2.20}$$

称为度量 (metric) (如图 2.1 所示), 其中 $\boldsymbol{A}$ 是一个正定矩阵.

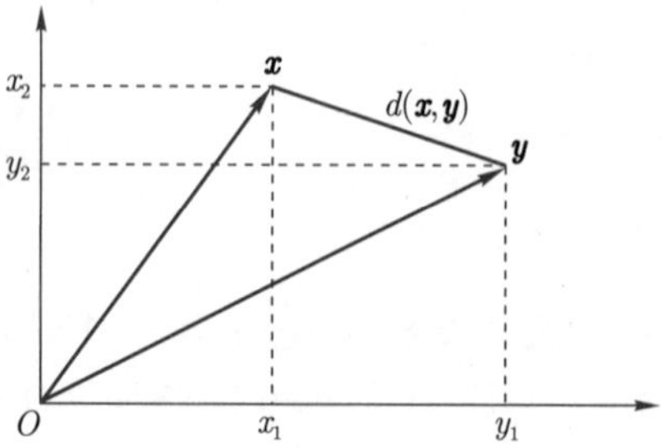

图 2.1　距离函数示意图

例题 2.6 当 $\boldsymbol{A}=\boldsymbol{I}_p$ 时,

$$d^2(\boldsymbol{x},\boldsymbol{y})=\sum_i^p(x_i-y_i)^2. \tag{2.21}$$

注意, 集合 $E_d=\{\boldsymbol{x}\in\mathbf{R}^p|(\boldsymbol{x}-\boldsymbol{x}_0)^{\mathrm{T}}(\boldsymbol{x}-\boldsymbol{x}_0)=d^2\}$ 是以 d 为半径、以 $\boldsymbol{x}_0$ 为球心的球面. 图 2.2 是 $p=2$ 的情形.

一般情形下, 带有正定矩阵 $\boldsymbol{A}$ 的距离能够得到等距离面

$$E_d=\{\boldsymbol{x}\in\mathbf{R}^p|(\boldsymbol{x}-\boldsymbol{x}_0)^{\mathrm{T}}\boldsymbol{A}(\boldsymbol{x}-\boldsymbol{x}_0)=d^2\}. \tag{2.22}$$

图 2.3 表示以 $\boldsymbol{x}_0$ 为中心的椭圆, 其度量矩阵为 $\boldsymbol{A}$, 距离为给定常数 d.

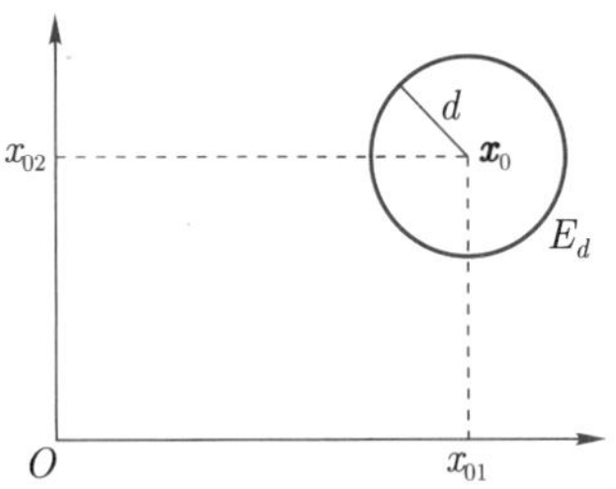

图 2.2 等距球示意图

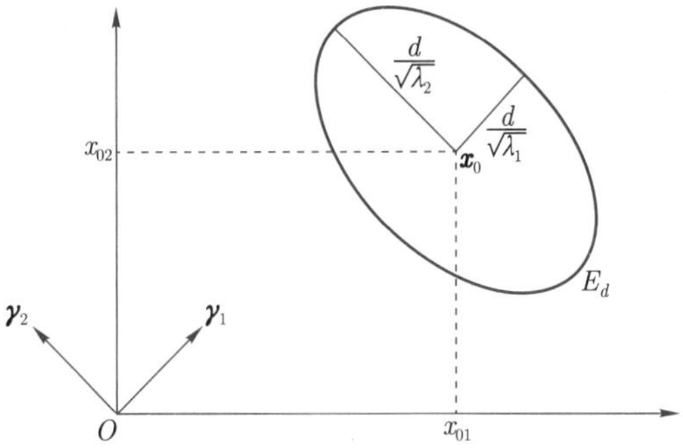

图 2.3 椭圆示意图

定理 2.10 (1) E_d 主轴在 γ_i 方向上的分量, $\gamma_1,\gamma_2,\cdots,\gamma_p$ 是矩阵 $\boldsymbol{A}$ 关于特征值 $\lambda_1\geqslant\lambda_2\geqslant\cdots\geqslant\lambda_p$ 的正交特征向量;

(2) 半轴的长是 $\sqrt{\dfrac{d^2}{\lambda_i}}$, $i=1,2\cdots,p$;

(3) 包含椭球 E_d 的矩形定义为下述不等式:

$$x_{0i}-\sqrt{d^2a_{ii}}\leqslant x_i\leqslant x_{0i}+\sqrt{d^2a_{ii}},\quad i=1,2,\cdots,p,$$

其中 a_{ii} 是 $\boldsymbol{A}^{-1}$ 的第 i 行第 i 列元素, 且上述矩形的边平行于坐标轴.

很容易发现在椭球和包含它的矩形之间存在切点. 现在寻找第 j 条坐标轴正方向上的切点. 为了简化记号, 假定椭球以原点 ($\boldsymbol{x}_0=\boldsymbol{0}$) 为中心. 如果不是, 可以将矩形平移 $\boldsymbol{x}_0$ 个单位达到此目的. 可以通过解决以下问题得到切点的坐标:

$$\boldsymbol{x}=\arg\max_{\boldsymbol{x}^{\mathrm{T}}\boldsymbol{A}\boldsymbol{x}=d^2}\boldsymbol{e}_j^{\mathrm{T}}\boldsymbol{x}, \tag{2.23}$$

其中 $\boldsymbol{e}_j$ 是单位矩阵 $\boldsymbol{I}_p$ 的第 j 列. 负方向上的切点坐标是最小值的解, 和正方向上切点的坐标关于原点对称.

通过构造拉格朗日函数 $L=\boldsymbol{e}_j^{\mathrm{T}}\boldsymbol{x}-\lambda(\boldsymbol{x}^{\mathrm{T}}\boldsymbol{A}\boldsymbol{x}-d^2)$, 令其导数为 0, 有

$$\frac{\partial L}{\partial\boldsymbol{x}}=\boldsymbol{e}_j-2\lambda\boldsymbol{A}\boldsymbol{x}=\boldsymbol{0}, \tag{2.24}$$

$$\frac{\partial L}{\partial \lambda} = \boldsymbol{x}^{\mathrm{T}} \boldsymbol{A} \boldsymbol{x} - d^2 = 0. \tag{2.25}$$

求得 $\boldsymbol{x} = \dfrac{1}{2\lambda}\boldsymbol{A}^{-1}\boldsymbol{e}_j$, $x_j = 2\lambda d^2$.

当 $i = j$ 时, 可以得到 $2\lambda = \sqrt{\dfrac{a_{jj}}{d^2}}$. 因为要最大化 $\boldsymbol{e}_j$, 所以应该选择正平方根, 若求最小值, 就取相应的负值. 最终得到第 j 条坐标轴正方向上的切点坐标

$$x_i = \sqrt{\frac{d^2}{a_{jj}}} a_{ij}, \quad i = 1, 2, \cdots, p. \tag{2.26}$$

当 $i = j$ 时, 即为定理 2.10 中的 (3).

2.6.2 范数

范数是具有“长度”概念的函数. 一个 p 维欧几里得空间 $\mathbf{R}^p$ 上, 向量 $\boldsymbol{x} \in \mathbf{R}^p$ 的范数或者长度定义为

$$\| \boldsymbol{x} \| = d(\boldsymbol{0}, \boldsymbol{x}) = \sqrt{\boldsymbol{x}^{\mathrm{T}} \boldsymbol{x}}.$$

当 $\| \boldsymbol{x} \| = 1$ 时, $\boldsymbol{x}$ 称为单位向量. 以矩阵 $\boldsymbol{A}$ 为度量的范数定义为

$$\| \boldsymbol{x} \|_{\boldsymbol{A}} = \sqrt{\boldsymbol{x}^{\mathrm{T}} \boldsymbol{A} \boldsymbol{x}}.$$

1. 两个向量间的夹角

考虑两个向量 $\boldsymbol{x}, \boldsymbol{y} \in \mathbf{R}^p$. $\boldsymbol{x}$ 和 $\boldsymbol{y}$ 的夹角 θ 对应的余弦值定义为

$$\cos\theta = \frac{\boldsymbol{x}^{\mathrm{T}} \boldsymbol{y}}{\| \boldsymbol{x} \| \| \boldsymbol{y} \|}, \tag{2.27}$$

如图 2.4 所示, 当 $p = 2$ 时, $\boldsymbol{x} = (x_1, x_2)^{\mathrm{T}}$, $\boldsymbol{y} = (y_1, y_2)^{\mathrm{T}}$,

$$\| \boldsymbol{x} \| \cos\theta_1 = x_1; \quad \| \boldsymbol{y} \| \cos\theta_2 = y_1, \tag{2.28}$$

$$\| \boldsymbol{x} \| \sin\theta_1 = x_2; \quad \| \boldsymbol{y} \| \sin\theta_2 = y_2. \tag{2.29}$$

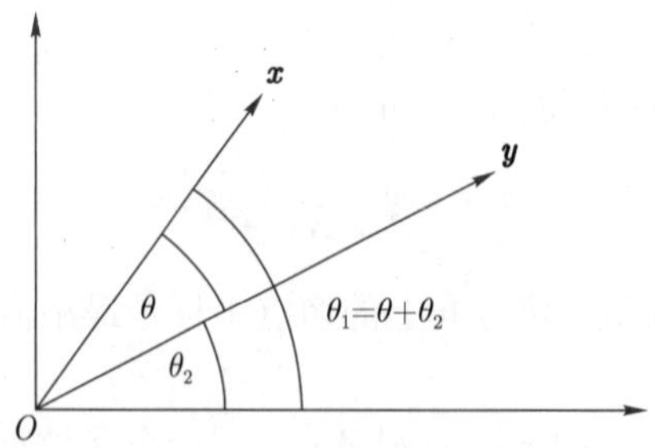

图 2.4 两向量夹角示意图

因此,

$$\cos\theta=\cos\theta_1\cos\theta_2+\sin\theta_1\sin\theta_2=\frac{x_1y_1+x_2y_2}{\|\boldsymbol{x}\|\|\boldsymbol{y}\|}=\frac{\boldsymbol{x}^{\mathrm{T}}\boldsymbol{y}}{\|\boldsymbol{x}\|\|\boldsymbol{y}\|}.$$

由三角形法则可知, 如图 2.5 所示, θ 的余弦值等于直角三角形的底边 ($\| p_{\boldsymbol{x}} \|$) 除以斜边 ($\| \boldsymbol{x} \|$). 因此, 可以得到

$$\| p_{\boldsymbol{x}} \|=\| \boldsymbol{x} \|| \cos\theta |=\frac{| \boldsymbol{x}^{\mathrm{T}}\boldsymbol{y} |}{\| \boldsymbol{y} \|}, \tag{2.30}$$

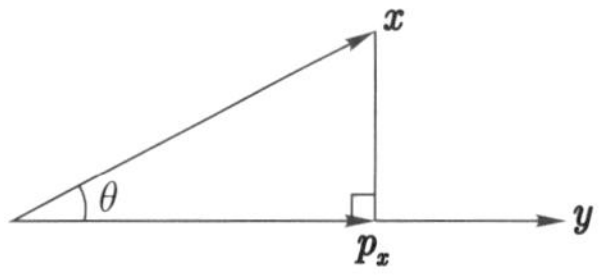

图 2.5 投影示意图

其中 $p_{\boldsymbol{x}}$ 称为 $\boldsymbol{x}$ 在 $\boldsymbol{y}$ 上的投影.

夹角也可以通过度量 $\boldsymbol{A}$ 定义为

$$\cos\theta=\frac{\boldsymbol{x}^{\mathrm{T}}\boldsymbol{A}\boldsymbol{y}}{\| \boldsymbol{x} \|_{\boldsymbol{A}}\| \boldsymbol{y} \|_{\boldsymbol{A}}}. \tag{2.31}$$

若 $\boldsymbol{x}^{\mathrm{T}}\boldsymbol{y}=0$, 则夹角 θ 等于 $\dfrac{\pi}{2}$. 此时 $\cos\theta=0$, 称 $\boldsymbol{x}$ 与 $\boldsymbol{y}$ 关于度量 $\boldsymbol{A}$ 正交.

例题 2.7 两个中心数据向量 (均值为零的向量)$\boldsymbol{x}$ 和 $\boldsymbol{y}$, 它们的夹角等于其相关系数

$$r_{\boldsymbol{x}\boldsymbol{y}}=\frac{\Sigma x_i y_i}{\sqrt{\Sigma x_i^2\Sigma y_i^2}}=\cos\theta.$$

2. 旋转变换

旋转变换在几何和线性代数中是描述物体围绕一个固定点的运动. 旋转变换不同于没有固定点的平移变换, 也不同于翻转变换的形体反射. 旋转变换和上面提及的变换都是等距的, 即任何两点之间的距离在变换之后保持不变. 考虑 $\boldsymbol{x}\in\mathbf{R}^p$, 通常用 p 维坐标系来得到 $\boldsymbol{x}$ 的几何表示. 在多元统计技术中, 有些情形需通过旋转坐标系统来解决问题.

例题 2.8 在笛卡儿直角坐标系中, 点 P 坐标为 $\boldsymbol{x}=(x_1,x_2)^{\mathrm{T}}$. 令 $\boldsymbol{\Gamma}$ 是 2×2 正交矩阵

$$\boldsymbol{\Gamma}=\begin{pmatrix}\cos\theta & \sin\theta\\ -\sin\theta & \cos\theta\end{pmatrix}. \tag{2.32}$$

如果坐标轴绕原点沿顺时针方向旋转 θ, 点 P 的新坐标 $\boldsymbol{y}$ 为

$$\boldsymbol{y}=\boldsymbol{\Gamma}\boldsymbol{x}. \tag{2.33}$$

如果坐标轴绕原点沿逆时针方向旋转 θ, 那么点 P 的新坐标为

$$\boldsymbol{y}=\boldsymbol{\Gamma}^{\mathrm{T}}\boldsymbol{x}. \tag{2.34}$$

更一般地, 向量 $\boldsymbol{x}$ 左乘正交矩阵 $\boldsymbol{\Gamma}$ 在几何上表示坐标系旋转, 因此旋转后得到的点的第一个坐标取决于 $\boldsymbol{\Gamma}$ 的第一行.

3. 矩阵的列空间和零空间

矩阵 $\boldsymbol{X}(n\times p)$ 的列空间定义如下:

$$\mathrm{Im}(\boldsymbol{X}) \stackrel{\text{def}}{=} C(\boldsymbol{X}) = \{\boldsymbol{x} \in \mathbf{R}^n \mid \exists\, \boldsymbol{a} \in \mathbf{R}^p, \boldsymbol{X}\boldsymbol{a} = \boldsymbol{x}\}.$$

注意到 $C(\boldsymbol{X}) \subseteq \mathbf{R}^n$,$\dim\{C(\boldsymbol{X})\} = \mathrm{rank}(\boldsymbol{X}) = r \leqslant \min\{n, p\}$.

矩阵 $\boldsymbol{X}(n \times p)$ 的零空间定义如下:

$$\mathrm{Ker}(\boldsymbol{X}) \stackrel{\text{def}}{=} N(\boldsymbol{X}) = \{\boldsymbol{y} \in \mathbf{R}^p \mid \boldsymbol{X}\boldsymbol{y} = \boldsymbol{0}\},$$

注意到 $N(\boldsymbol{X}) \subseteq \mathbf{R}^p$, $\dim\{N(\boldsymbol{X})\} = p - r$.

在 $\mathbf{R}^n$ 中, $N(\boldsymbol{X}^{\mathrm{T}})$ 是 $C(\boldsymbol{X})$ 的正交补, 例如, 向量 $\boldsymbol{b} \in \mathbf{R}^n$ 满足对所有的 $\boldsymbol{x} \in C(\boldsymbol{X})$, $\boldsymbol{x}^{\mathrm{T}}\boldsymbol{b} = 0$ 都成立, 当且仅当 $\boldsymbol{b} \in N(\boldsymbol{X}^{\mathrm{T}})$.

例题 **2.9**　令

$$\boldsymbol{X} = \begin{pmatrix} 1 & 4 & 6 \\ 3 & 7 & 5 \\ 2 & 4 & 5 \\ 8 & 3 & 2 \end{pmatrix},$$

很容易得出 $\mathrm{rank}(\boldsymbol{X}) = 3$. 因此 $\boldsymbol{X}$ 的列空间是 $C(\boldsymbol{X}) = \mathbf{R}^3$. $\boldsymbol{X}$ 的零空间只包含零向量 $(0,0,0)^{\mathrm{T}}$, 它的维数为 $\mathrm{rank}(\boldsymbol{X}) - 3 = 0$.

对矩阵

$$\boldsymbol{X} = \begin{pmatrix} 4 & 1 & 8 \\ 2 & 3 & 4 \\ 7 & 5 & 14 \\ 6 & 7 & 12 \end{pmatrix},$$

第 3 列是第 1 列的 2 倍, 所以 $\boldsymbol{X}$ 不是满秩的. 并且前两列线性无关, 因此 $\mathrm{rank}(\boldsymbol{X}) = 2$. 这种情况下, 列空间的维数是 2, 零空间的维数是 1.

4. 投影矩阵

在 $\mathbf{R}^n$ 中, $\boldsymbol{P}$ 为 $n \times n$ 矩阵, $\boldsymbol{P}$ 称为投影 (正交) 矩阵当且仅当 $\boldsymbol{P} = \boldsymbol{P}^{\mathrm{T}} = \boldsymbol{P}^2$, 即 $\boldsymbol{P}$ 是幂等矩阵. 令 $\boldsymbol{b} \in \mathbf{R}^n$, 那么 $\boldsymbol{a} = \boldsymbol{P}\boldsymbol{b}$ 是 $\boldsymbol{b}$ 在 $C(\boldsymbol{P})$ 上的投影.

考虑 $\boldsymbol{X}(n \times p)$ 并记

$$\boldsymbol{P} = \boldsymbol{X}(\boldsymbol{X}^{\mathrm{T}}\boldsymbol{X})^{-1}\boldsymbol{X}^{\mathrm{T}}, \tag{2.35}$$

且 $\boldsymbol{Q} = \boldsymbol{I}_n - \boldsymbol{P}$. 很容易验证 $\boldsymbol{P}$ 和 $\boldsymbol{Q}$ 都是幂等矩阵. 同时

$$\boldsymbol{P}\boldsymbol{X} = \boldsymbol{X} \text{ 且 } \boldsymbol{Q}\boldsymbol{X} = \boldsymbol{0}, \tag{2.36}$$

这是因为 $\boldsymbol{X}$ 的列投影到它自身, 投影矩阵 $\boldsymbol{P}$ 将任意向量 $\boldsymbol{b} \in \mathbf{R}^n$ 投影到 $C(\boldsymbol{X})$ 上, 投影矩阵 $\boldsymbol{Q}$ 将任意向量 $\boldsymbol{b} \in \mathbf{R}^n$ 投影到 $C(\boldsymbol{X})$ 的正交补上.

定理 2.11　$\boldsymbol{P}$ 是投影 (2.35), $\boldsymbol{Q}$ 是它的正交补, 则有

(1) $\boldsymbol{x}=\boldsymbol{P}\boldsymbol{b}\Rightarrow\boldsymbol{x}\in C(\boldsymbol{X})$;

(2) $\boldsymbol{y}=\boldsymbol{Q}\boldsymbol{b}\Rightarrow\boldsymbol{y}^{\mathrm{T}}\boldsymbol{x}=0,\ \forall\ \boldsymbol{x}\in C(\boldsymbol{X})$.

令 $\boldsymbol{x},\boldsymbol{y}\in\mathbf{R}^n$, 并且考虑 $\boldsymbol{x}$ 在 $\boldsymbol{y}$ 上的投影 $\boldsymbol{P}_{\boldsymbol{x}}\in\mathbf{R}^n$. 当 $\boldsymbol{X}=\boldsymbol{y}$ 时, 从 (2.35) 可以得到

$$\boldsymbol{P}_{\boldsymbol{x}}=\boldsymbol{y}(\boldsymbol{y}^{\mathrm{T}}\boldsymbol{y})^{-1}\boldsymbol{y}^{\mathrm{T}}\boldsymbol{x}=\frac{\boldsymbol{y}^{\mathrm{T}}\boldsymbol{x}}{\|\boldsymbol{y}\|^2}\boldsymbol{y},\tag{2.37}$$

很容易证明

$$\|\boldsymbol{P}_{\boldsymbol{x}}\|=\sqrt{\boldsymbol{P}_{\boldsymbol{x}}^{\mathrm{T}}\boldsymbol{P}_{\boldsymbol{x}}}=\frac{|\boldsymbol{y}^{\mathrm{T}}\boldsymbol{x}|}{\|\boldsymbol{y}\|}.$$

习　题　2

习题 2.1　计算矩阵 $\boldsymbol{A}=\begin{pmatrix}7&6&3&7\\3&5&7&2\\5&4&3&5\\5&6&5&4\end{pmatrix}$ 的行列式.

习题 2.2　对于矩阵 $\boldsymbol{A}(n\times n)$, $|\boldsymbol{A}|=5$, $\boldsymbol{C}$ 是 $\boldsymbol{A}$ 的伴随矩阵, 求 $\left|\boldsymbol{C}-\left(\dfrac{1}{10}\boldsymbol{A}\right)^{-1}\right|$.

习题 2.3　假定 $|\boldsymbol{A}|=0$, $\boldsymbol{A}$ 的所有特征值有可能都是正值吗?

习题 2.4　假定某个方阵 $\boldsymbol{A}$ 的所有特征值都不等于零. $\boldsymbol{A}$ 的逆矩阵 $\boldsymbol{A}^{-1}$ 存在吗?

习题 2.5　对下列矩阵进行谱分解:

$$\boldsymbol{A}=\begin{pmatrix}1&2&3\\2&1&2\\3&2&1\end{pmatrix}.$$

习题 2.6　已知矩阵

$$\boldsymbol{A}=\begin{pmatrix}-2&1&1\\0&2&0\\-4&1&3\end{pmatrix},$$

对 $\boldsymbol{A}$ 做奇异值分解.

习题 2.7　证明一个投影矩阵的特征值只能为 0 或 1.

习题 2.8　判定下面二次型是否是正定的:

$$f(x_1,x_2,x_3)=x_1^2+2x_2^2-3x_3^2+4x_1x_2+2x_2x_3.$$

习题 2.9　设 $\boldsymbol{A},\boldsymbol{B}$ 分别是 $s\times n,n\times s$ 矩阵, 证明:

$$\begin{vmatrix}\boldsymbol{I}_n&\boldsymbol{B}\\\boldsymbol{A}&\boldsymbol{I}_s\end{vmatrix}=|\boldsymbol{I}_s-\boldsymbol{A}\boldsymbol{B}|.$$

习题 2.10　证明:

$$\frac{\partial \boldsymbol{a}^{\mathrm{T}}\boldsymbol{x}}{\partial \boldsymbol{x}} = \boldsymbol{a}, \quad \frac{\partial \boldsymbol{x}^{\mathrm{T}}\boldsymbol{A}\boldsymbol{x}}{\partial \boldsymbol{x}} = 2\boldsymbol{A}\boldsymbol{x}, \quad \frac{\partial^2 \boldsymbol{x}^{\mathrm{T}}\boldsymbol{A}\boldsymbol{x}}{\partial \boldsymbol{x}\partial \boldsymbol{x}^{\mathrm{T}}} = \frac{\partial 2\boldsymbol{A}\boldsymbol{x}}{\partial \boldsymbol{x}} = 2\boldsymbol{A}.$$

习题 2.11　求矩阵

$$\boldsymbol{A} = \begin{pmatrix} 1 & 3 & -2 & -7 \\ 0 & -1 & -3 & 4 \\ 5 & 2 & 0 & 1 \\ 1 & 4 & 1 & -11 \end{pmatrix}$$

的列空间和零空间的维数.

习题 2.12　令 $\boldsymbol{A} = \boldsymbol{\Sigma}^{-1}$,

$$\boldsymbol{\Sigma} = \begin{pmatrix} 1 & \rho \\ \rho & 1 \end{pmatrix},$$

画出等距椭圆.

习题 2.13　找出 $|\boldsymbol{A} + \boldsymbol{a}\boldsymbol{a}^{\mathrm{T}}|$ 和 $(\boldsymbol{A} + \boldsymbol{a}\boldsymbol{a}^{\mathrm{T}})^{-1}$ 的计算公式.

习题 2.14　对于两个非奇异矩阵 $\boldsymbol{A}(p \times p)$ 和 $\boldsymbol{B}(p \times p)$, 证明下列等式:

$$(\boldsymbol{A} + \boldsymbol{B})^{-1} = \boldsymbol{A}^{-1} - \boldsymbol{A}^{-1}(\boldsymbol{A}^{-1} + \boldsymbol{B}^{-1})^{-1}\boldsymbol{A}^{-1}.$$

第 3 章

多元分析基本工具

从本书前两章的介绍中可以发现, 非常简单的图形方法有利于理解数据的结构和相互间的依赖性. 图形工具不仅能表示一元 (或二元) 数据, 还能巧妙地将多元数据信息可视化. 这些工具中的大多数在建模步骤中是非常重要的. 但遗憾的是, 它们不能完整地刻画数据集. 其中一个原因是图形工具只能表达数据中的几个维度, 但并不能保证这些数据的维度恰好是研究分析中关注的携带最大结构信息量的维度或子集. 本章将介绍一些描述数据依赖性的基本工具, 其中的基本概念来自概率论及数理统计学的基础内容, 例如两个变量间的协方差等.

3.1 节和 3.2 节将介绍怎样将以上概念推广到多元结构中以及怎样扩展两变量间相关系数的简单检验. 因为这些方法涉及线性关系, 3.4 节将介绍两个变量的简单线性模型并简要回顾 t 检验. 3.5 节将用一个简单的单因素方差分析的例子引进著名的 F 检验.

借助矩阵的表达能力, 以上所有这些都可以推广到更一般的多元架构中. 3.3 节将介绍如何将矩阵表示方法用于定义数据集的描述性统计以及怎样获得数据线性变换后的经验矩阵.

最后, 借助于矩阵的表示方法引进更灵活的多元线性模型, 从而可以分析变量间更一般的关系. 3.6 节将给出经最小二乘修正的模型和常见检验统计量以及几何解释. 运用这些表示方法可看出, 方差分析模型只是多元线性模型的一个特例.

3.1 协方差

协方差是用来描述随机变量间的依赖关系的. 给定两个随机变量 X 和 Y , 则 (理论) 协方差定义为

$$\sigma_{XY} = \mathrm{Cov}(X,Y) = E(XY) - E(X)E(Y). \tag{3.1}$$

若 X 和 Y 互相独立, 则它们的协方差 $\mathrm{Cov}(X,Y)$ 为 0, 但其逆命题不成立. 随机变量 X 与它自身的协方差, 为它的方差

$$\sigma_{XX} = \mathrm{Var}(X) = \mathrm{Cov}(X,X).$$

如果 $\boldsymbol{X}$ 是 p 维多元变量, 记 $\boldsymbol{X} = (X_1, X_2, \cdots, X_p)^{\mathrm{T}}$, 那么所有元素的理论协方差可以写成矩阵形式, 即协方差矩阵

$$\boldsymbol{\Sigma} = \begin{pmatrix} \sigma_{X_1X_1} & \cdots & \sigma_{X_1X_p} \\ \vdots & & \vdots \\ \sigma_{X_pX_1} & \cdots & \sigma_{X_pX_p} \end{pmatrix}. \tag{3.2}$$

以上各个量的经验形式为

$$s_{XY} = \frac{1}{n}\sum_{i=1}^{n}(x_i - \bar{x})(y_i - \bar{y}), \tag{3.3}$$

$$s_{XX} = \frac{1}{n}\sum_{i=1}^{n}(x_i - \bar{x})^2. \tag{3.4}$$

对于很小的样本量 n, 比如 $n \leqslant 20$, 此时应该用 $1/(n-1)$ 代替公式 (3.3) 和公式 (3.4) 中的因子 $1/n$, 以修正至较小的偏差. 对于 p 维随机变量, 可以得到经验协方差矩阵

$$\boldsymbol{\mathcal{S}} = \begin{pmatrix} s_{X_1X_1} & \cdots & s_{X_1X_p} \\ \vdots & & \vdots \\ s_{X_pX_1} & \cdots & s_{X_pX_p} \end{pmatrix}.$$

在两个变量的散点图中, 协方差衡量的是数据点距离直线的远近程度. 需要注意的是协方差衡量的仅仅是线性依赖性关系.

例题 3.1　考虑鸢尾花数据集. 为了简便, 现只采用山鸢尾的花萼长度、花萼宽度以及花瓣长度三组数据. 经计算得到样本的经验协方差矩阵 $\boldsymbol{\mathcal{S}}$ 如下:

$$\boldsymbol{\mathcal{S}} = \begin{pmatrix} 0.124 & 0.100 & 0.016 \\ 0.100 & 0.145 & 0.012 \\ 0.016 & 0.012 & 0.030 \end{pmatrix}.$$

由此可见, 对于山鸢尾来说, 花萼长度、宽度以及花瓣长度之间的相关性并不大. 这和直观想象的结果不一致. 按以往经验, 花萼越长则花萼可能也会越宽. 但从经验协方差矩阵看到的是各个变量间的协方差均不超过 0.2, 对于此结果, 将在下一节的相关系数中继续探究.

例题 3.2　一名教师在班会上对学生们说, 知识之间都是相通的, 一个学生一门课成绩好, 往往其他课的成绩也差不了. 当即就有学生提出了质疑, 说自己偏科严重. 面对这种情况, 这位老师拿出了期中考试成绩表, 随机抽取了 10 名同学的语文、数学、英语三科成绩, 做了相关性分析. 不妨设 $\boldsymbol{\mathcal{X}}$ 是由 10 名同学的三科成绩组成的 10×3 矩阵, 3 列分别对应语文、数学、英语成绩 (百分制).

$$\boldsymbol{\mathcal{X}} = \begin{pmatrix} 90 & 93 & 89 \\ 78 & 66 & 85 \\ 79 & 75 & 83 \\ 48 & 56 & 61 \\ 91 & 95 & 94 \\ 90 & 90 & 97 \\ 58 & 70 & 66 \\ 87 & 90 & 92 \\ 69 & 100 & 95 \\ 63 & 81 & 77 \end{pmatrix}.$$

为了向同学们证明他的观点的正确性, 他分别做出了这 10 名同学的语文成绩与英语成绩、数学成绩与英语成绩的二维散点图 (图 3.1).

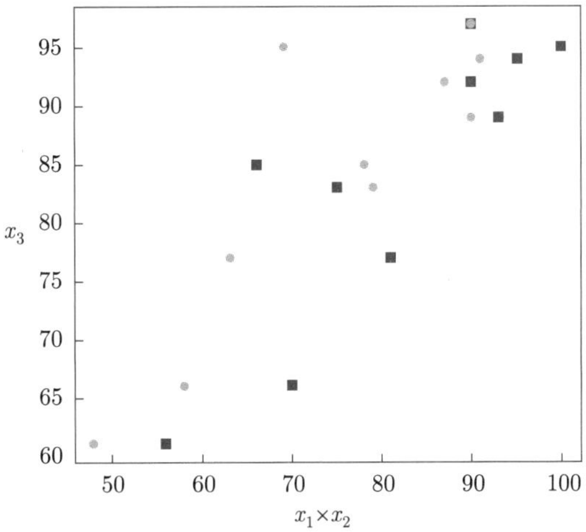

图 3.1 10 名同学的语文、数学和英语的成绩二维散点图

图中圆圈表示 10 名同学的语文和英语两科的成绩散点图, 方块表示 10 名同学数学和英语两科的成绩散点图. 从中可以看出, 确实总体呈向上趋势, 总体看来这位老师说的是有道理的. 计算可得英语成绩和数学成绩两个随机向量的协方差为 151.4, 其为正值, 说明是相关的.

3.2 相关系数

3.1 节中的例题 3.1 提到了相关系数这个概念, 本节将介绍相关系数的相关内容.

两个随机变量 X 和 Y 的相关系数由协方差导出, 定义如下:

$$\rho_{XY} = \frac{\mathrm{Cov}(X,Y)}{\sqrt{\mathrm{Var}(X)\,\mathrm{Var}(Y)}}. \tag{3.5}$$

相比协方差, 相关系数具有其独特优势. 首先是无量纲, 因而不受变量的度量单位变化的影响. 其次是相关系数的值只在 $[-1,1]$ 变动. 因此相关系数在衡量两个随机变量的相关性上比协方差更加有效. 3.1 节中的两个例题得到的协方差的值有一个不到 0.2 而另一个却超过了 150, 从直观上很难真正体会相关性, 现在有了相关系数这个工具, 可以很好地化解这种模糊性的矛盾. ρ_{XY} 的经验形式定义如下:

$$r_{XY} = \frac{s_{XY}}{\sqrt{s_{XX}s_{YY}}}. \tag{3.6}$$

需要再次强调的是相关系数的绝对值不会超过 1, 这从定义即可看出. 如果协方差为 0, 那么相关系数也为 0, 反之亦然.

对于 p 维随机向量 $(X_1, X_2, \cdots, X_p)^{\mathrm{T}}$, 与协方差矩阵相应, 这里定义 (理论) 相关系数矩阵

$$\boldsymbol{R} = \begin{pmatrix} \rho_{X_1X_1} & \cdots & \rho_{X_1X_p} \\ \vdots & & \vdots \\ \rho_{X_pX_1} & \cdots & \rho_{X_pX_p} \end{pmatrix},$$

以及经验形式 (即样本形式) 的相关系数矩阵

$$\boldsymbol{\mathcal{R}} = \begin{pmatrix} r_{X_1X_1} & \cdots & r_{X_1X_p} \\ \vdots & & \vdots \\ r_{X_pX_1} & \cdots & r_{X_pX_p} \end{pmatrix}.$$

例题 3.3 仍然采用鸢尾花数据集, 利用例题 3.1 中计算的协方差矩阵可知 $s_{y_1y_2} = 0.124$, $s_{y_1y_3} = 0.016$, 看如下相应的相关系数矩阵:

$$\boldsymbol{\mathcal{R}} = \begin{pmatrix} 1.000 & 0.747 & 0.264 \\ 0.747 & 1.000 & 0.177 \\ 0.264 & 0.177 & 1.000 \end{pmatrix}.$$

从而有 $r_{y_1y_2} = 0.747$, $r_{y_1y_3} = 0.264$. 由此可见, 山鸢尾的花萼长度与宽度有着明显的正相关性, 即花萼越长那么花萼可能也会越宽. 而花萼长度与花瓣长度相关性不大, 换句话说, 没有理由认为花萼越长则花瓣也会越长.

考虑例题 3.2 中数学和英语成绩的相关系数, 通过计算有 $r_{x_2x_3} = 0.848$, 可见这位老师说的的确有道理, 至少在英语和数学两科成绩上比较适用.

关于相关系数与变量间的独立性的关系, 有如下定理成立.

定理 3.1 *若 X 与 Y 独立, 则 $\rho(X,Y) = \mathrm{Cov}(X,Y) = 0$.*

一般情形下, 定理 3.1 的逆不成立, 但也并非绝对. 例如正态随机变量的不相关与独立是等价的. 排除正态随机变量这个特例, 下面通过另一个与本定理的逆相关的简单例子来加深对上述定理的理解.

例题 3.4 考虑一个服从标准正态分布的随机变量 X 和一个随机变量 $Y = X^2$, 显然 Y 与 X 是不独立的. 但有 $\mathrm{Cov}(X,Y) = E(XY) - E(X)E(Y) = E(X^3) = 0$. 这个例子同时表明协方差和相关系数仅能体现随机变量的线性相关关系, 而无法体现平方等非线性关系, 这也是协方差或相关系数的局限性.

通常对于任意随机变量 X, Y, r_{XY} 对应的分布很复杂. 若两个随机变量的联合分布是正态分布, r_{XY} 的分布会相对简单一些, 这将在后续章节中详细介绍. 对于一般情形, 可以利用费希尔 (Fisher) Z 变换对相关系数进行变换:

$$W = \frac{1}{2}\ln\frac{1+r_{XY}}{1-r_{XY}}, \tag{3.7}$$

得到的新变量将会有一个简单的分布. 在 $\rho = 0$ 的假设下, W 有渐近正态分布且对应的期望与方差的近似值为

$$E(W) \approx \frac{1}{2}\ln\frac{1+\rho_{XY}}{1-\rho_{XY}}, \quad \mathrm{Var}(W) \approx \frac{1}{n-3}. \tag{3.8}$$

定理 3.2

$$Z = \frac{W - E(W)}{\sqrt{\mathrm{Var}(W)}} \xrightarrow{L} N(0,1),$$

符号"$\xrightarrow{L}$"表示"依分布收敛"(这个概念将在后续章节中详细介绍).

定理 3.2 可以用于检验关于相关系数的不同假设. 固定一个显著性水平 α, 当假设值与通过计算得到的 Z 值之差大于正态分布相应的临界值时, 拒绝原假设. 下面利用山鸢尾的例子阐述一下基本步骤.

例题 3.5 研究山鸢尾中是否存在花萼长度越长花萼宽度也越宽的现象. 可以利用定理 3.2 做假设检验. 如果想知道 $\rho_{y_1y_2}$ 是否显著地异于 $\rho_0 = 0$, 需要应用费希尔 Z 变换公式 (3.7), 由例题 3.3 中的结果有

$$w = \frac{1}{2}\ln\frac{1+r_{y_1y_2}}{1-r_{y_1y_2}} \approx 0.966,$$

$$z = \frac{0.966-0}{\sqrt{\dfrac{1}{50-3}}} \approx 6.623.$$

可见检验结果显著, 拒绝原假设 $\rho_0 = 0$ (标准正态分布 2.5% 和 97.5% 分位数的相应值是 -1.96 和 1.96), 即认为山鸢尾花萼长宽之间无关是不正确的. 假如想检验假设 $\rho_0 = 0.75$, 有

$$z = \frac{0.966-0.750}{\sqrt{\dfrac{1}{50-3}}} \approx 1.481.$$

z 在 $\alpha = 0.05$ 的水平下是不显著的, 也就是不拒绝原假设. 换句话说, 有理由认为山鸢尾的花萼长度与宽度相关系数比较大.

注 W 的正态性以及方差稳定性都是渐近性的. 此外, 当 n 较小, 即为小样本 ($n \leqslant 25$) 时, 霍特林对 W 作了改进,

$$W^* = W - \frac{3W + \tanh W}{4(n-1)}, \tag{3.9}$$

$$\mathrm{Var}(W^*) = \frac{1}{n-1}. \tag{3.10}$$

变换后的 W^* 服从正态分布.

费希尔 Z 变换实际上是双曲线切线的反函数, 即 $W = \tanh^{-1} r_{XY}$. 这等价于

$$r_{XY} = \tanh W = \frac{\mathrm{e}^{2W}-1}{\mathrm{e}^{2W}+1}. \tag{3.11}$$

另外, 在 X 与 Y 正态性假设下, 可以用统计量的精确分布 t 分布来检验它们的独立性, 即 $\rho_{XY}=0$,

$$T=r_{XY}\sqrt{\frac{n-2}{1-r_{XY}^2}}\sim t_{n-2}. \tag{3.12}$$

确定第一类错误的概率 α, 当 $|T|\geqslant t_{1-\alpha/2;n-2}$ 时, 拒绝原假设 $\rho_{XY}=0$.

3.3 汇总统计量

本节主要讨论一些基本汇总统计量 (均值、协方差及相关系数) 的矩阵形式的表达. 熟悉矩阵形式的表达将大大减少运算量. 而且经常要对数据进行线性变换, 使用矩阵可以直接推导出变换后变量的特征. 马氏变换就是这些线性变换中最具代表性的一种.

假设有一个 p 维的随机向量 $\boldsymbol{X}$, 并且得到了其 n 个观测值, 从而有数据矩阵 $\boldsymbol{\mathcal{X}}(n\times p)$

$$\boldsymbol{\mathcal{X}}=\begin{pmatrix} x_{11} & \cdots & x_{1p}\\ \vdots & & \vdots\\ x_{n1} & \cdots & x_{np}\end{pmatrix},$$

第 i 行 $\boldsymbol{x}_i^{\mathrm{T}}=(x_{i1},x_{i2},\cdots,x_{ip})\in\mathbf{R}^p$ 代表 p 维随机变量 $\boldsymbol{X}\in\mathbf{R}^p$ 的第 i 次观测值.

1. 均值

$\mathbf{R}^p$ 中 n 个观测值的“重心”可以由向量 $\bar{\boldsymbol{x}}$ 表出, 它是由 p 个变量的均值 $\bar{x}_j$ $(j=1,2,\cdots,p)$ 组成的,

$$\bar{\boldsymbol{x}}=\begin{pmatrix}\bar{x}_1\\ \vdots\\ \bar{x}_p\end{pmatrix}=\frac{1}{n}\boldsymbol{\mathcal{X}}^{\mathrm{T}}\mathbf{1}_n.$$

2. 协方差

可以利用 p 个变量的协方差矩阵刻画 n 个观测值的发散程度. 对应样本形式有

$$\boldsymbol{\mathcal{S}}=\frac{1}{n}\boldsymbol{\mathcal{X}}^{\mathrm{T}}\boldsymbol{\mathcal{X}}-\bar{\boldsymbol{x}}\bar{\boldsymbol{x}}^{\mathrm{T}}=\frac{1}{n}\left(\boldsymbol{\mathcal{X}}^{\mathrm{T}}\boldsymbol{\mathcal{X}}-\frac{1}{n}\boldsymbol{\mathcal{X}}^{\mathrm{T}}\mathbf{1}_n\mathbf{1}_n^{\mathrm{T}}\boldsymbol{\mathcal{X}}\right).$$

注意到这个矩阵可以等价地定义为

$$\boldsymbol{\mathcal{S}}=\frac{1}{n}\sum_{i=1}^{n}(\boldsymbol{x}_i-\bar{\boldsymbol{x}})(\boldsymbol{x}_i-\bar{\boldsymbol{x}})^{\mathrm{T}}.$$

协方差公式也可以被写为 $\boldsymbol{\mathcal{S}}=\frac{1}{n}\boldsymbol{\mathcal{X}}^{\mathrm{T}}\boldsymbol{\mathcal{H}}\boldsymbol{\mathcal{X}}$, 其中 $\boldsymbol{\mathcal{H}}$ 为中心矩阵, $\boldsymbol{\mathcal{H}}=\boldsymbol{I}_n-\frac{1}{n}\mathbf{1}_n\mathbf{1}_n^{\mathrm{T}}$.

相关性质: (1) 中心矩阵 $\boldsymbol{\mathcal{H}}$ 是对称幂等矩阵; (2) 协方差矩阵 $\boldsymbol{\mathcal{S}}$ 是半正定矩阵.

事实上,

$$\begin{aligned}\boldsymbol{\mathcal{H}}^2 &= \left(\boldsymbol{I}_n - \frac{1}{n}\boldsymbol{1}_n\boldsymbol{1}_n^{\mathrm{T}}\right)\left(\boldsymbol{I}_n - \frac{1}{n}\boldsymbol{1}_n\boldsymbol{1}_n^{\mathrm{T}}\right)\\ &= \boldsymbol{I}_n - \frac{1}{n}\boldsymbol{1}_n\boldsymbol{1}_n^{\mathrm{T}} - \frac{1}{n}\boldsymbol{1}_n\boldsymbol{1}_n^{\mathrm{T}} + \left(\frac{1}{n}\boldsymbol{1}_n\boldsymbol{1}_n^{\mathrm{T}}\right)\left(\frac{1}{n}\boldsymbol{1}_n\boldsymbol{1}_n^{\mathrm{T}}\right)\\ &= \boldsymbol{I}_n - \frac{1}{n}\boldsymbol{1}_n\boldsymbol{1}_n^{\mathrm{T}} = \boldsymbol{\mathcal{H}}.\end{aligned}$$

另外, 可以看到对于所有的 $\boldsymbol{a} \in \mathbf{R}^p$, 有

$$\begin{aligned}\boldsymbol{a}^{\mathrm{T}}\boldsymbol{\mathcal{S}}\boldsymbol{a} &= \frac{1}{n}\boldsymbol{a}^{\mathrm{T}}\boldsymbol{\mathcal{X}}^{\mathrm{T}}\boldsymbol{\mathcal{H}}\boldsymbol{\mathcal{X}}\boldsymbol{a}\\ &= \frac{1}{n}(\boldsymbol{a}^{\mathrm{T}}\boldsymbol{\mathcal{X}}^{\mathrm{T}}\boldsymbol{\mathcal{H}}^{\mathrm{T}})(\boldsymbol{\mathcal{H}}\boldsymbol{\mathcal{X}}\boldsymbol{a})\\ &= \frac{1}{n}\boldsymbol{y}^{\mathbf{T}}\boldsymbol{y}\\ &= \frac{1}{n}\sum_{j=1}^{p} y_j^2 \geqslant 0,\end{aligned}$$

其中 $\boldsymbol{y} = \boldsymbol{\mathcal{H}}\boldsymbol{\mathcal{X}}\boldsymbol{a}$. 于是 $\boldsymbol{\mathcal{S}}$ 是半正定矩阵. 对于一维的情形, 可用 $\frac{1}{n}\sum_{i=1}^{n}(x_i - \bar{x})^2$ 作为方差的估计. 该估计量是有偏的, 且偏差的阶数为 $\frac{1}{n}$. 对于多维的情形, $\boldsymbol{\mathcal{S}}_u = \frac{n}{n-1}\boldsymbol{\mathcal{S}}$ 是真实协方差的无偏估计.

例题 3.6 证明: 中心矩阵 $\boldsymbol{\mathcal{H}}$ 有 $\mathrm{rank}(\boldsymbol{\mathcal{H}}) = \mathrm{tr}(\boldsymbol{\mathcal{H}}) = n-1$.

证明 中心矩阵为 $n \times n$ 矩阵, 其对角元素为 $h_{ii} = \frac{n-1}{n}, i = 1, 2, \cdots, n$. 于是有 $\mathrm{tr}(\boldsymbol{\mathcal{H}}) = \sum_{i=1}^{n} h_{ii} = n\frac{n-1}{n} = n-1$. 由于矩阵 $\boldsymbol{\mathcal{H}}$ 为幂等矩阵, 其特征值 $\lambda_i, i = 1, 2, \cdots, n$ 只能为 0 和 1. 而中心矩阵 $\boldsymbol{\mathcal{H}}$ 的秩即为非零特征值的个数, 也就是特征值为 1 的个数. 于是由 $\mathrm{tr}(\boldsymbol{\mathcal{H}}) = \sum_{i=1}^{n}\lambda_i$ 可以得到

$$\mathrm{rank}(\boldsymbol{\mathcal{H}}) = \sum_{i=1}^{n}\lambda_i = \mathrm{tr}(\boldsymbol{\mathcal{H}}) = n-1.$$

3. 相关系数

第 i 个变量和第 j 个变量之间的样本相关系数为 $r_{X_iX_j}$. 相关系数矩阵为

$$\boldsymbol{\mathcal{R}} = \boldsymbol{\mathcal{D}}^{-1/2}\boldsymbol{\mathcal{S}}\boldsymbol{\mathcal{D}}^{-1/2},$$

其中 $\boldsymbol{\mathcal{D}}^{-1/2}$ 是一个对角矩阵, 其主对角线上元素为 $s_{X_iX_i}^{-1/2}$.

例题 3.7　计算如下数据集的经验协方差:

$$\mathcal{X} = \begin{pmatrix} 230 & 125 & 200 & 109 \\ 181 & 99 & 55 & 107 \\ 165 & 97 & 105 & 98 \\ 150 & 115 & 85 & 71 \\ 97 & 120 & 0 & 82 \\ 192 & 100 & 150 & 103 \\ 181 & 80 & 85 & 111 \\ 189 & 90 & 120 & 93 \\ 172 & 95 & 110 & 86 \\ 170 & 125 & 130 & 78 \end{pmatrix}.$$

四个变量的均值向量为 $\bar{\boldsymbol{x}} = (172.7, 104.6, 104.0, 93.8)^{\mathrm{T}}$. 样本的经验协方差矩阵为

$$\mathcal{S} = \begin{pmatrix} 1\,037.2 & -80.2 & 1\,430.7 & 271.4 \\ -80.2 & 219.8 & 92.1 & -91.6 \\ 1\,430.7 & 92.1 & 2\,624 & 210.3 \\ 271.4 & -91.6 & 210.3 & 177.4 \end{pmatrix}.$$

对应的协方差 $(n = 10)$ 的无偏估计为

$$\mathcal{S}_u = \frac{10}{9}\mathcal{S} = \begin{pmatrix} 1\,152.5 & -88.9 & 1\,589.7 & 301.6 \\ -88.9 & 244.3 & 102.3 & -101.8 \\ 1\,589.7 & 102.3 & 2\,915.6 & 233.7 \\ 301.6 & -101.8 & 233.7 & 197.1 \end{pmatrix}.$$

样本的相关系数矩阵为

$$\mathcal{R} = \begin{pmatrix} 1 & -0.17 & 0.87 & 0.63 \\ -0.17 & 1 & 0.12 & -0.46 \\ 0.87 & 0.12 & 1 & 0.31 \\ 0.63 & -0.46 & 0.31 & 1 \end{pmatrix}.$$

4. 线性变换

在许多实际应用中需要研究原始数据的线性变换. 但线性变换后需要分析如何计算汇总统计量. 令 $\boldsymbol{A}$ 为一个 $q \times p$ 矩阵, 考虑其变换后的矩阵

$$\mathcal{Y} = \mathcal{X}\boldsymbol{A}^{\mathrm{T}} = (\boldsymbol{y}_1, \boldsymbol{y}_2, \cdots, \boldsymbol{y}_n)^{\mathrm{T}}.$$

第 i 行 $\boldsymbol{y}_i^{\mathrm{T}} = (y_{i1}, y_{i2}, \cdots, y_{iq}) \in \mathbf{R}^q$ 是 q 维随机变量 $\boldsymbol{Y}$ 的第 i 个观测值. 实际上 $\boldsymbol{y}_i = \boldsymbol{A}\boldsymbol{x}_i$. 于是数据矩阵 $\mathcal{Y}$ 的均值向量及经验协方差矩阵为

$$\bar{\boldsymbol{y}} = \frac{1}{n}\mathcal{Y}^{\mathrm{T}}\mathbf{1}_n = \frac{1}{n}\boldsymbol{A}\mathcal{X}^{\mathrm{T}}\mathbf{1}_n = \boldsymbol{A}\bar{\boldsymbol{x}},$$

$$\mathcal{S}_{\mathcal{Y}} = \frac{1}{n}\mathcal{Y}^{\mathrm{T}}\boldsymbol{H}\mathcal{Y} = \frac{1}{n}\boldsymbol{A}\mathcal{X}^{\mathrm{T}}\mathcal{H}\mathcal{X}\boldsymbol{A}^{\mathrm{T}} = \boldsymbol{A}\mathcal{S}_{\mathcal{X}}\boldsymbol{A}^{\mathrm{T}}.$$

如果线性变换是非齐次的, 也就是说,

$$\boldsymbol{y}_i = \boldsymbol{A}\boldsymbol{x}_i + \boldsymbol{b},$$

其中 $\boldsymbol{b}$ 为 $q \times 1$ 列向量. 此时, 只有均值向量会改变, 即 $\bar{\boldsymbol{y}} = \boldsymbol{A}\bar{\boldsymbol{x}} + \boldsymbol{b}$.

若 $q=1$, 则有 $\boldsymbol{y} = \mathcal{X}\boldsymbol{a} \Leftrightarrow y_i = \boldsymbol{a}^{\mathrm{T}}\boldsymbol{x}_i, i=1,2,\cdots,n$, $\bar{y} = \boldsymbol{a}^{\mathrm{T}}\bar{\boldsymbol{x}}$, $\mathcal{S}_{\boldsymbol{y}} = \boldsymbol{a}^{\mathrm{T}}\mathcal{S}_{\mathcal{X}}\boldsymbol{a}$.

例题 3.8 假设 $\mathcal{X}$ 为例题 3.7 中的数据集, 并有 $Y = X_3 + 10X_4$. 计算对于数据集 $\mathcal{Y}$ 的汇总统计量.

可以看到

$$Y = X_3 + 10X_4 \to \boldsymbol{y} = \mathcal{X}\boldsymbol{a},$$

其中 $\boldsymbol{a} = (0,0,1,10)^{\mathrm{T}}$ 为线性变换对应的矩阵. 可以很容易计算出汇总统计量中的均值为

$$\bar{y} = \boldsymbol{a}^{\mathrm{T}}\bar{\boldsymbol{x}} = (0,0,1,10)\begin{pmatrix}172.7\\104.6\\104.0\\93.8\end{pmatrix} = 1\,042.0,$$

协方差

$$\begin{aligned}\mathcal{S}_{\boldsymbol{y}} = \boldsymbol{a}^{\mathrm{T}}\mathcal{S}_{\mathcal{X}}\boldsymbol{a} =& (0,0,1,10)\begin{pmatrix}1\,152.5 & -88.9 & 1\,589.7 & 301.6\\ -88.9 & 244.3 & 102.3 & -101.8\\ 1\,589.7 & 102.3 & 2\,915.6 & 233.7\\ 301.6 & -101.8 & 233.7 & 197.1\end{pmatrix}\begin{pmatrix}0\\0\\1\\10\end{pmatrix}\\ =& 27\,299.6.\end{aligned}$$

5. 马氏变换

马氏变换是线性变换的一种特殊情形, 其变换形式为

$$\boldsymbol{z}_i = \mathcal{S}^{-1/2}(\boldsymbol{x}_i - \bar{\boldsymbol{x}}), \quad i=1,2,\cdots,n.$$

对于变换后的数据矩阵 $\mathcal{Z} = (\boldsymbol{z}_1, \boldsymbol{z}_2, \cdots, \boldsymbol{z}_n)^{\mathrm{T}}$, 有

$$\mathcal{S}_{\mathcal{Z}} = \frac{1}{n}\mathcal{Z}^{\mathrm{T}}\mathcal{H}\mathcal{Z} = \boldsymbol{I}_p.$$

可以看到马氏变换能够消除变量之间的相关关系, 并对每个变量进行了标准化.

例题 3.9 令 $\mathcal{X}_* = \mathcal{H}\mathcal{X}\mathcal{D}^{-1/2}$, 其中 $\mathcal{X}$ 为一个 $n \times p$ 矩阵, $\mathcal{H}$ 是中心矩阵, $\mathcal{D}^{-1/2} = \mathrm{diag}(s_{X_1X_1}^{-1/2}, s_{X_2X_2}^{-1/2}, \cdots, s_{X_pX_p}^{-1/2})$. 证明 $\mathcal{X}_*$ 是标准化的数据矩阵, 即 $\bar{\boldsymbol{x}}_* = \boldsymbol{0}_p$ 且 $\mathcal{S}_{\mathcal{X}_*} = \mathcal{R}_{\mathcal{X}}$ 为 $\mathcal{X}$ 的相关系数矩阵.

证明　均值向量 $\bar{\boldsymbol{x}}_*$ 可以写成如下形式:

$$\begin{aligned}\bar{\boldsymbol{x}}_* &= \frac{1}{n}\mathbf{1}_n^{\mathrm{T}}\boldsymbol{\mathcal{X}}_* = \frac{1}{n}\mathbf{1}_n^{\mathrm{T}}\boldsymbol{\mathcal{H}}\boldsymbol{\mathcal{X}}\boldsymbol{\mathcal{D}}^{-1/2} \\ &= \frac{1}{n}\mathbf{1}_n^{\mathrm{T}}\left(\boldsymbol{I}_n - \frac{1}{n}\mathbf{1}_n\mathbf{1}_n^{\mathrm{T}}\right)\boldsymbol{\mathcal{X}}\boldsymbol{\mathcal{D}}^{-1/2} \\ &= \frac{1}{n}(\mathbf{1}_n^{\mathrm{T}} - \mathbf{1}_n^{\mathrm{T}})\boldsymbol{\mathcal{X}}\boldsymbol{\mathcal{D}}^{-1/2} \\ &= \mathbf{0}_p.\end{aligned}$$

同样地, 对于协方差矩阵 $\boldsymbol{\mathcal{S}}_{\mathcal{X}_*}$ 有

$$\begin{aligned}\boldsymbol{\mathcal{S}}_{\mathcal{X}_*} &= \mathrm{Var}(\boldsymbol{\mathcal{H}}\boldsymbol{\mathcal{X}}\boldsymbol{\mathcal{D}}^{-1/2}) \\ &= \mathrm{Var}(\boldsymbol{I}_n^{\mathrm{T}}\boldsymbol{\mathcal{H}}\boldsymbol{\mathcal{X}}\boldsymbol{\mathcal{D}}^{-1/2}) + \mathrm{Var}\left(\frac{1}{n}\mathbf{1}_n\mathbf{1}_n^{\mathrm{T}}\right)\boldsymbol{\mathcal{X}}\boldsymbol{\mathcal{D}}^{-1/2} \\ &= \boldsymbol{\mathcal{D}}^{-1/2}\,\mathrm{Var}(\boldsymbol{\mathcal{X}})\boldsymbol{\mathcal{D}}^{-1/2} \\ &= \boldsymbol{\mathcal{D}}^{-1/2}\boldsymbol{\mathcal{S}}_{\mathcal{X}}\boldsymbol{\mathcal{D}}^{-1/2} \\ &= \boldsymbol{\mathcal{R}}_{\mathcal{X}}.\end{aligned}$$

小结

1. 一个数据矩阵的重心由均值向量来刻画: $\bar{\boldsymbol{x}} = \dfrac{1}{n}\boldsymbol{\mathcal{X}}^{\mathrm{T}}\mathbf{1}_n$;
2. 一个数据矩阵中所有观测值的分散程度可以由经验协方差矩阵进行度量: $\boldsymbol{\mathcal{S}} = \dfrac{1}{n}\boldsymbol{\mathcal{X}}^{\mathrm{T}}\boldsymbol{\mathcal{H}}\boldsymbol{\mathcal{X}}$;
3. 经验相关系数矩阵为 $\boldsymbol{\mathcal{R}} = \boldsymbol{\mathcal{D}}^{-1/2}\boldsymbol{\mathcal{S}}\boldsymbol{\mathcal{D}}^{-1/2}$;
4. 一个数据矩阵 $\boldsymbol{\mathcal{X}}$ 经线性变换 $\boldsymbol{\mathcal{Y}} = \boldsymbol{\mathcal{X}}\boldsymbol{A}^{\mathrm{T}}$ 后, 其均值为 $\boldsymbol{A}\bar{\boldsymbol{x}}$, 经验协方差矩阵为 $\boldsymbol{A}\boldsymbol{\mathcal{S}}_{\boldsymbol{\mathcal{X}}}\boldsymbol{A}^{\mathrm{T}}$;
5. 马氏变换是一种特殊的线性变换, 即 $\boldsymbol{z}_i = \boldsymbol{\mathcal{S}}^{-1/2}(\boldsymbol{x}_i - \bar{\boldsymbol{x}})$, 此时矩阵 $\boldsymbol{\mathcal{Z}}$ 为一个标准的、不相关的数据矩阵.

3.4 两个变量构建的线性模型

对于散点图, 通常会看到数据呈现向上或向下的趋势, 即从图中能够看出斜率. 对于散点图来说, 需要确定对应斜率的含义. 假设能够在数据的云图中找到一条可以很好地刻画出这些数据方向的线, 这条线的斜率的正负就对应着向上或向下的方向. 具体地, 在竖直轴方向的变量称为 Y, 水平轴方向的变量称为 X. 由此斜率就代表 X 和 Y 之间的线性关系

$$y_i = \alpha + \beta x_i + \varepsilon_i, \quad i = 1, 2, \cdots, n,$$

这里 α 和 β 分别为这条线的截距和斜率. 误差表示为 ε_i, 并假定其均值为 0, 方差有限为 σ^2. 在上式中寻找 α 和 β 就是一个线性修正的过程, 如图 3.2 所示.

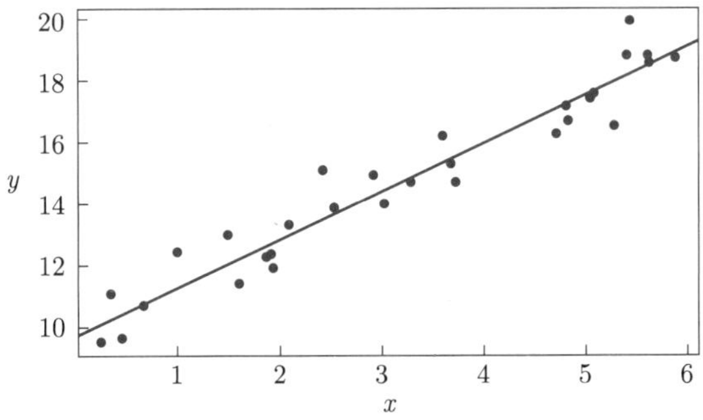

图 3.2 散点图示意图

本节主要目标是从图形中直观地找到 α 和 β 的一个好的估计量 $\hat{\alpha}$ 和 $\hat{\beta}$, 3.6 节将讨论什么是一个好的估计量. 通常用来估计 α 和 β 的统计方法就是求解下式:

$$(\hat{\alpha}, \hat{\beta}) = \arg\min_{(\alpha,\beta)} \sum_{i=1}^{n} (y_i - \alpha - \beta x_i)^2.$$

上式的解即为估计量

$$\hat{\beta} = \frac{s_{XY}}{s_{XX}}, \quad \hat{\alpha} = \bar{y} - \hat{\beta}\bar{x}.$$

$\hat{\beta}$ 的方差为

$$\mathrm{Var}(\hat{\beta}) = \frac{\sigma^2}{n \cdot s_{XX}}.$$

进而有估计量的标准误差

$$SE(\hat{\beta}) = \{\mathrm{Var}(\hat{\beta})\}^{1/2} = \frac{\sigma}{(n \cdot s_{XX})^{1/2}}.$$

可以利用上式对假设 $\beta = 0$ 进行检验. 实际应用中需要估计 σ^2. 对误差做了正态性的假定下, 可利用 t 检验对假设 $\beta = 0$ 进行检验, 统计量为

$$t = \frac{\hat{\beta}}{SE(\hat{\beta})},$$

如果得到的 t 值 $|t| \geqslant t_{0.975;n-2}$, 就可以以 α 为 0.05 的显著性水平拒绝原假设, 这里学生 t_{n-2} 分布 (定义见 4.6.1 小节) 的 97.5% 分位数就是对于双边检验的 95% 的置信区间的临界值. 当 $n \geqslant 30$ 时, 这个值可以替换为 1.96, 即标准正态分布的 97.5% 分位数.

关于 σ^2 的估计量 $\hat{\sigma}^2$, 这里用 SSE (sum of squares for error) 表示残差平方和

$$SSE = \sum_{i=1}^{n} (y_i - \hat{y}_i)^2,$$

其中 $\hat{y}_i$ 为 y_i 的预测值. 通常有 $\hat{y}_i = \hat{\alpha} + \hat{\beta} x_i$, 于是 σ^2 的无偏估计量为 $SSE/(n-2)$.

若 $\hat{y}_i = \hat{\alpha} + \hat{\beta} x_i$ 为 y_i 对应的预测值, 则响应变量 Y 的变化可由下式进行衡量:

$$SST = \sum_{i=1}^{n}(y_i - \bar{y})^2,$$

由预测值 (线性回归中) 解释的变化为

$$SSR = \sum_{i=1}^{n}(\hat{y}_i - \bar{y})^2,$$

而残差平方和为

$$SSE = \sum_{i=1}^{n}(y_i - \hat{y}_i)^2.$$

进一步可以得到如下关系:

$$\sum_{i=1}^{n}(y_i - \bar{y})^2 = \sum_{i=1}^{n}(\hat{y}_i - \bar{y})^2 + \sum_{i=1}^{n}(y_i - \hat{y}_i)^2$$

$$(\text{总变化} = \text{已解释的变化} + \text{未被解释的变化}).$$

定义决定系数 r^2 为

$$r^2 = \frac{\sum_{i=1}^{n}(\hat{y}_i - \bar{y})^2}{\sum_{i=1}^{n}(y_i - \bar{y})^2} = \frac{\text{已解释的变化}}{\text{总变化}}.$$

决定系数的大小随着已解释的变化的比例增加而增大. 最极端的情况就是 $r^2 = 1$, 所有的变化都可由线性回归解释出来. 另一种情况就是 $r^2 = 0$, 也就说经验协方差 $S_{XY} = 0$. 而决定系数还可以表达为

$$r^2 = 1 - \frac{\sum_{i=1}^{n}(y_i - \hat{y}_i)^2}{\sum_{i=1}^{n}(y_i - \bar{y})^2}.$$

可以看到对于线性回归来说, $r^2 = r_{XY}^2$, 即决定系数是 X 和 Y 之间的相关系数的平方.

一般来说, 对于两个变量 X 与 Y, Y 关于 X 做线性回归与 X 关于 Y 做线性回归是不同的.

例题 3.10　对于波士顿房价数据集 (R 软件中自带), 想要寻找房价 (medv) 与税率 (tax) 之间的关系. 分别建立两个回归模型

$$(1)\ \text{medv} = \alpha_1 + \beta_1\ \text{tax} + \varepsilon_1,$$

$$(2)\quad \text{tax} = \alpha_2 + \beta_2\ \text{medv} + \varepsilon_2.$$

估计得到 $\hat{\alpha}_1 = 32.971$, $\hat{\beta}_1 = -0.026$, $\hat{\alpha}_2 = 601.702$, $\hat{\beta}_2 = -8.586$. 并且如图 3.3 所示, 可以由图形直观地看出两种回归的不同.

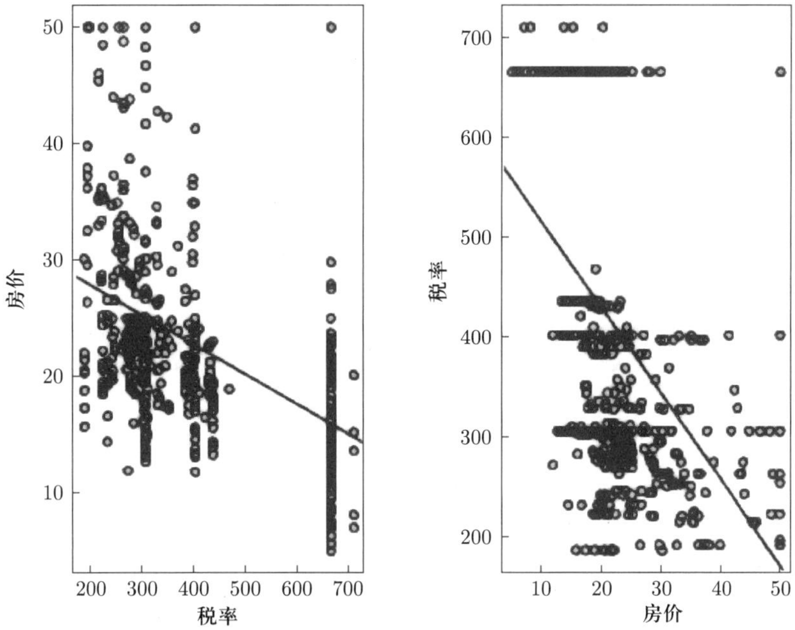

图 3.3 两种不同回归模型示意图

例题 3.11 在什么情况下, Y 关于 X 做线性回归与 X 关于 Y 做线性回归, 所得到的系数是相同的?

首先注意到一个结论

$$\hat{\alpha} = \bar{y} - \hat{\beta}\bar{x}, \quad \hat{\beta} = \frac{s_{XY}}{s_{XX}},$$

所以从如上表达式可以看出, 如果要使斜率 β 相同, 要么 X 和 Y 的方差相同, 即 $s_{XX} = s_{YY}$; 要么 X 与 Y 之间的协方差为 0, 即 $s_{XY} = 0$. 另外, 如果要使截距 α 也相同, 当且仅当 X 和 Y 的均值也相等, 即 $\bar{x} = \bar{y}$.

小结

1. 线性回归模型 $y = \alpha + \beta x + \varepsilon$ 刻画了两个一维变量之间的线性关系;
2. 斜率 $\hat{\beta}$ 的正负号与 x 和 y 之间的协方差和相关系数的正负号是一致的;
3. 给定随机变量 X 的一个观测值 x, 线性回归可以预测其相应的 Y 值;
4. 决定系数 r^2 能够衡量总变化中由线性回归所解释的变化的大小;
5. 如果决定系数 $r^2 = 1$, 那么所有的点都位于一条直线上;
6. X 关于 Y 的线性回归与 Y 关于 X 的线性回归一般来说是不同的;
7. 检验假设 $\beta = 0$ 是利用 t 检验, 即 $t = \dfrac{\hat{\beta}}{SE(\hat{\beta})}$, 其中 $SE(\hat{\beta}) = \dfrac{\hat{\sigma}}{(n \cdot s_{XX})^{1/2}}$.

3.5 单因素方差分析

方差分析 (analysis of variance; ANOVA) 是一类重要的线性模型, 用于多组样本的均值差别的显著性检验, 其主要思想是通过分析研究不同来源的波动对总的波动的贡献大小, 从而确定某种因素对相应变量的影响. 依据我们所感兴趣的因素个数, 可以把方差分析分为单因素方差分析、双因素方差分析及多因素方差分析.

单因素方差分析考虑的响应变量 y 的平均值只会因为一个因素而产生差异, 称所考虑的因素为 A. 假定该因素有 a 个水平, 对于第 i 个水平, 有 n_i 个观测. 样本的结构如表 3.1 所示.

表 3.1　单因素方差分析样本结构

水平	样本			
1	y_{11}	y_{12}	$\cdots$	y_{1n_1}
2	y_{21}	y_{22}	$\cdots$	y_{2n_2}
$\cdots$		$\cdots$		
a	y_{a1}	y_{a2}	$\cdots$	y_{an_a}

可以将模型写为如下形式:

$$y_{ij} = \mu_i + \varepsilon_{ij}, \quad i = 1, 2, \cdots, a, \; j = 1, 2, \cdots, n_i, \tag{3.13}$$

其中 μ_i 是第 i 个总体的均值, ε_{ij} 指试验误差且 $\varepsilon_{ij} \sim N(0, \sigma^2)$. 比较不同水平的均值, 以此比较它们的差异. 记 $\mu = \dfrac{1}{n}\sum\limits_{i=1}^{a} n_i\mu_i$, $n = \sum\limits_{i=1}^{a} n_i$, $\alpha_i = \mu_i - \mu$.

要检验因素 A 的不同水平下均值是否有显著差异, 可以取原假设为

$$H_0\colon \mu_1 = \mu_2 = \cdots = \mu_a.$$

等价于检验

$$H_0\colon \alpha_1 = \alpha_2 = \cdots = \alpha_a = 0.$$

接下来需要考虑的是用什么样的统计量进行检验. 若用 $\bar{y}$ 来表示所有 y_{ij} $(i = 1, 2, \cdots, a,$ $j = 1, 2, \cdots, n_i)$ 的均值, 称可以用来反映所有数据的差异的统计量

$$SST = \sum_{i=1}^{a}\sum_{j=1}^{n_i}(y_{ij} - \bar{y})^2$$

为总离差平方和或简称总平方和. 还可以定义组间平方和以及误差平方和 (或称组内平方和) 分别为

$$SSA = \sum_{i=1}^{a}\sum_{j=1}^{n_i}(\bar{y}_{i\cdot} - \bar{y})^2 = \sum_{i=1}^{a} n_i(\bar{y}_{i\cdot} - \bar{y})^2,$$

$$SSE = \sum_{i=1}^{a}\sum_{j=1}^{n_i}(y_{ij} - \bar{y}_{i\cdot})^2,$$

其中 $\bar{y}_{i\cdot} = \frac{1}{n_i}\sum_{j=1}^{n_i} y_{ij}$ 为第 i 水平的样本均值. 可以证明

$$SST = SSA + SSE. \tag{3.14}$$

式 (3.14) 表明数据间总的差异源自组内差异和组间差异的总和. 总平方和可以分为组内差异和组间差异两部分, 其中组间平方和来源于因素 A 各水平的差异, 组内平方和来自随机误差.

在原假设成立时, 有 $\frac{SSE}{(n-a)\sigma^2} \sim \chi^2_{n-a}$, $\frac{SSA}{(a-1)\sigma^2} \sim \chi^2_{a-1}$. 因此, 可以构造如下统计量:

$$F = \frac{SSA/(a-1)}{SSE/(n-a)} \sim F_{a-1,n-a}.$$

F 统计量可以作为原假设的检验统计量, 如给定显著性水平为 α, 当 $F > F_{1-\alpha;a-1,n-a}$ 时, 拒绝原假设, 即认为 A 的各因素水平间有显著性差异.

通常将方差分析的结果以方差分析表的形式展现, 如表 3.2 所示 (MSE: 均方误差, MSA: 平均组间平方误差).

表 3.2 单因素方差分析表

方差来源	平方和	自由度	均方	F 统计量
因素 A	SSA	$a-1$	$MSA = \frac{SSA}{a-1}$	$F = \frac{MSA}{MSE}$
误差	SSE	$n-a$	$MSE = \frac{SSE}{n-a}$	
总和	SST	$n-1$		

3.6 多元线性回归模型

这里讨论有多个解释变量的回归. 令 Y 表示响应变量, $X_1, X_2, \cdots, X_{p-1}$ 表示解释变量, 并假设它们之间具有线性关系

$$Y = \beta_0 + \beta_1 X_1 + \cdots + \beta_{p-1}X_{p-1} + \varepsilon,$$

这里 ε 表示误差项. 假设有 n 组观测, 并用 $\boldsymbol{y}(n \times 1)$ 表示响应变量的观测向量, 用 $\boldsymbol{\mathcal{X}}(n \times p)$ 表示解释变量的观测值构成的设计矩阵. 此时, 线性模型可以表示为

$$\boldsymbol{y} = \boldsymbol{\mathcal{X}}\boldsymbol{\beta} + \boldsymbol{\varepsilon}, \tag{3.15}$$

且要满足高斯—马尔可夫 (Gauss–Markov) 假设 $E(\boldsymbol{\varepsilon}) = \mathbf{0}$, $\mathrm{Cov}(\boldsymbol{\varepsilon}) = \sigma^2 \boldsymbol{I}_n$.

在对 $\boldsymbol{\beta}$ 进行估计时, 最常用的方法是最小二乘法, 即

$$\hat{\boldsymbol{\beta}} = \arg\min_{\boldsymbol{\beta}} (\boldsymbol{y} - \boldsymbol{\mathcal{X}}\boldsymbol{\beta})^{\mathrm{T}} (\boldsymbol{y} - \boldsymbol{\mathcal{X}}\boldsymbol{\beta}). \tag{3.16}$$

假设 $\boldsymbol{\mathcal{X}}^{\mathrm{T}}\boldsymbol{\mathcal{X}}$ 是满秩的, 那么使 (3.17) 式达到最小的 $\boldsymbol{\beta}$ 为

$$\hat{\boldsymbol{\beta}} = (\boldsymbol{\mathcal{X}}^{\mathrm{T}}\boldsymbol{\mathcal{X}})^{-1}\boldsymbol{\mathcal{X}}^{\mathrm{T}}\boldsymbol{y}.$$

响应变量的估计有 $\hat{\boldsymbol{y}} = \boldsymbol{\mathcal{X}}\boldsymbol{\beta} = \boldsymbol{\mathcal{X}}(\boldsymbol{\mathcal{X}}^{\mathrm{T}}\boldsymbol{\mathcal{X}})^{-1}\boldsymbol{\mathcal{X}}^{\mathrm{T}}\boldsymbol{y} = \boldsymbol{\mathcal{H}}\boldsymbol{y}$, 残差为 $\boldsymbol{e} = \boldsymbol{y} - \hat{\boldsymbol{y}} = (\boldsymbol{I}_n - \boldsymbol{\mathcal{H}})\boldsymbol{y}$, 通常称 $\boldsymbol{\mathcal{H}}$ 为帽子矩阵.

很容易证明, 最小二乘满足 $E(\hat{\boldsymbol{\beta}}) = \boldsymbol{\beta}$, $\mathrm{Cov}(\hat{\boldsymbol{\beta}}) = \sigma^2(\boldsymbol{\mathcal{X}}^{\mathrm{T}}\boldsymbol{\mathcal{X}})^{-1}$. 由此可见, $\hat{\boldsymbol{\beta}}$ 是 $\boldsymbol{\beta}$ 的无偏估计, 并且 σ^2 越小, 估计越好. 下面讨论如何估计 σ^2.

在研究模型的拟合程度时, 常常使用残差平方和

$$SSE = \boldsymbol{e}^{\mathrm{T}}\boldsymbol{e} = \sum_{i=1}^{n} e_i^2.$$

它满足

$$SSE = \boldsymbol{y}^{\mathrm{T}}(\boldsymbol{I}_n - \boldsymbol{\mathcal{H}})\boldsymbol{y}, \quad E(SSE) = \sigma^2(n-p). \tag{3.17}$$

因此, 常使用 $SSE/(n-p)$ 估计 σ^2.

例题 3.12 试证明对于线性模型 (3.15), 若进一步假设 $\boldsymbol{\varepsilon} \sim N(\mathbf{0}, \sigma^2\boldsymbol{I}_n)$, 则 $SSE/\sigma^2 \sim \chi^2_{n-p}$.

证明 由于 $SSE = \boldsymbol{y}^{\mathrm{T}}(\boldsymbol{I}_n - \boldsymbol{\mathcal{H}})\boldsymbol{y}$, 且 $(\boldsymbol{I}_n - \boldsymbol{\mathcal{H}})\boldsymbol{\mathcal{X}} = \mathbf{0}$, 于是

$$SSE = (\boldsymbol{\mathcal{X}}\boldsymbol{\beta} + \boldsymbol{\varepsilon})^{\mathrm{T}}(\boldsymbol{I}_n - \boldsymbol{\mathcal{H}})(\boldsymbol{\mathcal{X}}\boldsymbol{\beta} + \boldsymbol{\varepsilon}) = \boldsymbol{\varepsilon}^{\mathrm{T}}(\boldsymbol{I}_n - \boldsymbol{\mathcal{H}})\boldsymbol{\varepsilon}.$$

又因为 $\boldsymbol{\varepsilon} \sim N(\mathbf{0}, \sigma^2\boldsymbol{I}_n)$, $(\boldsymbol{I}_n - \boldsymbol{\mathcal{H}})^2 = \boldsymbol{I}_n - \boldsymbol{\mathcal{H}}$, 即 $\boldsymbol{I}_n - \boldsymbol{\mathcal{H}}$ 为幂等矩阵, 故

$$\begin{aligned}
\mathrm{rank}(\boldsymbol{I}_n - \boldsymbol{\mathcal{H}}) &= \mathrm{tr}(\boldsymbol{I}_n - \boldsymbol{\mathcal{H}}) \\
&= n - \mathrm{tr}\, \boldsymbol{\mathcal{X}}(\boldsymbol{\mathcal{X}}^{\mathrm{T}}\boldsymbol{\mathcal{X}})^{-1}\boldsymbol{\mathcal{X}}^{\mathrm{T}} \\
&= n - \mathrm{tr}(\boldsymbol{\mathcal{X}}^{\mathrm{T}}\boldsymbol{\mathcal{X}})^{-1}\boldsymbol{\mathcal{X}}^{\mathrm{T}}\boldsymbol{\mathcal{X}} = n - p.
\end{aligned}$$

故由多元正态分布的性质, 可得 $SSE/\sigma^2 \sim \chi^2_{n-p}$.

除了残差平方和, 还可以使用决定系数 R^2 来评价模型的拟合程度, 其定义如下:

$$R^2 = \frac{SSR}{SST} = 1 - \frac{SSE}{SST},$$

其中 SSR 称为回归平方和, 代表由模型可以解释的响应变量的差异, SST 为总平方和, 它们的表达式为

$$SSR = (\hat{\boldsymbol{y}} - \bar{\boldsymbol{y}})^{\mathrm{T}}(\hat{\boldsymbol{y}} - \bar{\boldsymbol{y}}), \quad SST = (\boldsymbol{y} - \bar{\boldsymbol{y}})^{\mathrm{T}}(\boldsymbol{y} - \bar{\boldsymbol{y}}),$$

其中 $\bar{\boldsymbol{y}} = \bar{y}\mathbf{1}_n$.

对于给定的样本量 n, R^2 的值与解释变量的数量有关, 当增加解释变量时, R^2 将增大. 这样就出现了一个问题, 即当模型纳入不相关的变量时, R^2 的值也会增大, 为此定义修正的判定系数

$$R_{adj}^2 = R^2 - \frac{(p-1)(1-R^2)}{n-p} = 1 - \frac{SSE/(n-p)}{SST/(n-1)}.$$

3.6.1 回归方程的显著性检验

对上述线性模型进行显著性检验, 有原假设

$$H_0\colon \beta_1 = \beta_2 = \cdots = \beta_{p-1} = 0.$$

如果接受原假设, 即认为所有的解释变量的系数都为 0. 所采用的统计量为

$$F_R = \frac{SSR/(p-1)}{SSE/(n-p)}.$$

当原假设成立时, $F_R \sim F_{p-1,n-p}$.

可以看出统计量 F_R 的构造类似于单因素方差分析中的 F 统计量, 实际上, 单因素方差分析可以看作回归模型显著性检验的一个特例. 同样, 类似单因素方差分析, 通常使用方差分析表来展现回归方程显著性检验的结果, 如表 3.3 所示.

表 3.3 回归方程的方差分析表

方差来源	平方和	自由度	均方	F 统计量	$P(F > F_R)$
回归	SSR	$p-1$	$SSR/(p-1)$	F_R	
误差	SSE	$n-p$	$SSE/(n-p)$		
总和	SST	$n-1$			

3.6.2 回归系数的显著性检验

当回归方程显著时, 还需要对每个回归系数的显著性分别进行检验, 检验原假设为

$$H_{0i}\colon \beta_i = 0, \quad 1 \leqslant i \leqslant p-1.$$

根据 $\hat{\boldsymbol{\beta}}$ 的性质有 $\hat{\boldsymbol{\beta}} \sim N(\boldsymbol{\beta}, \sigma^2(\boldsymbol{\mathcal{X}}^{\mathrm{T}}\boldsymbol{\mathcal{X}})^{-1})$. 如果记矩阵 $(\boldsymbol{\mathcal{X}}^{\mathrm{T}}\boldsymbol{\mathcal{X}})^{-1}$ 的第 i 个对角元为 c_{ii}, 那么当原假设成立时, 有 $\hat{\beta}_i \sim N(0, \sigma^2 c_{ii})$.

构造如下检验统计量:

$$t_i = \frac{\hat{\beta}_i}{\sqrt{c_{ii}}\hat{\sigma}} \sim t_{n-p},$$

其中 $\hat{\sigma}^2 = SSE/(n-p)$. 在显著性水平 α 下, 当 $|t_i| > t_{1-\alpha/2;n-p}$ 时, 拒绝原假设, 认为系数 β_i 显著不为 0. 通常对回归系数显著性检验的结果也通过表格展示, 如表 3.4 所示.

表 3.4 回归系数的方差分析表

系数	最小二乘估计	标准误差估计	t_i	$P(t_{n-p} > \|t_i\|)$
β_0	$\hat{\beta}_0$	$\hat{\sigma}\sqrt{c_{11}}$	t_1	$P(t_{n-p} > \|t_1\|)$
β_1	$\hat{\beta}_1$	$\hat{\sigma}\sqrt{c_{22}}$	t_2	$P(t_{n-p} > \|t_2\|)$
$\vdots$	$\vdots$	$\vdots$	$\vdots$	$\vdots$
β_{p-1}	$\hat{\beta}_{p-1}$	$\hat{\sigma}\sqrt{c_{pp}}$	t_p	$P(t_{n-p} > \|t_p\|)$

例题 3.13 若存在一组工业投入与产出数据, 其响应变量 Y 为工业 GDP 比重 (%), 三个解释变量分别为 $X1$——工业劳动者比重 (%), $X2$——工业固定资产比重 (%) 和 $X3$——工业定额资金流动比重 (%). 假定计算得 $R^2 = 0.528\ 9$, $R^2_{adj} = 0.379\ 1$, 这说明模型对响应变量的解释度不是很高, 但在经济分析中仍然可以接受. 另外, 如果 $F_R = 3.368$ 对应的模型显著性检验的 p 值比 $\alpha = 0.1$ 小, 说明模型在 $\alpha = 0.1$ 的水平下是显著的. 而对于四个回归系数的检验, 假定截距项系数很显著, 而解释变量的系数在 $\alpha = 0.1$ 的水平下也显著, 工业劳动者比重及工业固定资产比重的系数为负, 则说明增加这两者的比重, 对工业 GDP 的增长已无贡献, 反而会使产值下降, 在一定程度上反映了行业状况.

3.6.3 一般线性假设

以上两小节考虑了模型与参数的显著性检验问题, 本小节讨论一般的线性假设

$$H_0\colon \boldsymbol{A\beta} = \boldsymbol{b}, \tag{3.18}$$

其中 $\boldsymbol{A}$ 为 $m \times p$ 矩阵, 其秩为 m, $\boldsymbol{b}$ 为 m 维向量. 可以求出在约束条件下的最小二乘估计

$$\hat{\boldsymbol{\beta}}_H = \hat{\boldsymbol{\beta}} - (\boldsymbol{\mathcal{X}}^{\mathrm{T}}\boldsymbol{\mathcal{X}})^{-1}\boldsymbol{A}^{\mathrm{T}}(\boldsymbol{A}(\boldsymbol{\mathcal{X}}^{\mathrm{T}}\boldsymbol{\mathcal{X}})^{-1})^{-1}(\boldsymbol{A}\hat{\boldsymbol{\beta}} - \boldsymbol{b}),$$

相应的残差平方和

$$SSE_H = (\boldsymbol{y} - \boldsymbol{\mathcal{X}}\hat{\boldsymbol{\beta}}_H)^{\mathrm{T}}(\boldsymbol{y} - \boldsymbol{\mathcal{X}}\hat{\boldsymbol{\beta}}_H).$$

在约束条件 (3.18) 下, 参数的变化范围缩小了, 因而残差平方和 SSE_H 比 SSE 大. 如果真正的模型满足这个约束, 那么 SSE_H 与 SSE 的差值不会很大, 因此当 $SSE_H - SSE$ 比较大时, 倾向于拒绝原假设. 实际上, 当假设 (3.18) 成立时,

$$F_H = \frac{(SSE_H - SSE)/m}{SSE/(n-p)} \sim F_{m,n-p}.$$

因此, 通常采用 F_H 作为一般线性假设的检验统计量.

3.6.4 矩阵表示的 ANOVA 模型

3.5 节所展示的单因素方差分析模型也可以用矩阵的形式来表达, 对应于模型 (3.13), 可以定义如下的设计矩阵:

$$\boldsymbol{\mathcal{X}} = \begin{pmatrix} \mathbf{1}_{n_1} & \cdots & \mathbf{0}_{n_1} \\ \vdots & & \vdots \\ \mathbf{0}_{n_a} & \cdots & \mathbf{1}_{n_a} \end{pmatrix}.$$

参数为 $\boldsymbol{\beta} = (\mu_1, \mu_2, \cdots, \mu_a)^{\mathrm{T}}$. 则方差分析模型可以表示为一个线性模型 $\boldsymbol{y} = \boldsymbol{\mathcal{X}}\boldsymbol{\beta} + \boldsymbol{\varepsilon}$, 故而由最小二乘法得到的参数估计为 $\hat{\boldsymbol{\beta}} = (\boldsymbol{\mathcal{X}}^{\mathrm{T}}\boldsymbol{\mathcal{X}})^{-1}\boldsymbol{\mathcal{X}}^{\mathrm{T}}\boldsymbol{y}$. 如果考虑每个水平样本量相同, 即 $n_1 = n_2 = \cdots = n_a = n$ 的情况, 那么有 $(\boldsymbol{\mathcal{X}}^{\mathrm{T}}\boldsymbol{\mathcal{X}})^{-1} = \dfrac{1}{n}\boldsymbol{I}_a$, 并且 $\boldsymbol{\mathcal{X}}^{\mathrm{T}}\boldsymbol{y}$ 的第 i 个元为 $\sum\limits_{k=1}^{n_i} y_{ik}$.

如果从线性回归模型的角度考虑方差分析的原假设, 即 $\mu_1 = \cdots = \mu_a$, 它可以写为 $\boldsymbol{A}\boldsymbol{\beta} = \mathbf{0}$, 其中

$$\boldsymbol{A} = \begin{pmatrix} -1 & 1 & 0 & \cdots & 0 \\ -1 & 0 & 1 & \cdots & 0 \\ \vdots & \vdots & \vdots & & \vdots \\ -1 & 0 & 0 & \cdots & 1 \end{pmatrix}.$$

通过这样的方式, 可以看到方差分析是回归模型检验的一个特例.

习　题　3

习题 3.1　做出山鸢尾的花萼长度与宽度, 花瓣长度与宽度 4 个变量的协方差矩阵, 观察花瓣的长度与宽度两个变量的协方差的符号, 并通过 R 软件做出这两个变量间的散点图, 判断趋势是否符合协方差的正负关系.

习题 3.2　对应上题, 做出山鸢尾的花萼长度与宽度, 花瓣长度与宽度 4 个变量的相关系数矩阵, 试分析山鸢尾的花瓣的长度与宽度之间的相关关系, 并用费希尔 Z 变换作显著性水平 $\alpha = 0.05$ 的假设检验, 看检验结果和从相关系数得到的结论是否一致.

习题 3.3　为考察某种维纶纤维的耐水性能, 安排了一批试验, 测得甲醛浓度 x 及"缩醛度" y 的数据如下:

x	18	20	22	24	26	28	30
y	26.86	28.35	28.75	28.87	29.75	30.00	30.36

求 y 关于 x 的线性回归方程, 并画出原始数据及回归直线的图形.

习题 3.4　试证明: 对于回归模型 (3.15), 在 $\boldsymbol{c}^{\mathrm{T}}\boldsymbol{\beta}$ 的所有线性无偏估计中, 最小二乘估计 $\boldsymbol{c}^{\mathrm{T}}\hat{\boldsymbol{\beta}}$ 是其具有最小方差的估计 ($\boldsymbol{c}$ 是一个常数向量).

习题 3.5　请对鸢尾花数据中不同种类鸢尾花的花萼长度做方差分析, 并解释几个物种的花萼长度是否有显著性区别.

习题 3.6　对于两个服从正态分布的随机变量, 协方差为零意味着独立. 这个结论为什么不适用于例题 3.4 ?

习题 3.7　假定有观察值集 $\{x_i\}_{i=1}^n$, 其中 $\bar{x}=0$, $s_{XX}=1$ 且 $\dfrac{1}{n}\sum_{i=1}^{n}(x_i-\bar{x})^3=0$. 定义变量 $y_i=x_{i\cdot}^2$, 可以得出 $r_{XY}\neq 0$ 吗?

习题 3.8　具有 $r^2=1$ 和 $r^2=0$ 的两个随机变量的散点图是什么样的?

习题 3.9　在什么情况下, 可以从 Y 对 X 的线性回归线和 X 对 Y 的线性回归线中得到相同的系数?

习题 3.10　为什么相关系数与协方差具有相同的符号?

习题 3.11　证明: $\operatorname{rank}(\boldsymbol{\mathcal{H}})=\operatorname{tr}(\boldsymbol{\mathcal{H}})=n-1$.

习题 3.12　证明: $\hat{\boldsymbol{\beta}}=(\boldsymbol{\mathcal{X}}^{\mathrm{T}}\boldsymbol{\mathcal{X}})^{-1}\boldsymbol{\mathcal{X}}^{\mathrm{T}}\boldsymbol{y}$ $\left(令\ f(\boldsymbol{\beta})=(\boldsymbol{y}-\boldsymbol{x}\boldsymbol{\beta})^{\mathrm{T}}(\boldsymbol{y}-\boldsymbol{x}\boldsymbol{\beta})\ 并求解\ \dfrac{\partial f(\boldsymbol{\beta})}{\partial\boldsymbol{\beta}}=\mathbf{0}\right)$.

习题 3.13　考虑线性模型 $\boldsymbol{Y}=\boldsymbol{\mathcal{X}}\boldsymbol{\beta}+\boldsymbol{\varepsilon}$, 其中 $\hat{\boldsymbol{\beta}}=\arg\min_{\boldsymbol{\beta}}\boldsymbol{\varepsilon}^{\mathrm{T}}\boldsymbol{\varepsilon}$ 满足线性约束 $\boldsymbol{A}\hat{\boldsymbol{\beta}}=\boldsymbol{\alpha}$, $\boldsymbol{A}(q\times p)$ $(q\leqslant p)$ 的秩为 q 以及 $\boldsymbol{\alpha}$ 为 q 维. 证明:

$$\hat{\boldsymbol{\beta}}=\hat{\boldsymbol{\beta}}_{OLS}-(\boldsymbol{\mathcal{X}}^{\mathrm{T}}\boldsymbol{\mathcal{X}})^{-1}\boldsymbol{A}^{\mathrm{T}}\boldsymbol{A}(\boldsymbol{\mathcal{X}}^{\mathrm{T}}\boldsymbol{\mathcal{X}})^{-1}(\boldsymbol{A}\hat{\boldsymbol{\beta}}_{OLS}-\boldsymbol{\alpha}),$$

其中 $\hat{\boldsymbol{\beta}}_{OLS}=(\boldsymbol{\mathcal{X}}^{\mathrm{T}}\boldsymbol{\mathcal{X}})^{-1}\boldsymbol{\mathcal{X}}^{\mathrm{T}}\boldsymbol{y}$. $\Bigg($令 $f(\boldsymbol{\beta},\boldsymbol{\lambda})=(\boldsymbol{y}-\boldsymbol{x}\boldsymbol{\beta})^{\mathrm{T}}(\boldsymbol{y}-\boldsymbol{x}\boldsymbol{\beta})-\boldsymbol{\lambda}^{\mathrm{T}}(\boldsymbol{A}\boldsymbol{\beta}-\boldsymbol{\alpha})$, 其中 $\boldsymbol{\lambda}\in\mathbf{R}^q$ 并求解 $\dfrac{\partial f(\boldsymbol{\beta},\boldsymbol{\lambda})}{\partial\boldsymbol{\beta}}=\mathbf{0}$ 和 $\dfrac{\partial f(\boldsymbol{\beta},\boldsymbol{\lambda})}{\partial\boldsymbol{\lambda}}=\mathbf{0}\Bigg)$.

第 4 章

多元统计分布

4.1 分布与密度函数

本章从多元随机向量入手, 其中随机向量由多个随机变量组成.

令 $\boldsymbol{X}=(X_1,X_2,\cdots,X_p)^{\mathrm{T}}$ 为一随机向量, 则 $\boldsymbol{X}$ 的累积分布函数定义为

$$F(\boldsymbol{x})=P(\boldsymbol{X}\leqslant\boldsymbol{x})=P(X_1\leqslant x_1,X_2\leqslant x_2,\cdots,X_p\leqslant x_p).$$

对于连续型随机向量 $\boldsymbol{X}$, 存在非负的概率密度函数 (简称密度函数) f, 使得对于任意实数 $\boldsymbol{x}$ 有

$$F(\boldsymbol{x})=\int_{-\infty}^{\boldsymbol{x}}f(\boldsymbol{u})\mathrm{d}\boldsymbol{u}, \tag{4.1}$$

且

$$\int_{-\infty}^{\infty}f(\boldsymbol{u})\mathrm{d}\boldsymbol{u}=1.$$

需要注意的是, 本书大多数如式(4.1)所示的积分都是多维的. 例如, 积分 $\int_{-\infty}^{\boldsymbol{x}}f(\boldsymbol{u})\mathrm{d}\boldsymbol{u}$ 表示 $\int_{-\infty}^{x_p}\cdots\int_{-\infty}^{x_2}\int_{-\infty}^{x_1}f(u_1,u_2,\cdots,u_p)\mathrm{d}u_1\mathrm{d}u_2\cdots\mathrm{d}u_p$. 此外, 对累积分布函数 F 求导即得 $\boldsymbol{X}$ 的密度函数

$$f(\boldsymbol{x})=\frac{\partial^p F(\boldsymbol{x})}{\partial x_1\partial x_2\cdots\partial x_p}.$$

对于离散型随机向量 $\boldsymbol{X}$, 随机向量的取值是有限可数的, 或者说集中在点集 $\{c_j\}_{j\in J}$, 则事件 $\{\boldsymbol{X}\in D\}$ 发生的概率即为所有可能取值发生的概率之和, 即

$$P(\boldsymbol{X}\in D)=\sum_{\{j\ |\ c_j\in D\}}P(\boldsymbol{X}=c_j).$$

如果把随机向量 $\boldsymbol{X}$ 分解成 $\boldsymbol{X}=(\boldsymbol{X}_1^{\mathrm{T}},\boldsymbol{X}_2^{\mathrm{T}})^{\mathrm{T}}$, 其中 $\boldsymbol{X}_1^{\mathrm{T}}\in\mathbf{R}^k,\boldsymbol{X}_2^{\mathrm{T}}\in\mathbf{R}^{p-k}$, 那么称函数

$$F_{\boldsymbol{X}_1}(\boldsymbol{x}_1)=P(\boldsymbol{X}_1\leqslant\boldsymbol{x}_1)=F(x_{11},x_{12},\cdots,x_{1k},\infty,\cdots,\infty) \tag{4.2}$$

为边际累积分布函数, $F=F(\boldsymbol{x})$ 称为联合累积分布函数. 对于连续型的随机变量 $\boldsymbol{X}$, 边际密度函数可以通过对联合密度函数关于其他变量求积分得到,

$$f_{\boldsymbol{X}_1}(\boldsymbol{x}_1)=\int_{-\infty}^{\infty}f(\boldsymbol{x}_1,\boldsymbol{x}_2)\mathrm{d}\boldsymbol{x}_2. \tag{4.3}$$

在给定 $\boldsymbol{X}_1 = \boldsymbol{x}_1$ 的条件下, 随机变量 $\boldsymbol{X}_2$ 的条件密度函数为

$$f(\boldsymbol{x}_2|\boldsymbol{x}_1) = \frac{f(\boldsymbol{x}_1, \boldsymbol{x}_2)}{f_{\boldsymbol{X}_1}(\boldsymbol{x}_1)}. \tag{4.4}$$

例题 **4.1**　随机向量 (X_1, X_2) 的概率密度函数为

$$f(x_1, x_2) = \begin{cases} \frac{1}{3}x_1 + \frac{2}{3}x_2, & 0 \leqslant x_1, x_2 \leqslant 1, \\ 0, & \text{其他}. \end{cases} \tag{4.5}$$

求边际密度函数以及条件密度函数.

$$f_{X_1}(x_1) = \int f(x_1, x_2)\mathrm{d}x_2 = \int_0^1 \left(\frac{1}{3}x_1 + \frac{2}{3}x_2\right)\mathrm{d}x_2 = \frac{1}{3}x_1 + \frac{1}{3},$$

$$f_{X_2}(x_2) = \int f(x_1, x_2)\mathrm{d}x_1 = \int_0^1 \left(\frac{1}{3}x_1 + \frac{2}{3}x_2\right)\mathrm{d}x_1 = \frac{2}{3}x_2 + \frac{1}{6},$$

$$f(x_2|x_1) = \frac{f(x_1, x_2)}{f_{X_1}(x_1)} = \frac{\frac{1}{3}x_1 + \frac{2}{3}x_2}{\frac{1}{3}x_1 + \frac{1}{3}} = \frac{x_1 + 2x_2}{x_1 + 1},$$

$$f(x_1|x_2) = \frac{f(x_1, x_2)}{f_{X_2}(x_2)} = \frac{\frac{1}{3}x_1 + \frac{2}{3}x_2}{\frac{2}{3}x_2 + \frac{1}{6}} = \frac{2x_1 + 4x_1}{4x_2 + 1}.$$

值得注意的是, 虽然 X_1, X_2 的联合密度函数是关于 x_1, x_2 的线性函数, 但是它们各自的条件密度函数却是非线性的.

两个随机变量的独立性定义如下.

定义 **4.1**　*随机变量 X_1 和 X_2 相互独立的充要条件是*

$$f(x_1, x_2) = f_{X_1}(x_1)f_{X_2}(x_2).$$

也就是说, 若 X_1 和 X_2 是相互独立的, 则它们的条件密度函数就等于边际密度函数, 即 $f(x_1|x_2) = f_{X_1}(x_1)$, $f(x_2|x_1) = f_{X_2}(x_2)$.

另外需要强调的是, 不同的联合分布函数可能有相同的边际分布函数.

例题 **4.2**　随机向量 (X_1, X_2) 的概率密度函数为

(1) $f(x_1, x_2) = 1$, $0 < x_1, x_2 < 1$,

(2) $f(x_1, x_2) = 1 + \alpha(2x_1 - 1)(2x_2 - 1)$, $0 < x_1, x_2 < 1$, $-1 \leqslant \alpha \leqslant 1$.

分别计算 (1) 和 (2) 中 X_1 和 X_2 的边际分布函数.

(1) $f_{X_1}(x_1) = 1$, $f_{X_2}(x_2) = 1$.

(2) $f_{X_1}(x_1) = \int_0^1 [1 + \alpha(2x_1 - 1)(2x_2 - 1)]\mathrm{d}x_2 = \Big[x_2 + \alpha(2x_1 - 1)(x_2^2 - x_2)\Big]_0^1 = 1,$

$$f_{X_2}(x_2) = \int_0^1 [1 + \alpha(2x_1 - 1)(2x_2 - 1)]\mathrm{d}x_1 = \Big[x_1 + \alpha(2x_2 - 1)(x_1^2 - x_1)\Big]_0^1 = 1.$$

可见, 不同的联合密度函数可以得到相同的边际密度函数.

4.2 矩与特征函数

4.2.1 矩与协方差矩阵

设随机向量 $\boldsymbol{X}$ 的密度函数为 $f(\boldsymbol{x})$, 则 $\boldsymbol{X}$ 的期望为

$$E(\boldsymbol{X})=\begin{pmatrix}E(X_1)\\ \vdots \\ E(X_p)\end{pmatrix}=\int \boldsymbol{x}f(\boldsymbol{x})\mathrm{d}\boldsymbol{x}=\begin{pmatrix}\int x_1 f(\boldsymbol{x})\mathrm{d}\boldsymbol{x}\\ \vdots \\ \int x_p f(\boldsymbol{x})\mathrm{d}\boldsymbol{x}\end{pmatrix}=\boldsymbol{\mu}. \tag{4.6}$$

相应地,

$$E(\alpha\boldsymbol{X}+\beta\boldsymbol{Y})=\alpha E(\boldsymbol{X})+\beta E(\boldsymbol{Y}). \tag{4.7}$$

如果 $q\times p$ 矩阵 $\boldsymbol{A}$ 是实数矩阵, 那么有

$$E(\boldsymbol{A}\boldsymbol{X})=\boldsymbol{A}E(\boldsymbol{X}). \tag{4.8}$$

在给定随机向量 $\boldsymbol{X}$ 和 $\boldsymbol{Y}$ 相互独立的条件下, 有

$$E(\boldsymbol{X}\boldsymbol{Y}^{\mathrm{T}})=E(\boldsymbol{X})E(\boldsymbol{Y}^{\mathrm{T}}). \tag{4.9}$$

记矩阵

$$\mathrm{Var}(\boldsymbol{X})=\boldsymbol{\Sigma}=E(\boldsymbol{X}-\boldsymbol{\mu})(\boldsymbol{X}-\boldsymbol{\mu})^{\mathrm{T}} \tag{4.10}$$

为协方差矩阵. 如果向量 $\boldsymbol{X}$ 的均值为 $\boldsymbol{\mu}$, 协方差矩阵为 $\boldsymbol{\Sigma}$, 那么记为 $\boldsymbol{X}\sim(\boldsymbol{\mu},\boldsymbol{\Sigma})$.

设 $\boldsymbol{X}\sim(\boldsymbol{\mu},\boldsymbol{\Sigma}_{XX}),\boldsymbol{Y}\sim(\boldsymbol{\nu},\boldsymbol{\Sigma}_{YY})$, 则 $\boldsymbol{X}$ 和 $\boldsymbol{Y}$ 的协方差矩阵为

$$\boldsymbol{\Sigma}_{\boldsymbol{XY}}=\mathrm{Cov}(\boldsymbol{X},\boldsymbol{Y})=E[(\boldsymbol{X}-\boldsymbol{\mu})(\boldsymbol{Y}-\boldsymbol{\nu})^{\mathrm{T}}], \tag{4.11}$$

也可记为

$$\mathrm{Cov}(\boldsymbol{X},\boldsymbol{Y})=E(\boldsymbol{X}\boldsymbol{Y}^{\mathrm{T}})-\boldsymbol{\mu}\boldsymbol{\nu}^{\mathrm{T}}=E(\boldsymbol{X}\boldsymbol{Y}^{\mathrm{T}})-E(\boldsymbol{X})E(\boldsymbol{Y}^{\mathrm{T}}). \tag{4.12}$$

通常称 $\boldsymbol{\mu}=E(\boldsymbol{X})$ 是 $\boldsymbol{X}$ 的一阶矩, $E(\boldsymbol{X}\boldsymbol{X}^{\mathrm{T}})=\{E(X_iX_j)\}$ 是 $\boldsymbol{X}$ 的二阶矩.

4.2.2 方差与协方差的性质

(1)
$$\boldsymbol{\Sigma}=(\sigma_{X_iX_j}),\quad \sigma_{X_iX_j}=\mathrm{Cov}(X_i,X_j),\quad \sigma_{X_iX_i}=\mathrm{Var}(X_i), \tag{4.13}$$

$$\boldsymbol{\Sigma}=E(\boldsymbol{X}\boldsymbol{X}^{\mathrm{T}})-\boldsymbol{\mu}\boldsymbol{\mu}^{\mathrm{T}},\quad \boldsymbol{\Sigma}\geqslant 0. \tag{4.14}$$

(2)
$$\mathrm{Var}(\boldsymbol{a}^{\mathrm{T}}\boldsymbol{X})=\boldsymbol{a}^{\mathrm{T}}\mathrm{Var}(\boldsymbol{X})\boldsymbol{a}=\left\{\Sigma a_ia_j\sigma_{X_iX_j}\right\}, \tag{4.15}$$

$$\mathrm{Var}(\boldsymbol{AX}+\boldsymbol{b})=\boldsymbol{A}\,\mathrm{Var}(\boldsymbol{X})\boldsymbol{A}^{\mathrm{T}}, \tag{4.16}$$

$$\mathrm{Cov}(\boldsymbol{X}+\boldsymbol{Y},\boldsymbol{Z})=\mathrm{Cov}(\boldsymbol{X},\boldsymbol{Z})+\mathrm{Cov}(\boldsymbol{Y},\boldsymbol{Z}), \tag{4.17}$$

$$\mathrm{Var}(\boldsymbol{X}+\boldsymbol{Y})=\mathrm{Var}(\boldsymbol{X})+\mathrm{Cov}(\boldsymbol{X},\boldsymbol{Y})+\mathrm{Cov}(\boldsymbol{Y},\boldsymbol{X})+\mathrm{Var}(\boldsymbol{Y}), \tag{4.18}$$

$$\mathrm{Cov}(\boldsymbol{AX},\boldsymbol{BY})=\boldsymbol{A}\,\mathrm{Cov}(\boldsymbol{X},\boldsymbol{Y})\boldsymbol{B}^{\mathrm{T}}. \tag{4.19}$$

例题 4.3 若 $f(x_1,x_2)=\frac{1}{3}x_1+\frac{2}{3}x_2,\ 0\leqslant x_1,x_2\leqslant 1$, 求均值向量和协方差矩阵.

均值向量 $\boldsymbol{\mu}=(\mu_1,\mu_2)^{\mathrm{T}}$, 其中

$$\begin{aligned}
\mu_1&=\int_0^1\int_0^1 x_1 f(x_1,x_2)\mathrm{d}x_1\mathrm{d}x_2=\int_0^1\int_0^1 x_1\left(\frac{1}{3}x_1+\frac{2}{3}x_2\right)\mathrm{d}x_1\mathrm{d}x_2\\
&=\int_0^1 x_1\left(\frac{1}{3}x_1+\frac{1}{3}\right)\mathrm{d}x_1=\frac{1}{3}\left[\frac{x_1^3}{3}\right]_0^1+\frac{1}{3}\left[\frac{x_1^2}{2}\right]_0^1\\
&=\frac{1}{9}+\frac{1}{6}=\frac{5}{18}.\\
\mu_2&=\int_0^1\int_0^1 x_2 f(x_1,x_2)\mathrm{d}x_1\mathrm{d}x_2=\int_0^1\int_0^1 x_2\left(\frac{1}{3}x_1+\frac{2}{3}x_2\right)\mathrm{d}x_1\mathrm{d}x_2\\
&=\int_0^1 x_2\left(\frac{2}{3}x_2+\frac{1}{6}\right)\mathrm{d}x_2=\frac{2}{3}\left[\frac{x_2^3}{3}\right]_0^1+\frac{1}{6}\left[\frac{x_2^2}{2}\right]_0^1\\
&=\frac{2}{9}+\frac{1}{12}=\frac{11}{36}.
\end{aligned}$$

协方差矩阵 $\boldsymbol{\Sigma}=\begin{pmatrix}\sigma_{X_1X_1} & \sigma_{X_1X_2}\\ \sigma_{X_2X_1} & \sigma_{X_2X_2}\end{pmatrix}$, 其中 $\sigma_{X_1X_1}=E(X_1^2)-\mu_1^2$, $\sigma_{X_2X_2}=E(X_2^2)-\mu_2^2$, $\sigma_{X_1X_2}=E(X_1X_2)-\mu_1\mu_2$,

$$\begin{aligned}
E(X_1^2)&=\int_0^1\int_0^1 x_1^2\left(\frac{1}{3}x_1+\frac{2}{3}x_2\right)\mathrm{d}x_1\mathrm{d}x_2=\frac{1}{3}\left[\frac{x_1^4}{4}\right]_0^1+\frac{1}{3}\left[\frac{x_1^3}{3}\right]_0^1=\frac{7}{36},\\
E(X_2^2)&=\int_0^1\int_0^1 x_2^2\left(\frac{1}{3}x_1+\frac{2}{3}x_2\right)\mathrm{d}x_1\mathrm{d}x_2=\frac{2}{3}\left[\frac{x_2^4}{4}\right]_0^1+\frac{1}{6}\left[\frac{x_2^3}{3}\right]_0^1=\frac{2}{9},\\
E(X_1X_2)&=\int_0^1\int_0^1 x_1x_2\left(\frac{1}{3}x_1+\frac{2}{3}x_2\right)\mathrm{d}x_1\mathrm{d}x_2=\int_0^1\left(\frac{1}{9}x_2+\frac{1}{3}x_2^2\right)\mathrm{d}x_2=\frac{1}{6}.
\end{aligned}$$

4.2.3 条件期望

$E(X_2|X_1=x_1)$ 表示给定 $X_1=x_1$ 的条件下 X_2 的条件期望, 其定义为

$$E(X_2|X_1=x_1)=\int x_2 f(x_2|x_1)\mathrm{d}x_2, \tag{4.20}$$

其中 $f(x_2|x_1)$ 表示给定 $X_1=x_1$ 时, X_2 的概率密度函数. 在给定 $X_1=x_1$ 的条件下, 可以定义 X_2 的方差

$$\operatorname{Var}(X_2|X_1=x_1)=E(X_2^2|X_1=x_1)-E(X_2|X_1=x_1)E(X_2|X_1=x_1), \tag{4.21}$$

以及条件协方差

$$\operatorname{Cov}(X_2,X_3|X_1=x_1)=E(X_2X_3|X_1=x_1)-E(X_2|X_1=x_1)E(X_3|X_1=x_1). \tag{4.22}$$

有了条件协方差可以定义条件相关系数即偏相关系数

$$\rho_{X_2X_3|X_1=x_1}=\frac{\operatorname{Cov}(X_2,X_3|X_1=x_1)}{\sqrt{\operatorname{Var}(X_2|X_1=x_1)\operatorname{Var}(X_3|X_1=x_1)}}. \tag{4.23}$$

4.2.4 条件期望的性质

$E(X_2|X_1=x_1)$ 是关于 x_1 的函数, 不妨定义随机变量 $h(X_1)=E(X_2|X_1)$, $g(X_1)=\operatorname{Var}(X_2|X_1)$, 有如下性质:

$$E(X_2)=E[E(X_2|X_1)], \tag{4.24}$$

$$\operatorname{Var}(X_2)=E[\operatorname{Var}(X_2|X_1)]+\operatorname{Var}[E(X_2|X_1)]. \tag{4.25}$$

例题 4.4 证明: $E(X_2)=E[E(X_2|X_1)]$.

因为 $E(X_2|X_1=x_1)$ 是 x_1 的函数, 所以 $E(X_2|X_1)$ 是一个随机变量. 假设随机向量 $\boldsymbol{X}=(X_1,X_2)^{\mathrm{T}}$ 的概率密度函数为 $f(x_1,x_2)$. 则有

$$\begin{aligned}
E[E(X_2\mid X_1)]&=\int\left[\int x_2 f(x_2\mid x_1)\,\mathrm{d}x_2\right]f(x_1)\,\mathrm{d}x_1\\
&=\int\left[\int x_2\frac{f(x_1,x_2)}{f(x_1)}\mathrm{d}x_2\right]f(x_1)\mathrm{d}x_1=\iint x_2 f(x_1,x_2)\mathrm{d}x_2\mathrm{d}x_1\\
&=E(X_2).
\end{aligned}$$

例题 4.5 随机向量 (X_1,X_2) 的概率密度函数为

$$f(x_1,x_2)=2\mathrm{e}^{-\frac{x_2}{x_1}},\quad 0<x_1<1,x_2>0.$$

易得

$$f(x_1)=2x_1,0<x_1<1,\quad E(X_1)=\frac{2}{3},\quad \operatorname{Var}(X_1)=\frac{1}{18};$$

$$f(x_2|x_1)=\frac{1}{x_1}\mathrm{e}^{-\frac{x_2}{x_1}},x_2>0,\quad E(X_2|X_1)=X_1,\ \operatorname{Var}(X_2|X_1)=X_1^2;$$

$$E(X_2)=E[E(X_2|X_1)]=E(X_1)=\frac{2}{3};$$

$$\operatorname{Var}(X_2)=E[\operatorname{Var}(X_2|X_1)]+\operatorname{Var}[E(X_2|X_1)]=E(X_1^2)+\operatorname{Var}(X_1)=\frac{5}{9}.$$

条件期望 $E(X_2|X_1)$ 可以看作是 X_1 的函数 $h(X_1)$(即 X_2 关于 X_1 的回归函数), 也可以理解为通过 X_1 的函数来表示 X_2 的条件近似值, 对应误差项可以表示为

$$U = X_2 - E(X_2|X_1).$$

类似地, 对于多元情形有下述定理.

定理 4.1　设 $\boldsymbol{X}_1 \in \mathbf{R}^k$, $\boldsymbol{X}_2 \in \mathbf{R}^{p-k}$, $\boldsymbol{U} = \boldsymbol{X}_2 - E(\boldsymbol{X}_2|\boldsymbol{X}_1)$, 则有如下结论:

(1) $E(\boldsymbol{U}) = \mathbf{0}$;

(2) $E(\boldsymbol{X}_2|\boldsymbol{X}_1)$ 是用 $\boldsymbol{X}_1$ 的函数 $h(\boldsymbol{X}_1)$ 的形式表示的 $\boldsymbol{X}_2$ 的最佳近似, 最佳是指均方误差 (MSE) 最小, 其中,

$$MSE(h) = E\{[\boldsymbol{X}_2 - h(\boldsymbol{X}_1)]^{\mathrm{T}}[\boldsymbol{X}_2 - h(\boldsymbol{X}_1)]\}.$$

4.2.5　特征函数

设一随机向量 $\boldsymbol{X} \in \mathbf{R}^p$ 的概率密度函数为 $f(\boldsymbol{x})$, 其特征函数定义为

$$\varphi_{\boldsymbol{X}}(\boldsymbol{t}) = E(\mathrm{e}^{\mathrm{i}\boldsymbol{t}^{\mathrm{T}}\boldsymbol{X}}) = \int \mathrm{e}^{\mathrm{i}\boldsymbol{t}^{\mathrm{T}}\boldsymbol{x}} f(\boldsymbol{x})\mathrm{d}\boldsymbol{x}, \quad \boldsymbol{t} \in \mathbf{R}^p,$$

其中 i 是复数单位, $\mathrm{i}^2 = -1$. 特征函数具有如下性质:

(1)
$$\varphi_{\boldsymbol{X}}(\mathbf{0}) = 1, \quad |\varphi_{\boldsymbol{X}}(\boldsymbol{t})| \leqslant 1; \tag{4.26}$$

(2) 如果 φ 是绝对可积的, 积分 $\int_{-\infty}^{\infty} |\varphi(\boldsymbol{x})|\mathrm{d}\boldsymbol{x}$ 存在并且是有限的, 那么

$$f(\boldsymbol{x}) = \frac{1}{(2\pi)^p}\int_{-\infty}^{\infty} \mathrm{e}^{-\mathrm{i}\boldsymbol{t}^{\mathrm{T}}\boldsymbol{x}}\varphi_{\boldsymbol{X}}(\boldsymbol{t})\mathrm{d}\boldsymbol{t}; \tag{4.27}$$

(3) 如果 $\boldsymbol{X} = (X_1, X_2, \cdots, X_p)^{\mathrm{T}}$, 那么对于 $\boldsymbol{t} = (t_1, t_2, \cdots, t_p)^{\mathrm{T}}$, 有

$$\varphi_{X_1}(t_1) = \varphi_{\boldsymbol{X}}(t_1, 0, \cdots, 0), \cdots, \varphi_{X_p}(t_p) = \varphi_{\boldsymbol{X}}(0, \cdots, 0, t_p). \tag{4.28}$$

(4) 如果 $X_1, X_2, \cdots, X_p$ 是相互独立的随机变量, 那么对于 $\boldsymbol{t} = (t_1, t_2, \cdots, t_p)^{\mathrm{T}}$, 有

$$\varphi_{\boldsymbol{X}}(\boldsymbol{t}) = \varphi_{X_1}(t_1) \cdot \varphi_{X_2}(t_2) \cdot \cdots \cdot \varphi_{X_p}(t_p); \tag{4.29}$$

(5) 如果 $X_1, X_2, \cdots, X_p$ 是相互独立的随机变量, 那么对于 $t \in \mathbf{R}$, 有

$$\varphi_{X_1+X_2+\cdots+X_p}(t) = \varphi_{X_1}(t) \cdot \varphi_{X_2}(t) \cdot \cdots \cdot \varphi_{X_p}(t). \tag{4.30}$$

例题 4.6　随机变量 X 服从标准正态分布, 其概率密度函数为

$$f_X(x) = \frac{1}{\sqrt{2\pi}}\exp\left\{-\frac{x^2}{2}\right\}.$$

特征函数为

$$\begin{aligned}
\varphi_X(t) &= \frac{1}{\sqrt{2\pi}}\int_{-\infty}^{\infty}\exp\{\mathrm{i}tx\}\exp\left\{-\frac{x^2}{2}\right\}\mathrm{d}x \\
&= \frac{1}{\sqrt{2\pi}}\int_{-\infty}^{\infty}\exp\left\{-\frac{1}{2}(x^2 - 2\mathrm{i}tx + \mathrm{i}^2t^2)\right\}\exp\left\{\frac{1}{2}\mathrm{i}^2t^2\right\}\mathrm{d}x
\end{aligned}$$

$$= \exp\left\{-\frac{t^2}{2}\right\}\int_{-\infty}^{\infty}\frac{1}{\sqrt{2\pi}}\exp\left\{-\frac{(x-\mathrm{i}t)^2}{2}\right\}\mathrm{d}x$$

$$= \exp\left\{-\frac{t^2}{2}\right\},$$

其中 $\int \frac{1}{\sqrt{2\pi}}\exp\left\{-\frac{(x-\mathrm{i}t)^2}{2}\right\}\mathrm{d}x = 1.$

表 4.1 给出了几个常见分布的特征函数.

表 4.1 常见分布的特征函数

	概率密度函数	特征函数
$U(a,b)$	$f(x)=I(x\in[a,b])/(b-a)$	$\varphi_X(t)=(\mathrm{e}^{\mathrm{i}bt}-\mathrm{e}^{\mathrm{i}at})/[(b-a)\mathrm{i}t]$
$N(\mu,\sigma^2)$	$f(x)=(2\pi\sigma^2)^{-1/2}\exp\{-(x-\mu)^2/2\sigma^2\}$	$\varphi_X(t)=\mathrm{e}^{\mathrm{i}\mu t-\sigma^2t^2/2}$
$\chi^2(n)$	$f(x)=I(x>0)x^{n/2-1}\mathrm{e}^{-x/2}/\{\Gamma(n/2)2^{n/2}\}$	$\varphi_X(t)=(1-2\mathrm{i}t)^{-n/2}$
$N_p(\boldsymbol{\mu},\boldsymbol{\Sigma})$	$f(\boldsymbol{x})=(2\pi)^{-p/2}(\det(\boldsymbol{\Sigma}))^{-1/2}\exp\{-(\boldsymbol{x}-\boldsymbol{\mu})^{\mathrm{T}}\boldsymbol{\Sigma}^{-1}(\boldsymbol{x}-\boldsymbol{\mu})/2\}$	$\varphi_{\boldsymbol{X}}(\boldsymbol{t})=\mathrm{e}^{\mathrm{i}\boldsymbol{t}^{\mathrm{T}}\boldsymbol{\mu}-\boldsymbol{t}^{\mathrm{T}}\boldsymbol{\Sigma}\boldsymbol{t}/2}$

定理 4.2 $\boldsymbol{X}\in\mathbf{R}^p$ 的分布完全取决于其所有的 $\boldsymbol{t}^{\mathrm{T}}\boldsymbol{X},\boldsymbol{t}\in\mathbf{R}^p$ 的一维分布的集合. 也就是说, 给定 p 个线性组合 $\sum_{j=1}^{p}t_jX_j=\boldsymbol{t}^{\mathrm{T}}\boldsymbol{X},\boldsymbol{t}=(t_1,t_2,\cdots,t_p)^{\mathrm{T}}$ 的分布, 可以求得 $\boldsymbol{X}\in\mathbf{R}^p$ 的分布.

4.3 随机变量函数的变换

设随机变量 X 的密度函数为 $f_X(x)$, $Y=3X$ 的密度函数如何求解? 如果 $\boldsymbol{X}=(X_1,X_2,X_3)^{\mathrm{T}}$, 那么 $\boldsymbol{Y}=(3X_1,X_1-4X_2,X_3)^{\mathrm{T}}$ 的密度函数又该如何求解?

考虑一种特殊的情形 $\boldsymbol{X}=u(\boldsymbol{Y})$, $u\colon\mathbf{R}^p\to\mathbf{R}^p$ 是一一映射. 定义 u 的雅可比矩阵为

$$\boldsymbol{\mathcal{J}}=\frac{\partial\boldsymbol{x}}{\partial\boldsymbol{y}}=\frac{\partial u(\boldsymbol{y})}{\boldsymbol{y}}.$$

记雅可比行列式的绝对值为 $|\det(\boldsymbol{\mathcal{J}})|$, 则 $\boldsymbol{Y}$ 的密度函数为

$$f_{\boldsymbol{Y}}(\boldsymbol{y})=|\det(\boldsymbol{\mathcal{J}})|f_{\boldsymbol{X}}\{u(\boldsymbol{y})\}. \tag{4.31}$$

设

$$(x_1,x_2,x_3)^{\mathrm{T}}=u(y_1,y_2,y_3)^{\mathrm{T}}=\frac{1}{3}(y_1,y_2,y_3)^{\mathrm{T}},$$

有

$$\mathcal{J}=\begin{pmatrix}\frac{1}{3} & 0 & 0\\ 0 & \frac{1}{3} & 0\\ 0 & 0 & \frac{1}{3}\end{pmatrix}.$$

则 $|\det(\mathcal{J})|=(1/3)^3$, 故 $\boldsymbol{Y}$ 的密度函数 $f_{\boldsymbol{Y}}(\boldsymbol{y})=(1/3)^3 f_{\boldsymbol{X}}(\boldsymbol{y}/3)$.

上述情形是 $\boldsymbol{Y}=\boldsymbol{AX}+\boldsymbol{b}$ 的一个特例. 其中, 矩阵 $\boldsymbol{A}$ 是非奇异矩阵. 由 $\boldsymbol{Y}=\boldsymbol{AX}+\boldsymbol{b}$ 逆变换得 $\boldsymbol{X}=\boldsymbol{A}^{-1}(\boldsymbol{Y}-\boldsymbol{b})$, 则有 $\mathcal{J}=\boldsymbol{A}^{-1}$, 故

$$f_{\boldsymbol{Y}}(\boldsymbol{y})=|\det(\boldsymbol{A}^{-1})|f_{\boldsymbol{X}}\{\boldsymbol{A}^{-1}(\boldsymbol{y}-\boldsymbol{b})\}. \tag{4.32}$$

例题 4.7　考虑 $X\in\mathbf{R}$ 的概率密度函数 $f_X(x)$ 和 $Y=\exp\{X\}$. 求 Y 的概率密度函数.

因为 $x=u(y)=\ln y$, 所以雅可比矩阵为

$$\mathcal{J}=\frac{\mathrm{d}x}{\mathrm{d}y}=\frac{1}{y}.$$

所以 Y 的概率密度函数为

$$f_Y(y)=\frac{1}{y}f_X(\ln y).$$

例题 4.8　$f_{\boldsymbol{X}}(\boldsymbol{x})=f_{\boldsymbol{X}}\big((x_1,x_2)^{\mathrm{T}}\big)$, 有 $\boldsymbol{A}=\begin{pmatrix}1 & 1\\ 1 & -1\end{pmatrix}$, $\boldsymbol{Y}=\boldsymbol{AX}=(X_1+X_2,X_1-X_2)^{\mathrm{T}}$. 求随机向量 $\boldsymbol{Y}$ 的密度函数.

$$\det(\boldsymbol{A})=-2,\quad \boldsymbol{A}^{-1}=-\frac{1}{2}\begin{pmatrix}-1 & -1\\ -1 & 1\end{pmatrix},\quad |\det(\boldsymbol{A}^{-1})|=\frac{1}{2}.$$

故

$$\begin{aligned}f_{\boldsymbol{Y}}(\boldsymbol{y})&=|\det(\boldsymbol{A}^{-1})|f_{\boldsymbol{X}}(\boldsymbol{A}^{-1}\boldsymbol{y})\\ &=\frac{1}{2}f_{\boldsymbol{X}}\left\{\frac{1}{2}\begin{pmatrix}1 & 1\\ 1 & -1\end{pmatrix}\begin{pmatrix}y_1\\ y_2\end{pmatrix}\right\}\\ &=\frac{1}{2}f_{\boldsymbol{X}}\begin{pmatrix}\frac{1}{2}(y_1+y_2)\\ \frac{1}{2}(y_1-y_2)\end{pmatrix}.\end{aligned}$$

4.4 多元正态分布

设多元正态分布的均值向量为 $\boldsymbol{\mu}$, 协方差矩阵为 $\boldsymbol{\Sigma}$, 则密度函数为

$$f(\boldsymbol{x})=(2\pi)^{-p/2}[\det(\boldsymbol{\Sigma})]^{-1/2}\exp\left\{-\frac{1}{2}(\boldsymbol{x}-\boldsymbol{\mu})^{\mathrm{T}}\boldsymbol{\Sigma}^{-1}(\boldsymbol{x}-\boldsymbol{\mu})\right\}, \tag{4.33}$$

记作 $\boldsymbol{X} \sim N_p(\boldsymbol{\mu}, \boldsymbol{\Sigma})$.

多元正态分布 $N_p(\boldsymbol{\mu}, \boldsymbol{\Sigma})$ 与多元标准正态分布 $N_p(\boldsymbol{0}, \boldsymbol{I}_p)$ 的关系可以通过已介绍的线性变换得到, 定理如下.

定理 4.3 $\boldsymbol{X} \sim N_p(\boldsymbol{\mu}, \boldsymbol{\Sigma})$, $\boldsymbol{Y} = \boldsymbol{\Sigma}^{-1/2}(\boldsymbol{X} - \boldsymbol{\mu})$, 即马氏变换, 则 $\boldsymbol{Y} \sim N_p(\boldsymbol{0}, \boldsymbol{I}_p)$. 即, 元素 $Y_j \in \mathbf{R}\ (j = 1, 2, \cdots, p)$ 是相互独立的且服从一元标准正态分布 $N(0, 1)$ 的随机变量.

证明 记 $(\boldsymbol{X} - \boldsymbol{\mu})^{\mathrm{T}}\boldsymbol{\Sigma}^{-1}(\boldsymbol{X} - \boldsymbol{\mu}) = \boldsymbol{Y}^{\mathrm{T}}\boldsymbol{Y}$, 运用公式(4.32), 给定 $\boldsymbol{\mathcal{J}} = \boldsymbol{\Sigma}^{1/2}$, 则有

$$f_{\boldsymbol{Y}}(\boldsymbol{y}) = (2\pi)^{-p/2} \exp\left\{-\frac{1}{2}\boldsymbol{y}^{\mathrm{T}}\boldsymbol{y}\right\}, \tag{4.34}$$

根据公式(4.33), 上式即为 $N_p(\boldsymbol{0}, \boldsymbol{I}_p)$ 的密度函数.

不难发现, 上述马氏变换实际上产生的是随机向量 $\boldsymbol{Y} = (Y_1, Y_2, \cdots, Y_p)^{\mathrm{T}}$, 它由相互独立的、服从一元标准正态分布的元素 $Y_j\ (j = 1, 2, \cdots, p)$ 所组成, 因为

$$\begin{aligned} f_{\boldsymbol{Y}}(\boldsymbol{y}) &= \frac{1}{(2\pi)^{p/2}} \exp\left\{-\frac{1}{2}\boldsymbol{y}^{\mathrm{T}}\boldsymbol{y}\right\} \\ &= \prod_{j=1}^{p} \frac{1}{\sqrt{2\pi}} \exp\left\{-\frac{1}{2}y_j^2\right\} \\ &= \prod_{j=1}^{p} f_{Y_j}(y_j). \end{aligned}$$

其中 $f_{Y_j}(y_j)$ 是标准正态密度函数 $\dfrac{1}{\sqrt{2\pi}} \exp\left\{-\dfrac{1}{2}y_j^2\right\}$. 由此, 可以得到, $E(\boldsymbol{Y}) = \boldsymbol{0}, \mathrm{Var}(\boldsymbol{Y}) = \boldsymbol{I}_p$.

反过来, 利用一系列服从 $N_p(\boldsymbol{0}, \boldsymbol{I}_p)$ 分布的随机变量, 可以利用如下逆线性变换产生服从 $N_p(\boldsymbol{\mu}, \boldsymbol{\Sigma})$ 分布的变量

$$\boldsymbol{X} = \boldsymbol{\Sigma}^{1/2}\boldsymbol{Y} + \boldsymbol{\mu}. \tag{4.35}$$

易得 $E(\boldsymbol{X}) = \boldsymbol{\mu}, \mathrm{Var}(\boldsymbol{X}) = \boldsymbol{\Sigma}$.

定理 4.4 设 $\boldsymbol{X} \sim N_p(\boldsymbol{\mu},\ \boldsymbol{\Sigma}), \boldsymbol{A}(p \times p)$ 是非奇异矩阵, $\boldsymbol{c} \in \mathbf{R}^p$, 则 $\boldsymbol{Y} = \boldsymbol{A}\boldsymbol{X} + \boldsymbol{c}$ 服从 p 元正态分布

$$\boldsymbol{Y} \sim N_p(\boldsymbol{A}\boldsymbol{\mu} + \boldsymbol{c}, \boldsymbol{A}\boldsymbol{\Sigma}\boldsymbol{A}^{\mathrm{T}}). \tag{4.36}$$

定理 4.5 如果 $\boldsymbol{X} \sim N_p(\boldsymbol{\mu}, \boldsymbol{\Sigma})$, 那么变量 $U = (\boldsymbol{X} - \boldsymbol{\mu})^{\mathrm{T}}\boldsymbol{\Sigma}^{-1}(\boldsymbol{X} - \boldsymbol{\mu})$ 服从自由度为 p 的卡方分布, 即 $U \sim \chi^2(p)$.

定理 4.6 多元正态分布 $N_p(\boldsymbol{\mu}, \boldsymbol{\Sigma})$ 的特征函数为

$$\varphi_{\boldsymbol{X}}(\boldsymbol{t}) = \exp\left\{\mathrm{i}\boldsymbol{t}^{\mathrm{T}}\boldsymbol{\mu} - \frac{1}{2}\boldsymbol{t}^{\mathrm{T}}\boldsymbol{\Sigma}\boldsymbol{t}\right\}. \tag{4.37}$$

证明

$$\begin{aligned}\varphi_{\boldsymbol{X}}(\boldsymbol{t}) &= \frac{1}{(2\pi)^{p/2}[\det(\boldsymbol{\Sigma})]^{1/2}}\int \exp\left\{\mathrm{i}\boldsymbol{t}^{\mathrm{T}}\boldsymbol{x} - \frac{1}{2}(\boldsymbol{x}-\boldsymbol{\mu})^{\mathrm{T}}\boldsymbol{\Sigma}^{-1}(\boldsymbol{x}-\boldsymbol{\mu})\right\}\mathrm{d}\boldsymbol{x} \\ &= \frac{1}{(2\pi)^{p/2}[\det(\boldsymbol{\Sigma})]^{1/2}}\int \exp\left\{\mathrm{i}\boldsymbol{t}^{\mathrm{T}}\boldsymbol{x} - \frac{1}{2}(\boldsymbol{x}-\boldsymbol{\mu})^{\mathrm{T}}\boldsymbol{\Sigma}^{-1}(\boldsymbol{x}-\boldsymbol{\mu}) + \left(\mathrm{i}\boldsymbol{t}^{\mathrm{T}}\boldsymbol{\mu} - \frac{1}{2}\boldsymbol{t}^{\mathrm{T}}\boldsymbol{\Sigma}\boldsymbol{t}\right) - \right. \\ &\quad \left.\left(\mathrm{i}\boldsymbol{t}^{\mathrm{T}}\boldsymbol{\mu} - \frac{1}{2}\boldsymbol{t}^{\mathrm{T}}\boldsymbol{\Sigma}\boldsymbol{t}\right)\right\}\mathrm{d}\boldsymbol{x} \\ &= \exp\left\{\mathrm{i}\boldsymbol{t}^{\mathrm{T}}\boldsymbol{\mu} - \frac{1}{2}\boldsymbol{t}^{\mathrm{T}}\boldsymbol{\Sigma}\boldsymbol{t}\right\}.\end{aligned}$$

这是因为

$$\begin{aligned}&\frac{1}{(2\pi)^{p/2}[\det(\boldsymbol{\Sigma})]^{1/2}}\int \exp\left\{\mathrm{i}\boldsymbol{t}^{\mathrm{T}}\boldsymbol{x} - \frac{1}{2}(\boldsymbol{x}-\boldsymbol{\mu})^{\mathrm{T}}\boldsymbol{\Sigma}^{-1}(\boldsymbol{x}-\boldsymbol{\mu}) + \left(\mathrm{i}\boldsymbol{t}^{\mathrm{T}}\boldsymbol{\mu} - \frac{1}{2}\boldsymbol{t}^{\mathrm{T}}\boldsymbol{\Sigma}\boldsymbol{t}\right)\right\}\mathrm{d}\boldsymbol{x} \\ =& \frac{1}{(2\pi)^{p/2}[\det(\boldsymbol{\Sigma})]^{1/2}}\int \exp\left\{-\frac{1}{2}(\boldsymbol{x}-\boldsymbol{\mu}-\mathrm{i}\boldsymbol{\Sigma}\boldsymbol{t})^{\mathrm{T}}\boldsymbol{\Sigma}^{-1}(\boldsymbol{x}-\boldsymbol{\mu}-\mathrm{i}\boldsymbol{\Sigma}\boldsymbol{t})\right\}\mathrm{d}\boldsymbol{x} = 1.\end{aligned}$$

同理, 若 $\boldsymbol{Y} \sim N_p(\boldsymbol{0}, \boldsymbol{I_p})$, 则

$$\varphi_{\boldsymbol{Y}}(\boldsymbol{t}) = \exp\left\{-\frac{1}{2}\boldsymbol{t}^{\mathrm{T}}\boldsymbol{I}_p\boldsymbol{t}\right\} = \exp\left\{-\frac{1}{2}\sum_{i=1}^{p} t_i^2\right\} = \varphi_{Y_1}(t_1)\cdot\varphi_{Y_2}(t_2)\cdot\cdots\cdot\varphi_{Y_p}(t_p).$$

4.4.1　奇异正态分布

假设协方差矩阵 $\boldsymbol{\Sigma}$ 的秩 k 小于 $\boldsymbol{X}$ 的维数 p, 则 $\boldsymbol{X}$ 的奇异密度函数为

$$f(\boldsymbol{x}) = \frac{(2\pi)^{-k/2}}{(\lambda_1\cdot\cdots\cdot\lambda_k)^{1/2}}\exp\left\{-\frac{1}{2}(\boldsymbol{x}-\boldsymbol{\mu})^{\mathrm{T}}\boldsymbol{\Sigma}^{-}(\boldsymbol{x}-\boldsymbol{\mu})\right\}, \tag{4.38}$$

称 $\boldsymbol{X}$ 服从奇异正态分布.

于是有,

(1) $\boldsymbol{x}$ 位于超平面 $\boldsymbol{\mathcal{N}}^{\mathrm{T}}(\boldsymbol{x}-\boldsymbol{\mu}) = \boldsymbol{0}$ 上, 有 $\boldsymbol{\mathcal{N}}(p\times k)$: $\boldsymbol{\mathcal{N}}^{\mathrm{T}}\boldsymbol{\Sigma} = \boldsymbol{0}$, $\boldsymbol{\mathcal{N}}^{\mathrm{T}}\boldsymbol{\mathcal{N}} = \boldsymbol{I}_k$;

(2) $\boldsymbol{\Sigma}^{-}$ 是 $\boldsymbol{\Sigma}$ 的广义逆, $\lambda_1, \lambda_2, \cdots, \lambda_k$ 是矩阵 $\boldsymbol{\Sigma}$ 的非零特征值.

如果 $\boldsymbol{Y} \sim N_k(\boldsymbol{0}, \boldsymbol{\Lambda}_1)$, $\boldsymbol{\Lambda}_1 = \mathrm{diag}(\lambda_1, \lambda_2, \cdots, \lambda_k)$, 那么存在正交矩阵 $\boldsymbol{B}(p\times k)$, $\boldsymbol{B}^{\mathrm{T}}\boldsymbol{B} = \boldsymbol{I}_k$, 使得 $\boldsymbol{X} = \boldsymbol{B}\boldsymbol{Y} + \boldsymbol{\mu}$ 有如公式(4.38)所示的奇异密度函数.

4.4.2　高斯连接函数

高斯连接函数或正态连接函数的定义为

$$C_\rho(u, v) = \int_{-\infty}^{\Phi_1^{-1}(u)}\int_{-\infty}^{\Phi_2^{-1}(v)} f_\rho(x_1, x_2)\mathrm{d}x_2\mathrm{d}x_1, \tag{4.39}$$

其中 f_ρ 是相关系数为 ρ 的二元正态密度函数, Φ_1, Φ_2 是对应的一维标准正态分布的边际累积分布函数.

在相关系数 $\rho=0$ 的情形下, 高斯连接函数变为

$$\begin{aligned}\mathcal{C}_0(u,v)&=\int_{-\infty}^{\Phi_1^{-1}(u)}f_{X_1}(x_1)\mathrm{d}x_1\int_{-\infty}^{\Phi_2^{-1}(v)}f_{X_2}(x_2)\mathrm{d}x_2\\&=uv.\end{aligned}$$

4.5 样本分布与极限定理

在多元统计中, 对多元随机变量 $\boldsymbol{X}$ 进行观测并得到一组样本 $\{\boldsymbol{x}_i\}_{i=1}^n$. 在随机抽样的前提下, 这些观测值被认为是独立同分布的随机变量 $\boldsymbol{X}_1,\boldsymbol{X}_2,\cdots,\boldsymbol{X}_n$ 的一次实现, 其中 $\boldsymbol{X}_i$ 是 p 维的随机变量, 表示对总体随机变量 $\boldsymbol{X}$ 的一次观测. 请注意一些记号的含义: $\boldsymbol{X}_i$ 不是指 $\boldsymbol{X}$ 的第 i 个分量, 而是指 p 维随机变量的第 i 次观测, 给出了样本的第 i 次观测值 $\boldsymbol{x}_i$.

对一个给定的随机样本 $\boldsymbol{X}_1,\boldsymbol{X}_2,\cdots,\boldsymbol{X}_n$, 统计推断的目的是分析总体变量 $\boldsymbol{X}$ 的性质. 具体来说主要是分析分布的一些特征, 比如均值、协方差矩阵等.

推断也可以依据样本 $\boldsymbol{X}_1,\boldsymbol{X}_2,\cdots,\boldsymbol{X}_n$ 的函数展开, 比如统计量. 例如样本均值 $\bar{\boldsymbol{x}}$, 样本协方差矩阵 $\boldsymbol{\mathcal{S}}$. 为了了解统计量和对应样本特性之间的关系, 必须要得到统计量的抽样分布. 下面的例子给出了 $(\bar{\boldsymbol{x}},\boldsymbol{\mathcal{S}})$ 和 $(\boldsymbol{\mu},\boldsymbol{\Sigma})$ 之间的联系.

例题 4.9 考虑一个独立同分布的随机向量 $\boldsymbol{X}_i\in\mathbf{R}^p$, $E(\boldsymbol{X}_i)=\boldsymbol{\mu}$, $\mathrm{Var}(\boldsymbol{X}_i)=\boldsymbol{\Sigma}$. 有

$$\begin{aligned}E(\bar{\boldsymbol{x}})&=\frac{1}{n}\sum_{i=1}^nE(\boldsymbol{X}_i)=\boldsymbol{\mu},\\\mathrm{Var}(\bar{\boldsymbol{x}})&=\frac{1}{n^2}\sum_{i=1}^n\mathrm{Var}(\boldsymbol{X}_i)=\frac{1}{n}\boldsymbol{\Sigma},\\E(\boldsymbol{\mathcal{S}})&=\frac{1}{n}E\left[\sum_{i=1}^n(\boldsymbol{X}_i-\bar{\boldsymbol{x}})(\boldsymbol{X}_i-\bar{\boldsymbol{x}})^{\mathrm{T}}\right]\\&=\frac{1}{n}E\left(\sum_{i=1}^n\boldsymbol{X}_i\boldsymbol{X}_i^{\mathrm{T}}-n\bar{\boldsymbol{x}}\bar{\boldsymbol{x}}^{\mathrm{T}}\right)\\&=\frac{1}{n}\left[n(\boldsymbol{\Sigma}+\boldsymbol{\mu}\boldsymbol{\mu}^{\mathrm{T}})-n\left(\frac{\boldsymbol{\Sigma}}{n}+\boldsymbol{\mu}\boldsymbol{\mu}^{\mathrm{T}}\right)\right]\\&=\frac{n-1}{n}\boldsymbol{\Sigma}.\end{aligned}$$

这个例子说明 $\boldsymbol{\mathcal{S}}$ 是 $\boldsymbol{\Sigma}$ 的一个有偏估计, 对比之下 $\boldsymbol{\mathcal{S}}_u=\dfrac{n}{n-1}\boldsymbol{\mathcal{S}}$ 是 $\boldsymbol{\Sigma}$ 的无偏估计量.

统计推断不仅需要知道一个统计量的均值或方差, 还需要了解统计量的分布以构造置信区间, 或者在给定的置信水平下对假设检验问题给出拒绝域.

定理 4.7 给出了多元正态总体的样本均值服从的分布.

定理 4.7　假设 $\boldsymbol{X}_1, \boldsymbol{X}_2, \cdots, \boldsymbol{X}_n$ 独立同分布且 $\boldsymbol{X}_i \sim N_p(\boldsymbol{\mu}, \boldsymbol{\Sigma})$, 那么 $\bar{\boldsymbol{x}} \sim N_p\left(\boldsymbol{\mu}, \dfrac{\boldsymbol{\Sigma}}{n}\right)$.

多元统计中, 一般很难得到统计量的样本分布. 因而会经常用到近似的方法. 这些近似的方法主要是依据极限理论, 并且因为是渐近极限, 只有当样本量足够大的时候, 近似才比较有效. 下面的中心极限定理表明, 即使母分布不是正态分布, 当样本量足够大的时候, 样本均值同样服从渐近正态分布.

定理 4.8 (中心极限定理)　假设 $\boldsymbol{X}_1, \boldsymbol{X}_2, \cdots, \boldsymbol{X}_n$ 是独立同分布的随机变量, 并且 $\boldsymbol{X}_i \sim (\boldsymbol{\mu}, \boldsymbol{\Sigma})$. 那么 $\sqrt{n}(\bar{\boldsymbol{x}} - \boldsymbol{\mu})$ 渐近服从 $N_p(\mathbf{0}, \boldsymbol{\Sigma})$, 即 $\sqrt{n}(\bar{\boldsymbol{x}} - \boldsymbol{\mu}) \xrightarrow{\mathcal{L}} N_p(\mathbf{0}, \boldsymbol{\Sigma})$, $n \to \infty$. 其中, 符号 "$\xrightarrow{\mathcal{L}}$" 表示依分布收敛, 即随机向量 $\sqrt{n}(\bar{\boldsymbol{x}} - \boldsymbol{\mu})$ 的分布函数收敛于 $N_p(\mathbf{0}, \boldsymbol{\Sigma})$.

例题 4.10　假设 $X_1, X_2, \cdots, X_n$ 是服从伯努利分布的独立同分布的随机变量, 且 $p = \dfrac{1}{2}$, 即 $P(X_i = 1) = \dfrac{1}{2}$, $P(X_i = 0) = \dfrac{1}{2}$. 则 $\mu = p = \dfrac{1}{2}$, $\sigma^2 = p(1-p) = \dfrac{1}{4}$. 从而有 $\sqrt{n}(\bar{x} - \dfrac{1}{2}) \xrightarrow{\mathcal{L}} N_1\left(0, \dfrac{1}{4}\right)$, $n \to \infty$.

图 4.1 (a)(b) 展示了不同样本量下服从伯努利分布的随机变量的样本均值对应的密度函数图像.

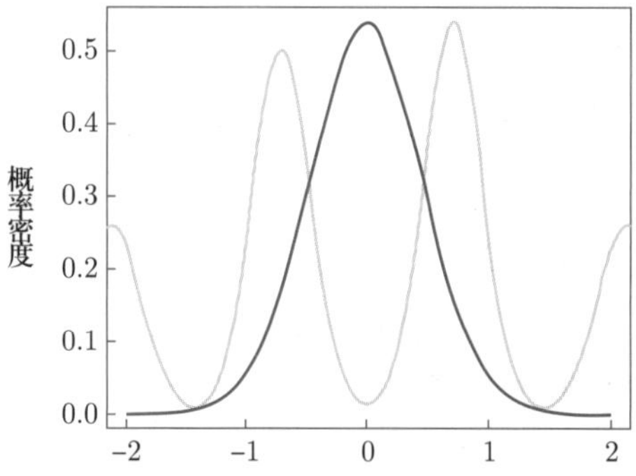

(a) 当 $n = 5$ 时的密度函数图

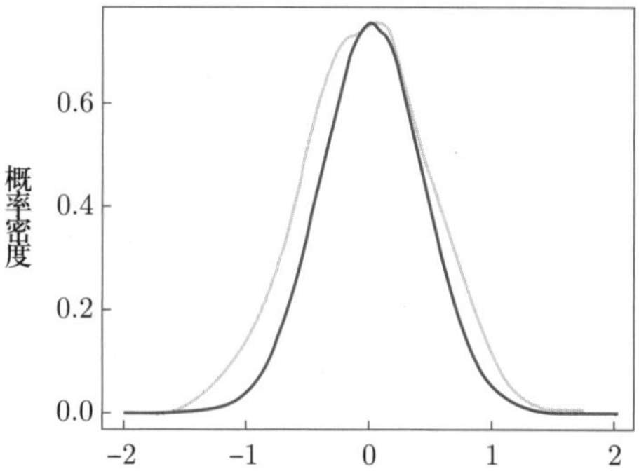

(b) 当 $n = 50$ 时的密度函数图

图 4.1

例题 4.11　现在考虑一个二维的独立同分布随机样本 $\boldsymbol{x}_1, \boldsymbol{x}_2, \cdots, \boldsymbol{x}_n$, 并假定 $\boldsymbol{x}_i$ 来自二维独立伯努利分布且 $p = \dfrac{1}{2}$. 联合概率分布为 $P(\boldsymbol{X} = (0,0)^{\mathrm{T}}) = \dfrac{1}{4}$, $P(\boldsymbol{X} = (0,1)^{\mathrm{T}}) = \dfrac{1}{4}$, $P(\boldsymbol{X} = (1,0)^{\mathrm{T}}) = \dfrac{1}{4}$, $P(\boldsymbol{X} = (1,1)^{\mathrm{T}}) = \dfrac{1}{4}$. 那么可以得到

$$\sqrt{n}\left(\bar{\boldsymbol{x}} - \left(\frac{1}{2}, \frac{1}{2}\right)^{\mathrm{T}}\right) \xrightarrow{\mathcal{L}} N_2\left(\begin{pmatrix} 0 \\ 0 \end{pmatrix}, \begin{pmatrix} \frac{1}{4} & 0 \\ 0 & \frac{1}{4} \end{pmatrix}\right), \quad n \to \infty.$$

渐近正态分布还被用来构造未知参数的置信区间. $\alpha \in (0,1)$, $1-\alpha$ 水平下的置信区间是指有 $1-\alpha$ 的概率包含真实参数的区间

$$P(\theta \in [\hat{\theta}_l, \hat{\theta}_u]) = 1-\alpha,$$

其中 θ 代表未知参数, $\hat{\theta}_l, \hat{\theta}_u$ 是相应置信区间的下界和上界.

例题 4.12 考虑独立同分布的随机变量 $X_1, X_2, \cdots, X_n$, 其中 $X_i \sim (\mu, \sigma^2)$, σ^2 是已知的. 根据中心极限定理可知: $\sqrt{n}(\bar{x}-\mu) \xrightarrow{\mathcal{L}} N(0,\sigma^2)$. 则

$$P\left(-u_{1-\alpha/2} \leqslant \sqrt{n}\frac{\bar{x}-\mu}{\sigma} \leqslant u_{1-\alpha/2}\right) \to 1-\alpha, \qquad n \to \infty.$$

因此, $\left[\bar{x}-\dfrac{\sigma}{\sqrt{n}}u_{1-\alpha/2}, \bar{x}+\dfrac{\sigma}{\sqrt{n}}u_{1-\alpha/2}\right]$ 是 μ 的 $1-\alpha$ 水平下的置信区间.

当方差 σ^2 未知时, 下面的推论给出了构造近似置信区间的方法.

推论 4.1 假设 $\hat{\boldsymbol{\Sigma}}$ 是 $\boldsymbol{\Sigma}$ 的相合估计, 则中心极限定理仍然成立, 即 $\sqrt{n}\hat{\boldsymbol{\Sigma}}^{-1/2}(\bar{\boldsymbol{x}}-\boldsymbol{\mu}) \xrightarrow{\mathcal{L}} N_p(\boldsymbol{0}, \boldsymbol{I}_p)$, $n \to \infty$.

例题 4.13 考虑独立同分布的随机变量 $X_1, X_2, \cdots, X_n$, 其中 $X_i \sim N(\mu, \sigma^2)$, σ^2 是未知的. 根据推论 4.1, 利用 $\hat{\sigma}^2 = \dfrac{1}{n}\displaystyle\sum_{i=1}^{n}(x_i-\bar{x})^2$ 可得 $\sqrt{n}\left(\dfrac{\bar{x}-\mu}{\hat{\sigma}}\right) \xrightarrow{\mathcal{L}} N(0,1)$, 因此可以构造出 μ 的 $1-\alpha$ 水平下的置信区间 $C_{1-\alpha} = \left[\bar{x}-\dfrac{\hat{\sigma}}{\sqrt{n}}u_{1-\alpha/2}, \bar{x}+\dfrac{\hat{\sigma}}{\sqrt{n}}u_{1-\alpha/2}\right]$(注意到根据中心极限定理, $P(\mu \in C_{1-\alpha}) \to 1-\alpha$, $n \to \infty$).

n 取多大可以得到合理的近似, 对这个问题没有确切的定义, 它主要依赖于要解决的问题, 随机变量分布的形状和随机变量对应的维数等. 当随机变量服从正态分布时, $n=1$ 即可得到样本均值的正态性. 然而大部分情形下, 通常要求 n 大于 50 以得到一维问题的比较好的近似.

统计转换: 实际问题中, 人们通常会比较关心具有渐近正态分布特性的某一参数的函数. 例如关注依赖于均值的成本函数: $f(\boldsymbol{\mu}) = \boldsymbol{\mu}^{\mathrm{T}}\boldsymbol{A}\boldsymbol{\mu}$, 其中 $\boldsymbol{A}$ 是已知的. 利用满足渐近正态分布的统计量 $\bar{\boldsymbol{x}}$ 来估计 $\boldsymbol{\mu}$, 问题是 $f(\bar{\boldsymbol{x}})$ 的渐近性质如何? 更一般地, 对具有渐近正态性的统计量 $\boldsymbol{t}$ 作用函数 f 以后的渐近性质如何? 答案由下面的定理给出.

定理 4.9 假如 $\sqrt{n}(\boldsymbol{t}-\boldsymbol{\mu}) \xrightarrow{\mathcal{L}} N_p(\boldsymbol{0}, \boldsymbol{\Sigma})$ 并且 $\boldsymbol{f} = (f_1, f_2, \cdots, f_q)^{\mathrm{T}}: \mathbf{R}^p \to \mathbf{R}^q$ 是实值函数并在 $\boldsymbol{\mu} \in \mathbf{R}^p$ 是可微的, 则 $\boldsymbol{f}(\boldsymbol{t})$ 服从渐近正态分布, 且均值为 $\boldsymbol{f}(\boldsymbol{\mu})$, 协方差矩阵为 $\boldsymbol{\mathcal{D}}^{\mathrm{T}}\boldsymbol{\Sigma}\boldsymbol{\mathcal{D}}$, 即

$$\sqrt{n}\{\boldsymbol{f}(\boldsymbol{t})-\boldsymbol{f}(\boldsymbol{\mu})\} \xrightarrow{\mathcal{L}} N_q(\boldsymbol{0}, \boldsymbol{\mathcal{D}}^{\mathrm{T}}\boldsymbol{\Sigma}\boldsymbol{\mathcal{D}}), \quad n \to \infty,$$

其中 $\boldsymbol{\mathcal{D}} = (\partial f/\partial t_i)(\boldsymbol{t})|_{\boldsymbol{t}=\boldsymbol{\mu}}$ 是偏导数组成的 $p \times q$ 矩阵.

例题 4.14　假定 $\boldsymbol{X}_i \sim (\boldsymbol{\mu}, \boldsymbol{\Sigma})$, $\boldsymbol{\mu} = (0,0)^{\mathrm{T}}$, $\boldsymbol{\Sigma} = \begin{pmatrix} 1 & \frac{1}{2} \\ \frac{1}{2} & 1 \end{pmatrix}$, $p = 2$. 根据中心极限定理可知, $\sqrt{n}(\bar{\boldsymbol{x}} - \boldsymbol{\mu}) \xrightarrow{\mathcal{L}} N(\boldsymbol{0}, \boldsymbol{\Sigma})$, $n \to \infty$.

要得到 $(\bar{x}_1^2 - \bar{x}_2, \bar{x}_1 + 3\bar{x}_2)$ 的分布, 根据定理 4.9, 可令 $\boldsymbol{f} = (f_1, f_2)^{\mathrm{T}}$, 其中 $f_1(x_1, x_2) = x_1^2 - x_2$, $f_2(x_1, x_2) = x_1 + 3x_2$, $q = 2$, 由此可得 $\boldsymbol{f}(\boldsymbol{\mu}) = (0,0)^{\mathrm{T}}$, 并且 $\boldsymbol{\mathcal{D}} = (d_{ij})$, $d_{ij} = \left(\dfrac{\partial f_j}{\partial x_i}\right)\bigg|_{\boldsymbol{x}=\boldsymbol{0}} = \begin{pmatrix} 2x_1 & 1 \\ -1 & 3 \end{pmatrix}\bigg|_{\boldsymbol{x}=\boldsymbol{0}}$. 则 $\boldsymbol{\mathcal{D}} = \begin{pmatrix} 0 & 1 \\ -1 & 3 \end{pmatrix}$ 对应协方差矩阵为

$$\begin{pmatrix} 0 & -1 \\ 1 & 3 \end{pmatrix} \begin{pmatrix} 1 & \frac{1}{2} \\ \frac{1}{2} & 1 \end{pmatrix} \begin{pmatrix} 0 & 1 \\ -1 & 3 \end{pmatrix} = \begin{pmatrix} 1 & -\frac{7}{2} \\ -\frac{7}{2} & 13 \end{pmatrix}.$$

可得 $\sqrt{n}(\bar{x}_1^2 - \bar{x}_2, \bar{x}_1 + 3\bar{x}_2)^{\mathrm{T}} \xrightarrow{\mathcal{L}} N_2\left(\begin{pmatrix} 0 \\ 0 \end{pmatrix}, \begin{pmatrix} 1 & -\frac{7}{2} \\ -\frac{7}{2} & 13 \end{pmatrix}\right)$.

例题 4.15　已知 $\sqrt{n}(\bar{\boldsymbol{x}} - \boldsymbol{\mu}) \xrightarrow{\mathcal{L}} N(\boldsymbol{0}, \boldsymbol{\Sigma})$, 求 $f(\bar{\boldsymbol{x}}) = \bar{\boldsymbol{x}}^{\mathrm{T}} \boldsymbol{A} \bar{\boldsymbol{x}}$ $(\boldsymbol{A} > 0)$ 的渐近分布.

$$\boldsymbol{\mathcal{D}} = \frac{\partial f(\bar{\boldsymbol{x}})}{\partial \bar{\boldsymbol{x}}}\bigg|_{\bar{\boldsymbol{x}}=\boldsymbol{\mu}} = 2\boldsymbol{A}\boldsymbol{\mu}.$$

由定理 4.9 知,

$$\sqrt{n}(\bar{\boldsymbol{x}}^{\mathrm{T}} \boldsymbol{A} \bar{\boldsymbol{x}} - \boldsymbol{\mu}^{\mathrm{T}} \boldsymbol{A} \boldsymbol{\mu}) \xrightarrow{\mathcal{L}} N(\boldsymbol{0}, 4\boldsymbol{\mu}^{\mathrm{T}} \boldsymbol{A}^{\mathrm{T}} \boldsymbol{\Sigma} \boldsymbol{A} \boldsymbol{\mu}).$$

4.6 厚尾分布

厚尾分布由意大利经济学家帕累托 (Pareto) 首次提出, 并得到保罗 • 莱维 (Paul Lévy) 的广泛研究. 最初主要在理论上对这些分布进行研究, 现在已经发现这些分布在众多领域有所应用, 如金融、医学、地震学和结构工程学等. 更具体地说, 这些分布已经用于对金融市场的资产回报、水文学中的流量、气象学中冰雹和飓风破坏等进行建模.

如果一个分布与具有同均值 μ 和方差 σ^2 的正态分布相比, 在分布的尾部具有更高的概率密度, 那么称该分布为厚尾分布. 图 4.2 展示了标准正态分布概率密度函数和位置参数 $\mu = 0$、尺度参数 $\sigma = 1$ 的柯西分布概率密度函数之间的差异. 该图表明, 柯西分布的密度函数值在尾部比标准正态分布高一些, 而在中间部位柯西分布的概率密度函数值更小.

与常峰态分布 (其峰度等于 3) 和低峰态分布 (其峰度小于 3) 相比, 厚尾分布的峰度 $(E(X-\mu)^4/\sigma^4)$ 大于 3, 称其为尖峰分布. 由于单变量厚尾分布是多元厚尾分布的基础, 且单变量厚尾分布的密度性质在多元情况下也特别重要, 因此, 先介绍一些单变量厚尾分布, 然后再分析这些分布在多变量下的情形及其厚尾特征.

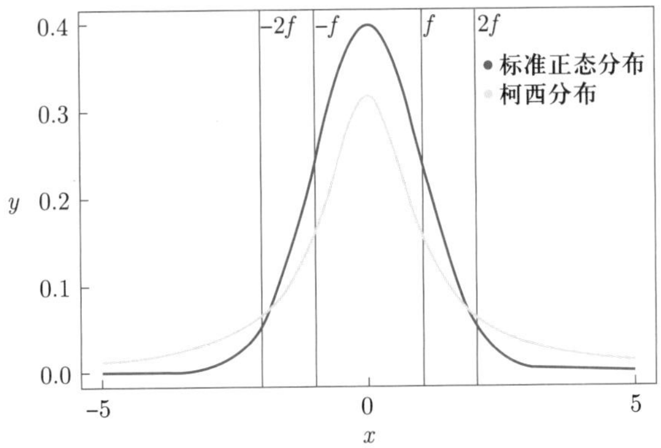

图 4.2 密度函数对比图

4.6.1 广义双曲分布

广义双曲分布由尼尔森 (Nielsen) 提出, 最初用于对风沙粒度分布进行建模. 如今该分布最重要的用途是用于股票价格建模和市场风险管理. 该分布如此命名是因为其对数密度函数的图形是双曲线.

一维广义双曲分布关于变量 $x \in \mathbf{R}$ 的密度函数为

$$f_{GH}(x;\lambda,\alpha,\beta,\delta,\mu) = \frac{(\sqrt{\alpha^2-\beta^2}/\delta)^\lambda}{\sqrt{2\pi}K_\lambda(\delta\sqrt{\alpha^2-\beta^2})}\frac{K_{\lambda-1/2}[\alpha\sqrt{\delta^2+(x-\mu)^2}]}{(\sqrt{\delta^2+(x-\mu)^2}/\alpha)^{1/2-\lambda}}\mathrm{e}^{\beta(x-\mu)}, \tag{4.40}$$

其中 K_λ 是关于指数 λ 的修正的第三类贝塞尔函数

$$K_\lambda(x) = \frac{1}{2}\int_0^\infty y^{\lambda-1}\mathrm{e}^{-\frac{x}{2}(y+y^{-1})}\mathrm{d}y. \tag{4.41}$$

参数的取值范围为 $\mu \in \mathbf{R}$, 且满足

$$\begin{cases} \delta \geqslant 0, & |\beta| < \alpha, \quad \lambda > 0, \\ \delta > 0, & |\beta| < \alpha, \quad \lambda = 0, \\ \delta > 0, & |\beta| \leqslant \alpha, \quad \lambda < 0. \end{cases}$$

广义双曲分布具有如下均值和方差:

$$E(X) = \mu + \frac{\delta\beta}{\sqrt{\alpha^2+\beta^2}}\frac{K_{\lambda+1}(\delta\sqrt{\alpha^2+\beta^2})}{K_\lambda(\delta\sqrt{\alpha^2+\beta^2})},$$

$$\mathrm{Var}(X) = \delta^2\left\{\frac{K_{\lambda+1}(\delta\sqrt{\alpha^2+\beta^2})}{\delta\sqrt{\alpha^2+\beta^2}K_\lambda(\delta\sqrt{\alpha^2+\beta^2})} + \frac{\beta^2}{\alpha^2+\beta^2}\left[\frac{K_{\lambda+2}(\delta\sqrt{\alpha^2+\beta^2})}{K_\lambda(\delta\sqrt{\alpha^2+\beta^2})} - \left(\frac{K_{\lambda+1}(\delta\sqrt{\alpha^2+\beta^2})}{K_\lambda(\delta\sqrt{\alpha^2+\beta^2})}\right)^2\right]\right\},$$

其中 μ 和 δ 分别对密度函数的位置和尺度起重要的作用. 对一些特定的 λ 值, 可以得到广义双曲分布的子类分布, 例如, 双曲分布或者逆高斯分布.

当 $\lambda=1$ 时, 我们得到双曲分布的密度函数

$$f_{HYP}(x;\alpha,\beta,\delta,\mu)=\frac{\sqrt{\alpha^2-\beta^2}}{2\alpha\delta K_1(\delta\sqrt{\alpha^2-\beta^2})}\mathrm{e}^{-\alpha\sqrt{\delta^2+(x-\mu)^2}+\beta(x-\mu)}, \tag{4.42}$$

其中 $x,\mu\in\mathbf{R}$, $\delta\geqslant 0$, 且 $|\beta|<\alpha$.

当 $\lambda=-1/2$ 时, 我们得到逆高斯分布的密度函数

$$f_{NIG}(x;\alpha,\beta,\delta,\mu)=\frac{\alpha\delta}{\pi}\frac{K_1(\alpha\sqrt{\delta^2+(x-\mu)^2})}{\sqrt{\delta^2+(x-\mu)^2}}\mathrm{e}^{\delta\sqrt{\alpha^2-\beta^2}+\beta(x-\mu)}. \tag{4.43}$$

图 4.3 (a)(b) 展示了给定 $\alpha=1$, $\beta=0$, $\delta=1$, $\mu=0$ 时的广义双曲分布、双曲分布和逆高斯分布的密度函数图及分布函数图.

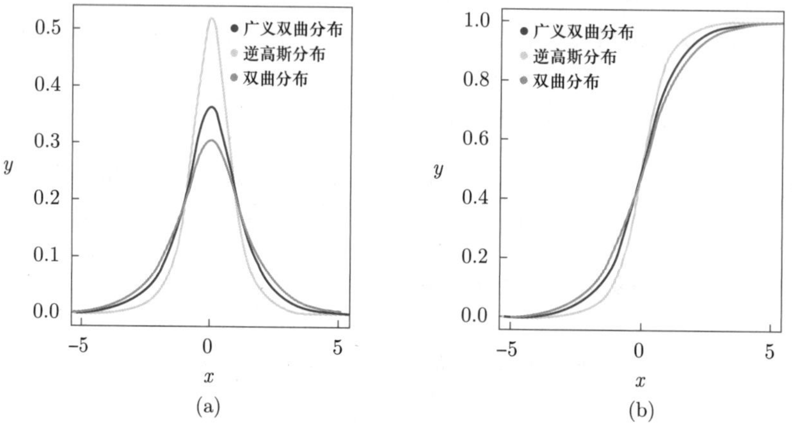

图 4.3　广义双曲分布、双曲分布和逆高斯分布的分布密度图及分布函数图

广义双曲分布具有指数衰减速度

$$f_{GH}(x;\lambda,\alpha,\beta,\delta,\mu=0)\sim x^{\lambda-1}\mathrm{e}^{-(\alpha-\beta)x},\quad x\to\infty. \tag{4.44}$$

图 4.4 展示了广义双曲分布的尾部特征, 其中参数 $\alpha=1$, $\beta=0$, $\delta=1$, $\mu=0$, λ 则分别取不同的值. (a) 图为广义双曲分布的部分概率密度函数曲线, (b) 图给出由上面的函数近似得到的尾部曲线. 显然, 图中的 4 条曲线, $\lambda=1.5$ 的广义双曲分布的衰减速度最慢, 而逆高斯分布的衰减速度最快.

图 4.5 给出了高斯分布、逆高斯分布、柯西分布、拉普拉斯的概率密度函数的对比. 为保证这些分布的可比性, 令这些分布的均值为 0, 标准差为 1. 此外, 还考虑了标准逆正态分布. (a) 图给出了这些分布的完整分布图, 其中柯西分布的峰值最小, 而尾部值最大. 从 (b) 图可以看出, 虽然逆高斯分布的峰最高, 但它尾部的衰减速度仅低于标准正态分布.

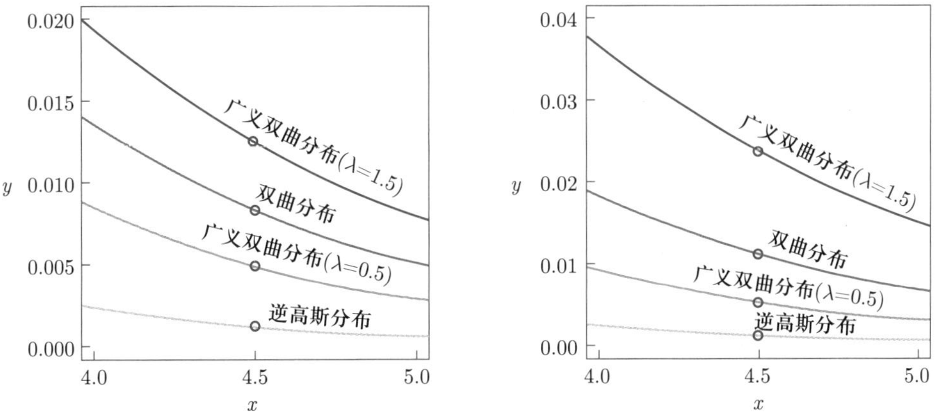

(a) (b)

图 4.4 广义双曲分布的尾部对比图

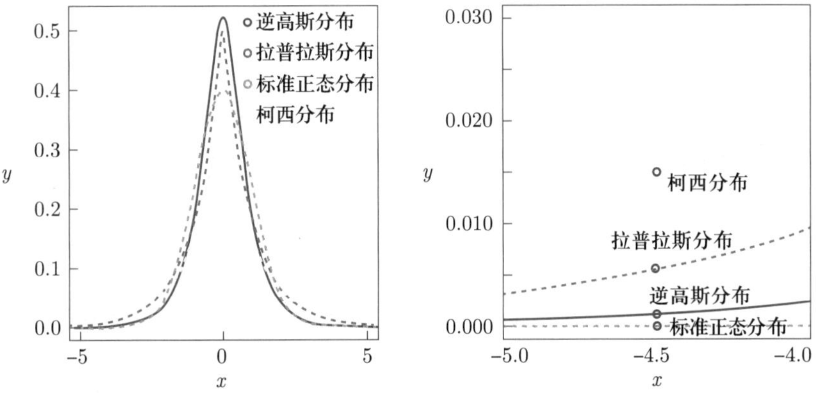

(a) 分布比较 (b) 尾部比较

图 4.5 4 种分布概率密度函数对比图

4.6.2 学生 t 分布

t 分布首次由戈塞特 (Gosset) 分析提出并以笔名“学生”发表了这个成果. 令 X 为服从均值为 μ、方差为 σ^2 的正态分布的随机变量, 令 Y 为随机变量且 Y^2/σ^2 服从自由度为 n 的 χ^2 分布. 假定 X 与 Y 相互独立, 则

$$t = \frac{(X-\mu)\sqrt{n}}{Y} \tag{4.45}$$

服从自由度为 n 的学生 t 分布. t 分布具有如下密度函数:

$$f_t(x;n) = \frac{\Gamma\left(\dfrac{n+1}{2}\right)}{\sqrt{n\pi}\Gamma\left(\dfrac{n}{2}\right)}\left(1+\frac{x^2}{n}\right)^{-\frac{n+1}{2}}, \tag{4.46}$$

其中 n 为自由度, $-\infty < x < \infty$, 且 $\Gamma(\cdot)$ 为伽马函数,

$$\Gamma(\alpha) = \int_0^{\infty} x^{\alpha-1}\mathrm{e}^{-x}\mathrm{d}x. \tag{4.47}$$

t 分布 $(n > 4)$ 的均值、方差、偏度和峰度分别为

$$\mu = 0, \quad \sigma^2 = \frac{n}{n-2},$$

$$S = 0, \quad K = 3 + \frac{6}{n-4}.$$

t 分布密度函数的图形关于 $x = 0$ 对称, 这与其均值为 0、偏度为 0 相一致. 图 4.6 (a)(b) 给出不同自由度下 t 分布的概率密度函数图形与累积分布函数图形.

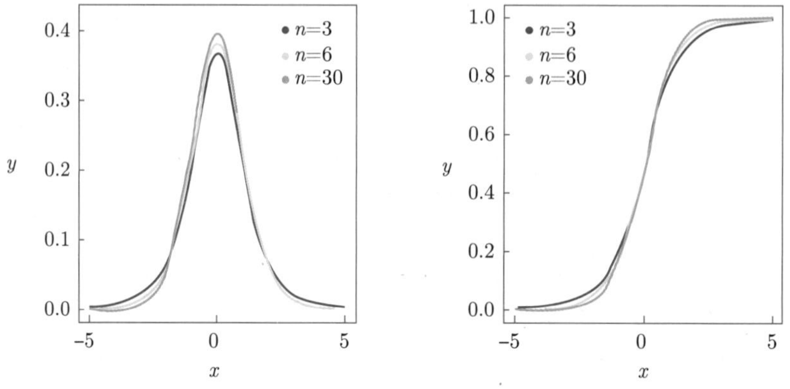

(a) 概率密度函数　　(b) 累积分布函数

图 4.6

随着 n 增加, t 分布接近正态分布, 这是由于

$$\lim_{n\to\infty} f_t(x;n) = \frac{1}{\sqrt{2\pi}}\mathrm{e}^{-\frac{x^2}{2}}. \tag{4.48}$$

实际中, t 分布用途广泛, 但由于尾部指数仅取整数, 使其建模的灵活性受到了限制.

在 t 分布的尾部区域, x 与 $|x|^{-(n+1)}$ 成比例. 图 4.7 对比了不同自由度下 t 分布的尾部特

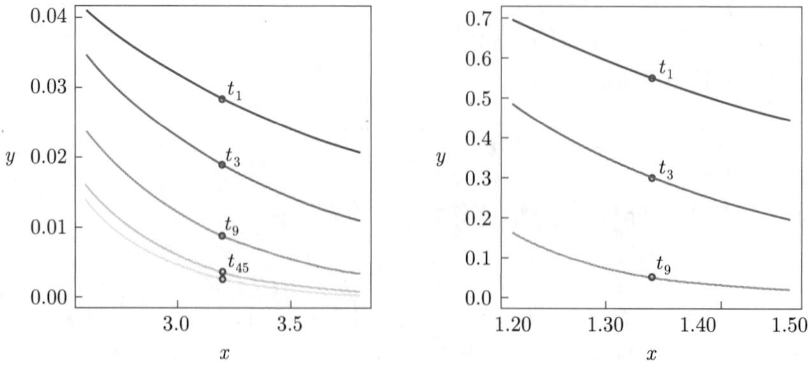

(a)　　(b)

图 4.7　t 分布的尾部对比图

征. (a) 图包含了 t 分布概率密度函数曲线的尾部. 自由度越高, t 分布衰减得越快. (b) 图使用 $|x|^{-(n+1)}$ 近似尾部得到相同结论.

4.6.3 拉普拉斯分布

零均值的单变量拉普拉斯分布由拉普拉斯首次提出. 拉普拉斯分布可以定义为两个相互独立且服从相同的指数分布的随机变量之差所服从的分布, 因此, 该分布又被称为双指数分布.

均值为 μ、尺度参数为 θ 的拉普拉斯分布具有密度函数

$$f_L(x;\mu,\theta)=\frac{1}{2\theta}\mathrm{e}^{-\frac{|x-\mu|}{\theta}}, \tag{4.49}$$

及累积分布函数

$$F_L(x;\mu,\theta)=\frac{1}{2}[1+\operatorname{sgn}(x-\mu)(1-\mathrm{e}^{-\frac{|x-\mu|}{\theta}})], \tag{4.50}$$

其中 $\operatorname{sgn}(x)$ 为符号函数. 拉普拉斯分布的均值、方差、偏度和峰度分别为

$$\begin{gathered}\mu=\mu,\quad \sigma^2=2\theta^2,\\ S=0,\quad K=6.\end{gathered}$$

当 $\mu=0, \theta=1$ 时, 得到标准拉普拉斯分布, 密度函数和累积分布函数如下:

$$f(x)=\frac{1}{2}\mathrm{e}^{-|x|}, \tag{4.51}$$

$$F(x)=\begin{cases}\dfrac{1}{2}\mathrm{e}^{x}, & x<0,\\[2ex] 1-\dfrac{1}{2}\mathrm{e}^{-x}, & x\geqslant 0.\end{cases} \tag{4.52}$$

图 4.8 (a)(b) 给出零均值和不同尺度参数下拉普拉斯分布的概率密度函数图形与累积分布

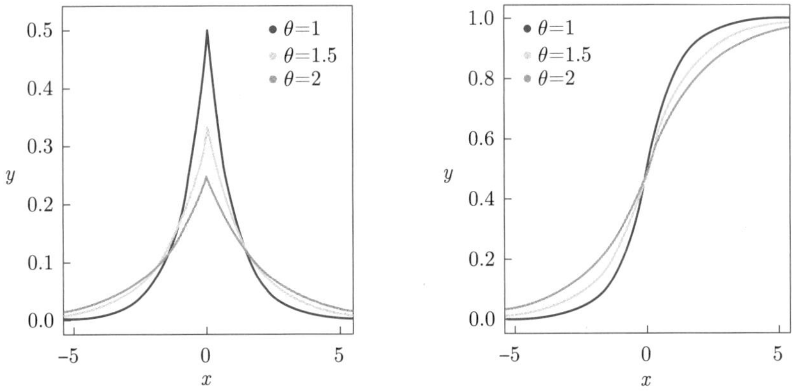

(a) 概率密度函数　　(b) 累积分布函数

图 4.8

函数图形.

4.6.4　柯西分布

首先考虑如下例子:

例题 4.16　设有一物体飞向一堵墙. 当该物体距离墙壁 s 米远的地方时, 它的飞行角度 (在图 4.9 中以 α 标记) 服从均匀分布. 物体在距离中心 x 处撞击墙. 显然, 随机变量 x, 即物体撞击墙的位置. 由于 α 是均匀分布的, 故 $f(\alpha)=\frac{1}{\pi}I\left(-\frac{\pi}{2}\leqslant\alpha\leqslant\frac{\pi}{2}\right)$, 且

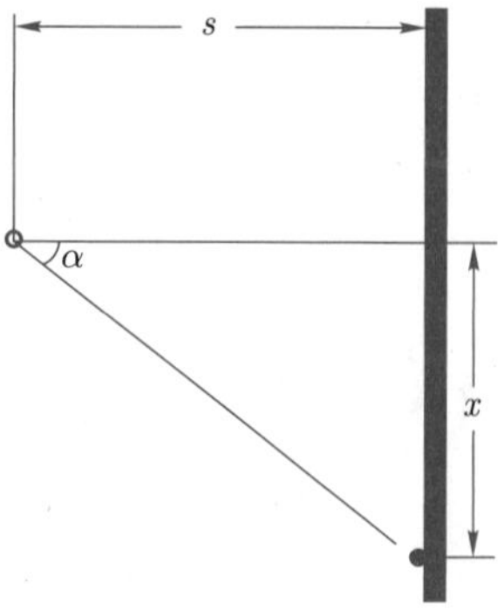

图 4.9　柯西分布介绍

$$\tan\alpha=\frac{x}{s},\quad \alpha=\arctan\frac{x}{s},\quad \mathrm{d}\alpha=\frac{1}{s}\frac{1}{1+\left(\frac{x}{s}\right)^2}\mathrm{d}x.$$

对一个小区间 $\mathrm{d}\alpha$, 概率由下式给出:

$$f(\alpha)\mathrm{d}\alpha=\frac{1}{\pi}\mathrm{d}\alpha=\frac{1}{s\pi}\frac{1}{1+\left(\frac{x}{s}\right)^2}\mathrm{d}x,$$

其中

$$\begin{aligned}\int_{-\frac{\pi}{2}}^{\frac{\pi}{2}}f(\alpha)\mathrm{d}\alpha&=\int_{-\infty}^{\infty}\frac{1}{s\pi}\frac{1}{1+\left(\frac{x}{s}\right)^2}\mathrm{d}x=\frac{1}{\pi}\left(\arctan\frac{x}{s}\right)\Big|_{-\infty}^{\infty}\\&=\frac{1}{\pi}\left[\frac{\pi}{2}-\left(-\frac{\pi}{2}\right)\right]\\&=1,\end{aligned}$$

因此, x 的概率密度函数可记为

$$f(x)=\frac{1}{s\pi}\frac{1}{1+\left(\frac{x}{s}\right)^2}.$$

柯西分布的概率密度函数和累积分布函数的一般公式为

$$f_C(x;m,s)=\frac{1}{s\pi}\frac{1}{1+\left(\frac{x-m}{s}\right)^2},\tag{4.53}$$

$$F_C(x;m,s)=\frac{1}{2}+\frac{1}{\pi}\arctan\frac{x-m}{s},\tag{4.54}$$

其中 m 和 s 分别为位置参数和尺度参数. 上述例子中的 $m=0$ 和 $s=1$, 此时分布为标准柯西分布, 具有如下的概率密度函数和累积分布函数:

$$f_C(x) = \frac{1}{\pi} \frac{1}{(1+x^2)}, \tag{4.55}$$

$$F_C(x) = \frac{1}{2} + \frac{\arctan x}{\pi}. \tag{4.56}$$

由于柯西分布的矩生成函数发散, 因此其均值、方差、偏度和峰度均没有定义. 但它的众数和中位数存在且均等于位置参数 m.

图 4.10 给出位置参数 $m = 0$ 及不同尺度参数下柯西分布的概率密度函数图 (a) 与累积分布函数图 (b).

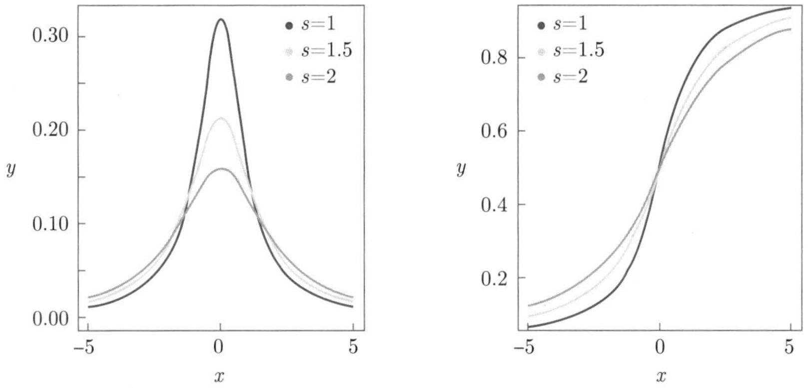

(a) 概率密度函数 (b) 累积分布函数

图 4.10

4.6.5 混合分布

通过不同分布的混合 (或加权和) 建立的统计分布即为混合建模. 由于各个子部分的密度函数有很多选择, 假定子部分密度函数的个数充分多, 且模型的参数选择正确, 混合模型可以以任意的精度近似任何一个连续型分布. 由 n 个分布构成的混合分布的概率密度函数可以写成

$$f(x) = \sum_{l=1}^{n} w_l p_l(x), \tag{4.57}$$

其约束为

$$0 \leqslant w_l \leqslant 1, \quad \sum_{l=1}^{n} w_l = 1, \quad \int p_l(x) \mathrm{d}x = 1,$$

其中 $p_l(x)$ 为第 l 个子部分的概率密度函数, w_l 是权重. 混合分布的均值、方差、偏度和峰度为

$$\mu = \sum_{l=1}^{n} w_l \mu_l, \quad \sigma^2 = \sum_{l=1}^{n} w_l [\sigma_l^2 + (\mu_l - \mu)^2],$$

$$S = \sum_{l=1}^{n} w_l \left[\left(\frac{\sigma_l}{\sigma} \right)^3 S_l + \frac{3\sigma_l^2(\mu_l - \mu)}{\sigma^3} + \left(\frac{\mu_l - \mu}{\sigma} \right)^3 \right],$$

$$K=\sum_{l=1}^{n}w_l\left[\left(\frac{\sigma_l}{\sigma}\right)^4K_l+\frac{6(\mu_l-\mu)^2\sigma_l^2}{\sigma^4}+\frac{4(\mu_l-\mu)\sigma_l^3}{\sigma^4}S_l+\left(\frac{\mu_l-\mu}{\sigma}\right)^4\right],$$

其中 $\mu_l, \sigma_l, S_l, K_l$ 分别为第 l 个分布的均值、方差、偏度和峰度.

混合分布存在于统计分析、机器学习和数据挖掘等诸多领域. 对于由连续变量构成的数据集, 常用的方法就是以正态分布为子分布构造混合分布.

正态混合分布 (也称高斯混合分布) 的概率密度函数为

$$f_{GM}(x)=\sum_{l=1}^{n}\frac{w_l}{\sqrt{2\pi}\sigma_l}\mathrm{e}^{-\frac{(x-\mu_l)^2}{2\sigma_l^2}}. \tag{4.58}$$

当正态混合分布中的高斯子分布均值为 0 时, 上述概率密度函数可以简化为

$$f_{GM}(x)=\sum_{l=1}^{n}\frac{w_l}{\sqrt{2\pi}\sigma_l}\mathrm{e}^{-\frac{x^2}{2\sigma_l^2}}, \tag{4.59}$$

其方差、偏度和峰度分别为

$$\sigma^2=\sum_{l=1}^{n}w_l\sigma_l^2, \tag{4.60}$$

$$S=0, \tag{4.61}$$

$$K=\sum_{l=1}^{n}3w_l\left(\frac{\sigma_l}{\sigma}\right)^4. \tag{4.62}$$

例题 4.17 考虑一个高斯混合分布, 其中 80% 来自 $N(0,1)$, 20% 来自 $N(0,9)$. $N(0,1)$ 和 $N(0,9)$ 的概率密度函数分别为

$$f_{N(0,1)}(x)=\frac{1}{\sqrt{2\pi}}\mathrm{e}^{-\frac{x^2}{2}},$$

$$f_{N(0,9)}(x)=\frac{1}{3\sqrt{2\pi}}\mathrm{e}^{-\frac{x^2}{18}}.$$

因此, 这个高斯混合分布的概率密度函数为

$$f_{GM}(x)=\frac{1}{5\sqrt{2\pi}}\left(4\mathrm{e}^{-\frac{x^2}{2}}+\frac{1}{3}\mathrm{e}^{-\frac{x^2}{18}}\right).$$

注意, 这个高斯混合分布不是高斯分布,

$$\mu=0,$$

$$\sigma^2=0.8\times1+0.2\times9=2.6,$$

$$S=0,$$

$$K = 0.8 \times \left(\frac{1}{\sqrt{2.6}}\right)^4 \times 3 + 0.2 \times \left(\frac{\sqrt{9}}{\sqrt{2.6}}\right)^4 \times 3 = 7.54.$$

该高斯混合分布的峰度大于 3.

图 4.11 (a)(b) 给出高斯混合分布的概率密度函数图形与累积分布函数图形.

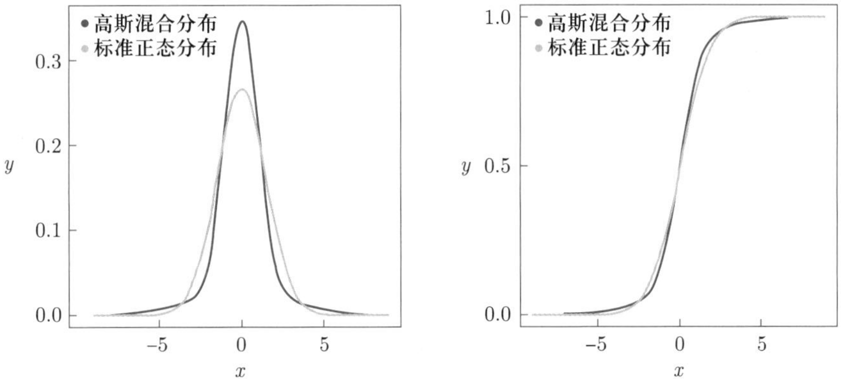

(a) 概率密度函数 (b) 累积分布函数

图 4.11

基本统计量的汇总见表 4.2 和 4.3.

表 4.2 t 分布、拉普拉斯分布和柯西分布的基本统计量

	t 分布	拉普拉斯分布	柯西分布
均值	0	μ	—
方差	$\dfrac{n}{n-2}$	$2\theta^2$	—
偏度	0	0	—
峰度	$3+\dfrac{6}{n-4}$	6	—

表 4.3 广义双曲分布和正态混合分布的基本统计量

	广义双曲分布
均值	$\mu + \dfrac{\delta\beta}{\sqrt{\alpha^2+\beta^2}} \dfrac{K_{\lambda+1}(\delta\sqrt{\alpha^2+\beta^2})}{K_\lambda(\delta\sqrt{\alpha^2+\beta^2})}$
方差	$\delta^2\left\{\dfrac{K_{\lambda+1}(\delta\sqrt{\alpha^2+\beta^2})}{\delta\sqrt{\alpha^2+\beta^2}K_\lambda(\delta\sqrt{\alpha^2+\beta^2})} + \dfrac{\beta^2}{\alpha^2+\beta^2}\left[\dfrac{K_{\lambda+2}(\delta\sqrt{\alpha^2+\beta^2})}{K_\lambda(\delta\sqrt{\alpha^2+\beta^2})} - \left(\dfrac{K_{\lambda+1}(\delta\sqrt{\alpha^2+\beta^2})}{K_\lambda(\delta\sqrt{\alpha^2+\beta^2})}\right)^2\right]\right\}$

续表

正态混合分布	
均值	$\sum_{l=1}^{n} w_l\mu_l$
方差	$\sum_{l=1}^{n} w_l[\sigma_l^2+(\mu_l-\mu)^2]$
偏度	$\sum_{l=1}^{n} w_l\left[\left(\frac{\sigma_l}{\sigma}\right)^3 S_l+\frac{3\sigma_l^2(\mu_l-\mu)}{\sigma^3}+\left(\frac{\mu_l-\mu}{\sigma}\right)^3\right]$
峰度	$\sum_{l=1}^{n} w_l\left[\left(\frac{\sigma_l}{\sigma}\right)^4 K_l+\frac{6(\mu_l-\mu)^2\sigma_l^2}{\sigma^4}+\frac{4(\mu_l-\mu)\sigma_l^3}{\sigma^4}S_l+\left(\frac{\mu_l-\mu}{\sigma}\right)^4\right]$

4.6.6 多元广义双曲分布

多元广义双曲分布具有如下的概率密度函数:

$$f_{GH_d}(\boldsymbol{x};\lambda,\alpha,\boldsymbol{\beta},\delta,\boldsymbol{\mu},\boldsymbol{\Delta})=a_d\frac{K_{\lambda-\frac{d}{2}}\left(\alpha\sqrt{\delta^2+(\boldsymbol{x}-\boldsymbol{\mu})^{\mathrm{T}}\boldsymbol{\Delta}^{-1}(\boldsymbol{x}-\boldsymbol{\mu})}\right)}{\left(\alpha^{-1}\sqrt{\delta^2+(\boldsymbol{x}-\boldsymbol{\mu})^{\mathrm{T}}\boldsymbol{\Delta}^{-1}(\boldsymbol{x}-\boldsymbol{\mu})}\right)^{\frac{d}{2}-\lambda}}\mathrm{e}^{\boldsymbol{\beta}^{\mathrm{T}}(\boldsymbol{x}-\boldsymbol{\mu})},\tag{4.63}$$

其中

$$a_d=a_d(\lambda,\alpha,\boldsymbol{\beta},\delta,\boldsymbol{\Delta})=\frac{(\sqrt{\alpha^2-\boldsymbol{\beta}^{\mathrm{T}}\boldsymbol{\Delta}\boldsymbol{\beta}}/\delta)^{\lambda}}{(2\pi)^{\frac{d}{2}}K_{\lambda}\left(\delta\sqrt{\alpha^2-\boldsymbol{\beta}^{\mathrm{T}}\boldsymbol{\Delta}\boldsymbol{\beta}}\right)},\tag{4.64}$$

及特征函数

$$\phi(\boldsymbol{t})=\left(\frac{\alpha^2-\boldsymbol{\beta}^{\mathrm{T}}\boldsymbol{\Delta}\boldsymbol{\beta}}{\alpha^2-\boldsymbol{\beta}^{\mathrm{T}}\boldsymbol{\Delta}\boldsymbol{\beta}+\frac{1}{2}\boldsymbol{t}^{\mathrm{T}}\boldsymbol{t}-\mathrm{i}\boldsymbol{\beta}^{\mathrm{T}}\boldsymbol{\Delta}\boldsymbol{t}}\right)^{\frac{\lambda}{2}}\frac{K_{\lambda}\left(\delta\sqrt{\alpha^2-\boldsymbol{\beta}^{\mathrm{T}}\boldsymbol{\Delta}\boldsymbol{\beta}+\frac{1}{2}\boldsymbol{t}^{\mathrm{T}}\boldsymbol{t}-\mathrm{i}\boldsymbol{\beta}^{\mathrm{T}}\boldsymbol{\Delta}\boldsymbol{t}}\right)}{K_{\lambda}(\delta\sqrt{\alpha^2-\boldsymbol{\beta}^{\mathrm{T}}\boldsymbol{\Delta}\boldsymbol{\beta}})}.\tag{4.65}$$

上述参数的定义域为

$$\begin{aligned}&\lambda\in\mathbf{R},\quad \boldsymbol{\beta},\boldsymbol{\mu}\in\mathbf{R}^d,\\&\delta>0,\quad \alpha^2>\boldsymbol{\beta}^{\mathrm{T}}\boldsymbol{\Delta}\boldsymbol{\beta},\\&\boldsymbol{\Delta}\in\mathbf{R}^{d\times d}\text{ 是正定矩阵且 }\det(\boldsymbol{\Delta})=1.\end{aligned}$$

当 $\lambda=d+\frac{1}{2}$ 时, 为多元双曲分布; 当 $\lambda=d-\frac{1}{2}$ 时, 为多元标准逆高斯分布.

记

$$\zeta=\delta\sqrt{\alpha^2-\boldsymbol{\beta}^{\mathrm{T}}\boldsymbol{\Delta}\boldsymbol{\beta}},\tag{4.66}$$

$$\boldsymbol{\Pi} = \boldsymbol{\beta}^{\mathrm{T}}\sqrt{\frac{\boldsymbol{\Delta}}{\alpha^2 - \boldsymbol{\beta}^{\mathrm{T}}\boldsymbol{\Delta}\boldsymbol{\beta}}}, \tag{4.67}$$

$$\boldsymbol{\Sigma} = \delta^2\boldsymbol{\Delta}, \tag{4.68}$$

则服从多元广义双曲分布的变量 $\boldsymbol{X}$ 的均值和方差分别为

$$E(\boldsymbol{X}) = \mu + \delta R_\lambda(\zeta)\boldsymbol{\Pi}\boldsymbol{\Delta}^{\frac{1}{2}}, \tag{4.69}$$

$$\mathrm{Var}(\boldsymbol{X}) = \delta^2[\zeta^{-1}R_\lambda(\zeta)\boldsymbol{\Delta} + S_\lambda(\zeta)(\boldsymbol{\Pi}\boldsymbol{\Delta}^{\frac{1}{2}})^{\mathrm{T}}(\boldsymbol{\Pi}\boldsymbol{\Delta}^{\frac{1}{2}})]. \tag{4.70}$$

其中

$$R_\lambda(x) = \frac{K_{\lambda+1}(x)}{K_\lambda(x)}, \tag{4.71}$$

$$S_\lambda(x) = \frac{K_{\lambda+2}(x)K_\lambda(x) - K_{\lambda+1}^2(x)}{K_\lambda^2(x)}. \tag{4.72}$$

定理 4.10 假定 $\boldsymbol{X}$ 服从 d 维广义双曲分布. 令 $(\boldsymbol{X}_1, \boldsymbol{X}_2)$ 为 $\boldsymbol{X}$ 的一个分割. 记 r 和 k 分别为 $\boldsymbol{X}_1$ 和 $\boldsymbol{X}_2$ 的维数, 同时对 $\boldsymbol{\beta}$ 和 $\boldsymbol{\mu}$ 进行相同分割后得到 $(\boldsymbol{\beta}_1, \boldsymbol{\beta}_2)$ 和 $(\boldsymbol{\mu}_1, \boldsymbol{\mu}_2)$. 令

$$\boldsymbol{\Delta} = \begin{pmatrix} \boldsymbol{\Delta}_{11} & \boldsymbol{\Delta}_{12} \\ \boldsymbol{\Delta}_{21} & \boldsymbol{\Delta}_{22} \end{pmatrix} \tag{4.73}$$

为 $\boldsymbol{\Delta}$ 的一个划分, 使得 $\boldsymbol{\Delta}_{11}$ 为 $r \times r$ 的矩阵, 则有如下结论成立:

(1) $\boldsymbol{X}_1$ 的分布为 r 维广义双曲分布, 即 $\boldsymbol{X}_1 \sim (\lambda^*, \alpha^*, \boldsymbol{\beta}^*, \delta^*, \boldsymbol{\Delta}^*, \boldsymbol{\mu}^*)$, 其中

$$\begin{aligned}
\lambda^* &= \lambda, \\
\alpha^* &= [\det(\boldsymbol{\Delta}_{11})]^{-\frac{1}{2r}}[\alpha^2 - \boldsymbol{\beta}_2^{\mathrm{T}}(\boldsymbol{\Delta}_{22} - \boldsymbol{\Delta}_{21}\boldsymbol{\Delta}_{11}^{-1}\boldsymbol{\Delta}_{12})\boldsymbol{\beta}_2]^{\frac{1}{2}}, \\
\boldsymbol{\beta}^* &= \boldsymbol{\beta}_1 + \boldsymbol{\Delta}_{11}^{-1}\boldsymbol{\beta}_2\boldsymbol{\Delta}_{21}, \\
\delta^* &= \delta[\det(\boldsymbol{\Delta}_{11})]^{-\frac{1}{2r}}, \\
\boldsymbol{\mu}^* &= \boldsymbol{\mu}_1, \\
\boldsymbol{\Delta}^* &= [\det(\boldsymbol{\Delta}_{11})]^{-\frac{1}{r}}\boldsymbol{\Delta}_{11};
\end{aligned}$$

(2) 在给定 $\boldsymbol{X}_1 = \boldsymbol{x}_1$ 时, $\boldsymbol{X}_2$ 服从 k 维广义双曲分布, 即 $\boldsymbol{X}_2 \sim (\tilde{\lambda}, \tilde{\alpha}, \tilde{\boldsymbol{\beta}}, \tilde{\delta}, \tilde{\boldsymbol{\Delta}}, \tilde{\boldsymbol{\mu}})$, 其中

$$\begin{aligned}
\tilde{\lambda} &= \lambda - \frac{r}{2}, \\
\tilde{\alpha} &= \alpha[\det(\boldsymbol{\Delta}_{11})]^{-\frac{1}{2k}}, \\
\tilde{\boldsymbol{\beta}} &= \boldsymbol{\beta}_2, \\
\tilde{\delta} &= [\det(\boldsymbol{\Delta}_{11})]^{\frac{1}{-2k}}[\delta^2 + (\boldsymbol{x}_1 - \boldsymbol{\mu}_1)^{\mathrm{T}}\boldsymbol{\Delta}_{11}^{-1}(\boldsymbol{x}_1 - \boldsymbol{\mu}_1)]^{\frac{1}{2}}, \\
\tilde{\boldsymbol{\mu}} &= \boldsymbol{\mu}_2 + \boldsymbol{\Delta}_{21}\boldsymbol{\Delta}_{11}^{-1}(\boldsymbol{x}_1 - \boldsymbol{\mu}_1),
\end{aligned}$$

$$\tilde{\boldsymbol{\Delta}} = [\det(\boldsymbol{\Delta}_{11})]^{-\frac{1}{k}}(\boldsymbol{\Delta}_{22} - \boldsymbol{\Delta}_{21}\boldsymbol{\Delta}_{11}^{-1}\boldsymbol{\Delta}_{12});$$

(3) 令 $\boldsymbol{Y} = \boldsymbol{A}\boldsymbol{X} + \boldsymbol{B}$ 为 $\boldsymbol{X}$ 的正则仿射变换. 则 $\boldsymbol{Y}$ 服从 d 维广义双曲分布, 即 $\boldsymbol{Y} \sim (\lambda^+, \alpha^+, \boldsymbol{\beta}^+, \delta^+, \boldsymbol{\Delta}^+, \boldsymbol{\mu}^+)$, 其中

$$\begin{aligned}
\lambda^+ &= \lambda, \\
\alpha^+ &= \alpha[|\det(\boldsymbol{A})|]^{-\frac{1}{d}}, \\
\boldsymbol{\beta}^+ &= (\boldsymbol{A}^{-1})^{\mathrm{T}}\boldsymbol{\beta}, \\
\delta^+ &= [|\det(\boldsymbol{A})|]^{-\frac{1}{d}}, \\
\boldsymbol{\mu}^+ &= \boldsymbol{A}\boldsymbol{\mu} + \boldsymbol{B}, \\
\boldsymbol{\Delta}^+ &= [|\det(\boldsymbol{A})|]^{-\frac{2}{d}}\boldsymbol{A}^{\mathrm{T}}\boldsymbol{\Delta}\boldsymbol{A}.
\end{aligned}$$

4.6.7 多元 t 分布

如果 $\boldsymbol{X}$ 和 Y 分别服从 $N_p(\boldsymbol{\mu}, \boldsymbol{\Sigma})$ 和 $\chi^2(n)$, 且 $\boldsymbol{t} = (\boldsymbol{X} - \boldsymbol{\mu})\sqrt{n/Y}$, 那么 $\boldsymbol{t}$ 的概率密度函数为

$$f_{\boldsymbol{t}}(\boldsymbol{t}; n, \boldsymbol{\Sigma}, \boldsymbol{\mu}) = \frac{\Gamma\{(n+p)/2\}}{\Gamma(n/2)n^{p/2}\pi^{p/2}[\det(\boldsymbol{\Sigma})]^{1/2}\left\{1 + \dfrac{1}{n}(\boldsymbol{t} - \boldsymbol{\mu})^{\mathrm{T}}\boldsymbol{\Sigma}^{-1}(\boldsymbol{t} - \boldsymbol{\mu})\right\}^{(n+p)/2}}. \tag{4.74}$$

$\boldsymbol{t}$ 的分布为非中心化 t 分布, 且对应自由度 n 和非中心化参数 $\boldsymbol{\mu}$.

4.6.8 多元拉普拉斯分布

令 g 和 G 分别为 d 维高斯分布 $N_d(\boldsymbol{0}, \boldsymbol{\Sigma})$ 的概率密度函数和累积分布函数, 多元拉普拉斯分布的概率密度函数和累积分布函数分别为

$$f_{ML_d}(\boldsymbol{x}; \boldsymbol{m}, \boldsymbol{\Sigma}) = \int_0^{\infty} g(z^{-\frac{1}{2}}\boldsymbol{x} - z^{\frac{1}{2}}\boldsymbol{m})z^{-\frac{d}{2}}\mathrm{e}^{-z}\mathrm{d}z, \tag{4.75}$$

$$F_{ML_d}(\boldsymbol{x}; \boldsymbol{m}, \boldsymbol{\Sigma}) = \int_0^{\infty} G(z^{-\frac{1}{2}}\boldsymbol{x} - z^{\frac{1}{2}}\boldsymbol{m})\mathrm{e}^{-z}\mathrm{d}z. \tag{4.76}$$

概率密度函数也可以记为

$$f_{ML_d}(\boldsymbol{x}; \boldsymbol{m}, \boldsymbol{\Sigma}) = \frac{2\mathrm{e}^{\boldsymbol{x}^{\mathrm{T}}\boldsymbol{\Sigma}^{-1}\boldsymbol{m}}}{(2\pi)^{\frac{d}{2}}|\boldsymbol{\Sigma}|^{\frac{1}{2}}}\left(\frac{\boldsymbol{x}^{\mathrm{T}}\boldsymbol{\Sigma}^{-1}\boldsymbol{x}}{2 + \boldsymbol{m}^{\mathrm{T}}\boldsymbol{\Sigma}^{-1}\boldsymbol{m}}\right)^{\frac{\lambda}{2}} K_{\lambda}\left(\sqrt{(2 + \boldsymbol{m}^{\mathrm{T}}\boldsymbol{\Sigma}^{-1}\boldsymbol{m})(\boldsymbol{x}^{\mathrm{T}}\boldsymbol{\Sigma}^{-1}\boldsymbol{x})}\right), \tag{4.77}$$

其中 $\lambda = 2 - \dfrac{d}{2}$, $K_{\lambda}(x)$ 为修正的第三类贝塞尔函数

$$K_{\lambda}(x) = \frac{1}{2}\left(\frac{x}{2}\right)^{\lambda}\int_0^{\infty} t^{-\lambda-1}\mathrm{e}^{-t-\frac{x^2}{4t}}\mathrm{d}t, \quad x > 0. \tag{4.78}$$

多元拉普拉斯分布的均值和方差分别为

$$E(\boldsymbol{X})=\boldsymbol{m},\quad \mathrm{Cov}(\boldsymbol{X})=\boldsymbol{\Sigma}+\boldsymbol{m}\boldsymbol{m}^{\mathrm{T}}. \tag{4.79}$$

4.6.9 多元混合模型

多元混合模型包含多个多元分布, 例如, 多元正态混合分布的概率密度函数为

$$f(\boldsymbol{x})=\sum_{l=1}^{n}\frac{\omega_l}{[2\pi\det(\boldsymbol{\Sigma}_l)]^{\frac{1}{2}}}\mathrm{e}^{-\frac{1}{2}(\boldsymbol{x}-\boldsymbol{\mu}_l)^{\mathrm{T}}\boldsymbol{\Sigma}^{-1}(\boldsymbol{x}-\boldsymbol{\mu}_l)}. \tag{4.80}$$

4.7 Copula 函数

二维向量 (X_1,X_2) 的联合累积分布函数为

$$F(x_1,x_2)=P(X_1\leqslant x_1,X_2\leqslant x_2). \tag{4.81}$$

当 X_1,X_2 相互独立时, 对应的联合累积分布函数 $F(x_1,x_2)$ 可以表示为一维边际分布函数的乘积, 即

$$F(x_1,x_2)=F_{X_1}(x_1)F_{X_2}(x_2)=P(X_1\leqslant x_1)P(X_2\leqslant x_2). \tag{4.82}$$

描述 X_1,X_2 之间的相关性时, 一般采用线性相关系数. 然而, 仅在随机变量服从椭圆或者球面分布的时候 (包括多元正态分布), 相关系数才可以给出比较好的相关性的刻画.

Copula 函数是把边际分布函数和联合累积分布函数联系起来的一个比较完美的概念. Copula 函数将多元分布函数和它们的一维边际分布函数联系起来. Copula 函数在近代被广泛应用到金融领域, 在计算风险价值 (VAR) 或量化经济分析中有重要作用.

首先考虑二维的情况, 然后可以推广到 $\mathbf{R}^d$ 中的 d 维随机向量 $(d\geqslant 2)$. 为了定义 Copula 函数, 首先给出如下相关概念.

定义 4.2 矩形 $B=[x_1,x_2]\times[y_1,y_2]\subset U_1\times U_2$, 基于函数 F 的体积定义为

$$V_F(B)=F(x_2,y_2)-F(x_1,y_2)-F(x_2,y_1)+F(x_1,y_1), \tag{4.83}$$

定义 4.3 如果函数 F 满足, 对任意的 $B=[x_1,x_2]\times[y_1,y_2]\subset U_1\times U_2$, 有

$$V_F(B)\geqslant 0, \tag{4.84}$$

那么称函数 F 为二维递增函数.

下面的引理在证明 Copula 函数的连续性时有重要作用.

引理 4.1 令 U_1,U_2 是 $\bar{\mathbf{R}}$ 中的非空集合, $F\colon U_1\times U_2\to\bar{\mathbf{R}}$ 是二维递增函数, 其中 $\bar{\mathbf{R}}=[-\infty,+\infty]$. 假设 $x_1,x_2\in U_1$, 且 $x_1\leqslant x_2$, $y_1,y_2\in U_2$, 且 $y_1\leqslant y_2$. 则函数 $t\mapsto F(t,y_2)-F(t,y_1)$ 在 U_1 上是非减的, 函数 $t\mapsto F(x_2,t)-F(x_1,t)$ 在 U_2 上是非减的.

定义 4.4 假设 U_1,U_2 中有最小的元素, 相应为 $\min\{U_1\},\min\{U_2\}$, 定义函数 $F\colon U_1\times$

$U_2 \to \bar{\mathbf{R}}$, 如果 F 满足,

$$F(x, \min\{U_2\}) = 0, \quad \forall x \in U_1, \tag{4.85}$$

$$F(\min\{U_1\}, y) = 0, \quad \forall y \in U_2, \tag{4.86}$$

那么称 F 是基础的.

定义 4.5 分布函数 F, 如果满足 (1) 是基础的; (2) 是二维递增的; (3) $F(\infty, \infty) = 1$, 那么称 F 是 $\bar{\mathbf{R}}^2 \mapsto [0,1]$ 的一个函数.

引理 4.2 令 U_1, U_2 是 $\bar{\mathbf{R}}$ 上的两个非空集合, 并且 $F\colon U_1 \times U_2 \to \bar{\mathbf{R}}$ 是基础的递增函数, 那么 F 对每一个变量都是非减的.

定义 4.6 如果 U_1, U_2 中有最大的元素, 相应为 $\max\{U_1\}, \max\{U_2\}$, 那么我们称函数 $F\colon U_1 \times U_2 \to \bar{\mathbf{R}}$ 有边界, 边界函数定义为

$$F(x) = F(x, \max\{U_2\}), \quad \forall x \in U_1, \tag{4.87}$$

$$F(y) = F(\max\{U_1\}, y), \quad \forall y \in U_2. \tag{4.88}$$

引理 4.3 令 U_1, U_2 是 $\bar{\mathbf{R}}$ 上的两个非空集合, 并且 $F\colon U_1 \times U_2 \to \bar{\mathbf{R}}$ 是基础的递增函数并且有边界. 假设 (x_1, y_1)、$(x_2, y_2) \in U_1 \times U_2$, 则

$$|F(x_2, y_2) - F(x_1, y_1)| \leqslant |F(x_2) - F(x_1)| + |F(y_2) - F(y_1)|. \tag{4.89}$$

定义 4.7 Copula 函数是定义在单位平方空间 $I^2 = I \times I (I = [0,1])$ 上的一个函数 $C(\cdot)$, 满足

(1) 对任意的 $u \in I$, $C(u, 0) = C(0, u) = 0$ 成立, 即 $C(\cdot)$ 是基础的;

(2) 对任意的 $u_1, u_2, v_1, v_2 \in I$ 并且 $u_1 \leqslant u_2$, $v_1 \leqslant v_2$,

$$C(u_2, v_2) - C(u_2, v_1) - C(u_1, v_2) + C(u_1, v_1) \geqslant 0, \tag{4.90}$$

恒成立, 即 $C(\cdot)$ 是二维递增的;

(3) 对任意的 $u \in I$, $C(u, 1) = u$, $C(1, v) = v$ 恒成立.

通俗来讲, Copula 函数是定义在单位平方空间 $[0,1]^2$ 上的联合分布函数并且有着一致的边际分布函数. 也就意味着, 如果 $F_{X_1}(x_1), F_{X_2}(x_2)$ 是单变量的分布函数, 那么 $C\{F_{X_1}(x_1), F_{X_2}(x_2)\}$ 是边际分布函数为 $F_{X_1}(x_1), F_{X_2}(x_2)$ 的二维联合分布函数.

例题 4.18 容易证明函数 $\max\{u + v - 1, 0\}, uv, \min\{u, v\}$ 是 Copula 函数, 其中 u, v 为常数. 相应地, 它们被称为最大 Copula 函数、乘积 Copula 函数以及最小 Copula 函数.

例题 4.19 考虑下面的函数

$$C_\rho^G(u, v) = \varPhi_\rho\{\varPhi^{-1}(u), \varPhi^{-1}(v)\}$$

$$= \int_{-\infty}^{\Phi_1^{-1}(u)} \int_{-\infty}^{\Phi_2^{-1}(v)} f_\rho(x_1, x_2) \mathrm{d}x_2 \mathrm{d}x_1,$$

其中 Φ_ρ 是二维联合标准正态分布函数, 相关系数为 ρ, Φ_1 和 Φ_2 分别代表相应的累积分布函数, 且

$$f_\rho(x_1, x_2) = \frac{1}{2\pi\sqrt{1-\rho^2}} \exp\left\{-\frac{x_1^2 - 2\rho x_1 x_2 + x_2^2}{2(1-\rho^2)}\right\} \tag{4.91}$$

代表二维正态分布密度函数.

很容易证明 C^G 是 Copula 函数, 称为高斯 (正态) Copula 函数. 它是二维递增的且

$$\begin{aligned} &\Phi_\rho\{\Phi^{-1}(u), \Phi^{-1}(0)\} = \Phi_\rho\{\Phi^{-1}(0), \Phi^{-1}(v)\} = 0, \\ &\Phi_\rho\{\Phi^{-1}(u), \Phi^{-1}(1)\} = u, \\ &\Phi_\rho\{\Phi^{-1}(1), \Phi^{-1}(v)\} = v. \end{aligned} \tag{4.92}$$

例题 **4.20** 容易证得下面的函数

$$C_\theta^{GH}(\mu, v) = \exp\{-[(-\ln \mu)^\theta + (-\ln v)^\theta]^{1/\theta}\} \tag{4.93}$$

也是 Copula 函数, 被称为是 Gumbel-Hougaard Copula 函数族, 参数 $\theta \in [1, \infty)$.

当 $\theta = 1$ 时, Gumbel-Hougaard Copula 函数转化为乘积 Copula 函数, 即

$$C_1(\mu, v) = \Pi(\mu, v) = \mu v. \tag{4.94}$$

当 $\theta \to \infty$ 时, 可以得到

$$C_\theta(\mu, v) \to \min\{\mu, v\} = M(\mu, v), \tag{4.95}$$

其中 $M(\cdot)$ 是使得对任意的 Copula 函数 $C(\cdot)$, 都有 $C(\mu, v) \leqslant M(\mu, v)$ 成立的 Copula 函数. $M(\cdot)$ 被称为是 Fréchet-Hoeffding 上界.

二维函数 $W(\mu, v) = \max\{\mu + v - 1, 0\}$ 定义了一个 Copula 函数, 满足: 对其他的任意 Copula 函数 $C(\cdot)$, 都有 $W(\mu, v) \leqslant C(\mu, v)$. $W(\cdot)$ 被称为 Fréchet-Hoeffding 下界.

定理 4.11 (Sklar 定理) *令 F 是一个二维分布函数, 边际密度函数为 F_{X_1}, F_{X_2}. 则存在一个 Copula 函数 $C(\cdot)$, 使得对所有的 $x_1, x_2 \in \bar{\mathbf{R}}$ 有*

$$C(x_1, x_2) = C\{F_{X_1}(x_1), F_{X_2}(x_2)\}. \tag{4.96}$$

若 F_{X_1}, F_{X_2} 是连续的, 则 $C(\cdot)$ 唯一. 否则 $C(\cdot)$ 由笛卡儿积 $Im(F_{X_1}) \times Im(F_{X_2})$ 唯一确定.

这个结果表明构造任何多元分布可以转化为分别构造边际分布函数和 Copula 函数. 在模拟中这个结果很有用, 因为我们往往知道边际分布函数. 根据 Sklar 定理, 使用 "Copula" 这个名字的用意就很显然了, 它是用来描述一个函数将多元分布和它对应的边际分布联系起来.

定理 4.12 *假如 (X_1, X_2) 有 Copula 函数 $C(\cdot)$, 令 g_1, g_2 是连续的递增函数, 那么 $\{g_1(X_1), g_2(X_2)\}$ 也有 Copula 函数 $C(\cdot)$.*

例题 4.21 独立性表明累积分布函数 F_{X_1}, F_{X_2} 的乘积等于联合分布函数 $F(\cdot)$, 即

$$F(x_1, x_2) = F_{X_1}(x_1) F_{X_2}(x_2), \tag{4.97}$$

这样就得到了乘积 Copula 函数.

很显然一个乘积 Copula 函数可以表示独立关系, 反过来也是成立的, 即两个独立随机变量的联合分布函数可以被写成乘积 Copula 函数的形式.

定理 4.13 令 X_1, X_2 是连续的随机变量, 并且分布函数为 F_{X_1}, F_{X_2}, 联合分布函数为 $F(\cdot)$, 那么 X_1, X_2 相互独立的充要条件为 $C_{X_1,X_2} = \mu v$.

例题 4.22 考虑高斯 Copula 函数, 其中 $\rho = 0$, 即不存在相关性, 则高斯 Copula 函数转化为

$$\begin{aligned} C_0^G(u, v) &= \int_{-\infty}^{\Phi_1^{-1}(u)} \varphi(x_1) \mathrm{d}x_1 \int_{-\infty}^{\Phi_2^{-1}(v)} \varphi(x_2) \mathrm{d}x_2 \\ &= uv. \end{aligned}$$

定理 4.14 令 $C(\cdot)$ 为 Copula 函数, 那么对任意的 $u_1, u_2, v_1, v_2 \in I$, 下式恒成立:

$$|C(u_2, v_2) - C(u_1, v_1)| \leqslant |u_2 - u_1| + |v_2 - v_1|. \tag{4.98}$$

从而可以看出每一个 Copula 函数在定义域上是一致连续的.

Coupla 函数另一个重要的性质在于它的偏导数的性质.

定理 4.15 令 $C(u, v)$ 是 Copula 函数, 那么对任意的 $u \in I$, 偏导数 $\partial C(u, v)/\partial u$ 存在 (对几乎所有的 $u \in I$). 对这样的 u 和 v 可得到

$$\frac{\partial C(u, v)}{\partial u} \in I. \tag{4.99}$$

同样对于偏导数 $\dfrac{\partial C(u, v)}{\partial v}$ 也有类似的结论

$$\frac{\partial C(u, v)}{\partial v} \in I. \tag{4.100}$$

此外, 定义函数

$$\begin{aligned} u &\mapsto C_v(u) = \partial C(u, v)/\partial v, \\ v &\mapsto C_u(v) = \partial C(u, v)/\partial u, \end{aligned}$$

这两个函数在定义域 I 上是几乎处处非递增的.

到目前为止, 主要讨论的是二维情形下的 Copula 函数, 下面要将其推广到 d 维.

假设 $U_1, U_2, \cdots, U_d$ 是 $\bar{\mathbf{R}}$ 中的非空子集, 考虑函数 $F\colon U_1 \times U_2 \times \cdots \times U_d \mapsto \bar{\mathbf{R}}$. 对 $a = [a_1, a_2, \cdots, a_d], b = [b_1, b_2, \cdots, b_d]$ 并满足 $a \leqslant b$ (即对所有的 k, $a_k \leqslant b_k$). 令 $B = [a, b] = [a_1, b_1] \times [a_2, b_2] \times \cdots \times [a_d, b_d]$ 是 d 维的盒子且顶点为 $c = (c_1, c_2, \cdots, c_d)$. 显然, 每一个 c_k 等

于 a_k 或者 b_k.

定义 4.8 一个 d 维的盒子 $B=[a,b]=[a_1,b_1]\times[a_2,b_2]\times\cdots\times[a_d,b_d]\subset U_1\times U_2\times\cdots\times U_d$ 在函数 $F(\cdot)$ 下的体积可定义为

$$V_F(B)=\sum_{k=1}^{d}\operatorname{sgn}(c_k)F(c_k), \tag{4.101}$$

其中对于偶数 k, 若 $c_k=a_k$, 则 $\operatorname{sgn}(c_k)=1$; 对于奇数 k, 若 $c_k=a_k$, 则 $\operatorname{sgn}(c_k)=-1$.

定义 4.9 函数 $F(\cdot)$, 如果对所有的 d 维盒子 $U_1\times U_2\times\cdots\times U_d$ 有

$$V_F(B)\geqslant 0 \tag{4.102}$$

恒成立; 那么称 $F(\cdot)$ 为 d 维的递增函数.

定义 4.10 假设 $U_1,U_2,\cdots,U_d$ 有最小的元素, 相应为 $\min\{U_1\},\min\{U_2\},\cdots,\min\{U_d\}$, 函数 $F\colon U_1\times U_2\times\cdots\times U_d\mapsto\bar{\mathbf{R}}$, 如果满足

$$F(x)=0, \tag{4.103}$$

对所有的 $x\in U_1\times U_2\times\cdots\times U_d$, 且至少有一个 k, 满足 $x_k=\min\{U_k\}$, 那么称 F 是基础的.

定义 4.11 一个 d 维的 Copula 函数是定义在单位 d 维立体 $T^d=I\times I\times\cdots\times I$ 上并且满足

(1) 对任意的 $u\in I^d$ 成立的条件是 u 的坐标中至少有一个为 0, 即 $C(\cdot)$ 是基础的;

(2) 对任意的 $a,b\in I^d$ 且 $a\leqslant b$, 那么

$$V_C([a,b])\geqslant 0 \tag{4.104}$$

成立, 即 $C(\cdot)$ 二维递增;

(3) 对任意的 $u\in I^d$, $C(u)=u_k$ 成立的条件是除了 u_k 以外的 u 的坐标均为 1.

定理 4.16 (Sklar 定理的 d 维情形) 令 $F(\cdot)$ 是一个 d 维分布函数, 并且边际分布函数为 $F_{X_1},F_{X_2},\cdots,F_{X_d}$. 那么存在一个 Copula 函数 $C(\cdot)$ 使得对任意的 $x_1,x_2,\cdots,x_d\in\bar{\mathbf{R}}^n$, 有

$$F(x_1,x_2,\cdots,x_d)=C\{F_{X_1}(x_1),F_{X_2}(x_2),\cdots,F_{X_d}(x_d)\}. \tag{4.105}$$

此外, 若 $F_{X_1},F_{X_2},\cdots,F_{X_d}$ 是连续函数, 则 $C(\cdot)$ 唯一. 否则 $C(\cdot)$ 由笛卡儿积 $Im(F_{X_1})\times Im(F_{X_2})\times\cdots\times Im(F_{X_d})$ 唯一确定.

例题 4.23 令 $\varPhi$ 表示标准单变量正态分布的分布函数, $\varPhi_{\boldsymbol{\Sigma},d}$ 是标准 d 维正态分布函数, 相关矩阵为 $\boldsymbol{\Sigma}$, 那么函数

$$C_\rho^G(\mu,\boldsymbol{\Sigma})=\varPhi_{\boldsymbol{\Sigma},d}\{\varPhi^{-1}(\mu_1),\varPhi^{-1}(\mu_2),\cdots,\varPhi^{-1}(\mu_d)\}$$

$$= \int_{-\infty}^{\Phi^{-1}(\mu_d)} \cdots \int_{-\infty}^{\Phi^{-1}(\mu_2)} \int_{-\infty}^{\Phi^{-1}(\mu_1)} f_{\boldsymbol{\Sigma}}(x_1, x_2, \cdots, x_d) \mathrm{d}x_1 \mathrm{d}x_2 \cdots \mathrm{d}x_d$$

是 d 维高斯 Copula 函数, 且相关矩阵为 $\boldsymbol{\Sigma}$. 函数

$$f_\rho(x_1, x_2, \cdots, x_d) = \frac{1}{\sqrt{\det(\boldsymbol{\Sigma})}} \cdot$$

$$\exp\left\{-\frac{(\Phi^{-1}(\mu_1), \Phi^{-1}(\mu_2), \cdots, \Phi^{-1}(\mu_d))(\boldsymbol{\Sigma}^{-1} - \boldsymbol{I}_d)(\Phi^{-1}(\mu_1), \Phi^{-1}(\mu_2), \cdots, \Phi^{-1}(\mu_d))^{\mathrm{T}}}{2}\right\}, \tag{4.106}$$

是 Copula 密度函数.

例题 4.24 考虑 $\theta = 1$ 时的 d 维 Gumbel-Hougaard Copula 函数. 在这种情况下, Gumbel-Hougaard Copula 函数转化为 d 维乘积 Coupla 函数, 即

$$C_1(\mu_1, \mu_2, \cdots, \mu_d) = \prod_{j=1}^{d} \mu_j = \prod^{d}(\mu), \tag{4.107}$$

二维 Coupla 函数 $M(\cdot)$ 的扩展即是令 d 维 Gumbel-Hougaard Copula 函数中 $\theta \to \infty$ 时得到的 Copula 函数, 记为 $M^d(\mu)$

$$C_\theta(\mu_1, \mu_2, \cdots, \mu_d) \to \min\{\mu_1, \mu_2, \cdots, \mu_d\} = M^d(\mu). \tag{4.108}$$

下面的 d 维函数:

$$W^d(\mu) = \max\{\mu_1 + \mu_2 + \cdots + \mu_d - d + 1, 0\} \tag{4.109}$$

定义了一个 Copula 函数满足对任意其他的 Copula 函数 $C(\mu)$, 都有 $W^d(\mu) \leqslant C(\mu)$. $W^d(\mu)$ 是 d 维情形下的 Fréchet-Hoeffding 下界.

4.7.1 整合分布

Sklar 定理的逆向应用对利用任意的边际分布和 Copula 函数构造多元分布起着重要作用. 假如现在有 Copula 函数 C 和边际分布函数 $F_1, F_2, \cdots, F_d$, 则 $F(\boldsymbol{x}) = C(F_1(x_1), F_2(x_2), \cdots, F_d(x_d))$ 定义了一个多元分布且边际分布函数为 $F_1, F_2, \cdots, F_d$.

例如考虑利用高斯 Copula 函数 C_p^{Ga} 和任意的边际分布函数构造分布, 这种模型也经常被称之为 meta-Gaussian 分布. 在信用风险模型领域, 高斯 Copula 函数被用来结合指数分布的边际分布函数得到的处理公司不履约时间点的模型, 并且认为这些时刻是独立的.

还可以将整合的概念推广到其他分布, 例如整合 t_v 分布是由一个 Coupla 函数 $C_{v,p}^t$ 和任意的边际分布函数产生的, 整合克莱顿 (Clayton) 分布是由 Clayton Copula 函数和任意边际分布函数产生.

4.7.2 生存 Copula 函数

令 X 是随机变量, 且多元生存函数为 $\bar{F}$, 边际分布函数为 $F_1, F_2, \cdots, F_d$, 边际生存函数为 $\bar{F}_1, \bar{F}_2, \cdots, \bar{F}_d$, 并满足 $\bar{F}_i = 1 - F_i$. 可以得到下面的等式:

$$\bar{F}(x_1, x_2, \cdots, x_d) = \hat{C}(\bar{F}_1(x_1), \bar{F}_2(x_2), \cdots, \bar{F}_d(x_d)),$$

其中称 Copula 函数 $\hat{C}$ 为生存 Copula 函数. 当 $F_1, F_2, \cdots, F_d$ 连续时, 显然有

$$\begin{aligned}\bar{F}(x_1, x_2, \cdots, x_d) &= P(X_1 > x_1, X_2 > x_2, \cdots, X_d > x_d) \\ &= P(1 - F_1(X_1) \leqslant \bar{F}_1(x_1), 1 - F_2(X_2) \leqslant \bar{F}_2(x_2), \cdots, 1 - F_d(X_d) \leqslant \bar{F}_d(x_d)).\end{aligned}$$

通常, Copula 函数 $C(\cdot)$ 的生存 Copula 函数可用来表示 $1 - U$ 的分布函数, 其中 U 的分布函数为 $C(\cdot)$.

生存 Copula 函数不应当和 Copula 函数的生存函数混淆, 因为 Copula 函数仅仅就是多元分布函数, 具有生存函数或者是尾部函数, 可以记为 $\bar{C}(\cdot)$. 假定 U 具有分布函数 $C(\cdot)$ 且 $C(\cdot)$ 的生存 Copula 函数为 $\hat{C}(\cdot)$, 则

$$\begin{aligned}\bar{C}(u_1, u_2, \cdots, u_d) &= P(U_1 \geqslant u_1, U_2 \geqslant u_2, \cdots, U_d \geqslant u_d) \\ &= P(1 - U_1 \geqslant 1 - u_1, 1 - U_2 \geqslant 1 - u_2, \cdots, 1 - U_d \geqslant 1 - u_d) \\ &= \hat{C}(1 - u_1, 1 - u_2, \cdots, 1 - u_d).\end{aligned}$$

在二维情形下, 关于 Copula 函数和对应的生存 Copula 函数有一个很有用的关系:

$$\hat{C}(1 - u_1, 1 - u_2) = 1 - u_1 - u_2 + C(u_1, u_2).$$

4.7.3 Copula 函数的条件分布

研究 Copula 函数的条件分布也是很有意义的一个方面. 下面主要讨论二维情形. 因为 Copula 函数在任何区域都是递增函数, 所以

$$\begin{aligned}C_{U_2|U_1}(u_2|u_1) = P(U_2 \leqslant u_2 | U_1 = u_1) &= \lim_{\delta \to 0} \frac{C(u_1 + \delta, u_2) - C(u_1, u_2)}{\delta} \\ &= \frac{\partial}{\partial u_1} C(u_1, u_2),\end{aligned}$$

其中, 偏导数几乎处处存在. 条件分布是 $[0,1]$ 上的分布, 并且当 $C(\cdot)$ 是独立 Copula 函数时, 条件分布是均匀分布. 风险管理中的条件分布可以作如下解释: 假设连续风险 (X_1, X_2) 有唯一的 Copula 函数 $C(\cdot)$, 则 $1 - C_{U_2|U_1}(q|p)$ 表示在 X_1 取到 p 分位数时, X_2 超过 q 分位数的概率.

4.7.4 可交换性

一个随机向量 $\boldsymbol{X}$ 如果满足

$$(X_1, X_2, \cdots, X_d) \stackrel{\text{def}}{=\!=} (X_{\kappa(1)}, X_{\kappa(2)}, \cdots, X_{\kappa(d)}).$$

对 $(1, 2, \cdots, d)$ 的任意排列 $\kappa(1), \kappa(2), \cdots, \kappa(d)$ 均成立, 那么称 $\boldsymbol{X}$ 是可交换的.

如果一个 Copula 函数是一个可交换的随机向量 $\boldsymbol{U}$ 的分布函数, 那么称它是可交换的. 对这样的 Copula 函数, 一定有下面的结论:

$$C(u_1, u_2, \cdots, u_d) = C(u_{\kappa(1)}, u_{\kappa(2)}, \cdots, u_{\kappa(d)}).$$

研究发现, 这种类型的 Copula 函数对同类公司在信用风险方面的违约依赖性方面的建模很有帮助. 可交换 Copula 函数的类型包括 Gumbel Copula 函数和 Clayton Copula 函数, 以及高斯 Copula 函数 $C_{\boldsymbol{P}}^{Gu}$, t Copula 函数 $C_{v,\boldsymbol{P}}^{t}$, 矩阵 $\boldsymbol{P}$ 满足 $\boldsymbol{P} = \rho \boldsymbol{J}_d + (1-\rho)\boldsymbol{I}_d$, 其中 $\boldsymbol{J}_d$ 是元素全为 1 的矩阵, 且 $\rho \geqslant -1/(d-1)$.

4.8 自助法

在运用中心极限定理得到临界值的有效估计时, 一般需要比较大的样本量, 大样本量意味着对于一维数据来说, n 至少为 50. 在小样本量的情形下如何构造置信区间呢？一种方法叫做自助法 (Bootstrap), 自助法算法需要两次使用数据, 即

(1) 估计目标参数;

(2) 从一个估计分布作模拟去近似目标统计量的渐近分布.

具体来讲, 自助法算法主要步骤如下: 首先考虑一组样本观测值 $X_1, X_2, \cdots, X_n$, 估计出经验分布函数 F_n. 在一维情形下,

$$F_n(x) = \frac{1}{n}\sum_{i=1}^{n} \boldsymbol{I}(X_i \leqslant x). \tag{4.110}$$

这是一个阶梯函数, 两个相邻的数值点之间取常数.

例题 4.25 假设现在有 100 个来自正态分布的样本点 X_i, $i = 1, 2, \cdots, n$. X 的累积分布函数是 $\varPhi(x) = \displaystyle\int_{-\infty}^{x} \phi(u)\mathrm{d}u$, 函数图像由图 4.12 (a) 中的深蓝色线表示, 经验分布函数由浅蓝色线表示. 图 4.12 (b) 是对 1 000 个观测值进行同样的过程得到的函数图像.

考虑从经验分布中得到一个替换的样本. 即从原有的样本中抽取 n^* 个样本 $X_1^*, X_2^*, \cdots, X_n^*$. 这也被称为自助法样本, 通常取 $n^* = n$.

自助法样本是从经验分布中随机抽取出来的, 即在每一次抽取中每一个初始观测值被选进自助法样本的概率都为 $\dfrac{1}{n}$. 那么显然地,

$$E_{F_n}(X_i^*) = \frac{1}{n}\sum_{i=1}^{n} x_i = \bar{x}.$$

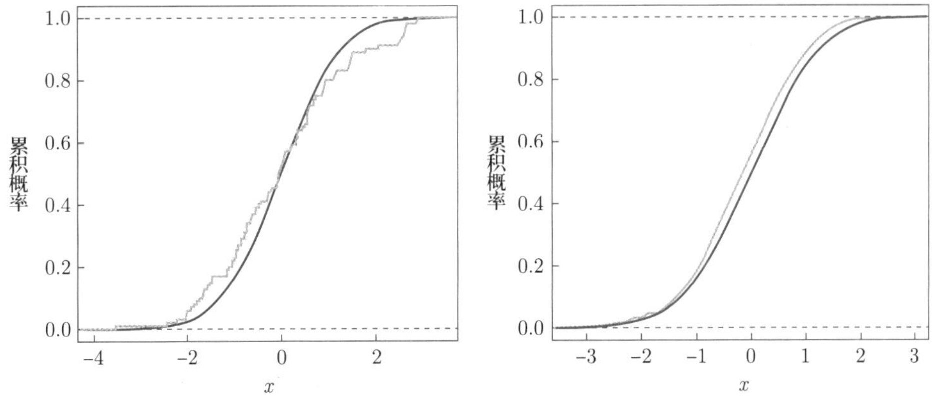

(a) (b)

图 4.12 标准正态分布函数和经验分布函数

对方差也有类似的结论

$$\mathrm{Var}_{F_n}(X_i^*) = \hat{\sigma}^2,$$

其中 $\hat{\sigma}^2 = 1/n\Sigma(x_i - \bar{x})^2$.

图 4.13 展示了用深蓝色线表示的 100 个样本观测点的累积分布函数曲线和两条基于自助法得到的两条累积分布函数曲线, 分别用两条浅蓝色线表示.

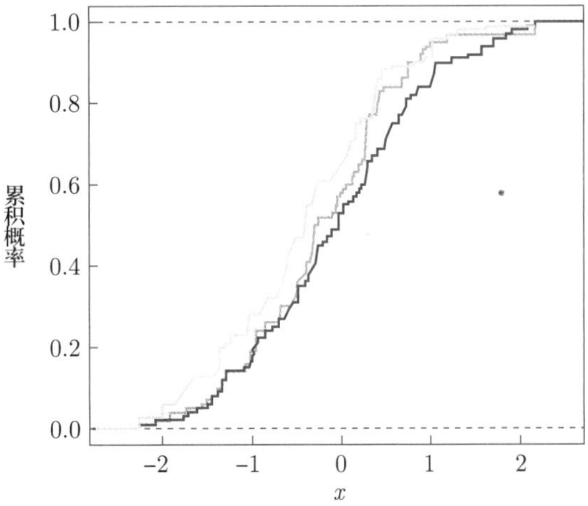

图 4.13 标准正态分布函数和两个基于自助法的累积分布函数

中心极限定理对自助法样本依然成立, 可得到下面的引理.

引理 4.4 如果 $X_1^*, X_2^*, \cdots, X_n^*$ 是取自 $X_1, X_2, \cdots, X_n$ 的自助法样本, 那么 $\sqrt{n}(\bar{x}^* - \bar{x})/\hat{\sigma}^*$ 的分布渐近趋近于 $N(0,1)$, 其中 $\bar{x}^* = \dfrac{1}{n}\sum_{i=1}^{n} X_i^*$, $(\hat{\sigma^*})^2 = \dfrac{1}{n}\sum_{i=1}^{n}(X_i^* - \bar{x}^*)^2$.

运用自助法如何得到 μ 的置信区间呢？在小样本情形下, 利用分位数 $u_{1-\frac{\alpha}{2}}$ 得到的结果可能不太好, 因为 $\sqrt{n}(\bar{x}-\mu)/\hat{\sigma}$ 可能会远远偏离极限分布 $N(0,1)$. 运用自助法可以通过计算多个自助法样本下的 $\sqrt{n}(\bar{x}^*-\bar{x})/\hat{\delta}^*$ 来模拟分布函数. 可以估计一个经验的 $(1-\alpha/2)$ 分位数 $\mu^*_{1-\alpha/2}$, 则构造出的自助法置信区间为

$$C^*_{1-\alpha}=\left[\bar{x}-\frac{\hat{\delta}}{\sqrt{n}}\mu^*_{1-\alpha/2},\quad \bar{x}+\frac{\hat{\delta}}{\sqrt{n}}\mu^*_{1-\alpha/2}\right].$$

根据引理 4.4 可得

$$P(\mu\in C^*_{1-\alpha})\to 1-\alpha, n\to\infty.$$

习 题 4

习题 4.1 设随机变量 X 和 Y 具有联合概率密度函数 $f(x,y)=\begin{cases}6, & x^2\leqslant y\leqslant x,\\ 0, & \text{其他}.\end{cases}$ 求边缘概率密度函数 $f_X(x), f_Y(y)$.

习题 4.2 设数 X 在区间 (0,1) 上随机地取值, 当观察到 $X=x$ $(0<x<1)$ 时, 数 Y 在区间 $(x,1)$ 上随机地取值, 求 Y 的概率密度函数 $f_Y(y)$.

习题 4.3 设二维随机变量 (X,Y) 的概率密度函数为

$$f(x,y)=\frac{1}{2\pi\sigma_1\sigma_2\sqrt{1-\rho^2}}\exp\left\{\frac{-1}{2(1-\rho^2)}\left[\frac{(x-\mu_1)^2}{\sigma_1^2}-2\rho\frac{(x-\mu_1)(y-\mu_2)}{\sigma_1\sigma_2}+\frac{(y-\mu_2)^2}{\sigma_2^2}\right]\right\},$$

其中 $-\infty<x<+\infty, -\infty<y<+\infty$, 称 (X,Y) 为服从参数 $\mu_1,\mu_2,\sigma_1,\sigma_2,\rho$ 的二元正态分布, 记为 $(X,Y)\sim N(\mu_1,\mu_2,\sigma_1^2,\sigma_2^2,\rho)$. 试求二维正态随机变量的边缘概率密度函数.

习题 4.4 设二维随机变量 (X,Y) 的概率密度函数为

$$f(x,y)=\frac{1}{2\pi\sigma_1\sigma_2\sqrt{1-\rho^2}}\exp\left\{\frac{-1}{2(1-\rho^2)}\left[\frac{(x-\mu_1)^2}{\sigma_1^2}-2\rho\frac{(x-\mu_1)(y-\mu_2)}{\sigma_1\sigma_2}+\frac{(y-\mu_2)^2}{\sigma_2^2}\right]\right\},$$

求 X 和 Y 的相关系数.

习题 4.5 给定密度函数 $f_X(x_1,x_2)=\mathrm{e}^{-(x_1+x_2)}, x_1,x_2>0$. 令 $U_1=X_1+X_2, U_2=X_1-X_2$. 计算 $f(u_1,u_2)$.

习题 4.6 考虑密度函数

$$f(x_1,x_2)=\frac{1}{8x^2}\exp\left\{-\left(\frac{x_1}{2x_2}+\frac{x_2}{4}\right)\right\},\quad x_1,x_2>0.$$

计算 $f(x_2)$ 和 $f(x_1|x_2)$. 并用关于 X_2 的函数给出 X_1 的最佳逼近.

习题 4.7 从正反两方面证明高斯 Copula 函数满足 Sklar 定理.

习题 4.8 假定 $\boldsymbol{X}$ 具有零均值和协方差 $\boldsymbol{\Sigma}=\begin{pmatrix}1 & 0\\ 0 & 2\end{pmatrix}$. 令 $Y=X_1+X_2$. 将 Y 写成一个

线性变换, 即找到变换矩阵 $\boldsymbol{A}$. 计算 $\mathrm{Var}(Y)$.

习题 4.9　证明: $f_Y(\boldsymbol{y}) = \begin{cases} \dfrac{1}{2}y_1 - \dfrac{1}{4}y_2, & 0 <= y_1 <= 2, |y_2| <= 1 - |1 - y_1|, \\ 0, & \text{其他} \end{cases}$ 为一个概率密度函数.

习题 4.10　考虑柯西分布, 模拟 $\bar{x}$ 的分布 (对于不同的 n). 当 $n \to \infty$, 你预期到什么？

习题 4.11　考虑概率密度函数

$$f(x_1, x_2) = 4x_1x_2\exp\{-x_1^2\}x_1, \quad x_2 > 0.$$

$$f(x_1, x_2) = 1, \quad 0 < x_1, x_2 < 1,\ x_1 + x_2 < 1.$$

$$f(x_1, x_2) = \frac{1}{2}\exp\{-x_1\}, \quad x_1 > |x_2|.$$

对于每个概率密度函数计算 $E(X)$, $\mathrm{Var}(X)$, $E(X_1|X_2)$, $E(X_2|X_1)$, $\mathrm{Var}(X_1|X_2)$ 和 $\mathrm{Var}(X_2|X_1)$.

习题 4.12　考虑概率密度函数 $f(x_1, x_2) = 1/2\pi$, $0 < x_1 < 2\pi$, $0 < x_2 < 1$. 令 $U_1 = \sin X_1\sqrt{-2\log X_2}$, 且 $U_2 = \cos X_1\sqrt{-2\log X_2}$, 计算 $f(x_1, x_2)$.

习题 4.13　令 $\boldsymbol{X}$ 服从 $N_2\left(\begin{pmatrix}1\\2\end{pmatrix}, \begin{pmatrix}2 & a\\ a & 2\end{pmatrix}\right)$.

(1) 给出 $a = 0, a = -\dfrac{1}{2}, a = \dfrac{1}{2}, a = 1$ 时的椭圆轮廓线;

(2) 给定 $a = \dfrac{1}{2}$ 时, 找出以 $\boldsymbol{\mu}$ 为中心的 $\boldsymbol{X}$ 的区域使其包含真实参数的概率为 0.90 和 0.95.

习题 4.14　考虑概率密度函数 $f(x_1, x_2) = \dfrac{3}{2}x_1^{-\frac{1}{2}}$, $0 < x_1 < x_2 < 1$. 计算 $P(X_1 < 0.25)$, $P(X_2 < 0.25)$ 和 $P(X_2 < 0.25|X_1 < 0.25)$.

习题 4.15　延续例题 4.14. 如果考虑一个新的函数 $\boldsymbol{f} = (f_1, f_2, f_3)^{\mathrm{T}}$, 其中 $f_1(x_1, x_2) = x_1^2 - x_2$, $f_2(x_1, x_2) = x_1 + 3x_2$, $f_3(x_1, x_2) = x_2^3$, $q = 3$. 求 f 的渐近分布. 注意, 因为 $q = 3 > p = 2$, 此时可以得到一个奇异退化的多元正态分布.

习题 4.16　考虑 $f(x_1, x_2, x_3) = k(x_1 + x_2x_3)$; $0 < x_1, x_2, x_3 < 1$.

(1) 确定 k, 使得 f 是 $(X_1, X_2, X_3) = \boldsymbol{X}$ 的可靠的概率密度函数;

(2) 算出 3×3 矩阵 $\boldsymbol{\Sigma_X}$;

(3) 算出 2×2 矩阵的 (X_1, X_2) 的条件协方差矩阵 (给定 $X_1 = x_1$).

第 5 章 多元正态分布理论

5.1 多元正态分布的基本性质

首先回顾之前几章已经给出的关于多元正态分布的几个性质:

- $\boldsymbol{X} \sim N_p(\boldsymbol{\mu}, \boldsymbol{\Sigma})$, $\boldsymbol{X}$ 概率密度函数是

$$f(\boldsymbol{x}) = |2\pi\boldsymbol{\Sigma}|^{-1/2} \exp\left\{-\frac{1}{2}(\boldsymbol{x}-\boldsymbol{\mu})^{\mathrm{T}}\boldsymbol{\Sigma}^{-1}(\boldsymbol{x}-\boldsymbol{\mu})\right\}. \tag{5.1}$$

期望 $E(\boldsymbol{X}) = \boldsymbol{\mu}$, 协方差矩阵 $\mathrm{Var}(\boldsymbol{X}) = E(\boldsymbol{X}-\boldsymbol{\mu})(\boldsymbol{X}-\boldsymbol{\mu})^{\mathrm{T}} = \boldsymbol{\Sigma}$.

- 正态随机变量经过线性变换后仍是正态随机变量. $\boldsymbol{X} \sim N_p(\boldsymbol{\mu}, \boldsymbol{\Sigma})$, $\boldsymbol{A}(p \times p)$, $\boldsymbol{c} \in \mathbf{R}^p$, 则 $\boldsymbol{Y} = \boldsymbol{A}\boldsymbol{X} + \boldsymbol{c}$ 服从正态分布

$$\boldsymbol{Y} \sim N_p(\boldsymbol{A}\boldsymbol{\mu} + \boldsymbol{c}, \boldsymbol{A}\boldsymbol{\Sigma}\boldsymbol{A}^{\mathrm{T}}). \tag{5.2}$$

- 如果 $\boldsymbol{X} \sim N_p(\boldsymbol{\mu}, \boldsymbol{\Sigma})$, 那么马氏变换为

$$\boldsymbol{Y} = \boldsymbol{\Sigma}^{-1/2}(\boldsymbol{X}-\boldsymbol{\mu}) \sim N_p(\boldsymbol{0}, \boldsymbol{I}_p), \tag{5.3}$$

并可得

$$\boldsymbol{Y}^{\mathrm{T}}\boldsymbol{Y} = (\boldsymbol{X}-\boldsymbol{\mu})^{\mathrm{T}}\boldsymbol{\Sigma}^{-1}(\boldsymbol{X}-\boldsymbol{\mu}) \sim \chi_p^2. \tag{5.4}$$

如果将随机向量 $\boldsymbol{X}$ 划分成两个子向量 $\boldsymbol{X}_1$ 和 $\boldsymbol{X}_2$, 下面的定理表述了如何修正 $\boldsymbol{X}_2$, 使得修正后的向量与 $\boldsymbol{X}_1$ 相互独立.

定理 5.1 令 $\boldsymbol{X} = \begin{pmatrix}\boldsymbol{X}_1\\ \boldsymbol{X}_2\end{pmatrix} \sim N_p(\boldsymbol{\mu}, \boldsymbol{\Sigma})$, $\boldsymbol{X}_1 \in \mathbf{R}^r$, $\boldsymbol{X}_2 \in \mathbf{R}^{p-r}$. 令 $\boldsymbol{X}_{2.1} = \boldsymbol{X}_2 - \boldsymbol{\Sigma}_{21}\boldsymbol{\Sigma}_{11}^{-1}\boldsymbol{X}_1$, 其中 $\boldsymbol{\Sigma}_{21}$ 和 $\boldsymbol{\Sigma}_{11}$ 来自协方差矩阵

$$\boldsymbol{\Sigma} = \begin{pmatrix}\boldsymbol{\Sigma}_{11} & \boldsymbol{\Sigma}_{12}\\ \boldsymbol{\Sigma}_{21} & \boldsymbol{\Sigma}_{22}\end{pmatrix}.$$

于是

$$\boldsymbol{X}_1 \sim N_r(\boldsymbol{\mu}_1, \boldsymbol{\Sigma}_{11}), \tag{5.5}$$

$$\boldsymbol{X}_{2.1} \sim N_{p-r}(\boldsymbol{\mu}_{2.1}, \boldsymbol{\Sigma}_{22.1}) \tag{5.6}$$

相互独立, 其中

$$\boldsymbol{\mu}_{2.1} = \boldsymbol{\mu}_2 - \boldsymbol{\Sigma}_{21}\boldsymbol{\Sigma}_{11}^{-1}\boldsymbol{\mu}_1, \quad \boldsymbol{\Sigma}_{22.1} = \boldsymbol{\Sigma}_{22} - \boldsymbol{\Sigma}_{21}\boldsymbol{\Sigma}_{11}^{-1}\boldsymbol{\Sigma}_{12}. \tag{5.7}$$

证明 $\boldsymbol{X}_1=\boldsymbol{A}\boldsymbol{X}$, 其中 $\boldsymbol{A}=[\boldsymbol{I}_r,\boldsymbol{0}]$, $\boldsymbol{X}_{2.1}=\boldsymbol{B}\boldsymbol{X}$, 其中 $\boldsymbol{B}=[-\boldsymbol{\Sigma}_{21}\boldsymbol{\Sigma}_{11}^{-1},\boldsymbol{I}_{p-r}]$.
由 (5.2) 可知 $\boldsymbol{X}_1$ 和 $\boldsymbol{X}_{2.1}$ 都服从正态分布. 现有

$$\mathrm{Cov}(\boldsymbol{X}_1,\boldsymbol{X}_{2.1})=\boldsymbol{A}\boldsymbol{\Sigma}\boldsymbol{B}^{\mathrm{T}},$$

$$\boldsymbol{A}\boldsymbol{\Sigma}=[\boldsymbol{I}_r,\boldsymbol{0}]\begin{pmatrix}\boldsymbol{\Sigma}_{11} & \boldsymbol{\Sigma}_{12}\\ \boldsymbol{\Sigma}_{21} & \boldsymbol{\Sigma}_{22}\end{pmatrix}=[\boldsymbol{\Sigma}_{11},\boldsymbol{\Sigma}_{12}],$$

$$\Rightarrow \boldsymbol{A}\boldsymbol{\Sigma}\boldsymbol{B}^{\mathrm{T}}=[\boldsymbol{\Sigma}_{11},\boldsymbol{\Sigma}_{12}]\begin{pmatrix}(-\boldsymbol{\Sigma}_{21}\boldsymbol{\Sigma}_{11}^{-1})^{\mathrm{T}}\\ \boldsymbol{I}_{p-r}\end{pmatrix}=-\boldsymbol{\Sigma}_{11}(\boldsymbol{\Sigma}_{21}\boldsymbol{\Sigma}_{11}^{-1})^{\mathrm{T}}+\boldsymbol{\Sigma}_{12}.$$

因为 $\boldsymbol{\Sigma}_{21}=\boldsymbol{\Sigma}_{12}^{\mathrm{T}}$, 所以 $\boldsymbol{A}\boldsymbol{\Sigma}\boldsymbol{B}^{\mathrm{T}}=-\boldsymbol{\Sigma}_{11}(\boldsymbol{\Sigma}_{21}\boldsymbol{\Sigma}_{11}^{-1})^{\mathrm{T}}+\boldsymbol{\Sigma}_{12}\equiv\boldsymbol{0}$.

根据 (5.2), $(\boldsymbol{X}_1,\boldsymbol{X}_{2.1})$ 的联合分布为

$$\begin{pmatrix}\boldsymbol{X}_1\\ \boldsymbol{X}_{2.1}\end{pmatrix}=\begin{pmatrix}\boldsymbol{A}\\ \boldsymbol{B}\end{pmatrix}\boldsymbol{X}\sim N_p\left(\begin{pmatrix}\boldsymbol{\mu}_1\\ \boldsymbol{\mu}_{2.1}\end{pmatrix},\begin{pmatrix}\boldsymbol{\Sigma}_{11} & \boldsymbol{0}\\ \boldsymbol{0} & \boldsymbol{\Sigma}_{22.1}\end{pmatrix}\right).$$

于是 $(\boldsymbol{X}_1,\boldsymbol{X}_{2.1})$ 的概率密度函数可以写成

$$f(\boldsymbol{x}_1,\boldsymbol{x}_{2.1})=|2\pi\boldsymbol{\Sigma}_{11}|^{-1/2}\exp\left\{-\frac{1}{2}(\boldsymbol{x}_1-\boldsymbol{\mu}_1)^{\mathrm{T}}\boldsymbol{\Sigma}_{11}^{-1}(\boldsymbol{x}_1-\boldsymbol{\mu}_1)\right\}\cdot$$
$$|2\pi\boldsymbol{\Sigma}_{22.1}|^{-1/2}\exp\left\{-\frac{1}{2}(\boldsymbol{x}_{2.1}-\boldsymbol{\mu}_{2.1})^{\mathrm{T}}\boldsymbol{\Sigma}_{22.1}^{-1}(\boldsymbol{x}_{2.1}-\boldsymbol{\mu}_{2.1})\right\}.$$

得证.

由定理 5.1 可得推论 5.1、推论 5.2.

推论 5.1 令 $\boldsymbol{X}=\begin{pmatrix}\boldsymbol{X}_1\\ \boldsymbol{X}_2\end{pmatrix}\sim N_p(\boldsymbol{\mu},\boldsymbol{\Sigma})$, $\boldsymbol{\Sigma}=\begin{pmatrix}\boldsymbol{\Sigma}_{11} & \boldsymbol{\Sigma}_{12}\\ \boldsymbol{\Sigma}_{21} & \boldsymbol{\Sigma}_{22}\end{pmatrix}$, 其中 $\boldsymbol{\Sigma}_{12}=\boldsymbol{0}$ 当且仅当 $\boldsymbol{X}_1$ 与 $\boldsymbol{X}_2$ 相互独立.

例题 5.1 设 $\boldsymbol{X}=(X_1,X_2)^{\mathrm{T}}\sim N_2(\boldsymbol{\mu},\boldsymbol{\Sigma})$, 其中

$$\boldsymbol{\mu}=\begin{pmatrix}\mu_1\\ \mu_2\end{pmatrix},\quad \boldsymbol{\Sigma}=\Sigma^2\begin{pmatrix}1 & \rho\\ \rho & 1\end{pmatrix},$$

(1) 试证明: X_1+X_2 和 X_1-X_2 互相独立;
(2) 试求 X_1+X_2 和 X_1-X_2 的分布.

(1) 记

$$\boldsymbol{Y}=\begin{pmatrix}Y_1\\ Y_2\end{pmatrix}=\begin{pmatrix}X_1+X_2\\ X_1-X_2\end{pmatrix}=\begin{pmatrix}1 & 1\\ 1 & -1\end{pmatrix}\begin{pmatrix}X_1\\ X_2\end{pmatrix}=\boldsymbol{C}\boldsymbol{X},$$

则根据多元正态分布的性质, 可知 $\boldsymbol{Y}\sim N_2(\boldsymbol{C}\boldsymbol{\mu},\boldsymbol{C}\boldsymbol{\Sigma}\boldsymbol{C}^{\mathrm{T}})$.

因为

$$\boldsymbol{\Sigma}_Y = \boldsymbol{C}\boldsymbol{\Sigma}\boldsymbol{C}^{\mathrm{T}} = \Sigma^2 \begin{pmatrix} 1 & 1 \\ 1 & -1 \end{pmatrix} \begin{pmatrix} 1 & \rho \\ \rho & 1 \end{pmatrix} \begin{pmatrix} 1 & 1 \\ 1 & -1 \end{pmatrix}$$

$$= \Sigma^2 \begin{pmatrix} 1+\rho & 1+\rho \\ 1-\rho & \rho-1 \end{pmatrix} \begin{pmatrix} 1 & 1 \\ 1 & -1 \end{pmatrix} = \Sigma^2 \begin{pmatrix} 2(1+\rho) & 0 \\ 0 & 2(1-\rho) \end{pmatrix}.$$

由上述推论可知, $X_1 + X_2$ 和 $X_1 - X_2$ 互相独立.

(2) 因为

$$\boldsymbol{Y} = \begin{pmatrix} X_1 + X_2 \\ X_1 - X_2 \end{pmatrix} \sim N_2\left(\begin{pmatrix} \mu_1 + \mu_2 \\ \mu_1 - \mu_2 \end{pmatrix}, \Sigma^2 \begin{pmatrix} 2(1+\rho) & 0 \\ 0 & 2(1-\rho) \end{pmatrix} \right),$$

所以 $X_1 + X_2 \sim N\left(\mu_1 + \mu_2, 2\Sigma^2(1+\rho)\right)$, $X_1 - X_2 \sim N\left(\mu_1 - \mu_2, 2\Sigma^2(1-\rho)\right)$.

下面的推论, 讨论了对于多元正态变量 $\boldsymbol{X}$, 它的两个线性变换的独立性的情况.

推论 5.2　已知矩阵 $\boldsymbol{A}$ 和 $\boldsymbol{B}$, $\boldsymbol{X} \sim N_p(\boldsymbol{\mu}, \boldsymbol{\Sigma})$. $\boldsymbol{AX}$ 和 $\boldsymbol{BX}$ 相互独立, 当且仅当 $\boldsymbol{A}\boldsymbol{\Sigma}\boldsymbol{B}^{\mathrm{T}} = \boldsymbol{0}$.

定理 5.2 非常有用, 是定理 4.4 更一般化的形式.

定理 5.2　如果 $\boldsymbol{X} \sim N_p(\boldsymbol{\mu}, \boldsymbol{\Sigma})$, $\boldsymbol{A}(q \times p)$, $\boldsymbol{c} \in \mathbf{R}^q$, $q \leqslant p$, 那么 $\boldsymbol{Y} = \boldsymbol{AX} + \boldsymbol{c}$ 服从 q 元正态分布,

$$\boldsymbol{Y} \sim N_q(\boldsymbol{A\mu} + \boldsymbol{c}, \boldsymbol{A}\boldsymbol{\Sigma}\boldsymbol{A}^{\mathrm{T}}).$$

定理 5.3 将给出给定 $\boldsymbol{X}_1$ 时, $\boldsymbol{X}_2$ 的条件分布.

定理 5.3　给定 $\boldsymbol{X}_1 = \boldsymbol{x}_1$ 时, $\boldsymbol{X}_2$ 的条件分布是正态分布, 满足均值为 $\boldsymbol{\mu}_2 + \boldsymbol{\Sigma}_{21}\boldsymbol{\Sigma}_{11}^{-1}(\boldsymbol{x}_1 - \boldsymbol{\mu}_1)$, 协方差矩阵为 $\boldsymbol{\Sigma}_{22.1}$. 即,

$$(\boldsymbol{X}_2 | \boldsymbol{X}_1 = \boldsymbol{x}_1) \sim N_{p-r}(\boldsymbol{\mu}_2 + \boldsymbol{\Sigma}_{21}\boldsymbol{\Sigma}_{11}^{-1}(\boldsymbol{x}_1 - \boldsymbol{\mu}_1), \boldsymbol{\Sigma}_{22.1}). \tag{5.8}$$

证明　因为 $\boldsymbol{X}_2 = \boldsymbol{X}_{2.1} + \boldsymbol{\Sigma}_{21}\boldsymbol{\Sigma}_{11}^{-1}\boldsymbol{X}_1$, 当给定 $\boldsymbol{X}_1 = \boldsymbol{x}_1$ 时, $\boldsymbol{X}_2$ 就等于 $\boldsymbol{X}_{2.1}$ 加上一个常数项:

$$(\boldsymbol{X}_2 | \boldsymbol{X}_1 = \boldsymbol{x}_1) = (\boldsymbol{X}_{2.1} + \boldsymbol{\Sigma}_{21}\boldsymbol{\Sigma}_{11}^{-1}\boldsymbol{x}_1),$$

于是它服从正态分布 $N(\boldsymbol{\mu}_{2.1} + \boldsymbol{\Sigma}_{21}\boldsymbol{\Sigma}_{11}^{-1}\boldsymbol{x}_1, \boldsymbol{\Sigma}_{22.1})$.

注意到, $(\boldsymbol{X}_2|\boldsymbol{X}_1)$ 的条件均值是 $\boldsymbol{X}_1$ 的线性函数, 并且条件方差不依赖于 $\boldsymbol{X}_1$ 的取值. 定理 5.4 介绍了在已知 $\boldsymbol{X}_1$ 的边际分布和给定 $\boldsymbol{X}_1$ 时 $\boldsymbol{X}_2$ 的条件分布时, 求出 $\boldsymbol{X} = \begin{pmatrix} \boldsymbol{X}_1 \\ \boldsymbol{X}_2 \end{pmatrix}$ 的联合分布的情况.

定理 5.4　如果 $\boldsymbol{X}_1 \sim N_r(\boldsymbol{\mu}_1, \boldsymbol{\Sigma}_{11})$, $(\boldsymbol{X}_2|\boldsymbol{X}_1 = \boldsymbol{x}_1) \sim N_{p-r}(\boldsymbol{A}\boldsymbol{x}_1 + \boldsymbol{b}, \boldsymbol{\Omega})$, 且 $\boldsymbol{\Omega}$ 不依赖于 $\boldsymbol{x}_1$, 那么 $\boldsymbol{X} = \begin{pmatrix} \boldsymbol{X}_1 \\ \boldsymbol{X}_2 \end{pmatrix} \sim N_p(\boldsymbol{\mu}, \boldsymbol{\Sigma})$, 其中

$$\boldsymbol{\mu}=\begin{pmatrix}\boldsymbol{\mu}_1\\ \boldsymbol{A}\boldsymbol{\mu}_1+\boldsymbol{b}\end{pmatrix},$$

$$\boldsymbol{\Sigma}=\begin{pmatrix}\boldsymbol{\Sigma}_{11} & \boldsymbol{\Sigma}_{11}\boldsymbol{A}\\ \boldsymbol{A}^{\mathrm{T}}\boldsymbol{\Sigma}_{11} & \boldsymbol{\Omega}+\boldsymbol{A}^{\mathrm{T}}\boldsymbol{\Sigma}_{11}\boldsymbol{A}\end{pmatrix}.$$

接下来讨论条件近似, 易知期望 $E(\boldsymbol{X}_2|\boldsymbol{X}_1)$ 作为 $\boldsymbol{X}_1$ 的函数, 是 $\boldsymbol{X}_2$ 的最佳均方误差近似. 在本节中, $\boldsymbol{X}_2$ 可以表示为

$$\boldsymbol{X}_2=E(\boldsymbol{X}_2|\boldsymbol{X}_1)+\boldsymbol{U}=\boldsymbol{\mu}_2+\boldsymbol{\Sigma}_{21}\boldsymbol{\Sigma}_{11}^{-1}(\boldsymbol{X}_1-\boldsymbol{\mu}_1)+\boldsymbol{U}, \tag{5.9}$$

因此通过 $\boldsymbol{X}_1\in\mathbf{R}^r$ 对 $\boldsymbol{X}_2\in\mathbf{R}^{p-r}$ 的最佳近似是线性近似, 可以写成

$$\boldsymbol{X}_2=\boldsymbol{\beta}_0+\boldsymbol{B}\boldsymbol{X}_1+\boldsymbol{U}, \tag{5.10}$$

其中 $\boldsymbol{B}=\boldsymbol{\Sigma}_{21}\boldsymbol{\Sigma}_{11}^{-1}$, $\boldsymbol{\beta}_0=\boldsymbol{\mu}_2-\boldsymbol{B}\boldsymbol{\mu}_1$, $\boldsymbol{U}\sim N(\boldsymbol{0},\boldsymbol{\Sigma}_{22.1})$.

考虑一种特殊情况, 即 $r=p-1$, 于是 $X_2\in\mathbf{R}$, $\boldsymbol{B}$ 就是一个 $1\times r$ 行向量, 记为 $\boldsymbol{\beta}^{\mathrm{T}}$, 那么 (5.10) 就可以写成

$$X_2=\beta_0+\boldsymbol{\beta}^{\mathrm{T}}\boldsymbol{X}_1+U. \tag{5.11}$$

从几何学上讲, 这表示通过 $\boldsymbol{X}_1$ 的函数, 对 X_2 的最佳均方误差近似是一个超平面. 通过 (5.11) 式, X_2 的边际方差可以被分解为

$$\Sigma_{22}=\boldsymbol{\beta}^{\mathrm{T}}\boldsymbol{\Sigma}_{11}\boldsymbol{\beta}+\Sigma_{22.1}=\Sigma_{21}\boldsymbol{\Sigma}_{11}^{-1}\Sigma_{12}+\Sigma_{22.1}, \tag{5.12}$$

比率

$$\rho_{2.1\cdots r}^2=\frac{\Sigma_{21}\boldsymbol{\Sigma}_{11}^{-1}\Sigma_{12}}{\Sigma_{22}} \tag{5.13}$$

是 X_2 同 $\boldsymbol{X}_1$ 中 r 个变量的复相关系数的平方. 它用来解释 X_2 的方差中能够由线性近似 $\beta_0+\boldsymbol{\beta}^{\mathrm{T}}\boldsymbol{X}_1$ 解释的百分比. (5.12) 式最后一项是 X_2 的残差的方差. 同样可知计算 X_2 与 $\boldsymbol{X}_1$ 中元素的所有可能的线性组合的相关系数, $\rho_{2.1\cdots r}$ 正是所有可能达到的相关系数中的最大值, 而使得相关系数达到最大值的 $\boldsymbol{X}_1$ 中元素的最优线性组合就是 $\boldsymbol{\beta}^{\mathrm{T}}\boldsymbol{X}_1$. 当 $r=1$ 时, 复相关系数 $\rho_{2.1}$ 恰好就是通常所说的 X_2 与 $\boldsymbol{X}_1$ 的简单相关系数.

5.2 威沙特分布

以统计学家约翰 • 威沙特的名字而命名的威沙特分布 (Wishart Distribution) 是统计学上的一种半正定随机矩阵的概率分布. 随机矩阵的分布, 指的是矩阵的所有元素的联合分布, 即将矩阵中的元素按照一定顺序排列成向量后, 该向量服从的分布.

令 $\boldsymbol{X}\sim N_p(\boldsymbol{0},\boldsymbol{\Sigma})$, 那么对于数据 $\boldsymbol{\mathcal{X}}=(x_{ij})_{n\times p}$, 协方差矩阵的估计是与 $\boldsymbol{\mathcal{X}}^{\mathrm{T}}\boldsymbol{\mathcal{X}}$ 成比例的, 进一步记 $\boldsymbol{\mathcal{M}}_{p\times p}=\boldsymbol{\mathcal{X}}^{\mathrm{T}}\boldsymbol{\mathcal{X}}=\sum_{i=1}^{n}\boldsymbol{x}_i\boldsymbol{x}_i^{\mathrm{T}}$ 服从自由度为 n 的威沙特分布 $W_p(\boldsymbol{\Sigma},n)$. 由于 $\boldsymbol{\mathcal{M}}$ 是对

称矩阵, 因此只需考虑矩阵中下三角元素的联合分布. 威沙特分布在多元分析的协方差矩阵估计上发挥相当重要的作用.

设随机向量 $\boldsymbol{y}_1, \boldsymbol{y}_2, \cdots, \boldsymbol{y}_n$ 独立同分布于 $N_p(\mathbf{0}, \boldsymbol{\Sigma})$, 则 $\sum_{i=1}^{n} \boldsymbol{y}_i \boldsymbol{y}_i^{\mathrm{T}}$ 的分布称为自由度为 n 的威沙特分布 $W_p(\boldsymbol{\Sigma}, n)$. 如果令 $p = 1, \boldsymbol{\Sigma} = 1$ 时, $\sum_{i=1}^{n} y_i^2 \sim \chi_n^2$, 所以威沙特分布是卡方分布在多元场合下的一种推广. 更一般地, 设 $\boldsymbol{y}_1, \boldsymbol{y}_2, \cdots, \boldsymbol{y}_n$ 独立同分布于 $N_p(\boldsymbol{\mu}, \boldsymbol{\Sigma})$, 那么称 $\sum_{i=1}^{n} \boldsymbol{y}_i \boldsymbol{y}_i^{\mathrm{T}}$ 服从非中心参数为 $\boldsymbol{\Delta}$ 的非中心威沙特分布, 记为 $W_p(\boldsymbol{\Delta}, \boldsymbol{\Sigma}, n)$, 其中 $\boldsymbol{\Delta} = n\boldsymbol{\mu}\boldsymbol{\mu}^{\mathrm{T}}$. 可以通过以下定理将服从威沙特分布 $W_p(\boldsymbol{\Sigma}, n)$ 的随机矩阵标准化为服从分布 $W_p(\boldsymbol{I}, n)$ 的矩阵.

定理 5.5 如果 $\boldsymbol{\mathcal{M}} \sim W_p(\boldsymbol{\Sigma}, n)$, $\boldsymbol{B}$ 是一个 $p \times q$ 矩阵, 那么 $\boldsymbol{B}^{\mathrm{T}} \boldsymbol{\mathcal{M}} \boldsymbol{B} \sim W_q(\boldsymbol{B}^{\mathrm{T}} \boldsymbol{\Sigma} \boldsymbol{B}, n)$.

定理 5.6 如果 $\boldsymbol{\mathcal{M}} \sim W_p(\boldsymbol{\Sigma}, n)$, $\boldsymbol{a} \in \mathbf{R}^p$ 且 $\boldsymbol{a}^{\mathrm{T}} \boldsymbol{\Sigma} \boldsymbol{a} \neq 0$, 那么 $\dfrac{\boldsymbol{a}^{\mathrm{T}} \boldsymbol{\mathcal{M}} \boldsymbol{a}}{\boldsymbol{a}^{\mathrm{T}} \boldsymbol{\Sigma} \boldsymbol{a}} \sim \chi_n^2$.

定理 5.7 (Cochran 定理) 设 $\boldsymbol{\mathcal{X}}(n \times p)$ 是来自 $N_p(\mathbf{0}, \boldsymbol{\Sigma})$ 分布的数据矩阵, $\boldsymbol{\mathcal{C}}(n \times n)$ 是一个对称矩阵, 则

(1) $\boldsymbol{\mathcal{X}}^{\mathrm{T}} \boldsymbol{\mathcal{C}} \boldsymbol{\mathcal{X}}$ 服从的是一组威沙特变量加权和的分布,

$$\boldsymbol{\mathcal{X}}^{\mathrm{T}} \boldsymbol{\mathcal{C}} \boldsymbol{\mathcal{X}} = \sum_{i=1}^{n} \lambda_i W_p(\boldsymbol{\Sigma}, 1),$$

其中 $\lambda_i, i = 1, 2, \cdots, n$ 是 $\boldsymbol{\mathcal{C}}$ 的特征值;

(2) $\boldsymbol{\mathcal{X}}^{\mathrm{T}} \boldsymbol{\mathcal{C}} \boldsymbol{\mathcal{X}}$ 服从威沙特分布当且仅当 $\boldsymbol{\mathcal{C}}^2 = \boldsymbol{\mathcal{C}}$. 若此条件成立,

$$\boldsymbol{\mathcal{X}}^{\mathrm{T}} \boldsymbol{\mathcal{C}} \boldsymbol{\mathcal{X}} \sim W_p(\boldsymbol{\Sigma}, r),$$

并且 $r = \mathrm{rank}(\boldsymbol{\mathcal{C}}) = \mathrm{tr}(\boldsymbol{\mathcal{C}})$;

(3) $n\boldsymbol{\mathcal{S}} = \boldsymbol{\mathcal{X}}^{\mathrm{T}} \boldsymbol{\mathcal{H}} \boldsymbol{\mathcal{X}} \sim W_p(\boldsymbol{\Sigma}, n-1)$, 其中 $\boldsymbol{\mathcal{H}} = \boldsymbol{I}_n - n^{-1} \mathbf{1}_n \mathbf{1}_n^{\mathrm{T}}$;

(4) $\bar{X}$ 和 $\boldsymbol{\mathcal{S}}$ 是独立的.

从威沙特分布的定义容易推得以下有用的性质:

1. 如果 $\boldsymbol{\mathcal{M}} \sim W_p(\boldsymbol{\Sigma}, n)$, 那么 $E(\boldsymbol{\mathcal{M}}) = n\boldsymbol{\Sigma}$;

2. 如果 $\boldsymbol{\mathcal{M}}_i$ 彼此独立, 且服从分布 $W_p(\boldsymbol{\Sigma}, n_i)$, $i = 1, 2, \cdots, k$, 那么 $\boldsymbol{\mathcal{M}} = \sum_{i=1}^{k} \boldsymbol{\mathcal{M}}_i \sim W_p(\boldsymbol{\Sigma}, n)$, 其中 $n = \sum_{i=1}^{k} n_i$.

3. 分布为 $W_p(\boldsymbol{\Sigma}, n-1)$ 的正定随机矩阵 $\boldsymbol{\mathcal{M}}$ 的概率密度函数是

$$f_{\boldsymbol{\Sigma},n-1}(\boldsymbol{\mathcal{M}})=\frac{|\boldsymbol{\mathcal{M}}|^{\frac{1}{2}(n-p-2)}\mathrm{e}^{-\frac{1}{2}\operatorname{tr}(\boldsymbol{\mathcal{M}}\boldsymbol{\Sigma}^{-1})}}{2^{\frac{1}{2}p(n-1)}\pi^{\frac{1}{4}p(p-1)}|\boldsymbol{\Sigma}|^{\frac{1}{2}(n-1)}\prod_{i=1}^{p}\Gamma\left(\frac{n-i}{2}\right)},\tag{5.14}$$

其中 Γ 是伽马函数.

例题 5.2 试证明威沙特分布具有如下性质: 设 $\boldsymbol{X}_j\sim N_p(\boldsymbol{0},\boldsymbol{\Sigma})$, $j=1,2,\cdots,n$ 相互独立, 其中

$$\boldsymbol{\Sigma}=\begin{pmatrix}\boldsymbol{\Sigma}_{11} & \boldsymbol{\Sigma}_{12}\\ \boldsymbol{\Sigma}_{21} & \boldsymbol{\Sigma}_{22}\end{pmatrix},$$

$\boldsymbol{\Sigma}_{11}$ 和 $\boldsymbol{\Sigma}_{22}$ 分别是 $r\times r$ 和 $(p-r)\times(p-r)$ 矩阵. 又已知随机矩阵 $\boldsymbol{W}=\sum_{j=1}^{n}\boldsymbol{X}_j\boldsymbol{X}_j^{\mathrm{T}}=\begin{pmatrix}\boldsymbol{W}_{11} & \boldsymbol{W}_{12}\\ \boldsymbol{W}_{21} & \boldsymbol{W}_{22}\end{pmatrix}\sim W_p(n,\boldsymbol{\Sigma})$, 其中 $\boldsymbol{W}_{11}$ 是 $r\times r$ 矩阵, 则

(1) $\boldsymbol{W}_{11}\sim W_r(\boldsymbol{\Sigma}_{11},n)$, $\boldsymbol{W}_{22}\sim W_{p-r}(\boldsymbol{\Sigma}_{22},n)$;

(2) 当 $\boldsymbol{\Sigma}_{12}=\boldsymbol{0}$ 时, $\boldsymbol{W}_{11}$ 和 $\boldsymbol{W}_{22}$ 相互独立.

证明 设 $\boldsymbol{X}_j=\begin{pmatrix}\boldsymbol{X}_j^{(1)}\\ \boldsymbol{X}_j^{(2)}\end{pmatrix}$, 其中 $\boldsymbol{X}_j^{(1)}$ 是 r 维随机向量, 则 $\boldsymbol{X}_j^{(1)}\sim N_r(\boldsymbol{0},\boldsymbol{\Sigma}_{11})$, $\boldsymbol{X}_j^{(2)}\sim N_{p-r}(\boldsymbol{0},\boldsymbol{\Sigma}_{22})$.

记 $\boldsymbol{X}_{n\times p}=(x_{ij})=\left(\boldsymbol{X}_{n\times r}^{(1)},\boldsymbol{X}_{n\times(p-r)}^{(2)}\right)$, 则

$$\boldsymbol{W}=\boldsymbol{X}^{\mathrm{T}}\boldsymbol{X}=\begin{pmatrix}\boldsymbol{X}^{(1)\mathrm{T}}\boldsymbol{X}^{(1)} & \boldsymbol{X}^{(1)\mathrm{T}}\boldsymbol{X}^{(2)}\\ \boldsymbol{X}^{(2)\mathrm{T}}\boldsymbol{X}^{(1)} & \boldsymbol{X}^{(2)\mathrm{T}}\boldsymbol{X}^{(2)}\end{pmatrix}=\begin{pmatrix}\boldsymbol{W}_{11} & \boldsymbol{W}_{12}\\ \boldsymbol{W}_{21} & \boldsymbol{W}_{22}\end{pmatrix}.$$

即 $\boldsymbol{W}_{11}=\boldsymbol{X}^{(1)\mathrm{T}}\boldsymbol{X}^{(1)},\quad \boldsymbol{W}_{22}=\boldsymbol{X}^{(2)\mathrm{T}}\boldsymbol{X}^{(2)}$.

由威沙特分布的定义可知,

$$\boldsymbol{W}_{11}=\boldsymbol{X}^{(1)\mathrm{T}}\boldsymbol{X}^{(1)}=\sum_{j=1}^{n}\boldsymbol{X}_j^{(1)}\boldsymbol{X}_j^{(1)\mathrm{T}}\sim W_r(\boldsymbol{\Sigma}_{11},n),$$

$$\boldsymbol{W}_{22}=\boldsymbol{X}^{(2)\mathrm{T}}\boldsymbol{X}^{(2)}=\sum_{j=1}^{n}\boldsymbol{X}_j^{(2)}\boldsymbol{X}_j^{(2)\mathrm{T}}\sim W_{p-r}(\boldsymbol{\Sigma}_{22},n).$$

当 $\boldsymbol{\Sigma}_{12}=\boldsymbol{0}$ 时, $\boldsymbol{X}_j^{(1)}$ 与 $\boldsymbol{X}_j^{(2)}$ 相互独立. 故有 $\boldsymbol{W}_{11}$ 与 $\boldsymbol{W}_{22}$ 相互独立.

5.3 霍特林 T^2 分布

假设 $\boldsymbol{Y}\in\mathbf{R}^p$ 是一个标准正态随机向量, 比如, $\boldsymbol{Y}\sim N_p(\boldsymbol{0},\boldsymbol{I}_p)$, 独立于随机矩阵 $\boldsymbol{\mathcal{M}}\sim W_p(\boldsymbol{I}_p,n)$. 那么, $\boldsymbol{Y}^{\mathrm{T}}\boldsymbol{\mathcal{M}}^{-1}\boldsymbol{Y}$ 是什么分布呢? 哈罗德 · 霍特林给出了答案: $n\boldsymbol{Y}^{\mathrm{T}}\boldsymbol{\mathcal{M}}^{-1}\boldsymbol{Y}$ 服从霍特林 T^2 分布 (Hotelling's T^2 Distribution), 记作 $T^2(p,n)$. 霍特林 T^2 分布是学生 t 分布多元

情况下的推广. 在多元统计中, 这个分布主要用来检验不同总体的均值, 如果是单变量问题则用 t 检验. 霍特林 T^2 分布在本书的假设检验中起到重要作用.

定理 5.8 如果 $\boldsymbol{X} \sim N_p(\boldsymbol{\mu}, \boldsymbol{\Sigma})$ 独立于 $\boldsymbol{\mathcal{M}} \sim W_p(\boldsymbol{\Sigma}, n)$, 那么

$$n(\boldsymbol{X}-\boldsymbol{\mu})^{\mathrm{T}}\boldsymbol{\mathcal{M}}^{-1}(\boldsymbol{X}-\boldsymbol{\mu}) \sim T^2(p, n).$$

推论 5.3 如果 $\bar{\boldsymbol{x}}$ 是从正态总体 $N_p(\boldsymbol{\mu}, \boldsymbol{\Sigma})$ 抽取的样本的均值, $\boldsymbol{\mathcal{S}}$ 是样本协方差矩阵, 那么

$$(n-1)(\bar{\boldsymbol{x}}-\boldsymbol{\mu})^{\mathrm{T}}\boldsymbol{\mathcal{S}}^{-1}(\bar{\boldsymbol{x}}-\boldsymbol{\mu}) = n(\bar{\boldsymbol{x}}-\boldsymbol{\mu})^{\mathrm{T}}\boldsymbol{\mathcal{S}}_u^{-1}(\bar{\boldsymbol{x}}-\boldsymbol{\mu}) \sim T^2(p, n-1), \tag{5.15}$$

其中 $\boldsymbol{\mathcal{S}}_u = \dfrac{n}{n-1}\boldsymbol{\mathcal{S}}$ 是协方差矩阵的无偏估计.

下一个定理给出霍特林 T^2 分布和 F 分布的联系.

定理 5.9

$$T^2(p, n) = \frac{np}{n-p+1}F_{p,n-p+1}.$$

例题 5.3 在单变量情形下 $(p=1)$, 上述定理产生的结果是

$$\left(\frac{\bar{x}-\mu}{\sqrt{\mathcal{S}_u/n}}\right)^2 \sim T^2(1, n-1) = F_{1,n-1} = t_{n-1}^2.$$

推论 5.4 考虑 $\boldsymbol{X} \sim N_p(\boldsymbol{\mu}, \boldsymbol{\Sigma})$ 的线性变换 $\boldsymbol{Y} = \boldsymbol{A}\boldsymbol{X}$, 其中 $\boldsymbol{A}(q \times p)$ 且 $q \leqslant p$. 如果 $\bar{\boldsymbol{x}}$ 和 $\boldsymbol{\mathcal{S}}_X$ 分别是样本均值和样本协方差矩阵, 那么

$$\bar{\boldsymbol{y}} = \boldsymbol{A}\bar{\boldsymbol{x}} \sim N_q(\boldsymbol{A}\boldsymbol{\mu}, n^{-1}\boldsymbol{A}\boldsymbol{\Sigma}\boldsymbol{A}^{\mathrm{T}}),$$

$$n\boldsymbol{\mathcal{S}}_Y = n\boldsymbol{A}\boldsymbol{\mathcal{S}}_X\boldsymbol{A}^{\mathrm{T}} \sim W_q(\boldsymbol{A}\boldsymbol{\Sigma}\boldsymbol{A}^{\mathrm{T}}, n-1),$$

$$(n-1)(\boldsymbol{A}\bar{\boldsymbol{x}}-\boldsymbol{A}\boldsymbol{\mu})^{\mathrm{T}}(\boldsymbol{A}\boldsymbol{\mathcal{S}}_X\boldsymbol{A}^{\mathrm{T}})^{-1}(\boldsymbol{A}\bar{\boldsymbol{x}}-\boldsymbol{A}\boldsymbol{\mu}) \sim T^2(q, n-1).$$

T^2 分布和单变量 t 统计量有紧密的联系. 可以将 (5.15) 写成

$$T^2 = \sqrt{n}(\bar{\boldsymbol{x}}-\boldsymbol{\mu})^{\mathrm{T}}\left(\frac{\sum_{j=1}^{n}(\boldsymbol{x}_j-\bar{\boldsymbol{x}})(\boldsymbol{x}_j-\bar{\boldsymbol{x}})^{\mathrm{T}}}{n-1}\right)^{-1}\sqrt{n}(\bar{\boldsymbol{x}}-\boldsymbol{\mu}).$$

上式右端形如

$$(\text{多元正态随机向量})^{\mathrm{T}}\left(\frac{\text{威沙特随机矩阵}}{\text{自由度}}\right)^{-1}(\text{多元正态随机向量}),$$

它类似于

$$t^2 = \sqrt{n}(\bar{x}-\mu)^{\mathrm{T}}(s^2)^{-1}\sqrt{n}(\bar{x}-\mu),$$

上式右端类似于

$$(\text{正态随机变量})^{\mathrm{T}}\left(\frac{\text{卡方随机变量}}{\text{自由度}}\right)^{-1}(\text{正态随机变量})$$

由于多元正态分布和威沙特分布是相互独立的, 因此联合分布是边际正态分布和威沙特分布的乘积. 运用微积分, 可以从联合分布得出上述 T^2 分布.

例题 5.4 证明在非退化的线性变换下, T^2 统计量保持不变.

证明 设 $\boldsymbol{X}_i, i=1,2,\cdots,n$ 是来自 p 元总体 $N_p(\boldsymbol{\mu},\boldsymbol{\Sigma})$ 的随机样本, $\bar{\boldsymbol{X}}$ 和 $\boldsymbol{A}_x$ 分别表示正态总体 $\boldsymbol{X}$ 的样本均值向量和协方差矩阵. 则由 T^2 分布的性质可知,

$$T_x^2 = n(n-1)(\bar{\boldsymbol{X}}-\boldsymbol{\mu})^{\mathrm{T}}\boldsymbol{A}_x^{-1}(\bar{\boldsymbol{X}}-\boldsymbol{\mu}) \sim T^2(p,n-1).$$

令 $\boldsymbol{Y}_i = \boldsymbol{C}\boldsymbol{X}_i + \boldsymbol{d}$, 其中 $\boldsymbol{C}$ 是 $p\times p$ 非退化常数矩阵, $\boldsymbol{d}$ 是 $p\times 1$ 常数向量. $\boldsymbol{Y}_i \sim N_p(\boldsymbol{C}\boldsymbol{\mu}+\boldsymbol{d}, \boldsymbol{C}\boldsymbol{\Sigma}\boldsymbol{C}^{\mathrm{T}})$. 那么 $\overline{\boldsymbol{Y}} = \boldsymbol{C}\bar{\boldsymbol{X}}+\boldsymbol{d}$. 记 $\boldsymbol{\mu}_y = \boldsymbol{C}\boldsymbol{\mu}+\boldsymbol{d}$, 则

$$\begin{aligned}
\boldsymbol{A}_y &= \sum_{i=1}^{n}\left(\boldsymbol{Y}_i-\overline{\boldsymbol{Y}}\right)\left(\boldsymbol{Y}_i-\overline{\boldsymbol{Y}}\right)^{\mathrm{T}} \\
&= \boldsymbol{C}\left[\sum_{i=1}^{n}\left(\boldsymbol{X}_i-\bar{\boldsymbol{X}}\right)\left(\boldsymbol{X}_i-\bar{\boldsymbol{X}}\right)^{\mathrm{T}}\right]\boldsymbol{C}^{\mathrm{T}} = \boldsymbol{C}\boldsymbol{A}_x\boldsymbol{C}^{\mathrm{T}}, \\
T_y^2 &= n(n-1)\left(\overline{\boldsymbol{Y}}-\boldsymbol{\mu}_y\right)^{\mathrm{T}}\boldsymbol{A}_y^{-1}\left(\overline{\boldsymbol{Y}}-\boldsymbol{\mu}_y\right) \\
&= n(n-1)(\bar{\boldsymbol{X}}-\boldsymbol{\mu})^{\mathrm{T}}\boldsymbol{C}^{\mathrm{T}}\left[\boldsymbol{C}\boldsymbol{A}_x\boldsymbol{C}^{\mathrm{T}}\right]^{-1}\boldsymbol{C}(\bar{\boldsymbol{X}}-\boldsymbol{\mu}) \\
&= n(n-1)(\bar{\boldsymbol{X}}-\boldsymbol{\mu})^{\mathrm{T}}\boldsymbol{A}_x^{-1}(\bar{\boldsymbol{X}}-\boldsymbol{\mu}) = T_x^2,
\end{aligned}$$

所以, $T_x^2 = T_y^2$.

5.4 球形分布与椭球形分布

在金融数学中, 近来人们很关注椭球形分布, 多元正态分布就是椭球形分布族中的一员. 椭球形分布被广泛应用, 尤其是应用在风险管理中.

定义 5.1 一个 p 维的随机向量 $\boldsymbol{Y}$, 如果它的特征函数 $\psi_{\boldsymbol{Y}}(\boldsymbol{t})$ 对某个标量函数 $\phi(\cdot)$ 满足 $\psi_{\boldsymbol{Y}}(\boldsymbol{t}) = \phi(\boldsymbol{t}^{\mathrm{T}}\boldsymbol{t})$. 那么我们说 $\boldsymbol{Y}$ 有一个球形分布, 记作 $\boldsymbol{Y}\sim S_p(\phi)$. 标量函数 $\phi(\cdot)$ 是球形分布 $S_p(\phi)$ 的特征生成元.

这仅仅是一种定义球形分布的方式. 除此之外, 还可以把球形分布看做标准正态分布 $N_p(0, \boldsymbol{I}_p)$ 的推广. 下面给出另一种定义.

定义 5.2 如果一随机向量 $\boldsymbol{X}=(X_1,X_2,\cdots,X_d)^{\mathrm{T}}$ 做正交旋转变换后仍同原向量有相同的分布, 那么称 $\boldsymbol{X}$ 有一个球形分布. 即

$$\boldsymbol{U}\boldsymbol{X}\overset{\mathrm{def}}{=\!=}\boldsymbol{X},$$

其中 $\boldsymbol{U}$ 是正交矩阵.

定理 5.10 球形随机向量有以下三条性质:

(1) 一个随机向量服从球形分布, 那么它的所有边际分布是球形分布;

(2) 所有边际特征函数有相同的生成元;

(3) 令 $\boldsymbol{X}\sim S_p(\phi)$, 那么 $\boldsymbol{X}$ 和 $r\boldsymbol{u}^{(p)}$ 有相同的分布, 其中 $\boldsymbol{u}^{(p)}$ 是在 p 维空间的单位球面上均匀分布的随机向量, $r\geqslant 0$ 是独立于 $\boldsymbol{u}^{(p)}$ 的随机变量. 如果 $E(r^2)<\infty$, 那么

$$E(\boldsymbol{X})=\boldsymbol{0},\quad \mathrm{Cov}(\boldsymbol{X})=\frac{E(r^2)}{p}\boldsymbol{I}_p.$$

随机半径 r 和生成元 ϕ 有关. 对于 $\boldsymbol{X}\sim S_p(\phi)$, 若 $\boldsymbol{X}$ 的各阶矩存在, 则其可以用一维积分来表示. 一般来说, 球形分布未必有密度函数. 然而, 如果它有密度函数, 那么小于 $p-1$ 维的边际密度函数是连续的, 小于 $p-2$ 维的边际密度函数是可微的 (两种情形下都不包括原点). 对于 $p>2$, 单变量边际密度函数在 $(-\infty,0)$ 上非减, 在 $(0,\infty)$ 上非增.

定义 5.3 如果一个 p 维的随机向量 $\boldsymbol{X}$ 与 $\boldsymbol{\mu}+\boldsymbol{A}^{\mathrm{T}}\boldsymbol{Y}$ 有相同的分布, 其中 $\boldsymbol{Y}\sim S_p(\phi)$, $\boldsymbol{A}$ 是 $k\times p$ 矩阵使得 $\boldsymbol{A}^{\mathrm{T}}\boldsymbol{A}=\boldsymbol{\Sigma}$, 其中 $\boldsymbol{\Sigma}$ 的秩为 k, 那么我们称 $\boldsymbol{X}$ 有一个椭球形分布, 记作 $\boldsymbol{X}\sim EC_p(\boldsymbol{\mu},\boldsymbol{\Sigma},\phi)$.

注 椭球形分布可以看做 $N_p(\boldsymbol{\mu},\boldsymbol{\Sigma})$ 推广.

例题 5.5 (多元 t 分布) 令 $\boldsymbol{Z}\sim N_p(\boldsymbol{0},\boldsymbol{I}_p)$ 和 $s\sim\chi^2_m$ 是独立的, 随机向量

$$\boldsymbol{Y}=\sqrt{m}\frac{\boldsymbol{Z}}{\sqrt{s}},$$

那么 $\boldsymbol{Y}$ 服从自由度为 m 的多元 t 分布, 而且此多元 t 分布属于 p 维球形分布族.

例题 5.6 (多元正态分布) 令 $\boldsymbol{X}\sim N_p(\boldsymbol{\mu},\boldsymbol{\Sigma})$, 那么 $\boldsymbol{X}\sim EC_p(\boldsymbol{\mu},\boldsymbol{\Sigma},\phi)$, $\phi(u)=\exp\{-u/2\}$. 考虑多元正态分布, 其密度函数为

$$f(\boldsymbol{x})=|2\pi\boldsymbol{\Sigma}|^{-\frac{1}{2}}\exp\left\{-\frac{1}{2}(\boldsymbol{x}-\boldsymbol{\mu})^{\mathrm{T}}\boldsymbol{\Sigma}^{-1}(\boldsymbol{x}-\boldsymbol{\mu})\right\},$$

$\boldsymbol{\Sigma}=\begin{pmatrix}1 & -0.6\\ -0.6 & 1\end{pmatrix}$, $\boldsymbol{\mu}=\begin{pmatrix}0\\0\end{pmatrix}$. 以上二元正态样本散点图如图 5.1 所示, 由散点图可以观察到样本点的大致轮廓为椭圆, 这就是称这族分布是椭圆分布的原因.

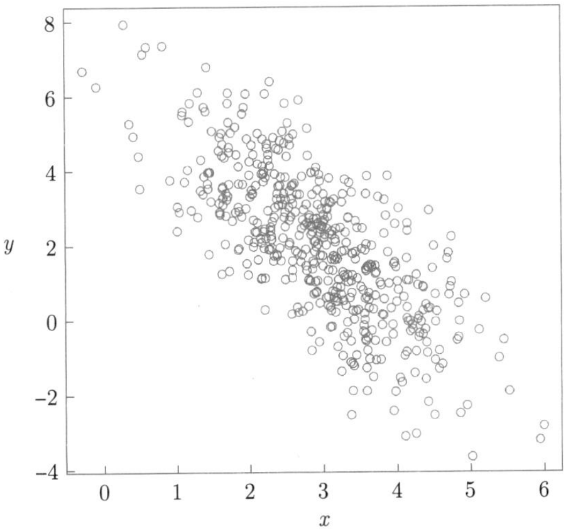

图 5.1 二元正态样本散点图 ($\rho = -0.6$)

定理 5.11 椭球形随机向量 $\boldsymbol{X}$ 有以下性质:

(1) 任意椭球形分布向量的线性组合是椭球形的;

(2) 椭球形分布变量的边际分布是椭球形分布;

(3) 对每一个 $\boldsymbol{\mu} \in \mathbf{R}^p$ 和正定矩阵 $\boldsymbol{\Sigma}$ 且 $\boldsymbol{\Sigma}$ 的秩为 k, 一个标量函数 $\phi(\cdot)$ 可以决定一个椭球形分布 $EC_p(\boldsymbol{\mu}, \boldsymbol{\Sigma}, \phi)$ 当且仅当 $\phi(\boldsymbol{t}^{\mathrm{T}}\boldsymbol{t})$ 是一个 p 维特征函数;

(4) 假设 $\boldsymbol{X}$ 是非退化的, 如果 $\boldsymbol{X} \sim EC_p(\boldsymbol{\mu}, \boldsymbol{\Sigma}, \phi)$ 且 $\boldsymbol{X} \sim EC_p(\boldsymbol{\mu}^*, \boldsymbol{\Sigma}^*, \phi^*)$, 那么存在一个常数 $c > 0$, 使得

$$\boldsymbol{\mu} = \boldsymbol{\mu}^*, \quad \boldsymbol{\Sigma} = c\boldsymbol{\Sigma}^*, \quad \phi^*(\cdot) = \phi(c^{-1}).$$

换言之, $\boldsymbol{\Sigma}, \phi, \boldsymbol{A}$ 不是唯一的, 除非我们强加条件 $\det(\boldsymbol{\Sigma}) = 1$;

(5) $\boldsymbol{X}$ 的特征函数 $\psi(\boldsymbol{t}) = E(\mathrm{e}^{\mathrm{i}\boldsymbol{t}^{\mathrm{T}}\boldsymbol{X}})$, 用标量函数 $\phi(\cdot)$ 可以表示成

$$\psi(\boldsymbol{t}) = \mathrm{e}^{\mathrm{i}\boldsymbol{t}^{\mathrm{T}}\boldsymbol{\mu}}\phi(\boldsymbol{t}^{\mathrm{T}}\boldsymbol{\Sigma}\boldsymbol{t});$$

(6) $\boldsymbol{X} \sim EC_p(\boldsymbol{\mu}, \boldsymbol{\Sigma}, \phi)$ 且 $\boldsymbol{\Sigma}$ 的秩为 k, 当且仅当 $\boldsymbol{X}$ 与 $\boldsymbol{\mu} + r\boldsymbol{A}^{\mathrm{T}}\boldsymbol{u}^{(k)}$ 有相同的分布, 其中 r 是与 $\boldsymbol{u}^{(k)}$ 独立的非负随机变量, 且独立于 $\boldsymbol{u}^{(k)}$. $\boldsymbol{u}^{(k)}$ 是在 k 维空间的单位球面上均匀分布的随机向量, $\boldsymbol{A}$ 是一个 $k \times p$ 矩阵满足 $\boldsymbol{A}^{\mathrm{T}}\boldsymbol{A} = \boldsymbol{\Sigma}$;

(7) 假设 $\boldsymbol{X} \sim EC_p(\boldsymbol{\mu}, \boldsymbol{\Sigma}, \phi)$ 且 $E(r^2) < \infty$, 那么

$$E(\boldsymbol{X}) = \boldsymbol{\mu}, \quad \mathrm{Cov}(\boldsymbol{X}) = \frac{E(r^2)}{\mathrm{rank}(\boldsymbol{\Sigma})}\boldsymbol{\Sigma} = -2\phi^{\mathrm{T}}(0)\boldsymbol{\Sigma};$$

(8) 假设 $\boldsymbol{X} \sim EC_p(\boldsymbol{\mu}, \boldsymbol{\Sigma}, \phi)$ 且 $\boldsymbol{\Sigma}$ 的秩为 k, 那么

$$Q(\boldsymbol{X}) = (\boldsymbol{X} - \boldsymbol{\mu})^{\mathrm{T}}\boldsymbol{\Sigma}^{-1}(\boldsymbol{X} - \boldsymbol{\mu})$$

和性质 (7) 中的 r^2 有相同的分布.

习 题 5

习题 5.1 证明定理 5.4.

习题 5.2 $\begin{pmatrix} X \\ Y \\ Z \end{pmatrix} \sim N_3(\boldsymbol{\mu}, \boldsymbol{\Sigma})$, 已知

$$Y|Z \sim N_1(-Z, 1),$$

$$\mu_{Z|Y} = -\frac{1}{3} - \frac{1}{3}Y,$$

$$(X|Y, Z) \sim N_1(2 + 2Y + 3Z, 1),$$

计算 $\boldsymbol{\mu}$ 和 $\boldsymbol{\Sigma}$, 并确定 $X|Y$ 和 $X|Y+Z$ 的分布.

习题 5.3 设 $\boldsymbol{\mathcal{M}} \sim W_p(\boldsymbol{\Sigma}, n)$, 则对 $\boldsymbol{\mathcal{M}}$ 做怎样的变换可以得到分布为 $W_p(\boldsymbol{I}_p, n)$ 的新随机矩阵?

习题 5.4 设随机矩阵 $\boldsymbol{W} \sim W_p(\boldsymbol{\Sigma}, n)$, 证明: $\boldsymbol{W}$ 的均值是 $n\boldsymbol{\Sigma}$.

习题 5.5 证明以下三个命题是等价的:

(1) $\boldsymbol{X}$ 是一个随机向量, 服从球形分布;

(2) 存在一个标量函数 $\phi(\cdot)$ 使得, 对 $\boldsymbol{t} \in \mathbf{R}^d$,

$$\phi_X(\boldsymbol{t}) = E(\mathrm{e}^{\mathrm{i}\boldsymbol{t}^{\mathrm{T}}\boldsymbol{X}}) = \psi(\boldsymbol{t}^{\mathrm{T}}\boldsymbol{t}) = \psi(t_1^2 + t_2^2 + \cdots + t_d^2);$$

(3) 对每个 $\boldsymbol{a} \in \mathbf{R}^d$,

$$\boldsymbol{a}^{\mathrm{T}}\boldsymbol{X} \stackrel{\text{def}}{=\!=} \| \boldsymbol{a} \| X_1,$$

其中 $\| \boldsymbol{a} \|^2 = \boldsymbol{a}^{\mathrm{T}}\boldsymbol{a} = a_1^2 + a_2^2 + \cdots + a_d^2$.

习题 5.6 运用上题结论说明标准多元正态分布是球形分布.

习题 5.7 考虑 $\boldsymbol{X} \sim N_2(\boldsymbol{\mu}, \boldsymbol{\Sigma})$, 其中 $\boldsymbol{\mu} = (2, 2)^{\mathrm{T}}$ 且 $\boldsymbol{\Sigma} = \begin{pmatrix} 1 & 0 \\ 0 & 1 \end{pmatrix}$, 矩阵 $\boldsymbol{A} = \begin{pmatrix} 1 \\ 1 \end{pmatrix}^{\mathrm{T}}$, 矩阵 $\boldsymbol{B} = \begin{pmatrix} 1 \\ -1 \end{pmatrix}^{\mathrm{T}}$. 证明 $\boldsymbol{AX}$ 和 $\boldsymbol{BX}$ 是独立的.

习题 5.8 令

$$\boldsymbol{X} \sim N\left(\begin{pmatrix} 1 \\ 2 \end{pmatrix}, \begin{pmatrix} 2 & 1 \\ 1 & 2 \end{pmatrix}\right),$$

$$\boldsymbol{Y}|\boldsymbol{X} \sim N\left(\begin{pmatrix} X_1 \\ X_1 + X_2 \end{pmatrix}, \begin{pmatrix} 1 & 0 \\ 0 & 1 \end{pmatrix}\right).$$

(1) 写出 $Y_2|Y_1$ 的分布;

(2) 写出 $\boldsymbol{W}=\boldsymbol{X}-\boldsymbol{Y}$ 的分布.

习题 5.9　已知

$$Z\sim N(0,1),$$

$$Y|Z\sim N(1+Z,1),$$

$$(X|Y,Z)\sim N(1-Y,1).$$

(1) 写出 $\begin{pmatrix}X\\Y\\Z\end{pmatrix}$, $(Y|X,Z)$ 的分布;

(2) 写出如下表达式的分布:

$$\begin{pmatrix}U\\V\end{pmatrix}=\begin{pmatrix}1+Z\\1-Y\end{pmatrix};$$

(3) 计算 $E(Y|U=2)$.

习题 5.10　假定 $\begin{pmatrix}X\\Y\end{pmatrix}\sim N(\boldsymbol{\mu},\boldsymbol{\Sigma})$, 其中 $\boldsymbol{\Sigma}$ 是正定的. 以下命题是否成立:

(1) $\mu_{X|Y}=3Y^2$;　　(2) $\Sigma_{XX|Y}=2+Y^2$;

(3) $\mu_{X|Y}=3-Y$;　　(4) $\Sigma_{XX|Y}=5$.

习题 5.11　令

$$\boldsymbol{X}\sim N\left(\begin{pmatrix}1\\2\\3\end{pmatrix},\begin{pmatrix}11&-6&2\\-6&10&-4\\2&-4&6\end{pmatrix}\right),$$

(1) 找出 X_3 作为 X_1 的线性函数的最优线性近似, 计算出 X_3 和 (X_1,X_2) 之间的多重相关系数;

(2) 令 $Z_1=X_2-X_3$,$Z_2=X_2+X_3$ 且 $(Z_3|Z_1,Z_2)\sim N(Z_1+Z_2,10)$. 计算 $\begin{pmatrix}Z_1\\Z_2\\Z_3\end{pmatrix}$ 的分布.

习题 5.12　令 $(X,Y,Z)^{\mathrm{T}}$ 为三变量正态分布随机向量, 其中 $Y|Z\sim N(2Z,24)$, $Z|X\sim N(2X+3,14)$, $X\sim N(1,4)$, $\rho_{XY}=0.5$, 找出 $(X,Y,Z)^{\mathrm{T}}$ 的分布, 并计算固定 Z 时, X 与 Y 之间的偏相关系数. 你认为用 Y 和 Z 的线性函数来作 X 的近似合理吗?

习题 5.13　令 $\boldsymbol{X}\sim N\left(\begin{pmatrix}1\\2\\3\\4\end{pmatrix},\begin{pmatrix}4&1&2&4\\1&4&2&1\\2&2&16&1\\4&1&1&9\end{pmatrix}\right)$,

(1) 写出 X_2 作为 (X_1, X_4) 的函数的最优线性近似并评估该近似的效果;

(2) 写出 X_2 作为 (X_1, X_3, X_4) 的函数的最优线性近似, 把结果同 (1) 进行比较.

习题 5.14 证明定理 5.2. (提示: 进行线性变换 $\boldsymbol{Z} = \begin{pmatrix} \boldsymbol{A} \\ \boldsymbol{I}_{p-q} \end{pmatrix} \boldsymbol{X} + \begin{pmatrix} \boldsymbol{c} \\ \boldsymbol{0}_{p-q} \end{pmatrix}$, 然后可以得到 $\boldsymbol{Z}$ 的前 q 个分量的边际分布.)

习题 5.15 证明定理 5.7 的结论 (3).

习题 5.16 证明推论 5.1 和推论 5.2.

第 6 章

多元似然方法

由统计的基础知识知道, 统计分析的目标就是更好地理解和模拟数据生成的潜在过程. 至于统计推断, 指的是依据样本所包含的信息来推断总体的统计性质. 在多元统计推断中实质上也是这么做的. 其基本思想已作过阐释, 我们观察一个多元随机变量 $\boldsymbol{X}$ 的值并获得一个样本 $\boldsymbol{\mathcal{X}} = \{\boldsymbol{x}_i\}_{i=1}^n$. 在随机抽样的情况下, 这些观察值可以被看做一列独立同分布的随机变量 $\boldsymbol{X}_1, \boldsymbol{X}_2, \cdots, \boldsymbol{X}_n$ 的一组实现, 其中 $\boldsymbol{X}_i$ 是来自总体随机变量 $\boldsymbol{X}$ 的 p 维随机向量.

统计推断从独立同分布的随机样本 $\boldsymbol{\mathcal{X}}$ 中推断总体特征, 即能够代表分布特征的一些未知参数 $\boldsymbol{\theta}$. 通常 $\boldsymbol{\theta}$ 是一个 p 维随机向量, $\boldsymbol{\theta} \in \mathbf{R}^p$ 表明了总体概率分布函数 $f(\boldsymbol{x};\boldsymbol{\theta})$ 的一些未知特征: 均值、协方差矩阵、峰度等. 本章的目标就是通过 $\hat{\boldsymbol{\theta}}$ 从样本 $\boldsymbol{\mathcal{X}}$ 中估计出 $\boldsymbol{\theta}$, 其中 $\hat{\boldsymbol{\theta}}$ 是样本的函数: $\hat{\boldsymbol{\theta}} = \hat{\boldsymbol{\theta}}(\boldsymbol{\mathcal{X}})$. 当使用估计量 $\hat{\boldsymbol{\theta}}$ 时, 就必须得到抽样分布来分析它的性质.

本章中将介绍多种似然的构造方法, 针对数据类型, 包括连续或离散数据的似然、混合数据的似然、删失数据的似然等. 同时也介绍了针对似然方法的估计方法, 以及与统计推断密切相关的信息矩阵 $\boldsymbol{\mathcal{I}}(\boldsymbol{\theta})$ 的相关内容.

6.1 似然的原理

建立了统计模型之后, 很多统计推断问题都可以自然地从观测数据的似然开始. 基于似然函数的统计推断方法包括点和区间估计、假设检验. 事实上, 只要假定的统计模型是正确的, 似然方法总是渐近最优的. 从这一点也可看出似然是基于模型的统计推断的基础. 本章描述了基本的似然方法与参数估计, 从一些构造似然的例子出发, 然后转向各种推断技术. 尽管本章主要讲述经典频率学派的推断方法, 但是贝叶斯学派的推断方法同样依赖似然, 因此本章的内容也是贝叶斯推断的重要基础.

如果 $\boldsymbol{Y} = (Y_1, Y_2, \cdots, Y_n)^{\mathrm{T}}$ 的联合密度函数或概率质量函数是 $f(\boldsymbol{y};\boldsymbol{\theta})$, 其中 $\boldsymbol{\theta} = (\theta_1, \theta_2, \cdots, \theta_b)^{\mathrm{T}}$, 那么似然函数恰好是联合密度函数或概率质量函数在观测数据点处的值, $L(\boldsymbol{\theta}|\boldsymbol{Y}) = f(\boldsymbol{Y};\boldsymbol{\theta})$, 其中大写字母如 $\boldsymbol{Y}$, 表示随机变量, 小写字母如 y, 表示函数自变量. 参数向量 $\boldsymbol{\theta}$ 在 L 中列在前面是因为 L 主要看做是给定数据向量 $\boldsymbol{Y} = (Y_1, Y_2, \cdots, Y_n)^{\mathrm{T}}$ 条件下 $\boldsymbol{\theta}$ 的函数. 本章中不论是离散随机变量的概率质量函数还是连续随机变量的概率密度函数, 这里统称为概率密度函数.

对独立的 Y_i 的似然函数 $L(\boldsymbol{\theta}|\boldsymbol{Y}) = \prod_{i=1}^n f_i(Y_i;\boldsymbol{\theta})$, 其中 f_i 表示 Y_i 的密度函数, 这表示每一个 Y_i 可以有不同的密度函数, 适用于回归模型. 对一个独立同分布的样本 $Y_1, Y_2, \cdots, Y_n$, 上述

似然函数可以简化为 $L(\boldsymbol{\theta}|\boldsymbol{Y})=\prod_{i=1}^{n}f(Y_i;\boldsymbol{\theta})$.

本章将讨论多种似然, 比独立同分布数据的简单乘积似然要复杂得多. 在这些模型中需要重点记住, 似然是按照待分析的观测数据的密度函数定义的. 为了强调这一点这里做出如下表述: **任何情况下, 似然都是待分析的观测数据的联合密度函数.**

举例来说, 在删失或缺失数据模型中, 似然是包括删失或缺失值的“不完全”数据的密度函数, 这将导致缺失数据的似然会与全数据的似然有着本质的区别. 注意, 通常也把依赖数据 $\boldsymbol{Y}$ 的随机函数写作 $L(\boldsymbol{\theta}|\boldsymbol{Y})$ 而不是 $L(\boldsymbol{\theta}|\boldsymbol{y})$, 尽管后者在仅描述 $L(\boldsymbol{\theta}|\boldsymbol{y})$ 的数学性质时更合适.

显然, 由似然的定义可知, 构造似然就是计算随机变量分布的乘积, 本质问题取决于待分析数据的联合密度函数. 这种问题构成了数理统计入门课程和教材的核心内容, 在这些课程相关技巧中, 本章更倾向于使用随机变量和向量密度函数的*分布函数方法*, 这个方法比数理统计课程中通常强调的雅可比方法更一般, 也更有用. 例如, 假定随机变量 Y 有分布函数 $F_Y(y;\boldsymbol{\theta})=P(Y\leqslant y)$, 要计算随机变量 $X=g(Y)$ 的密度函数. 容易写出 X 的分布函数

$$F_X(x;\boldsymbol{\theta})=P\{X\leqslant x\}=P\{g(Y)\leqslant x\},$$

后端是一个由 Y 的分布计算的概率, g 通常是一个严格增函数, 此时 g^{-1} 存在, 并且

$$F_X(x;\boldsymbol{\theta})=P\{g(Y)\leqslant x\}=P\{Y\leqslant g^{-1}(x)\}=F_Y(g^{-1}(x);\boldsymbol{\theta}). \tag{6.1}$$

最后, 在 Y 的分布函数和 g^{-1} 都可微的情况下, Y 的密度函数 $f_Y(y;\boldsymbol{\theta})=(\mathrm{d}/\mathrm{d}y)F_Y(y;\boldsymbol{\theta})$, (6.1) 两端对 x 求导得到 X 的密度函数

$$f_X(x;\boldsymbol{\theta})=f_Y(g^{-1}(x);\boldsymbol{\theta})\frac{\mathrm{d}g^{-1}(x)}{\mathrm{d}x}.$$

上式和用雅可比方法得到的结果相同. 需要注意的是, 由于假定了 g 是递增的, 我们式子中的 $g^{-1}(x)$ 的导数不需要像雅可比方法一样加绝对值符号.

下面再用一个变换模型的似然说明这个方法的用途. 考虑一个独立同分布样本 $Y_1,Y_2,\cdots,Y_n$, 对每一个 α, 参数变换 $h(y,\alpha)$ 关于 y 递增. 假定变换后的数据 $h(Y_1,\alpha),h(Y_2,\alpha),\cdots,h(Y_n,\alpha)$ 独立同分布于共同的密度函数 $f(y;\boldsymbol{\theta})$ 和分布函数 $F(y;\boldsymbol{\theta})$, α 和 $\boldsymbol{\theta}$ 是模型中的参数, 目的是要找到观测数据 $Y_1,Y_2,\cdots,Y_n$ 的似然. 根据上面的“重点概念”, 需要 Y_i 的密度函数来构造似然. 在 h 单调增加的假定下, $\{t\leqslant y\}$ 等价于 $\{h(t,\alpha)\leqslant h(y,\alpha)\}$. 因而 Y_i 的分布函数为

$$P\{Y_i\leqslant y\}=P\{h(Y_i,\alpha)\leqslant h(y,\alpha)\}=F\{h(y,\alpha);\boldsymbol{\theta}\}.$$

对 y 求导, 得到 Y_i 的密度函数

$$f_Y(y;\boldsymbol{\theta},\alpha)=f\{h(y,\alpha);\boldsymbol{\theta}\}\frac{\partial h(y,\alpha)}{\partial y},$$

最后得到似然

$$L(\boldsymbol{\theta},\alpha;\boldsymbol{Y})=\prod_{i=1}^{n}f\{h(Y_i,\alpha);\boldsymbol{\theta}\}\left\{\left.\frac{\partial h(y,\alpha)}{\partial y}\right|_{y=Y_i}\right\}.$$

注 一般认为费希尔最先使用似然方法获得估计量, 他的方法是寻找使 $L(\boldsymbol{\theta}|\boldsymbol{Y})$ 最大的 $\boldsymbol{\theta}$ 值. 在 1920 年代的一系列的论文中, 费希尔证明了, 最大似然估计 (MLE, 这里用 $\widehat{\boldsymbol{\theta}}_{\text{MLE}}$ 表示) 通常是最优的或者至少在大样本时是最优的. 这里不详述最优性的问题, 而在接下来的章节中重点讨论多种情形的似然构造.

实际中, 参数向量 $\boldsymbol{\theta}_{p\times 1}$ 的 MLE($\widehat{\boldsymbol{\theta}}_{\text{MLE}}$) 通常是最优化对数似然函数 $\ell(\boldsymbol{\theta}) = \ln(L(\boldsymbol{\theta}|\boldsymbol{Y}))$ 得到的. 对可微的似然, 通常把 $\ell(\boldsymbol{\theta})$ 关于 $\boldsymbol{\theta}$ 求导, 得到似然得分函数 $\boldsymbol{S}(\boldsymbol{\theta}) = \ell'(\boldsymbol{\theta})$, 其中 $\ell'(\boldsymbol{\theta}) = \partial\ell(\boldsymbol{\theta})/\partial\boldsymbol{\theta}$, 然后求解似然方程组 $\boldsymbol{S}(\boldsymbol{\theta}) = \boldsymbol{0}_{p\times 1}$.

6.1.1 似然的构造

1. 离散独立同分布随机变量

用在离散随机变量的参数估计时, 似然函数是最容易理解的. 假设样本 $Y_1, Y_2, \cdots, Y_n$ 是 n 个独立同分布随机变量, 每一个的概率质量函数都是

$$f(y;\boldsymbol{\theta}) = P_{\boldsymbol{\theta}}(Y_1 = y), \quad y = y_1, y_2, \cdots.$$

例如, $f(y;\boldsymbol{\theta})$ 可能是 $\theta = \lambda$ 的泊松概率质量函数,

$$f(y;\lambda) = \frac{\lambda^y \mathrm{e}^{-\lambda}}{y!}, \quad y = 0, 1, 2, \cdots.$$

因为概率质量函数在 y 处的值正好是事件 $\{Y = y\}$ 发生的概率, 似然可以写成

$$L(\boldsymbol{\theta}|\boldsymbol{Y}) = \prod_{i=1}^{n} f(Y_i;\boldsymbol{\theta}) = \prod_{i=1}^{n} P_{\boldsymbol{\theta}}(Y_i^* = Y_i|Y_i),$$

这里, $Y_1^*, Y_2^*, \cdots, Y_n^*$ 是独立同分布随机变量, 并且和 $Y_1, Y_2, \cdots, Y_n$ 同分布且相互独立. 换句话说, 似然是实际获得 (或将要获得) 的样本的概率. 这里使用 $Y_1^*, Y_2^*, \cdots, Y_n^*$ 是为了能够用概率的语言而不使用概率质量函数的符号.

为什么要选择 $\widehat{\boldsymbol{\theta}}$ 来最大化 $L(\boldsymbol{\theta}|\boldsymbol{Y})$? 实质上, $\widehat{\boldsymbol{\theta}}_{\text{MLE}}$ 是在假定的概率质量函数族下使得观测数据出现的可能性最大的参数值, 因而, $f(y;\widehat{\boldsymbol{\theta}}_{\text{MLE}})$ 就是观测数据的概率质量函数.

2. 连续独立同分布随机变量

现在考虑密度函数为 $f(y;\boldsymbol{\theta})$ 的连续随机变量的独立同分布样本数据 $Y_1, Y_2, \cdots, Y_n$. 连续数据似然 $L(\boldsymbol{\theta}|\boldsymbol{Y}) = \prod_{i=1}^{n} f(Y_i;\boldsymbol{\theta})$ 看起来和离散数据似然相似, 但是它不像离散数据一样表示一个概率. 连续分布在任意单点处概率为零, 因而, 对连续分布数据来讲, 任意特定的独立同分布样本的概率是零, 极大似然的概率直觉对离散数据是非常直观的, 对连续数据就不那么直观, 但是可以通过某种规范似然表达.

首先回顾函数 $g(x)$ 的导数 $g'(x)$ 的定义,

$$g'(x) = \lim_{h\to 0} \frac{g(x+h) - g(x)}{h},$$

如果极限存在, 意味着 $h \to 0^+$ 和 $h \to 0^-$ 时的极限都存在并且相等. 与之等价的一个定义是

$$g'(x) = \lim_{h \to 0^+} \frac{g(x+h) - g(x-h)}{2h}.$$

$g'(x)$ 的双侧定义在应用中有时候比单侧定义更有用, 比如在导数的数值计算中. 之所以这样做是为了说明, 离散数据具有的最大似然的表达对连续数据同样适用.

对一个可微的分布函数考虑导数的双侧定义, 如果 F 是一个连续随机变量 Y 的分布函数, 密度函数为 $f(y)$, 无论 f 在哪里连续,

$$f(y) = \lim_{h \to 0^+} \frac{F(y+h) - F(y-h)}{2h} = \lim_{h \to 0^+} \frac{P(Y \in (y-h, y+h])}{2h}. \tag{6.2}$$

事实上, 有时候使用上式右端的极限作为密度函数的定义是合适的, 这是因为密度函数不唯一, 并且某些密度函数不能得到合乎情理的似然, 但是 (6.2) 导出的密度函数通常却能得到合理的似然. 例如, 考虑逻辑斯谛分布 $F(y) = (1 + \exp\{-y\})^{-1}$, 与 F 对应的一般形式的密度函数是 $f(y) = \exp\{-y\}(1 + \exp\{-y\})^{-2}$. 然而, $f_*(y) = f(y)I(y \neq 2) + 0.3I(y = 2)$ 非负, 且对任意 y 有 $\int_{-\infty}^{y} f_*(t)\mathrm{d}t = F(y)$, 因此 $f_*(y)$ 也是一个与 F 对应的有效的密度函数, 如图 6.1 所示. 在一个来自位置模型 $f(y;\mu) = f_*(y - \mu)$ 的容量为 $n = 1$ 的样本中, f_* 的似然在 $Y_1 - \mu = 2$ 处最大, 因而, $\widehat{\mu}_{*\mathrm{MLE}} = Y_1 - 2$, 而普通的 $\widehat{\mu}_{\mathrm{MLE}} = 2$. 这个简单的例子说明, 对最大似然估计来讲, 不同密度函数的适用性是不一样的, 这里的关键是累积分布函数是唯一的, 由它通过 (6.2) 定义的密度函数通常能产生 “自然的” 或 “规则的” 密度函数, 这对逻辑斯谛分布成立, 对其他任何导数连续的分布也都成立, 当连续分布函数的导数不连续时, 由 (6.2) 定义的密度函数并不那么简单.

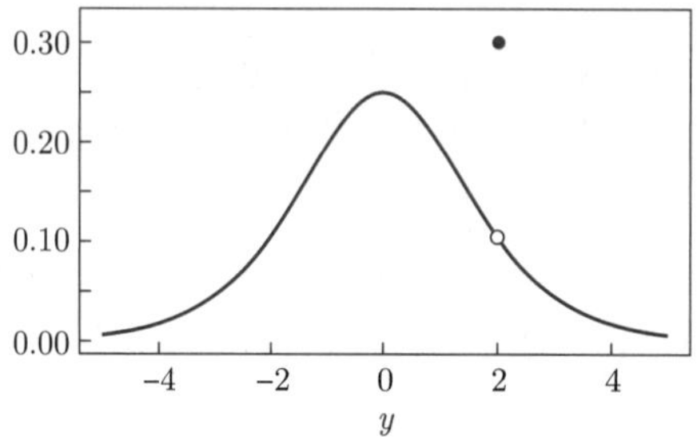

图 6.1　调整的逻辑斯谛分布密度函数

对二元数据也有类似于 (6.2) 的形式. 如果 X 和 Y 都是连续的, 联合分布函数 $F_{X,Y}$, 联合密度函数 $f_{X,Y}$, 无论 $f_{X,Y}$ 在哪里连续,

$$\begin{aligned} f_{X,Y}(x,y) = & \lim_{h \to 0^+} \left(\frac{1}{2h}\right)^2 [F_{X,Y}(x+h, y+h) - F_{X,Y}(x-h, y+h) - \\ & F_{X,Y}(x+h, y-h) + F_{X,Y}(x-h, y-h)] \\ = & \lim_{h \to 0^+} \frac{P(X \in (x-h, x+h], Y \in (y-h, y+h])}{(2h)^2}. \end{aligned}$$

同样, 如果 X 是离散的而 Y 是连续的, 由于事件 $X\in(x-h,x+h]$ 与 $\{X=x\}$ 在 h 充分小的时候等价, 因此只需要对连续部分规范化, 联合混合密度/质量函数

$$f_{X,Y}(x,y)=\lim_{h\to0^+}\frac{P(X=x,Y\in(y-h,y+h])}{2h}.$$

上述内容已经介绍了如何利用导数的对称定义思考连续随机变量的密度函数, 接下来讨论似然. 假设 $f(y;\boldsymbol{\theta})$ 是分布函数 $P_{\boldsymbol{\theta}}(Y_1\leqslant y)=F(y;\boldsymbol{\theta})$ 的导数, 则

$$\begin{aligned}L(\boldsymbol{\theta}|\boldsymbol{Y})&=\prod_{i=1}^n f(Y_i;\boldsymbol{\theta})\\&=\prod_{i=1}^n\lim_{h\to0^+}\left[\frac{F(Y_i+h;\boldsymbol{\theta})-F(Y_i-h;\boldsymbol{\theta})}{2h}\right]\\&=\lim_{h\to0^+}\prod_{i=1}^n\left[\frac{F(Y_i+h;\boldsymbol{\theta})-F(Y_i-h;\boldsymbol{\theta})}{2h}\right]\\&=\lim_{h\to0^+}\left(\frac{1}{2h}\right)^n\prod_{i=1}^n P_{\boldsymbol{\theta}}(Y_i^*\in(Y_i-h;Y_i+h]|Y_i).\end{aligned}$$

这里, $Y_1^*,Y_2^*\cdots,Y_n^*$ 是独立同分布随机变量, 并且和 $Y_1,Y_2,\cdots,Y_n$ 同分布但相互独立. 因而, 对于一个小的 h, 似然近似等于观测数据 $2h$ 邻域的概率的 $(2h)^{-n}$ 倍, 换句话说, 似然正比于在实际样本附近获得一个新样本的概率. 因此, 与离散数据相似, 最大化 $2h$ 倍似然得到 $\widehat{\boldsymbol{\theta}}_h$ 就是选择密度函数 $f(y;\widehat{\boldsymbol{\theta}}_h)$, 使得在观测数据 $\boldsymbol{Y}$ 的一个邻域内概率最大. 当然, 这只有在 $h\to0$ 时, $\widehat{\boldsymbol{\theta}}_h$ 收敛到 $\widehat{\boldsymbol{\theta}}_{\rm MLE}$ 才有意义, 实际中也经常是这种情况.

在离散情形下, 似然是通过一个与连续情形相似的极限过程得到的, 但是不含常数因子 $(2h)^{-1}$,

$$\begin{aligned}&\lim_{h\to0^+}\prod_{i=1}^n\Big[F(Y_i+h;\boldsymbol{\theta})-F(Y_i-h;\boldsymbol{\theta})\Big]\\=&\prod_{i=1}^n\Big[F(Y_i^+;\boldsymbol{\theta})-F(Y_i^-;\boldsymbol{\theta})\Big]\\=&\prod_{i=1}^n f(Y_i;\boldsymbol{\theta})\\=&L(\boldsymbol{\theta}|\boldsymbol{Y}).\end{aligned}$$

这有助于记忆离散随机变量的分布函数在可能取值点 y 处有跃度 $f(y;\boldsymbol{\theta})$, 也要注意, 在跳跃点 y 处, $F(y^+;\boldsymbol{\theta})$ 和 $F(y^-;\boldsymbol{\theta})$ 分别表示 $F(t;\boldsymbol{\theta})$ 在 t 收敛到 y 时的右极限和左极限.

最大化 $2h$ 似然的方法允许对更复杂的问题构造似然, 因此严格的数学定义需要测度论的概念, 这里不做展开. 对于独立数据 $Y_1,Y_2,\cdots,Y_n$, 其中 Y_i 来自分布函数 $F_i(y;\boldsymbol{\theta})$, 似然一般定义为

$$L(\boldsymbol{\theta}|\boldsymbol{Y})=\lim_{h\to 0^+}\left(\frac{1}{2h}\right)^m\prod_{i=1}^n\Big[F_i(Y_i+h;\boldsymbol{\theta})-F_i(Y_i-h;\boldsymbol{\theta})\Big],$$

这里的 $1\leqslant m\leqslant n$ 取决于数据中连续成分的个数. 接下来的内容将用一类含离散和连续成分的模型阐明一下这个概念.

3. 离散成分与连续成分混合

例如像降雨量、降雪量和商业捕鱼活动中捕鱼的质量这些数据 Y 通常都包含 0 (无降雨、无降雪及无收获), 而其余大于 0 的量则最好用连续分布进行建模. 类似的数据通常以这样一个分布建立模型

$$F_Y(y;p,\boldsymbol{\theta})=P(Y\leqslant y)=pI(0=y)+(1-p)F_T(y;\boldsymbol{\theta}), \tag{6.3}$$

它是一个在 0 处点质量 (定义 $I(0=y)$ 是在 0 点为退化随机变量的分布函数) 与连续且为正的随机变量 T(分布函数为 $F_T(y;\boldsymbol{\theta})$) 的混合, 例如韦布尔分布. (6.3) 式也可表示为

$$F_Y(y;p,\boldsymbol{\theta})=\begin{cases}0, & y<0,\\ p, & y=0,\\ (1-p)F_T(y;\boldsymbol{\theta}), & y>0.\end{cases} \tag{6.4}$$

取 (6.4) 的独立同分布样本 $Y_1,Y_2,\cdots,Y_n$, 用 n_0 表示 Y_i 取值为 0 的个数, 用 $m=n-n_0$ 表示非零的 Y_i 数据的个数, 则

$$\begin{aligned}L(\boldsymbol{\theta}|\boldsymbol{Y})=&\lim_{h\to 0^+}\left(\frac{1}{2h}\right)^m\prod_{i=1}^n[F_Y(Y_i+h;p,\boldsymbol{\theta})-F_Y(Y_i-h;p,\boldsymbol{\theta})]\\ =&\lim_{h\to 0^+}[F_Y(h;p,\boldsymbol{\theta})-F_Y(-h;p,\boldsymbol{\theta})]^{n_0}\cdot\\ &\lim_{h\to 0^+}\prod_{Y_i>0}\left[\frac{F_Y(Y_i+h;p,\boldsymbol{\theta})-F_Y(Y_i-h;p,\boldsymbol{\theta})}{2h}\right]\\ =&\lim_{h\to 0^+}[p+(1-p)F_T(h;\boldsymbol{\theta})]^{n_0}\cdot\\ &\lim_{h\to 0^+}\prod_{Y_i>0}\left[\frac{(1-p)F_T(Y_i+h;\boldsymbol{\theta})-(1-p)F_T(Y_i-h;\boldsymbol{\theta})}{2h}\right]\\ =&\,p^{n_0}(1-p)^{n-n_0}\prod_{Y_i>0}f_T(Y_i;\boldsymbol{\theta}).\end{aligned}$$

第二步中将 Y_i 为 0 的部分与取正值的部分分离并将 0 代入. 第三步中, 因为 h 足够小, 所以对非零 Y_i 有 $Y_i-h>0$, 从累积分布函数中剔除离散部分, 则当 $Y_i>0$ 时, 有 $F_Y(Y_i+h;p,\boldsymbol{\theta})-F_Y(Y_i-h;p,\boldsymbol{\theta})=(1-p)F_T(Y_i+h;\boldsymbol{\theta})-(1-p)F_T(Y_i-h;\boldsymbol{\theta})$. 从这个似然函数可以

直观地看出, 它是由取 0 数量为 n_0 的伯努利成分与 $n-n_0$ 个非零连续成分组成. 对似然函数取对数, 可以得到 $\hat{p}_{\mathrm{MLE}}=n_0/n$, 而 $\hat{\theta}_{\mathrm{MLE}}$ 则用对样本量为 $n-n_0$、密度函数为 $f_T(y;\boldsymbol{\theta})$ 的常规方法求解.

4. 成比例的似然

Casella 2013 年的文章中的定义有一点模糊, 因为因子 $(2h)^{-m}$ 依赖于离散及连续成分的个数. 但无须过分担忧, 只要似然函数是成比例的且其常数项不依赖于未知参数, 似然估计就与点估计等价. 事实上, 一些统计学家得出更强的理论, 即只要似然函数成比例, 有关 $\boldsymbol{\theta}$ 的一切推断都是一样的, 这个强似然定理会在本节最后提到. 下面来看一些例子.

假设 $Y_1,Y_2,\cdots,Y_n$ 独立同分布于密度函数为 $f_Y(y;\boldsymbol{\theta})$ 的连续分布, $X_i=g(Y_i),i=1,2,\cdots,n$, 其中 g 是已知的单调递增、连续可微的函数. 因为函数 g 是一一对应的, 所以同样可以由 X_i 构造 Y_i. 因此数据集 $\{Y_1,Y_2,\cdots,Y_n\}$ 与 $\{X_1,X_2,\cdots,X_n\}$ 等价, 每个集合实质上包含了同样的信息. 显然, 只要数据集有这样的等价关系, 基于一个数据集的似然估计就与基于另一数据集的估计相等. 例如, X_i 的密度函数为 $f_X(x;\boldsymbol{\theta})=f_Y(h(x);\boldsymbol{\theta})h'(x)$, 其中 $h=g^{-1}$. 给定样本 $\boldsymbol{X}$ 的似然函数为

$$
\begin{aligned}
L(\boldsymbol{\theta}|\boldsymbol{X}) &= \prod_{i=1}^{n} f_Y(h(X_i);\boldsymbol{\theta})h'(X_i)\\
&= \prod_{i=1}^{n} f_Y(Y_i;\boldsymbol{\theta})h'(g(Y_i))\\
&= \prod_{i=1}^{n} f_Y(Y_i;\boldsymbol{\theta})\frac{1}{g'(Y_i)} \quad \left(\frac{\mathrm{d}h(x)}{\mathrm{d}x}=\frac{\mathrm{d}g^{-1}(x)}{\mathrm{d}x}=\frac{1}{g'(g^{-1}(x))}\right)\\
&= L(\boldsymbol{\theta}|\boldsymbol{Y})\prod_{i=1}^{n}\frac{1}{g'(Y_i)}.
\end{aligned}
$$

注意对所有的 Y_i 而言, 两个似然函数 (为 $\boldsymbol{\theta}$ 的函数) 是成比例的, 这意味着用 $L(\boldsymbol{\theta}|\boldsymbol{Y})$ 与 $L(\boldsymbol{\theta}|\boldsymbol{X})$ 得出的极大似然估计和似然比检验在形式上都是一样的.

事实上, 会有充分统计量与数据间不存在一一对应函数关系的情况. 例如, $Y_1,Y_2,\cdots,Y_n$ 是独立同分布于参数为 p 的伯努利分布的随机变量, 分布函数为 $p^y(1-p)^{1-y}$, 似然函数为 $L(p|\boldsymbol{Y})=p^S(1-p)^{n-S}$, 其中 $S=\sum\limits_i Y_i$, 充分统计量 S 的伯努利似然函数为 $L(p|S)=\mathrm{C}_n^s p^S(1-p)^{n-S}$. $L(p|S)$ 与 $L(p|\boldsymbol{Y})$ 的差异在于 C_n^s(对所有 S 独立于 p), 但两函数间的差异对 p 的估计没有影响.

注意到每个案例中似然估计是相等的 (通过似然成比例得到了相等的似然估计). 但是在成比例的似然函数中, 抽样方案不同时, 似然估计是否相等是不确定的. 似然定理指出成比例的似然函数必定得到相等的估计:

似然定理: 给定一次试验的实际观测值 x, 似然函数就包含了所有有关 $\boldsymbol{\theta}$ 的信息; 不论是否来自同一试验, 两似然函数只要成比例那么它们包含的 $\boldsymbol{\theta}$ 的信息是一样的.

似然定理背后的思想及有关争论, 本书并未提及. 这里只需要关注, 当似然函数成比例时, $\hat{\boldsymbol{\theta}}_{\text{MLE}}$ 估计值相同, 当样本来自同一试验时, 不同成比例似然函数包含的信息是相同的.

5. 经验分布函数的极大似然估计

接下来的例子, 在计算极大似然估计的时候忽略因子 $(2h)^{-m}$. 假设 $Y_1, Y_2, \cdots, Y_n$ 独立同分布于 $F(y)$, $F(y)$ 为未知参数. 我们只需要 $F(y)$ 有如下分布函数的属性: 非负、非减、右连续, 满足对任意 $y \in (-\infty, \infty)$ 有 $0 \leqslant F(y) \leqslant 1$, 并且 $\lim\limits_{y\to-\infty} F(y) = 0, \lim\limits_{y\to\infty} F(y) = 1$. 因此参数空间就是所有分布函数集. 忽略因子 $(2h)^{-m}$, F 的近似似然函数为

$$L_h(F|\boldsymbol{Y}) = \prod_{i=1}^{n} [F(Y_i + h) - F(Y_i - h)],$$

其中假定 h 为一个很小的正常量. 在不存在关联的条件下, 假定 h 为足够小, 对任意 $j \neq i$, 使得 $[Y_i - h, Y_i + h]$ 只包含 Y_i. 令 $p_{i,h} = F(Y_i + h) - F(Y_i - h)$, 则 $L_h(F|\boldsymbol{Y}) = \prod\limits_{i=1}^{n} p_{i,h}$, 注意, 仅当每个 $p_{i,h} > 0$ 时, $L_h(F|\boldsymbol{Y})$ 有最大值. 因为 $L_h(F|\boldsymbol{Y})$ 随 $p_{i,h}$ 的增加而增加, 这里希望在满足 $\sum\limits_{i=1}^{n} p_{i,h} \leqslant 1$ 的条件下, $p_{i,h} > 0$ 尽可能大, 这隐含着 $\sum\limits_{i=1}^{n} p_{i,h} = 1$, 所以只需要在 $p_{i,h} > 0$ 与 $\sum\limits_{i=1}^{n} p_{i,h} = 1$ 的约束下, 求使 $\prod\limits_{i=1}^{n} p_{i,h}$ 最大的 $p_{1,h}, p_{2,h}, \cdots, p_{n,h}$. 用拉格朗日乘数法可以得到此最优化问题的解

$$g(p_{1,h}, p_{2,h}, \cdots, p_{n,h}, \lambda) = \sum_{i=1}^{n} \ln p_{i,h} + \lambda \left(\sum_{i=1}^{n} p_{i,h} - 1 \right),$$

解得

$$\frac{\partial g}{\partial p_{i,h}} = \frac{1}{p_{i,h}} + \lambda = 0, \quad i = 1, 2, \cdots, n,$$
$$\frac{\partial g}{\partial \lambda} = \sum_{i=1}^{n} p_{i,h} - 1 = 0.$$

由前 n 个方程得出 $p_{i,h} = -1/\lambda$, 代入最后一个方程得到 $\lambda = -n$. 所以所有满足 $\hat{F}_h(Y_i + h) - \hat{F}_h(Y_i - h) = 1/n, i = 1, 2, \cdots, n$ 的 $\hat{F}_h(y)$ 都能使 $L_h(F|\boldsymbol{Y})$ 最大化. 由证明得, 此类型的 $\hat{F}_h(y)$ 在 $h \to 0$ 时收敛于 $\hat{F}_{\text{EMP}}(y) = n^{-1} \sum\limits_{i=1}^{n} I(Y_i \leqslant y)$, 因此我们将 $F(y)$(经验分布函数) 的极大似然估计看作

$$\hat{F}_{\text{MLE}}(y) = \hat{F}_{\text{EMP}}(y) = n^{-1} \sum_{i=1}^{n} I(Y_i \leqslant y).$$

6. 删失数据的似然函数

第一型删失

假设随机变量 X 服从均值为 μ, 方差为 σ^2 的分布, 若当 $X \leqslant 0$, 即观测值小于或等于 0, 则称 X 在 0 处被删失了. 如果在删失时, 样本值定为 0, 那么可以将观测变量 Y 定义为

$$Y = \begin{cases} 0 & X \leqslant 0, \\ X, & X > 0. \end{cases}$$

当 $y=0$ 时, Y 的分布函数为

$$F_Y(0) = P(Y=0) = P(\sigma Z + \mu \leqslant 0) = P(Z \leqslant -\mu/\sigma) = \Phi(-\mu/\sigma),$$

其中 $Z \sim N(0,1)$, $\Phi(\cdot)$ 为标准正态分布的分布函数. 当 $y>0$ 时, $F_Y(y) = P(X \leqslant y) = \Phi((y-\mu)/\sigma)$; 当 $y<0$ 时, $F_Y(y)=0$. 假设样本 $Y_1, Y_2, \cdots, Y_n$, 并像之前一样令 n_0 为样本取值为 0 的个数, $m = n - n_0$ 为样本非零的个数, 那么似然可表示为

$$\begin{aligned} L_h(\boldsymbol{\theta}|\boldsymbol{Y}) &= \left(\frac{1}{2h}\right)^m \prod_{i=1}^{n} [F_Y(Y_i+h;\boldsymbol{\theta}) - F_Y(Y_i-h;\boldsymbol{\theta})] \\ &= \left[\Phi\left(\frac{h-\mu}{\sigma}\right) - 0\right]^{n_0} \prod_{Y_i>0} \left[\frac{\Phi((Y_i+h-\mu)/\sigma) - \Phi((Y_i-h-\mu)/\sigma)}{2h}\right] \\ &\to \left[\Phi\left(\frac{-\mu}{\sigma}\right)\right]^{n_0} \prod_{Y_i>0} \left[\Phi\left(\frac{Y_i-\mu}{\sigma}\right)\frac{1}{\sigma}\right] = L(\boldsymbol{\theta}|\boldsymbol{Y}), \quad h \to 0^+. \end{aligned}$$

托宾 (James Tobin) 1958 年在回归设置中介绍过这个模型, 随后根据托宾的名字以及模型与概率单位模型的相似性, 命名此模型为 Tobit 模型. 当然, 并不是只能在 0 点处做删失处理, 在不同的情况下, 任何阈值 L_0 都可能是适合的. 总的来说, 在定点进行删失被称为第一型删失, 也可称为*左删失*. 第二型删失指前 r 个有序样本值是可观测的, 或更一般地说观测有序值的特定子集.

值得注意的是, 删失与截尾不同, 例如我们取样只取家庭收入大于 L_0 的, 那么 $Y_1, Y_2, \cdots, Y_n$ 家庭收入的样本值都大于 L_0, 某种意义上是指不知道小于 L_0 的数据. 假设家庭收入的分布函数为 $F(y;\boldsymbol{\theta})$, 当 $y > L_0$ 时,

$$P(Y_1 \leqslant y | Y_1 > L_0) = \frac{P(Y_1 \leqslant y, Y_1 > L_0)}{P(Y_1 > L_0)} = \frac{F(y;\boldsymbol{\theta}) - F(L_0;\boldsymbol{\theta})}{1 - F(L_0;\boldsymbol{\theta})}.$$

通过对 y 求导得到密度函数, 进而得到似然

$$L(\boldsymbol{\theta}|\boldsymbol{Y}) = \prod_{i=1}^{n} \left[\frac{f(y;\boldsymbol{\theta})}{1 - F(L_0;\boldsymbol{\theta})}\right].$$

回到第一型删失, 可能会有这样的情况, 删失掉小于 L_0 及大于 R_0 的数据, 保留 L_0 与 R_0 之间的 X 观测值. 假设 X 密度函数为 $f(x;\boldsymbol{\theta})$, 分布函数为 $F(x;\boldsymbol{\theta})$, 那么

$$Y_i=\begin{cases}L_0, & X_i\leqslant L_0,\\ X_i, & L_0<X_i<R_0,\\ R_0, & X_i\geqslant R_0.\end{cases}$$

这里分别用 n_L、n_R 表示 $X_i\leqslant L_0$、$X_i\geqslant R_0$ 的个数, 所以给定观测值 $Y_1,Y_2,\cdots,Y_n$ 的似然函数为

$$L(\boldsymbol{\theta}|\boldsymbol{Y})=[F(L_0;\boldsymbol{\theta})]^{n_L}\prod_{L_0<Y_i<R_0}f(Y_i;\boldsymbol{\theta})[1-F(R_0;\boldsymbol{\theta})]^{n_R}.$$

同样也可以让每个 X_i 受限于删失值 L_i, R_i, 只是符号会稍显复杂. 右删失较为常见, 所以我们仅研究这种情况. 令 $Y_i=\min\{X_i,R_i\}$、指标变量 $\delta_i=I(X_i\leqslant R_i)$ (等价于 X_i 被删失时为 0, 否则为 1), 似然函数可以以简单的形式表示为

$$L(\boldsymbol{\theta}|\boldsymbol{Y})=\prod_{i=1}^{n}f(Y_i;\boldsymbol{\theta})^{\delta_i}[1-F(R_i;\boldsymbol{\theta})]^{1-\delta_i}.$$

随机删失

之前讨论的情况是将删失时间 L 与 R 定为常数, 但在医学研究上, 因为各患者进入研究的时间是不同的, 所以可以将删失时间视为随机变量. 同样设定一个确定的研究终止时间, 这样就生成了随机右删失时间 $R_1,R_2,\cdots,R_n$. $Y_i=\min\{X_i,R_i\}$, $\delta_i=I(X_i\leqslant R_i)$ 这些符号都一样, 需要假设删失时间独立同分布 (分布函数 $G(t)$、密度函数 $g(t)$) 且与 $X_1,X_2,\cdots,X_n$ 独立. 已知 X_i 的密度函数为 $f(x;\boldsymbol{\theta})$, 当 $(Y_i,\delta_i=1)$ 时,

$$\begin{aligned}\frac{P(Y_i\in(y-h,y+h],\delta_i=1)}{2h}&=\frac{P(X_i\in(y-h,y+h],X_i\leqslant R_i)}{2h}\\&=\frac{1}{2h}\int_{-\infty}^{\infty}\int_{-\infty}^{\infty}\Big[I(y-h<t<y+h,t\leqslant r)f(t;\boldsymbol{\theta})g(r)\Big]\mathrm{d}t\mathrm{d}r\\&=\frac{1}{2h}\int_{y-h}^{y+h}\Big[\int_{-\infty}^{\infty}I(t\leqslant r)g(r)\mathrm{d}r\Big]f(t;\boldsymbol{\theta})\mathrm{d}t\\&=\frac{1}{2h}\int_{y-h}^{y+h}[1-G(t)]f(t;\boldsymbol{\theta})\mathrm{d}t\\&\to[1-G(t)]f(y;\boldsymbol{\theta}),\quad h\to0^+.\end{aligned}$$

当 $(Y_i,\delta_i=0)$ 时,

$$\begin{aligned}\frac{P(Y_i\in(y-h,y+h],\delta_i=0)}{2h}&=\frac{P(R_i\in(y-h,y+h],X_i>R_i)}{2h}\\&=\frac{1}{2h}\int_{y-h}^{y+h}\Big[\int_{-\infty}^{\infty}I(t>r)f(t;\boldsymbol{\theta})\mathrm{d}t\Big]g(r)\mathrm{d}r\\&=\frac{1}{2h}\int_{y-h}^{y+h}[1-F(r;\boldsymbol{\theta})]g(r)\mathrm{d}r\end{aligned}$$

$$\to [1 - F(r;\boldsymbol{\theta})]g(y), \quad h \to 0^+.$$

将两部分合并, 进而得到似然函数

$$\begin{aligned} L(\boldsymbol{\theta}|\boldsymbol{Y},\boldsymbol{\delta}) &= \left\{\prod_{i=1}^n f(Y_i;\boldsymbol{\theta})^{\delta_i}[1-F(Y_i;\boldsymbol{\theta})]^{1-\delta_i}\right\}\left\{\prod_{i=1}^n g(Y_i)^{1-\delta_i}[1-G(Y_i)]^{\delta_i}\right\} \\ &= \prod_{i=1}^n f(Y_i;\boldsymbol{\theta})^{\delta_i}[1-F(Y_i;\boldsymbol{\theta})]^{1-\delta_i} g(Y_i)^{1-\delta_i}[1-G(Y_i)]^{\delta_i}. \end{aligned}$$

注意, 似然函数的第一部分与之前固定删失时间时的是一样的, 另外在估计 $\boldsymbol{\theta}$ 时不需要用到未知概率分布函数 G.

6.1.2 回归模型的似然

1. 线性模型

一般线性回归模型为

$$Y_i = \boldsymbol{x}_i^{\mathrm{T}}\boldsymbol{\beta} + e_i \quad i = 1, 2, \cdots, n, \tag{6.5}$$

其中 $e_1, e_2, \cdots, e_n$ 独立同分布于 $N(0, \sigma^2)$. $\boldsymbol{x}_1, \boldsymbol{x}_2, \cdots, \boldsymbol{x}_n$ 为已知非随机的 p 维向量, 其第一个分量通常为常数 1, 对应 $\boldsymbol{\beta}$ 的截距项. 在本节中 p 表示 $\boldsymbol{\beta}$ 的维数, 所以 $\boldsymbol{\theta} = (\boldsymbol{\beta}^{\mathrm{T}}, \sigma)^{\mathrm{T}}$ 为 $b = p + 1$ 维参数向量, 对应的似然函数为

$$\begin{aligned} L(\boldsymbol{\beta},\sigma|Y_i,\boldsymbol{x}_i) &= \prod_{i=1}^n \frac{1}{\sqrt{2\pi}\sigma}\exp\left\{-\frac{(Y_i - \boldsymbol{x}_i^{\mathrm{T}}\boldsymbol{\beta})^2}{2\sigma^2}\right\} \\ &= \left(\frac{1}{\sqrt{2\pi}\sigma}\right)^n \exp\left\{-\sum_{i=1}^n \frac{(Y_i - \boldsymbol{x}_i^{\mathrm{T}}\boldsymbol{\beta})^2}{2\sigma^2}\right\}. \end{aligned} \tag{6.6}$$

通过分布函数法则可以求得似然函数, 首先计算 Y_i 的分布函数

$$P(Y_i \leqslant y) = P(\boldsymbol{x}_i^{\mathrm{T}}\boldsymbol{\beta} + e_i \leqslant y) = P(e_i \leqslant y - \boldsymbol{x}_i^{\mathrm{T}}\boldsymbol{\beta}) = \Phi\left(\frac{y - \boldsymbol{x}_i^{\mathrm{T}}\boldsymbol{\beta}}{\sigma}\right),$$

Φ 是标准正态分布函数, 然后对 y 微分得到 Y_i 的密度函数, 用 Y_i 替换 y, 对 i 进行连乘即得出似然函数.

对 (6.6) 取对数, 得到 $\boldsymbol{\beta}$ 的极大似然估计与最小二乘估计相同, $\hat{\boldsymbol{\beta}}_{\mathrm{MLE}} = \hat{\boldsymbol{\beta}}_{\mathrm{LS}} = (\boldsymbol{X}^{\mathrm{T}}\boldsymbol{X})^{-1}\cdot\boldsymbol{X}^{\mathrm{T}}\boldsymbol{Y}$, 其中 $\boldsymbol{X} = (\boldsymbol{x}_1, \boldsymbol{x}_2, \cdots, \boldsymbol{x}_n)^{\mathrm{T}}$. 简单起见, 假设 $\boldsymbol{X}^{\mathrm{T}}\boldsymbol{X}$ 满秩. 将对数似然函数对 σ 求导并令其等于 0, 解得 $\hat{\sigma}^2_{\mathrm{MLE}} = n^{-1}\sum_{i=1}^n \hat{e}_i^2$, $\hat{e}_i = Y_i - \boldsymbol{x}_i^{\mathrm{T}}\hat{\boldsymbol{\beta}}_{\mathrm{MLE}}$. 注意, 通常情况下这里会用无偏估计 $(n-p)^{-1}\sum_{i=1}^n \hat{e}_i^2$ 代替 $\hat{\sigma}^2_{\mathrm{MLE}}$.

由于 $(\boldsymbol{x}_i, Y_i)$ 是从总体 $(\boldsymbol{x}, Y)$ 中抽出的, 因此 $\boldsymbol{X}_i$ 也是随机变量. 在这种情况下, 可以看出

线性模型 (6.5) 中的 Y_i 的分布是给定 $\boldsymbol{X}_i=\boldsymbol{x}_i$ 时的条件分布. 如果 $\boldsymbol{X}_1,\boldsymbol{X}_2,\cdots,\boldsymbol{X}_n$ 独立同分布且有含参数的边际密度函数 $f_{\boldsymbol{X}}(\boldsymbol{x};\boldsymbol{\tau})$, 那么可以得到完整的似然函数

$$L(\boldsymbol{\beta},\sigma|Y_1,x_1,Y_2,x_2,\cdots,Y_n,x_n)=\left(\frac{1}{\sqrt{2\pi}\sigma}\right)^n\exp\left\{-\sum_{i=1}^{n}\frac{\left(Y_i-\boldsymbol{x}_i^{\mathrm{T}}\boldsymbol{\beta}\right)^2}{2\sigma^2}\right\}\prod_{i=1}^{n}f_{\boldsymbol{X}}(\boldsymbol{X}_i;\boldsymbol{\tau}).\tag{6.7}$$

注意到取对数后的似然函数可以分解为两部分 $\ell(\boldsymbol{\beta},\sigma,\boldsymbol{\tau})=\ell_1(\boldsymbol{\beta},\sigma)+\ell_2(\boldsymbol{\tau})$, $\ell_1(\boldsymbol{\beta},\sigma)$ 与 (6.6) 的对数形式相同. 通常假设 $\boldsymbol{\tau}$ 与 $\boldsymbol{\beta}$, σ 无关, 那么与 (6.6), (6.7) 中 $\boldsymbol{\beta}$, σ 基于似然的估计结果一样 (尽管包含参数 $\boldsymbol{\tau}$, 但是 $\ell(\boldsymbol{\beta},\sigma,\boldsymbol{\tau})$ 与 $\ell_1(\boldsymbol{\beta},\sigma)$ 对 $\boldsymbol{\beta}$, σ 的偏导相等). 所以当 $\boldsymbol{X}_i$ 的密度函数不依赖于参数 $\boldsymbol{\beta}$, σ 时, $\boldsymbol{X}_1,\boldsymbol{X}_2,\cdots,\boldsymbol{X}_n$ 称为辅助样本, 在似然估计中不发挥作用. 估计值、信息矩阵及渐近的结果都是相同的. 有限样本的估计结果, 通常都取决于 $\boldsymbol{X}_1,\boldsymbol{X}_2,\cdots,\boldsymbol{X}_n$, 但在这个例子中结果与先前将它看作常量时的结论一样. 可以参阅 Sampson 1974 年的文章对普通线性模型中条件估计与无条件估计的比较.

对某些数据进行建模, 例如 Y_i 为最大值, 可加模型仍适用但误差项不服从正态的情形. 假设误差项为尺度密度函数 $f_e(t/\sigma)$, 则似然函数为

$$L(\boldsymbol{\beta},\sigma|Y_i,\boldsymbol{x}_i)=\prod_{i=1}^{n}\frac{1}{\sigma}f_e\left(\frac{Y_i-\boldsymbol{x}_i^{\mathrm{T}}\boldsymbol{\beta}}{\sigma}\right).$$

例如, 极值的密度函数为

$$f_e(t)=\exp\{-t\}\exp\{-\exp\{-t\}\},$$

可以作为当 Y_i 为最大值时的备选模型, 在这个极值误差模型中最小二乘与极大似然估计的结果不再一样. 两者都是不含截距项 $\boldsymbol{\beta}$ 的一致估计, 但在极值模型无误的情况下, 最小二乘估计对极值极大似然估计的渐近相对效率只有 0.61. 因此, 当极值误差模型是合理时, 有充分的理由在 Y_i 为最大值时使用相对复杂的极值极大似然估计.

2. 非线性模型

标准非线性模型与 (6.5) 非常相似, 只是用 $Y_i=g(\boldsymbol{x}_i,\boldsymbol{\beta})+e_i$ 替代 $Y_i=\boldsymbol{x}_i^{\mathrm{T}}\boldsymbol{\beta}+e_i$, g 为已知函数. 常见的模型形式有指数增长模型 $g(\boldsymbol{x}_i,\boldsymbol{\beta})=\beta_0\exp\{\beta_1x_i\}$、逻辑斯谛增长模型 $g(\boldsymbol{x}_i,\boldsymbol{\beta})=\beta_0(1+\beta_1\exp\{-\beta_2\boldsymbol{x}_i\})^{-1}$. 当误差项正态时, 似然函数与 (6.6) 一样, 只需把 ${x_i}^{\mathrm{T}}\boldsymbol{\beta}$ 替换为 $g(\boldsymbol{x}_i,\boldsymbol{\beta})$, 且极大似然估计依旧比最小二乘估计有效. 但是 $\boldsymbol{\beta}$ 形式不再相似, 必须通过数值来计算. σ 的极大似然估计拥有与线性时相同的形式, 也就是残差平方的平均.

3. 广义线性模型 (GLMs)

广义线性模型是非线性模型中的重要部分, 它是一般线性模型的推广. 假设 Y_i 的对数密度函数为

$$\ln f(y_i;\theta_i,\phi)=\frac{y_i\theta_i-b(\theta_i)}{a_i(\phi)}+c(y_i,\phi).\tag{6.8}$$

Y_i 的密度函数除去 $a_i(\phi)$ 几乎可以看作来自指数密度函数族, 其中 a_i 是已知函数、ϕ 为未知参数. 首先来看伯努利分布

$$f(y;p)=p^y(1-p)^{1-y},\ \ y=0,1.$$

取自然对数, 得到

$$\begin{aligned}\ln f(y;p)&=y\ln p+(1-y)\ln(1-p)\\&=y\ln\frac{p}{1-p}+\ln(1-p).\end{aligned}$$

因此 $a_i(\phi)=1$, $c(y_i,\phi)=0$, $\theta=\ln[p/(1-p)]$, 也就有 $p=1/(1+\exp\{-\theta\})$, 从而

$$b(\theta)=-\ln(1-p)=-\ln\left(1-\frac{1}{1+\exp\{-\theta\}}\right)=\ln(1+\exp\{\theta\}).$$

接下来看正态 (μ,σ^2) 密度函数

$$\begin{aligned}\ln f(y;\mu,\theta)&=-\ln(\sqrt{2\pi}\sigma)-\frac{(y-\mu)^2}{2\sigma^2}\\&=\frac{y\mu-\mu^2/2}{\sigma^2}-\ln(\sqrt{2\pi}\sigma)-\frac{y^2}{2\sigma^2}.\end{aligned}$$

因此 $\theta=\mu$, $b(\theta)=\mu^2/2=\theta^2/2$, $a_i(\phi)=\sigma^2$, $c(y_i,\phi)=-\ln(\sqrt{2\pi}\sigma)-y^2/(2\sigma^2)$.

回到一般形式 (6.8), 首先对 (6.8) 求导并令其为 0, 得到 $\mu_i=E(Y_i)=b^2(\theta_i)$; 其次, 利用恒等式

$$E\Big(\frac{\partial}{\partial\theta_i}\ln f(Y_i;\theta_i,\phi)\Big)^2=E\Big(-\frac{\partial^2}{\partial{\theta_i}^2}\ln f(Y_i;\theta_i,\phi)\Big)$$

得到 $\mathrm{Var}(Y_i)=b''(\theta_i)a_i(\phi)$. 方差必须为正, $b(\theta_i)$ 是严格凸函数, $b'(\theta_i)$ 单调递增且 b'^{-1} 唯一.

广义线性模型中, 可以用连接函数 g 将 Y_i 的均值与线性预测部分 $\eta_i=\boldsymbol{x}_{\boldsymbol{i}}^{\mathrm{T}}\boldsymbol{\beta}$ 对应起来, 即 $g(\mu_i)=\boldsymbol{x}_{\boldsymbol{i}}^{\mathrm{T}}\boldsymbol{\beta}$. 因此将线性预测引入密度函数的表达式中, 得到 $\theta_i=b'^{-1}[g^{-1}(\boldsymbol{x}_{\boldsymbol{i}}^{\mathrm{T}}\boldsymbol{\beta})]$. 通常情况下都有 $g(\mu_i)=\theta_i=\boldsymbol{x}_{\boldsymbol{i}}^{\mathrm{T}}\boldsymbol{\beta}$, 这种满足 $g(\mu_i)=b'^{-1}(\mu_i)$ 的函数 g 被称为自然连接函数或典则连接函数. 对于正态分布数据 $g(\mu_i)=\mu_i$, 伯努利数据 $g(\mu_i)=\ln[\mu_i/(1-\mu_i)]$, 泊松数据 $g(\mu_i)=\ln(\mu_i)$.

Y_i 与 (6.8) 中的对数密度函数独立, x_i 是已知非随机的向量, 在规范链接模型下, $(Y_1,\boldsymbol{x}_1)$, $(Y_2,\boldsymbol{x}_2),\cdots,(Y_n,\boldsymbol{x}_n)$ 的对数似然函数为

$$\ln L(\boldsymbol{\beta},\phi|Y_i,\boldsymbol{x}_i)=\sum_{i=1}^{n}\Big[\frac{Y_i\boldsymbol{x}_{\boldsymbol{i}}^{\mathrm{T}}\boldsymbol{\beta}-b(\boldsymbol{x}_{\boldsymbol{i}}^{\mathrm{T}}\boldsymbol{\beta})}{a_i(\phi)}+c(Y_i,\phi)\Big].$$

接下来看三种重要模型:

(1) 正态数据. $b(\theta_i)=\theta_i^2/2$, 此时典则连接函数为 $g(\mu_i)=\mu_i$ 且 $a_i(\phi)=\sigma^2$, 可以直接得到误差项服从 $N(0,\sigma^2)$ 的正态线性模型.

(2) 伯努利数据. $Y_i=0$ 或 1, 且 $P(Y_i=1)=p_i=\mu_i, a_i(\phi)=1, b(\theta_i)=\ln(1+\mathrm{e}^{\theta_t})$, 因此 $b'(\theta_i)=(1+\mathrm{e}^{-\theta_t})^{-1}$、典则连接函数 $g(p_i)=\mathrm{logit}(p_i)=\ln[p_i/(1-p_i)]$ 称为 logit 连接函数. 因为 p_i 用 $(1+\mathrm{e}^{-\boldsymbol{x}_i^{\mathrm{T}}\boldsymbol{\beta}})^{-1}$ 建模服从逻辑斯谛分布, 因此称其为逻辑斯谛回归. 在剂量反应设置及其他应用中, 常用正态分布函数 $\varPhi$ 代替 logit 连接函数, 即 $g(p_i)=\mathrm{probit}(p_i)=\varPhi^{-1}(p_i)$, 这样

的模型叫做 probit 回归, 连接函数为 probit 连接函数.

对于大部分数据, 每列 $\boldsymbol{x}_i$ 与 m_i 个响应变量有关, 通常表示为 $(\boldsymbol{x}_i, Y_{i1}, Y_{i2}, \cdots, Y_{im_i})$, $i=1,2,\cdots,n$. 当 $Y_{i1}, Y_{i2}, \cdots, Y_{im_i}$ 独立同分布于参数为 p 的伯努利分布, 从信息充分性的角度考虑, 可以进一步简化为 $(\boldsymbol{x}_i, \bar{Y}_{i\cdot})$, $i=1,2,\cdots,n$, 其中 $\bar{Y}_{i\cdot}=m_i^{-1}\sum_{j=1}^{m_i} Y_{ij}$. 在这个例子中, $\bar{Y}_{i\cdot}$ 服从 (6.8) 的模型, 但 $\boldsymbol{V}=\operatorname{diag}\{m_1p_1(1-p_1), m_2p_2(1-p_2), \cdots, m_np_n(1-p_n)\}$, $a_i(\phi)=1/m_i$, 相应的 $c(Y_i,\phi)$ 也不同, 除此外其他与伯努利数据一样.

伯努利响应变量 $Y_{i1}, Y_{i2}, \cdots, Y_{im_i}$ 通常通过整群抽样获取样本, 这违反了独立性的假设, 往往会导致两两正相关 (如 $\bar{Y}_{i\cdot}$ 为给定时间段家庭成员感染流感的比例). 此时 $m_i\bar{Y}_{i\cdot}$ 不服从二项分布, 而是过度散度的变量. 在广义线性模型表达式中, 令 $a_i(\phi)=\phi/m_i$, 可得 $\operatorname{Var}(\bar{Y}_{i\cdot})=\phi p_i(1-p_i)/m_i$, $\boldsymbol{V}=\operatorname{diag}\{m_1p_1(1-p_1), m_2p_2(1-p_2), \cdots, m_np_n(1-p_n)\}/\phi$.

(3) 泊松数据. $b(\theta_i)=\mathrm{e}^{\theta_i}$, $a_i(\phi)=1$, 因此 $b'(\theta_i)=\mathrm{e}^{\theta_i}$. 由 b' 的反函数可得典则连接函数 $g(\mu_i)=\ln\mu_i$, 用 $\mathrm{e}^{\boldsymbol{x}_i^{\mathrm{T}}\boldsymbol{\beta}}$ 对 μ_i 建模. 另外 Y_i 的方差为 μ_i, 通常被假定为泊松的数据实际都是过度散度的, 所以有必要加入散度参数 ϕ, 从而 $\operatorname{Var}(Y_i)=\phi\mu_i$.

4. 广义线性混合模型 (GLMM)

近年来很多的研究工作将广义线性模型推广到包括随机效应成分的情形. 这些扩展模型中有一类关于随机效应向量 $\boldsymbol{U}$ 的广义线性模型结构. 也就是说, 因变量 Y_i 对数条件密度的形式如下:

$$\ln f_{Y_i|\boldsymbol{U}}(y_i|\boldsymbol{U},\boldsymbol{x}_i,\boldsymbol{z}_i,\boldsymbol{\beta},\tau)=\big[y_i\eta_i-b(\eta_i)\big]/\tau+c(y_i,\tau),$$

其中 $\eta_i=\boldsymbol{x}_i^{\mathrm{T}}\boldsymbol{\beta}+\boldsymbol{z}_i^{\mathrm{T}}\boldsymbol{U}$, $\boldsymbol{x}_i,\boldsymbol{z}_i$ 是已知非随机的观测, 通过增加 $\boldsymbol{z}_i^{\mathrm{T}}\boldsymbol{U}$ 提高了模型的预测能力. 为了估计模型中的参数需要对随机效应施加一些条件. 具体而言, 假设随机效应的密度函数为 $f_{\boldsymbol{u}}(\boldsymbol{u};\boldsymbol{\nu})$, 这里 $\boldsymbol{\nu}$ 是参数的向量. 这类模型被称为广义线性混合模型 (GLMM). 在正态分布的假设下, 可得到常见的线性混合模型 $Y_i=\boldsymbol{x}_i^{\mathrm{T}}\boldsymbol{\beta}+\boldsymbol{z}_i^{\mathrm{T}}\boldsymbol{U}+e_i$. 若假设 Y_i 是条件独立, 那么观测变量 $Y_1,Y_2,\cdots,Y_n$ 的似然为

$$L(\boldsymbol{\beta},\tau,\boldsymbol{\nu}|\{y_i,\boldsymbol{x}_i,\boldsymbol{z}_i\}_{i=1}^n)=\int\prod_{i=1}^n f_{Y_i|\boldsymbol{u}}(y_i|\boldsymbol{u},\boldsymbol{x}_i,\boldsymbol{z}_i,\boldsymbol{\beta},\tau)f_{\boldsymbol{u}}(\boldsymbol{u};\boldsymbol{\nu})\mathrm{d}u,$$

因为 $\boldsymbol{U}$ 是不可观测的, 并且似然是关于观测数据的密度, 所以关于 u 的积分是必需的. 在正常情况下, 积分是易处理的, 但是通常情况下这一似然是不容易计算或最大化的.

5. 加速失效模型 (AFM)

加速失效模型包含了一个有关于截尾数据的回归模型类. 针对随机右删失的例子, 加速失效模型如下:

$$\ln T_i=x_i^{\mathrm{T}}\boldsymbol{\beta}+\sigma e_i,$$

其中观测时间 $Y_i=\min\{\ln T_i,\ln R_i\}$, 并且假设 R_i 与 T_i 是相互独立的截尾时间. 关于误差项 e_i 的典型分布可以是标准正态分布、逻辑斯谛分布, 或标准指数分布随机变量取对数的密度,

具体而言, 误差项的分布如下:

$$f_e(z) = \mathrm{e}^z \mathrm{e}^{-\mathrm{e}^z}, \quad -\infty < z < \infty.$$

加速失效模型的名字来源于这样一个事实, 对于失效时间 $T_i = \mathrm{e}^{\boldsymbol{x}_i^{\mathrm{T}}\boldsymbol{\beta}} \mathrm{e}^{\sigma e_i}$ 来说, $\boldsymbol{x}_i$ 的作用是加速或缩短失效时间. 记误差项的密度函数与分布函数分别为 f_e 与 F_e, 那么似然函数为

$$L(\boldsymbol{\beta}, \sigma | \{Y_i, \delta_i, \boldsymbol{x}_i\}_{i=1}^n) = \prod_{i=1}^n \left[\frac{1}{\sigma} f_e(r_i)\right]^{\delta_i} [1 - F_e(r_i)]^{1-\delta_i},$$

其中 $\delta_i = I(Y_i = \ln T_i)$, $r_i = (Y_i - \boldsymbol{x}_i^{\mathrm{T}}\boldsymbol{\beta})/\sigma$.

6.1.3 边际似然和条件似然

厌恶参数 (nuisance parameters) 的存在是所有参数模型建立似然时的一个共同问题, 尤其是当厌恶参数的数量很大时. 令参数向量为 $\boldsymbol{\theta}^{\mathrm{T}} = (\boldsymbol{\theta}_1^{\mathrm{T}}, \boldsymbol{\theta}_2^{\mathrm{T}})$, 其中 $\boldsymbol{\theta}_1$ 是维数较小的感兴趣参数, $\boldsymbol{\theta}_2$ 是维数较大的厌恶参数. 在小样本的情况下, 极大似然估计量通常是有偏的, 在大样本情况下估计量是不相合的. 为了解决这类问题, 这里提供两种建立似然的方法. 每一个方法都依赖于去寻找一个关于数据 Y 到 (W, V) 的一对一变换, 具体而言,

$$f_Y(y; \boldsymbol{\theta}_1, \boldsymbol{\theta}_2) = f_{W,V}(w, v; \boldsymbol{\theta}_1, \boldsymbol{\theta}_2) = f_V(v; \boldsymbol{\theta}_1) f_{W|V}(w|v; \boldsymbol{\theta}_1, \boldsymbol{\theta}_2), \tag{6.9}$$

或

$$f_Y(y; \boldsymbol{\theta}_1, \boldsymbol{\theta}_2) = f_{W,V}(w, v; \boldsymbol{\theta}_1, \boldsymbol{\theta}_2) = f_{W|V}(w|v; \boldsymbol{\theta}_1) f_V(v; \boldsymbol{\theta}_1, \boldsymbol{\theta}_2). \tag{6.10}$$

(6.9) 和 (6.10) 关于似然的因式分解有一个共同的重要特征, 就是每种方法分解后的第一部分仅包含感兴趣的参数. 在 (6.9) 中 V 的边际密度函数 $f_V(v; \boldsymbol{\theta}_1)$ 仅与 $\boldsymbol{\theta}_1$ 有关, 这样的密度函数称为*边际似然函数*. 同样的, 在 (6.10) 中, 在 V 给定条件下 W 的密度函数, 边际似然函数 $f_{W|V}(w|v; \boldsymbol{\theta}_1)$ 仅与 $\boldsymbol{\theta}_1$ 有关. 这两种形式的似然变换在实践中都很重要, 基于这类边际似然, 即可得到条件似然的推断.

1. 边际似然

一个边际似然方法可以用来发现一个统计量 V, 其分布是不受厌恶参数 $\boldsymbol{\theta}_2$ 的影响的. (6.9) 的记号有助于得到一个更宽的视角, 但是不一定要精确地找到 W. 例如从一个二元正态对的样本中给出了样本相关系数 r 的分布. r 的边际分布仅仅依赖于基础相关系数 ρ, 进而推出近似边际最大似然估计量 $\hat{\rho} = r[1 - (1 - r^2)/2n]$. 注意, 这里不需要去寻找补充 V 的 W. 一般说来寻找补充的变量 W 的主要原因也许是为了更直观地观察仅使用 V 不能表示的信息. 可惜并没有一个寻找恰当边际似然的普遍方法. 但是, 当条件似然能够使用充分统计量时, 情况就变得不同了.

2. 逻辑斯谛测量误差模型

假设, 真实预测元是 X, 可观测的预测元为 W, 那么二元响应变量 Y 的条件分布可以使用逻辑斯谛测量误差模型建模,

$$P(Y=1|X)=F(\alpha+\beta X),$$
$$W=X+U,$$

这里 F 是逻辑斯谛分布函数 $F(t)=(1+\exp\{-t\})^{-1}$, 测量误差 $U\sim N(0,\sigma_u^2)$, 方差 σ_u^2 已知且独立于 X 和 Y. 观测数据构成了独立二元组 $(Y_i,W_i),i=1,2,\cdots,n$. 其中感兴趣的参数是 α 和 β. 模型中由于 $X_1,X_2,\cdots,X_n$ 不能被直接观测, 因此可将其视为未知的厌恶参数. 而且, $X_1,X_2,\cdots,X_n$ 是独立同分布的随机变量.

不难看出, 统计量 $T_i=W_i+(Y_i-1/2)\sigma_u^2\beta$ 对于模型中的未观测 X_i 来说是充分统计量, 模型中的 X_i 被认为是参数, 并且认为 β 是已知的. 给定 T_i 的 (Y_i,W_i) 的条件分布由给定 T_i 条件下的 Y_i 的条件分布所决定, 这可以被表示为

$$P(Y_i=y|T_i=t)=yF(\alpha+\beta t)+(1-y)[1-F(\alpha+\beta t)].$$

为了得到估计方程, 需要对似然求偏导,

$$\frac{\partial}{\partial(\alpha,\beta)^{\mathrm{T}}}\log\{P(Y_i=y|T_i=t)\}=[y-F(\alpha+\beta t)]\begin{pmatrix}1\\t\end{pmatrix},$$

进而得到估计方程

$$\sum_{i=1}^{n}[Y_i-F(\alpha+\beta T_i(\beta))]\begin{pmatrix}1\\T_i(\beta)\end{pmatrix}=\begin{pmatrix}0\\0\end{pmatrix}.$$

这里将 T_i 替换成 $(T_i(\beta))$ 说明条件统计量与参数 β 有关. 显然, 估计方程是无偏的, 且属于 M-估计类, 因此估计量的理论性质得到了很好的保证.

3. 指数分布族的一般形式

之前提到的例子都可看作是指数分布族的特例, 其一般形式如下:

$$f(y;\boldsymbol{\theta}_1,\boldsymbol{\theta}_2)=h(y)\exp\left\{\Sigma\theta_{1i}W_i+\Sigma\theta_{2j}V_j-A(\boldsymbol{\theta}_1,\boldsymbol{\theta}_2)\right\},$$

那么, 在给定 V 时 W 的条件分布就是仅与 $\boldsymbol{\theta}_1$ 有关的指数族分布. 原则上讲, 指数分布族通常能提供一个寻找 W 和 V 的自动过程. 这一过程实施起来并不容易, 但其得出的结果有着优良的统计性质.

4. 条件逻辑斯谛回归

对于二元独立随机变量 Y_i 来说, 标准逻辑斯谛回归模型是

$$P(Y_i=1)=p_i(x_i,\boldsymbol{\beta})=\frac{1}{1+\exp\{-x_i^{\mathrm{T}}\boldsymbol{\beta}\}}=\frac{\exp\{x_i^{\mathrm{T}}\boldsymbol{\beta}\}}{1+\exp\{x_i^{\mathrm{T}}\boldsymbol{\beta}\}},$$

对应的似然为

$$L(\boldsymbol{\beta}|\boldsymbol{Y},\boldsymbol{X})=\prod_{i=1}^{n}p_i(\boldsymbol{x}_i,\boldsymbol{\beta})^{Y_i}[1-p_i(\boldsymbol{x}_i,\boldsymbol{\beta})]^{1-Y_i}$$

$$
\begin{aligned}
&= \prod_{i=1}^{n}\left(\frac{\exp\{\boldsymbol{x}_i^{\mathrm{T}}\boldsymbol{\beta}\}}{1+\exp\{\boldsymbol{x}_i^{\mathrm{T}}\boldsymbol{\beta}\}}\right)^{Y_i}\left(1-\frac{\exp\{\boldsymbol{x}_i^{\mathrm{T}}\boldsymbol{\beta}\}}{1+\exp\{\boldsymbol{x}_i^{\mathrm{T}}\boldsymbol{\beta}\}}\right)^{1-Y_i}\\
&= \exp\left\{\sum_{i=1}^{n} Y_i(\boldsymbol{x}_i^{\mathrm{T}}\boldsymbol{\beta})\right\}\Bigg/\prod_{i=1}^{n}(1+\exp\{\boldsymbol{x}_i^{\mathrm{T}}\boldsymbol{\beta}\})\\
&= c(\boldsymbol{X},\boldsymbol{\beta})\exp\left\{\sum_{j=1}^{p}\beta_j T_j\right\},
\end{aligned}
$$

这里 $T_j=\sum_{i=1}^{n}x_{ij}Y_i, j=1,2,\cdots,p$, 对于指数族来说是充分统计量. 进一步, 假设 $\theta_1=\beta_k$ 是感兴趣的参数, 其他视为厌恶参数. 令 $W_1=T_k=\sum_{i=1}^{n}x_{ik}Y_i$ 和 $\boldsymbol{V}=(T_1,\cdots,T_{k-1},T_{k+1},\cdots,T_p)^{\mathrm{T}}$, 感兴趣的条件密度函数为

$$
\begin{aligned}
&P(T_k=t_k|T_1=t_1,\cdots,T_{k-1}=t_{k-1},T_{k+1}=t_{k+1},\cdots,T_p=t_p)\\
&=\frac{c(t_1,t_2,\cdots,t_p)\exp\{\beta_k t_k\}}{\sum_{u} c(t_1,t_2,\cdots,t_{k-1},u,t_{k+1},\cdots,t_p)\exp\{\beta_k u\}}
\end{aligned}
$$

仅与 β_k 相关.

6.1.4 拟似然函数 (QL)

如果已指定广义线性模型 (GLM) 的随机部分, 那么可以使用似然函数, 并且估计模型参数的极大似然方法理论已经较为完善. 在 GLM 中, 响应变量服从指数分布族下的特定概率分布. 对于许多具有非正态误差的 GLMs, 例如误差服从作为均值的固定函数的泊松分布或者二项分布, 散度参数不能独立地变化. 因此, 这在一定程度上限制了 GLM 的使用. 在这种情况下, 便需要基于拟似然的模型, 而不需要精确的似然.

拟似然法依赖于前两阶矩, 其中, 二阶矩表示为一阶矩的函数. 值得注意的是, 如果一个分布的真实似然函数存在, 但该分布并不属于指数分布族, 那么拟似然函数与似然函数也可以交换使用. 因此, 在没有指定 GLMs 的随机部分为指数分布族中哪个分布的情况下, 或者在概率分布不属于指数分布族的某些情况下, 一种可能的估计方法是使用拟似然估计法. 拟似然方法, 利用估计方程估计均值模型中的参数. 由于数据或应用似然函数所需的假设存在这些局限性, 需要扩展似然理论来解决这些问题, 以扩大统计建模的范围. 因此, 如果知道数据的类型 (如离散的、连续的、分类的)、偏度的模式、均值与方差的函数关系等, 那么就可以使用拟似然法来获得估计方程.

在广义线性模型中. 如果模型的随机部分 (即概率密度函数或概率质量函数) 未知, 或者该分布不属于指数分布族, 那么不能使用指数分布族进行建模, 也不能使用标准的 GLM 过程进行参数估计. 在这种情形下, 将参数与观测有关的函数定义为

$$Q(\mu, y) = \int_y^\mu \frac{(y-t)}{a(\phi)V(t)}\mathrm{d}t. \tag{6.11}$$

这便是拟似然函数, 或更确切地说是拟对数似然函数.

6.1.5 拓展拟似然 (EQL) 和伪似然 (PL)

拟似然函数的 Wedderburn 形式可用于比较相同数据中的不同的线性预测因子或连接函数, 但其无法用于比较不同的方差函数, 因此我们需要拓展拟似然函数 (EQL). 最简单的表达形式是写成相应的拓展拟偏差 D^+,

$$D^+ = \sum_{i=1}^n d_i/\phi_i + \sum_{i=1}^n \ln(2\pi\phi_i V(y_i)), \tag{6.12}$$

其中, ϕ_i 为分散系数, $V(y)$ 为方差函数. 在公式 (6.12) 中, 我们可以认为 ϕ 是已知的, 在这种情况下, 我们得到的是具有 ϕ 分散系数的 GLM 的偏差; 另外, 我们可以认为 μ、d 是已知的, 在这种情况下得到的是伽马形式分散模型的拟似然. 因此可以用扩展拟似然作为模型均值和分散系数的最小化准则. 该估计称为极大扩展拟似然 (MEQL).

伪似然 (PL) 给出了一个类似的拓展形式的偏差,

$$D_p = \Sigma X^2/\phi + \Sigma\ln(2\pi\phi V(\mu)), \tag{6.13}$$

其中, X^2 为观测值的皮尔逊-χ^2 统计量. 可以通过正态似然函数得到其方差是均值的函数.

6.2 极大似然估计与评估

似然构造好后就可以对参数进行推断. 基于似然的参数估计、假设检验、置信区间及其他方法论在实践中都起到了重要作用. 在很多情况下, 这一方法论是统计推断很自然的着手点. 这一理论的中心构成是信息矩阵 $\boldsymbol{\mathcal{I}}(\boldsymbol{\theta})$. 这样, 在对 $\hat{\boldsymbol{\theta}}_{\mathrm{MLE}}, \boldsymbol{\mathcal{I}}(\boldsymbol{\theta})$ 的定义, 以及相关的似然估计方法简短介绍后, 将集中精力在 $\boldsymbol{\mathcal{I}}(\boldsymbol{\theta})$ 的计算上, 然后接着去发现 $\hat{\boldsymbol{\theta}}_{\mathrm{MLE}}$ 的思想.

假设 $\{\boldsymbol{x}_i\}_{i=1}^n$ 是一组独立同分布的取自密度函数为 $f(\boldsymbol{x};\boldsymbol{\theta})$ 的总体的样本, 记 $\mathcal{X} = (\boldsymbol{x}_1, x_2, \cdots, \boldsymbol{x}_n)^{\mathrm{T}}$ 为样本观测矩阵. 现在的目标是估计 $\boldsymbol{\theta} \in \mathbf{R}^p$, $\boldsymbol{\theta}$ 是一个未知的参数向量. 似然函数定义为观察值的联合密度函数 $L(\mathcal{X};\boldsymbol{\theta})$, 它是 $\boldsymbol{\theta}$ 的函数

$$L(\boldsymbol{\theta};\mathcal{X}) = \prod_{i=1}^n f(\boldsymbol{x}_i;\boldsymbol{\theta}).$$

$\boldsymbol{\theta}$ 的极大似然估计定义为

$$\hat{\boldsymbol{\theta}}_{\mathrm{MLE}} = \arg\max_{\boldsymbol{\theta}} L(\boldsymbol{\theta};\mathcal{X}).$$

通常最大化对数似然函数会更容易求解

$$\ell(\boldsymbol{\theta};\mathcal{X}) = \ln L(\boldsymbol{\theta};\mathcal{X}).$$

似然函数和对数似然函数的解是等价的, 因为对数函数是单调的, 并且是一一映射. 即有

$$\hat{\boldsymbol{\theta}}_{\mathrm{MLE}} = \arg\max_{\boldsymbol{\theta}} L(\boldsymbol{\theta}; \mathcal{X}) = \arg\max_{\boldsymbol{\theta}} \ell(\boldsymbol{\theta}; \mathcal{X}).$$

在实践中, 通常会注意那些连续可微的似然. 也就是说, $\ell'(\boldsymbol{\theta}) = \partial \ln L(\boldsymbol{\theta}|\mathcal{X})/\partial \boldsymbol{\theta}$ 偏导数 (梯度) 向量, 同时对于所有的 $\boldsymbol{\theta}$ 都连续. 对数似然求偏导得到似然得分函数, $\boldsymbol{s}(\boldsymbol{\theta}) = \ell'(\boldsymbol{\theta})$ 在似然推断中扮演了重要的角色, 当为了强调对数据的依赖时, 也可以用 $\boldsymbol{s}(\boldsymbol{\theta}, \mathcal{X})$ 表示. 因此为了以后的参考, 我们定义

$$\boldsymbol{s}(\boldsymbol{\theta}) = \boldsymbol{s}(\boldsymbol{\theta}, \mathcal{X}) = \ell'(\boldsymbol{\theta}) = \frac{\partial \ln L(\boldsymbol{\theta}|\mathcal{X})}{\partial \boldsymbol{\theta}}.$$

这里指出 $\boldsymbol{s}(\boldsymbol{\theta}), \boldsymbol{\theta}$ 有相同的维数.

通常, 在 $L(\boldsymbol{\theta}|Y)$ 的极大值可以获得时, 极大似然估计量 $\hat{\boldsymbol{\theta}}_{\mathrm{MLE}}$ 就是 $\boldsymbol{\theta}$ 的值, 也就是

$$L(\hat{\boldsymbol{\theta}}_{\mathrm{MLE}}|\boldsymbol{Y}) \geqslant L(\boldsymbol{\theta}|\boldsymbol{Y}), \quad \text{对所有}\boldsymbol{\theta} \in \Theta, \tag{6.14}$$

在对数似然连续可微的假设下, 任何满足 (6.14) 的 $\hat{\boldsymbol{\theta}}_{\mathrm{MLE}}$ 也满足似然方程

$$\boldsymbol{s}(\hat{\boldsymbol{\theta}}_{\mathrm{MLE}}) = \boldsymbol{0}. \tag{6.15}$$

在计算 $\hat{\boldsymbol{\theta}}_{\mathrm{MLE}}$ 时, 有时可以计算出 $\hat{\boldsymbol{\theta}}_{\mathrm{MLE}}$ 的显式表达式, 但是在许多情形下, 都无法得到显式表达式, 因此会使用牛顿–拉弗森迭代技术. 事实上, 一个满足 (6.14) 的有限 $\hat{\boldsymbol{\theta}}_{\mathrm{MLE}}$ 似然是不存在的, 但是, 通过使用 (6.15) 式得到一个局部最大值. 此外, 以似然为基础的推断思想所得到的渐近性质都由 $\boldsymbol{s}(\hat{\boldsymbol{\theta}}_{\mathrm{MLE}}) = \boldsymbol{0}$ 这一事实所产生. 理论上说, 满足 (6.14) 或者解 (6.15) 得到的 $\hat{\boldsymbol{\theta}}_{\mathrm{MLE}}$ 是唯一的.

6.2.1 多元正态的似然估计

1. 均值向量的估计

考虑一个来自 $N_p(\boldsymbol{\theta}, \boldsymbol{I}_p)$ 的样本 $\{\boldsymbol{x}_i\}_{i=1}^n$, 其中 $\boldsymbol{I}_p$ 为 p 阶单位矩阵, 其概率密度函数为

$$f(\boldsymbol{x}; \boldsymbol{\theta}) = (2\pi)^{-p/2} \exp\left\{-\frac{1}{2}(\boldsymbol{x}-\boldsymbol{\theta})^{\mathrm{T}}(\boldsymbol{x}-\boldsymbol{\theta})\right\},$$

其中 $\boldsymbol{\theta} \in \mathbf{R}^p$ 是均值向量参数. 对数似然函数为

$$\ell(\mathcal{X}; \boldsymbol{\theta}) = \sum_{i=1}^n \ln(f(\boldsymbol{x}_i; \boldsymbol{\theta})) = \ln(2\pi)^{-np/2} - \frac{1}{2}\sum_{i=1}^n (\boldsymbol{x}_i-\boldsymbol{\theta})^{\mathrm{T}}(\boldsymbol{x}_i-\boldsymbol{\theta}). \tag{6.16}$$

令 $\bar{\boldsymbol{x}} = n^{-1}\sum_{i=1}^n \boldsymbol{x}_i$, 那么

$$(\boldsymbol{x}_i-\boldsymbol{\theta})^{\mathrm{T}}(\boldsymbol{x}_i-\boldsymbol{\theta}) = (\boldsymbol{x}_i-\bar{\boldsymbol{x}})^{\mathrm{T}}(\boldsymbol{x}_i-\bar{\boldsymbol{x}}) + (\bar{\boldsymbol{x}}-\boldsymbol{\theta})^{\mathrm{T}}(\bar{\boldsymbol{x}}-\boldsymbol{\theta}) + 2(\bar{\boldsymbol{x}}-\boldsymbol{\theta})^{\mathrm{T}}(\boldsymbol{x}_i-\bar{\boldsymbol{x}}).$$

将这些项基于 $i = 1, 2, \cdots, n$ 相加, 可得

$$\sum_{i=1}^n (\boldsymbol{x}_i-\boldsymbol{\theta})^{\mathrm{T}}(\boldsymbol{x}_i-\boldsymbol{\theta}) = \sum_{i=1}^n (\boldsymbol{x}_i-\bar{\boldsymbol{x}})^{\mathrm{T}}(\boldsymbol{x}_i-\bar{\boldsymbol{x}}) + n(\bar{\boldsymbol{x}}-\boldsymbol{\theta})^{\mathrm{T}}(\bar{\boldsymbol{x}}-\boldsymbol{\theta}).$$

因此有

$$\ell(\mathcal{X};\boldsymbol{\theta})=\ln(2\pi)^{-np/2}-\frac{1}{2}\sum_{i=1}^{n}(\boldsymbol{x}_i-\bar{\boldsymbol{x}})^{\mathrm{T}}(\boldsymbol{x}_i-\bar{\boldsymbol{x}})-\frac{n}{2}(\bar{\boldsymbol{x}}-\boldsymbol{\theta})^{\mathrm{T}}(\bar{\boldsymbol{x}}-\boldsymbol{\theta}).$$

只有最后一项依赖于 $\boldsymbol{\theta}$, 求解的 $\hat{\boldsymbol{\theta}}=\hat{\boldsymbol{\mu}}=\bar{\boldsymbol{x}}$. 因此, $\bar{\boldsymbol{x}}$ 是此概率密度函数族 $f(\boldsymbol{x},\boldsymbol{\theta})$ 中 $\boldsymbol{\theta}$ 的极大似然估计.

2. 均值向量与协方差矩阵的估计

之前的内容考虑协方差已知时对均值向量进行估计, 下面考虑协方差未知的情形, 并对 $\boldsymbol{\mu}$ 和 $\boldsymbol{\Sigma}$ 同时估计. 假定 $\{\boldsymbol{x}_i\}_{i=1}^n$ 是从正态分布总体 $N_p(\boldsymbol{\mu},\boldsymbol{\Sigma})$ 得到的样本. 这里 $\boldsymbol{\theta}=(\boldsymbol{\mu},\boldsymbol{\Sigma})$, $\boldsymbol{\Sigma}$ 可以理解为一个向量. 根据 $\boldsymbol{\Sigma}$ 对称性, 未知参数 $\boldsymbol{\theta}$ 实际上是 $p+\dfrac{1}{2}p(p+1)$ 维的, 则有

$$L(\mathcal{X};\boldsymbol{\theta})=\det(2\pi\boldsymbol{\Sigma})^{-n/2}\exp\left\{-\frac{1}{2}\sum_{i=1}^{n}(\boldsymbol{x}_i-\boldsymbol{\mu})^{\mathrm{T}}\boldsymbol{\Sigma}^{-1}(\boldsymbol{x}_i-\boldsymbol{\mu})\right\},\tag{6.17}$$

$$\ell(\mathcal{X};\boldsymbol{\theta})=-\frac{n}{2}\ln\det(2\pi\boldsymbol{\Sigma})-\frac{1}{2}\sum_{i=1}^{n}(\boldsymbol{x}_i-\boldsymbol{\mu})^{\mathrm{T}}\boldsymbol{\Sigma}^{-1}(\boldsymbol{x}_i-\boldsymbol{\mu}),\tag{6.18}$$

注意到 $(\boldsymbol{x}_i-\bar{\boldsymbol{x}}+\bar{\boldsymbol{x}}-\boldsymbol{\mu})^{\mathrm{T}}\boldsymbol{\Sigma}^{-1}(\boldsymbol{x}_i-\bar{\boldsymbol{x}}+\bar{\boldsymbol{x}}-\boldsymbol{\mu})$ 展开可得

$$(\boldsymbol{x}_i-\bar{\boldsymbol{x}})^{\mathrm{T}}\boldsymbol{\Sigma}^{-1}(\boldsymbol{x}_i-\bar{\boldsymbol{x}})+(\bar{\boldsymbol{x}}-\boldsymbol{\mu})^{\mathrm{T}}\boldsymbol{\Sigma}^{-1}(\bar{\boldsymbol{x}}-\boldsymbol{\mu})+2(\bar{\boldsymbol{x}}-\boldsymbol{\mu})^{\mathrm{T}}\boldsymbol{\Sigma}^{-1}(\boldsymbol{x}_i-\bar{\boldsymbol{x}}).$$

将这些项基于 $i=1,2,\cdots,n$ 相加, 我们可以得到

$$\sum_{i=1}^{n}(\boldsymbol{x}_i-\boldsymbol{\mu})^{\mathrm{T}}\boldsymbol{\Sigma}^{-1}(\boldsymbol{x}_i-\boldsymbol{\mu})=\sum_{i=1}^{n}(\boldsymbol{x}_i-\bar{\boldsymbol{x}})^{\mathrm{T}}\boldsymbol{\Sigma}^{-1}(\boldsymbol{x}_i-\bar{\boldsymbol{x}})+n(\bar{\boldsymbol{x}}-\boldsymbol{\mu})^{\mathrm{T}}\boldsymbol{\Sigma}^{-1}(\bar{\boldsymbol{x}}-\boldsymbol{\mu}).$$

另外, 由矩阵迹的性质可知

$$(\boldsymbol{x}_i-\bar{\boldsymbol{x}})^{\mathrm{T}}\boldsymbol{\Sigma}^{-1}(\boldsymbol{x}_i-\bar{\boldsymbol{x}})=\operatorname{tr}((\boldsymbol{x}_i-\bar{\boldsymbol{x}})^{\mathrm{T}}\boldsymbol{\Sigma}^{-1}(\boldsymbol{x}_i-\bar{\boldsymbol{x}}))=\operatorname{tr}(\boldsymbol{\Sigma}^{-1}(\boldsymbol{x}_i-\bar{\boldsymbol{x}})(\boldsymbol{x}_i-\bar{\boldsymbol{x}})^{\mathrm{T}}).$$

因此, 将指标 i 的项依次相加, 可最终得到

$$\begin{aligned}\sum_{i=1}^{n}(\boldsymbol{x}_i-\boldsymbol{\mu})^{\mathrm{T}}\boldsymbol{\Sigma}^{-1}(\boldsymbol{x}_i-\boldsymbol{\mu})&=\operatorname{tr}\left(\boldsymbol{\Sigma}^{-1}\sum_{i=1}^{n}(\boldsymbol{x}_i-\bar{\boldsymbol{x}})(\boldsymbol{x}_i-\bar{\boldsymbol{x}})^{\mathrm{T}}\right)+n(\bar{\boldsymbol{x}}-\boldsymbol{\mu})^{\mathrm{T}}\boldsymbol{\Sigma}^{-1}(\bar{\boldsymbol{x}}-\boldsymbol{\mu})\\&=\operatorname{tr}\left(\boldsymbol{\Sigma}^{-1}n\mathcal{S}\right)+n(\bar{\boldsymbol{x}}-\boldsymbol{\mu})^{\mathrm{T}}\boldsymbol{\Sigma}^{-1}(\bar{\boldsymbol{x}}-\boldsymbol{\mu}).\end{aligned}$$

其中 $\mathcal{S}=n^{-1}\sum\limits_{i=1}^{n}(\boldsymbol{x}_i-\bar{\boldsymbol{x}})(\boldsymbol{x}_i-\bar{\boldsymbol{x}})^{\mathrm{T}}$, 则 $N_p(\boldsymbol{\mu},\boldsymbol{\Sigma})$ 的对数似然函数可写为

$$\ell(\mathcal{X};\boldsymbol{\theta})=-\frac{n}{2}\ln\det(2\pi\boldsymbol{\Sigma})-\frac{n}{2}\operatorname{tr}(\boldsymbol{\Sigma}^{-1}\mathcal{S})-\frac{n}{2}(\bar{\boldsymbol{x}}-\boldsymbol{\mu})^{\mathrm{T}}\boldsymbol{\Sigma}^{-1}(\bar{\boldsymbol{x}}-\boldsymbol{\mu}).$$

分别对未知参数向量、矩阵求导即可得到估计值, 极大似然估计为

$$\hat{\boldsymbol{\mu}} = \bar{\boldsymbol{x}}, \quad \hat{\boldsymbol{\Sigma}} = \mathcal{S}.$$

$\hat{\boldsymbol{\Sigma}}$ 推导需要矩阵求导的知识, 比较复杂, 此处推导过程省略. 此处注意, 此处 $\mathcal{S}$ 是有偏估计量, 无偏估计量为 $\dfrac{n}{n-1}\mathcal{S}$.

6.2.2 线性模型的参数估计

1. 一般线性模型的估计

下面讲述用极大似然法求解简单的线性回归模型中相关参数的问题, 并请读者将其与传统的最小二乘法作比较, 有何异同.

考虑线性回归模型 $y_i = \boldsymbol{x}_i^{\mathrm{T}}\boldsymbol{\beta}+\boldsymbol{\varepsilon}_i, \boldsymbol{x}_i \in \mathbf{R}^p, i = 1, 2, \cdots, n$, 其中 $\boldsymbol{\varepsilon}_i$ 独立同分布于 $N(0, \sigma^2)$. 这里 $\boldsymbol{\theta} = (\boldsymbol{\beta}^{\mathrm{T}}, \sigma)^{\mathrm{T}}$ 是一个 $p+1$ 维的参数向量. 记

$$\boldsymbol{y} = \begin{pmatrix} y_1 \\ y_2 \\ \vdots \\ y_n \end{pmatrix}, \quad \mathcal{X} = \begin{pmatrix} \boldsymbol{x}_1^{\mathrm{T}} \\ \boldsymbol{x}_2^{\mathrm{T}} \\ \vdots \\ \boldsymbol{x}_n^{\mathrm{T}} \end{pmatrix},$$

那么

$$L(\boldsymbol{y}, \mathcal{X}; \boldsymbol{\theta}) = \prod_{i=1}^{n} \frac{1}{\sqrt{2\pi}\sigma} \exp\left\{-\frac{1}{2\sigma^2}(y_i - \boldsymbol{x}_i^{\mathrm{T}}\boldsymbol{\beta})^2\right\},$$

$$\begin{aligned}
\ell(y, \mathcal{X}; \boldsymbol{\theta}) &= \ln\left(\frac{1}{(2\pi)^{n/2}\sigma^n}\right) - \frac{1}{2\sigma^2}\sum_{i=1}^{n}(y_i - \boldsymbol{x}_i^{\mathrm{T}}\boldsymbol{\beta})^2 \\
&= -\frac{n}{2}\ln(2\pi) - n\ln\sigma - \frac{1}{2\sigma^2}(\boldsymbol{y} - \mathcal{X}\boldsymbol{\beta})^{\mathrm{T}}(\boldsymbol{y} - \mathcal{X}\boldsymbol{\beta}) \\
&= -\frac{n}{2}\ln(2\pi) - n\ln\sigma - \frac{1}{2\sigma^2}(\boldsymbol{y}^{\mathrm{T}}\boldsymbol{y} + \boldsymbol{\beta}^{\mathrm{T}}\mathcal{X}^{\mathrm{T}}\mathcal{X}\boldsymbol{\beta} - 2\boldsymbol{\beta}^{\mathrm{T}}\mathcal{X}^{\mathrm{T}}\boldsymbol{y}).
\end{aligned}$$

关于参数求偏导, 可得

$$\frac{\partial}{\partial\boldsymbol{\beta}}\ell = -\frac{1}{2\sigma^2}(2\mathcal{X}^{\mathrm{T}}\mathcal{X}\boldsymbol{\beta} - 2\mathcal{X}^{\mathrm{T}}\boldsymbol{y}), \tag{6.19}$$

$$\frac{\partial}{\partial\sigma}\ell = -\frac{n}{\sigma} + \frac{1}{\sigma^3}[(\boldsymbol{y} - \mathcal{X}\boldsymbol{\beta})^{\mathrm{T}}(\boldsymbol{y} - \mathcal{X}\boldsymbol{\beta})]. \tag{6.20}$$

注意, 此处 $\dfrac{\partial}{\partial\boldsymbol{\beta}}$ 表示对 $\boldsymbol{\beta}$ 所有分量求导得到的向量 (梯度), (6.19) 式只与 $\boldsymbol{\beta}$ 有关, 故可从中得到 $\hat{\boldsymbol{\beta}}$,

$$\mathcal{X}^{\mathrm{T}}\mathcal{X}\hat{\boldsymbol{\beta}} = \mathcal{X}^{\mathrm{T}}\boldsymbol{y} \Rightarrow \hat{\boldsymbol{\beta}} = (\mathcal{X}^{\mathrm{T}}\mathcal{X})^{-1}\mathcal{X}^{\mathrm{T}}\boldsymbol{y}.$$

再将所得的 $\hat{\boldsymbol{\beta}}$ 代入 (6.20) 式可得

$$\frac{n}{\hat{\sigma}}=\frac{1}{\hat{\sigma}^3}(\boldsymbol{y}-\mathcal{X}\hat{\boldsymbol{\beta}})^{\mathrm{T}}(\boldsymbol{y}-\mathcal{X}\hat{\boldsymbol{\beta}})\Rightarrow\hat{\sigma}^2=\frac{1}{n}||\boldsymbol{y}-\mathcal{X}\hat{\boldsymbol{\beta}}||^2,$$

其中 $||\cdot||^2$ 即为欧几里得范数. 可以看出 $\hat{\boldsymbol{\beta}}$ 的 MLE 与最小二乘估计表达式相同. 方差估计量也为残差平方和到多元情形的推广

$$\hat{\sigma}^2=\frac{1}{n}\sum_1^n(y_i-\boldsymbol{x}_{\boldsymbol{i}}^{\mathrm{T}}\hat{\boldsymbol{\beta}})^2.$$

请注意, 当给定 $\boldsymbol{x}_i$ 时, 有

$$E(\boldsymbol{y})=\mathcal{X}\boldsymbol{\beta},\quad \mathrm{Var}(\boldsymbol{y})=\sigma^2\boldsymbol{I}_p.$$

因此, 利用矩的性质可得

$$E(\hat{\boldsymbol{\beta}})=(\mathcal{X}^{\mathrm{T}}\mathcal{X})^{-1}\mathcal{X}^{\mathrm{T}}E(\boldsymbol{y})=\boldsymbol{\beta},\quad \mathrm{Var}(\hat{\boldsymbol{\beta}})=\sigma^2(\mathcal{X}^{\mathrm{T}}\mathcal{X})^{-1}.$$

2. 广义线性模型的估计

回顾广义线性模型的似然函数, 假设 $\boldsymbol{y}=(y_1,y_2,\cdots,y_n)^{\mathrm{T}}$ 为均值为 $\boldsymbol{\mu}=(\mu_1,\mu_2,\cdots,\mu_n)^{\mathrm{T}}$ 且协方差矩阵为 $\mathrm{Var}(\boldsymbol{y})=a(\phi)\boldsymbol{V}(\boldsymbol{\mu})$ 的独立观测, 其中 $\boldsymbol{V}(\boldsymbol{\mu})=\boldsymbol{V}=\mathrm{diag}\{v(\mu_1),v(\mu_2),\cdots,v(\mu_n)\}$ 为已知的方差函数, $a(\phi)$ 为散度参数. 对数似然函数为

$$\ell(\boldsymbol{\theta},\phi,\boldsymbol{y})=\sum_{i=1}^n\ell(\theta_i,\phi,y_i)=\sum_{i=1}^n\left[(y_i\theta_i-b\left(\theta_i\right))/a(\phi)+c(y_i,\phi)\right],$$

其中 $\ell(\theta_i,\phi,y_i)=\ell_i$, 且 $g[E(y_i)]=g(\mu_i)=\boldsymbol{x}_i^{\mathrm{T}}\boldsymbol{\beta}$, $\boldsymbol{x}_i=(x_{i0},x_{i1},\cdots,x_{ip})^{\mathrm{T}}$, $x_{i0}=1$, 并且 $\boldsymbol{\beta}=(\beta_0,\beta_1,\cdots,\beta_p)^{\mathrm{T}}$. 为了估计参数 $\boldsymbol{\beta}$, 利用链式法则

$$\frac{\partial\ell_i}{\partial\beta_j}=\frac{\partial\ell_i}{\partial\theta_i}\times\frac{\partial\theta_i}{\partial\mu_i}\times\frac{\partial\mu_i}{\partial\eta_i}\times\frac{\partial\eta_i}{\partial\beta_j},$$

得到估计方程为

$$U_j=\frac{\partial\ell}{\partial\beta_j}=\sum_{i=1}^n\frac{(y_i-\mu_i)\,x_{ij}}{a(\phi)v\left(\mu_i\right)}\times\frac{\partial\mu_i}{\partial\eta_i}=0,\quad j=0,1,\cdots,p.$$

利用链式法则, 重新将对数似然函数的偏导数写为

$$\frac{\partial\ell_i}{\partial\beta_j}=\frac{\partial\ell_i}{\partial\theta_i}\times\frac{\partial\theta_i}{\partial\mu_i}\times\frac{\partial\mu_i}{\partial\beta_j},$$

其中 $\dfrac{\partial\mu_i}{\partial\beta_j}=\dfrac{\partial\mu_i}{\partial\eta_i}\times\dfrac{\partial\eta_i}{\partial\beta_j}$. 则估计方程为

$$\boldsymbol{U}(\boldsymbol{\beta})=\frac{\partial\ell}{\partial\boldsymbol{\beta}}=\sum_{i=1}^n\frac{\partial\mu_i}{\partial\boldsymbol{\beta}}\cdot\frac{y_i-\mu_i}{a(\phi)v\left(\mu_i\right)}=\boldsymbol{0},$$

即

$$\boldsymbol{U}(\boldsymbol{\beta})=\frac{\partial \ell}{\partial \boldsymbol{\beta}}=\boldsymbol{D}^{\mathrm{T}}\boldsymbol{V}^{-1}(\boldsymbol{y}-\boldsymbol{\mu})/a(\phi)=\mathbf{0}, \tag{6.21}$$

其中

$$\boldsymbol{D}=\left(\frac{\partial \mu_1}{\partial \boldsymbol{\beta}},\frac{\partial \mu_2}{\partial \boldsymbol{\beta}},\cdots,\frac{\partial \mu_n}{\partial \boldsymbol{\beta}}\right)^{\mathrm{T}}.$$

尽管估计方程 (6.21) 没有显式解, 但这里已得出得分函数 (梯度) 的表达式, 因此只需要利用梯度下降法或牛顿–拉弗森型算法就可得到估计. 理论上不难发现

$$E[\boldsymbol{U}(\boldsymbol{\beta})]=E\left[\sum_{i=1}^{n}\frac{\partial \mu_i}{\partial \beta}\cdot\frac{(y_i-\mu_i)}{a(\phi)v(\mu_i)}\right]=\mathbf{0},$$

$$\operatorname{Var}[\boldsymbol{U}(\boldsymbol{\beta})]=\boldsymbol{V}=\frac{1}{a(\phi)}\sum_{i=1}^{n}\frac{1}{v(\mu_i)}\cdot\frac{\partial \mu_i}{\partial \boldsymbol{\beta}}\left(\frac{\partial \mu_i}{\partial \boldsymbol{\beta}}\right)^{\mathrm{T}}.$$

重新整理得到

$$E(\boldsymbol{U})=E[\boldsymbol{D}^{\mathrm{T}}\boldsymbol{V}^{-1}(\boldsymbol{y}-\boldsymbol{\mu})/a(\phi)]=\mathbf{0},$$

$$\operatorname{Var}(\hat{\boldsymbol{\beta}})=\frac{1}{a(\phi)}\boldsymbol{D}^{\mathrm{T}}\boldsymbol{V}^{-1}\boldsymbol{D}.$$

3. 拟似然函数的估计

观测的响应变量不服从指数分布族时, 就要用到拟似然估计, 拟似然函数的定义见 (6.11) 式. 为了得到其得分函数需要对 $\boldsymbol{\mu}=(\mu_1,\mu_2,\cdots,\mu_n)^{\mathrm{T}}$ 求偏导得到

$$\frac{\partial Q}{\partial \mu_i}=\frac{y_i-\mu_i}{a(\phi)v(\mu_i)}. \tag{6.22}$$

不难看出拟似然的得分函数与广义线性模型的得分函数是类似的.

对于独立观测 $\boldsymbol{y}=(y_1,y_2,\cdots,y_n)^{\mathrm{T}}$, 拟对数似然函数可写为

$$Q(\boldsymbol{\mu},\boldsymbol{y})=\sum_{i=1}^{n}\int_{y_i}^{\mu_i}\frac{y_i-t_i}{a(\phi)V(t_i)}\mathrm{d}t_i,$$

即有

$$a(\phi)Q(\boldsymbol{\mu},\boldsymbol{y})=\sum_{i=1}^{n}\int_{y_i}^{\mu_i}\frac{y_i-t_i}{V(t_i)}\mathrm{d}t_i.$$

拟偏差定义为

$$D=2\sum_{i=1}^{n}\int_{y_i}^{\mu_i}\frac{y_i-t_i}{V(t_i)}\mathrm{d}t_i.$$

如果 $g(\mu_i)=\boldsymbol{x}_i^{\mathrm{T}}\boldsymbol{\beta}$, 但这个连接函数并不依赖于一个特定的概率分布, 而是依赖于均值和线性函数之间的经验关系. 那么可以进一步对单个观测扩展(6.22), 拟得分函数如下所示:

$$U(\boldsymbol{\beta}) = \frac{\partial Q}{\partial \boldsymbol{\beta}} = \sum_{i=1}^{n} \frac{\partial \mu_i}{\partial \boldsymbol{\beta}} \frac{y_i - \mu_i}{a(\phi)v(\mu_i)} = \mathbf{0}, \tag{6.23}$$

后续步骤与广义线性模型估计类似, 这里不再赘述.

4. 轮廓似然

轮廓似然 (profile-likelihood) 是一种常见的针对似然的估计方法, 其将冗余参数表示为目标参数的函数, 并代入似然函数中, 从而使似然函数可以用参数的某一子集的函数表示, 实现降维的目的. 通常, 依赖参数向量 $\boldsymbol{\beta}$ 的似然函数, 可以划分为 $\boldsymbol{\beta} = (\boldsymbol{\beta}_1, \boldsymbol{\beta}_2)$, 并且可以唯一确定 $\hat{\boldsymbol{\beta}}_2 = \hat{\boldsymbol{\beta}}_2(\boldsymbol{\beta}_1)$, 这种合并降低了原始最大化问题的计算负担. 例如, 在假定正态分布误差的线性回归中, 即 $\boldsymbol{y} = \boldsymbol{\mathcal{X}}\boldsymbol{\beta} + \boldsymbol{e}$, 可以将系数向量划分为 $\boldsymbol{\beta} = [\boldsymbol{\beta}_1, \boldsymbol{\beta}_2]$, 相应的设计矩阵可以写为 $\boldsymbol{\mathcal{X}} = [\boldsymbol{\mathcal{X}}_1, \boldsymbol{\mathcal{X}}_2]$. 最大化 $\boldsymbol{\beta}_2$ 可以得到一个最优函数 $\boldsymbol{\beta}_2(\boldsymbol{\beta}_1) = (\boldsymbol{\mathcal{X}}_2^{\mathrm{T}}\boldsymbol{\mathcal{X}}_2)^{-1}\boldsymbol{\mathcal{X}}_2^{\mathrm{T}}(\boldsymbol{y} - \boldsymbol{\mathcal{X}}_1\boldsymbol{\beta}_1)$. 利用这个结果, $\boldsymbol{\beta}_1$ 的极大似然估计可以推导为

$$\hat{\boldsymbol{\beta}}_1 = [\boldsymbol{\mathcal{X}}_1^{\mathrm{T}}(\boldsymbol{I} - \boldsymbol{P}_2)\boldsymbol{\mathcal{X}}_1]^{-1}\boldsymbol{\mathcal{X}}_1^{\mathrm{T}}(\boldsymbol{I} - \boldsymbol{P}_2)\boldsymbol{y},$$

其中 $\boldsymbol{P}_2 = \boldsymbol{\mathcal{X}}_2(\boldsymbol{\mathcal{X}}_2^{\mathrm{T}}\boldsymbol{\mathcal{X}}_2)^{-1}\boldsymbol{\mathcal{X}}_2^{\mathrm{T}}$ 为 $\boldsymbol{\mathcal{X}}_2$ 的投影矩阵. 从几何的角度来看, 上述的合并过程就相当于在给定 $\boldsymbol{\beta}_1$ 的条件下, 对似然函数曲面沿着与冗余参数 $\boldsymbol{\beta}_2$ 取值的相交线进行切片, 得到一条使得似然函数最大的曲线, 因此这个过程的结果也被称为轮廓似然. 除了能被图形化之外, 轮廓似然还可用于计算置信区间, 尤其在样本量较小时, 该方法通常比基于全似然计算的渐近标准误差的置信区间具有更好的统计性质.

6.2.3　克拉默–拉奥 (Cramer-Rao) 下界

在点估计理论中, 常常要考察某个估计是否具有无偏性, 比如在有限样本情形下, 样本均值是总体均值的无偏估计, 样本方差是总体方差的有偏估计. 如果仅仅考虑无偏估计, 那么应该采取什么样的标准来进一步比较估计的好坏呢? 很自然的一个考虑是使估计的方差尽可能小. 在本节中, Cramer-Rao 下界将会给出无偏估计所能达到的最小方差.

首先, 回顾得分函数的概念. 得分函数 $\boldsymbol{s}(\boldsymbol{\theta}; \mathcal{X})$ 是对数似然函数关于 $\boldsymbol{\theta} \in \mathbf{R}^p$ 的导数, 即

$$\boldsymbol{s}(\boldsymbol{\theta}; \mathcal{X}) = \frac{\partial}{\partial \boldsymbol{\theta}} \ell(\boldsymbol{\theta}; \mathcal{X}) = \frac{1}{L(\boldsymbol{\theta}; \mathcal{X})} \frac{\partial}{\partial \boldsymbol{\theta}} L(\boldsymbol{\theta}; \mathcal{X}), \tag{6.24}$$

记协方差矩阵 $\boldsymbol{\mathcal{I}}_n(\boldsymbol{\theta}) = \mathrm{Var}(\boldsymbol{s}(\boldsymbol{\theta}; \mathcal{X}))$ 称为费希尔信息矩阵.

定理 6.1　*如果* $\boldsymbol{s} = \boldsymbol{s}(\boldsymbol{\theta}; \mathcal{X})$ *是得分函数,* $\hat{\boldsymbol{\theta}} = \boldsymbol{t} = \boldsymbol{t}(\mathcal{X}; \boldsymbol{\theta})$ *是关于* $\mathcal{X}$ *和* $\boldsymbol{\theta}$ *的任何函数, 那么在正则条件下,*

$$E(\boldsymbol{s}\boldsymbol{t}^{\mathrm{T}}) = \frac{\partial}{\partial \boldsymbol{\theta}} E(\boldsymbol{t}^{\mathrm{T}}) - E\left(\frac{\partial \boldsymbol{t}^{\mathrm{T}}}{\partial \boldsymbol{\theta}}\right). \tag{6.25}$$

定理中的正则条件是为了保证 (6.25) 是有定义的. 下面仅给出单参数分布族的正则条件.

定义 6.1 (正则条件)　*如果单参数分布族* $\mathcal{F} = f(x; \boldsymbol{\theta})$: $\boldsymbol{\theta} \in \boldsymbol{\Theta}$ *满足如下 5 个条件:*

(1) 参数空间 Θ *是直线上的开区间 (有限、无限或半无限);*

(2) $\forall \boldsymbol{\theta} \in \Theta$, 导数 $\dfrac{\partial f(x;\boldsymbol{\theta})}{\partial \boldsymbol{\theta}}$ 存在;

(3) 支撑集与 $\boldsymbol{\theta}$ 无关;

(4) 概率密度函数 $f(x;\boldsymbol{\theta})$ 的积分与微分运算可以互换, 即

$$\frac{\mathrm{d}}{\mathrm{d}\boldsymbol{\theta}}\int_{-\infty}^{\infty} f(x;\boldsymbol{\theta})\mathrm{d}x = \int_{-\infty}^{\infty} \frac{\partial}{\partial \boldsymbol{\theta}} f(x;\boldsymbol{\theta})\mathrm{d}x;$$

(5) 信息矩阵满足

$$\boldsymbol{\mathcal{I}}(\boldsymbol{\theta}) = E_{\boldsymbol{\theta}}\left(\frac{\partial}{\partial \boldsymbol{\theta}}\ln f(\boldsymbol{X};\boldsymbol{\theta})\right)^2$$

存在, 且 $\boldsymbol{\mathcal{I}}(\boldsymbol{\theta})$ 是正定矩阵,

那么称此分布族为正则分布族, 其中条件 (1)–(5) 称为正则条件.

借助定理 6.1, 可以直接得出以下推论:

推论 6.1 如果 $\boldsymbol{s} = \boldsymbol{s}(\boldsymbol{\theta};\mathcal{X})$ 是得分函数, $\hat{\boldsymbol{\theta}} = \boldsymbol{t} = \boldsymbol{t}(\mathcal{X})$ 是 $\boldsymbol{\theta}$ 的任意无偏估计, 那么

$$E(\boldsymbol{s}\boldsymbol{t}^{\mathrm{T}}) = \mathrm{Cov}(\boldsymbol{s},\boldsymbol{t}) = \boldsymbol{\mathcal{I}}_p.$$

很容易证明 $E\{\boldsymbol{s}(\boldsymbol{\theta};\mathcal{X})\} = \mathbf{0}$, 故有 $E(\boldsymbol{s}\boldsymbol{s}^{\mathrm{T}}) = \mathrm{Var}(\boldsymbol{s}) = \boldsymbol{\mathcal{I}}_n(\boldsymbol{\theta})$, 若在定理 6.1 中令 $\boldsymbol{s} = \boldsymbol{t}$, 可以得到

$$\boldsymbol{\mathcal{I}}_n(\boldsymbol{\theta}) = -E\left(\frac{\partial^2}{\partial \boldsymbol{\theta}\partial \boldsymbol{\theta}^{\mathrm{T}}}\ell(\boldsymbol{\theta};\boldsymbol{\mathcal{X}})\right).$$

如果 $\boldsymbol{X}_1, \boldsymbol{X}_2, \cdots, \boldsymbol{X}_n$ 是独立同分布的, 那么 $\boldsymbol{\mathcal{I}}_n(\boldsymbol{\theta}) = n\boldsymbol{\mathcal{I}}_1(\boldsymbol{\theta})$, 其中 $\boldsymbol{\mathcal{I}}_1(\boldsymbol{\theta})$ 是样本容量 $n = 1$ 时的费希尔信息矩阵.

例题 6.1 $X_1, X_2, \cdots, X_n$ 是独立同分布的来自参数为 λ 的泊松分布的样本. 参数 λ 既是分布的均值, 又是其方差. 对数似然函数为

$$\ell(\lambda,\mathcal{X}) = \sum_{i=1}^{n}\ln\frac{\lambda^{x_i}}{x_i!}\mathrm{e}^{-\lambda} = \sum_{i=1}^{n}[x_i\ln\lambda - \ln(x_i!)] - n\lambda,$$

得分函数为

$$\boldsymbol{s}(\lambda;\mathcal{X}) = \frac{\partial}{\partial \lambda}\ell(\lambda;\mathcal{X}) = \sum_{i=1}^{n}\frac{x_i}{\lambda} - n.$$

因此, 费希尔信息矩阵为

$$\boldsymbol{\mathcal{I}}_n(\lambda) = \mathrm{Var}(\boldsymbol{s}(\lambda;\mathcal{X})) = \mathrm{Var}\left(\sum_{i=1}^{n}\frac{X_i}{\lambda}\right) = \sum_{i=1}^{n}\mathrm{Var}\left(\frac{X_i}{\lambda}\right) = \frac{n}{\lambda}.$$

例题 6.2 假设 $\boldsymbol{X}_1, \boldsymbol{X}_2, \cdots, \boldsymbol{X}_n$ 是来自 $N_p(\boldsymbol{\theta}, \boldsymbol{I}_p)$ 的独立同分布样本. 在这样的情形下, 参数 $\boldsymbol{\theta}$ 的均值为 $\boldsymbol{\mu}$, 可以得到

$$\begin{aligned}\boldsymbol{s}(\boldsymbol{\theta};\mathcal{X}) &= \frac{\partial}{\partial\boldsymbol{\theta}}\ell(\boldsymbol{\theta};\mathcal{X}) \\ &= -\frac{1}{2}\frac{\partial}{\partial\boldsymbol{\theta}}\sum_{i=1}^{n}[(\boldsymbol{x}_i-\boldsymbol{\theta})^{\mathrm{T}}(\boldsymbol{x}_i-\boldsymbol{\theta})] \\ &= n(\bar{\boldsymbol{x}}-\boldsymbol{\theta}).\end{aligned}$$

因此, 费希尔信息矩阵为

$$\boldsymbol{\mathcal{I}}_n(\boldsymbol{\theta}) = \mathrm{Var}(n(\bar{\boldsymbol{X}}-\boldsymbol{\theta})) = n\boldsymbol{I}_p.$$

下面讨论正则分布族参数的无偏估计的方差下界, 也就是著名的 Cramer–Rao 不等式, 又称信息不等式.

定理 6.2 (Cramer–Rao 不等式)　如果 $\hat{\boldsymbol{\theta}} = \boldsymbol{t} = \boldsymbol{t}(\mathcal{X})$ 是 $\boldsymbol{\theta}$ 的任意无偏估计, 那么在正则条件下

$$\mathrm{Var}(\boldsymbol{t}) - \boldsymbol{\mathcal{I}}_n^{-1} \geqslant 0,$$

其中 $\boldsymbol{\mathcal{I}}_n = E(\boldsymbol{s}(\boldsymbol{\theta};\mathcal{X})\boldsymbol{s}(\boldsymbol{\theta};\mathcal{X})^{\mathrm{T}}) = \mathrm{Var}(\boldsymbol{s}(\boldsymbol{\theta};\mathcal{X}))$ 是费希尔信息矩阵.

证明　考虑 $Y = \boldsymbol{a}^{\mathrm{T}}\boldsymbol{t}$ 和 $Z = \boldsymbol{c}^{\mathrm{T}}\boldsymbol{s}$ 之间的相关系数 $\rho_{Y,Z}$. 其中 $\boldsymbol{s}$ 是得分函数, $\boldsymbol{a},\boldsymbol{c} \in \mathbf{R}^p$. 由推论 6.1 可知, $\mathrm{Cov}(\boldsymbol{s},\boldsymbol{t}) = \boldsymbol{I}_p$, 故有

$$\mathrm{Cov}(Y,Z) = \boldsymbol{a}^{\mathrm{T}}\,\mathrm{Cov}(\boldsymbol{t},\boldsymbol{s})\boldsymbol{c} = \boldsymbol{a}^{\mathrm{T}}\boldsymbol{c}.$$

$$\mathrm{Var}(Z) = \boldsymbol{c}^{\mathrm{T}}\,\mathrm{Var}(\boldsymbol{s})\boldsymbol{c} = \boldsymbol{c}^{\mathrm{T}}\boldsymbol{\mathcal{I}}_n\boldsymbol{c}.$$

因此,

$$\rho_{Y,Z}^2 = \frac{\mathrm{Cov}^2(Y,Z)}{\mathrm{Var}(Y)\,\mathrm{Var}(Z)} = \frac{(\boldsymbol{a}^{\mathrm{T}}\boldsymbol{c})^2}{\boldsymbol{a}^{\mathrm{T}}\,\mathrm{Var}(\boldsymbol{t})\boldsymbol{a}\boldsymbol{c}^{\mathrm{T}}\boldsymbol{\mathcal{I}}_n\boldsymbol{c}} \leqslant 1,$$

对任意 $\boldsymbol{c} \neq \boldsymbol{0}$ 成立. 特别地, 由于

$$\max_{\boldsymbol{c}} \frac{\boldsymbol{c}^{\mathrm{T}}\boldsymbol{a}\boldsymbol{a}^{\mathrm{T}}\boldsymbol{c}}{\boldsymbol{c}^{\mathrm{T}}\boldsymbol{\mathcal{I}}_n\boldsymbol{c}} = \max_{\boldsymbol{c}^{\mathrm{T}}\boldsymbol{\mathcal{I}}_n\boldsymbol{c}=1} \boldsymbol{c}^{\mathrm{T}}\boldsymbol{a}\boldsymbol{a}^{\mathrm{T}}\boldsymbol{c},$$

并且通过拉格朗日乘数法可解得

$$\max_{\boldsymbol{c}^{\mathrm{T}}\boldsymbol{\mathcal{I}}_n\boldsymbol{c}=1} \boldsymbol{c}^{\mathrm{T}}\boldsymbol{a}\boldsymbol{a}^{\mathrm{T}}\boldsymbol{c} = \boldsymbol{a}^{\mathrm{T}}\boldsymbol{\mathcal{I}}_n^{-1}\boldsymbol{a}.$$

进而

$$\frac{\boldsymbol{a}^{\mathrm{T}}\boldsymbol{\mathcal{I}}_n^{-1}\boldsymbol{a}}{\boldsymbol{a}^{\mathrm{T}}\,\mathrm{Var}(\boldsymbol{t})\boldsymbol{a}} \leqslant 1, \quad \forall \boldsymbol{a} \in \mathbf{R}^p, \quad \boldsymbol{a} \neq \boldsymbol{0},$$

即

$$\boldsymbol{a}^{\mathrm{T}}(\mathrm{Var}(t) - \boldsymbol{\mathcal{I}}_n^{-1})\boldsymbol{a} \geqslant 0, \quad \forall \boldsymbol{a} \in \mathbf{R}^p, \quad \boldsymbol{a} \neq \boldsymbol{0},$$

等价于 $\mathrm{Var}(\boldsymbol{t}) \geqslant \boldsymbol{\mathcal{I}}_n^{-1}$.

下面的定理说明了当样本量 n 趋于无穷时, 极大似然估计可以达到克拉默–拉奥 (Cramer–Rao) 下界, 并且给出了极大似然估计的渐近分布.

定理 6.3 假设样本 $\{X_i\}_{i=1}^n$ 是独立同分布的样本, $\hat{\boldsymbol{\theta}}$ 是 $\boldsymbol{\theta} \in \mathbf{R}^p$ 的极大似然估计, 即 $\hat{\boldsymbol{\theta}} = \arg\max_{\boldsymbol{\theta}} L(\mathcal{X};\boldsymbol{\theta})$, 那么在正则条件下, 当 $n \to \infty$ 时,

$$\sqrt{n}(\hat{\boldsymbol{\theta}} - \boldsymbol{\theta}) \xrightarrow{\mathcal{L}} N_p(\mathbf{0}, \boldsymbol{\mathcal{I}}_1^{-1}).$$

其中 $\boldsymbol{\mathcal{I}}_1$ 表示样本量 $n=1$ 的费希尔信息矩阵.

由定理 6.3 可知在正则条件下, 极大似然估计是参数是相合估计, 并且可以由多元正态分布的性质得出

$$n(\hat{\boldsymbol{\theta}} - \boldsymbol{\theta})^{\mathrm{T}}\boldsymbol{\mathcal{I}}_1(\hat{\boldsymbol{\theta}} - \boldsymbol{\theta}) \xrightarrow{\mathcal{L}} \chi_p^2.$$

如果 $\hat{\boldsymbol{\mathcal{I}}}_1$ 是 $\boldsymbol{\mathcal{I}}_1$ 的相合估计, 那么有

$$n(\hat{\boldsymbol{\theta}} - \boldsymbol{\theta})^{\mathrm{T}}\hat{\boldsymbol{\mathcal{I}}}_1(\hat{\boldsymbol{\theta}} - \boldsymbol{\theta}) \xrightarrow{\mathcal{L}} \chi_p^2.$$

这个结论在对 $\boldsymbol{\theta}$ 的假设检验中常常会用到, 同时也常用于置信区间的构造, 比如在 n 足够大的时候,

$$P\left(n(\hat{\boldsymbol{\theta}} - \boldsymbol{\theta})^{\mathrm{T}}\hat{\boldsymbol{\mathcal{I}}}_1(\hat{\boldsymbol{\theta}} - \boldsymbol{\theta}) \leqslant \chi_{1-\alpha;p}^2\right) \approx 1-\alpha,$$

其中 $\chi_{\nu;p}^2$ 表示 χ_p^2 的 ν 分位点, 这样 $\{\boldsymbol{\theta} \in \mathbf{R}^p\colon n(\hat{\boldsymbol{\theta}} - \boldsymbol{\theta})^{\mathrm{T}}\hat{\boldsymbol{\mathcal{I}}}_1(\hat{\boldsymbol{\theta}} - \boldsymbol{\theta}) \leqslant \chi_{1-\alpha;p}^2\}$ 就表示 $\boldsymbol{\theta}$ 的置信水平为 $1-\alpha$ 的置信区间.

习　题　6

习题 6.1　考虑一个二项分布, 即 $X \sim B(n,p)$, 用极大似然估计法, 写出似然函数和对数似然函数, 并求出 $\hat{p}$.

习题 6.2　对于多项分布, 即 $(X_1, X_2, \cdots, X_m) \sim PN(n, p_1, p_2, \cdots, p_m)$, 概率质量函数为

$$\begin{aligned}&P(X_1=k_1, X_2=k_2, \cdots, X_m=k_m)\\ =&\frac{n!}{k_1!k_2!\cdots[n-(k_1+k_2+\cdots+k_m)]!}\cdot p_1^{k_1}p_m^{k_m}[1-(p_1+p_2+\cdots+p_m)]^{n-(k_1+k_2+\cdots+k_m)},\end{aligned}$$

其中 $k_1+k_2+\cdots+k_m \leqslant n$, 试写出其似然函数与对数似然函数, 并求出 $\hat{p}_i, i=1,2,\cdots,m$.

习题 6.3　对于二元正态分布, 分别取

$$\boldsymbol{\mu} = \begin{pmatrix}1\\1\end{pmatrix}, \quad \boldsymbol{\Sigma} = \begin{pmatrix}1 & 2\\2 & 9\end{pmatrix}$$

使用 R 软件产生 10 000 个随机数作为样本, 运用极大似然估计得到 $(\hat{\boldsymbol{\mu}}, \hat{\boldsymbol{\Sigma}})$, 验证相合性.

习题 6.4　证明定理 $\left(\text{提示: } \dfrac{\partial}{\partial\boldsymbol{\theta}}E(\boldsymbol{t}^{\mathrm{T}}) = \dfrac{\partial}{\partial\boldsymbol{\theta}}\displaystyle\int \boldsymbol{t}^{\mathrm{T}}(\mathcal{X};\boldsymbol{\theta})L(\boldsymbol{\theta};\mathcal{X})\mathrm{d}\mathcal{X},\ \boldsymbol{s}(\boldsymbol{\theta};\mathcal{X}) = \dfrac{1}{L(\boldsymbol{\theta},\mathcal{X})}\right.$

$\frac{\partial}{\partial \boldsymbol{\theta}} L(\boldsymbol{\theta};\mathcal{X})\Bigg)$.

习题 6.5　设 $\boldsymbol{X}_1, \boldsymbol{X}_2, \cdots, \boldsymbol{X}_n$ 是来自二元总体的 i.i.d. 样本, 密度函数为

$$f(x_1,x_2)=\frac{1}{\theta_1\theta_2}\mathrm{e}^{-\left(\frac{x_1}{\theta_1 x_2}+\frac{x_2}{\theta_1\theta_2}\right)},\quad x_1,x_2>0.$$

计算 $\boldsymbol{\theta}=(\theta_1,\theta_2)$ 的极大似然估计. 找到 $\hat{\boldsymbol{\theta}}$ 的克拉默–拉奥下界和其极限协方差矩阵.

习题 6.6　设 $X_1, X_2, \cdots, X_n$ 是来自指数分布 $E(\lambda)$ 独立同分布的样本, 考虑 $1/\lambda$ 的一致最小方差无偏估计.

习题 6.7　设 $\boldsymbol{X} \sim N_p(\boldsymbol{\mu}, \boldsymbol{\Sigma})$, 其中 $\boldsymbol{\Sigma}$ 未知, 但知道 $\boldsymbol{\Sigma}=\mathrm{diag}(\sigma_{11},\sigma_{22},\cdots,\sigma_{pp})$. 请通过样本量为 n 独立同分布的样本求出 $\boldsymbol{\mu}$ 和 $\boldsymbol{\Sigma}$ 的极大似然估计, 并求出 $\boldsymbol{\theta}^{\mathrm{T}}=(\mu_1,\cdots,\mu_p,\sigma_{11},\cdots,\sigma_{pp})$ 的克拉默–拉奥下界.

习题 6.8　考虑区间 $[0,\theta]$ 上的均匀分布, θ 的 MLE 是什么 (提示: 这里的最大化不能通过导数获得. x 的表述依赖于 θ) ?

习题 6.9　从例题 6.2 中知道极大似然估计具有 $\mathcal{I}_1=\boldsymbol{I}_p$. 根据定理 6.3 有

$$\sqrt{n}(\bar{\boldsymbol{x}}-\boldsymbol{\mu})\longrightarrow N_p(\boldsymbol{0},\boldsymbol{I}_p^{-1}).$$

请给出当 $p=1$ 时 $\bar{\boldsymbol{x}}^2$ 的类似结果.

习题 6.10　证明推论 6.1 中的 $E\{\boldsymbol{s}(\mathcal{X};\boldsymbol{\theta})\}=\boldsymbol{0}$ $\Bigg($提示: 从 $E\{\boldsymbol{s}(\boldsymbol{\theta};\mathcal{X})\}=\int\frac{1}{L(\boldsymbol{\theta};\mathcal{X})}\frac{\partial}{\partial\boldsymbol{\theta}}L(\boldsymbol{\theta};\mathcal{X})L(\boldsymbol{\theta};\mathcal{X})\mathrm{d}\mathcal{X}$ 开始, 然后改变积分和微分的顺序$\Bigg)$.

第 7 章 多元统计假设检验

前面的章节介绍了估计理论的理论基础. 本章将讨论检验问题. 现在要检验假设 H_0, 称假设 H_0 为原假设或零假设, 其中未知参数 $\boldsymbol{\theta}$ 属于 $\mathbf{R}^q$ 的某个子集, 这个子空间被称为零集 (null set), 记为 $\Omega_0 \subset \mathbf{R}^q$.

在许多情况下, 零集对应于强加在参数空间上的约束: H_0 对应一个简化模型 (reduced model). 检验问题的解是一个被称为拒绝域R 的集合, 这个集合是由样本空间中的一组值构成, 这组值能决定拒绝零假设 H_0, 转而接受备择假设 H_1, 其对应的是全模型 (full model).

一般情况下, 可以通过控制犯第一类错误的大小 (当原假设为真时拒绝原假设的概率) 来构建拒绝域 R, 第一类错误是当原假设为真时拒绝原假设. 更为正式的表达如下:

预先确定 α 的大小, 一个检验问题的解是

$$P(\text{拒绝 } H_0|H_0 \text{ 为真}) = \alpha.$$

由于 H_0 通常为复合假设, 该问题的解是通过寻找拒绝域 R 使得下式成立:

$$\sup_{\boldsymbol{\theta}\in\Omega_0} P(\mathcal{X} \in R|\boldsymbol{\theta}) = \alpha.$$

本章将介绍一种适用于一般情形的构造拒绝域的方法, 该方法基于似然比准则. 该方法非常有用, 基于它可以得到一个具有渐近最优水平 α 的拒绝域. 接下来将通过多个检验问题和例子来介绍这种方法. 本章集中考虑多元正态总体和线性模型, 其中检验的水平即使对有限样本 n 也是精确的.

7.1 似然比检验

假定 $\{x_i\}_{i=1}^n$, $x_i \in \mathbf{R}^p$ 的分布依赖于参数向量 $\boldsymbol{\theta}$. 考虑如下两个假设:

$$H_0: \boldsymbol{\theta} \in \Omega_0,$$
$$H_1: \boldsymbol{\theta} \in \Omega_1.$$

原假设 H_0 对应简化模型, 备择假设 H_1 对应全模型.

例题 7.1 考虑一个多元正态分布 $N_p(\boldsymbol{\theta}, \boldsymbol{I})$. 为检验 $\boldsymbol{\theta}$ 是否等于某个具体的值 $\boldsymbol{\theta}_0$, 构造如下检验问题:

$$H_0: \boldsymbol{\theta} = \boldsymbol{\theta}_0,$$
$$H_1: \text{对 } \boldsymbol{\theta} \text{ 无约束}.$$

或者等价地, $\Omega_0 = \{\boldsymbol{\theta}_0\}$, $\Omega_1 = \mathbf{R}^p$.

定义 $L_j^* := \max\limits_{\boldsymbol{\theta} \in \Omega_j} L(\mathcal{X}; \boldsymbol{\theta})$ 是每个检验下似然函数的最大值. 考虑如下似然比 (LR)

$$\lambda(\mathcal{X}) = \frac{L_0^*}{L_1^*}. \tag{7.1}$$

如果似然比的值大, 那么支持 H_0, 反之, 如果似然比的值小, 那么支持 H_1. 似然比检验 (LRT) 将阐述何时准确地支持 H_0. 在检验问题 H_0 和 H_1 中, 显著性水平为 α 的似然比检验的拒绝域为

$$R = \{\mathcal{X} \colon \lambda(\mathcal{X}) < c\},$$

其中, c 通过满足 $\sup\limits_{\boldsymbol{\theta} \in \Omega_0} P_{\boldsymbol{\theta}}(\mathcal{X} \in R) = \alpha$ 来确定. 由于 $\lambda(\mathcal{X})$ 可能是 $\mathcal{X}$ 的一个复杂函数, 因此这里将 c 表达为 α 的函数有些困难.

似然比 λ 也可等价地用对数似然来替换,

$$-2\ln\lambda = 2(\ell_1^* - \ell_0^*).$$

这种情况下, 拒绝域将变为 $R = \{\mathcal{X} \colon -2\ln\lambda(\mathcal{X}) > k\}$. 探究 λ 或 $-2\ln\lambda$ 的分布是非常重要的问题, 因为在计算 c 或 k 时会用到似然比的分布.

定理 7.1　如果 $\Omega_1 \in \mathbf{R}^q$ 是一个 q 维空间, 且 $\Omega_0 \subset \Omega_1$ 是一个 r 维子空间, 那么在正则条件下

$$\forall \boldsymbol{\theta} \in \Omega_0 \colon -2\ln\lambda \xrightarrow{\mathcal{L}} \chi^2_{q-r}, \quad n \to \infty.$$

通过简单计算 $1-\alpha$ 分位数 $k = \chi^2_{1-\alpha;q-r}$, 即可得到一个渐近拒绝域. LRT 拒绝域即为

$$R = \{\mathcal{X} \colon -2\ln\lambda(\mathcal{X}) > \chi^2_{1-\alpha;q-r}\}.$$

定理 7.1 为很多检验问题提供了一个构造拒绝域的一般方法. 例题 7.2 即为一重要应用.

例题 7.2　分类数据的检验. 根据某项指标, 总体被分成 r 类: A_i, $i = 1, 2, \cdots, r$. 随机抽取一个个体 x 进行观测, 由经验或某个理论提出了如下的检验问题:

- 原假设 $H_0 \colon P(x \in A_i) = p_{0i}$, 其中 p_{0i} 已知且 $\sum\limits_{i=1}^{r} p_{0i} = 1$.
- 备择假设 $H_1 \colon P(x \in A_i) = p_{0i}$ 不全成立.

随机抽取 n 个个体进行观测. 设有 n_i 个个体属于类 A_i. 则有 $\sum\limits_{i=1}^{r} n_i = n$. 样本 $\{n_i \colon i = 1, 2, \cdots, r\}$ 服从多项分布. 其概率密度函数为

$$f(n_1, n_2, \cdots, n_r) = \frac{n!}{n_1! n_2! \cdots n_r!} \prod_{i=1}^{r} p_i^{n_i},$$

这里 p_i 是类 A_i 所占的比例. 因为 $\sum\limits_{i=1}^{n} p_i = 1$, 所以参数空间

$$\Theta = \{(p_1, p_2, \cdots, p_r) \colon p_i \geqslant 0, i = 1, 2, \cdots, r; \sum_{i=1}^{r} p_i = 1\}$$

中独立参数只有 $r-1$ 个, 故 Θ 是 $r-1$ 维欧氏空间的一个含有内点的集合. p_i 的极大似然估计为 $\hat{p}_i = n_i/n$. 该检验问题的似然比统计量为

$$\lambda = \frac{\prod\limits_{i=1}^{r} (n_i/n)^{n_i}}{\prod\limits_{i=1}^{r} p_{0i}^{n_i}}.$$

由定理 7.1, 当原假设 H_0 为真时, $2\ln\lambda = 2\sum\limits_{i=1}^{r} n_i \ln \dfrac{n_i}{np_{0i}} \xrightarrow{\mathcal{L}} \chi^2_{r-1}$. 故在 $2\sum\limits_{i=1}^{r} n_i \ln \dfrac{n_i}{np_{0i}} \geqslant \chi^2_{1-\alpha; r-1}$ 时, 拒绝原假设.

在原假设 H_0 为真时, 可以证明

$$\begin{aligned}
2\ln\lambda &= 2\sum_{i=1}^{r} n_i \ln\left(1 + \frac{n_i - np_{0i}}{np_{0i}}\right) \\
&= 2\sum_{i=1}^{r} n_i \left[\frac{n_i - np_{0i}}{np_{0i}} - \frac{1}{2}\cdot\left(\frac{n_i - np_{0i}}{np_{0i}}\right)^2\right] + o_p(1) \\
&= 2\sum_{i=1}^{r} [np_{0i} + (n_i - np_{0i})]\left[\frac{n_i - np_{0i}}{np_{0i}} - \frac{1}{2}\cdot\left(\frac{n_i - np_{0i}}{np_{0i}}\right)^2\right] + o_p(1) \\
&= \sum_{i=1}^{r} \frac{(n_i - np_{0i})^2}{np_{0i}} + o_p(1).
\end{aligned}$$

其中 $o_p(1)$ 表示依概率收敛到 0 的量. 上式右边就是分类数据检验问题的皮尔逊 χ^2 拟合优度检验统计量. 所以 χ^2 拟合检验可以近似看作分类数据的似然比检验.

遗憾的是, 该方法仅给出了一个渐近结果, 即检验的水平仅近似等于 α, 虽然这种近似效果会随着样本量 n 的增加而改善. 实践中 n 都是有限的, 无法达到充分大, 但是由于检验统计量 $-2\ln\lambda(\mathcal{X})$ 或它的简单变换结果具有一个简单的形式, 因此即使在有限样本下也可以推导精确检验. 下面大多数标准检验问题都属于这个范畴, 可以将它们看成似然比准则的例子.

首先来看一个简单的检验问题 7.1, 因为在检验协方差矩阵已知的多元正态总体的均值时, 构造的似然比检验统计量在 H_0 下分布已知, 且具有一个简单的二次型.

检验问题 7.1 假定 $X_1, X_2, \cdots, X_n$ 为来自总体 $N_p(\boldsymbol{\mu}, \boldsymbol{\Sigma})$ 独立同分布的随机样本, 其中 $\boldsymbol{\Sigma}$ 已知,

$$H_0\colon \boldsymbol{\mu}=\boldsymbol{\mu}_0, H_1\colon \text{无约束}.$$

在本例中, H_0 为简单假设, 即 $\Omega_0=\{\boldsymbol{\mu}_0\}$, 因此 Ω_0 的维数 r 等于 0. 由于对 H_1 没有施加任何约束, 空间 Ω_1 即为整个空间 $\mathbf{R}^p$, 即 $q=p$. 因此由 (6.18) 式可知

$$\ell_0^*=\ell(\boldsymbol{\mu}_0,\boldsymbol{\Sigma})=-\frac{n}{2}\ln|2\pi\boldsymbol{\Sigma}|-\frac{1}{2}n\mathrm{tr}(\boldsymbol{\Sigma}^{-1}\mathcal{S})-\frac{1}{2}n(\bar{\boldsymbol{x}}-\boldsymbol{\mu}_0)^{\mathrm{T}}\boldsymbol{\Sigma}^{-1}(\bar{\boldsymbol{x}}-\boldsymbol{\mu}_0).$$

在 H_1 下, $\ell(\boldsymbol{\mu},\boldsymbol{\Sigma})$ 的最大值为

$$\ell_1^*=\ell(\bar{\boldsymbol{x}},\boldsymbol{\Sigma})=-\frac{n}{2}\ln|2\pi\boldsymbol{\Sigma}|-\frac{1}{2}n\mathrm{tr}(\boldsymbol{\Sigma}^{-1}\mathcal{S}).$$

因此,

$$-2\ln\lambda=2(\ell_1^*-\ell_0^*)=n(\bar{\boldsymbol{x}}-\boldsymbol{\mu}_0)^{\mathrm{T}}\boldsymbol{\Sigma}^{-1}(\bar{\boldsymbol{x}}-\boldsymbol{\mu}_0). \tag{7.2}$$

在 H_0 下服从 χ_p^2 分布.

检验问题 7.2 除了协方差矩阵未知以外, 与前面的检验问题一样. 这里将用霍特林 T^2 分布来确定精确检验和未知参数 $\boldsymbol{\mu}$ 的置信域.

检验问题 7.2 假定 $X_1,X_2,\cdots,X_n$ 为来自总体 $N_p(\boldsymbol{\mu},\boldsymbol{\Sigma})$ 独立同分布的随机样本, 其中 $\boldsymbol{\Sigma}$ 未知,

$$H_0\colon \boldsymbol{\mu}=\boldsymbol{\mu}_0, H_1\colon \text{无约束}.$$

在 H_0 下, 可知

$$\begin{aligned}\mathcal{S}_0&=\frac{1}{n}(\mathcal{X}-\mathbf{1}_n\boldsymbol{\mu}_0^{\mathrm{T}}-\mathbf{1}_n\bar{\boldsymbol{x}}^{\mathrm{T}}+\mathbf{1}_n\bar{\boldsymbol{x}}^{\mathrm{T}})^{\mathrm{T}}(\mathcal{X}-\mathbf{1}_n\boldsymbol{\mu}_0^{\mathrm{T}}-\mathbf{1}_n\bar{\boldsymbol{x}}^{\mathrm{T}}+\mathbf{1}_n\bar{\boldsymbol{x}}^{\mathrm{T}})\\&=\mathcal{S}+(\bar{\boldsymbol{x}}-\boldsymbol{\mu}_0)(\bar{\boldsymbol{x}}-\boldsymbol{\mu}_0)^{\mathrm{T}},\end{aligned}$$

其中 $\mathcal{S}$ 是样本协方差矩阵, $\mathbf{1}_n$ 为 n 维全 1 向量. 记 $\boldsymbol{d}=\bar{\boldsymbol{x}}-\boldsymbol{\mu}_0$, 则

$$\ell_0^*=\ell(\boldsymbol{\mu}_0,\mathcal{S}+\boldsymbol{d}\boldsymbol{d}^{\mathrm{T}}). \tag{7.3}$$

类似地, 在 H_1 下, 有

$$\ell_1^*=\ell(\bar{\boldsymbol{x}},\mathcal{S}).$$

通过常规计算可得

$$\begin{aligned}-2\ln\lambda&=2(\ell_1^*-\ell_0^*)\\&=-n\ln|\mathcal{S}|-n\mathrm{tr}(\mathcal{S}^{-1}\mathcal{S})-n(\bar{\boldsymbol{x}}-\bar{\boldsymbol{x}})^{\mathrm{T}}\mathcal{S}^{-1}(\bar{\boldsymbol{x}}-\bar{\boldsymbol{x}})+n\ln|\mathcal{S}+\boldsymbol{d}\boldsymbol{d}^{\mathrm{T}}|+\\&\quad n\mathrm{tr}[(\mathcal{S}+\boldsymbol{d}\boldsymbol{d}^{\mathrm{T}})^{-1}\mathcal{S}]+n(\bar{\boldsymbol{x}}-\boldsymbol{\mu}_0)^{\mathrm{T}}(\mathcal{S}+\boldsymbol{d}\boldsymbol{d}^{\mathrm{T}})^{-1}(\bar{\boldsymbol{x}}-\boldsymbol{\mu}_0)\\&=n\ln\frac{|\mathcal{S}+\boldsymbol{d}\boldsymbol{d}^{\mathrm{T}}|}{|\mathcal{S}|}+n\mathrm{tr}[(\mathcal{S}+\boldsymbol{d}\boldsymbol{d}^{\mathrm{T}})^{-1}\mathcal{S}]+n\boldsymbol{d}^{\mathrm{T}}(\mathcal{S}+\boldsymbol{d}\boldsymbol{d}^{\mathrm{T}})^{-1}\boldsymbol{d}-np\end{aligned}$$

$$
\begin{aligned}
&= n\ln\left\{|\mathcal{S}^{-1/2}|\cdot|\mathcal{S}+\boldsymbol{d}\boldsymbol{d}^{\mathrm{T}}|\cdot|\mathcal{S}^{-1/2}|\right\}+n\,\mathrm{tr}[(\mathcal{S}+\boldsymbol{d}\boldsymbol{d}^{\mathrm{T}})^{-1}(\boldsymbol{d}\boldsymbol{d}^{\mathrm{T}}+\mathcal{S})]-np\\
&= n\ln|\mathcal{S}^{-1/2}(\mathcal{S}+\boldsymbol{d}\boldsymbol{d}^{\mathrm{T}})\mathcal{S}^{-1/2}|\\
&= n\ln|\boldsymbol{I}_p+\mathcal{S}^{-1/2}\boldsymbol{d}\boldsymbol{d}^{\mathrm{T}}\mathcal{S}^{-1/2}|,
\end{aligned}
$$

利用分块矩阵行列式的结论, 上式等价于

$$
n\ln\begin{vmatrix} 1 & -\boldsymbol{d}^{\mathrm{T}}\mathcal{S}^{-1/2}\\ \mathcal{S}^{-1/2}\boldsymbol{d} & \boldsymbol{I}_p\end{vmatrix}
= n\ln\begin{vmatrix}
1 & -\boldsymbol{d}^{\mathrm{T}}\mathcal{S}_1^{-1/2} & -\boldsymbol{d}^{\mathrm{T}}\mathcal{S}_2^{-1/2} & \cdots & -\boldsymbol{d}^{\mathrm{T}}\mathcal{S}_p^{-1/2}\\
\mathcal{S}_1^{\mathrm{T}-1/2}\boldsymbol{d} & 1 & 0 & \cdots & 0\\
\mathcal{S}_2^{\mathrm{T}-1/2}\boldsymbol{d} & 0 & 1 & \cdots & 0\\
\vdots & \vdots & \vdots & & \vdots\\
\mathcal{S}_p^{\mathrm{T}-1/2}\boldsymbol{d} & 0 & 0 & \cdots & 1
\end{vmatrix}
$$

$$
\begin{aligned}
&= n\ln\left[1+\sum_{i=1}^{p}-\boldsymbol{d}^{\mathrm{T}}\mathcal{S}_i^{-1/2}(-1)^{1+(i+1)}\begin{vmatrix}
\mathcal{S}_1^{\mathrm{T}-1/2}\boldsymbol{d} & 1 & 0 & \cdots & 0\\
\mathcal{S}_2^{\mathrm{T}-1/2}\boldsymbol{d} & 0 & 1 & \cdots & 0\\
\vdots & \vdots & \vdots & & \vdots\\
\mathcal{S}_{p-1}^{\mathrm{T}-1/2}\boldsymbol{d} & 0 & 0 & \cdots & 0\\
\mathcal{S}_p^{\mathrm{T}-1/2}\boldsymbol{d} & 0 & 0 & \cdots & 1
\end{vmatrix}\right]\\
&= n\ln\left[1+\sum_{i=1}^{p}-\boldsymbol{d}^{\mathrm{T}}\mathcal{S}_i^{-1/2}(-1)^{2+i}\mathcal{S}_i^{\mathrm{T}-1/2}\boldsymbol{d}(-1)^{i+1}\right]\\
&= n\ln(1+\boldsymbol{d}^{\mathrm{T}}\mathcal{S}^{-1}\boldsymbol{d}),
\end{aligned}\tag{7.4}
$$

其中 $\mathcal{S}_i^{\mathrm{T}-1/2}\boldsymbol{d}$ (或 $\boldsymbol{d}^{\mathrm{T}}\mathcal{S}_i^{-1/2}$) 为向量 $\mathcal{S}^{-1/2}\boldsymbol{d}$ (或 $\boldsymbol{d}^{\mathrm{T}}\mathcal{S}^{-1/2}$) 第 i 个元素. 该检验统计量是 $(n-1)\boldsymbol{d}^{\mathrm{T}}\mathcal{S}^{-1}\boldsymbol{d}$ 的单调函数. 这意味着, 当且仅当 $(n-1)\boldsymbol{d}^{\mathrm{T}}\mathcal{S}^{-1}\boldsymbol{d}>k'$ 时有 $-2\ln\lambda>k$ 成立. 根据霍特林 T^2 分布的相关理论有

$$
(n-1)(\bar{\boldsymbol{x}}-\boldsymbol{\mu}_0)^{\mathrm{T}}\mathcal{S}^{-1}(\bar{\boldsymbol{x}}-\boldsymbol{\mu}_0)\sim T^2(p,n-1),\tag{7.5}
$$

或等价地有

$$
\frac{n-p}{p}(\bar{\boldsymbol{x}}-\boldsymbol{\mu}_0)^{\mathrm{T}}\mathcal{S}^{-1}(\bar{\boldsymbol{x}}-\boldsymbol{\mu}_0)\sim F_{p,n-p}.\tag{7.6}
$$

此时, 精确的拒绝域可以定义为

$$
\frac{n-p}{p}(\bar{\boldsymbol{x}}-\boldsymbol{\mu}_0)^{\mathrm{T}}\mathcal{S}^{-1}(\bar{\boldsymbol{x}}-\boldsymbol{\mu}_0)>F_{1-\alpha;p,n-p}.
$$

也可以通过定理 7.1, 在原假设 H_0 下, 检验统计量的渐近分布为

$$
-2\ln\lambda\xrightarrow{\mathcal{L}}\chi_p^2,\quad n\to\infty,
$$

从而得到 (渐近有效的) 拒绝域

$$n\ln[1+(\bar{\boldsymbol{x}}-\boldsymbol{\mu}_0)^{\mathrm{T}}\mathcal{S}^{-1}(\bar{\boldsymbol{x}}-\boldsymbol{\mu}_0)]>\chi^2_{1-\alpha;p}.$$

当然, 检验问题 7.2 中倾向于使用上面提到的精确 F 检验.

均值向量的置信域

我们知道如何通过样本确定多维参数 $\boldsymbol{\theta}\in\mathbf{R}^k$ 的估计量 $\hat{\boldsymbol{\theta}}=\hat{\boldsymbol{\theta}}(\mathcal{X})$. 对观测数据, 可以得到点估计值, 即 $\hat{\boldsymbol{\theta}}$ 的观测值. $\hat{\boldsymbol{\theta}}(\mathcal{X})$ 是一个随机变量, 因此我们更希望得到 $\boldsymbol{x}$ 的置信域 (CR). 置信域是 $\mathbf{R}^k$ 的随机子集 (由合适的统计量确定), 在给定的水平 $1-\alpha$ 下, 我们确信这个域包含 $\boldsymbol{x}$ 的概率为 $1-\alpha$,

$$P(\boldsymbol{x}\in\mathrm{CR})=1-\alpha.$$

上述置信域是单变量置信区间在多元情况下的推广. 当 $\boldsymbol{x}$ 的原假设 H_0 被拒绝时, 置信域相当重要, 它可以帮助识别 $\boldsymbol{x}$ 的哪个部分导致拒绝原假设. 仅有少数情况下其置信域容易确定, 这包括本节提到的大多数均值检验问题.

推论 7.1 给定一个可以构建均值向量 $\boldsymbol{\mu}$ 的枢轴量, 因为 $(n-p)/p(\bar{\boldsymbol{x}}-\boldsymbol{\mu}_0)^{\mathrm{T}}\mathcal{S}^{-1}(\bar{\boldsymbol{x}}-\boldsymbol{\mu}_0)\sim F_{p,n-p}$, 因此,

$$P\left(\left(\frac{n-p}{p}\right)(\bar{\boldsymbol{x}}-\boldsymbol{\mu}_0)^{\mathrm{T}}\mathcal{S}^{-1}(\bar{\boldsymbol{x}}-\boldsymbol{\mu}_0)<F_{1-\alpha;p,n-p}\right)=1-\alpha.$$

那么,

$$\mathrm{CR}=\left\{\boldsymbol{\mu}\in\mathbf{R}^p|(\bar{\boldsymbol{x}}-\boldsymbol{\mu}_0)^{\mathrm{T}}\mathcal{S}^{-1}(\bar{\boldsymbol{x}}-\boldsymbol{\mu}_0)\leqslant\frac{p}{n-p}F_{1-\alpha;p,n-p}\right\}\tag{7.7}$$

为 $\boldsymbol{\mu}$ 在水平 $1-\alpha$ 的置信域.

可见在多元统计中, 讨论均值向量的假设检验问题本质上也等价于求均值向量的置信域. 为确定是否任何 $\boldsymbol{\mu}_0$ 都落在该置信域内 (即 $\boldsymbol{\mu}_0$ 为 $\boldsymbol{\mu}$ 的一个似真值), 我们需要计算广义平方距离 $(\bar{\boldsymbol{x}}-\boldsymbol{\mu}_0)^{\mathrm{T}}\mathcal{S}^{-1}(\bar{\boldsymbol{x}}-\boldsymbol{\mu}_0)$, 并把它与 $\dfrac{p}{n-p}F_{1-\alpha;p,n-p}$ 作比较. 若该广义平方距离大于 $\dfrac{p}{n-p}F_{1-\alpha;p,n-p}$, 则 $\boldsymbol{\mu}_0$ 不落在该置信域中. 由于这种情况与检验 $H_0\colon\boldsymbol{\mu}=\boldsymbol{\mu}_0, H_1\colon\boldsymbol{\mu}\neq\boldsymbol{\mu}_0$ 相类似, 由此推知置信域 (7.7) 由所有使 T^2 检验在显著性水平 α 之下不拒绝 H_0 的那些 $\boldsymbol{\mu}_0$ 所组成.

对 $p\geqslant4$ 的情形, 虽然画不出 $\boldsymbol{\mu}$ 的联合置信域的图形, 但可计算出其置信椭球的主轴及其相对长度. 它们可由尺度矩阵 $\mathcal{S}$ 的特征根 λ_i 与特征向量 $\boldsymbol{l}_i$ 确定.

例题 7.3 人体的出汗量与体内钠和钾的含量有一定的关系. 某项实验测量了 20 名健康成年女性的出汗量 (X_1)、体内钠含量 (X_2) 与钾的含量 (X_3) (见表 7.1). 试计算 $\boldsymbol{\mu}$ 的置信水平为 95% 的置信椭球.

表 7.1 20 名健康成年女性的出汗量及其体内钠和钾含量

序号	$X1$	$X2$	$X3$	序号	$X1$	$X2$	$X3$
1	3.7	48.5	9.3	11	3.9	36.9	12.7
2	4.7	65.1	8.0	12	4.5	58.8	12.3
3	3.8	47.2	10.9	13	3.5	27.8	9.8
4	3.2	53.2	12.0	14	4.5	40.2	8.4
5	3.1	55.5	9.7	15	1.5	13.5	10.1
6	4.6	36.1	7.9	16	8.5	56.4	7.1
7	2.4	24.8	14.0	17	4.5	71.6	8.2
8	7.2	33.1	7.6	18	6.5	52.8	10.9
9	6.7	47.4	8.5	19	4.1	44.1	11.2
10	5.4	54.1	11.3	20	5.5	40.9	9.4

由观测数据计算样本均值向量 $\bar{\boldsymbol{x}}$ 和样本离差矩阵 $\boldsymbol{A}$ 及样本协方差矩阵 $\boldsymbol{\mathcal{S}}$

$$\boldsymbol{\mathcal{S}} = \frac{1}{n-1}\boldsymbol{A} = \begin{pmatrix} 2.879\,4 & & \\ 10.010\,0 & 199.788\,4 & \\ -1.809\,0 & -5.640\,0 & 3.627\,7 \end{pmatrix},$$

$\boldsymbol{\mathcal{S}}$ 的特征值 λ 和单位正交特征向量 $\boldsymbol{l}$ 分别为

$$\begin{aligned} \lambda_1 = 200.462\,5, \quad \lambda_2 = 4.531\,6, \quad \lambda_3 = 1.301\,4,\\ \boldsymbol{l}_1 = (0.050\,84, 0.998\,3, -0.029\,07)^{\mathrm{T}},\\ \boldsymbol{l}_2 = (-0.573\,7, 0.053\,02, 0.817\,3)^{\mathrm{T}},\\ \boldsymbol{l}_3 = (0.817\,5, -0.024\,88, 0.575\,4)^{\mathrm{T}}. \end{aligned}$$

记 $c^2 = \dfrac{(n-1)p}{n(n-p)}F_{0.05;3,17} = \dfrac{19\times 3}{20\times 17}\times 3.2 = 0.536\,5$. 由 $\boldsymbol{\mathcal{S}}^{-1}$ 的谱分解式

$$\boldsymbol{\mathcal{S}}^{-1} = \sum_{i=1}^{3}\frac{1}{\lambda_i}\boldsymbol{l}_i\boldsymbol{l}_i^{\mathrm{T}},$$

并令 $Y_i = (\bar{\boldsymbol{x}}-\boldsymbol{\mu})^{\mathrm{T}}\boldsymbol{l}_i, i=1,2,3$, 则 $\boldsymbol{\mu}$ 的置信水平为 95% 的置信椭球为

$$\frac{Y_1^2}{\lambda_1 c^2} + \frac{Y_2^2}{\lambda_2 c^2} + \frac{Y_3^2}{\lambda_3 c^2} \leqslant 1.$$

置信椭球的第一长轴半径为 $d_1 = \sqrt{\lambda_1}c = 10.370\,5$, 方向沿 $\boldsymbol{l}_1$; 第二长轴半径为 $d_2 = \sqrt{\lambda_2}c = 1.559\ 2$, 方向沿 $\boldsymbol{l}_2$; 短轴半径为 $d_3 = \sqrt{\lambda_3}c = 0.835\ 6$, 方向沿 $\boldsymbol{l}_3$. 第一长轴与短轴的比为 $d_1/d_3 = 12.410\,6$, 即第一长轴的长度是短轴的 12 倍还多.

上述 $\boldsymbol{\mu}$ 在水平 $1-\alpha$ 的置信域是 $\mathbf{R}^p$ 上等距离椭球构成的内部区域, 该椭球中心为 $\bar{\boldsymbol{x}}$, 尺度矩阵为 $\boldsymbol{\mathcal{S}}^{-1}$, 距离常数为 $\dfrac{p}{n-p}F_{1-\alpha;p,n-p}$. 当 p 比较大时, 椭球在实际中不好处理. 因此这里感兴趣的是寻找 $\mu_1, \mu_2, \cdots, \mu_p$ 的置信区间, 使得所有区间同时达到理想的水平.

下面考虑一个更一般的问题. 利用 $\boldsymbol{\mu}$ 的所有可能的线性组合 $\boldsymbol{a}^{\mathrm{T}}\boldsymbol{\mu}, \boldsymbol{a} \in \mathbf{R}^p$ 对 $\boldsymbol{\mu}$ 中的每个元素构造同时置信区间 (simultaneous confidence intervals). 假设固定一个特定的投影向量 $\boldsymbol{a}$. 那么问题转换为寻找单变量随机变量均值 $\boldsymbol{a}^{\mathrm{T}}\boldsymbol{\mu}$ 的置信区间. 由此可以使用 t 统计量, 显然, $\boldsymbol{a}^{\mathrm{T}}\boldsymbol{\mu}$ 的置信区间可以通过 $\boldsymbol{a}^{\mathrm{T}}\bar{\boldsymbol{x}}$ 的值进行构造

$$\left|\frac{\sqrt{n-1}(\boldsymbol{a}^{\mathrm{T}}\boldsymbol{\mu}-\boldsymbol{a}^{\mathrm{T}}\bar{\boldsymbol{x}})}{\sqrt{\boldsymbol{a}^{\mathrm{T}}\mathcal{S}\boldsymbol{a}}}\right| \leqslant t_{1-\frac{\alpha}{2};n-1},$$

或者等价地

$$t^2(\boldsymbol{a}) = \frac{(n-1)[\boldsymbol{a}^{\mathrm{T}}(\boldsymbol{\mu}-\bar{\boldsymbol{x}})]^2}{\boldsymbol{a}^{\mathrm{T}}\mathcal{S}\boldsymbol{a}} \leqslant F_{1-\alpha;1,n-1}.$$

这给出了 $\boldsymbol{a}^{\mathrm{T}}\boldsymbol{\mu}$ 的 $1-\alpha$ 置信区间

$$\left(\boldsymbol{a}^{\mathrm{T}}\bar{\boldsymbol{x}} - \sqrt{F_{1-\alpha;1,n-1}\frac{\boldsymbol{a}^{\mathrm{T}}\mathcal{S}\boldsymbol{a}}{n-1}} \leqslant \boldsymbol{a}^{\mathrm{T}}\boldsymbol{\mu} \leqslant \boldsymbol{a}^{\mathrm{T}}\bar{\boldsymbol{x}} + \sqrt{F_{1-\alpha;1,n-1}\frac{\boldsymbol{a}^{\mathrm{T}}\mathcal{S}\boldsymbol{a}}{n-1}}\right).$$

通过定理 5.8 可证得

$$\max_{\boldsymbol{a}} t^2(\boldsymbol{a}) = (n-1)(\bar{\boldsymbol{x}}-\boldsymbol{\mu})^{\mathrm{T}}\mathcal{S}^{-1}(\bar{\boldsymbol{x}}-\boldsymbol{\mu}) \sim T^2(p, n-1).$$

因此, 对所有的 $\boldsymbol{a} \in \mathbf{R}^p$, 区间

$$\left(\boldsymbol{a}^{\mathrm{T}}\bar{\boldsymbol{x}} - \sqrt{K_\alpha \boldsymbol{a}^{\mathrm{T}}\mathcal{S}\boldsymbol{a}}, \boldsymbol{a}^{\mathrm{T}}\bar{\boldsymbol{x}} + \sqrt{K_\alpha \boldsymbol{a}^{\mathrm{T}}\mathcal{S}\boldsymbol{a}}\right) \tag{7.8}$$

将以概率 $1-\alpha$ 包含 $\boldsymbol{a}^{\mathrm{T}}\boldsymbol{\mu}$, 其中 $K_\alpha = \dfrac{p}{n-p}F_{1-\alpha;p,n-p}$.

选择 $\boldsymbol{a}$ 为单位矩阵 $\boldsymbol{I}_p$ 的列向量, 可以给出 $\mu_1, \mu_2, \cdots, \mu_p$ 的联合置信区间. 因此, 对 $j = 1, 2, \cdots, p$, 下式以概率 $1-\alpha$ 成立

$$\bar{\boldsymbol{x}}_j - \sqrt{\frac{p}{n-p}s_{jj}F_{1-\alpha;p,n-p}} \leqslant \mu_j \leqslant \bar{\boldsymbol{x}}_j + \sqrt{\frac{p}{n-p}s_{jj}F_{1-\alpha;p,n-p}}. \tag{7.9}$$

应注意到, 这些区间定义了一个内接于上述 $\boldsymbol{\mu}$ 的置信椭球的矩形. 当上述类似的原假设 H_0 被拒绝时, 这些置信区间相当有用处, 它们可以用于确定哪个分量导致原假设被拒绝.

注　置信域是一个椭球, 其形状依赖于整个矩阵 $\mathcal{S}$. 特别是椭球轴线的斜率依赖于 $\mathcal{S}$ 的特征向量, 进而依赖于协方差 s_{ij}. 但是, 内接于置信椭球的矩形给出了 $\mu_j, j = 1, 2, \cdots, p$. 的联合置信区间. 它们不依赖于协方差 s_{ij}, 且仅依赖于方差 s_{jj} (参见公式 (7.9)). 特别地, 一个可能的情况是被检验值 μ_0 在置信椭球内但不在公式 (7.9) 的区间内. 这种情况下, 基于联合置信区间的检验会拒绝 μ_0 而基于置信椭球的则不会. 同时置信区间与完全椭球相比容易处理, 但会损失掉一些信息, 即各个分量之间的协方差.

下面的问题关注了多维正态总体的协方差矩阵: 这种情况下检验统计量有相对更复杂的分布. 因此可以使用定理 7.1 中的近似, 来推导显著性水平为 α 的渐近检验.

检验问题 **7.3** 假定 $X_1, X_2, \cdots, X_n$ 为来自总体 $N_p(\boldsymbol{\mu}, \boldsymbol{\Sigma})$ 的独立同分布随机样本, 其中 $\boldsymbol{\mu}$ 未知,

$$H_0\colon \boldsymbol{\Sigma} = \boldsymbol{\Sigma}_0, \quad H_1\colon \text{无约束}.$$

在 H_0 下, 可知 $\hat{\boldsymbol{\mu}} = \bar{\boldsymbol{x}}$ 且 $\boldsymbol{\Sigma} = \boldsymbol{\Sigma}_0$, 而在 H_1 下, 我们有 $\hat{\boldsymbol{\mu}} = \bar{\boldsymbol{x}}$ 且 $\boldsymbol{\Sigma} = \mathcal{S}$. 因此,

$$\ell_0^* = \ell(\bar{\boldsymbol{x}}, \boldsymbol{\Sigma}_0) = -\frac{1}{2} n \ln |2\pi \boldsymbol{\Sigma}_0| - \frac{1}{2} n \operatorname{tr}(\boldsymbol{\Sigma}_0^{-1} \mathcal{S}),$$

$$\ell_1^* = \ell(\bar{\boldsymbol{x}}, \mathcal{S}) = -\frac{1}{2} n \ln |2\pi \mathcal{S}| - \frac{1}{2} np,$$

且有

$$-2 \ln \lambda = 2(\ell_1^* - \ell_0^*) = n \operatorname{tr}(\boldsymbol{\Sigma}_0^{-1} \mathcal{S}) - n \ln |\boldsymbol{\Sigma}_0^{-1} \mathcal{S}| - np.$$

注意到, 这个统计量是 $\boldsymbol{\Sigma}_0^{-1} \mathcal{S}$ 特征值的函数. 但是, 确定 $-2\ln\lambda$ 的精确有限样本分布很复杂. 在 H_0 下, 可以得到 $-2\ln\lambda$ 的渐近分布为

$$-2 \ln \lambda \xrightarrow{\mathcal{L}} \chi_m^2, \quad n \to \infty,$$

其中 $m = \dfrac{1}{2} p(p+1)$, 这是由于 $p \times p$ 协方差矩阵的对称性, 该矩阵中仅有 m 个参数.

检验问题 **7.4** 假定 $Y_1, Y_2, \cdots, Y_n$ 为独立的随机变量, $Y_i \sim N_1(\boldsymbol{x}_i^{\mathrm{T}} \boldsymbol{\beta}, \varSigma^2)$, $\boldsymbol{x}_i \in \mathbf{R}^p$, 其中 $\varSigma^2$ 未知,

$$H_0\colon \boldsymbol{\beta} = \boldsymbol{\beta}_0, \quad H_1\colon \text{无约束}.$$

在 H_0 下, 可知 $\boldsymbol{\beta} = \boldsymbol{\beta}_0$, $\hat{\varSigma}_0^2 = n^{-1} \|\boldsymbol{y} - \mathcal{X} \boldsymbol{\beta}_0\|^2$, 在 H_1 下, 有 $\hat{\boldsymbol{\beta}} = (\mathcal{X}^{\mathrm{T}} \mathcal{X})^{-1} \mathcal{X}^{\mathrm{T}} \boldsymbol{y}$, $\hat{\varSigma}^2 = \dfrac{1}{n} \|\boldsymbol{y} - \mathcal{X}\boldsymbol{\beta}\|^2$. 因此, 通过定理 7.1,

$$-2 \ln \lambda = 2(\ell_1^* - \ell_0^*) = n \ln \left(\frac{\|\boldsymbol{y} - \mathcal{X} \boldsymbol{\beta}_0\|^2}{\|\boldsymbol{y} - \mathcal{X} \hat{\boldsymbol{\beta}}\|^2} \right) \xrightarrow{\mathcal{L}} \chi_p^2, \quad n \to \infty.$$

可以得知

$$F = \frac{n-p}{p} \left(\frac{\|\boldsymbol{y} - \mathcal{X} \boldsymbol{\beta}_0\|^2}{\|\boldsymbol{y} - \mathcal{X} \hat{\boldsymbol{\beta}}\|^2} - 1 \right) \sim F_{p, n-p},$$

因此, 这种情况下再次得到一个检验统计量的精确分布.

小结

1. 假设 $H_0\colon \boldsymbol{x} \in \varOmega_0$ 对 $H_1\colon \boldsymbol{x} \in \varOmega_1$ 可以通过似然比检验 (LRT) 进行检验. 似然比 (LR) 是比值 $\lambda(\mathcal{X}) = L_0^* / L_1^*$, 其中 L_j^* 是每个检验下似然的最大值;
2. LRT 中的检验统计量是 $\lambda(\mathcal{X})$ 或等价地取其对数 $\ln \lambda(\mathcal{X})$. 如果 $\varOmega_1$ 是 q 维的, 且 $\varOmega_0 \subset \varOmega_1$ 为 r 维的, 那么 $-2\ln\lambda$ 的渐近分布是 χ_{q-r}^2. 这使得可以通过计算检验统计量

$-2\ln\lambda = 2(\ell_1^* - \ell_0^*)$ 来检验 H_0, 其中 $\ell_j^* = \ln L_j^*$;

3. 假设 $\boldsymbol{X} \sim N_p(\boldsymbol{\mu}, \boldsymbol{\Sigma})$, 从原假设 $H_0\colon \boldsymbol{\mu} = \boldsymbol{\mu}_0$, 其中 $\boldsymbol{\Sigma}$ 已知, 可以得出 $-2\ln\lambda = n(\bar{\boldsymbol{x}} - \boldsymbol{\mu}_0)^{\mathrm{T}}\boldsymbol{\Sigma}^{-1}(\bar{\boldsymbol{x}} - \boldsymbol{\mu}_0) \sim \chi_p^2$;
4. 假设 $\boldsymbol{X} \sim N_p(\boldsymbol{\mu}, \boldsymbol{\Sigma})$, 从原假设 $H_0\colon \boldsymbol{\mu} = \boldsymbol{\mu}_0$, 其中 $\boldsymbol{\Sigma}$ 未知, 可以得出 $-2\ln\lambda = n\ln\{1 + (\bar{\boldsymbol{x}} - \boldsymbol{\mu}_0)^{\mathrm{T}}\mathcal{S}^{-1}(\bar{\boldsymbol{x}} - \boldsymbol{\mu}_0)\} \to \chi_p^2$, 且 $(n-1)(\bar{\boldsymbol{x}} - \boldsymbol{\mu}_0)^{\mathrm{T}}\mathcal{S}^{-1}(\bar{\boldsymbol{x}} - \boldsymbol{\mu}_0) \sim T^2(p, n-1)$;
5. 假设 $\boldsymbol{X} \sim N_p(\boldsymbol{\mu}, \boldsymbol{\Sigma})$, 从原假设 $H_0\colon \boldsymbol{\Sigma} = \boldsymbol{\Sigma}_0$, 其中 $\boldsymbol{\mu}$ 未知, 可以得出 $-2\ln\lambda = n\,\mathrm{tr}(\boldsymbol{\Sigma}_0^{-1}\mathcal{S}) - n\ln|\boldsymbol{\Sigma}_0^{-1}\mathcal{S}| - np \to \chi_m^2$, 其中 $m = \dfrac{1}{2}p(p+1)$;
6. 假设 $Y_i \sim N_1(\boldsymbol{x}_i^{\mathrm{T}}\boldsymbol{\beta}, \Sigma^2)$, 从原假设 $H_0\colon \boldsymbol{\beta} = \boldsymbol{\beta}_0$, 其中 Σ^2 未知, 可以得出 $-2\ln\lambda = n\ln\left(\dfrac{\|\boldsymbol{y} - \mathcal{X}\boldsymbol{\beta}_0\|^2}{\|\boldsymbol{y} - \mathcal{X}\hat{\boldsymbol{\beta}}\|^2}\right) \to \chi_p^2$.

7.2 线性假设

本节将介绍线性假设检验的一般步骤, 这些方法涵盖了许多实际中对均值或对线性模型回归系数的检验问题. 线性检验的形式如 $\boldsymbol{A}\boldsymbol{\mu} = \boldsymbol{a}$, 其中矩阵 $\boldsymbol{A}(q \times p)$ 是已知的, $\boldsymbol{a}$ 是维数为 q 的列向量, $q \leqslant p$.

变换后的样本均值和检验值之间的差异为 $\boldsymbol{d} = \boldsymbol{A}\bar{\boldsymbol{x}} - \boldsymbol{a}$, 由此我们引出检验问题 7.5 和检验问题 7.6.

检验问题 7.5 设 $X_1, X_2, \cdots, X_n$ 是来自多元正态总体 $N_p(\boldsymbol{\mu}, \boldsymbol{\Sigma})$ 的独立同分布随机样本, 其中 $\boldsymbol{\Sigma}$ 已知,

$$H_0\colon \boldsymbol{A}\boldsymbol{\mu} = \boldsymbol{a}, H_1\colon \text{无约束}.$$

由公式 (7.2) 可知, 在零假设下,

$$n(\boldsymbol{A}\bar{\boldsymbol{x}} - \boldsymbol{a})^{\mathrm{T}}(\boldsymbol{A}\boldsymbol{\Sigma}\boldsymbol{A}^{\mathrm{T}})^{-1}(\boldsymbol{A}\bar{\boldsymbol{x}} - \boldsymbol{a}) \sim \chi_q^2.$$

那么, 在设定的显著性水平下, 如果该检验统计量过大, 那么有充分的理由拒绝原假设.

检验问题 7.6 设 $X_1, X_2, \cdots, X_n$ 是来自多元正态总体 $N_p(\boldsymbol{\mu}, \boldsymbol{\Sigma})$ 的独立同分布随机样本, 其中 $\boldsymbol{\Sigma}$ 未知,

$$H_0\colon \boldsymbol{A}\boldsymbol{\mu} = \boldsymbol{a}, \quad H_1\colon \text{无约束}.$$

在零假设下,

$$(n-1)(\boldsymbol{A}\bar{\boldsymbol{x}} - \boldsymbol{a})^{\mathrm{T}}(\boldsymbol{A}\mathcal{S}\boldsymbol{A}^{\mathrm{T}})^{-1}(\boldsymbol{A}\bar{\boldsymbol{x}} - \boldsymbol{a}) \sim T^2(p, n-1).$$

因为, 在零假设下,$\boldsymbol{A}\bar{\boldsymbol{x}} \sim N_p(\boldsymbol{a}, n^{-1}\boldsymbol{A}\boldsymbol{\Sigma}\boldsymbol{A}^{\mathrm{T}})$ 与 $n\boldsymbol{A}\mathcal{S}\boldsymbol{A}^{\mathrm{T}} \sim W_p(\boldsymbol{A}\boldsymbol{\Sigma}\boldsymbol{A}^{\mathrm{T}}, n-1)$ 是相互独立的, 其中 W_p 表示威沙特分布.

7.3 高维单位协方差矩阵的检验

随着计算机的迅猛发展和广泛应用, 越来越多的科学研究领域涉及高维数据分析, 如金融、图像分析、基因组学等. 而在分析样本量有限但样本维数较高的数据时, 很多传统的多元统计分析就暴露出自身的局限性, 主要是由于这些理论通常假设数据维数 p 是固定的, 而样本大小 n 趋于无穷大. 因此, 这二十年来, 研究者们开始关注高维数据分析方法.

检验问题 7.7 令 $X_1, X_2, \cdots, X_n \sim N_p(\mathbf{0}, \boldsymbol{\Sigma}_p)$, 高维单位协方差矩阵检验如下:

$$H_0\colon \boldsymbol{\Sigma}_p = \boldsymbol{I}_p, \quad H_1\colon \boldsymbol{\Sigma}_p \neq \boldsymbol{I}_p,$$

其中 $\boldsymbol{I}_p$ 是 p 维单位矩阵.

对于 p 固定的情况. 令 $X_1, X_2, \cdots, X_n \sim N_p(\mathbf{0}, \boldsymbol{I}_p)$, 样本协方差矩阵为 $\boldsymbol{\mathcal{S}_n} = \sum\limits_{\boldsymbol{i=1}}^{\boldsymbol{n}} \boldsymbol{x_i x_i^{\mathrm{T}}/n}$, 其中 $\bar{X} = \sum\limits_{i=1}^{n} X_i/n$. 当 p 固定, $n \to \infty$ 时, 考虑统计量

$$L_n = n\mathrm{tr}(\boldsymbol{\mathcal{S}}_n) - \ln(|\boldsymbol{\mathcal{S}}_n| - p) \to \chi^2_{p(p+1)/2},$$

然而, 在高维数据中, 这种经典的近似会导致犯一类错误的概率增加.

对于"大 p 大 n", "大 p 小 n" 的情况. 记 $\boldsymbol{\Sigma}_p$ 和 $\boldsymbol{S}_n$ 的谱分布分别为 $\boldsymbol{H}_p$ 和 $\boldsymbol{F}_n$, 则它们的 k 阶矩可以表示为

$$\alpha_k = \int t^k \mathrm{d}\boldsymbol{H}_p(t) = \frac{1}{p}\mathrm{tr}(\boldsymbol{\Sigma}_p^k), \quad \hat{\beta}_k = \int x^k \mathrm{d}\boldsymbol{F}_n(x) = \frac{1}{p}\mathrm{tr}(\boldsymbol{S}_n^k), \quad k \in \mathbf{N}.$$

同时可以给出 $\alpha_i, i = 1, 2, 3, 4, 5, 6$ 的估计:

$$\hat{\alpha}_1 = \hat{\beta}_1, \quad \hat{\alpha}_2 = \gamma_2(\hat{\beta}_2 - c_n\hat{\beta}_1^2), \quad \hat{\alpha}_3 = \gamma_3(\hat{\beta}_3 - 3c_n\hat{\beta}_2\hat{\beta}_1 + 2c_n^2\hat{\beta}_1^3),$$

$$\hat{\alpha}_4 = \gamma_4\left(\hat{\beta}_4 - 4c_n\hat{\beta}_3\hat{\beta}_1 - \frac{2n^2+3n-6}{n^2+n+2}c_n\hat{\beta}_2^2 + \frac{10n^2+12n}{n^2+n+2}c_n^2\hat{\beta}_2\hat{\beta}_1{}^2 - \frac{5n^2+6n}{n^2+n+2}c_n^3\hat{\beta}_1^4\right),$$

$$\hat{\alpha}_5 = \hat{\beta}_5 - 5c_n\hat{\beta}_1\hat{\beta}_4 - 5c_n\hat{\beta}_2\hat{\beta}_3 + 15c_n^2\hat{\beta}_1^2\hat{\beta}_3 + 15c_n^2\hat{\beta}_1\hat{\beta}_2^2 - 35c_n^3\hat{\beta}_1^3\hat{\beta}_2 + 14c_n^4\hat{\beta}_1^5,$$

$$\hat{\alpha}_6 = \hat{\beta}_6 - 6c_n\hat{\beta}_1\hat{\beta}_5 - 6c_n\hat{\beta}_2\hat{\beta}_4 - 3c_n\hat{\beta}_3^2 + 21c_n^2\hat{\beta}_1^2\hat{\beta}_4 + 42c_n^2\hat{\beta}_1\hat{\beta}_2\hat{\beta}_3 + 7c_n^2\hat{\beta}_2^3 - 56c_n^3\hat{\beta}_1^3\hat{\beta}_3 - 84c_n^3\hat{\beta}_1^2\hat{\beta}_2^2 + 126c_n^4\hat{\beta}_1^4\hat{\beta}_2 - 42c_n^5\hat{\beta}_1^6.$$

其中 $c_n = p/n, \gamma_2 = n^2/[(n-1)(n+2)], \gamma_3 = n^4/[(n-1)(n-2)(n+2)(n+4)]$,
$\gamma_4 = n^5(n^2+n+2)/[(n+1)(n+2)(n+4)(n+6)(n-1)(n-2)(n-3)]$.

针对这类检验问题, 有如下三种检验统计量可供参考:

1. 利用 $\boldsymbol{S}_n$ 特征值的第一和第二均值提出一种检验统计量

$$T_s = \frac{n}{2}(\hat{\alpha}_2 - 2\hat{\alpha}_1 + 1).$$

可以看出, 在备择假设 H_1 下, 统计量具有如下渐近分布:

$$\frac{n}{2}(\hat{\alpha}_2 - 2\hat{\alpha}_1 - \alpha_2 - 2\alpha_1) \xrightarrow{\mathcal{L}} N\left(0, \frac{c}{2} \cdot (\tilde{\alpha}_2 - 2\tilde{\alpha}_3 + \tilde{\alpha}_4 + \tilde{\alpha}_2^2)\right) \quad n \to \infty.$$

在原假设下

$$T_s \xrightarrow{\mathcal{L}} N(0,1) \quad n \to \infty.$$

2. 利用均值的高阶矩引入了两个新的统计量, 分别记为 T_1 和 T_2,

$$T_1 = \frac{n}{c\sqrt{8}}(\hat{\alpha}_4 - 4\hat{\alpha}_3 + 6\hat{\alpha}_1 + 1),$$
$$T_2 = \frac{n}{\sqrt{8(c^2 + 12c + 8)}}(\hat{\alpha}_4 - 2\hat{\alpha}_2 + 1).$$

在原假设下, 给出渐近分布如下:

$$T_1 \xrightarrow{\mathcal{L}} N(0,1) \quad n \to \infty,$$
$$T_2 \xrightarrow{\mathcal{L}} N(0,1) \quad n \to \infty.$$

3. 利用均值的特性提出新的统计量

$$T = \frac{n}{\sqrt{12(c^4 + 30c^3 + 150c^2 + 162c + 27)}}(\hat{\alpha}_6 - 2\hat{\alpha}_3 + 1).$$

在原假设下,

$$T \xrightarrow{\mathcal{L}} N(\mu_0, \Sigma_{T0}^2) \quad n \to \infty,$$

当$n \to \infty, p \to \infty$时, 均值为 $\mu_0 = 9\Delta/\sqrt{12(c^4 + 30c^3 + 150c^2 + 162c + 27)}$ 和方差为 $\Sigma_{T0}^2 = 1$, Δ 为常数.

例题 7.4 设 $X \sim N_p(\mu, \boldsymbol{\Sigma})$, 请提供一种检验 $p > n$ 情形下 $\boldsymbol{\Sigma}$ 是单位矩阵的检验方法. 由题意, $p > n$ 情形下 $\boldsymbol{\Sigma}$ 是单位矩阵的假设检验问题可以等价写成

$$H_0 \colon \boldsymbol{\Sigma}_p = \boldsymbol{I}_p, \quad H_1 \colon \boldsymbol{\Sigma}_p \neq \boldsymbol{I}_p.$$

检验统计量为

$$T_1 = \frac{n}{c\sqrt{8}}(\hat{\alpha}_4 - 4\hat{\alpha}_3 + 6\hat{\alpha}_1 + 1) \xrightarrow{\mathcal{L}} N(0,1) \quad n \to \infty.$$

如果观测到的 $|T_1|$ 值超过正态分布的某个特定百分位数的值, 那么拒绝 H_0.

7.4 重复测量

在很多情况下, n 个独立的样本单元是在不同的时间点或者不同的试验条件下观测得到的, 那么对 n 个不同的个体, 重复 p 次一维的测量, 例如, 观测 n 个学生 p 次不同测验的成绩, 则可以得到 $n\times p$ 观测矩阵. 不妨考虑这样一种情形, 进行了 p 次重复测量时, 来自正态分布 $N_p(\boldsymbol{\mu},\boldsymbol{\Sigma})$ 的 $X_1,X_2,\cdots,X_n$ 是独立同分布的. 检验是否有处理组效应, 即 $H_0\colon \mu_1=\mu_2=\cdots=\mu_p$. 这一假设检验问题就是检验问题 7.6 的直接应用.

对均值向量 $\boldsymbol{\mu}$ 作一矩阵变换, 有 $H_0\colon \boldsymbol{\mathcal{C}}\boldsymbol{\mu}=\mathbf{0}$, 其中

$$\boldsymbol{\mathcal{C}}((p-1)\times p)=\begin{pmatrix} 1 & -1 & 0 & \cdots & 0 \\ 0 & 1 & -1 & \cdots & 0 \\ \vdots & \vdots & \vdots & & \vdots \\ 0 & 0 & 0 & \cdots & -1 \end{pmatrix}, \tag{7.10}$$

值得注意的是, 许多试验都有“控制组”这一试验条件, 如安慰剂、标准药剂等, 假设研究者感兴趣的是研究不同控制组变量之间的区别, 则转换矩阵 $\boldsymbol{\mathcal{C}}$ 有如下形式:

$$\boldsymbol{\mathcal{C}}((p-1)\times p)=\begin{pmatrix} 1 & -1 & 0 & \cdots & 0 \\ 1 & 0 & -1 & \cdots & 0 \\ \vdots & \vdots & \vdots & & \vdots \\ 1 & 0 & 0 & \cdots & -1 \end{pmatrix}.$$

由公式 (7.10) 可得,

$$\frac{n-p+1}{p-1}\bar{\boldsymbol{x}}^{\mathrm{T}}\boldsymbol{\mathcal{C}}^{\mathrm{T}}(\boldsymbol{\mathcal{C}}\boldsymbol{\mathcal{S}}\boldsymbol{\mathcal{C}}^{\mathrm{T}})^{-1}\boldsymbol{\mathcal{C}}\bar{\boldsymbol{x}}>F_{1-\alpha;p-1,n-p+1},$$

则拒绝原假设.

事实上, $\boldsymbol{\mathcal{C}}\boldsymbol{\mu}$ 是随机变量 $\boldsymbol{y}_i=\boldsymbol{\mathcal{C}}\boldsymbol{x}_i$ 的均值,

$$\boldsymbol{y}_i\sim N_{p-1}(\boldsymbol{\mathcal{C}}\boldsymbol{\mu},\boldsymbol{\mathcal{C}}\boldsymbol{\Sigma}\boldsymbol{\mathcal{C}}^{\mathrm{T}}).$$

公式 (7.8) 已经得到均值的线性组合的置信区间, 则对于所有的 $\boldsymbol{a}\in\mathbf{R}^{p-1}$, 在置信水平 $1-\alpha$ 下, 有

$$\boldsymbol{a}^{\mathrm{T}}\boldsymbol{\mathcal{C}}\boldsymbol{\mu}\in\boldsymbol{a}^{\mathrm{T}}\boldsymbol{\mathcal{C}}\bar{\boldsymbol{x}}\pm\sqrt{\frac{p-1}{n-p+1}F_{1-\alpha;p-1,n-p+1}\boldsymbol{a}^{\mathrm{T}}\boldsymbol{\mathcal{C}}\boldsymbol{\mathcal{S}}\boldsymbol{\mathcal{C}}^{\mathrm{T}}\boldsymbol{a}}\,.$$

值得注意的是, 由于问题本身的特殊性, 转换矩阵 $\boldsymbol{\mathcal{C}}$ 的列向量各元素之和为 $\mathbf{0}$, 即 $\boldsymbol{\mathcal{C}}\mathbf{1}_p=\mathbf{0}$, 因此 $\boldsymbol{a}^{\mathrm{T}}\boldsymbol{\mathcal{C}}$ 是一个各元素之和为 0 的向量, 称之为对照组. 令 $\boldsymbol{b}=\boldsymbol{\mathcal{C}}^{\mathrm{T}}\boldsymbol{a}$, 则有 $\boldsymbol{b}^{\mathrm{T}}\mathbf{1}_p=\sum\limits_{j=1}^{p}b_j=0$. 前面部分已经给出了所有对照组的均值 $\boldsymbol{\mu}$, 则在显著性水平 $1-\alpha$ 下, $\boldsymbol{b}^{\mathrm{T}}\boldsymbol{\mu}$ 的置信区间为

$$\boldsymbol{b}^{\mathrm{T}}\bar{\boldsymbol{x}} \pm \sqrt{\frac{p-1}{n-p+1}F_{1-\alpha;p-1,n-p+1}\boldsymbol{b}^{\mathrm{T}}\mathcal{S}\boldsymbol{b}}.$$

检验问题 7.8 解释了如何把似然比检验应用于检验线性模型的系数 $\boldsymbol{\beta}$ 的线性限制条件, 接下来介绍如何对检验统计量进行变换, 利用变换后的统计量进行精确 F 检验.

检验问题 7.8　*设 $Y_1, Y_2, \cdots, Y_n$ 是相互独立的, $Y_i \sim N_1(\boldsymbol{x}_i^{\mathrm{T}}\boldsymbol{\beta}, \Sigma^2)$, $\boldsymbol{x}_i \in \mathbf{R}^p$, 其中 Σ^2 未知,*

$$H_0\colon \boldsymbol{A\beta} = \boldsymbol{a}, \quad H_1\colon \text{没有限制}.$$

为了得到零假设下带限制的极大似然估计量, 首先令

$$f(\boldsymbol{\beta}, \boldsymbol{\lambda}) = (\boldsymbol{y} - \boldsymbol{\mathcal{X}\beta})^{\mathrm{T}}(\boldsymbol{y} - \boldsymbol{\mathcal{X}\beta}) - \boldsymbol{\lambda}^{\mathrm{T}}(\boldsymbol{A\beta} - \boldsymbol{a}), \quad \boldsymbol{\lambda} \in \mathbf{R}^q,$$

令一阶偏导等于 $\mathbf{0}$, 即求解 $\dfrac{\partial f(\boldsymbol{\beta}, \boldsymbol{\lambda})}{\partial \boldsymbol{\beta}} = \mathbf{0}$, $\dfrac{\partial f(\boldsymbol{\beta}, \boldsymbol{\lambda})}{\partial \boldsymbol{\lambda}} = \mathbf{0}$ 得,

$$\tilde{\boldsymbol{\beta}} = \hat{\boldsymbol{\beta}} - (\boldsymbol{\mathcal{X}}^{\mathrm{T}}\boldsymbol{\mathcal{X}})^{-1}\boldsymbol{A}^{\mathrm{T}}[\boldsymbol{A}(\boldsymbol{\mathcal{X}}^{\mathrm{T}}\boldsymbol{\mathcal{X}})^{-1}\boldsymbol{A}^{\mathrm{T}}]^{-1}(\boldsymbol{A}\hat{\boldsymbol{\beta}} - \boldsymbol{a}).$$

则 $\tilde{\Sigma}^2 = \dfrac{1}{n}(\boldsymbol{y} - \boldsymbol{\mathcal{X}}\tilde{\boldsymbol{\beta}})^{\mathrm{T}}(\boldsymbol{y} - \boldsymbol{\mathcal{X}}\tilde{\boldsymbol{\beta}})$, 估计量 $\hat{\boldsymbol{\beta}}$ 表示没有限制条件下的极大似然估计量. 所以, 有似然比检验统计量

$$-2\ln\lambda = 2(\ell_1^* - \ell_0^*) = n\ln\left(\frac{\|\boldsymbol{y} - \mathcal{X}\tilde{\boldsymbol{\beta}}\|^2}{\|\boldsymbol{y} - \mathcal{X}\hat{\boldsymbol{\beta}}\|^2}\right) \xrightarrow{\mathcal{L}} \chi_p^2, \quad n \to \infty,$$

其中 p 是列向量 $\boldsymbol{a}$ 的维数. 这个检验问题也有精确的 F 检验, 因为

$$\frac{n-p}{p}\left(\frac{\|\boldsymbol{y} - \boldsymbol{\mathcal{X}}\tilde{\boldsymbol{\beta}}\|^2}{\|\boldsymbol{y} - \boldsymbol{\mathcal{X}}\hat{\boldsymbol{\beta}}\|^2} - 1\right) = \frac{n-p}{p}\frac{(\boldsymbol{A}\hat{\boldsymbol{\beta}} - \boldsymbol{a})^{\mathrm{T}}[\boldsymbol{A}(\boldsymbol{\mathcal{X}}^{\mathrm{T}}\boldsymbol{\mathcal{X}})^{-1}\boldsymbol{A}^{\mathrm{T}}]^{-1}(\boldsymbol{A}\hat{\boldsymbol{\beta}} - \boldsymbol{a})}{(\boldsymbol{y} - \boldsymbol{\mathcal{X}}\hat{\boldsymbol{\beta}})^{\mathrm{T}}(\boldsymbol{y} - \boldsymbol{\mathcal{X}}\hat{\boldsymbol{\beta}})} \sim F_{p,n-p}.$$

例题 7.5　设有多元线性回归方程: $X_1 = \alpha + \beta_1 X_2 + \beta_2 X_3 + \beta_3 X_4 + \varepsilon$, 假设由实际数据分析可得, 回归系数 β_1, β_2 有如下近似关系: $\beta_1 \approx -\dfrac{1}{2}\beta_2$, 请检验原假设 $H_0\colon \beta_1 = -\dfrac{1}{2}\beta_2$ 是否成立.

原假设等价于 $(0, 1, 1/2, 0)(\alpha, \beta_1, \beta_2, \beta_3)^{\mathrm{T}} = 0$. 似然比检验统计量为 $-2\ln\lambda = 0.012$. F 统计量为 $F = 0.007$, 因此不能拒绝原假设.

7.5 两总体均值的比较

许多情形下, 我们想比较有 p 次观测值的两组不同的个体, 设两个随机样本 $\{\boldsymbol{x}_{i1}\}_{i=1}^{n_1}$, $\{\boldsymbol{x}_{j2}\}_{j=1}^{n_2}$ 来自不同的 p 元正态总体.

对于检验问题 7.9, 在两协方差矩阵相等的假设下, 检验两组样本的均值向量是否相等; 对于检验问题 7.10, 检验两组样本的协方差矩阵是否相等, 如果两组样本的协方差矩阵不等, 那么检验问题 7.9 就没有意义了, 此时, 应用检验问题 7.11.

检验问题 7.9 设 $X_{i1}\sim N_p(\boldsymbol{\mu}_1,\boldsymbol{\Sigma})$, $i=1,2,\cdots,n_1$; $X_{j2}\sim N_p(\boldsymbol{\mu}_2,\boldsymbol{\Sigma})$, $j=1,2,\cdots,n_2$, 且所有的变量是相互独立的, 则

$$H_0\colon \boldsymbol{\mu}_1=\boldsymbol{\mu}_2,\quad H_1\colon \text{没有限制}.$$

两个样本均有统计量 $\bar{\boldsymbol{x}}_k$, $\mathcal{S}_k$, $k=1,2$, 令 $\boldsymbol{\delta}=\boldsymbol{\mu}_1-\boldsymbol{\mu}_2$, 则有

$$\bar{\boldsymbol{x}}_1-\bar{\boldsymbol{x}}_2\sim N_p\left(\boldsymbol{\delta},\frac{n_1+n_2}{n_1n_2}\boldsymbol{\Sigma}\right),$$

$$n_1\mathcal{S}_1+n_2\mathcal{S}_2\sim W_p(\boldsymbol{\Sigma},n_1+n_2-2).$$

令 $\mathcal{S}=(n_1+n_2)^{-1}(n_1\mathcal{S}_1+n_2\mathcal{S}_2)$ 是 $\mathcal{S}_1$ 和 $\mathcal{S}_2$ 的加权平均. 因为两个样本相互独立, 且 $\mathcal{S}_k$ 与 $\bar{\boldsymbol{x}}_k$ 也是独立的, 则有 $\mathcal{S}$ 独立于 $(\bar{\boldsymbol{x}}_1-\bar{\boldsymbol{x}}_2)$, 推得

$$\frac{n_1n_2(n_1+n_2-2)}{(n_1+n_2)^2}[(\bar{\boldsymbol{x}}_1-\bar{\boldsymbol{x}}_2)-\boldsymbol{\delta}]^{\mathrm{T}}\mathcal{S}^{-1}[(\bar{\boldsymbol{x}}_1-\bar{\boldsymbol{x}}_2)-\boldsymbol{\delta}]\sim T^2(p,n_1+n_2-2) \tag{7.11}$$

或者

$$[(\bar{\boldsymbol{x}}_1-\bar{\boldsymbol{x}}_2)-\boldsymbol{\delta}]^{\mathrm{T}}\mathcal{S}^{-1}[(\bar{\boldsymbol{x}}_1-\bar{\boldsymbol{x}}_2)-\boldsymbol{\delta}]\sim\frac{p(n_1+n_2)^2}{(n_1+n_2-p-1)n_1n_2}F_{p,n_1+n_2-p-1}.$$

以上结论, 如检验问题 7.2, 可以用来检验 $H_0\colon\boldsymbol{\delta}=\mathbf{0}$ 或者构造置信域. 拒绝域如下:

$$\frac{(n_1+n_2-p-1)n_1n_2}{p(n_1+n_2)^2}(\bar{\boldsymbol{x}}_1-\bar{\boldsymbol{x}}_2)^{\mathrm{T}}\mathcal{S}^{-1}(\bar{\boldsymbol{x}}_1-\bar{\boldsymbol{x}}_2)\geqslant F_{1-\alpha;p,n_1+n_2-p-1}. \tag{7.12}$$

$\boldsymbol{\delta}$ 的 $1-\alpha$ 的置信域为以 $(\bar{\boldsymbol{x}}_1-\bar{\boldsymbol{x}}_2)$ 为中心的椭圆,

$$[\boldsymbol{\delta}-(\bar{\boldsymbol{x}}_1-\bar{\boldsymbol{x}}_2)]^{\mathrm{T}}\mathcal{S}^{-1}[\boldsymbol{\delta}-(\bar{\boldsymbol{x}}_1-\bar{\boldsymbol{x}}_2)]\leqslant\frac{p(n_1+n_2)^2}{(n_1+n_2-p-1)n_1n_2}F_{1-\alpha;p,n_1+n_2-p-1}.$$

而且, $\boldsymbol{\delta}$ 各元素的线性组合 $\boldsymbol{a}^{\mathrm{T}}\boldsymbol{\delta}$ 的置信域为

$$\boldsymbol{a}^{\mathrm{T}}(\bar{\boldsymbol{x}}_1-\bar{\boldsymbol{x}}_2)\pm\sqrt{\frac{p(n_1+n_2)^2}{(n_1+n_2-p-1)n_1n_2}F_{1-\alpha;p,n_1+n_2-p-1}\boldsymbol{a}^{\mathrm{T}}\mathcal{S}\boldsymbol{a}}.$$

特别地, 在 $1-\alpha$ 的置信水平下, 对于 $j=1,2,\cdots,p$, δ_j 的置信区间为

$$(\bar{\boldsymbol{x}}_{1j}-\bar{\boldsymbol{x}}_{2j})\pm\sqrt{\frac{p(n_1+n_2)^2}{(n_1+n_2-p-1)n_1n_2}F_{1-\alpha;p,n_1+n_2-p-1}\mathcal{S}_{jj}}\ . \tag{7.13}$$

值得注意的是, 前面部分的检验都隐含着假设: 来自不同总体的两组样本有着相同的方差. 如此, 公式 (7.12) 所示的检验统计量度量的是关于共同的联合协方差矩阵 $\mathcal{S}$ 的两组样本中心的距离. 那如何检验前提假设 $\boldsymbol{\Sigma}_1=\boldsymbol{\Sigma}_2$ 是否成立呢? 目前, 检验来自两正态总体的协方差矩阵是否相等, 还没有令人满意的稳健方法. 下面介绍的检验拓展了单变量情况下检验方差是否相

等的巴特利特 (Bartlett) 检验, 但是, 这种检验方法对于偏离正态总体的假定不适用.

检验问题 7.10 (比较协方差矩阵)　设 $X_{ih} \sim N_p(\boldsymbol{\mu}_h, \boldsymbol{\Sigma}_h), i=1,2,\cdots,n_h, h=1,2,\cdots,k,$ 是相互独立的随机变量, 则

$$H_0\colon \boldsymbol{\Sigma}_1 = \boldsymbol{\Sigma}_2 = \cdots = \boldsymbol{\Sigma}_k, \quad H_1\colon \text{无约束}.$$

每个子样本都有 $\mathcal{S}_h$, 作为协方差矩阵 $\boldsymbol{\Sigma}_h$ 的估计量, 有

$$n_h\mathcal{S}_h \sim W_p(\boldsymbol{\Sigma}_h, n_h - 1).$$

在原假设下, 有 $\sum\limits_{h=1}^{k} n_h\mathcal{S}_h \sim W_p(\boldsymbol{\Sigma}, n-k)$, 其中 $\boldsymbol{\Sigma}$ 是随机变量 X_{ih} 共同的协方差矩阵, $n = \sum\limits_{h=1}^{k} n_h$. 令 $\mathcal{S} = \dfrac{n_1\mathcal{S}_1 + \cdots + n_k\mathcal{S}_k}{n}$ 为 $\mathcal{S}_h$ 的加权平均 (实际上在 H_0 为真的情况下即为 $\boldsymbol{\Sigma}$ 的极大似然估计). 由似然比检验得到检验统计量

$$-2\ln\lambda = n\ln|\mathcal{S}| - \sum_{h=1}^{k} n_h \ln|\mathcal{S}_h|. \tag{7.14}$$

在原假设下, 该检验统计量的渐近分布为 χ_m^2, 其中, $m = \dfrac{1}{2}(k-1)p(p+1)$.

如果检验出协方差矩阵不相等, 该怎么处理呢? 当样本量 n_1 和 n_2 都很大时, 有如下简单的解决方法.

检验问题 7.11 (比较两样本均值, 协方差矩阵不等, 大样本)　设 $X_{i1} \sim N_p(\boldsymbol{\mu}_1, \boldsymbol{\Sigma}_1), i = 1,2,\cdots,n_1$; $X_{j2} \sim N_p(\boldsymbol{\mu}_2, \boldsymbol{\Sigma}_2)$, $j=1,2,\cdots,n_2$, 是相互独立的随机变量, 则

$$H_0\colon \boldsymbol{\mu}_1 = \boldsymbol{\mu}_2, \quad H_1\colon \text{无约束}.$$

令 $\boldsymbol{\delta} = \boldsymbol{\mu}_1 - \boldsymbol{\mu}_2$, 则

$$\bar{\boldsymbol{x}}_1 - \bar{\boldsymbol{x}}_2 \sim N_p\left(\boldsymbol{\delta}, \frac{\boldsymbol{\Sigma}_1}{n_1} + \frac{\boldsymbol{\Sigma}_2}{n_2}\right).$$

因此, 有

$$(\bar{\boldsymbol{x}}_1 - \bar{\boldsymbol{x}}_2)^{\mathrm{T}}\left(\frac{\boldsymbol{\Sigma}_1}{n_1} + \frac{\boldsymbol{\Sigma}_2}{n_2}\right)^{-1}(\bar{\boldsymbol{x}}_1 - \bar{\boldsymbol{x}}_2) \sim \chi_p^2.$$

因为 $\mathcal{S}_i$ 是 $\boldsymbol{\Sigma}_i$ 的相合估计量, 所以有

$$(\bar{\boldsymbol{x}}_1 - \bar{\boldsymbol{x}}_2)^{\mathrm{T}}\left(\frac{\mathcal{S}_1}{n_1} + \frac{\mathcal{S}_2}{n_2}\right)^{-1}(\bar{\boldsymbol{x}}_1 - \bar{\boldsymbol{x}}_2) \xrightarrow{\mathcal{L}} \chi_p^2. \tag{7.15}$$

这可以代替公式 (7.11) 来检验原假设, 对 $\boldsymbol{\delta}$ 定义置信域, 或对 δ_j, $j=1,2,\cdots,p$ 构造置信区间.

例如, 显著性水平为 α 的拒绝域为

$$(\bar{\boldsymbol{x}}_1-\bar{\boldsymbol{x}}_2)^{\mathrm{T}}\left(\frac{\mathcal{S}_1}{n_1}+\frac{\mathcal{S}_2}{n_2}\right)^{-1}(\bar{\boldsymbol{x}}_1-\bar{\boldsymbol{x}}_2)>\chi^2_{1-\alpha;p}. \tag{7.16}$$

同样, 置信水平为 $1-\alpha$ 的 $\delta_j,\ j=1,2,\cdots,p$ 的置信区间为

$$(\bar{\boldsymbol{x}}_1-\bar{\boldsymbol{x}}_2)\pm\sqrt{\chi^2_{1-\alpha;p}\left(\frac{s_{jj}^{(1)}}{n_1}+\frac{s_{jj}^{(2)}}{n_2}\right)}, \tag{7.17}$$

其中 $s_{jj}^{(i)}$ 是矩阵 $\mathcal{S}_i$ 的对角线元素, 这类似于公式 (7.13), 同样运用了联合协方差矩阵.

例题 **7.6** 设有两个来自二元正态、独立同分布的随机样本, 样本量均为 10, 样本均值, 协方差分别为 $\bar{\boldsymbol{x}}_1=(3,1)^{\mathrm{T}}$, $\bar{\boldsymbol{x}}_2=(1,1)^{\mathrm{T}}$, $S_1=\begin{pmatrix}4&-1\\-1&2\end{pmatrix}$, $S_2=\begin{pmatrix}2&-2\\-2&4\end{pmatrix}$. 检验问题 $H_0\colon\boldsymbol{\mu}_1=\boldsymbol{\mu}_2$; $H_1\colon\boldsymbol{\mu}_1\neq\boldsymbol{\mu}_2$.

先检验两样本的协方差矩阵是否相等, 即假设检验

$$H_0\colon\boldsymbol{\Sigma}_1=\boldsymbol{\Sigma}_2,\quad H_1\colon\boldsymbol{\Sigma}_1\neq\boldsymbol{\Sigma}_2.$$

检验统计量为

$$-2\ln\lambda=n\ln|\mathcal{S}|-\sum_{h=1}^{2}n_h\ln|\mathcal{S}_h|,$$

在原假设下, 近似于服从 χ^2_m 分布, 其中, $m=\dfrac{1}{2}(k-1)p(p+1)=3$, 计算得到联合协方差矩阵为 $\mathcal{S}=\begin{pmatrix}3&-1.5\\-1.5&3\end{pmatrix}$.

检验统计量算得

$$-2\ln\lambda=20\ln|\mathcal{S}|-\sum_{h=1}^{2}10\ln|\mathcal{S}_h|=4.868\,8,$$

小于临界值 $\chi^2_{0.95;3}=7.815$, 所以不能拒绝原假设. 从而两协方差矩阵相等的假设前提可以用来检验两均值向量是否相等, 即

$$H_0\colon\boldsymbol{\mu}_1=\boldsymbol{\mu}_2;\quad H_1\colon\boldsymbol{\mu}_1\neq\boldsymbol{\mu}_2.$$

该检验问题下的拒绝域为

$$\frac{(n_1+n_2-p-1)n_1n_2}{p(n_1+n_2)^2}(\bar{\boldsymbol{x}}_1-\bar{\boldsymbol{x}}_2)^{\mathrm{T}}\mathcal{S}^{-1}(\bar{\boldsymbol{x}}_1-\bar{\boldsymbol{x}}_2)\geqslant F_{1-\alpha;p,n_1+n_2-p-1}.$$

在显著性水平 $\alpha = 0.05$ 下, 检验统计量的值为 3.777 8, 大于临界值 $F_{0.95;2,17} = 3.591\ 5$. 所以拒绝原假设, 我们有理由认为两总体的均值向量是显著不同的.

注　比较检验统计量 (7.12) 和 (7.16), 可以发现 (7.16) 度量 $\bar{\boldsymbol{x}}_1$ 与 $\bar{\boldsymbol{x}}_2$ 之间的距离用的是 $\dfrac{S_1}{n_1} + \dfrac{S_2}{n_2}$. 当 $n_1 = n_2$ 时, 两种方法本质上是一样的, 因为 $\mathcal{S} = \dfrac{1}{2}(\mathcal{S}_1 + \mathcal{S}_2)$.

轮廓分析

检验问题 7.6 的另一个重要的应用在于将重复观测问题推广到两个独立的群体. 实际当中这个问题来源于对需要进行比较的不同群体的某个特征进行重复观测 (也可以是不同试验条件下的观测). 数据维度 p 可比是一个很重要的前提, 特别的要有相同的单位. 例如: 现在要观测 p 个不同时间点处的血压值, 一个组是控制组, 另一个组接受新的治疗. 那么试验的观测值就是对两个不同的试验组进行 p 次不同的观测得到的值. 接下来主要是比较每个组的轮廓 (Profile), 即 p 维均值所组成的向量.

可将问题转化为比较下面的两个均值是否相同的统计情形:

$$X_{i1} \sim N_p(\boldsymbol{\mu}_1, \boldsymbol{\Sigma}), \quad i = 1, 2, \cdots, n_1,$$

$$X_{i2} \sim N_p(\boldsymbol{\mu}_2, \boldsymbol{\Sigma}), \quad i = 1, 2, \cdots, n_2,$$

其中所有的变量都是独立的. 假定这两个群体轮廓如图 7.1 所示. 主要对下面的问题感兴趣:

1. 基于平行的定义, 这些轮廓相似吗 (即不同组不相交)?
2. 假如轮廓是平行的, 它们是在相同的水平下吗?
3. 假如轮廓是平行的, 还存在治疗效果吗 (无论接受何种治疗, 轮廓均保持一致)?

以上问题很容易就可转化为对均值线性约束问题, 并且可以得到相应的检验统计量.

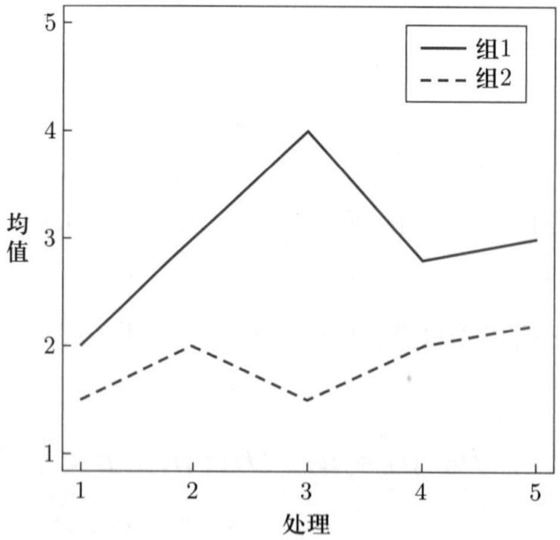

图 7.1　两个总体均值的轮廓

平行轮廓

令 $\mathcal{C}$ 表示一个 $(p-1)\times p$ 矩阵且 $\mathcal{C}=\begin{pmatrix}1 & -1 & 0 & \cdots & 0\\ 0 & 1 & -1 & \cdots & 0\\ \vdots & \vdots & \vdots & & \vdots\\ 0 & 0 & 0 & 1 & -1\end{pmatrix}$.

假设检验

$$H_0^{(1)}: \mathcal{C}(\boldsymbol{\mu}_1-\boldsymbol{\mu}_2)=\mathbf{0}.$$

根据 (7.11) 式可知, 在 $H_0^{(1)}$ 的前提下,

$$\frac{n_1n_2}{(n_1+n_2)^2}(n_1+n_2-2)[\mathcal{C}(\bar{\boldsymbol{x}}_1-\bar{\boldsymbol{x}}_2)\}^{\mathrm{T}}(\mathcal{C}\mathcal{S}\mathcal{C}^{\mathrm{T}})^{-1}\mathcal{C}(\bar{\boldsymbol{x}}_1-\bar{\boldsymbol{x}}_2)\sim T^2(p-1,n_1+n_2-2), \qquad (7.18)$$

其中 $\mathcal{S}$ 是合并的协方差矩阵. 原假设的拒绝域为

$$\frac{n_1n_2(n_1+n_2-p)}{(n_1+n_2)^2(p-1)}(\mathcal{C}\bar{\boldsymbol{x}})^{\mathrm{T}}(\mathcal{C}\mathcal{S}\mathcal{C}^{\mathrm{T}})^{-1}\mathcal{C}\bar{\boldsymbol{x}}>F_{1-\alpha;p-1,n_1+n_2-p}.$$

两水平相等

两水平下相等问题只有当两个轮廓是平行的时候才有意义. 相交的情形下 (拒绝 $H_0^{(1)}$), 两个群体对治疗有不同的反应, 关于水平问题的讨论也就没有什么意义了.

两水平下的等价问题可转化为

$$H_0^{(2)}: \mathbf{1}_p^{\mathrm{T}}(\boldsymbol{\mu}_1-\boldsymbol{\mu}_2)=0.$$

因为

$$\mathbf{1}_p^{\mathrm{T}}(\bar{\boldsymbol{x}}_1-\bar{\boldsymbol{x}}_2)\sim N_1(\mathbf{1}_p^{\mathrm{T}}(\boldsymbol{\mu}_1-\boldsymbol{\mu}_2),\frac{n_1+n_2}{n_1n_2}\mathbf{1}_p^{\mathrm{T}}\boldsymbol{\Sigma}\mathbf{1}_p),$$

$$(n_1+n_2)\mathbf{1}_p^{\mathrm{T}}\mathcal{S}\mathbf{1}_p\sim W_1(\mathbf{1}_p^{\mathrm{T}}\boldsymbol{\Sigma}\mathbf{1}_p,n_1+n_2-2).$$

可得

$$\begin{aligned}\frac{n_1n_2}{(n_1+n_2)^2}(n_1+n_2-2)\frac{[\mathbf{1}_p^{\mathrm{T}}(\bar{\boldsymbol{x}}_1-\bar{\boldsymbol{x}}_2)]^2}{\mathbf{1}_p^{\mathrm{T}}\mathcal{S}\mathbf{1}_p}&\sim T^2(1,n_1+n_2-2)\\ &=F_{1,n_1+n_2-2}.\end{aligned}$$

拒绝域为

$$\frac{n_1n_2(n_1+n_2-2)}{(n_1+n_2)^2}\frac{[\mathbf{1}_p^{\mathrm{T}}(\bar{\boldsymbol{x}}_1-\bar{\boldsymbol{x}}_2)]^2}{\mathbf{1}_p^{\mathrm{T}}\mathcal{S}\mathbf{1}_p}>F_{1-\alpha;1,n_1+n_2-2}.$$

治疗效应

若轮廓是平行的这一假设被拒绝, 则需要通过重复测量的方法进行关于两个群体的独立性分析. 若轮廓是平行的假设被接受, 则可以探寻包含在两个群体中的信息来检验治疗效果等方面. 假如轮廓是水平的, 零假设可以写为

$$H_0^{(3)}: \boldsymbol{C}(\boldsymbol{\mu}_1+\boldsymbol{\mu}_2)=\mathbf{0}.$$

考虑平均轮廓

$$\bar{\boldsymbol{x}}=\frac{n_1\bar{\boldsymbol{x}}_1+n_2\bar{\boldsymbol{x}}_2}{n_1+n_2}.$$

显然

$$\bar{\boldsymbol{x}}\sim N_p\left(\frac{n_1\boldsymbol{\mu}_1+n_2\boldsymbol{\mu}_2}{n_1+n_2},\frac{1}{n_1+n_2}\boldsymbol{\Sigma}\right).$$

不难证明在满足 $H_0^{(1)}$ 和 $H_0^{(3)}$ 的条件下可得

$$\boldsymbol{C}\left(\frac{n_1\boldsymbol{\mu}_1+n_2\boldsymbol{\mu}_2}{n_1+n_2}\right)=\mathbf{0}.$$

所以在平行且水平轮廓的前提下, 可知

$$\sqrt{n_1+n_2}\boldsymbol{C}\bar{\boldsymbol{x}}\sim N_p(\mathbf{0},\boldsymbol{C}\boldsymbol{\Sigma}\boldsymbol{C}^{\mathrm{T}}).$$

因此可得

$$(n_1+n_2-2)(\boldsymbol{C}\bar{\boldsymbol{x}})^{\mathrm{T}}(\boldsymbol{C}\boldsymbol{S}\boldsymbol{C}^{\mathrm{T}})^{-1}\boldsymbol{C}\bar{\boldsymbol{x}}\sim T^2(p-1,n_1+n_2-2). \tag{7.19}$$

那么 $H_0^{(3)}$ 的拒绝域为

$$\frac{n_1+n_2-p}{p-1}(\boldsymbol{C}\bar{\boldsymbol{x}})^{\mathrm{T}}(\boldsymbol{C}\boldsymbol{S}\boldsymbol{C}^{\mathrm{T}})^{-1}\boldsymbol{C}\bar{\boldsymbol{x}}>F_{1-\alpha;p-1,n_1+n_1-p}.$$

习 题 7

习题 7.1 令 $\boldsymbol{X}\sim N_2(\boldsymbol{\mu},\boldsymbol{\Sigma})$, 且 $\boldsymbol{\Sigma}=\begin{pmatrix}2&-1\\-1&2\end{pmatrix}$. 我们有一个样本量 $n=6$ 的独立同分布样本, 且 $\bar{\boldsymbol{x}}=\left(1,\ \frac{1}{2}\right)^{\mathrm{T}}$. 给定显著性水平 $\alpha=0.05$, 考虑假设检验 H_0: $\boldsymbol{\mu}=\left(2,\ \frac{2}{3}\right)^{\mathrm{T}}$ H_1: $\boldsymbol{\mu}\neq\left(2,\ \frac{2}{3}\right)^{\mathrm{T}}$, 求解该检验并给出其拒绝域.

习题 7.2 生成一组样本量 $n=100$ 的独立同分布的样本, 该样本的总体分布满足 $\boldsymbol{\mu}=\begin{pmatrix}1\\2\end{pmatrix}$, $\boldsymbol{\Sigma}=\begin{pmatrix}1&0.5\\0.5&2\end{pmatrix}$. 在 $\boldsymbol{\Sigma}$ 未知时, 检验 H_0: $2\boldsymbol{\mu}_1-\boldsymbol{\mu}_2=0.2$.

习题 7.3　设 $\boldsymbol{X} \sim N_3(\boldsymbol{\mu}, \boldsymbol{\Sigma})$, 请用公式从 $\boldsymbol{A\mu} = \boldsymbol{a}$ 的角度表示假设检验问题 $H_0\colon \mu_1 = \mu_2 = \mu_3$.

习题 7.4　设 $\boldsymbol{X} \sim N_3(\boldsymbol{\mu}, \boldsymbol{\Sigma})$, 抽取一个样本量为 10, 独立同分布的样本, 有

$$\bar{\boldsymbol{x}} = (1, 0, 2)^{\mathrm{T}}, \quad \mathcal{S} = \begin{pmatrix} 3 & 2 & 1 \\ 2 & 3 & 1 \\ 1 & 1 & 4 \end{pmatrix},$$

(1) 已知样本协方差矩阵的特征值为整数, 对 $\boldsymbol{\mu}$ 构造一个置信水平为 95% 的置信域;

(2) 计算 μ_1, μ_2, μ_3 的置信区间;

(3) 可以认为 μ_1 是 μ_2 和 μ_3 的平均吗?

习题 7.5　证明 (7.18) 式和 (7.19) 式.

习题 7.6　用定理 7.1 推导出掷骰子其点数均匀出现的原假设.

习题 7.7　仿真一个 $\boldsymbol{\mu} = \begin{bmatrix} 1 \\ 2 \end{bmatrix}$ 和 $\boldsymbol{\Sigma} = \begin{pmatrix} 1 & 0.5 \\ 0.5 & 2 \end{pmatrix}$ 的正态样本, 并检验 $H_0\colon 2\mu_1 - \mu_2 = 0.2$. 区分两种情形: 假定 $\boldsymbol{\Sigma}$ 已知, 假定 $\boldsymbol{\Sigma}$ 未知. 比较两个结果.

习题 7.8　在美国公司数据集 (R 中自带) 中, 利用 X_1 到 X_6 的全部观测值向量来检验能源业和制造业均值相等的假设. 推出它们差异的联合置信区间.

习题 7.9　令 $\boldsymbol{X} \sim N_2(\boldsymbol{\mu}, \boldsymbol{\Sigma})$, 这里 $\boldsymbol{\Sigma}$ 已知且 $\boldsymbol{\Sigma} = \begin{pmatrix} 2 & -1 \\ -1 & 2 \end{pmatrix}$. 样本容量为 6 的独立同分布样本, 假设 $\bar{\boldsymbol{x}}^{\mathrm{T}} = \left(1, \dfrac{1}{2}\right)$. 请求解下列检验问题 ($\alpha = 0.05$):

(1) $H_0\colon \boldsymbol{\mu} = \left(2, \dfrac{2}{3}\right)^{\mathrm{T}}$　$H_1\colon \boldsymbol{\mu} \neq \left(2, \dfrac{2}{3}\right)^{\mathrm{T}}$;

(2) $H_0\colon \mu_1 + \mu_2 = \dfrac{7}{2}$　$H_1\colon \mu_1 + \mu_2 \neq \dfrac{7}{2}$;

(3) $H_0\colon \mu_1 - \mu_2 = \dfrac{1}{2}$　$H_1\colon \mu_1 - \mu_2 \neq \dfrac{1}{2}$;

(4) $H_0\colon \mu_1 = 2$　$H_1\colon \mu_1 \neq 2$.

对每个例子, 用图形标出拒绝域.

习题 7.10　重复上题练习, 其中 $\boldsymbol{\Sigma} = \begin{pmatrix} 2 & -1 \\ -1 & 2 \end{pmatrix}$. 比较其结果.

习题 7.11　考虑 $\boldsymbol{X} \sim N_3(\boldsymbol{\mu}, \boldsymbol{\Sigma})$. 一个样本容量 $n = 10$ 的独立同分布样本,

$$\bar{\boldsymbol{x}} = (1, 0, 2)^{\mathrm{T}}, \quad \mathcal{S} = \begin{pmatrix} 3 & 2 & -1 \\ 2 & 3 & 1 \\ 1 & 1 & 4 \end{pmatrix},$$

(1) 已知 $\mathcal{S}$ 的特征值为整数, 请描述 $\boldsymbol{\mu}$ 的 95% 置信域 (提示: 用 $|\mathcal{S}| = \prod_{j=1}^{3} \lambda_j$ 和 $\operatorname{tr}(\mathcal{S}) = \sum_{j=1}^{3} \lambda_j$ 计算特征值);

(2) 计算 μ_1,μ_2 和 μ_3 的联合置信区间;

(3) 我们能断定 μ_1,μ_2 和 μ_3 的平均值吗?

习题 7.12 考虑从两个双变量正态分布总体中抽取的两个独立同分布的样本, 每个样本容量都为 10. 结果总结如下:

$$\bar{\boldsymbol{x}}_1 = (3,1)^{\mathrm{T}}, \quad \bar{\boldsymbol{x}}_2 = (1,1)^{\mathrm{T}},$$

$$\mathcal{S}_1 = \begin{pmatrix} 4 & -1 \\ -1 & 2 \end{pmatrix}, \quad \boldsymbol{\Sigma} = \begin{pmatrix} 2 & -2 \\ -2 & 4 \end{pmatrix},$$

求解下列检验问题:

(1) $H_0 \colon \boldsymbol{\mu}_1 = \boldsymbol{\mu}_2, \quad H_1 \colon \boldsymbol{\mu}_1 \neq \boldsymbol{\mu}_2$;

(2) $H_0 \colon \mu_{11} = \mu_{21}, \quad H_1 \colon \mu_{11} \neq \mu_{21}$;

(3) $H_0 \colon \mu_{12} = \mu_{22}, \quad H_1 \colon \mu_{12} \neq \mu_{22}$

比较各个解并评论.

习题 7.13 证明具有对数似然函数 ℓ_0^* 和 ℓ_1^* 的检验问题 7.2 中的式 (7.4) (提示: 利用式 (2.17)).

习题 7.14 假设 3 种不同的化肥用于 3 块试验田. 每块试验田种植 10 组样本. 产量数据 (单位: 10^2 kg) 如下表所示:

	A	B	C		A	B	C
1	4	6	2	6	4	5	4
2	3	7	1	7	3	8	3
3	2	7	1	8	3	9	3
4	5	5	1	9	3	9	2
5	4	5	3	10	1	6	2

(1) 检验 3 个变量是否独立;

(2) 检验是否 $\boldsymbol{\mu} = (2,6,4)^{\mathrm{T}}$, 并把它与 3 个单变量 t 检验相比较.

(3) 利用方差分析和 χ^2 近似分布来检验是否 $\boldsymbol{\mu}_1 = \boldsymbol{\mu}_2 = \boldsymbol{\mu}_3$.

习题 7.15 假设 $\boldsymbol{X} \sim N_p(\boldsymbol{\mu}, \boldsymbol{\Sigma})$, 这里 $\boldsymbol{\Sigma}$ 未知. 请推导出 p 个变量相互独立的假设检验 (即 $H_0 \colon \boldsymbol{\Sigma}$ 为一个对角矩阵) 的对数似然比统计量.

习题 7.16 考虑一个抽取自如下单变量正态分布总体、样本容量 $n = 5$ 的独立同分布样本:

$$\boldsymbol{X} \sim N_2\left(\boldsymbol{\mu}, \mathcal{S}_1 = \begin{pmatrix} 3 & \rho \\ \rho & 1 \end{pmatrix}\right),$$

其中 ρ 为一个已知参数. 假设 $\bar{\boldsymbol{x}}^{\mathrm{T}}=(1,0)$, 在 5% 的水平下, ρ 取何值时, 使得原假设 $H_0\colon \boldsymbol{\mu}=(0,0)^{\mathrm{T}}$ 被拒绝而支持备择假设 $H_1\colon \boldsymbol{\mu}\neq(0,0)^{\mathrm{T}}$?

习题 7.17　考虑银行数据集 (R 中自带). 对假钞数据, 我们想知道是否对角线长度 (X_6) 能被解释变量为 X_1 至 X_5 的线性模型所预测、估计该线性模型并检验是否这些系数显著异于零.

习题 7.18　利用式 (7.14), 建立一个大小为 α 的渐近拒绝域, 来检验一般模型 $f(x,\boldsymbol{x})(\boldsymbol{x}\in\mathrm{R}^k)$ 的以下假设: $H_0\colon \boldsymbol{x}=\boldsymbol{x}_0$, $H_1\colon \boldsymbol{x}\neq\boldsymbol{x}_0$.

习题 7.19　概率密度函数 $f(x_1,x_2)=\dfrac{1}{\theta_1^2\theta_2^2x_2}\mathrm{e}^{\frac{x_1}{\theta_1x_2}+\frac{x_2}{\theta_1\theta_2}}(x_1,x_2>0)$. 请基于 $\boldsymbol{x}=(x_1,x_2)^{\mathrm{T}}$ 中样本容量为 n(n 很大) 的一个独立同分布样本来求解检验问题 $H_0\colon \boldsymbol{x}=(\theta_{01},\theta_{02})^{\mathrm{T}}$.

习题 7.20　针对不同疗法的两组患者, 每天观测 3 次 X_1(8:00), X_2(11:00), X_3(15:00) 血浆中柠檬酸盐浓度的变化 (患者随机安排到两组中, 且 $n_1=n_2=5$). 数据如下所示:

组	$X1$	$X2$	$X3$
I	125	137	121
	144	173	147
	105	119	125
	151	149	128
	137	139	109
II	93	121	107
	116	135	106
	109	83	100
	89	95	83
	116	128	100

如果两组均值处在同一水平, 请检验两组的轮廓是否水平?

第 8 章 多元数据因子降维技术

前面探讨了用于挖掘多元数据特点的基本描述性工具. 他们是从一元或二元分析工具改进而来的, 而这些分析工具正是用来降低观测值的维度. 在接下来的内容里将会讨论关于多元数据降维的内容. 这与前文的思考角度有所不同, 但所使用的工具是有联系的.

首先, 从描述性的角度出发, 展示一种基于几何的数据降维方法. 通过它, 我们能推导出基于最小二乘准则的降低数据矩阵维数的最好方法. 降维结果是数据矩阵的低维图形图像. 技术上可将数据矩阵降维成因子, 然后根据因子重要性的程度对因子进行排序. 这个方法非常普遍, 并且是很多多元数据分析工具的核心. 在实际操作中, 降维的矩阵通常是原始数据矩阵的变形, 并且在接下来的章节中可以发现这些变形处理使得降维后的低维数据图像有更好更直接的解释.

其次, 讨论线性组合 (主成分) 降维方法. 这些主成分用于降低多维随机变量的维数, 并且根据重要性的递减程度排序. 当这种技术应用到数据矩阵时, 主成分恰恰就是变形后的数据矩阵 (数据通过中心化处理后形成的矩阵) 的因子. 也会讨论因子分析, 因子分析处理的同样是多元随机变量的降维问题, 但不同的是, 因子的个数在一开始就已经被确定下来. 每一个因子都被看作是通过原始变量揭示出来的个体的某个潜在特征. 使用因子分析进行降维的最终结果往往是不唯一的, 因此一般要选择最容易被解释的那一个结果.

总的来看, 本章所涉及的方法可以看作是后续内容的基础, 因为它提供了一种降低多元数据矩阵维数的基本工具. 接下来从几何角度去了解降维工具的基本原理.

8.1 几何观点

借助几何的观点来理解降维的思想. 假设数据矩阵 $\boldsymbol{\mathcal{X}}(n \times p)$ 是由 p 个各自带有 n 个观测值的变量组成. 要分析这个数据矩阵, 我们既可以按列来看, 也可以按行来看.

(1) 从行的观点来看, 每一行就是一个观测值, 包含一个 p 维的行向量 $\boldsymbol{x}_i = (x_{i1}, x_{i2}, \cdots, x_{ip})^{\mathrm{T}} \in \mathbf{R}^p$. 如图 8.1 所示, 数据矩阵 $\boldsymbol{\mathcal{X}}$ 就可以被表示成一团由 n 个 $\mathbf{R}^p$ 中的点组成的云.

(2) 从列的观点来看, 每一列就是一个观测值, 包含一个 n 维的列向量 $\boldsymbol{x}_j = (x_{1j}, x_{2j}, \cdots, x_{nj})^{\mathrm{T}} \in \mathbf{R}^n$. 如图 8.2 所示, 数据矩阵 $\boldsymbol{\mathcal{X}}$ 就可以被表示成一团由 p 个 $\mathbf{R}^n$ 中的点组成的云.

当 n 与 (或)p 大于 3 时, 在空间中画出这些数据云的散点图是很困难的. 因此因子降维方法的目标是双重的, 应该同时用更小的子空间去逼近列空间 $C(\boldsymbol{\mathcal{X}})$ 和行空间 $C(\boldsymbol{\mathcal{X}}^{\mathrm{T}})$, 使得降维以后的结果可以通过一维、二维或者三维散点图来展示, 这有助于探索数据的结构特点; 当然, 也希望在降维过程中不会损失太多关于方差和数据云结构的信息. 因此, 本节主要关心的是如何找到符合以上要求的降维因子.

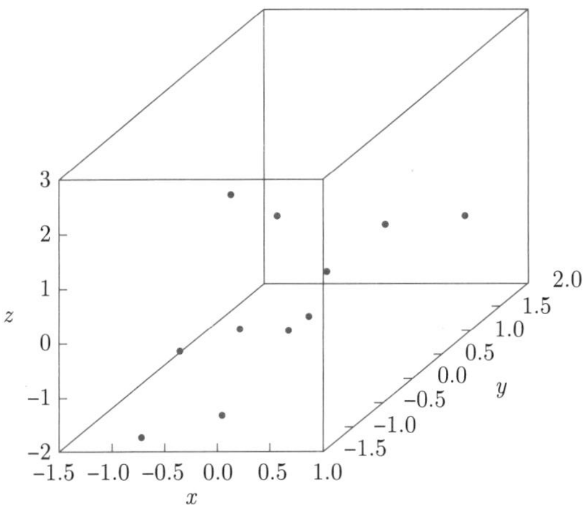

图 8.1 p 维空间中 n 个点组成的云

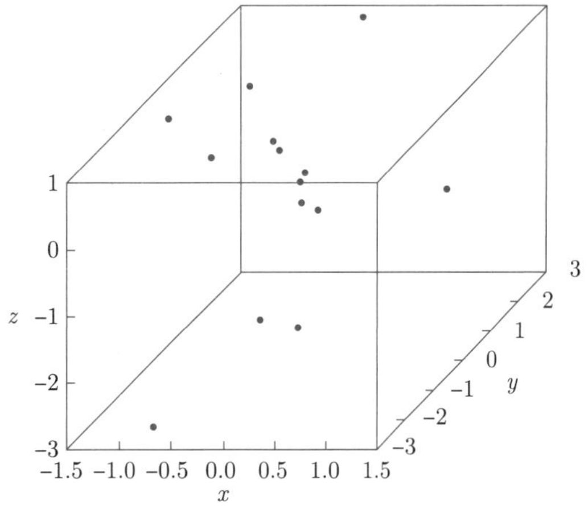

图 8.2 n 维空间中 p 个点组成的云

8.2 拟合 p 维空间上的数据云

8.2.1 一维子空间

在这一部分 $\mathcal{X}$ 由 $\mathbf{R}^p$ 中的 n 个点表示 (每行看做一个点). 本节的问题是如何将这些点投影到低维空间上. 首先来考虑简单的情形, 即找到一维子空间. 问题归结为找一条通过原点的直线 F_1, 这条直线的方向可以用单位向量 $\boldsymbol{u}_1 \in \mathbf{R}^p$ 来定义. 因此, 需要找单位向量 $\boldsymbol{u}_1$, 使得直线 F_1 能够较好地拟合最初的 n 个点, 如图 8.3 所示.

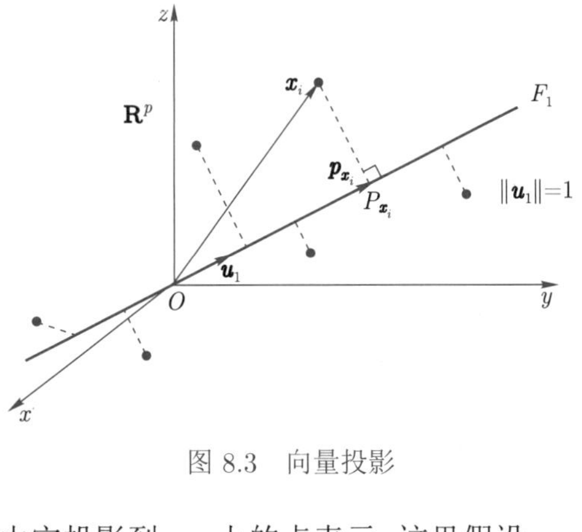

图 8.3 向量投影

第 i 个点 $\boldsymbol{x}_i \in \mathbf{R}^p$ 可由它投影到 $\boldsymbol{u}_1$ 上的点表示, 这里假设 $\boldsymbol{u}_1$ 是单位向量, 例如, 投影点 $P_{\boldsymbol{x}_i}$, $\boldsymbol{x}_i$ 在 F_1 上的投影向量为

$$\boldsymbol{p}_{\boldsymbol{x}_i} = (\boldsymbol{x}_i^{\mathrm{T}} \boldsymbol{u}_1)\boldsymbol{u}_1. \tag{8.1}$$

满足最小二乘原则下求得的直线 F_1, 称为最优直线, 定义为: 找到 $\boldsymbol{u}_1 \in \mathbf{R}^p$, 使得下式最小:

$$\sum_{i=1}^{n} \| \boldsymbol{x}_i - \boldsymbol{p}_{\boldsymbol{x}_i} \|^2 . \tag{8.2}$$

由勾股定理可知 $\| \boldsymbol{x}_i - \boldsymbol{p}_{\boldsymbol{x}_i} \|^2 = \| \boldsymbol{x}_i \|^2 - \| \boldsymbol{p}_{\boldsymbol{x}_i} \|^2$, 最小化 (8.2) 式等价于最大化 $\sum_{i=1}^{n} \| \boldsymbol{p}_{\boldsymbol{x}_i} \|^2$. 那么问题就转化成寻找 $\boldsymbol{u}_1 \in \mathbf{R}^p$, 使得 $\sum_{i=1}^{n} \| \boldsymbol{p}_{\boldsymbol{x}_i} \|^2$ 取最大值, 这里约束 $\| \boldsymbol{u}_1 \| = 1$. 结合 (8.1) 式, 我们可以得到

$$\begin{pmatrix} p_{\boldsymbol{x}_1} \\ p_{\boldsymbol{x}_2} \\ \vdots \\ p_{\boldsymbol{x}_n} \end{pmatrix} = \begin{pmatrix} \boldsymbol{x}_1^{\mathrm{T}} \boldsymbol{u}_1 \\ \boldsymbol{x}_2^{\mathrm{T}} \boldsymbol{u}_1 \\ \vdots \\ \boldsymbol{x}_n^{\mathrm{T}} \boldsymbol{u}_1 \end{pmatrix} = \boldsymbol{\mathcal{X}} \boldsymbol{u}_1,$$

其中 $p_{\boldsymbol{x}_i}$ $(i = 1, 2, \cdots, n)$ 为投影.
问题最终转化为: 寻找 $\boldsymbol{u}_1 \in \mathbf{R}^p$ 并且满足 $\| \boldsymbol{u}_1 \| = 1$, $\boldsymbol{u}_1$ 使得二次型 $(\boldsymbol{\mathcal{X}} \boldsymbol{u}_1)^{\mathrm{T}} (\boldsymbol{\mathcal{X}} \boldsymbol{u}_1)$ 取最大值或者

$$\max_{\boldsymbol{u}_1^{\mathrm{T}} \boldsymbol{u}_1 = 1} \boldsymbol{u}_1^{\mathrm{T}} (\boldsymbol{\mathcal{X}}^{\mathrm{T}} \boldsymbol{\mathcal{X}}) \boldsymbol{u}_1. \tag{8.3}$$

运用定理 2.6 可以得到结论: 如果 $\boldsymbol{\mathcal{X}}^{\mathrm{T}} \boldsymbol{\mathcal{X}}$ 的最大特征值为 λ_1, 那么有

$$\max_{\boldsymbol{u}_1^{\mathrm{T}} \boldsymbol{u}_1 = 1} \boldsymbol{u}_1^{\mathrm{T}} (\boldsymbol{\mathcal{X}}^{\mathrm{T}} \boldsymbol{\mathcal{X}}) \boldsymbol{u}_1 = \lambda_1,$$

$\boldsymbol{u}_1$ 为 λ_1 对应的特征向量.

定理 8.1　使 (8.2) 式最小化的向量 $\boldsymbol{u}_1$ 是矩阵 $\boldsymbol{\mathcal{X}}^{\mathrm{T}} \boldsymbol{\mathcal{X}}$ 的最大特征值 λ_1 对应的特征向量.

注意, 如果数据已经中心化, 例如, $\bar{\boldsymbol{x}} = \mathbf{0}$, 那么 $\boldsymbol{\mathcal{X}} = \boldsymbol{\mathcal{X}}_c$, 其中 $\boldsymbol{\mathcal{X}}_c$ 是中心化数据矩阵, 并且 $\frac{1}{n} \boldsymbol{\mathcal{X}}^{\mathrm{T}} \boldsymbol{\mathcal{X}}$ 是协方差矩阵. 定理 8.1 指出, 在这种情形下 (8.3) 式成立时, 是该二次型对应于协方差矩阵 $\boldsymbol{S}_{\mathcal{X}} = n^{-1} \boldsymbol{\mathcal{X}}^{\mathrm{T}} \boldsymbol{\mathcal{X}}$ 的最大特征值.

8.2.2　直线 F_1 上数据云的表示

用 $\boldsymbol{\mathcal{X}} \boldsymbol{u}_1$ 来表示 F_1 上 n 个点的坐标. $\boldsymbol{\mathcal{X}} \boldsymbol{u}_1$ 称为第一因子变量或者第一因子, $\boldsymbol{u}_1$ 称为第一因子轴. n 个点 $\boldsymbol{x}_i$, 由新的因子变量 $\boldsymbol{z}_1 = \boldsymbol{\mathcal{X}} \boldsymbol{u}_1$ 表示. 这个因子变量是原始变量 $(\boldsymbol{x}_{[1]}, \boldsymbol{x}_{[2]}, \cdots, \boldsymbol{x}_{[p]})$ 的线性组合, 其中 $\boldsymbol{x}_{[i]}$ $(i = 1, 2, \cdots, n)$ 表示 $\mathcal{X}$ 的列向量, 有如下表示:

$$\boldsymbol{z}_1 = u_{11} \boldsymbol{x}_{[1]} + u_{21} \boldsymbol{x}_{[2]} + \cdots + u_{p1} \boldsymbol{x}_{[p]}. \tag{8.4}$$

8.2.3 二维子空间上数据云的表示

如果通过二维平面来拟合 n 个点, 由定理 2.6 可知, 这个空间包含 $\boldsymbol{u}_1$. 这个平面由最优线性拟合 $\boldsymbol{u}_1$ 和与其正交的单位向量 $\boldsymbol{u}_2$ 来决定, 其中 $\boldsymbol{u}_2$ 使二次型 $\boldsymbol{u}_2^{\mathrm{T}}(\boldsymbol{\mathcal{X}}^{\mathrm{T}}\boldsymbol{\mathcal{X}})\boldsymbol{u}_2$ 最大化, 对 $\boldsymbol{u}_2$ 有以下约束

$$\| \boldsymbol{u}_2 \| = 1, \quad \boldsymbol{u}_1^{\mathrm{T}}\boldsymbol{u}_2 = 0.$$

定理 8.2 第二因子轴 $\boldsymbol{u}_2$ 是矩阵 $\boldsymbol{\mathcal{X}}^{\mathrm{T}}\boldsymbol{\mathcal{X}}$ 的第二大特征值 λ_2 对应的特征向量.

单位向量 $\boldsymbol{u}_2$ 表示第二条直线 F_2 的方向, 并且各点投影到 F_2 上. $\boldsymbol{z}_2 = \boldsymbol{\mathcal{X}}\boldsymbol{u}_2$ 用来表示 F_2 上 n 个点的坐标. 变量 $\boldsymbol{z}_2$ 称为第二因子变量或者第二因子. 图 8.4 展示了二维空间 ($\boldsymbol{z}_1 = \boldsymbol{\mathcal{X}}\boldsymbol{u}_1$, $\boldsymbol{z}_2 = \boldsymbol{\mathcal{X}}\boldsymbol{u}_2$) 上的 n 个点.

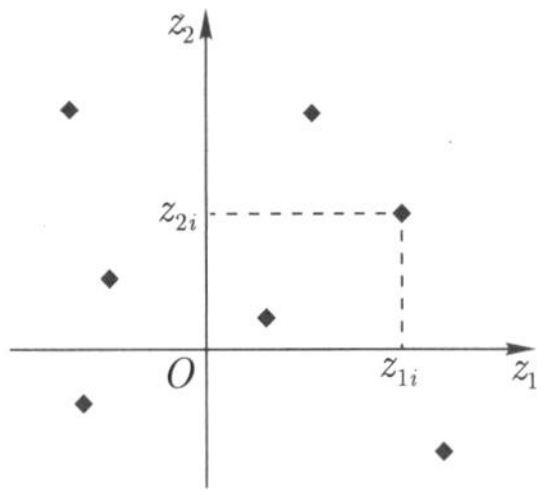

图 8.4 二维空间上 n 个点的表示

8.2.4 q 维子空间 ($q \leqslant p$)

对于 q 维的情况, 我们的任务同样是最小化 (8.2) 式, 但是投影点在 q 维子空间上. 由以上的讨论, 及定理 2.6 我们可以得出结论: 最优子空间由 $\boldsymbol{u}_1, \boldsymbol{u}_2, \cdots, \boldsymbol{u}_q$ 产生, 它们是矩阵 $\boldsymbol{\mathcal{X}}^{\mathrm{T}}\boldsymbol{\mathcal{X}}$ 的特征根 $\lambda_1 \geqslant \lambda_2 \geqslant \cdots \geqslant \lambda_q$ 对应的特征向量, 由代数知识可知, 这些特征向量是正交的. $\boldsymbol{z}_k = \boldsymbol{\mathcal{X}}\boldsymbol{u}_k$ 表示 n 个点在第 k 因子轴上的坐标, 其中 $\boldsymbol{z}_k$ 称为第 k 因子变量 ($k = 1, 2, \cdots, q.$). 每个因子变量 $\boldsymbol{z}_k = (z_{1k}, z_{2k}, \cdots, z_{nk})^{\mathrm{T}}$ 是原始变量 $(\boldsymbol{x}_{[1]}, \boldsymbol{x}_{[2]}, \cdots, \boldsymbol{x}_{[p]})$ 的线性组合, 它的系数取决于第 k 个向量 $\boldsymbol{u}_k$, $z_{ik} = \sum\limits_{m=1}^{p} x_{im}u_{mk}$.

8.3 拟合 n 维空间上的数据云

假设 $\boldsymbol{\mathcal{X}}$ 可以表示成一团 $\mathbf{R}^n$ 中的 p 个点 (变量) 组成的数据云. 为了能把这个数据投影到更低维的子空间, 这就需要用到降维的技术.

首先从一维开始, 数据云中的各点可以用一条直线来拟合, 而这条直线就是降维后原数据的线性组合. 需要找到由单位向量 $\boldsymbol{v}_1 \in \mathbf{R}^n$ 定义的这条直线 G_1, 它是对 p 点数据云的最好的拟合. 从代数的观点来看, 这与前面 8.2 节中提及的问题是一致的 (把 $\boldsymbol{\mathcal{X}}$ 换成 $\boldsymbol{\mathcal{X}}^{\mathrm{T}}$ 后使用 8.2 节的方法): 通过把相关的点投影在直线 G_1 或单位向量 $\boldsymbol{v}_1$, 来重新表达第 j 个变量 $\boldsymbol{x}_{[j]} \in \mathbf{R}^n$. 因此, 我们必须找到 $\boldsymbol{v}_1$ 使得 $\sum\limits_{j=1}^{p} \| \boldsymbol{p}_{\boldsymbol{x}_{[j]}} \|^2$ 最大化, 或者等价地找到单位向量 $\boldsymbol{v}_1$, 使得 $(\boldsymbol{\mathcal{X}}^{\mathrm{T}}\boldsymbol{v}_1)^{\mathrm{T}}(\boldsymbol{\mathcal{X}}^{\mathrm{T}}\boldsymbol{v}_1) = \boldsymbol{v}_1^{\mathrm{T}}(\boldsymbol{\mathcal{X}}\boldsymbol{\mathcal{X}}^{\mathrm{T}})\boldsymbol{v}_1$ 达到最大. 通过定理 2.6 可知, $\boldsymbol{v}_1$ 是 $\boldsymbol{\mathcal{X}}\boldsymbol{\mathcal{X}}^{\mathrm{T}}$ 最大特征值对应的特征向量.

8.3.1　G_1 云的重新表达

G_1 上 p 个变量的坐标可以通过 $\boldsymbol{w}_1=\boldsymbol{\mathcal{X}}^{\mathrm{T}}\boldsymbol{v}_1$ 计算得到, 而 $\boldsymbol{w}_1$ 正是第一个因子轴, 也就是要找的 G_1 直线. 这 p 个向量重新表达成原数据中 $\boldsymbol{x}_1,\boldsymbol{x}_2,\cdots,\boldsymbol{x}_n$ 的线性组合, 该线性组合的各个系数取决于 $\boldsymbol{v}_1$ 各个分量的值, 亦即

$$w_{1j}=v_{11}x_{1j}+v_{12}x_{2j}+\cdots+v_{1n}x_{nj}. \tag{8.5}$$

8.3.2　q 维子空间 $(q\leqslant n)$

当使用 q 维子空间来重新表达 p 个变量时, 思路与上述使用一维子空间来重新表达 n 个个体的数据是一样的. 最理想的 q 维子空间就是由 $\boldsymbol{\mathcal{X}}\boldsymbol{\mathcal{X}}^{\mathrm{T}}$ 前 q 个最大特征值对应的特征向量 $\boldsymbol{v}_1,\boldsymbol{v}_2,\cdots,\boldsymbol{v}_q$ 产生的. 第 k 个因子轴上的 p 个变量的坐标值可以由 $\boldsymbol{w}_k=\boldsymbol{\mathcal{X}}^{\mathrm{T}}\boldsymbol{v}_k,k=1,2,\cdots,q$ 给出. 每一个因子变量 $\boldsymbol{w}_k=(w_{k1},w_{k2},\cdots,w_{kp})^{\mathrm{T}}$ 都是原数据 $\boldsymbol{x}_1,\boldsymbol{x}_2,\cdots,\boldsymbol{x}_n$ 的线性组合, 该线性组合的系数取决于第 k 个向量 $\boldsymbol{v}_k$: $w_{kj}=\sum\limits_{m=1}^{n}v_{km}x_{mj}$. 使用二维子空间来重新表达数据云的例子, 展示在图 8.5 中.

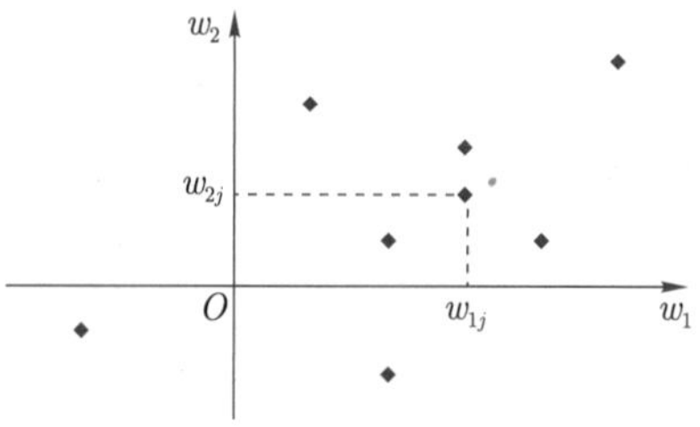

图 8.5　二维数据云图

8.4 子空间之间的联系

本节说明由 8.2 节、8.3 节得到的子空间之间的联系. 考虑 $\mathbf{R}^n$ 特征向量方程

$$(\boldsymbol{\mathcal{X}}\boldsymbol{\mathcal{X}}^{\mathrm{T}})\boldsymbol{v}_k=\lambda_k\boldsymbol{v}_k, \tag{8.6}$$

有 $k\leqslant r$, 其中 $r=\mathrm{rank}(\boldsymbol{\mathcal{X}}\boldsymbol{\mathcal{X}}^{\mathrm{T}})=\mathrm{rank}(\boldsymbol{\mathcal{X}})\leqslant\min\{p,n\}$. 左乘 $\boldsymbol{\mathcal{X}}^{\mathrm{T}}$ 可得

$$\boldsymbol{\mathcal{X}}^{\mathrm{T}}(\boldsymbol{\mathcal{X}}\boldsymbol{\mathcal{X}}^{\mathrm{T}})\boldsymbol{v}_k=\mu_k\boldsymbol{\mathcal{X}}^{\mathrm{T}}\boldsymbol{v}_k, \tag{8.7}$$

或

$$(\boldsymbol{\mathcal{X}}^{\mathrm{T}}\boldsymbol{\mathcal{X}})(\boldsymbol{\mathcal{X}}^{\mathrm{T}}\boldsymbol{v}_k)=\mu_k(\boldsymbol{\mathcal{X}}^{\mathrm{T}}\boldsymbol{v}_k). \tag{8.8}$$

于是可得, 特征向量 $\boldsymbol{v}_k$ 关于矩阵 $\boldsymbol{\mathcal{X}}\boldsymbol{\mathcal{X}}^{\mathrm{T}}$ 的特征值与特征向量 $\boldsymbol{\mathcal{X}}^{\mathrm{T}}\boldsymbol{v}_k$ 关于 $\boldsymbol{\mathcal{X}}^{\mathrm{T}}\boldsymbol{\mathcal{X}}$ 的特征值相同, 都是 μ_k. 于是 $\boldsymbol{\mathcal{X}}\boldsymbol{\mathcal{X}}^{\mathrm{T}}$ 每个非零的特征根都是 $\boldsymbol{\mathcal{X}}^{\mathrm{T}}\boldsymbol{\mathcal{X}}$ 的特征根, 并且对应的特征向量有如下关系:

$$\boldsymbol{u}_k=c_k\boldsymbol{\mathcal{X}}^{\mathrm{T}}\boldsymbol{v}_k,$$

c_k 是某个常数.

考虑 $\mathbf{R}^p$ 特征向量方程

$$(\boldsymbol{\mathcal{X}}^{\mathrm{T}}\boldsymbol{\mathcal{X}})\boldsymbol{u}_k=\lambda_k\boldsymbol{u}_k, \tag{8.9}$$

有 $k \leqslant r$. 左乘 $\boldsymbol{\mathcal{X}}$ 可得

$$(\boldsymbol{\mathcal{X}}\boldsymbol{\mathcal{X}}^{\mathrm{T}})(\boldsymbol{\mathcal{X}}\boldsymbol{u}_k) = \lambda_k(\boldsymbol{\mathcal{X}}\boldsymbol{u}_k). \tag{8.10}$$

于是可得, 特征向量 $\boldsymbol{u}_k$ 关于矩阵 $\boldsymbol{\mathcal{X}}^{\mathrm{T}}\boldsymbol{\mathcal{X}}$ 的特征值与特征向量 $\boldsymbol{\mathcal{X}}\boldsymbol{u}_k$ 关于 $\boldsymbol{\mathcal{X}}\boldsymbol{\mathcal{X}}^{\mathrm{T}}$ 的特征值相同, 都是 λ_k. 所以 $\boldsymbol{\mathcal{X}}^{\mathrm{T}}\boldsymbol{\mathcal{X}}$ 每个非零的特征值, 都是 $\boldsymbol{\mathcal{X}}\boldsymbol{\mathcal{X}}^{\mathrm{T}}$ 的特征值, 并且对应的特征向量有如下关系:

$$\boldsymbol{v}_k = d_k\boldsymbol{\mathcal{X}}\boldsymbol{u}_k,$$

d_k 是某个常数. 因为 $\boldsymbol{u}_k^{\mathrm{T}}\boldsymbol{u}_k = \boldsymbol{v}_k^{\mathrm{T}}\boldsymbol{v}_k = 1$, 于是 $c_k = d_k = \dfrac{1}{\sqrt{\lambda_k}}$. 由此可得定理 8.3.

定理 8.3 令 $r = \mathrm{rank}(\boldsymbol{\mathcal{X}})$, 对于 $k \leqslant r$, $\boldsymbol{\mathcal{X}}^{\mathrm{T}}\boldsymbol{\mathcal{X}}$ 和 $\boldsymbol{\mathcal{X}}\boldsymbol{\mathcal{X}}^{\mathrm{T}}$ 的特征值相同, 为 λ_k. 且对应的特征向量 $\boldsymbol{u}_k$、$\boldsymbol{v}_k$ 有如下关系:

$$\boldsymbol{u}_k = \frac{1}{\sqrt{\lambda_k}}\boldsymbol{\mathcal{X}}^{\mathrm{T}}\boldsymbol{v}_k, \tag{8.11}$$

$$\boldsymbol{v}_k = \frac{1}{\sqrt{\lambda_k}}\boldsymbol{\mathcal{X}}\boldsymbol{u}_k. \tag{8.12}$$

注意, p 个变量在 $\boldsymbol{v}_k$ 轴向上的投影为

$$\boldsymbol{w}_k = \boldsymbol{\mathcal{X}}^{\mathrm{T}}\boldsymbol{v}_k = \frac{1}{\sqrt{\lambda_k}}\boldsymbol{\mathcal{X}}^{\mathrm{T}}\boldsymbol{\mathcal{X}}\boldsymbol{u}_k = \sqrt{\lambda_k}\boldsymbol{u}_k. \tag{8.13}$$

因此计算得到特征向量 $\boldsymbol{v}_k$ 之后, 不用再计算 $\boldsymbol{w}_k$.

根据定理 8.2 可知 $\boldsymbol{\mathcal{X}} = \boldsymbol{V}\boldsymbol{\Lambda}^{1/2}\boldsymbol{U}^{\mathrm{T}}$, 其中 $\boldsymbol{U} = (\boldsymbol{u}_1, \boldsymbol{u}_2, \cdots, \boldsymbol{u}_r)$, $\boldsymbol{V} = (\boldsymbol{v}_1, \boldsymbol{v}_2, \cdots, \boldsymbol{v}_r)$, $\boldsymbol{\Lambda} = \mathrm{diag}(\lambda_1, \lambda_2, \cdots, \lambda_r)$. 那么

$$x_{ij} = \sum_{k=1}^{r} \lambda_k^{1/2} v_{ik} u_{jk}. \tag{8.14}$$

8.5 应用举例

数据

数据是 40 人对 23 款车的各个方面的打分, 评分标准为 1 到 6, 1 代表非常好, 6 代表非常差, 中间依次过渡. 表 8.1 是计算平均分数后的结果, 由表可知, 每一行都是一款车关于 8 个方面的得分. 其中需要说明, “价值” 是不含折旧的价值, 给 “价格” 打分时, 1 代表非常便宜, 6 代表非常贵.

表 8.1　原始数据

车型	经济性	服务	价值	价格	设计	运动性	安全性	操作便捷性
1	3.9	2.8	2.2	4.2	3	3.1	2.4	2.8
2	4.8	1.6	1.9	5	2	2.5	1.6	2.8
3	3	3.8	3.8	2.7	4	4.4	4	2.6
4	5.3	2.9	2.2	5.9	1.7	1.1	3.3	4.3
5	2.1	3.9	4	2.6	4.5	4.4	4.4	2.2
6	2.3	3.1	3.4	2.6	3.2	3.3	3.6	2.8
7	2.5	3.4	3.2	2.2	3.3	3.3	3.3	2.4
8	4.6	2.4	1.6	5.5	1.3	1.6	2.8	3.6
9	3.2	3.9	4.3	2	4.3	4.5	4.7	2.9
10	2.6	3.3	3.7	2.8	3.7	3	3.7	3.1
11	4.1	1.7	1.8	4.6	2.4	3.2	1.4	2.4
12	3.2	2.9	3.2	3.5	3.1	3.1	2.9	2.6
13	2.6	3.3	3.9	2.1	3.5	3.9	3.8	2.4
14	2.2	2.4	3	2.6	3.2	4	2.9	2.4
15	3.1	2.6	2.3	3.6	2.8	2.9	2.4	2.4
16	2.9	3.5	3.6	2.8	3.2	3.8	3.2	2.6
17	2.7	3.3	3.4	3	3.1	3.4	3	2.7
18	3.9	2.8	2.6	4	2.6	3	3.2	3
19	2.5	2.9	3.4	3	3.2	3.1	3.2	2.8
20	3.6	4.7	5.5	1.5	4.1	5.8	5.9	3.1
21	3.8	2.3	1.9	4.2	3.1	3.6	1.6	2.4
22	3.1	2.2	2.1	3.2	3.5	3.5	2.8	1.8
23	3.7	4.7	5.5	1.7	4.8	5.2	5.5	4

数据中心化和标准化

为了使数据有实际意义, 可以对数据进行中心化处理; 为了使数据不受量纲影响, 可在中心化的基础上, 除以变量标准差, 做标准化处理 (在本例中, 量纲相同, 也可不做标准化处理).

对于原始数据矩阵 $\boldsymbol{\mathcal{X}}$, 标准化后的数据矩阵为 $\boldsymbol{\mathcal{X}}_* = \dfrac{1}{\sqrt{n}}\boldsymbol{\mathcal{H}}\boldsymbol{\mathcal{X}}\boldsymbol{\mathcal{D}}^{-1/2}$, $\boldsymbol{\mathcal{H}}$ 和 $\boldsymbol{\mathcal{D}}$ 的含义可见 3.3 节. 乘 $\dfrac{1}{\sqrt{n}}$ 只是为了方便, 在这种情况下, $\boldsymbol{\mathcal{X}}_*^{\mathrm{T}}\boldsymbol{\mathcal{X}}_* = \boldsymbol{\mathcal{R}}$, $\boldsymbol{\mathcal{R}}$ 是原始数据相关系数矩阵.

计算特征值, 确定维数

维数 q 的大小取决于以下比值

$$\tau_q = \frac{\lambda_1 + \lambda_2 + \cdots + \lambda_q}{\lambda_1 + \lambda_2 + \cdots + \lambda_p}. \tag{8.15}$$

$0 \leqslant \tau_q \leqslant 1$, 表示因子可以解释原始数据的百分比.

计算得到 $\boldsymbol{\mathcal{X}}_*^{\mathrm{T}}\boldsymbol{\mathcal{X}}_*$ 的特征值为

$$\boldsymbol{\lambda} = (5.39, 1.85, 0.42, 0.11, 0.11, 0.06, 0.04, 0.03)^{\mathrm{T}}.$$

考虑前两个特征值占所有特征值总和的比例达到 90%, 即以前两个因子的方向为轴向, 将原始数据投影, 变换得到的新数据, 涵盖了原始数据 90% 的信息. 因此选择前两个特征值对应的特征向量为因子.

计算投影坐标 (z_1, z_2)

投影坐标可通过下式计算得到:

$$\boldsymbol{z}_1 = \boldsymbol{\mathcal{X}}_*\boldsymbol{v}_1, \quad \boldsymbol{z}_2 = \boldsymbol{\mathcal{X}}_*\boldsymbol{v}_2. \tag{8.16}$$

在本例中, 观察特征向量

$$\boldsymbol{v}_1 = (0.28, -0.38, -0.41, 0.41, -0.40, -0.38, -0.37, 0.03)^{\mathrm{T}},$$

它在 2—7 这 6 个变量上的取值的绝对值相对较大, 说明第一个因子主要反映了服务、价值、价格、设计、运动性和安全性这 6 方面的信息. 第二个特征向量

$$\boldsymbol{v}_2 = (-0.47, -0.29, -0.19, -0.17, 0.11, 0.11, -0.32, -0.71)^{\mathrm{T}},$$

它在第 1、第 8 个变量上的取值的绝对值相对较大, 说明第二个因子主要反映了经济性、操作便捷性的信息.

数据可视化

以 $\boldsymbol{z}_1$ 为 x 轴, $\boldsymbol{z}_2$ 为 y 轴画图, 结果如图 8.6 所示, 它反映了 23 款车的综合得分情况.

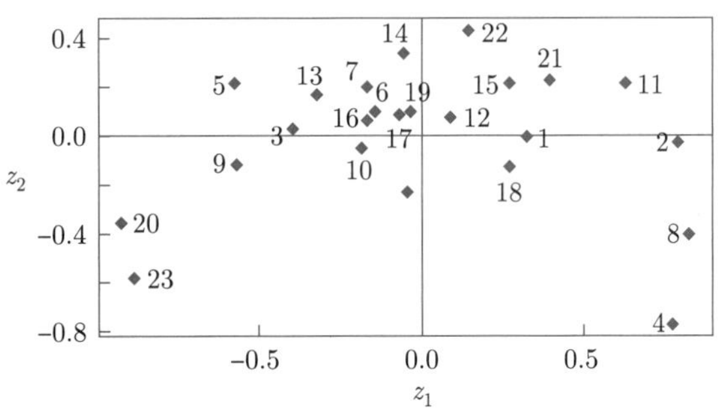

图 8.6 23 款车的综合得分

其中, 20 号车和 23 号车位于坐标图左下方, 说明这两款车在两个方向上的取值都很低. 结合特征向量, 表示这两款车相较于其他车型, 有较好的经济性或操作便捷性; 并且价格便宜, 服务、价值、设计、运动性和安全性评价较高. 于是这两款车是综合评价较高的车型.

4 号车和 8 号车位于坐标图右下方, 说明在 $\boldsymbol{z}_2$ 方向上取值低, $\boldsymbol{z}_1$ 方向上取值高. 结合特征向量, 表示这两款车有较好的经济性或操作便捷性; 但是价格相对昂贵, 服务、价值、设计、运动性和安全性评价较低.

目前没有一款车在两个方向上的取值都很高, 即各项表现都相对很差. 其余款项车辆的得分情况, 留给读者自行分析完成.

根据公式 (8.13), 可以直接计算得到 $\boldsymbol{\mathcal{X}}_*\boldsymbol{\mathcal{X}}_*^{\mathrm{T}}$ 的特征向量, 即

$$\boldsymbol{w}_1 = \sqrt{\lambda_1}\boldsymbol{v}_1,$$

$$\boldsymbol{w}_2 = \sqrt{\lambda_2}\boldsymbol{v}_2.$$

然后以 $\boldsymbol{w}_1$ 为 x 轴, $\boldsymbol{w}_2$ 为 y 轴画图, 它主要反映了 8 个评价标准的相互之间的联系.

这部分的画图及分析留作课后练习, 注意, 分析坐标图所反映的变量之间的关联信息时, 可以结合相关系数矩阵 $\boldsymbol{\mathcal{R}}$ 进行分析.

习　题　8

习题 8.1　证明: $n^{-1}\boldsymbol{\mathcal{Z}}^{\mathrm{T}}\boldsymbol{\mathcal{Z}}$ 是中心化数据矩阵的协方差, 其中 $\boldsymbol{\mathcal{Z}}$ 为列 $\boldsymbol{z}_k = \boldsymbol{\mathcal{X}}\boldsymbol{u}_k$ 形成的矩阵.

习题 8.2　假设你希望分析 p 个独立同分布随机变量. 第一个因子解释的惯性百分比是什么？前 q 个因子解释的惯性百分比是什么？

习题 8.3　假设你有 p 个独立同分布随机变量. 对应于第一个因子的特征向量是怎样的？

习题 8.4　假设有两个随机变量 X_1 和 $X_2 = 2X_1$. 它们的相关系数矩阵的特征值和特征向量是怎样的? 有多少个特征值是非零的?

习题 8.5　假定随机变量 $\boldsymbol{X} = (X_1, X_2, \cdots, X_p)$ 满足 $E(\boldsymbol{X}|\boldsymbol{\beta}^{\mathrm{T}}\boldsymbol{X})$, 是 d 维随机向量 $\boldsymbol{\beta}^{\mathrm{T}}\boldsymbol{X}$ 的线性函数, 其中 $\boldsymbol{\beta} \in \mathbf{R}^{p\times d}$, 若 $\boldsymbol{\beta}^{\mathrm{T}}\boldsymbol{\Sigma}\boldsymbol{\beta}$ 是正定的, 证明:

$$E(\boldsymbol{X} - E(\boldsymbol{X})|\boldsymbol{\beta}^{\mathrm{T}}\boldsymbol{X}) = \boldsymbol{P}_{\beta}^{\mathrm{T}}(\boldsymbol{\Sigma})[\boldsymbol{X} - E(\boldsymbol{X})],$$

其中 $\boldsymbol{P}_{\beta}(\boldsymbol{\Sigma}) = \boldsymbol{\beta}(\boldsymbol{\beta}^{\mathrm{T}}\boldsymbol{\Sigma}\boldsymbol{\beta})^{-1}\boldsymbol{\beta}^{\mathrm{T}}\boldsymbol{\Sigma}$.

习题 8.6　假定随机变量 $\boldsymbol{X} = (X_1, X_2, \cdots, X_p)$, 当 $\mathrm{Var}(\boldsymbol{X}|\boldsymbol{\beta}^{\mathrm{T}}\boldsymbol{X})$ 是非随机矩阵时, 称其满足常数条件方差假定 (SAVE 模型的重要理论基础). 证明多元正态分布满足上述假定.

习题 8.7　若 $\boldsymbol{X} \in \mathbf{R}^p$ 满足线性条件均值和常数条件协方差假定, 证明:

$$\mathrm{Var}(\boldsymbol{X}|\boldsymbol{X}^{\mathrm{T}}\boldsymbol{\beta}) = \boldsymbol{\Sigma}\boldsymbol{Q}_{\beta}(\boldsymbol{\Sigma}),$$

其中 $\boldsymbol{Q}_{\beta}(\boldsymbol{\Sigma}) = \boldsymbol{I} - \boldsymbol{P}_{\beta}(\boldsymbol{\Sigma})$.

第 9 章

主成分分析

主成分分析的目的是对多元数据矩阵的行和列作低维化描述. 使用的数据矩阵 $\mathcal{X}$ 的行现在被看作来自 p 维随机向量 $\boldsymbol{X}$ 的观察值. 对 $\boldsymbol{X}$ 实现降维主要通过线性组合的方式实现. 低维的线性组合通常更容易被解释, 也便于对更加复杂的数据进行分析. 准确地说, 主成分分析的目的是要寻找一个线性组合, 使它能够阐释 $\boldsymbol{X}$ 取值的最大变化, 即具有最大方差的线性组合.

9.1 节介绍主成分的基本思想和技术要点. 9.2 节详细介绍主成分分析在实际中的应用. 9.3 节将通过研究主成分与 $\boldsymbol{X}$ 中原始成分的相关关系来解释主成分. 通常在实际例子中采用二维散点图来作这种分析. 9.4 节将介绍主成分的推断技术, 这对构建合适的降维过程是非常重要的. 由于主成分利用协方差矩阵来进行分析, 因此它将随单位的变化而变化. 主成分分析的标准化方法将在 9.5 节中介绍. 9.6 节将说明样本主成分是数据矩阵合理转化后形成的因子. 这里将以几何的形式, 描述通过线性组合并结合最大方差来定义主成分的传统方法.

9.1 标准化的线性组合

主成分分析 (principal component analysis; PCA) 的主要目的是降低观测值的维数. 降维的最简单方法是只采用观测向量中的一个元素而丢弃其他元素. 然而, 这显然不是一个合理的办法, 因为这样将会严重影响数据本身的解释能力. 以鸢尾花数据集中的三种花为例, 仅仅通过花萼长度或宽度无法将彩色鸢尾和维吉尼亚鸢尾两类花区分开 (甚至同时使用花萼长度和宽度两个变量都难以区分). 另一种可选择的方法是对所有变量赋予相同的权重, 比如取向量 $\boldsymbol{X} = (X_1, X_2, \cdots, X_p)^{\mathrm{T}}$ 中所有元素的简单平均 $p^{-1}\sum\limits_{j=1}^{p} X_j$. 不过这也不是很理想, 因为没有理由将 $\boldsymbol{X}$ 的所有分量看得同等重要.

一个更加灵活的方法是运用加权平均, 即

$$\boldsymbol{\delta}^{\mathrm{T}}\boldsymbol{X} = \sum_{j=1}^{p} \delta_j X_j, \quad \sum_{j=1}^{p} \delta_j^2 = 1. \tag{9.1}$$

通过优化权重向量 $\boldsymbol{\delta} = (\delta_1, \delta_2, \cdots, \delta_p)^{\mathrm{T}}$ 可以研究并识别出数据的具体特征. 式 (9.1) 称作标准化线性组合. 在选择标准化线性组合时, 一个常用的方法是最大化投影 $\boldsymbol{\delta}^{\mathrm{T}}\boldsymbol{X}$ 的方差, 即通过下式来选择 $\boldsymbol{\delta}$:

$$\max_{\{\boldsymbol{\delta}:\, ||\boldsymbol{\delta}||=1\}} \mathrm{Var}(\boldsymbol{\delta}^{\mathrm{T}}\boldsymbol{X}) = \max_{\{\boldsymbol{\delta}:\, ||\boldsymbol{\delta}||=1\}} \boldsymbol{\delta}^{\mathrm{T}}\,\mathrm{Var}(\boldsymbol{X})\boldsymbol{\delta}. \tag{9.2}$$

$\boldsymbol{\delta}$ 可以通过利用协方差矩阵的谱分解获取. 实际上, $\boldsymbol{\delta}$ 等于协方差矩阵 $\boldsymbol{\Sigma} = \mathrm{Var}(\boldsymbol{X})$ 的最大特征值 λ_1 对应的特征向量 $\boldsymbol{\gamma_1}$.

图 9.1 (a)(b) 展示了零均值数据集的两种标准化投影. 图 9.1 (a) 给出的是任意一个投影, 图形描述了数据点云和投影. 显然, 这条线无法“抓住”数据点云的主要信息.

图 9.1 (b) 显示出能够捕捉数据大部分方差的投影, 它沿着点云的主要方向. 类似的线可以对应与该方向正交的方向并引出第二个特征向量. 由最大化公式 (9.2) 得到的具有最大方差的标准化线性组合是第一个主成分, 即 $y_1 = \boldsymbol{\gamma}_1^{\mathrm{T}}\boldsymbol{X}$. 在与 $\boldsymbol{\gamma}_1^{\mathrm{T}}$ 正交的方向上, 可以找到具有第二大方差的标准化线性组合, 即 $y_2 = \boldsymbol{\gamma}_2^{\mathrm{T}}\boldsymbol{X}$, 它是第二个主成分.

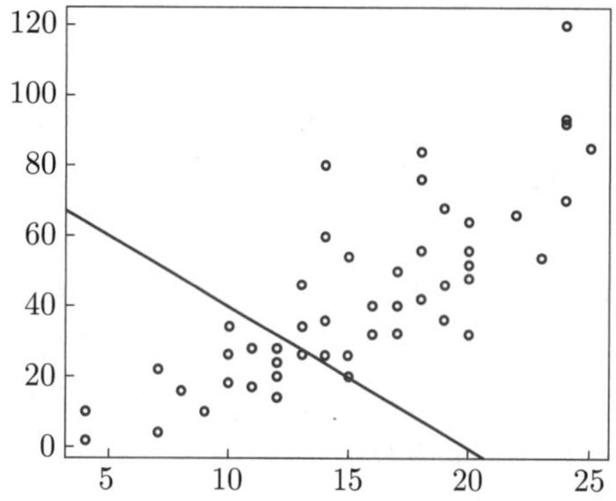

(a) 一个任意的标准化线性组合

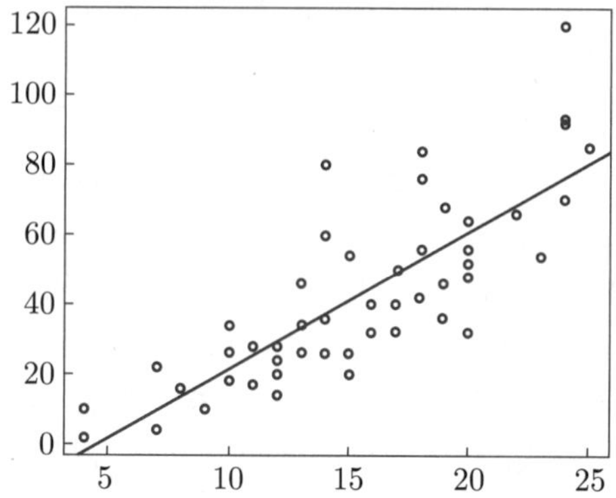

(b) 最感兴趣的标准化线性组合

图 9.1

依照这个方法并用矩阵符号来表示, 当 $E(\boldsymbol{X}) = \boldsymbol{\mu}$, $\mathrm{Var}(\boldsymbol{X}) = \boldsymbol{\Sigma} = \boldsymbol{\Gamma\Lambda\Gamma}^{\mathrm{T}}$, 随机变量 $\boldsymbol{X}$ 的主成分变换定义为

$$\boldsymbol{Y} = \boldsymbol{\Gamma}^{\mathrm{T}}(\boldsymbol{X} - \boldsymbol{\mu}). \tag{9.3}$$

为了获得零均值主成分变量 Y, 一般先将变量 $\boldsymbol{X}$ 做中心化处理.

为了说明主成分的求解过程, 下面看一个简单的例子:

例题 9.1　考虑一个二元的正态分布 $N(\boldsymbol{0}, \boldsymbol{\Sigma})$, 其中 $\boldsymbol{\Sigma} = \begin{pmatrix} 1 & \rho \\ \rho & 1 \end{pmatrix}$ 且 $\rho > 0$. 由简单的代数知识可知, 该矩阵的特征值为 $\lambda_1 = 1 + \rho$, $\lambda_2 = 1 - \rho$, 对应的特征向量分别为

$$\gamma_1 = \frac{1}{\sqrt{2}}\begin{pmatrix} 1 \\ 1 \end{pmatrix}, \quad \gamma_2 = \frac{1}{\sqrt{2}}\begin{pmatrix} 1 \\ -1 \end{pmatrix}.$$

因此, 主成分变换为

$$\boldsymbol{Y} = \boldsymbol{\Gamma}^{\mathrm{T}}(\boldsymbol{X} - \boldsymbol{\mu}) = \frac{1}{\sqrt{2}}\begin{pmatrix} 1 & 1 \\ 1 & -1 \end{pmatrix}\boldsymbol{X},$$

或者表示为

$$\begin{pmatrix} Y_1 \\ Y_2 \end{pmatrix} = \frac{1}{\sqrt{2}} \begin{pmatrix} X_1 + X_2 \\ X_1 - X_2 \end{pmatrix}.$$

由此, 第一个主成分为

$$Y_1 = \frac{1}{\sqrt{2}}(X_1 + X_2),$$

第二个主成分为

$$Y_2 = \frac{1}{\sqrt{2}}(X_1 - X_2),$$

从而有两个主成分对应的方差

$$\begin{aligned} \operatorname{Var}(Y_1) = \operatorname{Var}\left(\frac{1}{\sqrt{2}}(X_1 + X_2)\right) &= \frac{1}{2}\operatorname{Var}(X_1 + X_2) \\ &= \frac{1}{2}(\operatorname{Var}(X_1) + \operatorname{Var}(X_2) + 2\operatorname{Cov}(X_1, X_2)) \\ &= \frac{1}{2}(1 + 1 + 2\rho) = 1 + \rho \\ &= \lambda_1 \end{aligned}$$

和

$$\operatorname{Var}(Y_2) = \lambda_2.$$

事实上, 上述表达式可以有更加一般的形式, 这可由下面的定理给出.

定理 9.1 对于一个给定的随机变量 $\boldsymbol{X} \sim (\boldsymbol{\mu}, \boldsymbol{\Sigma})$, 令 $\boldsymbol{Y} = \boldsymbol{\Gamma}^{\mathrm{T}}(\boldsymbol{X} - \boldsymbol{\mu})$ 为主成分变换. 则有

$$E(Y_j) = 0, \quad j = 1, 2, \cdots, p, \tag{9.4}$$

$$\operatorname{Var}(Y_i) = \lambda_j, \quad j = 1, 2, \cdots, p, \tag{9.5}$$

$$\operatorname{Cov}(Y_i, Y_j) = 0, \quad i \neq j, \tag{9.6}$$

$$\operatorname{Var}(Y_1) \geqslant \operatorname{Var}(Y_2) \geqslant \cdots \geqslant \operatorname{Var}(Y_p) \geqslant 0, \tag{9.7}$$

$$\sum_{j=1}^{p} \operatorname{Var}(Y_j) = \operatorname{tr}(\boldsymbol{\Sigma}), \tag{9.8}$$

$$\prod_{j=1}^{p} \operatorname{Var}(Y_j) = \det(\boldsymbol{\Sigma}). \tag{9.9}$$

证明 仅证 (9.6), 用 $\boldsymbol{\gamma}_i$ 表示 $\boldsymbol{\Gamma}$ 的第 i 列. 则有

$$\operatorname{Cov}(Y_i, Y_j) = \boldsymbol{\gamma}_i^{\mathrm{T}} \operatorname{Var}(\boldsymbol{X} - \boldsymbol{\mu})\boldsymbol{\gamma}_j = \boldsymbol{\gamma}_i^{\mathrm{T}} \operatorname{Var}(\boldsymbol{X})\boldsymbol{\gamma}_j.$$

因为 $\operatorname{Var}(\boldsymbol{X}) = \boldsymbol{\Sigma} = \boldsymbol{\Gamma}\boldsymbol{\Lambda}\boldsymbol{\Gamma}^{\mathrm{T}}, \boldsymbol{\Gamma}^{\mathrm{T}}\boldsymbol{\Gamma} = \boldsymbol{I}$, 由 $\boldsymbol{\Gamma}$ 的正交性, 有

$$\gamma_i^{\mathrm{T}}\boldsymbol{\Gamma}\boldsymbol{\Lambda}\boldsymbol{\Gamma}^{\mathrm{T}}\gamma_j = \begin{cases} 0, & i \neq j \\ \lambda_i, & i = j, \end{cases}$$

实际上, 因为 $Y_i = \gamma_i^{\mathrm{T}}(\boldsymbol{X} - \boldsymbol{\mu})$ 落在对应于 γ_i 的特征向量空间中, 对应于不同特征值的特征向量相互正交, 可以直接观察到 Y_i 和 Y_j 相互正交, 所以它们的协方差为 0. 主成分变换和寻找最佳标准化线性组合之间的联系由下列定理给出.

定理 9.2 不存在方差比 $\lambda_1 = \mathrm{Var}(Y_1)$ 更大的标准化线性组合.

定理 9.3 如果 $\boldsymbol{Y} = \boldsymbol{a}^{\mathrm{T}}\boldsymbol{X}$ 是一个与 $\boldsymbol{X}$ 的前 k 个主成分不相关的标准化线性组合, 那么选择 $\boldsymbol{Y}$ 为第 $k+1$ 个主成分时, 对应的方差达到最大.

9.2 主成分的应用

在实际应用中, 主成分变换要用各自的估计量来代替, 例如 $\boldsymbol{\mu}$ 被 $\bar{\boldsymbol{x}}$ 代替, $\boldsymbol{\Sigma}$ 被 $\boldsymbol{\mathcal{S}}$ 代替等. 如果 $\boldsymbol{g}_1$ 表示 $\boldsymbol{\mathcal{S}}$ 的第一个特征向量, 那么第一个主成分为 $\boldsymbol{y}_1 = (\boldsymbol{\mathcal{X}} - \mathbf{1}_n\bar{\boldsymbol{x}}^{\mathrm{T}})\boldsymbol{g}_1$. 更一般地, 如果 $\boldsymbol{\mathcal{S}} = \boldsymbol{\mathcal{G}}\boldsymbol{\mathcal{L}}\boldsymbol{\mathcal{G}}^{\mathrm{T}}$ 是 $\boldsymbol{\mathcal{S}}$ 的谱分解, 那么有主成分

$$\boldsymbol{\mathcal{Y}} = (\boldsymbol{\mathcal{X}} - \mathbf{1}_n\bar{\boldsymbol{x}}^{\mathrm{T}})\boldsymbol{\mathcal{G}}. \tag{9.10}$$

注意, 对于中心化矩阵 $\boldsymbol{\mathcal{H}} = \boldsymbol{I}_n - (n^{-1}\mathbf{1}_n\mathbf{1}_n^{\mathrm{T}})$ 有 $\boldsymbol{\mathcal{H}}\mathbf{1}_n\bar{\boldsymbol{x}}^{\mathrm{T}} = \mathbf{0}$, $\boldsymbol{\mathcal{H}}^2 = \boldsymbol{\mathcal{H}}$, 从而有

$$\begin{aligned}\boldsymbol{\mathcal{S}}_{\boldsymbol{\mathcal{Y}}} &= n^{-1}\boldsymbol{\mathcal{Y}}^{\mathrm{T}}\boldsymbol{\mathcal{H}}\boldsymbol{\mathcal{Y}} = n^{-1}\boldsymbol{\mathcal{G}}^{\mathrm{T}}(\boldsymbol{\mathcal{X}} - \mathbf{1}_n\bar{\boldsymbol{x}}^{\mathrm{T}})^{\mathrm{T}}\boldsymbol{\mathcal{H}}(\boldsymbol{\mathcal{X}} - \mathbf{1}_n\bar{\boldsymbol{x}}^{\mathrm{T}})\boldsymbol{\mathcal{G}} \\ &= n^{-1}\boldsymbol{\mathcal{G}}^{\mathrm{T}}\boldsymbol{\mathcal{X}}^{\mathrm{T}}\boldsymbol{\mathcal{H}}\boldsymbol{\mathcal{X}}\boldsymbol{\mathcal{G}} = \boldsymbol{\mathcal{G}}^{\mathrm{T}}\boldsymbol{\mathcal{S}}\boldsymbol{\mathcal{G}} = \boldsymbol{\mathcal{L}},\end{aligned}$$

这里 $\boldsymbol{\mathcal{L}} = \mathrm{diag}(\ell_1, \ell_2, \cdots, \ell_p)$ 为 $\boldsymbol{\mathcal{S}}$ 的特征值矩阵. 因此 $\boldsymbol{y}_i$ 的方差等于特征值 ℓ_i.

主成分变换对单位变化很敏感. 一个变量如果乘一个标量就会得到不同的特征值和相应的特征向量. 这是因为特征值分解是基于协方差矩阵而不是基于相关系数矩阵的. 因此主成分变换应该被运用到具有相似单位的数据上.

例题 9.2 考虑将主成分变换应用于山鸢尾和彩色鸢尾两类花. 计算得 $\boldsymbol{\mathcal{X}}$ 的均值向量

$$\bar{\boldsymbol{x}} = (5.471, 3.099, 2.861, 0.786)^{\mathrm{T}},$$

$\boldsymbol{\mathcal{S}}$ 的特征值向量

$$\boldsymbol{\ell} = (2.767, 0.228, 0.051, 0.011)^{\mathrm{T}}.$$

特征向量矩阵 $\boldsymbol{\mathcal{G}}$

$$\boldsymbol{\mathcal{G}} = \begin{pmatrix} 0.323 & 0.658 & 0.673 & 0.096 \\ -0.171 & 0.747 & -0.634 & -0.103 \\ 0.869 & -0.088 & -0.273 & -0.403 \\ 0.333 & -0.024 & -0.266 & 0.904 \end{pmatrix}.$$

图 9.2 显示鸢尾花数据集中的一些主成分分析图和 $\mathcal{S}$ 的特征值分布情况.

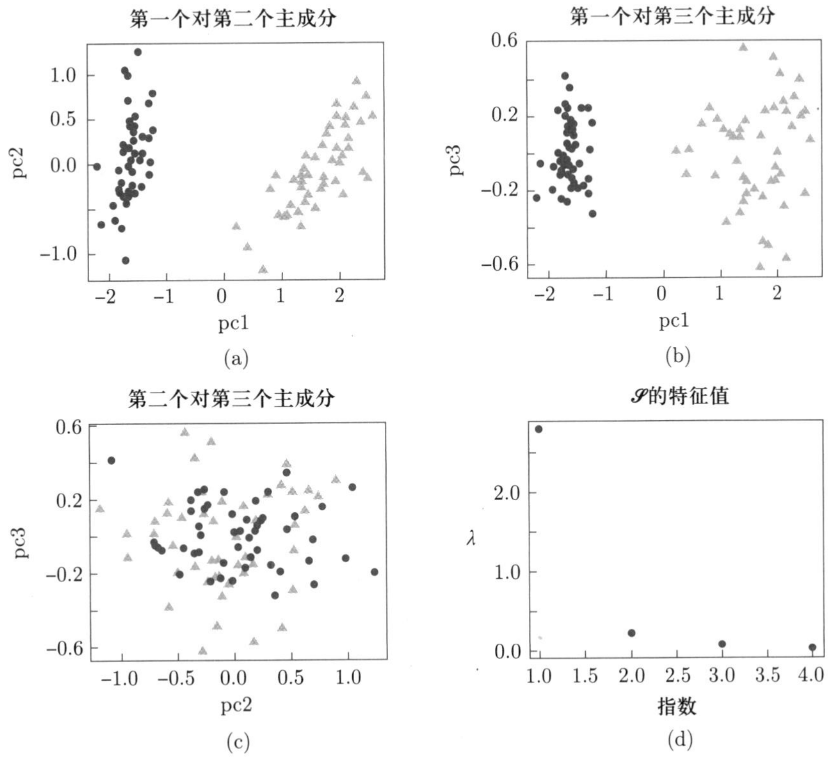

图 9.2 山鸢尾与彩色鸢尾主成分分析图

例题 9.3 考虑股票交易所的五只股票 A、B、C、D、E (A、B、C 三只股票为化工类股票, D、E 两只股票为石油类股票) 从 1975 年 1 月到 1976 年 12 月期间的周回报率 (R 软件中自带). 其中, 周回报率定义为 (本周五收盘价 − 上周五收盘价)/上周五收盘价 (有拆股和支付股息时进行调整) . 数据见表 9.1. 连续 100 周的观测值表现为独立分布, 但各股之间的回报率相关.

表 9.1 股票价格数据 (周回报率)

周	A	B	C	D	E
1	0	0	0	0.039	0
2	0.027	−0.045	−0.003	−0.014	0.043
3	0.123	0.061	0.088	0.086	0.078
4	0.057	0.030	0.067	0.014	0.020
⋮	⋮	⋮	⋮	⋮	⋮
98	0.045	0.046	0.075	0.015	0.019
99	0.050	0.036	0.004	−0.012	0.009
100	0.019	−0.033	0.008	0.034	0.005

令 $\boldsymbol{x_1}, \boldsymbol{x_2}, \boldsymbol{x_3}, \boldsymbol{x_4}, \boldsymbol{x_5}$ 分别表示五只股票 A、B、C、D、E 的股票周回报率的观测值, 则

$$\bar{\boldsymbol{x}}^{\mathrm{T}} = (0.005, 0.005, 0.006, 0.006, 0.004),$$

和相关系数矩阵

$$\boldsymbol{R} = \begin{pmatrix} 1.000 & 0.577 & 0.509 & 0.387 & 0.462 \\ 0.577 & 1.000 & 0.599 & 0.389 & 0.322 \\ 0.509 & 0.599 & 1.000 & 0.436 & 0.426 \\ 0.387 & 0.389 & 0.436 & 1.000 & 0.523 \\ 0.462 & 0.322 & 0.426 & 0.523 & 1.000 \end{pmatrix}.$$

注意到 $\boldsymbol{R}$ 是标准化观测值

$$\boldsymbol{z_1} = \frac{\boldsymbol{x_1} - \bar{\boldsymbol{x}}_1}{\sqrt{s_{11}}}, \quad \boldsymbol{z_2} = \frac{\boldsymbol{x_2} - \bar{\boldsymbol{x}}_2}{\sqrt{s_{22}}}, \quad \boldsymbol{z_3} = \frac{\boldsymbol{x_3} - \bar{\boldsymbol{x}}_3}{\sqrt{s_{33}}}, \quad \boldsymbol{z_4} = \frac{\boldsymbol{x_4} - \bar{\boldsymbol{x}}_4}{\sqrt{s_{44}}}, \quad \boldsymbol{z_5} = \frac{\boldsymbol{x_5} - \bar{\boldsymbol{x}}_5}{\sqrt{s_{55}}}$$

的协方差矩阵. 计算得 $\boldsymbol{R}$ 的特征值和相应的规范化特征向量为

$$\hat{\lambda}_1 = 2.857, \quad \hat{\boldsymbol{e}}_1^{\mathrm{T}} = (0.464, 0.457, 0.470, 0.421, 0.421),$$

$$\hat{\lambda}_2 = 0.809, \quad \hat{\boldsymbol{e}}_2^{\mathrm{T}} = (0.240, 0.509, 0.260, -0.526, -0.582),$$

$$\hat{\lambda}_3 = 0.540, \quad \hat{\boldsymbol{e}}_3^{\mathrm{T}} = (-0.612, 0.178, 0.335, 0.541, -0.435),$$

$$\hat{\lambda}_4 = 0.452, \quad \hat{\boldsymbol{e}}_4^{\mathrm{T}} = (0.387, 0.206, -0.662, 0.472, -0.382),$$

$$\hat{\lambda}_5 = 0.343, \quad \hat{\boldsymbol{e}}_5^{\mathrm{T}} = (-0.451, 0.676, -0.400, -0.176, 0.385).$$

通过标准化变量, 有前两个样本主成分

$$\hat{\lambda}_1 = \hat{\boldsymbol{e}}_1^{\mathrm{T}}\boldsymbol{z} = 0.464z_1 + 0.457z_2 + 0.470z_3 + 0.421z_4 + 0.421z_5,$$

$$\hat{\lambda}_2 = \hat{\boldsymbol{e}}_2^{\mathrm{T}}\boldsymbol{z} = 0.240z_1 + 0.509z_2 + 0.260z_3 - 0.526z_4 - 0.582z_5.$$

这些主成分所解释的标准化样本总方差所占比例为

$$\left(\frac{\hat{\lambda}_1 + \hat{\lambda}_2}{p}\right) \times 100\% = \left(\frac{2.857 + 0.809}{5}\right) \times 100\% \approx 73\%.$$

粗略地说, 第一主成分是五种股票的等权的和或等权的“指数”. 这个成分可称为股市总成分, 或简称为市场成分. 第二成分表明在化工类股票 (A、B、C) 和石油类股票 (D、E) 之间形成鲜明对照, 可称它是一个行业成分. 这样可以将这些股票回报率中的大部分变差归因于市场活动和不相关的行业活动. 其余成分不易解释, 总的说来它们大约代表各只股票的特别变差. 不管怎样, 它们对样本总方差都不给出多少解释. 在本例中, 保留相应特征值小于 1 的成分 $(\hat{y}_2)$ 是明智的.

9.3 对主成分的解释

主成分变换的主要思想是去寻找最有信息量的投影, 即能够最大化方差. 最有信息量的标准线性组合由第一特征向量给出. 上一节计算了山鸢尾和彩色鸢尾两类花相关数据的特征向量. 特别地, 关于中心化的 $\boldsymbol{x}$, 有

$$\begin{aligned} y_1 &= 0.323x_1 - 0.171x_2 + 0.869x_3 + 0.333x_4, \\ y_2 &= 0.658x_1 + 0.747x_2 - 0.089x_3 - 0.024x_4, \end{aligned}$$

其中 x_1, x_2, x_3, x_4 各自表示的特征和对应单位为 x_1: 花萼长度 (单位: cm), x_2: 花萼宽度 (单位: cm), x_3: 花瓣长度 (单位: cm), x_4: 花瓣宽度 (单位: cm). 由此可见, 第一个主成分的最佳描述就是花瓣长度的差异, 第二个主成分是花萼长度与花萼宽度之和的差异.

主成分的权重展示了在原始坐标中哪个方向上能够获得最优的方差解释. 度量前 q 个主成分解释方差变化的程度可以由以下的相对比率来描述

$$\psi_q = \frac{\sum_{j=1}^{q} \lambda_j}{\sum_{j=1}^{p} \lambda_j} = \frac{\sum_{j=1}^{q} \mathrm{Var}(Y_j)}{\sum_{j=1}^{p} \mathrm{Var}(Y_j)}.$$

参考在表 9.2 中给出的 (累计) 方差解释比例. 第一个主成分 ($q = 1$) 已经解释了 90.5%, 可见第一个主成分已经包含了很大一部分信息量.

表 9.2 主成分方差解释比例

特征值	方差比例	累计比例
2.767	0.905	0.905
0.228	0.074	0.980
0.051	0.017	0.997
0.011	0.003	1.000

需要注意的是, 主成分会随着单位变化而变化. 例如从相关系数矩阵中得到的主成分与从协方差矩阵中得到的主成分不同. 主成分对数据方差的解释能力可以通过图像很好地表示, 如图 9.2 (d) 所示. 事实上, 该图可以通过 y 轴上的相对比例进行修正, 如图 9.3 所示.

主成分向量 $\boldsymbol{Y}$ 和原始向量 $\boldsymbol{X}$ 之间的协方差为

$$\begin{aligned} \mathrm{Cov}(\boldsymbol{X}, \boldsymbol{Y}) &= E(\boldsymbol{X}\boldsymbol{Y}^{\mathrm{T}}) - E(\boldsymbol{X})E(\boldsymbol{Y}^{\mathrm{T}}) \\ &= E(\boldsymbol{X}\boldsymbol{X}^{\mathrm{T}}\boldsymbol{\Gamma}) - \boldsymbol{\mu}\boldsymbol{\mu}^{\mathrm{T}}\boldsymbol{\Gamma} \\ &= \boldsymbol{\Sigma}\boldsymbol{\Gamma} \\ &= \boldsymbol{\Gamma}\boldsymbol{\Lambda}\boldsymbol{\Gamma}^{\mathrm{T}}\boldsymbol{\Gamma} \\ &= \boldsymbol{\Gamma}\boldsymbol{\Lambda}, \end{aligned}$$

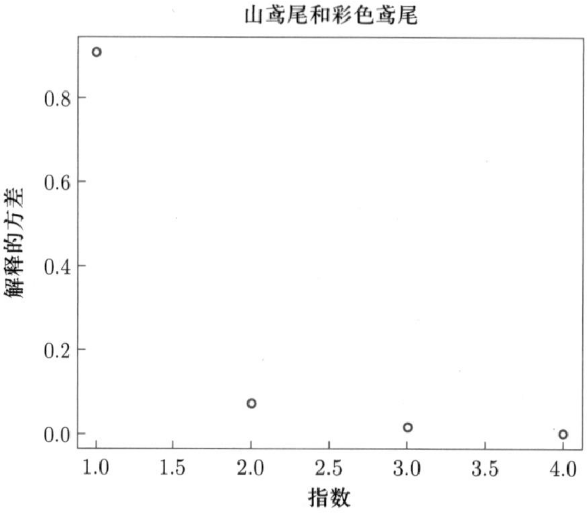

图 9.3　主成分方差解释量相对比例图

因而变量 X_i 和主成分 Y_j 之间的相关系数 $\rho_{X_iY_j}$ 为

$$\rho_{X_iY_j}=\frac{\gamma_{ij}\lambda_j}{(\sigma_{X_iX_i}\lambda_j)^{1/2}}=\gamma_{ij}\left(\frac{\lambda_j}{\sigma_{X_iX_i}}\right)^{1/2}.$$

基于样本数据, 该公式自然地转化为

$$r_{X_iY_j}=g_{ij}\left(\frac{\ell_j}{s_{X_iX_i}}\right)^{1/2}.$$

该相关系数可以用来评估主成分 $Y_j\ (j=1,2,\cdots,q)$ 和原始变量 $X_i\ (i=1,2,\cdots,p)$ 之间的相关关系. 注意到有

$$\sum_{j=1}^{p}r_{X_iY_j}^2=\frac{\sum\limits_{j=1}^{p}\ell_jg_{ij}^2}{s_{X_iX_i}}=\frac{s_{X_iX_i}}{s_{X_iX_i}}=1. \tag{9.11}$$

实际上, $\sum\limits_{j=1}^{p}\ell_jg_{ij}^2=\boldsymbol{g_i}^{\mathrm{T}}\boldsymbol{\mathcal{L}g_i}$ 为矩阵 $\boldsymbol{\mathcal{GLG}}^{\mathrm{T}}=\boldsymbol{\mathcal{S}}$ 的第 (i,i) 元素, 所以 $r_{X_iY_j}^2$ 可看成由 Y_j 解释的 X_i 方差的比例.

在前两个主成分空间中, 可以绘制各个变量与两个主成分的关系. 图 9.4 就是以山鸢尾、彩色鸢尾还有维吉尼亚鸢尾三种花为例的图形, 该图展示了与前两个主成分有最强烈相关关系的原始变量.

由式 (9.11), 显然有 $r_{X_iY_1}^2+r_{X_iY_2}^2\leqslant 1$, 所以四个变量都落在单位圆中. 图 9.4 中, 四个变量的第一主成分都较大, 只不过只有花萼宽度在第一主成分的正方向, 其他三个变量均位于第一主成分的负方向; 四个变量均在第二主成分的正方向上, 但花萼长度和花萼宽度两个变量投影更大, 对应的关系更密切, 这样花瓣长度与花瓣宽度两个变量就会与第一主成分关系更密切,四个变量箭头都比较长, 说明前两个主成分对四个变量的代表能力都是比较好的. 本例中, 四个变量在前两个主成分构成的空间中分布相对比较均衡, 但对于其他例子, 则可能会有比较显著的差异, 从而可以得出许多有意义的结论.

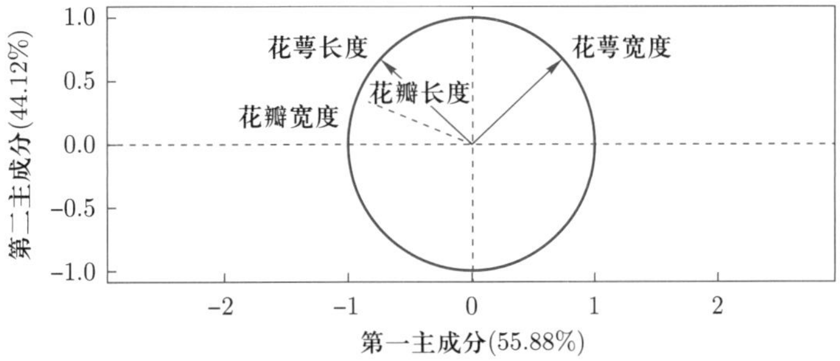

图 9.4 各个变量与前两个主成分的关系图

9.4 主成分的渐近性质

在实际中, 主成分是通过样本来计算的, 需要用样本去推断总体的特征, 那么主成分具有怎样的渐近性质呢? 下面的定理将给出结论.

定理 9.4 设 $\boldsymbol{\Sigma}$ 是正定矩阵有相异的特征根, $\boldsymbol{\mathcal{U}} \sim m^{-1}W_p(\boldsymbol{\Sigma}, m)$, 且它们分别具有谱分解的形式 $\boldsymbol{\Sigma} = \boldsymbol{\Gamma\Lambda\Gamma}^{\mathrm{T}}$, 及 $\boldsymbol{\mathcal{U}} = \boldsymbol{\mathcal{GLG}}^{\mathrm{T}}$, 则有

(1) $\sqrt{m}(\boldsymbol{\ell} - \boldsymbol{\lambda}) \xrightarrow{\mathcal{L}} N_p(0, 2\boldsymbol{\Lambda}^2)$, 其中 $\boldsymbol{\ell} = (\ell_1, \ell_2, \cdots, \ell_p)^{\mathrm{T}}$ 和 $\boldsymbol{\lambda} = (\lambda_1, \lambda_2, \cdots, \lambda_p)^{\mathrm{T}}$ 分别是 $\boldsymbol{\mathcal{L}}$ 和 $\boldsymbol{\Lambda}$ 的对角元;

(2) $\sqrt{m}(\boldsymbol{g_j} - \boldsymbol{\gamma_j}) \xrightarrow{\mathcal{L}} N_p(0, \boldsymbol{\mathcal{V}_j})$, 其中 $\boldsymbol{\mathcal{V}_j} = \lambda_j \sum\limits_{k \neq j} \dfrac{\lambda_k}{(\lambda_k - \lambda_j)^2} \boldsymbol{\gamma_k \gamma_k}^{\mathrm{T}}$;

(3) $\mathrm{Cov}(\boldsymbol{g_j}, \boldsymbol{g_k}) = \boldsymbol{\mathcal{V}_{jk}}$, 其中矩阵 $\boldsymbol{\mathcal{V}_{jk}}(p \times p)$ 的 (r, s) 元为 $-\dfrac{\lambda_j \lambda_k \gamma_{rk} \gamma_{sj}}{m(\lambda_j - \lambda_k)^2}$;

(4) $\boldsymbol{\ell}$ 中的元与 $\boldsymbol{\mathcal{G}}$ 的元渐近独立.

例题 9.4 设 $\boldsymbol{X_1}, \boldsymbol{X_2}, \cdots, \boldsymbol{X_n}$ 是来自 $N(\boldsymbol{\mu}, \boldsymbol{\Sigma})$ 的样本, 那么有 $n\boldsymbol{\mathcal{S}} \sim W_p(\boldsymbol{\Sigma}, n-1)$, 且

$$\sqrt{n-1}(\ell_j - \lambda_j) \xrightarrow{\mathcal{L}} N(0, 2\lambda_j^2), \quad j = 1, 2, \cdots, p. \tag{9.12}$$

由于式 (9.12) 中的方差基于真实值 λ_j, 可以使用对数变换来消除方差中的 λ_j. 考虑 $f(\ell_j) = \ln \ell_j$, 则有 $\dfrac{\mathrm{d}}{\mathrm{d}\ell_j} f|_{\ell_j = \lambda_j} = \dfrac{1}{\lambda_j}$, 由式 (9.12) 有

$$\sqrt{n-1}(\ln \ell_j - \ln \lambda_j) \to N(0, 2). \tag{9.13}$$

由此,

$$\sqrt{\frac{n-1}{2}}(\ln \ell_j - \ln \lambda_j) \xrightarrow{\mathcal{L}} N(0, 1)$$

同时可以得到置信水平为 $1-\alpha=0.95$ 的双边置信区间

$$\ln\ell_j-1.96\sqrt{\frac{2}{n-1}}\leqslant\ln\lambda_j\leqslant\ln\ell_j+1.96\sqrt{\frac{2}{n-1}}.$$

主成分对方差的解释

前 q 个主成分可以解释的数据方差占原始方差的比例为

$$\psi=\frac{\lambda_1+\lambda_2+\cdots+\lambda_q}{\sum\limits_{j=1}^{p}\lambda_j}.$$

在实际中, 它的估计为

$$\hat{\psi}=\frac{\ell_1+\ell_2+\cdots+\ell_q}{\sum\limits_{j=1}^{p}\ell_j}.$$

由于 ψ 是 $\boldsymbol{\lambda}$ 的非线性函数, 有

$$\sqrt{n-1}(\hat{\psi}-\psi)\xrightarrow{\mathcal{L}}N(0,\boldsymbol{\mathcal{D}}^{\mathrm{T}}\boldsymbol{\mathcal{V}}\boldsymbol{\mathcal{D}}),$$

其中 $\boldsymbol{\mathcal{V}}=2\boldsymbol{\Lambda}^2$, $\boldsymbol{\mathcal{D}}=(d_1,d_2,\cdots,d_p)^{\mathrm{T}}$, $\boldsymbol{\mathcal{D}}$ 的元素为

$$d_j=\frac{\partial\psi}{\partial\lambda_j}=\begin{cases}\dfrac{1-\psi}{\operatorname{tr}(\boldsymbol{\Sigma})}, & 1\leqslant j\leqslant q,\\[2ex] \dfrac{-\psi}{\operatorname{tr}(\boldsymbol{\Sigma})}, & q+1\leqslant j\leqslant p.\end{cases}$$

可以推导出如下定理.

定理 9.5

$$\sqrt{n-1}(\hat{\psi}-\psi)\xrightarrow{\mathcal{L}}N(0,\omega^2),$$

其中

$$\begin{aligned}\omega^2=\boldsymbol{\mathcal{D}}^{\mathrm{T}}\boldsymbol{\mathcal{V}}\boldsymbol{\mathcal{D}}&=\frac{2}{(\operatorname{tr}(\boldsymbol{\Sigma}))^2}[(1-\psi)^2(\lambda_1^2+\lambda_2^2+\cdots+\lambda_q^2)+\psi^2(\lambda_{q+1}^2+\lambda_{q+2}^2+\cdots+\lambda_p^2)]\\&=\frac{2\operatorname{tr}(\boldsymbol{\Sigma}^2)}{(\operatorname{tr}(\boldsymbol{\Sigma}))^2}(\psi^2-2\beta\psi+\beta),\\ \beta&=\frac{\lambda_1^2+\lambda_2^2+\cdots+\lambda_q^2}{\lambda_1^2+\lambda_2^2+\cdots+\lambda_p^2}.\end{aligned}$$

例题 9.5 由例题 9.2 和表 9.2 可知两种鸢尾花数据的主成分分析得到的第一个主成分解释了 90.5% 的方差. 可以检验是否真实比例为 85%. 计算

$$\hat{\beta} = \frac{\ell_1^2}{\ell_1^2 + \ell_2^2 + \ell_3^2 + \ell_4^2} = \frac{2.767^2}{2.767^2 + 0.228^2 + 0.051^2 + 0.011^2} \approx 0.993,$$

$$\mathbf{tr}(\boldsymbol{\mathcal{S}}) = 3.057,$$

$$\mathbf{tr}(\boldsymbol{\mathcal{S}}^2) = \sum_{j=1}^{4} \ell_j^2 \approx 7.711,$$

$$\hat{\omega} = \frac{2\mathbf{tr}(\boldsymbol{\mathcal{S}}^2)}{(\mathbf{tr}(\boldsymbol{\mathcal{S}}))^2}(\hat{\psi}^2 - 2\hat{\beta}\hat{\psi} + \hat{\beta}) = 1.650,$$

因此, 在置信水平为 $1 - \alpha = 0.95$ 时, 置信区间由下式给出

$$0.905 \pm 1.96 \times \sqrt{1.650/99} = (0.652, 1.158),$$

显然, $\psi = 85\%$ 的零假设被拒绝.

9.5 标准化的主成分分析

实际中, 某些情形下原始变量可能存在异方差现象. 当变量采用不同的刻度时, 这一点显而易见. 此时, 为了使数据中包含的信息的描述不受所选用刻度的影响, 需要采用对刻度稳健的方法. 这可以通过变量的标准化实现, 即令

$$\boldsymbol{\mathcal{X}}_S = \boldsymbol{\mathcal{H}}\boldsymbol{\mathcal{X}}\boldsymbol{\mathcal{D}}^{-1/2},$$

其中 $\boldsymbol{\mathcal{D}} = \mathrm{diag}(s_{X_1X_1}, s_{X_2X_2}, \cdots, s_{X_pX_p})$. 注意到 $\bar{\boldsymbol{x}}_S = \mathbf{0}$ 且 $\boldsymbol{\mathcal{S}}_{\boldsymbol{\mathcal{X}}_s} = \boldsymbol{\mathcal{R}}$, 即对于标准化的变量, 对应的协方差矩阵等于相关系数矩阵. 矩阵 $\boldsymbol{\mathcal{X}}_S$ 的主成分变换称为标准化主成分 (normalized principal components; NPCs). $\boldsymbol{\mathcal{R}}$ 的谱分解为

$$\boldsymbol{\mathcal{R}} = \boldsymbol{\mathcal{G}}_{\boldsymbol{\mathcal{R}}}\boldsymbol{\mathcal{L}}_{\boldsymbol{\mathcal{R}}}\boldsymbol{\mathcal{G}}_{\boldsymbol{\mathcal{R}}}^{\mathrm{T}},$$

其中 $\boldsymbol{\mathcal{L}}_{\boldsymbol{\mathcal{R}}} = \mathrm{diag}(\ell_1^{\boldsymbol{\mathcal{R}}}, \ell_2^{\boldsymbol{\mathcal{R}}}, \cdots, \ell_p^{\boldsymbol{\mathcal{R}}})$, $\ell_1^{\boldsymbol{\mathcal{R}}} \geqslant \ell_2^{\boldsymbol{\mathcal{R}}} \geqslant \cdots \geqslant \ell_p^{\boldsymbol{\mathcal{R}}}$ 是 $\boldsymbol{\mathcal{R}}$ 的特征值, 对应的特征向量分别为 $\boldsymbol{g}_{\mathbf{1}}^{\boldsymbol{\mathcal{R}}}, \boldsymbol{g}_{\mathbf{2}}^{\boldsymbol{\mathcal{R}}}, \cdots, \boldsymbol{g}_{\boldsymbol{p}}^{\boldsymbol{\mathcal{R}}}$, 易得 $\sum\limits_{j=1}^{p} \ell_j^{\boldsymbol{\mathcal{R}}} = \mathrm{tr}(\boldsymbol{\mathcal{R}}) = p$.

标准化主成分记为

$$\boldsymbol{\mathcal{Z}} = \boldsymbol{\mathcal{X}}_S\boldsymbol{\mathcal{G}}_{\boldsymbol{\mathcal{R}}} = (\boldsymbol{z}_1, \boldsymbol{z}_2, \cdots, \boldsymbol{z}_p). \tag{9.14}$$

$\boldsymbol{\mathcal{Z}}$ 的每一行对应于每个个体的各主成分得分. 通过对变量进行变换, 有

$$\bar{z} = \mathbf{0},$$

$$\boldsymbol{\mathcal{S}}_{\boldsymbol{\mathcal{Z}}} = \boldsymbol{\mathcal{G}}_{\boldsymbol{\mathcal{R}}}^{\mathrm{T}}\boldsymbol{\mathcal{S}}_{\boldsymbol{\mathcal{X}}_S}\boldsymbol{\mathcal{G}}_{\boldsymbol{\mathcal{R}}} = \boldsymbol{\mathcal{L}}_{\boldsymbol{\mathcal{R}}}.$$

需要注意的是, 标准化主成分分析提供了与主成分分析相似的视角, 但是对于每个个体来说, 标准化主成分分析给每个变量相同的权重, 但是主成分分析赋予方差较大的变量较大权重.

易得 X_i 和 Z_j 之间的协方差矩阵和相关系数矩阵

$$\begin{aligned}\boldsymbol{\mathcal{S}}_{\boldsymbol{X}_S,\boldsymbol{Z}} &= \frac{1}{n}\boldsymbol{\mathcal{X}}_S^{\mathrm{T}}\boldsymbol{\mathcal{Z}} = \boldsymbol{\mathcal{G}}_{\boldsymbol{\mathcal{R}}}\boldsymbol{\mathcal{L}}_{\boldsymbol{\mathcal{R}}},\\ \boldsymbol{\mathcal{R}}_{\boldsymbol{X},\boldsymbol{Z}} &= \boldsymbol{\mathcal{R}}_{\boldsymbol{X}_S,\boldsymbol{Z}} = \boldsymbol{\mathcal{G}}_{\boldsymbol{\mathcal{R}}}\boldsymbol{\mathcal{L}}_{\boldsymbol{\mathcal{R}}}\boldsymbol{\mathcal{L}}_{\boldsymbol{\mathcal{R}}}^{-1/2} = \boldsymbol{\mathcal{G}}_{\boldsymbol{\mathcal{R}}}\boldsymbol{\mathcal{L}}_{\boldsymbol{\mathcal{R}}}^{1/2}.\end{aligned} \tag{9.15}$$

从而有原始变量 X_i 和标准化主成分 Z_j 的相关系数为

$$r_{X_iZ_j} = \sqrt{\ell_j}g_{Rij}, \quad \sum_{j=1}^{p} r_{X_iZ_j}^2 = 1. \tag{9.16}$$

对于得到的标准化主成分, 可以计算它们对原始变量方差的解释比例.

例题 9.6 如果 $Y_1 = \boldsymbol{e}_1^{\mathrm{T}}\boldsymbol{X}, Y_2 = \boldsymbol{e}_2^{\mathrm{T}}\boldsymbol{X}, \cdots, Y_p = \boldsymbol{e}_p^{\mathrm{T}}\boldsymbol{X}$ 是从协方差矩阵 $\boldsymbol{\Sigma}$ 得到的主成分, 证明:

$$\rho_{Y_i,X_k} = \frac{e_{ik}\sqrt{\lambda_i}}{\sqrt{\sigma_{kk}}}, \quad i,k = 1,2,\cdots,p$$

是成分 Y_i 和变量 X_k 之间的相关系数, 此处 $(\lambda_1,\boldsymbol{e}_1),(\lambda_2,\boldsymbol{e}_2),\cdots,(\lambda_p,\boldsymbol{e}_p)$ 是 $\boldsymbol{\Sigma}$ 对应的特征值—特征向量对.

证明 设 $\boldsymbol{a}_k^{\mathrm{T}} = (0,\cdots,0,1,0,\cdots,0)$, 则有 $X_k = \boldsymbol{a}_k^{\mathrm{T}}\boldsymbol{X}$ 和 $\mathrm{Cov}(X_k,Y_i) = \mathrm{Cov}(\boldsymbol{a}_k^{\mathrm{T}}\boldsymbol{X}, \boldsymbol{e}_i^{\mathrm{T}}\boldsymbol{X}) = \boldsymbol{a}_k^{\mathrm{T}}\boldsymbol{\Sigma}\boldsymbol{e}_i$. 既然 $\boldsymbol{\Sigma}\boldsymbol{e}_i = \lambda_i\boldsymbol{e}_i$, $\mathrm{Cov}(X_k,Y_i) = \boldsymbol{a}_k^{\mathrm{T}}\boldsymbol{\lambda}_i\boldsymbol{e}_i = \lambda_i e_{ik}$. 则由 $\mathrm{Var}(Y_i) = \lambda_i$ 和 $\mathrm{Var}(X_k) = \sigma_{kk}$ 得出

$$\rho_{Y_i,X_k} = \frac{\mathrm{Cov}(X_k,Y_i)}{\sqrt{\mathrm{Var}(Y_i)}\sqrt{\mathrm{Var}(X_k)}} = \frac{\lambda_i e_{ik}}{\sqrt{\lambda_i}\sqrt{\sigma_{kk}}} = \frac{e_{ik}\sqrt{\lambda_i}}{\sqrt{\sigma_{kk}}}, \quad i,k = 1,2,\cdots,p.$$

虽然变量和主成分之间的相关系数有助于解释这些成分, 但它们只度量单个 $\boldsymbol{X}$ 对成分 $\boldsymbol{Y}$ 的贡献. 也就是说, 在其他 $\boldsymbol{X}$ 存在时, 它们并不代表该 $\boldsymbol{X}$ 对成分 $\boldsymbol{Y}$ 的重要程度. 因此, 某些统计学家建议在解释主成分时只用成分系数 e_{ik} 而不用相关系数. 作为变量对已知成分的重要性的度量, 成分系数和相关系数可能导出不同的重要性等级, 但经验表明这种等级的差别常常不是很明显. 在实践中, 有较大 (按绝对值排序) 成分系数的变量, 趋向于有较大的相关系数, 故这两个重要性的度量 (前者为多变量, 后者为单变量) 经常给出相似的结果. 因此, 在实际应用中建议既考察成分系数又考察相关系数, 从而增强主成分的解释能力.

9.6 主成分与因子分析

无论是否对数据做了标准化处理, 都可以证明出主成分等同于分解数据矩阵后所得的合适因子, 主成分对应中心化数据矩阵各行的因子, 而标准化的主成分则对应标准化的矩阵的各行因子. 这里将讨论标准化主成分推导的几何意义, 它们是由变换后数据矩阵 $\boldsymbol{\mathcal{X}}$ 的列向量所形成的子空间中的最佳拟合.

假设要得到个体 (即 $\boldsymbol{\mathcal{X}}$ 中各行) 和变量 (即 $\boldsymbol{\mathcal{X}}$ 中各列) 在更低维度空间中的表示, 为了使得这种表示尽可能简单化, 先对数据矩阵进行一定的转化. 首先是对数据做中心化, 即令 $\boldsymbol{\mathcal{X}}_C = \boldsymbol{\mathcal{H}}\boldsymbol{\mathcal{X}}$. 注意到 $\boldsymbol{\mathcal{X}}_C^{\mathrm{T}}\boldsymbol{\mathcal{X}}_C$ 的谱分解与 $\boldsymbol{\mathcal{S}}_X$ 的谱分解有关, 即

$$\boldsymbol{\mathcal{X}}_C^{\mathrm{T}}\boldsymbol{\mathcal{X}}_C = \boldsymbol{\mathcal{X}}^{\mathrm{T}}\boldsymbol{\mathcal{H}}^{\mathrm{T}}\boldsymbol{\mathcal{H}}\boldsymbol{\mathcal{X}} = n\boldsymbol{\mathcal{S}}_{\mathcal{X}} = n\boldsymbol{\mathcal{G}}\boldsymbol{\mathcal{L}}\boldsymbol{\mathcal{G}}^{\mathrm{T}}.$$

通过将 $\boldsymbol{\mathcal{X}}_C$ 映射到 $\boldsymbol{\mathcal{G}}$, 可以得到因子变量

$$\boldsymbol{\mathcal{Y}} = \boldsymbol{\mathcal{X}}_C\boldsymbol{\mathcal{G}} = (\boldsymbol{y}_1, \boldsymbol{y}_2, \cdots, \boldsymbol{y}_p).$$

这与式 (9.10) 中得到的主成分相同. 由 $\boldsymbol{\mathcal{H}}\boldsymbol{\mathcal{X}}_C = \boldsymbol{\mathcal{X}}_C$ 有

$$\bar{\boldsymbol{y}} = \boldsymbol{0},$$

$$\boldsymbol{\mathcal{S}}_Y = \boldsymbol{\mathcal{G}}^{\mathrm{T}}\boldsymbol{\mathcal{S}}_{\mathcal{X}}\boldsymbol{\mathcal{G}} = \boldsymbol{\mathcal{L}} = \mathrm{diag}(\ell_1, \ell_2, \cdots, \ell_p).$$

因此, 在因子坐标轴上, 个体的散点图以原点为中心, 且在第一方向上比第二方向更加分散, 这是因为第一主成分的方差 ℓ_1 比第二主成分的方差 ℓ_2 大.

变量的表示可以使用对偶关系式得到. $\boldsymbol{\mathcal{X}}_C$ 中各列在 $\boldsymbol{\mathcal{X}}_C^{\mathrm{T}}\boldsymbol{\mathcal{X}}_C$ 的特征向量 $\boldsymbol{v}_k$ 上的映射为

$$\boldsymbol{\mathcal{X}}_C^{\mathrm{T}}\boldsymbol{v}_k = \frac{1}{\sqrt{n\ell_k}}\boldsymbol{\mathcal{X}}_C^{\mathrm{T}}\boldsymbol{\mathcal{X}}_C\boldsymbol{g}_k = \sqrt{n\ell_k}\boldsymbol{g}_k.$$

从而, 变量在前 p 个轴上的映射为下列矩阵的列向量

$$\boldsymbol{\mathcal{X}}_C^{\mathrm{T}}\boldsymbol{\mathcal{V}} = \sqrt{n}\boldsymbol{\mathcal{G}}\boldsymbol{\mathcal{L}}^{1/2}.$$

考虑到该几何表示, 对 $\boldsymbol{\mathcal{X}}_C$ 两列的夹角有很好的统计说明. 给定

$$\boldsymbol{x}_{C[j]}^{\mathrm{T}}\boldsymbol{x}_{C[k]} = ns_{X_jX_k},$$

$$\|\boldsymbol{x}_{C[j]}\|^2 = ns_{X_jX_j}.$$

这里, $\boldsymbol{x}_{C[j]}$ 和 $\boldsymbol{x}_{C[k]}$ 表示 $\boldsymbol{\mathcal{X}}_C$ 的第 j 列和第 k 列. 在变量的完全空间中, 如果 θ_{jk} 为变量 $\boldsymbol{x}_{C[j]}$ 和 $\boldsymbol{x}_{C[k]}$ 间的夹角, 那么有下列关系式成立:

$$\cos\theta_{jk} = \frac{\boldsymbol{x}_{C[j]}^{\mathrm{T}}\boldsymbol{x}_{C[k]}}{\|\boldsymbol{x}_{C[j]}\|\ \|\boldsymbol{x}_{C[k]}\|} = r_{X_jX_k}. \tag{9.17}$$

标准化的主成分同样可以看做一种降维的因子方法. 进一步将变量标准化, 使每个变量都具有零均值和单位方差, 并且不受变量的量纲影响. $\boldsymbol{\mathcal{X}}_S^{\mathrm{T}}\boldsymbol{\mathcal{X}}_S$ 与 $\boldsymbol{\mathcal{R}}$ 的谱分解相关, 即

$$\boldsymbol{\mathcal{X}}_S^{\mathrm{T}}\boldsymbol{\mathcal{X}}_S = \boldsymbol{\mathcal{D}}^{-1/2}\boldsymbol{\mathcal{X}}^{\mathrm{T}}\boldsymbol{\mathcal{H}}\boldsymbol{\mathcal{X}}\boldsymbol{\mathcal{D}}^{-1/2} = n\boldsymbol{\mathcal{R}} = n\boldsymbol{\mathcal{G}}_R\boldsymbol{\mathcal{L}}_R\boldsymbol{\mathcal{G}}_R^{\mathrm{T}}.$$

因而标准化的主成分 $\mathcal{Z}_j$ 可以被看做 $\boldsymbol{X}_S$ 的行在 $\boldsymbol{\mathcal{G}}_{\boldsymbol{R}}$ 上的映射.

变量的表示还可以由下列矩阵的列给出

$$\boldsymbol{\mathcal{X}}_S\boldsymbol{\mathcal{V}}_R=\sqrt{n}\boldsymbol{\mathcal{G}}_R\boldsymbol{\mathcal{L}}_R^{1/2}. \tag{9.18}$$

比较 (9.15) 和 (9.18), 可以发现在因子分析中, 变量的映射给出了标准化主成分 $\mathcal{Z}_k$ 和原始变量 X_j 之间的相关系数. 这意味着对于个体表示的更深层的解释可以通过观察变量图得到. 注意到

$$\boldsymbol{x}_{S[j]}^{\mathrm{T}}\boldsymbol{x}_{S[k]}=n\cdot r_{X_jX_k},$$

$$\|\boldsymbol{x}_{S[j]}\|^2=n,$$

其中, $\boldsymbol{x}_{S[j]}$ 和 $\boldsymbol{x}_{S[k]}$ 表示 $\boldsymbol{\mathcal{X}}_S$ 的第 j 和第 k 列. 因此, 在全空间中, 所有的标准化变量, 即 $\boldsymbol{\mathcal{X}}_S$ 的各列, 都包含在 $\mathbf{R}^n$ 空间中的“球体”中, 这个“球体”以原点为中心, 以 $\sqrt{n}$ 为半径. 类似 (9.17), 给定两列 $\boldsymbol{x}_{S[j]}$ 和 $\boldsymbol{x}_{S[k]}$ 的夹角, 则有下式成立:

$$\cos\theta_{jk}=r_{X_jX_k}.$$

这样当我们在降维之后的空间观察变量的表示时, 我们可以基于夹角来判断原始变量间的相关结构.

表示的效果

如前所述, 表示的效果可以由下式进行度量:

$$\psi=\frac{\ell_1+\ell_2+\cdots+\ell_q}{\sum\limits_{j=1}^{p}l_j}.$$

在实际中, 用来表示原始变量的主成分个数 q 一般比较小, 通常选择 1 到 3 个主成分. 假设当 $q=2$ 时, $\psi=0.89$, 这意味着二维图形捕捉到了总方差的 89%. 那么在剩余的方向中, 只有很小的方差比重.

检验某个个体是否被主成分很好地表示是很有用的, 显然, 在映射空间中, 两个个体的相似性不一定与原始全空间 $\mathbf{R}^p$ 的相似性完全吻合. 从这个角度看, 计算第 i 个个体和第 k 个主成分或标准化主成分坐标轴之间的夹角 ϑ_{ik} 很有价值. 对于主成分而言有

$$\cos\vartheta_{ik}=\frac{\boldsymbol{y}_i^{\mathrm{T}}\boldsymbol{e}_k}{\|\boldsymbol{y}_i\|\,\|\boldsymbol{e}_k\|}=\frac{y_{ik}}{\|\boldsymbol{x}_{Ci}\|}.$$

类似地, 对于标准化的主成分而言有

$$\cos\zeta_{ik}=\frac{\boldsymbol{z}_i^{\mathrm{T}}\boldsymbol{e}_k}{\|\boldsymbol{z}_i\|\,\|\boldsymbol{e}_k\|}=\frac{z_{ik}}{\|x_{Si}\|}.$$

其中, $\boldsymbol{e}_k$ 表示第 k 个单位向量. 如果夹角 ϑ_{ik} 较小, 个体 i 将更多地表现在第 k 个主成分坐标轴. 注意到对每个个体 i 而言, 有

$$\sum_{k=1}^{p}\cos^2\vartheta_{ik}=\frac{\boldsymbol{y}_i^{\mathrm{T}}\boldsymbol{y}_i}{\boldsymbol{x}_{Ci}^{\mathrm{T}}\boldsymbol{x}_{Ci}}=\frac{\boldsymbol{x}_{Ci}^{\mathrm{T}}\boldsymbol{\mathcal{G}}\boldsymbol{\mathcal{G}}^{\mathrm{T}}\boldsymbol{x}_{Ci}}{\boldsymbol{x}_{Ci}^{\mathrm{T}}\boldsymbol{x}_{Ci}}=1.$$

$\cos^2\vartheta_{ik}$ 的值有时被称作第 k 个坐标轴对第 i 个个体表示的相对贡献. 例如, 如果 $\cos^2\vartheta_{i1}+\cos^2\vartheta_{i2}$ 比较大, 说明第 i 个个体可以在前两个主成分构成的坐标轴的平面上很好地表示, 因为它与该平面对应的夹角已经接近 0.

变量表示的质量可以由 X_i 的方差被一个主成分解释的比例来衡量, 且可以分别由 $r^2_{X_iY_j}$ 和 $r^2_{X_iZ_j}$ 进行计算.

例题 9.7 使用葡萄酒识别数据 (R 软件中自带) 来进行主成分分析, 可以从 UCI 数据库中下载相关数据. 该数据来自三类葡萄酒, 第一类有 59 组样本, 第二类有 71 组样本, 第三类有 48 组样本.

该数据中对每个样本记录了 13 个属性, 分别是酒精含量 (X_1, 单位: g/L), 苹果酸含量 (X_2, 单位: g/L), 灰烬含量 (X_3, 单位: g/L), 灰分碱度 (X_4, 单位: g/L), 镁含量 (X_5, 单位: g/L), 总酚含量 (X_6, 单位: g/L), 黄酮素类含量 (X_7, 单位: g/L), 非烷酚类含量 (X_8, 单位: g/L), 原花青素含量 (X_9, 单位: g/L), 颜色强度 (X_{10}, 单位: g/L), 颜色 (X_{11}, 单位: g/L), 稀释葡萄酒含量 (X_{12}, 单位: g/L) 和脯氨酸含量 (X_{13}, 单位: g/L).

对标准化变量进行主成分分析, 在 R 软件中得到标准化数据的相关系数矩阵, 并对其进行谱分解, 从而得到 $\boldsymbol{\mathcal{G}}_{\mathcal{R}}$, 这个矩阵的列对应每个变量在相应主成分中的系数. 特征值 ℓ_j 及主成分的方差贡献率如表 9.3 所示.

表 9.3 特征值及方差贡献率

特征值	方差贡献率	累计贡献率
4.705 8	0.362 0	0.362 0
2.496 9	0.192 1	0.554 1
1.446 0	0.111 2	0.665 3
0.918 9	0.070 7	0.736 0
0.853 2	0.065 6	0.801 6
0.641 6	0.049 3	0.851 0
0.551 0	0.042 4	0.893 4
0.348 4	0.026 8	0.920 2
0.288 8	0.022 2	0.942 4
0.250 9	0.019 3	0.961 7
0.225 7	0.019 4	0.979 1
0.168 7	0.013 0	0.992 0
0.103 3	0.008 0	1.000 0

由表 9.3 可以看到, 前五个主成分的累计方差贡献率达到了 80.16%, 所以可以采用前五个主成分做进一步的分析. 以前两个主成分为例考虑变量的图解表示法, 如图 9.5 所示, 其横、纵坐标分别表示原始变量与第一主成分、第二主成分的相关系数. 在图中, 夹角 $\theta>\dfrac{\pi}{2}$ 的变量,

有负相关关系, 如 X_8 和 X_{11}; 若 $\theta \approx 0$, 则表示变量之间高度正相关, 如 X_6 和 X_7; 若夹角 $\theta \approx \dfrac{\pi}{2}$, 则表示相关度不高, 如 X_3 和 X_7.

图 9.6 展示了每个样本的前两个主成分得分的散点图, 其中三角符号是来自第一类酒的样本, 加号表示来自第二类酒的样本, 点符号表示来自第三类酒的样本. 从图中可以清晰地看到三种酒主成分得分的区别.

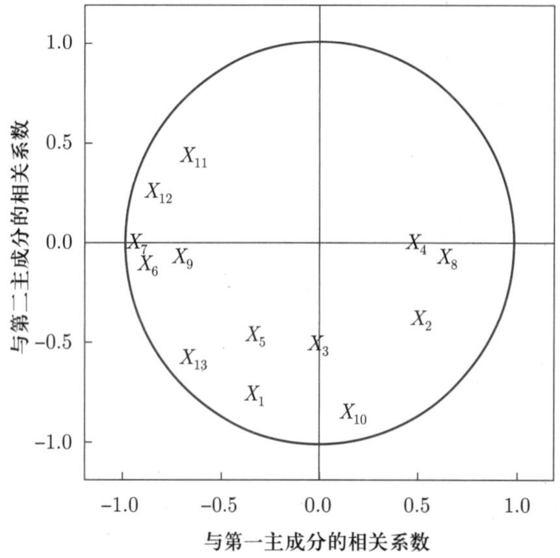

图 9.5　各个变量与前两个主成分的相关系数图

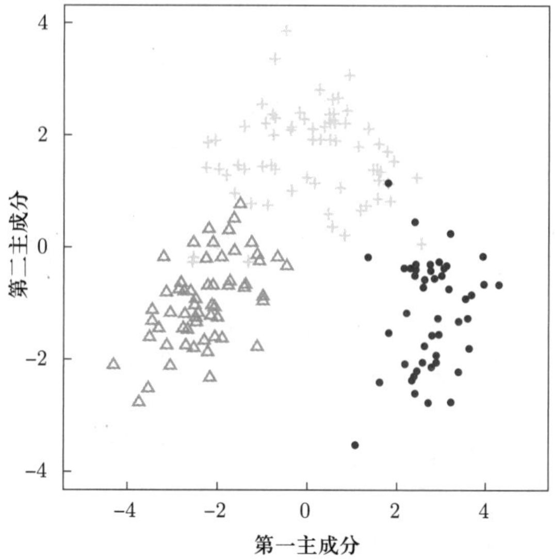

图 9.6　各样本的前两个主成分得分图

9.7 共同主成分

在很多实际应用中, 需要同时对多组数据进行统计分析. 本节将阐述如何去分析具有共同主成分的多组数据. 从统计学的角度, 同时分析不同组别的主成分会达到同时降低维度的效果. 这种多组的主成分分析, 被称为共同主成分分析 (common principal components analysis; CPCA), 产生了组间的共同特征结构.

在传统主成分的假设之外, 共同主成分分析还假定不同组之间由特征向量张成的空间, 相同的各主成分的方差允许变化. 可以用更正式的形式表示共同主成分的假设, 即

$$H_{CPC}: \boldsymbol{\Sigma}_i = \boldsymbol{\Gamma}\boldsymbol{\Lambda}_i\boldsymbol{\Gamma}^{\mathrm{T}}, \quad i = 1, 2, \cdots, k,$$

其中 $\boldsymbol{\Sigma}_i, i = 1, 2, \cdots, k$ 是 $p \times p$ 正定矩阵, $\boldsymbol{\Gamma} = (\boldsymbol{\gamma}_1, \boldsymbol{\gamma}_2, \cdots, \boldsymbol{\gamma}_p)$ 是 $p \times p$ 正交转换矩阵,$\boldsymbol{\Lambda}_i = \mathrm{diag}(\lambda_{i1}, \lambda_{i2}, \cdots, \lambda_{ip})$ 是特征值矩阵, 进一步假设所有的 λ_i 是互异的.

令 $\boldsymbol{S}$ 为来自正态分布 $N_p(\boldsymbol{\mu}, \boldsymbol{\Sigma})$ 的 n 个样本的样本协方差矩阵, 则可以得知 $n\boldsymbol{S}$ 服从自由度为 $n-1$ 的威沙特分布, 即

$$n\boldsymbol{S} \sim W_p(\boldsymbol{\Sigma}, n-1).$$

因此, 对于一个给定样本量为 n_i 的协方差矩阵 $\boldsymbol{S}_i$ 有似然函数

$$L(\boldsymbol{\Sigma}_1,\boldsymbol{\Sigma}_2,\cdots,\boldsymbol{\Sigma}_k)=C\prod_{i=1}^{k}\exp\left\{\mathbf{tr}\left(-\frac{1}{2}(n_i-1)\boldsymbol{\Sigma}_i^{-1}\boldsymbol{\mathcal{S}}_i\right)\right\}(\det(\boldsymbol{\Sigma}_i))^{-\frac{1}{2}(n_i-1)}.$$

其中, C 为与 $\boldsymbol{\Sigma}_i$ 有关的常数. 要最大化似然函数, 等价于最小化下式:

$$g(\boldsymbol{\Sigma}_1,\boldsymbol{\Sigma}_2,\cdots,\boldsymbol{\Sigma}_k)=\sum_{i=1}^{k}(n_i-1)[\ln(\det(\boldsymbol{\Sigma}_i))+\mathbf{tr}(\boldsymbol{\Sigma}_i^{-1}\boldsymbol{\mathcal{S}}_i)].$$

假设 H_{CPC} 成立, 即可以用 $\boldsymbol{\Gamma}\boldsymbol{\Lambda}_i\boldsymbol{\Gamma}^{\mathrm{T}}$ 替换 $\boldsymbol{\Sigma}_i$, 经过一些变换可以得到

$$g(\boldsymbol{\Gamma},\boldsymbol{\Lambda}_1,\boldsymbol{\Lambda}_2,\cdots,\boldsymbol{\Lambda}_k)=\sum_{i=1}^{k}(n_i-1)\sum_{j=1}\left(\ln\lambda_{ij}+\frac{\boldsymbol{\gamma}_j^{\mathrm{T}}\boldsymbol{\mathcal{S}}_i\boldsymbol{\gamma}_j}{\lambda_{ij}}\right).$$

由 $\boldsymbol{\Gamma}$ 的列向量 $\boldsymbol{\gamma}_j$ 的正交性. 在最小化上式时, 首先要加入 p 个限制条件 $\boldsymbol{\gamma}_j^{\mathrm{T}}\boldsymbol{\gamma}_j=1$, 对应施加拉格朗日乘子 μ_j, 还要加入 $p(p-1)/2$ 个限制条件 $\boldsymbol{\gamma}_h^{\mathrm{T}}\boldsymbol{\gamma}_j=0$, $h\neq j$, 对应施加拉格朗日乘子 μ_{hj}, 则目标函数变为

$$g^*(\boldsymbol{\Gamma},\boldsymbol{\Lambda}_1,\boldsymbol{\Lambda}_2,\cdots,\boldsymbol{\Lambda}_k)=g(\cdot)-\sum_{j=1}^{p}\mu_j(\boldsymbol{\gamma}_j^{\mathrm{T}}\boldsymbol{\gamma}_j-1)-2\sum_{h=1}^{p}\sum_{j=h+1}^{p}\mu_{hj}\boldsymbol{\gamma}_h^{\mathrm{T}}\boldsymbol{\gamma}_j.$$

目标函数对所有 λ_{im} 及 $\boldsymbol{\gamma}_m$ 求偏导, 可以发现共同主成分模型的解满足

$$\boldsymbol{\gamma}_m^{\mathrm{T}}\left[\sum_{i=1}^{k}(n_i-1)\frac{\lambda_{im}-\lambda_{ij}}{\lambda_{im}\lambda_{ij}}\boldsymbol{\mathcal{S}}_i\right]\boldsymbol{\gamma}_j=0,\ m,\quad j=1,2,\cdots,p,\ m\neq j.$$

则该方程系统的解等价于

$$\lambda_m=\boldsymbol{\gamma}_m^{\mathrm{T}}\boldsymbol{\mathcal{S}}\boldsymbol{\gamma}_m,\quad i=1,2,\cdots,k,\quad j=1,2,\cdots,p,$$

对应约束为

$$\boldsymbol{\gamma}_m^{\mathrm{T}}\boldsymbol{\gamma}_j=\begin{cases}0, & m\neq j,\\ 1, & m=j.\end{cases}$$

Flury 1988 年的文章证明了似然函数最大值的存在性与唯一性, 而 Flury 和 Gautschi 1986 年的文章提供了求解的数值算法.

主成分分析的
R 代码实现

习　题　9

习题 9.1　证明定理 9.3.

习题 9.2　若随机向量 $\boldsymbol{X}=(x_1,x_2,\cdots,x_p)^{\mathrm{T}}$ 的协方差矩阵是 $\boldsymbol{\Sigma}$ ($\boldsymbol{\Sigma}$ 是正定矩阵), 随机向量 $\boldsymbol{Y}=(y_1,y_2,\cdots,y_p)^{\mathrm{T}}$ 的协方差矩阵是 $\boldsymbol{\Sigma}+\boldsymbol{\sigma}^2\boldsymbol{I}$, 其中 $\sigma^2>0$ 为常数, $\boldsymbol{I}$ 为单位矩阵, 证明: $\boldsymbol{\mathcal{L}}'\boldsymbol{X}$ 是 $\boldsymbol{X}$ 主成分的充要条件是 $\boldsymbol{\mathcal{L}}^{\mathrm{T}}\boldsymbol{Y}$ 是 $\boldsymbol{Y}$ 的主成分, 其中 $\boldsymbol{\mathcal{L}}$ 为正交矩阵.

习题 9.3　证明定理 9.1. (提示: 用式 (9.13))

习题 9.4　对 $\boldsymbol{\Sigma}=\begin{pmatrix}1 & \rho\\ \rho & 1\end{pmatrix}$ 做主成分分析, 这里 $\rho>0$. 现在改变 X_1 的单位, 即考虑 cX_1 和 X_2 的协方差. 图形表示中主成分的方向是如何发生变化的?

习题 9.5　令 U_1 和 U_2 为在 $[0,1]$ 上的两个独立均匀分布的随机变量. 假设 $\boldsymbol{X}=(X_1, X_2, X_3, X_4)^{\mathrm{T}}$, 这里 $X_1=U_1$, $X_2=U_2$, $X_3=U_1+U_3$ 且 $X_4=U_1-U_2$. 计算 $\boldsymbol{X}$ 的相关系数矩阵 $\boldsymbol{\mathcal{P}}$ 有多少个主成分是有意义的? 证明 $\boldsymbol{\gamma_1}=(1/\sqrt{2},1/\sqrt{2},1,0)^{\mathrm{T}}$ 和 $\boldsymbol{\gamma_2}=(1/\sqrt{2},-1/\sqrt{2},0,1)^{\mathrm{T}}$ 为矩阵 $\boldsymbol{\mathcal{P}}$ 对应于 $\boldsymbol{\lambda}$ 的两个特征向量. 解释得到的前两个标准化主成分.

习题 9.6　令 U 为在 $[0,1]$ 上均匀分布的随机变量, $\boldsymbol{a}\in\mathbf{R}^3$ 为一个常数向量. 设 $\boldsymbol{X}=U\boldsymbol{a}^{\mathrm{T}}=(X_1,X_2,X_3)$, 求 $\boldsymbol{X}$ 的标准化主成分.

第 10 章 因子分析

10.1 正交因子模型

作为主成分分析的一种推广和发展，因子分析将具有错综复杂关系的变量综合为数量较少的几个因子，以显示原始变量与因子之间的相互关系，同时根据不同因子还可以对变量进行分类. 理论上，较少的因子能够代表数据矩阵 $\boldsymbol{\mathcal{X}}$ 的所有信息，这些因子被称为无法观测的公共因子，并用来描述随机向量 $\boldsymbol{X} \in \mathbf{R}^p$ 的共同特征. 若 $\boldsymbol{x} = (x_1, x_2, \cdots, x_p)^{\mathrm{T}}$ 是 $\boldsymbol{X}$ 的观测值，则上述情形可以表示成

$$x_j = \sum_{l=1}^{k} q_{jl} f_l + \mu_j, \quad j = 1, 2, \cdots, p, \tag{10.1}$$

其中，$f_l, l = 1, 2, \cdots, k$ 表示因子，因子的数目 k 应小于原始变量数 p. 例如，心理学中 $\boldsymbol{X}$ 可以代表智力测验的 p 个特征，解释 $\boldsymbol{X} \in \mathbf{R}^p$ 的公共因子可以是智力得分的一般水平. 在市场研究中，$\boldsymbol{X}$ 可能由顾客满意度调查的 p 个维度组成. 这 p 个度量可以通过公共因子来解释，如产品的吸引人程度、品牌形象等. 要想通过主成分的方法构建一个如 (10.1) 所示的表达式，当且仅当协方差矩阵的最后 $p-k$ 个特征值为 0.

设有一个 p 维的随机向量 $\boldsymbol{X}$，均值为 $\boldsymbol{\mu}$，协方差矩阵为 $\mathrm{Var}(\boldsymbol{X}) = \boldsymbol{\Sigma}$，类似 (10.1) 的模型可以用矩阵形式表示为

$$\boldsymbol{X} = \boldsymbol{Q}\boldsymbol{F} + \boldsymbol{\mu}, \tag{10.2}$$

其中，$\boldsymbol{F}$ 表示 k 个因子的 k 维向量. 当使用模型 (10.2) 时，通常假定因子 $\boldsymbol{F}$ 是中心化的、不相关的、标准化的，即有 $E(\boldsymbol{F}) = \boldsymbol{0}, \mathrm{Var}(\boldsymbol{F}) = \boldsymbol{I}_k$. 下面就来介绍如果满足协方差矩阵 $\boldsymbol{\Sigma}$ 的最后 $p-k$ 个特征值为 0 的条件，如何将 $\boldsymbol{X}$ 表示成因子模型 (10.2).

协方差矩阵 $\boldsymbol{\Sigma}$ 的谱分解为 $\boldsymbol{\Gamma}\boldsymbol{\Lambda}\boldsymbol{\Gamma}^{\mathrm{T}}$，设只有前 k 个特征值是正的，有 $\lambda_{k+1} = \lambda_{k+2} = \cdots = \lambda_p = 0$，则协方差矩阵可以写成 $\boldsymbol{\Sigma} = \sum_{l=1}^{k} \lambda_l \gamma_l \gamma_l^{\mathrm{T}} = (\boldsymbol{\Gamma}_1, \boldsymbol{\Gamma}_2) \begin{pmatrix} \boldsymbol{\Lambda}_1 & \boldsymbol{0} \\ \boldsymbol{0} & \boldsymbol{0} \end{pmatrix} (\boldsymbol{\Gamma}_1, \boldsymbol{\Gamma}_2)^{\mathrm{T}}$. 由主成分分析，$\boldsymbol{Y} = \boldsymbol{\Gamma}^{\mathrm{T}}(\boldsymbol{X} - \boldsymbol{\mu})$，即 $\boldsymbol{X} - \boldsymbol{\mu} = \boldsymbol{\Gamma}\boldsymbol{Y} = \boldsymbol{\Gamma}_1\boldsymbol{Y}_1 + \boldsymbol{\Gamma}_2\boldsymbol{Y}_2$，其中，主成分 $\boldsymbol{Y}$ 对应的分解为 $\boldsymbol{Y} = (\boldsymbol{Y}_1, \boldsymbol{Y}_2)^{\mathrm{T}} = (\boldsymbol{\Gamma}_1, \boldsymbol{\Gamma}_2)^{\mathrm{T}}(\boldsymbol{X} - \boldsymbol{\mu})$, $(\boldsymbol{\Gamma}_1, \boldsymbol{\Gamma}_2)^{\mathrm{T}}(\boldsymbol{X} - \boldsymbol{\mu}) \sim \left(\boldsymbol{0}, \begin{pmatrix} \boldsymbol{\Lambda}_1 & \boldsymbol{0} \\ \boldsymbol{0} & \boldsymbol{0} \end{pmatrix}\right)$.

即 $\boldsymbol{Y}_2$ 服从均值和方差均为零的奇异分布. 因此，$\boldsymbol{X} - \boldsymbol{\mu} = \boldsymbol{\Gamma}_1\boldsymbol{Y}_1 + \boldsymbol{\Gamma}_2\boldsymbol{Y}_2$ 即表示 $\boldsymbol{X} - \boldsymbol{\mu}$ 等于 $\boldsymbol{\Gamma}_1\boldsymbol{Y}_1$，可以写成

$$X = \Gamma_1 \Lambda_1^{1/2} \Lambda_1^{-1/2} Y_1 + \mu.$$

记 $\boldsymbol{Q} = \boldsymbol{\Gamma}_1 \boldsymbol{\Lambda}_1^{1/2}, \boldsymbol{F} = \boldsymbol{\Lambda}_1^{-1/2} \boldsymbol{Y}_1$, 即可得到因子模型 (10.2). 模型 (10.2) 的协方差矩阵可以写成

$$\boldsymbol{\Sigma} = E(\boldsymbol{X} - \boldsymbol{\mu})(\boldsymbol{X} - \boldsymbol{\mu})^{\mathrm{T}} = \boldsymbol{Q} E(\boldsymbol{F}\boldsymbol{F}^{\mathrm{T}}) \boldsymbol{Q}^{\mathrm{T}} = \boldsymbol{Q}\boldsymbol{Q}^{\mathrm{T}} = \sum_{j=1}^{k} \lambda_j \boldsymbol{\gamma}_j \boldsymbol{\gamma}_j^{\mathrm{T}}. \tag{10.3}$$

这表明变量 $\boldsymbol{X}$ 可以表示成 $k(k < p)$ 个不相关的因子的加权和. 但是, 以上的推理是理想化的情形. 实际中, 协方差矩阵很少是不可逆的.

因子分析习惯性的做法是把因子的影响分解成公共因子和特殊因子. 例如, 反映 $\boldsymbol{X}$ 的一般特征的因子为公共因子, 仅反映 $\boldsymbol{X}$ 的个别特征的因子为特殊因子. 因此, 将模型 (10.2) 一般化, 即有惯用的因子分析模型

$$\boldsymbol{X} = \boldsymbol{Q}\boldsymbol{F} + \boldsymbol{U} + \boldsymbol{\mu}, \tag{10.4}$$

其中, $\boldsymbol{Q}$ 是一个 $p \times k$ 矩阵, 称为因子载荷矩阵, $\boldsymbol{U}$ 是一个 $p \times 1$ 矩阵, 称为特殊因子. 一般假设

$$\begin{aligned} E(\boldsymbol{F}) &= \boldsymbol{0}, \\ \mathrm{Var}(\boldsymbol{F}) &= \boldsymbol{I}_k, \\ E(\boldsymbol{U}) &= \boldsymbol{0}, \\ \mathrm{Cov}(U_i, U_j) &= 0, \quad i \neq j, \\ \mathrm{Cov}(\boldsymbol{F}, \boldsymbol{U}) &= \boldsymbol{0}. \end{aligned} \tag{10.5}$$

定义特殊因子方差矩阵

$$\mathrm{Var}(\boldsymbol{U}) = \boldsymbol{\Psi} = \mathrm{diag}(\psi_{11}, \psi_{22}, \cdots, \psi_{pp}),$$

由一般的因子模型 (10.4) 和假设公式 (10.5), 有正交因子模型

$$\underset{(p\times 1)}{\boldsymbol{X}} = \underset{(p\times k)}{\boldsymbol{Q}} \underset{(k\times 1)}{\boldsymbol{F}} + \underset{(p\times 1)}{\boldsymbol{U}} + \underset{(p\times 1)}{\boldsymbol{\mu}}.$$

对于 $\boldsymbol{X} = (X_1, X_2, \cdots, X_p)^{\mathrm{T}}$, 由式 (10.4), 有

$$X_j = \sum_{l=1}^{k} q_{jl} F_l + U_j + \mu_j, \quad j = 1, 2, \cdots, p, \tag{10.6}$$

其中, μ_j 表示第 j 个变量的均值, U_j 表示第 j 个特殊因子, F_l 表示第 l 个公共因子, q_{jl} 表示第 j 个变量在第 l 个因子上的载荷, 随机变量 $\boldsymbol{F}$ 和 $\boldsymbol{U}$ 是不可观测且不相关的随机向量.

结合公式 (10.5), 可得 $\boldsymbol{\Sigma}_{X_j X_j} = \mathrm{Var}(X_j) = \sum_{l=1}^{k} q_{jl}^2 + \psi_{jj}$. 记 $h_j^2 = \sum_{l=1}^{k} q_{jl}^2$, 称其为公因子方差 (或称共同度). ψ_{jj} 表示特殊因子方差. 因此, $\boldsymbol{X}$ 的协方差矩阵可以写成

$$\begin{aligned}\boldsymbol{\Sigma} &= E[(\boldsymbol{X}-\boldsymbol{\mu})(\boldsymbol{X}-\boldsymbol{\mu})^{\mathrm{T}}] \\ &= E[(\boldsymbol{\mathcal{Q}}\boldsymbol{F}+\boldsymbol{U})(\boldsymbol{\mathcal{Q}}\boldsymbol{F}+\boldsymbol{U})^{\mathrm{T}}] \\ &= \boldsymbol{\mathcal{Q}}E(\boldsymbol{F}\boldsymbol{F}^{\mathrm{T}})\boldsymbol{\mathcal{Q}}^{\mathrm{T}}+E(\boldsymbol{U}\boldsymbol{U}^{\mathrm{T}}) \\ &= \boldsymbol{\mathcal{Q}}\,\mathrm{Var}(\boldsymbol{F})\boldsymbol{\mathcal{Q}}^{\mathrm{T}}+\mathrm{Var}(\boldsymbol{U}) \\ &= \boldsymbol{\mathcal{Q}}\boldsymbol{\mathcal{Q}}^{\mathrm{T}}+\boldsymbol{\Psi}.\end{aligned} \tag{10.7}$$

总之, 因子分析的基本思想是利用降维的思想, 研究原始变量相关系数矩阵内部的依赖关系, 将多个变量综合为少数几个因子, 再现原始变量与因子之间的相关关系. 将原始变量分组, 每组代表一个基本结构, 用一个不可观测综合变量表示, 称为公共因子 $\boldsymbol{F}$. 原始变量分解为两部分之和, 一部分为公共因子的线性组合, 另一部分为与公共因子无关的特殊因子 $\boldsymbol{U}$.

从前面因子模型的引出, 可见因子分析和主成分分析存在着密切联系, 因子分析是主成分分析的推广, 都利用了降维的思想将原始变量转化为少数几个互不相关的综合变量, 使问题得以简化. 但本质上两者是有显著区别的, 主成分分析是将主成分表示成原始变量的线性组合, 而因子分析是将原始变量表示成公共因子与特殊因子线性组合, 且公共因子不可观测; 主成分分析中主成分个数与变量个数相同 (实际中取前面若干个), 因子分析中公共因子个数少于变量个数. 因子分析的目的是找到因子载荷矩阵 $\boldsymbol{\mathcal{Q}}$ 和特殊因子方差矩阵 $\boldsymbol{\Psi}$, 两者的估计计算由式 (10.7) 的协方差矩阵结构推得.

10.1.1 因子的解释

设有 k 个公共因子的因子模型是合理的, 即这 k 个不可观测的潜在因子能够解释随机变量 $\boldsymbol{X}$ 中 p 个变量的方差, 则该如何解释这些因子的含义? 为了解释 $F_l, l=1,2,\cdots,k$, 首先需要计算其与原始变量 X_j, $j=1,2,\cdots,p$ 之间的相关性, 得相关系数矩阵 $\boldsymbol{\mathcal{R}}_{\boldsymbol{XF}}$. 这一点和主成分分析中解释主成分的思想是一样的.

结合式 (10.5), 可得 $\boldsymbol{X}$ 和 $\boldsymbol{F}$ 之间的协方差矩阵为

$$\boldsymbol{\Sigma}_{\boldsymbol{XF}}=E((\boldsymbol{\mathcal{Q}}\boldsymbol{F}+\boldsymbol{U})\boldsymbol{F}^{\mathrm{T}})=\boldsymbol{\mathcal{Q}},$$

相关系数矩阵为

$$\boldsymbol{\mathcal{R}}_{\boldsymbol{XF}}=\boldsymbol{D}^{-1/2}\boldsymbol{\mathcal{Q}}, \tag{10.8}$$

其中, $\boldsymbol{D}=\mathrm{diag}(\sigma_{X_1X_1},\sigma_{X_2X_2},\cdots,\sigma_{X_PX_P})$. 从而, 由相关系数图可以看出哪些原始变量 X_1, $X_2,\cdots,X_p$ 在不可观测的公共因子 $F_1,F_2,\cdots,F_k$ 中起着重要作用.

对于前文提到的心理学实例, 变量 $X_1,X_2,\cdots,X_p$ 是 p 次不同的智力测验的得分. 如果构建一个仅有一个因子的模型, 该因子和 $\boldsymbol{X}$ 中的所有成分都正相关, 这个因子代表的是每个人总体的智力水平. 如果构造含两个因子的模型, 那么两个因子能够更好地解释这 p 次得分的方差. 譬如, 第一个因子可以和前面一样, 代表个人总体的智力水平, 而第二个因子只和某些表示抽象思考能力的相关测验得分变量正相关, 只和某些表示实践能力的相关测验得分变量负相关, 即

第二个因子强调的是个人理论基础和实践能力的差别. 如果模型是正确的, 那么这两个公共因子能够概括 p 次得分 $X_1, X_2, \cdots, X_p$ 的绝大部分信息.

10.1.2　标度不变性

如果把 $\boldsymbol{X}$ 的标度变成 $\boldsymbol{Y} = \boldsymbol{\mathcal{C}}\boldsymbol{X}$ 会有什么变化, 其中 $\boldsymbol{\mathcal{C}} = \mathrm{diag}(c_1, c_2, \cdots, c_p)$? 如果对于满足 $\boldsymbol{\mathcal{Q}} = \boldsymbol{\mathcal{Q}}_{\boldsymbol{X}}, \boldsymbol{\Psi} = \boldsymbol{\Psi}_{\boldsymbol{X}}$ 的 $\boldsymbol{X}$, 式 (10.6) 所示的 k 因子模型是正确的, 因为

$$\mathrm{Var}(\boldsymbol{Y}) = \boldsymbol{\mathcal{C}}\boldsymbol{\Sigma}\boldsymbol{\mathcal{C}}^{\mathrm{T}} = \boldsymbol{\mathcal{C}}\boldsymbol{\mathcal{Q}}_{\boldsymbol{X}}\boldsymbol{\mathcal{Q}}_{\boldsymbol{X}}^{\mathrm{T}}\boldsymbol{\mathcal{C}}^{\mathrm{T}} + \boldsymbol{\mathcal{C}}\boldsymbol{\Psi}_{\boldsymbol{X}}\boldsymbol{\mathcal{C}}^{\mathrm{T}},$$

所以, 对于满足 $\boldsymbol{\mathcal{Q}}_{\boldsymbol{Y}} = \boldsymbol{\mathcal{C}}\boldsymbol{\mathcal{Q}}_{\boldsymbol{X}}, \boldsymbol{\Psi}_{\boldsymbol{Y}} = \boldsymbol{\mathcal{C}}\boldsymbol{\Psi}_{\boldsymbol{X}}\boldsymbol{\mathcal{C}}^{\mathrm{T}}$ 的 $\boldsymbol{Y}$, k 因子模型同样是正确的. 在许多实际应用中, 因子载荷矩阵 $\boldsymbol{\mathcal{Q}}$ 和特殊因子方差矩阵 $\boldsymbol{\Psi}$ 的估计通常由 $\boldsymbol{X}$ 的相关系数矩阵分解算得, 而不是经由协方差矩阵 $\boldsymbol{\Sigma}$ 获得. 这就对应于对 $\boldsymbol{X}$ 的线性变换 $\boldsymbol{Y} = \boldsymbol{D}^{-1/2}(\boldsymbol{X} - \boldsymbol{\mu})$ 做因子分析. 要估算因子载荷矩阵 $\boldsymbol{\mathcal{Q}}_{\boldsymbol{Y}}$ 和特殊因子方差矩阵 $\boldsymbol{\Psi}$, 有

$$\mathrm{Var}(\boldsymbol{Y}) = \boldsymbol{\mathcal{R}} = \boldsymbol{\mathcal{Q}}_{\boldsymbol{Y}}\ \boldsymbol{\mathcal{Q}}_{Y}^{\mathrm{T}} + \boldsymbol{\Psi}_{\boldsymbol{Y}}. \tag{10.9}$$

若给定相关系数矩阵

$$\boldsymbol{\mathcal{R}}_{\boldsymbol{XF}} = \boldsymbol{\mathcal{R}}_{\boldsymbol{YF}} = \boldsymbol{D}^{-1/2}\boldsymbol{\mathcal{Q}}_{\boldsymbol{Y}}, \tag{10.10}$$

则因子 $\boldsymbol{F}$ 的解释如 (10.8).

因为因子的标度不变性, 所以可得模型的因子载荷矩阵和特殊因子方差矩阵为

$$\boldsymbol{\mathcal{Q}}_{\boldsymbol{X}} = \boldsymbol{D}^{1/2}\boldsymbol{\mathcal{Q}}_{\boldsymbol{Y}}$$

$$\boldsymbol{\Psi}_{\boldsymbol{X}} = \boldsymbol{D}^{1/2}\boldsymbol{\Psi}_{\boldsymbol{Y}}\boldsymbol{D}^{1/2}.$$

值得注意的是, 虽然因子模型 (10.4) 具有标度不变性, 但是因子的估计是标度相关的. 后续在介绍因子分析的主成分估算方法时将对其做深入讨论.

10.1.3　因子载荷矩阵的非唯一性

因子载荷矩阵不唯一. 设 $\boldsymbol{\mathcal{G}}$ 是正交矩阵, 则公式 (10.4) 可以写成

$$\boldsymbol{X} = (\boldsymbol{\mathcal{Q}}\boldsymbol{\mathcal{G}})(\boldsymbol{\mathcal{G}}^{\mathrm{T}}\boldsymbol{F}) + \boldsymbol{U} + \boldsymbol{\mu}.$$

即若因子为 $\boldsymbol{F}$、因子载荷矩阵为 $\boldsymbol{\mathcal{Q}}$ 的 k 因子模型是正确的, 则因子为 $\boldsymbol{\mathcal{G}}^{\mathrm{T}}\boldsymbol{F}$、因子载荷矩阵为 $\boldsymbol{\mathcal{Q}}\boldsymbol{\mathcal{G}}$ 的 k 因子模型也正确. 实际应用中, 经常利用这一非唯一性. 结合本章 2.6 节内容可知, 向量 $\boldsymbol{F}$ 左乘正交矩阵即是对坐标轴进行旋转. 所以, 恰当的旋转产生的因子载荷矩阵 $\boldsymbol{\mathcal{Q}}\boldsymbol{\mathcal{G}}$ 会更容易解释且更符合实际意义. 因子载荷矩阵反映的是因子 $\boldsymbol{F}$ 和原始变量 $\boldsymbol{X}$ 间的相关关系, 故使与变量的相关性最大的因子旋转具有重要意义.

但从数值运算来看, 因子载荷矩阵的非唯一性是个缺点. 要估算因子载荷矩阵 $\boldsymbol{\mathcal{Q}}$ 和特殊因子方差矩阵 $\boldsymbol{\Psi}$, 满足矩阵分解 $\boldsymbol{\Sigma} = \boldsymbol{\mathcal{Q}}\boldsymbol{\mathcal{Q}}^{\mathrm{T}} + \boldsymbol{\Psi}$, 但是没有直接的数值算法解决这一问题. 一个可行的办法就是施加一些限制性条件使矩阵分解得到唯一的解. 然后, 如上面所述, 再进行因子

旋转, 使得到的因子更容易解释.

问题是施加什么样的条件能避免出现因子载荷矩阵不唯一的情形? 通常令

$$\boldsymbol{Q}^{\mathrm{T}}\boldsymbol{\Psi}^{-1}\boldsymbol{Q} \tag{10.11}$$

是对角矩阵, 或者

$$\boldsymbol{Q}^{\mathrm{T}}\boldsymbol{D}^{-1}\boldsymbol{Q} \tag{10.12}$$

是对角矩阵. 如果没有限制条件, 模型 $\boldsymbol{\Sigma}=\boldsymbol{Q}\boldsymbol{Q}^{\mathrm{T}}+\boldsymbol{\Psi}$ 要求解多少个参数呢? $\boldsymbol{Q}(p\times k)$ 有 $p\times k$ 个参数, $\boldsymbol{\Psi}(p\times p)$ 有 p 个参数, 因此要估算这 $pk+p$ 个参数. 条件 (10.11) 和 (10.12) 分别列出了 $\dfrac{1}{2}[k(k-1)]$ 个限制条件, 因为要求矩阵是对角矩阵, 因此 k 因子模型的自由度为 d, 是不加限制的协方差矩阵的参数个数减去加了限制的协方差矩阵的参数个数, 即

$$\begin{aligned} d &= \frac{1}{2}p(p+1)-\left[pk+p-\frac{1}{2}k(k-1)\right] \\ &= \frac{1}{2}(p-k)^2-\frac{1}{2}(p+k). \end{aligned}$$

如果 $d<0$, 因为模型 $\boldsymbol{\Sigma}=\boldsymbol{Q}\boldsymbol{Q}^{\mathrm{T}}+\boldsymbol{\Psi}$ 有无穷多解, 那么模型是未定的. $d<0$ 说明, 因子模型的参数个数比原始模型的参数个数多, 或者说, 因子个数 k 显著大于原始变量个数 p. 如果 $d=0$, 那么模型 $\boldsymbol{\Sigma}=\boldsymbol{Q}\boldsymbol{Q}^{\mathrm{T}}+\boldsymbol{\Psi}$ 有唯一解. 一般情况下, 有 $d>0$, 方程的个数比参数个数多, 所以不存在精确解, 一般用近似解. 例如, 用 $\boldsymbol{Q}\boldsymbol{Q}^{\mathrm{T}}+\boldsymbol{\Psi}$ 近似 $\boldsymbol{\Sigma}$. 很显然, 第三种情形能够引起研究兴趣, 因为因子模型的参数个数比原始模型的参数个数少, 起到了降维的作用. 因子模型的估计方法将在下一小节具体介绍.

自由度 d 的计算非常重要, 因为它给出了识别一个因子模型的因子数的上界. 例如, 当 $p=4$ 时, 无法识别含两个因子的因子模型, 因为自由度 $d=-1<0$ 将导致有无穷多解. 当 $p=4$ 时, 只有一个因子的因子模型有近似解, 因为此时 $d=2>0$. 当 $p=6$, 有一个因子或两个因子的因子模型都有近似解; 有三个因子的因子模型有唯一解, 因为 $d=0$; 而含有四个因子或更多因子的模型是不可取的, 因为因子分析的目的是找到合适的较少因子的因子模型, 此时因子数小于原始变量数量 p.

例题 10.1 设 $p=3$, $k=1$, 则 $d=0$ 且

$$\boldsymbol{\Sigma}=\begin{pmatrix}\sigma_{11} & \sigma_{12} & \sigma_{13}\\ \sigma_{21} & \sigma_{22} & \sigma_{23}\\ \sigma_{31} & \sigma_{32} & \sigma_{33}\end{pmatrix}=\begin{pmatrix}q_1^2+\psi_{11} & q_1q_2 & q_1q_3\\ q_1q_2 & q_2^2+\psi_{22} & q_2q_3\\ q_1q_3 & q_2q_3 & q_3^2+\psi_{33}\end{pmatrix},$$

$\boldsymbol{Q}=(q_1,q_2,q_3)^{\mathrm{T}}$ 以及 $\boldsymbol{\Psi}=\mathrm{diag}(\psi_{11},\psi_{22},\psi_{33})$. 当 $k=1$ 时, 满足约束条件 (10.8). 从而有

$$q_1^2=\frac{\sigma_{12}\sigma_{13}}{\sigma_{23}};\quad q_2^2=\frac{\sigma_{12}\sigma_{23}}{\sigma_{13}};\quad q_3^2=\frac{\sigma_{13}\sigma_{23}}{\sigma_{12}}$$

且

$$\psi_{11}=\sigma_{11}-q_1^2;\quad \psi_{22}=\sigma_{22}-q_2^2;\quad \psi_{33}=\sigma_{33}-q_3^2.$$

此时, 唯一的旋转对应的 $\mathcal{G}=-1$, 所以因子载荷矩阵的另一个解是 $-\boldsymbol{Q}$.

10.2 因子模型的估计问题

实际中需要得到因子载荷矩阵 $\mathcal{Q}$ 和特殊因子方差矩阵 $\boldsymbol{\Psi}$ 的估计值 $\hat{\mathcal{Q}}$ 和 $\hat{\boldsymbol{\Psi}}$. 那么 (10.7) 式可转化为

$$\mathcal{S}=\hat{\mathcal{Q}}\hat{\mathcal{Q}}^{\mathrm{T}}+\hat{\boldsymbol{\Psi}},$$

其中 $\mathcal{S}$ 代表 $\mathcal{X}$ 的经验协方差矩阵.

根据 $\mathcal{Q}$ 的估计 $\hat{\mathcal{Q}}$, 很自然地可以得到

$$\hat{\Psi}_{jj}=s_{X_jX_j}-\sum_{l=1}^{k}\hat{q}_{jl}^2,$$

称 $\hat{h}_j^2=\sum\limits_{l=1}^{k}\hat{q}_{jl}^2$ 是共同度 h_j^2 的估计值.

理想状况下, 即 $d=0$ 时存在精确解. 然而实际中 d 通常大于 0, 这样就必须得到 $\hat{\mathcal{Q}}$ 和 $\hat{\boldsymbol{\Psi}}$, 从而用 $\hat{\mathcal{Q}}\hat{\mathcal{Q}}^{\mathrm{T}}+\hat{\boldsymbol{\Psi}}$ 来估计 $\mathcal{S}$. 在标准模型的假设下, 很容易计算因子载荷矩阵和特殊因子方差矩阵.

定义 $\mathcal{Y}=\mathcal{H}\mathcal{X}\mathcal{D}^{-1/2}$ 为数据矩阵 $\mathcal{X}$ 的标准化形式, 其中 $\mathcal{D}=\mathbf{diag}(s_{X_1X_1},s_{X_2X_2},\cdots,s_{X_pX_p})$, $\mathcal{H}=\boldsymbol{I}-n^{-1}\mathbf{1}_n\mathbf{1}_n^{\mathrm{T}}$. 那么关于 $\mathcal{Y}$ 的因子载荷矩阵的估计值 $\hat{\mathcal{Q}}_{\boldsymbol{Y}}$ 和特殊因子方差矩阵的估计值 $\hat{\boldsymbol{\Psi}}_{\boldsymbol{Y}}$ 分别为

$$\hat{\mathcal{Q}}_{\boldsymbol{Y}}=\mathcal{D}^{-1/2}\hat{\mathcal{Q}}_{\boldsymbol{X}},\quad \hat{\boldsymbol{\Psi}}_{\boldsymbol{Y}}=\mathcal{D}^{-1}\hat{\boldsymbol{\Psi}}_{\boldsymbol{X}}.$$

关于 $\mathcal{X}$ 的相关系数矩阵 $\mathcal{R}$ 为

$$\mathcal{R}=\hat{\mathcal{Q}}_{\boldsymbol{Y}}\hat{\mathcal{Q}}_{\boldsymbol{Y}}^{\mathrm{T}}+\hat{\boldsymbol{\Psi}}_{\boldsymbol{Y}}.$$

对于因子的解释主要侧重于对于因子载荷矩阵 $\hat{\mathcal{Q}}_{\boldsymbol{Y}}$ 的分析.

10.2.1 极大似然法

对于来自于 $\boldsymbol{X}\sim N_p(\boldsymbol{\mu},\boldsymbol{\Sigma})$ 的样本观测矩阵 $\mathcal{X}$ 的对数似然函数 l 为

$$\begin{aligned}l(\mathcal{X};\boldsymbol{\mu},\boldsymbol{\Sigma})&=-\frac{n}{2}\ln\det(2\pi\boldsymbol{\Sigma})-\frac{1}{2}\sum_{i=1}^{n}(\boldsymbol{x}_i-\boldsymbol{\mu})^{\mathrm{T}}\boldsymbol{\Sigma}^{-1}(\boldsymbol{x}_i-\boldsymbol{\mu})\\&=-\frac{n}{2}\ln\det(2\pi\boldsymbol{\Sigma})-\frac{n}{2}\mathrm{tr}(\boldsymbol{\Sigma}^{-1}\mathcal{S})-\frac{n}{2}(\bar{\boldsymbol{x}}-\boldsymbol{\mu})^{\mathrm{T}}\boldsymbol{\Sigma}^{-1}(\bar{\boldsymbol{x}}-\boldsymbol{\mu}).\end{aligned}$$

通过用 $\hat{\boldsymbol{\mu}}=\bar{\boldsymbol{x}}$ 替换 $\boldsymbol{\mu}$, 并将 $\boldsymbol{\Sigma}=\mathcal{Q}\mathcal{Q}^{\mathbf{T}}+\boldsymbol{\Psi}$ 代入上式得

$$l(\boldsymbol{\mathcal{X}};\hat{\boldsymbol{\mu}},\boldsymbol{\mathcal{Q}},\boldsymbol{\varPsi})=\frac{n}{2}\left[\ln\det(2\pi(\boldsymbol{\mathcal{Q}}\boldsymbol{\mathcal{Q}}^{\mathrm{T}}+\boldsymbol{\varPsi}))+\operatorname{tr}((\boldsymbol{\mathcal{Q}}\boldsymbol{\mathcal{Q}}^{\mathrm{T}}+\boldsymbol{\varPsi})^{-1}\boldsymbol{\mathcal{S}})\right],\tag{10.13}$$

即使在仅有一个因子 (k=1) 的情况下, 上式的计算也很复杂, 需要用到迭代的数值算法.

10.2.2 公共因子数目的似然比检验

通过比较原假设 (因子分析) 和备择假设 (对协方差矩阵毫无限制) 下的似然可以检验因子分析模型的实用性. 假定 $\hat{\boldsymbol{\mathcal{Q}}},\hat{\boldsymbol{\varPsi}}$ 是对应于 (10.13) 式的最大似然估计量, 可以得到下面的 LR 检验统计量:

$$-2\ln\left(\frac{H_0\text{下极大似然}}{\text{极大似然}}\right)=n\ln\left(\frac{\det(\hat{\boldsymbol{\mathcal{Q}}}\hat{\boldsymbol{\mathcal{Q}}}^{\mathrm{T}}+\hat{\boldsymbol{\varPsi}})}{\det(\boldsymbol{\mathcal{S}})}\right),\tag{10.14}$$

其渐近分布为 $\chi^2\left(\frac{1}{2}((p-k)^2-p-k)\right)$.

在 (10.14) 中, 如果用 $n-1-(2p+4k+5)/6$ 来替代 n, 可以更好地用 χ^2 来近似. 使用 Bareleet's 修正, 可以以 α 的显著性水平拒绝因子分析模型, 如果

$$[n-1-(2p+4k+5)/6]\ln\left(\frac{\det(\hat{\boldsymbol{\mathcal{Q}}}\hat{\boldsymbol{\mathcal{Q}}}^{\mathrm{T}}+\hat{\boldsymbol{\varPsi}})}{\det(\boldsymbol{\mathcal{S}})}\right)>\chi^2_{1-\alpha}(((p-k)^2-p-k)/2),\tag{10.15}$$

并且当观测值数目 n 很大时, 公共因子的数目 k 可以使 χ^2 的自由度为正.

10.2.3 主因子法

主因子法主要侧重于相关系数矩阵 $\boldsymbol{\mathcal{R}}$ 或者协方差矩阵 $\boldsymbol{\mathcal{S}}$ 的分解. 下面只讨论与相关系数矩阵 $\boldsymbol{\mathcal{R}}$ 有关的方法. $\boldsymbol{\mathcal{R}}$ 和 $\boldsymbol{\mathcal{S}}$ 不同的谱分解会导致不同的结果, 因此主因子法可能导致不同的估计结果. 此方法的主要思路如下: 假定已知确切的 $\boldsymbol{\varPsi}$, 那么根据限制条件 (10.12), 因为 $\boldsymbol{\mathcal{D}}=\boldsymbol{I}$, $\boldsymbol{\mathcal{Q}}$ 中的列是正交的, 并且它们是 $\boldsymbol{\mathcal{Q}}\boldsymbol{\mathcal{Q}}^{\mathrm{T}}=\boldsymbol{\mathcal{R}}-\boldsymbol{\varPsi}$ 的特征向量. 进一步假定前 k 个特征值是正的. 这种情况下, 可以通过对 $\boldsymbol{\mathcal{Q}}\boldsymbol{\mathcal{Q}}^{\mathrm{T}}$ 进行谱分解来计算 $\boldsymbol{\mathcal{Q}}$, k 即表示因子个数.

主因子法主要是基于一个好的初始值 $\tilde{h}_j^2$. 通常有以下两种方法选择初始值:

(1) $\tilde{h}_j^2$ 定义为 $X_j,X_l,l\neq j$ 的多元相关系数的平方, 即 $\rho^2(V,\boldsymbol{W}\hat{\boldsymbol{\beta}})$, 其中 $V=X_j,\boldsymbol{W}=(X_l)_{l\neq j}$, 并且 $\hat{\boldsymbol{\beta}}$ 是 V 关于 $\boldsymbol{W}$ 作回归得到的最小二乘回归系数;

(2) $\tilde{h}_j^2=\max\limits_{l\neq j}|r_{X_jX_l}|$, 其中 $\boldsymbol{\mathcal{R}}=(r_{X_jX_l})$ 是 $\boldsymbol{\mathcal{X}}$ 的相关系数矩阵.

根据 $\tilde{\varPsi}_{jj}=1-\tilde{h}_j^2$, 可以得到简化的相关系数矩阵 $\boldsymbol{\mathcal{R}}-\tilde{\boldsymbol{\varPsi}}$. 由谱分解定理可知

$$\boldsymbol{\mathcal{R}}-\tilde{\boldsymbol{\varPsi}}=\sum_{l=1}^{p}\lambda_l\boldsymbol{\gamma}_l\boldsymbol{\gamma}_l^{\mathrm{T}},$$

其特征值满足 $\lambda_1\geqslant\lambda_2\geqslant\cdots\geqslant\lambda_p$. 假定前 k 个特征值是正的, 并且相比于其他特征值比较大, 则可以令

$$\hat{\boldsymbol{q}}_l=\sqrt{\lambda_l}\boldsymbol{\gamma}_l,\quad l=1,2,\cdots,k,$$

或者

$$\hat{\mathcal{Q}} = \boldsymbol{\Gamma}_1 \boldsymbol{\Lambda}_1^{1/2},$$

其中 $\boldsymbol{\Gamma}_1 = (\boldsymbol{\gamma}_1, \boldsymbol{\gamma}_2, \cdots, \boldsymbol{\gamma}_k)$, $\boldsymbol{\Lambda}_1 = \operatorname{diag}(\lambda_1, \lambda_2, \cdots, \lambda_k)$. 下一步令

$$\hat{\Psi}_{jj} = 1 - \sum_{l=1}^{k} \hat{q}_{jl}^2, \quad j = 1, 2, \cdots, p.$$

对上面的过程进行循环. 根据得到的 $\hat{\Psi}_{jj}$ ，可以得到新的简化相关系数矩阵 $\mathcal{R} - \tilde{\boldsymbol{\Psi}}$, 当 $\hat{\Psi}_{jj}$ 逐渐趋向于一个较稳定的值时, 循环停止.

10.2.4 主成分法

主因子法主要是寻找 $\boldsymbol{\Psi}$ 的近似 $\tilde{\boldsymbol{\Psi}}$, 然后通过 $\tilde{\boldsymbol{\Psi}}$ 得到 $\boldsymbol{X}$ 的矫正相关系数矩阵 $\mathcal{R}$. 主成分法主要是首先对因子载荷矩阵 $\mathcal{Q}$ 求近似 $\hat{\mathcal{Q}}$. 样本协方差矩阵是可对角化的, 即 $\mathcal{S} = \boldsymbol{\Gamma}\boldsymbol{\Lambda}\boldsymbol{\Gamma}^{\mathrm{T}}$. 然后利用前 k 个特征值构造出

$$\hat{\boldsymbol{Q}} = (\sqrt{\lambda_1}\boldsymbol{\gamma}_1, \sqrt{\lambda_2}\boldsymbol{\gamma}_2, \cdots, \sqrt{\lambda_k}\boldsymbol{\gamma}_k). \tag{10.16}$$

通过 $\mathcal{S} - \hat{\mathcal{Q}}\hat{\mathcal{Q}}^{\mathrm{T}}$ 的对角元可以得到特殊因子方差矩阵的估计值

$$\hat{\boldsymbol{\Psi}} = \begin{pmatrix} \hat{\Psi}_{11} & \cdots & 0 \\ \vdots & & \vdots \\ 0 & \cdots & \hat{\Psi}_{pp} \end{pmatrix}, \quad \hat{\Psi}_{jj} = s_{X_j X_j} - \sum_{l=1}^{k} \hat{q}_{jl}^2, \tag{10.17}$$

根据定义可知, $\mathcal{S}$ 的对角元与 $\hat{\mathcal{Q}}\hat{\mathcal{Q}}^{\mathrm{T}} + \hat{\boldsymbol{\Psi}}$ 的对角元相等, 非对角元素无须进行估计. 近似结果的好坏如何判别呢？考虑下面根据主成分法得到的残差矩阵:

$$\mathcal{S} - (\hat{\mathcal{Q}}\hat{\mathcal{Q}}^{\mathrm{T}} + \hat{\boldsymbol{\Psi}}).$$

通过分析可知

$$\sum_{i,j} (\mathcal{S} - \hat{\mathcal{Q}}\hat{\mathcal{Q}}^{\mathrm{T}} - \hat{\boldsymbol{\Psi}})_{ij}^2 \leqslant \lambda_{k+1}^2 + \lambda_{k+2}^2 + \cdots + \lambda_p^2.$$

这就说明忽略一个较小的特征值, 相应地会导致一个较小的近似误差. 选择因子数目的一个启发性的想法是考虑整个样本的方差与第 j 个因子方差的比值. 数值上有下面两种表述:

(1) $\lambda_j / \sum\limits_{j=1}^{p} s_{ij}$, 对 $\mathcal{S}$ 的因子分析;

(2) λ_i / p , 对 $\mathcal{R}$ 的因子分析.

10.2.5 旋转

(10.11) 和 (10.12) 两个限制条件是为了数值计算方便 (使得只有唯一解), 然而也会使得解释起来比较复杂. 如果变量可以被分离成不相交的集, 那么关于因子载荷矩阵的解释会变得很

简单. 对因子载荷矩阵作旋转的一个常用方法是方差最大旋转法. 在有两个因子的简单情形下, 一个旋转矩阵的形式为

$$\boldsymbol{\mathcal{G}}(\theta)=\begin{pmatrix}\cos\theta & \sin\theta\\ -\sin\theta & \cos\theta\end{pmatrix},$$

表示对坐标轴顺时针旋转角度 θ. 相应旋转后的因子载荷矩阵为 $\hat{\boldsymbol{\mathcal{Q}}}^{*}=\hat{\boldsymbol{\mathcal{Q}}}\boldsymbol{\mathcal{G}}(\theta)$. 方差最大旋转方法的基本思想为: 选择角度 θ 使得对 $\hat{\boldsymbol{\mathcal{Q}}}^{*}$ 中的每一列的元素 $\hat{q}_{ij}^{*}$ 的平方和达到最大. 更确切地讲, 定义 $\tilde{q}_{jl}=\hat{q}_{jl}^{*}/\hat{h}_{j}^{*}$, 方差最大就是选择 θ 使得

$$\nu=\frac{1}{p}\sum_{l=1}^{k}\left[\sum_{j=1}^{p}(\tilde{q}_{ij}^{*})^{4}-\left(\frac{1}{p}\sum_{j=1}^{p}\tilde{q}_{jl}^{2}\right)^{2}\right]$$

达到最大.

例题 **10.2** 设某三个变量的样本相关系数矩阵 $\boldsymbol{R}$ 如下, 试从 $\boldsymbol{R}$ 出发, 作因子分析:

$$\boldsymbol{R}=\begin{pmatrix}1 & -1/3 & 2/3\\ -1/3 & 1 & 0\\ 2/3 & 0 & 1\end{pmatrix}.$$

首先求 $\boldsymbol{R}$ 的特征值及相应的特征向量. 由特征方程 $\det(\boldsymbol{R}-\lambda\boldsymbol{I})=0$ 可得三个特征值, 依大小次序记为 $\lambda_1=1.745\,4$, $\lambda_2=1$, $\lambda_3=0.254\,6$, 由于前面两个特征值的累积方差贡献率已达 91.51%, 因而只取两个主因子, 下面给出了前两个特征值对应的特征向量:

$$\boldsymbol{\Gamma}_1^{\mathrm{T}}=(0.707\,1,-0.316\,2,0.632\,5),$$

$$\boldsymbol{\Gamma}_2^{\mathrm{T}}=(0,0.894\,4,0.447\,2),$$

其次, 求因子载荷矩阵 $\boldsymbol{\mathcal{Q}}$, 可得

$$\boldsymbol{\mathcal{Q}}=\begin{pmatrix}0.934\,2 & 0\\ -0.417\,8 & 0.894\,4\\ 0.835\,5 & 0.447\,2\end{pmatrix}.$$

最后, 对因子载荷矩阵 $\boldsymbol{\mathcal{Q}}$ 作正交旋转, 使得到的矩阵 $\boldsymbol{\mathcal{Q}}_1=\boldsymbol{\mathcal{Q}}\boldsymbol{\mathcal{G}}$ 的方差和最大. 计算结果为

$$\boldsymbol{\mathcal{G}}=\begin{pmatrix}0.932\,0 & -0.362\,5\\ 0.362\,5 & 0.932\,0\end{pmatrix},\quad \boldsymbol{\mathcal{Q}}=\begin{pmatrix}0.870\,6 & -0.338\,6\\ -0.065\,1 & 0.985\,0\\ 0.940\,8 & 0.113\,9\end{pmatrix}.$$

例题 **10.3** 假定 $\boldsymbol{X}=(X_1,X_2,X_3)$, X_1, X_2, X_3 的相关系数矩阵为

$$\begin{pmatrix} 1 & \frac{1}{5} & -\frac{1}{5} \\ \frac{1}{5} & 1 & -\frac{2}{5} \\ -\frac{1}{5} & -\frac{2}{5} & 1 \end{pmatrix},$$

试用主成分法求因子分析模型.

特征值为 $\lambda_1 = 1.546\ 4$, $\lambda_2 = 0.853\ 6$, $\lambda_3 = 0.6$, 特征向量为

$$\gamma_1 = \begin{pmatrix} 0.459\ 7 \\ 0.628 \\ -0.628 \end{pmatrix}, \quad \gamma_2 = \begin{pmatrix} 0.888\ 1 \\ -0.325\ 1 \\ 0.325\ 1 \end{pmatrix}, \quad \gamma_3 = \begin{pmatrix} 0 \\ 0.707\ 1 \\ 0.707\ 1 \end{pmatrix}.$$

因子载荷矩阵

$$\boldsymbol{Q} = (\sqrt{\lambda_1}\gamma_1, \sqrt{\lambda_2}\gamma_2, \sqrt{\lambda_3}\gamma_3) = \begin{pmatrix} 0.571\ 7 & 0.820\ 5 & 0 \\ 0.780\ 9 & -0.300\ 3 & 0.547\ 7 \\ -0.780\ 9 & 0.300\ 3 & 0.547\ 7 \end{pmatrix}$$

$$x_1 = 0.571\ 7F_1 + 0.820\ 5F_2,$$

$$x_2 = 0.780\ 9F_1 - 0.300\ 3F_2 + 0.547\ 7F_3,$$

$$x_3 = -0.780\ 9F_1 + 0.300\ 3F_2 + 0.547\ 7F_3.$$

可取前两个因子 F_1 和 F_2 为公共因子, 第一公共因子 F_1 对 $\boldsymbol{X}$ 的贡献为 1.546 4, 第二公共因子 F_2 对 $\boldsymbol{X}$ 的贡献为 0.853 6, 共同度分别为 1, 0.7, 0.7.

例题 10.4　表 10.1 有 12 个地区的 5 个经济指标调查数据 (总人口数、学校平均年龄、总雇员数、服务项目数、中等房价), 为对这 12 个地区进行综合评价, 请给出这 12 个地区的综合评价指标.

表 10.1　经济指标调查数据

地区编号	总人口数	学校平均年龄	总雇员数	服务项目数	中等房价
1	5 700	12.8	2 500	270	25 000
2	1 000	10.9	600	10	10 000
3	3 400	8.8	1 000	10	9 000
4	3 800	13.6	1 700	140	25 000
5	4 000	12.8	1 600	140	25 000
6	8 200	8.3	2 600	60	12 000
7	1 200	11.4	400	10	16 000
8	9 100	11.5	3 300	60	14 000
9	9 900	12.5	3 400	180	18 000
10	9 600	13.7	3 600	390	25 000
11	9 600	9.6	3 300	80	12 000
12	9 400	11.4	4 000	100	13 000

通过计算, 相关系数矩阵为

$$\mathcal{R} = \begin{pmatrix} 1.000 & & & & \\ 0.010 & 1.000 & & & \\ 0.972 & 0.154 & 1.000 & & \\ 0.439 & 0.691 & 0.515 & 1.000 & \\ 0.022 & 0.863 & 0.122 & 0.778 & 1.000 \end{pmatrix}.$$

由于相关系数没有很明显的差别, 要进行旋转, 使相关系数向 0 和 1 两极分化.

由表 10.2 可以看出第一因子对学校平均年龄、服务项目数、中等房价有绝对值较大的载荷 (代表一般社会福利——福利因子), 而第二个主因子对总人口数和总雇员数有较大的载荷 (代表人口——人口因子).

表 10.2 估计的因子载荷, 共同度与特殊方差

变量		估计的因子载荷		共同度	特殊方差
		$\hat{q}_1$	$\hat{q}_2$	$\hat{h}_j^2$	$\hat{\psi}_{jj}=1-\hat{h}_j^2$
1	总人口数	0.016	0.994	0.988	0.012
2	学校平均年龄	0.941	−0.009	0.885	0.115
3	总雇员数	0.137	0.98	0.979	0.021
4	服务项目数	0.825	0.447	0.880	0.120
5	中等房价	0.968	0.006	0.937	0.063
特征值		2.873	1.797		
累计比例		0.574 5	0.933 9		

10.3 因子得分及策略

目前为止给出的一些因子分析的策略主要侧重对载荷和共同度的估计及解释. 因子 $\boldsymbol{F}$ 被看作是标准化的随机信息来源, 且认为它们不是公共因子. 因子的估计值即因子得分, 在解释和诊断分析方面可能一样重要. 更明确地说, 因子得分即为不可观测的随机向量 $\boldsymbol{F}_l$, $l=1,2,\cdots,k$, 在每个个体 x_i 上的估计值, $l=1,2,\cdots,k$. Johnson 和 Wichern 1998 年的文章描述了三种计算因子得分的方法, 实际中这三种方法产生的结果相近. 这里介绍一下回归方法, 这个方法最简单且最容易实施.

回归方法的基本思想是首先考虑 $\boldsymbol{X}-\boldsymbol{\mu}$ 和 $\boldsymbol{F}$ 的联合分布, 然后运用回归分析建模. 在因子分析模型 (10.4) 下, $\boldsymbol{X}-\boldsymbol{\mu}$ 和 $\boldsymbol{F}$ 的联合协方差矩阵为

$$\mathrm{Var}\begin{pmatrix} \boldsymbol{X}-\boldsymbol{\mu} \\ \boldsymbol{F} \end{pmatrix} = \begin{pmatrix} \boldsymbol{\mathcal{Q}}\boldsymbol{\mathcal{Q}}^{\mathrm{T}}+\boldsymbol{\Psi} & \boldsymbol{\mathcal{Q}} \\ \boldsymbol{\mathcal{Q}}^{\mathrm{T}} & \boldsymbol{I}_k \end{pmatrix}. \tag{10.18}$$

注意到, 矩阵的左上方等于 $\boldsymbol{\Sigma}$, 是 $(p+k)\times(p+k)$ 矩阵.

假定联合分布是正态的, 则条件分布 $\boldsymbol{F}|\boldsymbol{X}$ 是多元正态的, 有

$$E(\boldsymbol{F}|\boldsymbol{X}=\boldsymbol{x}) = \boldsymbol{\mathcal{Q}}^{\mathrm{T}}\boldsymbol{\Sigma}^{-1}(\boldsymbol{X}-\boldsymbol{\mu}). \tag{10.19}$$

结合 (10.7), 则计算得协方差矩阵为

$$\mathrm{Var}(\boldsymbol{F}|\boldsymbol{X}=\boldsymbol{x})=\boldsymbol{\mathcal{I}}_k-\boldsymbol{\mathcal{Q}}^{\mathrm{T}}\boldsymbol{\Sigma}^{-1}\boldsymbol{\mathcal{Q}}. \tag{10.20}$$

实际中, 将未知量 $\boldsymbol{\mathcal{Q}},\boldsymbol{\Sigma}$ 和 $\boldsymbol{\mu}$ 用各自的估计量来代替, 得到估计的个体因子得分

$$\hat{\boldsymbol{f}}_i=\hat{\boldsymbol{\mathcal{Q}}}^{\mathrm{T}}\boldsymbol{\mathcal{S}}^{-1}(\boldsymbol{x}_i-\bar{\boldsymbol{x}}). \tag{10.21}$$

为了避免因子个数的错误确定导致的不稳健性, 倾向于使用原始样本协方差矩阵 $\boldsymbol{\mathcal{S}}$ 作为 $\boldsymbol{\Sigma}$ 的估计量, 而不是因子分析中得到的近似协方差矩阵 $\boldsymbol{\mathcal{Q}}\boldsymbol{\mathcal{Q}}^{\mathrm{T}}+\boldsymbol{\Psi}$.

使用 $\boldsymbol{\mathcal{R}}$ 而不使用 $\boldsymbol{\mathcal{S}}$ 时, 会有同样的情况发生. 如果 $\boldsymbol{\mathcal{D}}_{\boldsymbol{\Sigma}}=\mathrm{diag}(\sigma_{11},\sigma_{22},\cdots,\sigma_{pp})$ 时, 考虑标准化变量, 即 $\boldsymbol{Z}=\boldsymbol{\mathcal{D}}_{\boldsymbol{\Sigma}}^{-1/2}(\boldsymbol{X}-\boldsymbol{\mu})$, 此时 (10.18) 依然有效. 此时, 因子由下式给出

$$\hat{\boldsymbol{f}}_i=\hat{\boldsymbol{\mathcal{Q}}}^{\mathrm{T}}\boldsymbol{\mathcal{R}}^{-1}(\boldsymbol{z}_i), \tag{10.22}$$

其中 $\boldsymbol{z}_i=\boldsymbol{\mathcal{D}}_S^{-1/2}(\boldsymbol{x}_i-\bar{\boldsymbol{x}})$, $\hat{\boldsymbol{\mathcal{Q}}}$ 是由矩阵 $\boldsymbol{\mathcal{R}}$ 得到的载荷矩阵, 且 $\boldsymbol{\mathcal{D}}_{\boldsymbol{S}}=\mathbf{diag}(s_{11},s_{22},\cdots,s_{pp})$.

如果因子是通过正交矩阵 $\boldsymbol{\mathcal{G}}$ 旋转得到的, 那么因子得分也要相应地旋转, 即

$$\hat{\boldsymbol{f}}_i^*=\boldsymbol{\mathcal{G}}^{\mathrm{T}}\hat{\boldsymbol{f}}_i. \tag{10.23}$$

实用建议

实际运用中, 因子分析的各种估计方法没有哪一种可以做到比另外的方法都好. 但通过平衡可以使数据的因子分析结果稳定. 从而可以通过以下步骤进行因子分析:

(1) 基于数据的相关结构或特征值的碎石图, 选定合理的因子个数, 比如说 $k=2$ 或者 3;

(2) 运用前面介绍的方法, 包括旋转. 对比结果中的载荷、共同度和因子得分;

(3) 如果结果显示明显的差异, 那么检查因子得分检验是否存在异常值, 同时也可以考虑改变因子个数.

对于数据量较大的数据集, 建议使用交叉验证方法. 这类方法将样本分成训练集和测试集. 在训练样本上运用合理的方法估计因子模型, 并使用得到的参数预测测试集的因子得分. 将这些预测的因子得分与仅通过测试集得到的因子得分比较. 这个稳定准则也可以应用于载荷和共同度的稳定性的判别中.

因子分析与主成分分析

因子分析与主成分分析使用相同的数理工具, 例如谱分解, 投影等. 可能会觉得这两种方法具有相同的视角和策略, 因此它们结果相似. 但这两种数据分析方法有本质的区别. 具体原因如下:

主成分分析和因子分析的一个最大的差别在于模型的差异. 因子分析具有严格的模型结构, 其公共因子 (潜在因子) 的个数固定, 而主成分分析则根据重要性的递减确定 p 个因子. 主成分分析中最重要的因子是最大化投影方差获得的因子. 因子分析中最重要的因子则是 (旋转后) 具有最大解释性的因子, 通常这不同于第一主成分方向.

从实施角度来看, 主成分分析基于一个明确、唯一的算法, 即谱分解. 但是拟合因子分析模型则可以有很多数值方法. 因子分析程序的不唯一性带来很多主观解释, 从而具有一系列的分

析结果. 这个数据分析理念给因子分析带来困难, 特别是当要通过交叉验证来确定模型且需要基于数据选择因子个数时.

10.4 应用举例

为了展示如何使用因子分析法, 本节选用波士顿房价数据集 (R 软件中自带) 进行分析. 这里不考虑变量 X_4 (查尔斯河示性变量). 先将变量标准化, 然后基于相关矩阵进行分析.

10.3 节介绍了实际应用中因子分析方法的分析步骤. 基于主成分选择了 3 个因子, 并使用极大似然方法、主因子方法及主成分方法三种方法实现因子分析. 为了展示, 极大似然方法给出了采用极大旋转和未采用极大旋转的结果.

表 10.3 给出了极大似然方法下不通过旋转得到的因子载荷, 表 10.4 则给出了极大似然方法下通过旋转得到的因子载荷. 相应的载荷图见图 10.1 和图 10.2, 可见最大旋转没有显著改变极大似然方法得到的因子解释力. 由于因子 1 与变量 X_{11} 正相关, 与变量 X_8 负相关, 这两个变量都具有较小的特殊方差, 因此根据数据集中变量的实际含义, 因子 1 可以大体解释为“生活质量因子”. 由于第二个因子与变量 X_6 和变量 X_{13} 高度相关, 因此, 可以解释为“住宅因子”. 通过对比图 10.1 和图 10.2 的左下角, 可以发现最大旋转之前和之后最明显的差异. 极大似然方法经旋转后变量之间有一个明显的区分. 给定图 10.2 中变量的排列, 考虑到因子 3 与变量 X_8 和变量 X_5 的高度相关性, 可以将因子 3 解释为“职业因子”.

现在, 我们考虑主因子方法和主成分分析. 相应结果见表 10.5 和表 10.6 及图 10.3 和图 10.4. 重点考虑 PCM 分析, 因为这个 3 因子模型中特殊方差 (未解释扰动) 大于 0.5 的仅一个. 通过图 10.3 可以看出, 显然, 变量 X_5, X_3, X_{10} 和 X_1 聚集在图的右边, 而变量 X_8, X_2, X_{14}, X_{12} 和 X_6 则聚集在图的左边, 因此, 因子 1 依然可以解释为“生活质量因子”. 同样地, 从变量 X_6, X_{14}, X_{11} 和 X_{13} 所处的位置, 可以仍解释为“住宅因子”. 由于该因子在各个变量 (除了 X_{12}) 上的载荷都很小, 因此第 3 个因子的解释较为困难.

表 10.3 基于极大似然方法估计的因子载荷、共同度和特殊方差

	估计的因子载荷			共同度	特殊方差
	$\hat{q}_1$	$\hat{q}_2$	$\hat{q}_3$	$\hat{h}_j^2$	$\hat{\psi}_{jj}=1-\hat{h}_j^2$
X_1	0.929 5	−0.165 3	0.110 7	0.903 6	0.096 4
X_2	−0.582 3	−0.037 9	0.290 2	0.424 8	0.575 2
X_3	0.819 2	0.029 6	−0.137 8	0.690 9	0.309 1
X_5	0.878 9	−0.098 7	−0.271 9	0.856 1	0.143 9
X_6	−0.444 7	−0.531 1	−0.038 0	0.481 2	0.518 8
X_7	0.783 7	0.014 9	−0.355 4	0.740 6	0.259 4
X_8	−0.829 4	0.157 0	0.411 0	0.881 6	0.118 4
X_9	0.795 5	−0.306 2	0.405 3	0.890 8	0.109 2
X_{10}	0.826 2	−0.140 1	0.290 6	0.786 7	0.213 3
X_{11}	0.505 1	0.185 0	0.155 3	0.313 5	0.686 5
X_{12}	−0.470 1	−0.022 7	−0.162 7	0.248 0	0.752 0
X_{13}	0.760 1	0.505 9	−0.007 0	0.833 7	0.166 3
X_{14}	−0.694 2	−0.590 4	−0.179 8	0.862 8	0.137 1

表 10.4 估计的因子载荷、共同度和特殊方差 (旋转后的 MLM)

	估计的因子载荷			共同度	特殊方差
	$\hat{q}_1$	$\hat{q}_2$	$\hat{q}_3$	$\hat{h}_j^2$	$\hat{\psi}_{jj}=1-\hat{h}_j^2$
X_1	0.841 3	−0.094 0	−0.432 4	0.903 6	0.096 4
X_2	−0.332 6	−0.132 3	0.544 7	0.424 8	0.575 2
X_3	0.614 2	0.123 8	−0.546 2	0.690 9	0.309 1
X_5	0.591 7	0.022 1	−0.711 0	0.856 1	0.143 9
X_6	−0.395 0	−0.558 5	0.115 3	0.481 2	0.518 8
X_7	0.466 5	0.137 4	−0.710 0	0.740 6	0.259 4
X_8	−0.474 7	0.019 8	0.809 8	0.881 6	0.118 4
X_9	0.887 9	−0.287 4	0.140 9	0.890 8	0.109 2
X_{10}	0.851 8	−0.104 4	0.224 0	0.786 7	0.213 3
X_{11}	0.509 0	0.206 1	−0.109 3	0.313 5	0.686 5
X_{12}	−0.483 4	−0.041 8	0.112 2	0.248 0	0.752 0
X_{13}	0.635 8	0.569 0	−0.325 2	0.833 7	0.166 3
X_{14}	−0.681 7	−0.619 3	0.120 8	0.862 8	0.137 1

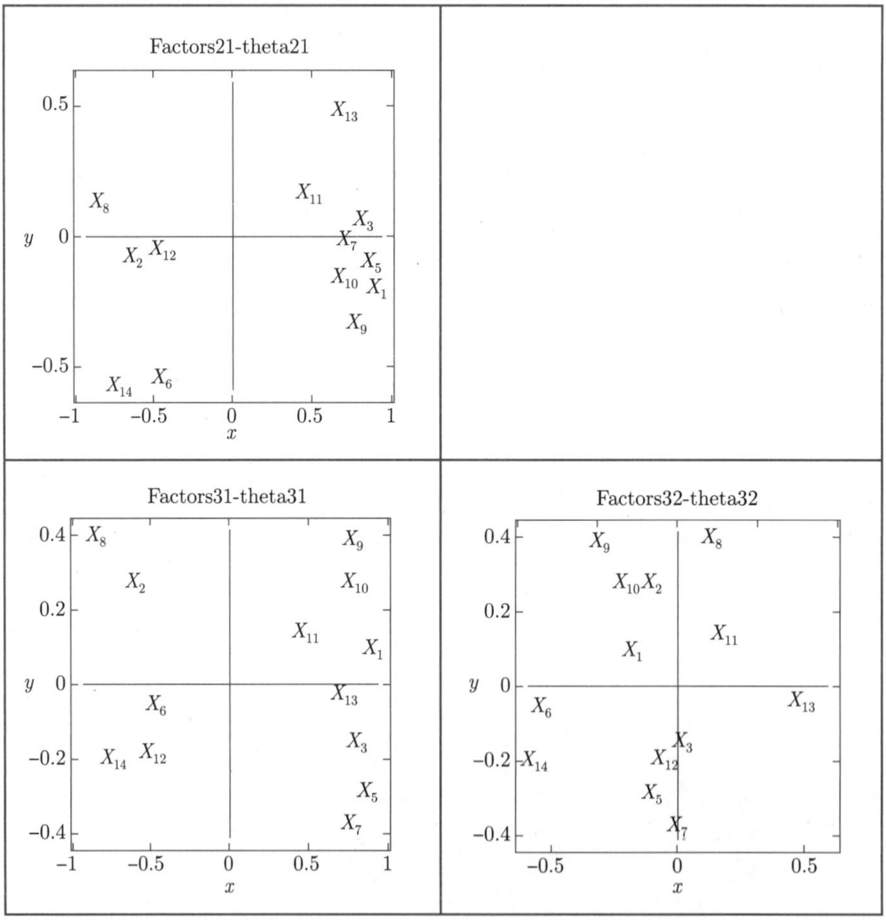

图 10.1 波士顿房价数据因子分析 (未旋转的极大似然)

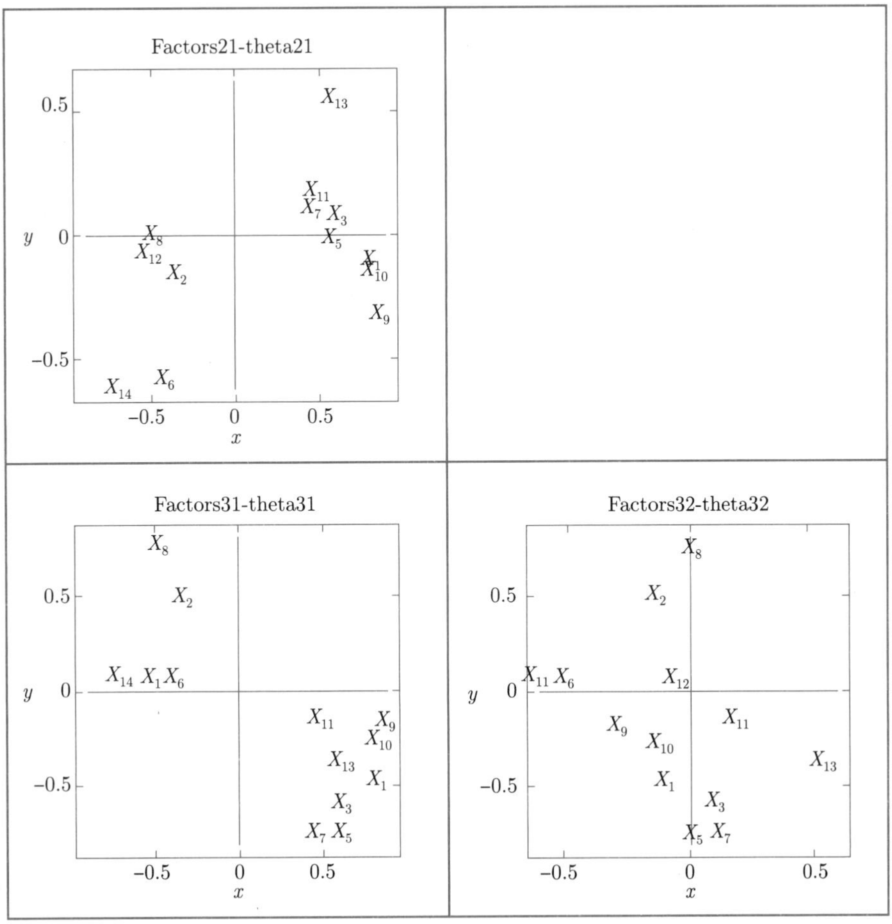

图 10.2 波士顿房价数据因子分析 (旋转后的极大似然)

表 10.5 估计的因子载荷、共同度和特殊方差 (旋转后的 PCM)

	估计的因子载荷			共同度	特殊方差
	$\hat{q}_1$	$\hat{q}_2$	$\hat{q}_3$	$\hat{h}_j^2$	$\hat{\psi}_{jj}=1-\hat{h}_j^2$
X_1	0.916 4	0.015 2	0.235 7	0.895 5	0.104 5
X_2	−0.677 2	0.076 2	0.449 0	0.666 1	0.333 9
X_3	0.861 4	−0.132 1	−0.111 5	0.771 9	0.228 1
X_5	0.917 2	0.057 3	−0.087 4	0.852 1	0.147 9
X_6	−0.359 0	0.789 6	0.104 0	0.763 2	0.236 8
X_7	0.839 2	−0.000 8	−0.216 3	0.751 0	0.249 0
X_8	−0.892 8	−0.125 3	0.206 4	0.855 4	0.144 6
X_9	0.756 2	0.092 7	0.461 6	0.793 5	0.206 5
X_{10}	0.789 1	−0.037 0	0.443 0	0.820 3	0.179 7
X_{11}	0.482 7	−0.391 1	0.171 9	0.415 5	0.584 5
X_{12}	−0.449 9	0.036 8	−0.561 2	0.518 8	0.481 2
X_{13}	0.692 5	−0.584 3	0.003 5	0.820 9	0.179 1
X_{14}	−0.593 3	0.672 0	−0.189 5	0.839 4	0.160 6

表 10.6　估计的因子载荷、共同度和特殊方差 (旋转后的 PFM)

	估计的因子载荷			共同度	特殊方差
	$\hat{q}_1$	$\hat{q}_2$	$\hat{q}_3$	$\hat{h}_j^2$	$\hat{\psi}_{jj}=1-\hat{h}_j^2$
X_1	0.857 9	−0.027 0	−0.417 5	0.911 1	0.088 9
X_2	−0.295 3	0.216 8	0.575 6	0.465 5	0.534 5
X_3	0.589 3	−0.241 5	−0.566 6	0.726 6	0.273 4
X_5	0.605 0	−0.089 2	−0.685 5	0.843 9	0.156 1
X_6	−0.290 2	0.628 0	0.129 6	0.495 4	0.504 6
X_7	0.470 2	−0.174 1	−0.673 3	0.704 9	0.295 1
X_8	−0.498 8	0.041 4	0.787 6	0.870 8	0.129 2
X_9	0.883 0	0.118 7	−0.147 9	0.815 6	0.184 4
X_{10}	0.896 9	−0.013 6	−0.166 6	0.832 5	0.167 5
X_{11}	0.459 0	−0.279 8	−0.141 2	0.309 0	0.691 0
X_{12}	−0.481 2	0.066 6	0.085 6	0.243 3	0.756 7
X_{13}	0.543 3	−0.660 4	−0.319 3	0.833 3	0.166 7
X_{14}	−0.601 2	0.700 4	0.095 6	0.861 1	0.138 9

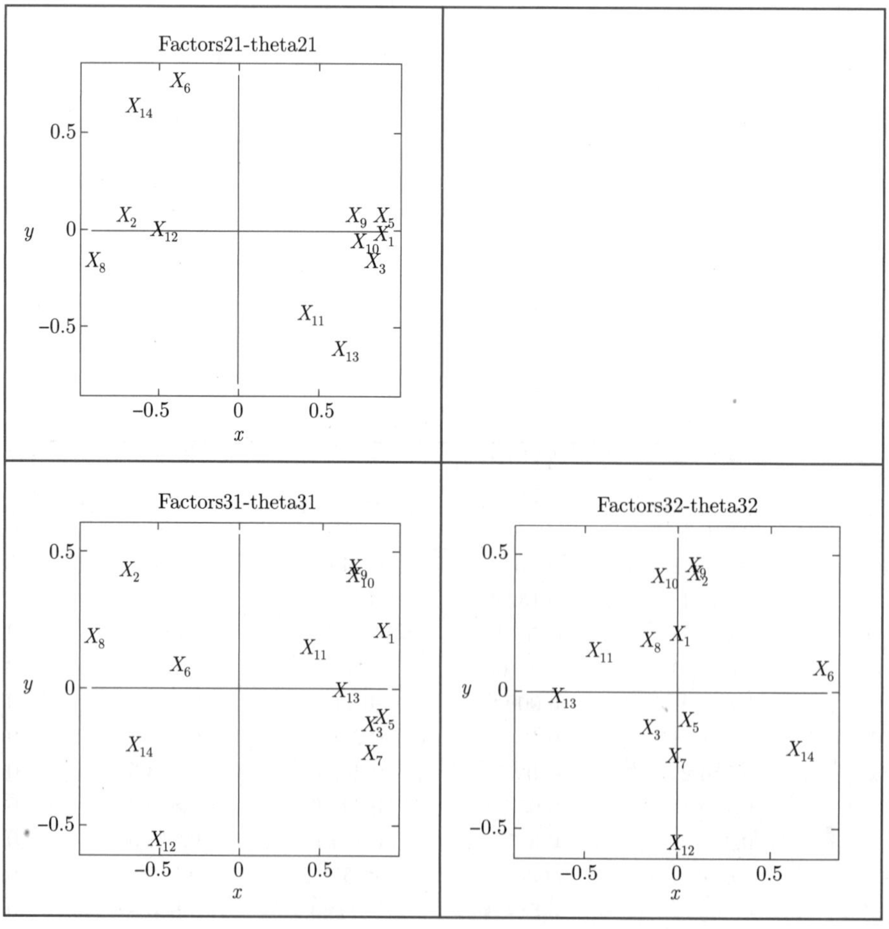

图 10.3　波士顿房价数据因子分析 (旋转后的主成分)

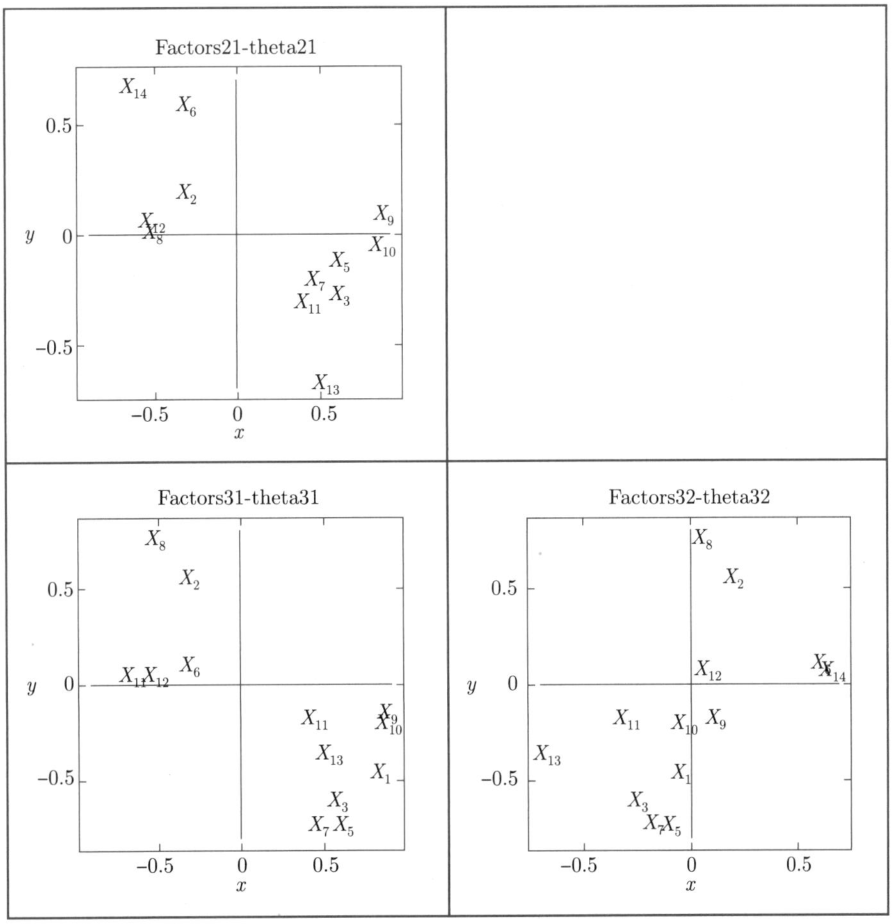

图 10.4　波士顿房价数据因子分析 (旋转后的主因子)

因子分析的
R 代码实现

习　题　10

习题 10.1　试将二维旋转矩阵推广到 n 维空间.

习题 10.2　重新分别找寻两组数据, 仿照 10.2 节和 10.3 节例题, 对其作因子分析, 并给出相应结论.

习题 10.3　计算下列矩阵的正交因子

$$\boldsymbol{\Sigma}=\begin{pmatrix}1 & 0.9 & 0.7\\ 0.9 & 1 & 0.4\\ 0.7 & 0.4 & 1\end{pmatrix}.$$

习题 10.4　因子载荷的统计定义是什么? 它在实际问题分析中的作用是什么?

第 11 章

聚类分析

接下来的两章将从两个角度探讨多元数据集的聚类问题. 对于一个包含个体测量值的数据集, 在某些情况下, 人们感兴趣的是数据集的集群特征, 即数据集是否能根据个体特征聚成几个不同的类. 在另外的一些情况下, 人们想知道如何把新的数据归类到已知的组别. 聚类分析主要用于第一种情况, 即对于给定的多元数据集, 根据数据的特征将其划分为几个子类别. 在分类时, 我们根据某些划分标准把相似的个体划分在同一子类别下. 把数据集划分成几个子类后, 我们就可以使用在前几章介绍过的工具 (描述性统计分析、主成分分析等) 对各个类别的特征进行分析, 更好地理解各个组别的差距.

聚类分析广泛应用于自然科学、药物科学、经济学、市场学等领域. 例如, 在市场学里, 市场细分是一个很好的分析策略. 要得到市场细分的结果, 可以对潜在顾客进行问卷调查, 然后基于问卷数据对潜在顾客进行分类. 又例如, 保险公司可能对潜在顾客的分组很感兴趣, 因为分组后就能为产品定价提供十分有用的信息. 除了跨学科的应用, 聚类分析还能应用于其他多元分析工具中. 第 12 章判别分析就是基于已有的分组, 把新的数据代入到判别函数中计算判别结果, 然后判断新数据应归类到哪个已知分组.

11.1 聚类分析简介

聚类分析是对多变量个体进行分类的统计分析工具. 聚类的目标是从个体数量较大的样本中构建一些组内特征相似、组间特征相异的子类. 组内的特征越相似, 组间的差别越大, 聚类的效果越好. 聚类分析主要包含以下两个基本步骤:

(1) 接近程度测量工具的选择

在聚类的过程中, 首先要评价每两个样本点之间的接近程度. 接近程度的测量工具是相似度. 个体越接近, 相似度越高.

(2) 子类构建算法的选择

基于个体之间的接近程度, 把个体划分为若干子类别, 使得类内差异小, 类间差异大.

在市场学里, 聚类分析常用来选择测试市场. 人们可以根据公司的组织结构、技术结构和类型, 使用聚类分析进行分类. 在心理学中, 聚类分析常用来从问卷调查的数据中归纳出受访个体的不同性格类型. 在考古学中, 我们可以用聚类分析来把艺术品所属的时代划分为几个大类. 聚类分析还可以用于药学、社会学、语言学和生物学等.

11.2 个体间的相似度

聚类分析首先研究 n 个个体的 p 个变量的数据矩阵. 个体间的邻近度 (相似度) 由下述矩阵 $\mathcal{D}$ $(n \times n)$ 描述:

$$\mathcal{D} = \begin{pmatrix} d_{11} & d_{12} & \cdots & d_{1n} \\ d_{21} & d_{22} & \cdots & d_{2n} \\ \vdots & \vdots & & \vdots \\ d_{n1} & d_{n2} & \cdots & d_{nn} \end{pmatrix}. \tag{11.1}$$

矩阵 $\mathcal{D}$ 包含个体间的相似或不相似的测度. 若 d_{ij} 表示距离, 则 d_{ij} 越大, 个体的相似度越小; 若 d_{ij} 表示邻近度, 则 d_{ij} 越大, 个体的相似度越大. 对于距离矩阵可以定义为 L_2 范数: $d_{ij} = \| \boldsymbol{x}_i - \boldsymbol{x}_j \|_2$, 其中 $\boldsymbol{x}_i$ 和 $\boldsymbol{x}_j$ 表示数据矩阵 $\boldsymbol{\mathcal{X}}$ 的行. 距离和邻近度是对偶的, 若 d_{ij} 表示距离, 则 $d'_{ij} = \max\limits_{i,j}\{d_{ij}\} - d_{ij}$ 表示邻近度.

观测值的种类在选择相似度量上起着重要作用. 名义变量 (比如二值变量) 一般采用邻近度, 而数值变量通常采用距离矩阵. 下面首先说明邻近度, 再对距离进行介绍.

11.2.1 二值变量的个体相似度

为了度量个体间的相似度, 通常比较一对观测值 $(\boldsymbol{x}_i, \boldsymbol{x}_j)$, 其中 $\boldsymbol{x}_i^{\mathrm{T}} = (x_{i1}, x_{i2}, \cdots, x_{ip})$, $\boldsymbol{x}_j^{\mathrm{T}} = (x_{j1}, x_{j2}, \cdots, x_{jp})$, 并且 $x_{ik}, x_{jk} \in \{0, 1\}$. 显然有以下四种情况:

$$\begin{aligned} &x_{ik} = x_{jk} = 1, \\ &x_{ik} = 0, \quad x_{jk} = 1, \\ &x_{ik} = 1, \quad x_{jk} = 0, \\ &x_{ik} = x_{jk} = 0. \end{aligned}$$

定义

$$\begin{aligned} a_1 &= \sum_{k=1}^{p} I(x_{ik} = x_{jk} = 1), \\ a_2 &= \sum_{k=1}^{p} I(x_{ik} = 0, x_{jk} = 1), \\ a_3 &= \sum_{k=1}^{p} I(x_{ik} = 1, x_{jk} = 0), \\ a_4 &= \sum_{k=1}^{p} I(x_{ik} = x_{jk} = 0). \end{aligned}$$

注意到每个 a_l, $l = 1, 2, 3, 4$, 依赖于每对 $(\boldsymbol{x}_i, \boldsymbol{x}_j)$.

实际中, 我们用以下邻近度度量:

$$d_{ij} = \frac{a_1 + \delta a_4}{a_1 + \delta a_4 + \lambda(a_2 + a_3)}, \tag{11.2}$$

其中 δ 和 λ 是权重因子. 表 11.1 给出几种不同权重因子的相似度度量系数.

表 11.1 常用的相似度度量系数

名称	δ	λ	定义
Jaccard 系数	0	1	$\frac{a_1}{a_1 + a_2 + a_3}$
Tanimoto 系数	1	2	$\frac{a_1 + a_4}{a_1 + 2(a_2 + a_3) + a_4}$
Simple Matching (M) 系数	1	1	$\frac{a_1 + a_4}{p}$
Russel and Rao (RR) 系数	—	—	$\frac{a_1}{p}$
Dice 系数	0	0.5	$\frac{2a_1}{2a_1 + (a_2 + a_3)}$
Kulczynski 系数	—	—	$\frac{a_1}{a_2 + a_3}$

这些度量提供了可选择的方法. 原则上也可以考虑欧氏距离, 但其缺陷是把观测值 0 和 1 作相同处理. 如果 $x_{ik} = 1$ 表示掌握一种语言, 那么相反地, $x_{ik} = 0$ 表示没有掌握这种语言, 应该视为另一种情况.

11.2.2 连续变量的距离测度

距离测度的多种方法可以归结于 L_r 范数, $r \geqslant 1$,

$$d_{ij} = \| \boldsymbol{x}_i - \boldsymbol{x}_j \|_r = \left(\sum_{k=1}^{p} |x_{ik} - x_{jk}|^r \right)^{1/r}. \tag{11.3}$$

这里 x_{ik} 表示第 i 个个体的第 k 个变量值. 显然, $d_{ii} = 0, i = 1, 2, \cdots, n$. 式 (11.3) 定义的一族距离, 随着 r 的不同, 度量不同权重下的差异性. 例如, L_1 范数离群值的权重小于 L_2 范数 (欧氏范数). 通常情况下, 我们会考虑平方 L_2 范数.

例题 11.1 假设 $\boldsymbol{x}_1 = (0, 0)$, $\boldsymbol{x}_2 = (1, 0)$, $\boldsymbol{x}_3 = (6, 8)$. 那么 L_1 范数情形下的距离矩阵是

$$\boldsymbol{\mathcal{D}}_1 = \begin{pmatrix} 0 & 1 & 14 \\ 1 & 0 & 13 \\ 14 & 13 & 0 \end{pmatrix}. \tag{11.4}$$

应用 L_r 范数距离时, 一个潜在的假定是变量的度量基于相同单位尺度, 否则需要先对变量进行标准化. 更常见的平方 L_2 范数

$$d_{ij}^2 = \| \boldsymbol{x}_i - \boldsymbol{x}_j \|_{\boldsymbol{\mathcal{A}}} = (\boldsymbol{x}_i - \boldsymbol{x}_j)^{\mathrm{T}} \boldsymbol{\mathcal{A}} (\boldsymbol{x}_i - \boldsymbol{x}_j). \tag{11.5}$$

L_2 范数中 $\boldsymbol{\mathcal{A}}=\boldsymbol{I}_p$, 但是如果需要标准化, 我们选择权重矩阵 $\boldsymbol{\mathcal{A}}=\operatorname{diag}(s_{X_1X_1}^{-1},s_{X_2X_2}^{-1},\cdots,s_{X_pX_p}^{-1})$. $s_{X_kX_k}$ 是第 k 个元素的方差. 因此我们有

$$d_{ij}^2=\sum_{k=1}^{p}\frac{(x_{ik}-x_{jk})^2}{s_{X_kX_k}}. \tag{11.6}$$

这里每个元素在距离的计算中有相同的权重, 并且距离不依赖度量单位.

将欧氏距离矩阵 (平方 L_2 范数) 距离应用到列联表时, 用卡方值来比较列联表的行和列.

如果 $\boldsymbol{\mathcal{X}}$ 是一个列联表, 第 i 行由条件频率分布 $x_{ij}/x_{i\cdot}$ 表征, 其中 $x_{i\cdot}=\sum\limits_{j=1}^{p}x_{ij}$, $x_{i\cdot}/x_{\cdot\cdot}$ 为第 i 行的边际频率分布, 其中 $x_{\cdot\cdot}=\sum\limits_{i=1}^{n}x_{i\cdot}$. 类似地, $\boldsymbol{\mathcal{X}}$ 的第 j 列由条件频率 $x_{ij}/x_{\cdot j}$ 表征, 其中 $x_{\cdot j}=\sum\limits_{i=1}^{n}x_{ij}$, $x_{\cdot j}/x_{\cdot\cdot}$ 为第 j 列的边际频率分布.

第 i_1 和 i_2 行的距离和它们各自频率分布的距离相对应. 用卡方值定义距离

$$d^2(i_1,i_2)=\sum_{j=1}^{p}\frac{1}{\dfrac{x_{\cdot j}}{x_{\cdot\cdot}}}\left(\frac{x_{i_1j}}{x_{i_1\cdot}}-\frac{x_{i_2j}}{x_{i_2\cdot}}\right)^2. \tag{11.7}$$

(11.7) 与 (11.5) 都表示权重矩阵为 $\boldsymbol{\mathcal{A}}=\operatorname{diag}(x_{i_1j}/x_{\cdot\cdot},x_{i_2j}/x_{\cdot\cdot})^{-1}$ 的两向量 $\boldsymbol{x}_1=(x_{i_1j}/x_{i_1\cdot})_{j=1}^p$ 和 $\boldsymbol{x}_2=(x_{i_2j}/x_{i_2\cdot})_{j=1}^p$ 间的距离. 类似地, 定义列之间的距离

$$d^2(j_1,j_2)=\sum_{i=1}^{n}\frac{1}{x_{i\cdot}/x_{\cdot\cdot}}\left(\frac{x_{ij_1}}{x_{\cdot j_1}}-\frac{x_{ij_2}}{x_{\cdot j_2}}\right)^2.$$

除了用 L_r 范数度量距离外, 还可以考虑其他邻近度量, 例如 Q 相关系数

$$d_{ij}=\frac{\sum\limits_{k=1}^{p}(x_{ik}-\bar{x}_i)(x_{jk}-\bar{x}_j)}{\left[\sum\limits_{k=1}^{p}(x_{ik}-\bar{x}_i)^2\sum\limits_{k=1}^{p}(x_{jk}-\bar{x}_j)^2\right]^{1/2}}, \tag{11.8}$$

其中 $\bar{x}_i$ 表示变量 $(x_{i1},x_{i2},\cdots,x_{ip})$ 的均值.

11.3 聚类算法

聚类算法主要有两种: 系统聚类算法和分割算法. 系统聚类算法主要有凝结和拆分两种形式. 前者将每一个个体视为一类, 逐步凝结聚集成样本容量更大的类; 后者将所有个体视为一类, 逐步拆分成样本容量较小的类. 分割算法给定类别, 通过不断交换类内元素以达到聚类标准, 最终实现聚类. 系统聚类算法和分割算法的主要区别是: 在系统聚类算法中, 一旦某个类别

确定, 元素被划分到某个类别之后, 这种分配结果就不会再改变; 而在分割算法中, 元素所属类别则需要不断地变化以达到聚类标准. 下面介绍系统聚类算法中凝结算法的步骤:

(1) 将每个个体记为一类;

(2) 计算距离矩阵 $\mathcal{D}$;

(3) 找到两个距离最近的类;

(4) 将这两个类合为一类;

(5) 重新计算距离矩阵 $\mathcal{D}$,

重复步骤 (3) (4) (5), 直到所有个体聚为一类.

若两个个体或类别 P 和 Q 合为一类, 记为类别 $P+Q$, 则类别 R 与类别 $P+Q$ 的距离为

$$d(R,P+Q)=\delta_1 d(R,P)+\delta_2 d(R,Q)+\delta_3 d(P,Q)+\delta_4|d(R,P)-d(R,Q)|, \tag{11.9}$$

其中, δ_j 是权重, δ_j 的不同取值产生不同的凝结算法, 组间距离的计算方法如表 11.2 所示.

表 11.2　组间距离的计算方法

名称	δ_1	δ_2	δ_3	δ_4
最短距离法	1/2	1/2	0	−1/2
最长距离法	1/2	1/2	0	1/2
类平均法 (不加权)	1/2	1/2	0	0
类平均法 (加权)	$\dfrac{n_P}{n_P+n_Q}$	$\dfrac{n_Q}{n_P+n_Q}$	0	0
重心法	$\dfrac{n_P}{n_P+n_Q}$	$\dfrac{n_Q}{n_P+n_Q}$	$-\dfrac{n_P n_Q}{(n_P+n_Q)^2}$	0
中间距离法	1/2	1/2	−1/4	0
离差平方和法	$\dfrac{n_R+n_P}{n_R+n_P+n_Q}$	$\dfrac{n_R+n_Q}{n_R+n_P+n_Q}$	$-\dfrac{n_R}{n_R+n_P+n_Q}$	0

最短距离法倾向构建规模大的组, 根据最短距离法定义组间距离

$$d(R,P+Q)=\min\{d(R,P),d(R,Q)\}. \tag{11.10}$$

即使两个组有差异, 只要其中有两个点很接近, 这两个组就会被合并为一组.

例题 11.2　设有 5 个个体的距离矩阵如下:

$$\mathcal{D}=\begin{array}{c|ccccc} & 1 & 2 & 3 & 4 & 5\\ \hline 1 & 0 & 9 & 3 & 6 & 11\\ 2 & 9 & 0 & 7 & 5 & 10\\ 3 & 3 & 7 & 0 & 9 & 2\\ 4 & 6 & 5 & 9 & 0 & 8\\ 5 & 11 & 10 & 2 & 8 & 0 \end{array}.$$

用最短距离法计算组间距离.

(1) 观察距离矩阵, 个体 3 和个体 5 的距离 (等于 2) 最小, 于是将个体 3 和个体 5 合为一类, 记为 C_{35}.

(2) 计算其余 3 个个体与类 C_{35} 的距离,

$$d_{1C_{35}} = \min\{d_{13}, d_{15}\} = 3,$$

$$d_{2C_{35}} = \min\{d_{23}, d_{25}\} = 7,$$

$$d_{4C_{35}} = \min\{d_{43}, d_{45}\} = 8.$$

于是新的距离矩阵为

$$\boldsymbol{\mathcal{D}} = \begin{array}{c|cccc} & 1 & 2 & 4 & C_{35} \\ \hline 1 & 0 & 9 & 6 & 3 \\ 2 & 9 & 0 & 5 & 7 \\ 4 & 6 & 5 & 0 & 8 \\ C_{35} & 3 & 7 & 8 & 0 \end{array}.$$

(3) 观察新的距离矩阵, 个体 1 和类 C_{35} 的距离 (等于 3) 最小, 于是将个体 1 划入类 C_{35}, 记为类 C_{35+1}.

(4) 计算其余 2 个个体与类 C_{35+1} 的距离,

$$d_{2C_{35+1}} = \min\{d_{2C_{35}}, d_{21}\} = 7,$$

$$d_{4C_{35+1}} = \min\{d_{4C_{35}}, d_{41}\} = 6.$$

于是新的距离矩阵为

$$\boldsymbol{\mathcal{D}} = \begin{array}{c|ccc} & 2 & 4 & C_{35+1} \\ \hline 2 & 0 & 5 & 7 \\ 4 & 5 & 0 & 6 \\ C_{35+1} & 7 & 6 & 0 \end{array}.$$

(5) 观察新的距离矩阵, 个体 2 和个体 4 的距离 (等于 5) 最小, 于是将个体 2 和个体 4 合并为一类, 记为类 C_{24}.

(6) 最后将类 C_{35+1} 和类 C_{24} 合为一类, 两类之间的距离为

$$d_{C_{35+1}C_{24}} = \min\{d_{2C_{35+1}}, d_{4C_{35+1}}\} = 6.$$

应用最短距离法时, 也可以不必每次都重新计算距离矩阵, 使得聚类在实际应用中更高效. 对应的聚类步骤可改进为:

(1) 将每个个体记为一类;

(2) 计算距离矩阵 $\boldsymbol{\mathcal{D}}$;

(3) 找到距离矩阵 $\boldsymbol{\mathcal{D}}$ 中的最小值, 记最小值的两个个体 (类别) 为 m, n;

(4) 如果 m, n 不属于同一类别, 将 m, n 合并, 并在距离矩阵中删除这个取值, 重复步骤 (3) (4), 直到所有个体聚为一类.

最长距离法侧重找到个体间的最大距离, 最长距离法计算组间距离

$$d(R, P+Q) = \max\{d(R, P), d(R, Q)\}. \tag{11.11}$$

只有当两个类别中所有个体都近似时, 才会被划分为一类.

例题 11.3 仍然考虑例 11.2 的距离矩阵, 用最长距离法计算组间距离.

(1) 观察距离矩阵, 个体 3 和个体 5 的距离 (等于 2) 最小, 于是将个体 3 和个体 5 合为一类, 记为 C_{35}.

(2) 计算其余 3 个个体与类 C_{35} 的距离,

$$d_{1C_{35}} = \max\{d_{13}, d_{15}\} = 11,$$

$$d_{2C_{35}} = \max\{d_{23}, d_{25}\} = 10,$$

$$d_{4C_{35}} = \max\{d_{43}, d_{45}\} = 9.$$

于是新的距离矩阵为

$$\mathcal{D} = \begin{array}{c|cccc} & 1 & 2 & 4 & C_{35} \\ \hline 1 & 0 & 9 & 6 & 11 \\ 2 & 9 & 0 & 5 & 10 \\ 4 & 6 & 5 & 0 & 9 \\ C_{35} & 11 & 10 & 9 & 0 \end{array}.$$

(3) 观察新的距离矩阵, 个体 2 和个体 4 的距离 (等于 5) 最小, 记为类 C_{24}.

(4) 计算类 C_{24} 与个体 1、类 C_{35} 的距离,

$$d_{C_{24}C_{35}} = \max\{d_{2C_{35}}, d_{4C_{35}}\} = 10,$$

$$d_{1C_{24}} = \max\{d_{12}, d_{14}\} = 9.$$

于是新的距离矩阵为

$$\mathcal{D} = \begin{array}{c|ccc} & 1 & C_{24} & C_{35} \\ \hline 1 & 0 & 9 & 11 \\ C_{24} & 9 & 0 & 10 \\ C_{35} & 11 & 10 & 0 \end{array}.$$

(5) 观察新的距离矩阵, 个体 1 和 C_{24} 的距离 (等于 9) 最小, 于是将个体 1 划入类 C_{24}, 记为类 C_{24+1}.

(6) 最后将类 C_{35} 和类 C_{24+1} 合为一类, 两类之间的距离为

$$d_{C_{35}C_{24+1}} = \max\{d_{C_{24}C_{35}}, d_{1C_{35}}\} = 11.$$

与最短距离法类似, 应用最长距离法也可以不必每次都重新计算距离矩阵, 使得聚类在实际应用中更高效. 类平均法 (加权或不加权) 是最短距离法和最长距离法的折中, 它计算的是平均距离. 重心法与类平均法类似, 它计算的是类别 R 到类别 $P+Q$ 的加权重心的几何距离.

例题 11.4 试从定义直接证明最长距离法和最短距离法的单调性.

证明 先考虑最短距离法: 设第 L 步从组间距离矩阵 $\boldsymbol{D}^{(L-1)}=(D_{ij}^{(L-1)})$ 出发, 假设

$$D_{pq}^{(L-1)}=\min D_{ij}^{(L-1)},$$

故合并 G_p 和 G_q 为一新类 G_r, 这时第 L 步的并类距离为

$$D_L=D_{pq}^{(L-1)},$$

且新类 G_r 与其他类 G_k 的距离由递推公式可知

$$D_{rk}^{(L)}=\min\left\{D_{pk}^{(L-1)},D_{qk}^{(L-1)}\right\}\geqslant D_{pq}^{(L-1)}=D_{(L)}\quad(k\neq p,q),$$

设第 $L+1$ 步从组间距离矩阵 $\boldsymbol{D}^{(L)}=(D_{ij}^{(L)})$ 出发, 因

$$D_{rk}^{(L)}\geqslant D_{pq}^{(L-1)}\quad(k\neq p,q),$$

$$D_{ij}^{(L)}=D_{ij}^{(L-1)}\geqslant D_L\quad(i,j\neq r,p,q),$$

故第 $L+1$ 步的并类距离为

$$D_{L+1}=\min D_{ij}^{(L)}\geqslant D_L,$$

即最短距离法具有单调性.

类似地, 可以证明最长距离法也具有单调性.

离差平方和法不是将距离最小的类别合并在一起, 而是将合并之后不会增加太多的异质性的类别合并, 即组内的异质性尽可能低. 异质性的临界值是事先给定的. 类别 R 的异质性的度量准则为

$$I_R=\frac{1}{n_R}\sum_{i=1}^{n_R}d^2(\boldsymbol{x}_i,\bar{\boldsymbol{x}}_R),\tag{11.12}$$

其中, $\bar{\boldsymbol{x}}_R$ 是组内均值. 若采用欧氏距离, 则 I_R 表示 R 组内方差之和. 两个类合并后, $P+Q$ 的异质性增大. 相较于合并之前的 I_P 和 I_Q, I_{P+Q} 异质性的增加值为

$$\Delta(P,Q)=\frac{n_Pn_Q}{n_P+n_Q}d^2(P,Q),\tag{11.13}$$

因此, 离差平方和法可以概括为, 将产生 $\Delta(P,Q)$ 最小的两个类合并. 可以证明, P、Q 合并后, 新的判别值等价于式 (11.9) 代入表 11.2 相应的 δ 后的取值.

11.2 节曾说明, 所有算法会根据 $\boldsymbol{\mathcal{A}}$ 的不同而调整, 如果聚类算法的结果要以低维 (通过主成分分析或对应分析降维) 图像呈现, 就要注意 $\boldsymbol{\mathcal{A}}$ 的选取前后一致.

11.4 应用举例

R 软件中鸢尾花数据集总样本量为 150, 包含了三种鸢尾花: 山鸢尾、维吉尼亚鸢尾、彩色鸢尾, 样本量各 50. 每种鸢尾花各自有四个变量: 花萼长度 (cm)、花萼宽度 (cm)、花瓣长度 (cm) 和花瓣宽度 (cm). 若将把 150 个鸢尾花样本数据混合在一起, 并且对应的鸢尾花品种未知, 考虑对这 150 个数据进行聚类, 并比较聚类结果与真实的鸢尾花品种之间的差异.

为了更好地理解不同相近程度度量准则对聚类的影响, 分别使用最长距离法、类平均法和离差平方和法对鸢尾花数据集进行聚类.

首先基于最长距离法来进行系统聚类, 聚类树枝型分类图如图 11.1 所示.

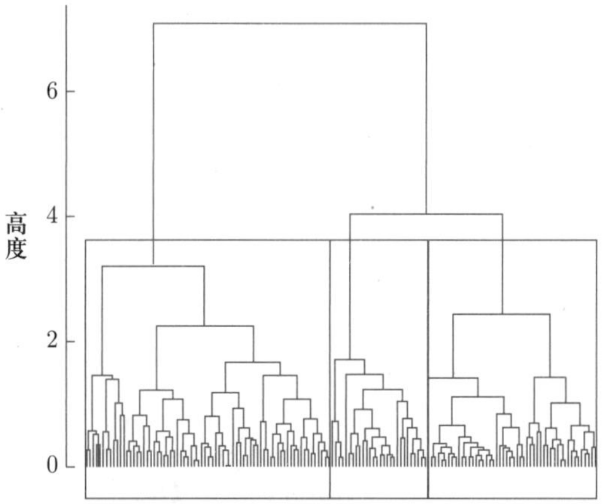

图 11.1　基于最长距离法的鸢尾花数据集聚类结果

由图 11.1 可知 150 个鸢尾花数据样本大致可以分为三大类, 但是各类别的规模明显有差异, 不像原数据那样, 每一类都有 50 个样本点. 为了更清楚地看出分类后的每个类别中分别包含了哪些种类的鸢尾花, 将聚类结果编为三组, 表示为 id $= 1, 2, 3$, 将聚类结果与原数据集中的鸢尾花种类作比较, 归纳在表 11.3 中.

表 11.3　基于最长距离法的聚类结果与真实结果对比表

聚类 id	山鸢尾	彩色鸢尾	维吉尼亚鸢尾
1	50	0	0
2	0	23	49
3	0	27	1

由表 11.3 可归纳出如下结果:

(1) 类别 1 应该是山鸢尾花类, 因为该类别包含的全是该种类的鸢尾花; 类别 2 应该是维吉尼亚鸢尾花, 因为其包含的维吉尼亚鸢尾花个数明显多于彩色鸢尾花; 类别 3 是彩色鸢尾花;

(2) 聚类结果明显与原始数据有着比较大的差异, 其中, 山鸢尾花的聚类效果较好, 维吉尼亚鸢尾花与彩色鸢尾花的区别效果不大.

计算聚类后三个子类各自对应的四个变量的均值, 归纳在表 11.4 中.

表 11.4 基于最长距离法的各子类指标均值对比表

类别	花萼长度/cm	花萼宽度/cm	花瓣长度/cm	花瓣宽度/cm
1	5.01	3.43	1.46	0.25
2	6.55	2.96	5.27	1.85
3	5.53	2.64	3.96	1.23

从表 11.4 中可以更清楚地看到三个类别的特征差异. 平均而言, 第一个类别的花萼长度最短, 但是花萼宽度最宽. 第二个类别的花瓣长度最长, 并且花瓣宽度最宽. 而第三个类别无论在花瓣还是萼片的相关指标中, 都处于中等的位置.

其次, 我们基于类平均法进行聚类, 聚类树枝型分类图如图 11.2 所示.

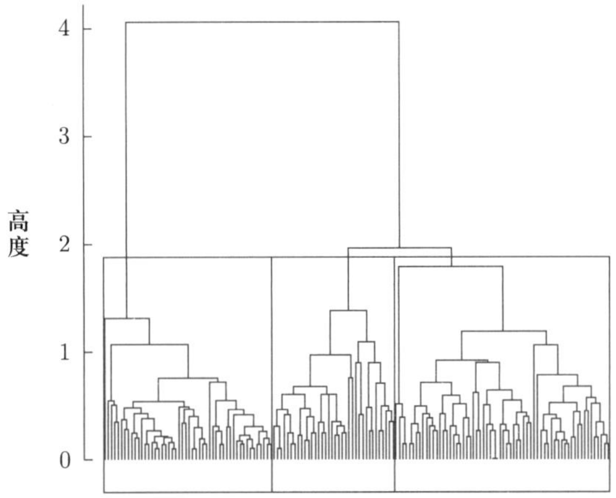

图 11.2 基于类平均法的鸢尾花数据集聚类结果

与基于最长距离法的聚类结果相比, 该结果存在明显的差异. 基于类平均法的聚类结果中, 第三子类包含的样本量最大. 将聚类结果编为三组并与原始数据集中的鸢尾花种类作比较, 分别以 id = 1, 2, 3 表示, 见表 11.5.

表 11.5 基于类平均法的聚类结果与真实结果对比表

聚类 id	山鸢尾	彩色鸢尾	维吉尼亚鸢尾
1	50	0	0
2	0	50	14
3	0	0	36

由表 11.5 可知, 该聚类结果比最长距离法下的聚类结果理想, 维吉尼亚鸢尾花与彩色鸢尾花的区别度有所提高. 计算了聚类后三个子类各自对应的四个变量的均值, 见表 11.6. 这三个类别的特征差异与基于最长距离法聚类后的类别特征差异较为相似. 第一个类别仍然是花萼长度最短, 花萼宽度最宽. 第三个类别的花瓣长度最长, 并且花瓣宽度最宽. 而第二个类别无论在花瓣还是萼片的相关指标中, 都处于中等的位置.

表 11.6　基于类平均法的各子类指标均值对比表

类别	花萼长度/cm	花萼宽度/cm	花瓣长度/cm	花瓣宽度/cm
1	5.01	3.43	1.46	0.25
2	5.93	2.76	4.41	1.44
3	6.85	3.08	5.79	2.10

最后, 基于离差平方和法进行聚类, 聚类树枝型分类图如图 11.3 所示. 聚类结果显示, 150 个样本可以分为三大类. 表 11.7 为聚类结果与原始数据集中的鸢尾花种类作比较的结果, 与类平均法下的聚类结果一样. 聚类后三个子类各自对应的四个变量的均值也是与类平均法下的聚类结果一样.

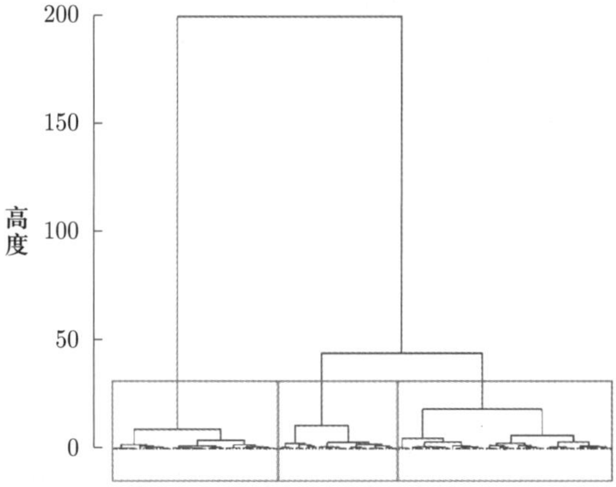

聚类分析的 R 代码实码

图 11.3　基于离差平方和法的鸢尾花数据集聚类结果

表 11.7　基于离差平方和法的聚类结果与真实结果对比表

聚类 id	山鸢尾	彩色鸢尾	维吉尼亚鸢尾
1	50	0	0
2	0	50	14
3	0	0	36

习　题　11

习题 11.1　求下列五个观测值和两个变量数据的常用距离:

	x_1	x_2
1	5	7
2	7	1
3	3	2
4	6	5
5	6	6

习题 11.2　求下列二值变量表在不同度量下的距离:

	x_1	x_2	x_3	x_4	x_5	x_6	x_7	x_8
1	0	1	1	0	0	1	1	0
2	1	1	1	0	1	0	1	1
3	0	1	0	1	1	0	1	0

习题 11.3　聚类分析包括哪两个基本步骤?

习题 11.4　使用重心法对鸢尾花数据集进行聚类, 并将聚类结果与 11.4 节中三种方法下的聚类结果进行比较.

习题 11.5　聚类分析的基本思想和功能是什么?

习题 11.6　试述系统聚类法的原理和具体步骤.

习题 11.7　简述聚类分析在实际应用中的优缺点.

习题 11.8　简述基于密度的聚类算法 DBSCAN 的步骤及其算法的优缺点.

第 12 章

判别分析

12.1 已知分布的分配原则

判别分析由一系列的方法和工具构成, 用来分辨不同总体 Π_j 以及决定如何将新的观测分配到不同总体中.

一般地, 假设有总体 Π_j, $j = 1, 2, \cdots, J$, 考虑将观测 $\boldsymbol{x}$ 分入其中一类. 一个判别准则是将样本空间 (一般为 $\mathbf{R}^p$) 划分为子集 R_j, $j = 1, 2, \cdots, J$, 使得当 $\boldsymbol{x} \in R_j$ 时, $\boldsymbol{x}$ 被识别为总体 Π_j 的样本. 判别分析的主要任务是找到好的划分子集 R_j, $j = 1, 2, \cdots, J$, 使得误判率达到最小. 下面将描述当总体分布已知时的判别准则.

12.1.1 极大似然判别准则

记 $f_j(\boldsymbol{x})$ 为总体 Π_j 的密度函数. 极大似然判别准则 (ML 准则) 指的是通过最大化似然函数找到 $\boldsymbol{x}$ 的分类 Π_j, 即 $L_j(\boldsymbol{x}) = f_j(\boldsymbol{x}) = \max\limits_i f_i(\boldsymbol{x})$. 如果同时有几个 f_i 给出了同样的最大值, 那么可以选择其中任何一个作为 $\boldsymbol{x}$ 的分类. 将准则符号化, 通过极大似然判别准则给出的子集 R_j 定义为

$$R_j = \{\boldsymbol{x}\colon L_j(\boldsymbol{x}) > L_i(\boldsymbol{x}), \quad i = 1, 2, \cdots, J, \ i \neq j\}. \tag{12.1}$$

分类的过程可能会遇到错判的问题. 对于 $J = 2$ 的情形, 样本来自第一个总体而被分入第二个总体中的概率为

$$p_{21} = P(\boldsymbol{X} \in R_2 | \Pi_1) = \int_{R_2} f_1(\boldsymbol{x}) \mathrm{d}\boldsymbol{x}. \tag{12.2}$$

类似地, 样本来自第二个总体而被分入第一类的概率为

$$p_{12} = P(\boldsymbol{X} \in R_1 | \Pi_2) = \int_{R_1} f_2(\boldsymbol{x}) \mathrm{d}\boldsymbol{x}. \tag{12.3}$$

当一个来自总体 Π_j 的观测属于 R_i 时, 会产生错判的成本, 以 $C(i|j)$ 表示. 成本结构可以表示为一个成本矩阵

		分类总体	
		Π_1	Π_2
实际总体	Π_1	0	$C(2\|1)$
	Π_2	$C(1\|2)$	0

令 π_j 表示总体 Π_j 的先验概率, 其中先验的含义为在获得新样本 $\boldsymbol{x}$ 之前, 一个随机挑选的样本属于 Π_j 的概率. 以音乐曲调的分类为例, 如果在一个特定时期, 大部分的音乐曲调都是某个作曲家的作品, 那么此时期的某个乐曲就更有可能是出自这个作曲家之手, 因此在对乐曲进行分类时, 该作曲家将获得一个更高的先验概率.

期望错判损失定义为

$$ECM = C(2|1)p_{21}\pi_1 + C(1|2)p_{12}\pi_2. \tag{12.4}$$

考虑能够使期望错判损失较小或是在一类准则中使期望错判损失最小的分类准则. 在两总体情形中, 使(12.4) 最小的分类准则由下面的定理给出.

定理 12.1 对于给定的两个总体, 使期望错判损失最小的准则如下:

$$R_1 = \left\{\boldsymbol{x}\colon \frac{f_1(\boldsymbol{x})}{f_2(\boldsymbol{x})} \geqslant \left(\frac{C(1|2)}{C(2|1)}\right)\left(\frac{\pi_2}{\pi_1}\right)\right\},$$

$$R_2 = \left\{\boldsymbol{x}\colon \frac{f_1(\boldsymbol{x})}{f_2(\boldsymbol{x})} < \left(\frac{C(1|2)}{C(2|1)}\right)\left(\frac{\pi_2}{\pi_1}\right)\right\}.$$

下面将通过银行评估的例子说明定理 12.1.

例题 12.1 假设 Π_1 代表了不合格客户的总体, 若来自该总体的客户被错判为合格的客户, 那么会造成成本 $C(2|1)$. 类似地, 定义 $C(1|2)$ 为由于错判损失了一个合格客户所付出的成本. 令 γ 表示对合格客户分类正确给银行带来的收益, 那么银行的总收益为

$$\begin{aligned} G(R_2) = &-C(2|1)\pi_1 \int I(\boldsymbol{x}\in R_2)f_1(\boldsymbol{x})\mathrm{d}\boldsymbol{x} - C(1|2)\pi_2 \int [1 - I(\boldsymbol{x}\in R_2)]f_2(\boldsymbol{x})\mathrm{d}\boldsymbol{x} + \\ &\gamma\pi_2 \int I(\boldsymbol{x}\in R_2)f_2(\boldsymbol{x})\mathrm{d}\boldsymbol{x} \\ = &-C(1|2)\pi_2 + \int I(\boldsymbol{x}\in R_2)[-C(2|1)\pi_1 f_1(\boldsymbol{x}) + (C(1|2)+\gamma)\pi_2 f_2(\boldsymbol{x})]\mathrm{d}\boldsymbol{x}. \end{aligned}$$

因为等式右边的第一项为常值, 显然要最大化上式, 即求

$$R_2 = \{\boldsymbol{x}\colon -C(2|1)\pi_1 f_1(\boldsymbol{x}) + (C(1|2)+\gamma)\pi_2 f_2(\boldsymbol{x}) \geqslant 0\}.$$

这等价于

$$R_2 = \left\{\boldsymbol{x}\colon \frac{f_2(\boldsymbol{x})}{f_1(\boldsymbol{x})} \geqslant \frac{C(2|1)\pi_1}{(C(1|2)+\gamma)\pi_2}\right\},$$

当 $\gamma = 0$ 时, 恰好对应于定理 12.1 中的集合 R_2.

例题 12.2 假设 $x \in \{0,1\}$, 且

$$\Pi_1\colon P(X=0) = P(X=1) = \frac{1}{2},$$

$$\Pi_2\colon P(X=0) = \frac{3}{4} = 1 - P(X=1).$$

样本空间是集合 $\{0,1\}$, 根据极大似然判别准则, 要将 $x=1$ 划分至 Π_1, 将 $x=0$ 划分至 Π_2, 即定义集合 $R_1=\{1\}$, $R_2=\{0\}$, 则 $R_1\bigcup R_2=\{0,1\}$.

例题 12.3　考虑两个正态总体

$$\Pi_1\colon N(\mu_1,\sigma_1^2),$$
$$\Pi_2\colon N(\mu_2,\sigma_2^2).$$

那么

$$L_i(x)=(2\pi\sigma_i^2)^{-1/2}\exp\left\{-\frac{1}{2}\left(\frac{x-\mu_i}{\sigma_i}\right)^2\right\}.$$

因此, 如果 $L_1(x)\geqslant L_2(x)$, 那么 x 被分到总体 Π_1. 注意到 $L_1(x)\geqslant L_2(x)$ 等价于

$$\frac{\sigma_2}{\sigma_1}\exp\left\{-\frac{1}{2}\left[\left(\frac{x-\mu_1}{\sigma_1}\right)^2-\left(\frac{x-\mu_2}{\sigma_2}\right)^2\right]\right\}\geqslant 1,$$

或

$$x^2\left(\frac{1}{\sigma_1^2}-\frac{1}{\sigma_2^2}\right)-2x\left(\frac{\mu_1}{\sigma_1^2}-\frac{\mu_2}{\sigma_2^2}\right)+\left(\frac{\mu_1^2}{\sigma_1^2}-\frac{\mu_2^2}{\sigma_2^2}\right)\leqslant 2\ln\frac{\sigma_2}{\sigma_1}. \tag{12.5}$$

假设 $\mu_1=0$, $\sigma_1=1$ 且 $\mu_2=1$, $\sigma_2=\dfrac{1}{2}$. 由式(12.5) 可推出

$$R_1=\left\{x\colon x\leqslant\frac{1}{3}(4-\sqrt{4+6\ln 2})\quad 或\quad x\geqslant\frac{1}{3}(4+\sqrt{4+6\ln 2})\right\},$$
$$R_2=R_1^C.$$

示意图参见图 12.1.

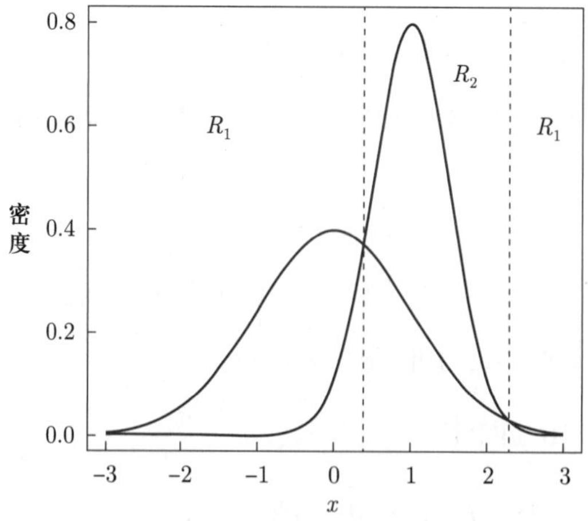

图 12.1　正态总体的极大似然判别准则

当方差相同即 $\sigma_1=\sigma_2$ 时, 问题的解可以简化. 不妨设 $\mu_1<\mu_2$, 判别准则 (12.5) 就变成了

$$x\to\Pi_1,\ \text{如果}\ x\in R_1=\left\{x\colon x\leqslant\frac{1}{2}(\mu_1+\mu_2)\right\},$$
$$x\to\Pi_2,\ \text{如果}\ x\in R_2=\left\{x\colon x>\frac{1}{2}(\mu_1+\mu_2)\right\}.\tag{12.6}$$

定理 12.2 说明, 对于多元正态样本, 极大似然判别准则与马氏距离直接相关. 由于极大似然判别准则基于线性组合, 因此属于线性判别分析方法.

定理 12.2 假设正态总体 $\Pi_i\colon N_p(\boldsymbol{\mu}_i,\boldsymbol{\Sigma})$,

(1) 极大似然判别准则将 $\boldsymbol{x}$ 分类至 Π_j, 其中 $j\in\{1,2,\cdots,J\}$ 使 $\boldsymbol{x}$ 与 $\boldsymbol{\mu}_i$ 之间平方马氏距离最小:

$$\delta^2(\boldsymbol{x},\boldsymbol{\mu}_i)=(\boldsymbol{x}-\boldsymbol{\mu}_i)^{\mathrm{T}}\boldsymbol{\Sigma}^{-1}(\boldsymbol{x}-\boldsymbol{\mu}_i),\quad i=1,2,\cdots,J;$$

(2) 在 $J=2$ 的情形下,

$$\boldsymbol{x}\in R_1\Leftrightarrow\boldsymbol{\alpha}^{\mathrm{T}}(\boldsymbol{x}-\boldsymbol{\mu})\geqslant 0,$$

其中, $\boldsymbol{\alpha}=\boldsymbol{\Sigma}^{-1}(\boldsymbol{\mu}_1-\boldsymbol{\mu}_2)$ 且 $\boldsymbol{\mu}=\dfrac{1}{2}(\boldsymbol{\mu}_1+\boldsymbol{\mu}_2)$.

证明 定理 12.2 (1) 可以通过对比似然函数直接得出. 对于 $J=2$, 如果

$$(\boldsymbol{x}-\boldsymbol{\mu}_1)^{\mathrm{T}}\boldsymbol{\Sigma}^{-1}(\boldsymbol{x}-\boldsymbol{\mu}_1)\leqslant(\boldsymbol{x}-\boldsymbol{\mu}_2)^{\mathrm{T}}\boldsymbol{\Sigma}^{-1}(\boldsymbol{x}-\boldsymbol{\mu}_2).$$

(1) 是指将 $\boldsymbol{x}$ 分到 Π_1.

上式可改写为

$$-2\boldsymbol{\mu}_1^{\mathrm{T}}\boldsymbol{\Sigma}^{-1}\boldsymbol{x}+2\boldsymbol{\mu}_2^{\mathrm{T}}\boldsymbol{\Sigma}^{-1}\boldsymbol{x}+\boldsymbol{\mu}_1^{\mathrm{T}}\boldsymbol{\Sigma}^{-1}\boldsymbol{\mu}_1-\boldsymbol{\mu}_2^{\mathrm{T}}\boldsymbol{\Sigma}^{-1}\boldsymbol{\mu}_2\leqslant 0,$$

等价于

$$2(\boldsymbol{\mu}_2-\boldsymbol{\mu}_1)^{\mathrm{T}}\boldsymbol{\Sigma}^{-1}\boldsymbol{x}+(\boldsymbol{\mu}_1-\boldsymbol{\mu}_2)^{\mathrm{T}}\boldsymbol{\Sigma}^{-1}(\boldsymbol{\mu}_1+\boldsymbol{\mu}_2)\leqslant 0,$$
$$(\boldsymbol{\mu}_1-\boldsymbol{\mu}_2)^{\mathrm{T}}\boldsymbol{\Sigma}^{-1}\left[\boldsymbol{x}-\frac{1}{2}(\boldsymbol{\mu}_1+\boldsymbol{\mu}_2)\right]\leqslant 0,$$
$$\boldsymbol{\alpha}^{\mathrm{T}}(\boldsymbol{x}-\boldsymbol{\mu})\geqslant 0.$$

12.1.2 贝叶斯判别准则

对于前面的例子, 考虑存在先验假设的情形, 以 π_j 表示总体 Π_j 的先验概率, $\sum\limits_{j=1}^{J}\pi_j=1$. 贝叶斯准则是指将 $\boldsymbol{x}$ 分到使 $\pi_i f_i(\boldsymbol{x})$ 取值最大的 Π_j, 即 $\pi_j f_j(\boldsymbol{x})=\max\limits_i\pi_i f_i(\boldsymbol{x})$. 因此, 贝叶斯判别准则可由 $R_j=\{\boldsymbol{x}\colon\pi_j f_j(\boldsymbol{x})\geqslant\pi_i f_i(\boldsymbol{x}),\ i=1,2,\cdots,J\}$ 定义. 显然, 当 $\pi_j=1/J$ 时, 贝叶

斯准则与极大似然判别准则等价.

下面对贝叶斯准则做进一步的修正. 对于所有的 $\boldsymbol{x}$, 以概率 $\phi_j(\boldsymbol{x})$ 将其分到 Π_j, 其中 $\sum_{j=1}^{J}\phi_j(\boldsymbol{x})=1$, 称为随机判别准则. 随机判别准则是确定性判别准则的推广,

$$\phi_j(\boldsymbol{x})=\begin{cases}1, & 当\ \pi_j f_j(\boldsymbol{x})=\max_i \pi_i f_i(\boldsymbol{x})\ 时,\\ 0, & 其他.\end{cases}$$

那么, 哪个判别准则是更好的呢? 为了对判别准则进行比较, 定义

$$p_{ij}=\int \phi_i(\boldsymbol{x})f_j(\boldsymbol{x})\mathrm{d}\boldsymbol{x} \tag{12.7}$$

是将 Π_j 中的 $\boldsymbol{x}$ 错分入 Π_i 的概率. 一个错判概率 p_{ij} 的判别准则不弱于任何其他判别准则 (错判概率 p'_{ij}) 的条件为

$$p_{ii}\geqslant p'_{ii},\quad 对于所有\ i\in\{1,2,\cdots,J\}. \tag{12.8}$$

如果至少对于一个 i, 式 (12.8) 中的不等式成立, 那么我们称第一个准则是更优的. 如果没有比之更优的判别准则, 那么称该判别准则是可容许的.

定理 12.3　*所有的贝叶斯判别准则 (包括极大似然判别准则) 都是可容许的.*

12.1.3　极大似然判别准则的错判概率 ($J=2$)

假设正态总体 Π_i: $N_p(\boldsymbol{\mu}_i,\boldsymbol{\Sigma})$, 在两类的情况下, 不难推出极大似然判别准则的错判概率. 考虑 $p_{12}=P(\boldsymbol{x}\in R_1|\Pi_2)$, 利用定理 12.2 (2) 有,

$$p_{12}=P\{\boldsymbol{\alpha}^{\mathrm{T}}(\boldsymbol{x}-\boldsymbol{\mu})>0|\Pi_2\}.$$

如果 $\boldsymbol{X}\in R_2$, $\boldsymbol{\alpha}^{\mathrm{T}}(\boldsymbol{X}-\boldsymbol{\mu})\sim N\left(-\frac{1}{2}\delta^2,\delta^2\right)$, 其中 $\delta^2=(\boldsymbol{\mu}_1-\boldsymbol{\mu}_2)^{\mathrm{T}}\boldsymbol{\Sigma}^{-1}(\boldsymbol{\mu}_1-\boldsymbol{\mu}_2)$ 是两类总体的平方马氏距离, 可以得到

$$p_{12}=\Phi\left(-\frac{1}{2}\delta\right).$$

类似地, 当 $\boldsymbol{x}$ 是来自总体 Π_1 而被分入总体 Π_2 的概率为 $p_{21}=\Phi\left(-\frac{1}{2}\delta\right)$.

例题 12.4　考虑一个一元正态随机变量, 方差为 4. 若 X 来自总体 π_1, 均值为 0; 若 X 来自总体 π_2, 均值为 14. 假设 $A_1=\{X\in\pi_1\}$, $A_2=\{X\in\pi_2\}$ 具有相同先验概率, 错分损失 $c(1|2)=c(2|1)$, 不妨设为 10; 若 $X\leqslant c$, 则将 X 分到 π_1, 否则将 X 分到 π_2, 记 $B_1=\{X$ 被分到总体 $\pi_1\}$, $B_2=\{X$ 被分到总体 $\pi_2\}$, 则有下表:

c	$P(B_1\|A_2)$	$P(B_2\|A_1)$	$P(A_1B_2)$	$P(A_2B_1)$	错判概率	期望损失
10	0.023	0.500	0.250	0.011	0.261	2.61
11	0.067	0.309	0.154	0.033	0.188	1.88
12	0.159	0.159	0.079	0.079	0.159	1.59
13	0.309	0.067	0.033	0.154	0.188	1.88
14	0.500	0.023	0.011	0.250	0.261	2.61

12.1.4 协方差矩阵不同时的分类

最小期望错判概率依赖于密度函数比 $\dfrac{f_1(\boldsymbol{x})}{f_2(\boldsymbol{x})}$, 等价于 $\ln\{f_1(\boldsymbol{x})\}-\ln\{f_2(\boldsymbol{x})\}$. 当两个密度函数的协方差矩阵不同时, 分类准则变得更加复杂:

$$R_1=\left\{\boldsymbol{x}:\ -\frac{1}{2}\boldsymbol{x}^{\mathrm{T}}(\boldsymbol{\Sigma}_1^{-1}-\boldsymbol{\Sigma}_2^{-1})\boldsymbol{x}+(\boldsymbol{\mu}_1^{\mathrm{T}}\boldsymbol{\Sigma}_1^{-1}-\boldsymbol{\mu}_2^{\mathrm{T}}\boldsymbol{\Sigma}_2^{-1})\boldsymbol{x}-k\geqslant\ln\left[\left(\frac{C(1|2)}{C(2|1)}\right)\left(\frac{\pi_2}{\pi_1}\right)\right]\right\},$$

$$R_2=\left\{\boldsymbol{x}:\ -\frac{1}{2}\boldsymbol{x}^{\mathrm{T}}(\boldsymbol{\Sigma}_1^{-1}-\boldsymbol{\Sigma}_2^{-1})\boldsymbol{x}+(\boldsymbol{\mu}_1^{\mathrm{T}}\boldsymbol{\Sigma}_1^{-1}-\boldsymbol{\mu}_2^{\mathrm{T}}\boldsymbol{\Sigma}_2^{-1})\boldsymbol{x}-k<\ln\left[\left(\frac{C(1|2)}{C(2|1)}\right)\left(\frac{\pi_2}{\pi_1}\right)\right]\right\}.$$

其中 $k=\dfrac{1}{2}\ln\left(\dfrac{|\boldsymbol{\Sigma_1}|}{|\boldsymbol{\Sigma_2}|}\right)+\dfrac{1}{2}(\boldsymbol{\mu}_1^{\mathrm{T}}\boldsymbol{\Sigma}_1^{-1}\boldsymbol{\mu}_1-\boldsymbol{\mu}_2^{\mathrm{T}}\boldsymbol{\Sigma}_2^{-1}\boldsymbol{\mu}_2)$. 分类区域是由二次函数确定, 属于二次判别分析方法的一种. 当 $\boldsymbol{\Sigma}_1=\boldsymbol{\Sigma}_2$ 时, $\dfrac{1}{2}\boldsymbol{x}^{\mathrm{T}}(\boldsymbol{\Sigma}_1^{-1}-\boldsymbol{\Sigma}_2^{-1})\boldsymbol{x}=0$, 该判别准则等价于二次判别准则.

例题 12.5 假设 $\boldsymbol{x}$ 可能来自如下两个总体:

π_1: 均值为 $\boldsymbol{\mu}_1$, 方差为 $\boldsymbol{\Sigma}_1$ 的正态总体,
π_2: 均值为 $\boldsymbol{\mu}_2$, 方差为 $\boldsymbol{\Sigma}_2$ 的正态总体.

记密度函数分别为 $f_1(\boldsymbol{x})$ 和 $f_2(\boldsymbol{x})$, 寻找如下表达形式的二次判别式:

$$Q=\ln\left(\frac{f_1(\boldsymbol{x})}{f_2(\boldsymbol{x})}\right),$$

$$\begin{aligned}Q=\ln\left(\frac{f_1(\boldsymbol{x})}{f_2(\boldsymbol{x})}\right)&=-\frac{1}{2}\ln|\boldsymbol{\Sigma}_1|-\frac{1}{2}(\boldsymbol{x}-\boldsymbol{\mu}_1)^{\mathrm{T}}\boldsymbol{\Sigma}_1^{-1}(\boldsymbol{x}-\boldsymbol{\mu}_1)+\\&\frac{1}{2}\ln|\boldsymbol{\Sigma}_2|+\frac{1}{2}(\boldsymbol{x}-\boldsymbol{\mu}_2)^{\mathrm{T}}\boldsymbol{\Sigma}_2^{-1}(\boldsymbol{x}-\boldsymbol{\mu}_2)\\&=-\frac{1}{2}\boldsymbol{x}^{\mathrm{T}}(\boldsymbol{\Sigma}_1^{-1}-\boldsymbol{\Sigma}_2^{-1})\boldsymbol{x}+\boldsymbol{x}^{\mathrm{T}}\boldsymbol{\Sigma}_1^{-1}\boldsymbol{\mu}_1-\boldsymbol{x}^{\mathrm{T}}\boldsymbol{\Sigma}_2^{-1}\boldsymbol{\mu}_2-k,\end{aligned}$$

其中, $k=\dfrac{1}{2}\left[\ln\left(\dfrac{|\boldsymbol{\Sigma}_1|}{|\boldsymbol{\Sigma}_2|}\right)+\boldsymbol{\mu}_1^{\mathrm{T}}\boldsymbol{\Sigma}_1^{-1}\boldsymbol{\mu}_1-\boldsymbol{\mu}_2^{\mathrm{T}}\boldsymbol{\Sigma}_2^{-1}\boldsymbol{\mu}_2\right]$.

12.2 实际中的判别准则

若数据分布中的参数已知, 可以使用极大似然判别准则. 例如, 假设数据来自 J 组多元正态分布 $N_p(\boldsymbol{\mu}_j, \boldsymbol{\Sigma})$, 每组有 n_j 个观测. 利用 $\bar{\boldsymbol{x}}_j$ 估计 $\boldsymbol{\mu}_j$, 利用 $\boldsymbol{S}_j$ 估计 $\boldsymbol{\Sigma}$, 共同的协方差矩阵可以用(12.9) 估计,

$$\boldsymbol{S}_{\boldsymbol{u}} = \sum_{j=1}^{J} n_j \left(\frac{\boldsymbol{S}_{\boldsymbol{j}}}{n-J}\right), \tag{12.9}$$

其中, $n = \sum_{j=1}^{J} n_j$. 所以, 定理 12.2 中极大似然判别准则的经验形式为: 如果 j 能最小化

$$(\boldsymbol{x} - \bar{\boldsymbol{x}}_i)^{\mathrm{T}} \boldsymbol{S}_{\boldsymbol{u}}^{-1} (\boldsymbol{x} - \bar{\boldsymbol{x}}_i), \quad i \in \{1, 2 \cdots, J\},$$

那么将一个新的观测 $\boldsymbol{x}$ 分入 $\varPi_j$.

当 $J = 3$ 时, 分类区域可以如下计算:

$$h_{12}(\boldsymbol{x}) = (\bar{\boldsymbol{x}}_1 - \bar{\boldsymbol{x}}_2)^{\mathrm{T}} \boldsymbol{S}_{\boldsymbol{u}}^{-1} \left[\boldsymbol{x} - \frac{1}{2}(\bar{\boldsymbol{x}}_1 + \bar{\boldsymbol{x}}_2)\right],$$

$$h_{13}(\boldsymbol{x}) = (\bar{\boldsymbol{x}}_1 - \bar{\boldsymbol{x}}_3)^{\mathrm{T}} \boldsymbol{S}_{\boldsymbol{u}}^{-1} \left[\boldsymbol{x} - \frac{1}{2}(\bar{\boldsymbol{x}}_1 + \bar{\boldsymbol{x}}_3)\right],$$

$$h_{23}(\boldsymbol{x}) = (\bar{\boldsymbol{x}}_2 - \bar{\boldsymbol{x}}_3)^{\mathrm{T}} \boldsymbol{S}_{\boldsymbol{u}}^{-1} \left[\boldsymbol{x} - \frac{1}{2}(\bar{\boldsymbol{x}}_2 + \bar{\boldsymbol{x}}_3)\right].$$

此时的准则是将 $\boldsymbol{x}$ 分入

$$\begin{cases} \varPi_1, & h_{12}(\boldsymbol{x}) \geqslant 0 \text{ 且 } h_{13}(\boldsymbol{x}) \geqslant 0. \\ \varPi_2, & h_{12}(\boldsymbol{x}) < 0 \text{ 且 } h_{23}(\boldsymbol{x}) \geqslant 0. \\ \varPi_3, & h_{13}(\boldsymbol{x}) < 0 \text{ 且 } h_{23}(\boldsymbol{x}) < 0. \end{cases}$$

12.2.1 错判概率的估计

式 (12.7) 给出了错判概率, 实际中, 将错判概率 (12.7) 中的未知参数替换为相应的估计量. 利用两正态总体的极大似然判别准则有,

$$\hat{p}_{12} = \hat{p}_{21} = \varPhi\left(-\frac{1}{2}\hat{\delta}\right),$$

其中 $\hat{\delta}^2 = (\bar{\boldsymbol{x}}_1 - \bar{\boldsymbol{x}}_2)^{\mathrm{T}} \boldsymbol{S}_{\boldsymbol{u}}^{-1} (\bar{\boldsymbol{x}}_1 - \bar{\boldsymbol{x}}_2)$ 是 δ^2 的估计.

错判概率也可以通过再置换法来估计. 按照选择的准则重新将每个原始观测 $\boldsymbol{x}_i$, $i = 1, 2, \cdots$, n 分入 $\varPi_1, \varPi_2, \cdots, \varPi_J$. 用 n_{ij} 表示来自 $\varPi_j$ 的观测被分入 $\varPi_i$ 的个数, $\hat{p}_{ij} = \dfrac{n_{ij}}{n_j}$ 为 p_{ij} 的一个

估计. 显然这种方法对于估计 p_{ij} 太过乐观, 但它提供了一个对判别准则效果的粗略度量. 矩阵 $(\hat{p}_{ij})$ 为混淆矩阵.

例题 12.6 表观误判率为被错分的观测样本的比例. 为了计算表观误判率, 每个样本都用两次: 第一次是用来构造分类准则, 第二次是为了评价这个准则. 使用鸢尾花数据计算表观误判率, 其中 Π_1 为山鸢尾总体, Π_2 为彩色鸢尾总体, Π_3 为维吉利亚鸢尾总体.

混淆矩阵为

$$\begin{array}{cc} & \text{实际总体} \\ & \begin{array}{ccc} \Pi_1 & \Pi_2 & \Pi_3 \end{array} \\ \text{预测总体} & \begin{array}{c} \Pi_1 \\ \Pi_2 \\ \Pi_3 \end{array} \begin{pmatrix} 1 & 0 & 0 \\ 0 & 0.96 & 0.04 \\ 0 & 0.02 & 0.98 \end{pmatrix} \end{array}.$$

表观误判率为 $3/150 = 2\%$.

比较 11.4 节的结果, 表观误判率显然比实际的低, 2% 的误判率可能过于乐观. 修正该偏差的方法称为维持验证, 对于两个总体, 该过程如下:

(1) 从第一个总体 Π_1 开始. 省略一个观测, 使用剩余的 $n_1 + n_2 - 1$ 个观测构造判别法则;

(2) 使用第 (1) 步中构造的判别法则对维持样本分类;

(3) 重复第 (1) 步和第 (2) 步直到 Π_1 中的观测分类完成. 令 n'_{21} 表示被错分的观测数;

(4) 对总体 Π_2 重复前三步, 令 n'_{12} 表示被错分的观测数.

错判概率的估计为

$$\hat{p}'_{12} = \frac{n'_{12}}{n_2}, \quad \hat{p}'_{21} = \frac{n'_{21}}{n_1}.$$

实际错判率的估计为

$$\frac{n'_{12} + n'_{21}}{n_2 + n_1}. \tag{12.10}$$

由于其无偏性, 统计学家更偏爱实际错判率而非表观误判率. 但在样本量很大时, 实际错判率的巨大计算量会抵消其统计上的优势. 选择哪种方法并不是关键的问题, 因为这两种对错分的测量是渐近等价的.

12.2.2 费希尔线性判别法

另一个常见的方法是由费希尔提出的, 其基本想法是将判别准则建立在映射 $\boldsymbol{a}^{\mathrm{T}}\boldsymbol{x}$ 上, 去寻找一个好的分割. 如果

$$\boldsymbol{\mathcal{Y}} = \boldsymbol{\mathcal{X}}\boldsymbol{a}$$

表示观测的线性组合, 那么 y 的总平方和 $\sum_{i=1}^{n}(y_i - \bar{y})^2$ 就等于

$$\boldsymbol{\mathcal{Y}}^{\mathrm{T}}\boldsymbol{\mathcal{H}}\boldsymbol{\mathcal{Y}} = \boldsymbol{a}^{\mathrm{T}}\boldsymbol{\mathcal{X}}^{\mathrm{T}}\boldsymbol{\mathcal{H}}\boldsymbol{\mathcal{X}}\boldsymbol{a} = \boldsymbol{a}^{\mathrm{T}}\boldsymbol{\mathcal{T}}\boldsymbol{a}, \tag{12.11}$$

这里中心化矩阵 $\mathcal{H} = \boldsymbol{I}_n - n^{-1}\mathbf{1}_n\mathbf{1}_n^{\mathrm{T}}$ 且 $\mathcal{T} = \mathcal{X}^{\mathrm{T}}\mathcal{H}\mathcal{X}$.

假设我们的样本为 $\mathcal{X}_j$, $j = 1, 2, \cdots, J$, 来自 J 个总体. 考虑寻找使组间平方和与组内平方和之比达到最大的线性组合 $\boldsymbol{a}^{\mathrm{T}}\boldsymbol{x}$.

组内平方和为

$$\sum_{j=1}^{J} \mathcal{Y}_j^{\mathrm{T}} \mathcal{H}_j \mathcal{Y}_j = \sum_{j=1}^{J} \boldsymbol{a}^{\mathrm{T}} \mathcal{X}_j^{\mathrm{T}} \mathcal{H}_j \mathcal{X}_j \boldsymbol{a} = \boldsymbol{a}^{\mathrm{T}} \mathcal{W} \boldsymbol{a}, \tag{12.12}$$

其中, $\mathcal{Y}_j$ 表示矩阵 $\mathcal{Y}$ 的子矩阵, 对应于第 j 组的观测, $\mathcal{H}_j$ 表示 $n_j \times n_j$ 中心化矩阵. 组内平方和可以反映每组内的个体差异.

组间平方和定义为

$$\sum_{j=1}^{J} n_j (\bar{y}_j - \bar{y})^2 = \sum_{j=1}^{J} n_j [\boldsymbol{a}^{\mathrm{T}} (\bar{\boldsymbol{x}}_j - \bar{\boldsymbol{x}})]^2 = \boldsymbol{a}^{\mathrm{T}} \mathcal{B} \boldsymbol{a}, \tag{12.13}$$

这里 $\bar{y}_j$ 和 $\bar{\boldsymbol{x}}_j$ 分布表示 $\mathcal{Y}_j$ 和 $\mathcal{X}_j$ 的均值, $\bar{y}$ 和 $\bar{\boldsymbol{x}}$ 分别表示 $\mathcal{Y}$ 和 $\mathcal{X}$ 的样本均值. 组间平方和反映不同组间的个体差异.

总平方和 (12.11) 是组间平方和与组内平方和之和, 即

$$\boldsymbol{a}^{\mathrm{T}} \mathcal{T} \boldsymbol{a} = \boldsymbol{a}^{\mathrm{T}} \mathcal{W} \boldsymbol{a} + \boldsymbol{a}^{\mathrm{T}} \mathcal{B} \boldsymbol{a}.$$

费希尔判别法的思想为选择一个投影向量 $\boldsymbol{a}$ 最大化

$$\frac{\boldsymbol{a}^{\mathrm{T}} \mathcal{B} \boldsymbol{a}}{\boldsymbol{a}^{\mathrm{T}} \mathcal{W} \boldsymbol{a}}. \tag{12.14}$$

定理 12.4 使得式 (12.14) 最大化的向量是与矩阵 $\mathcal{W}^{-1}\mathcal{B}$ 最大特征值对应的特征向量.

考虑判别准则如下: 将 $\boldsymbol{x}$ 分入 j 组使得 $\boldsymbol{a}^{\mathrm{T}}\bar{\boldsymbol{x}}_j$ 与 $\boldsymbol{a}^{\mathrm{T}}\boldsymbol{x}$ 最接近, 即

$$\boldsymbol{x} \to \Pi_j, \quad j = \arg\min_i |\boldsymbol{a}^{\mathrm{T}} (\boldsymbol{x} - \bar{\boldsymbol{x}}_i)|.$$

当 $J = 2$ 时, 判别准则容易计算. 假设第一组有 n_1 个元素, 第二组有 n_2 个元素. 此时,

$$\mathcal{B} = \left(\frac{n_1 n_2}{n} \right) \boldsymbol{d} \boldsymbol{d}^{\mathrm{T}},$$

其中 $\boldsymbol{d} = (\bar{\boldsymbol{x}}_1 - \bar{\boldsymbol{x}}_2)$. $\mathcal{W}^{-1}\mathcal{B}$ 只有一个特征值, 即

$$\mathrm{tr}(\mathcal{W}^{-1}\mathcal{B}) = \left(\frac{n_1 n_2}{n} \right) \boldsymbol{d}^{\mathrm{T}} \mathcal{W}^{-1} \boldsymbol{d},$$

对应的特征向量为 $\boldsymbol{a} = \mathcal{W}^{-1}\boldsymbol{d}$. 相应的判别准则为

$$\boldsymbol{x} \to \Pi_1, \text{ 如果 } \boldsymbol{a}^{\mathrm{T}} \left[\boldsymbol{x} - \frac{1}{2} (\bar{\boldsymbol{x}}_1 + \bar{\boldsymbol{x}}_2) \right] > 0, \tag{12.15}$$

$$\boldsymbol{x} \to \Pi_2, \text{ 如果 } \boldsymbol{a}^{\mathrm{T}} \left[\boldsymbol{x} - \frac{1}{2} (\bar{\boldsymbol{x}}_1 + \bar{\boldsymbol{x}}_2) \right] \leqslant 0.$$

费希尔判别法与投影追踪法联系很紧密, 因为两种统计方法都基于 $\boldsymbol{a}^{\mathrm{T}}\boldsymbol{x}$.

例题 12.7 考虑鸢尾花数据集, 只使用山鸢尾和彩色鸢尾的数据对费希尔判别法进行说明. 用 $\boldsymbol{\mathcal{X}_s}$ 表示来自山鸢尾的 50 个观测, 用 $\boldsymbol{\mathcal{X}_v}$ 表示来自彩色鸢尾的 50 个观测. 在此数据集中, 组间平方和为

$$50[(\bar{y}_s-\bar{y})^2+(\bar{y}_v-\bar{y})^2]=\boldsymbol{a}^{\mathrm{T}}\boldsymbol{\mathcal{B}}\boldsymbol{a}, \tag{12.16}$$

其中 $\bar{y}_s$ 和 $\bar{y}_v$ 分别表示山鸢尾和彩色鸢尾的均值, $\bar{y}=\dfrac{1}{2(\bar{y}_s+\bar{y}_v)}$. 组内平方和为

$$\sum_{i=1}^{50}((y_s)_i-\bar{y}_s)^2+\sum_{i=1}^{50}((y_v)_i-\bar{y}_v)^2=\boldsymbol{a}^{\mathrm{T}}\boldsymbol{\mathcal{W}}\boldsymbol{a}, \tag{12.17}$$

其中 $(y_s)_i=\boldsymbol{a}^{\mathrm{T}}\boldsymbol{x}_i$, $(y_v)_i=\boldsymbol{a}^{\mathrm{T}}\boldsymbol{x}_{i+50}$, $i=1,2,\cdots,50$.

如果

$$\boldsymbol{a}^{\mathrm{T}}(\boldsymbol{x}_0-\bar{\boldsymbol{x}})>0,$$

那么判别准则将样本 $\boldsymbol{x}_0$ 分入山鸢尾总体. 其中 $\boldsymbol{a}=\boldsymbol{\mathcal{W}}^{-1}(\bar{\boldsymbol{x}}_{\boldsymbol{s}}-\bar{\boldsymbol{x}}_{\boldsymbol{v}})$, 反之, 将样本 $\boldsymbol{x}_0$ 分入彩色鸢尾总体. 在本例中,

$$\boldsymbol{a}=(0.031\ 2, 0.183\ 9, -0.222\ 1, -0.314\ 7)^{\mathrm{T}}.$$

使用费希尔判别法预测的结果与实际分类完全相符, 即实际错判率为 0. 图 12.2 展示了对于 $\boldsymbol{y}_s=\boldsymbol{a}^{\mathrm{T}}\boldsymbol{\mathcal{X}}_s$ 和 $\boldsymbol{y}_v=\boldsymbol{a}^{\mathrm{T}}\boldsymbol{\mathcal{X}}_v$ 的概率密度函数的估计, 可以看出它们被很好地分离开.

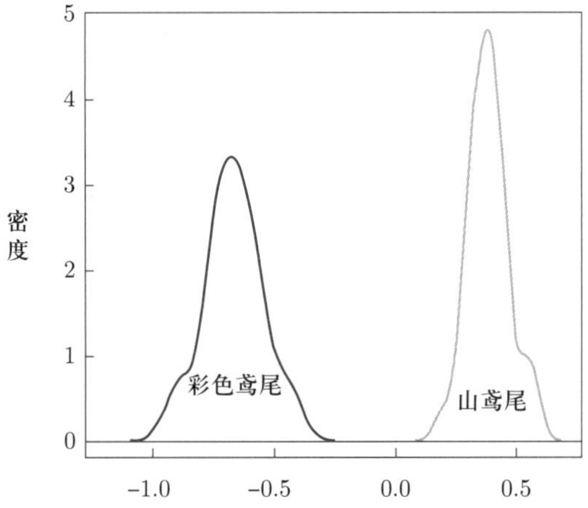

图 12.2 山鸢尾和彩色鸢尾数据投影的密度函数估计

判别分析的
R 代码实现

习 题 12

习题 12.1 证明定理 12.2 (1) 和 (2).

习题 12.2 应用来自定理 12.2 (2) 且 $p=1$ 的法则, 并与例题 12.3 的结果比较.

习题 12.3 计算基于一维变量观测值且有指数分布的极大似然判别法则.

习题 12.4 计算基于二维随机变量的极大似然判别法则, 这里第一个维度上的分量服从指数分布, 另一个分量服从其他分布. 本题得到的判别法则与贝叶斯判别法则有什么区别?

习题 12.5 用先验概率 $\pi_1 = 1/3$ 和 $C(2|1) = 2C(1|2)$ 来重新计算例题 12.3.

习题 12.6 证明: 当协方差矩阵 $(J=2)$ 相同时, 费希尔线性判别准则与极大似然判别准则是一致的.

习题 12.7 假设 $x \in \{0,1,\cdots,10\}$, 利用贝叶斯判别准则, 确定集合 R_1, R_2 和 R_3, 其中

$$\varPi_1\colon X \sim B(10,0.2),\ \text{有先验概率}\ \pi_1 = 0.5;$$

$$\varPi_2\colon X \sim B(10,0.3),\ \text{有先验概率}\ \pi_1 = 0.3;$$

$$\varPi_3\colon X \sim B(10,0.5),\ \text{有先验概率}\ \pi_1 = 0.2.$$

第 13 章

对应分析

13.1 背景介绍

对应分析是近年新发展起来的一种多元相依变量统计分析技术, 通过分析由定性变量构成的交互汇总表来揭示变量间的联系. 对应分析可以揭示同一变量的各个类别之间的差异, 以及不同变量各个类别之间的对应关系. 它的基本思想是将一个列联表的行和列中各元素的比例结构以点的形式在较低维的空间表示出来. 大多数情况下用列联表描述两个变量间的关系非常有用. 这两个变量可以是定性数据或分类变量, 列联表的每行每列代表着对应变量的一个类别. 例如, 在维度为 $n \times p$ 的表 $\mathcal{X}$ 中, x_{ij} 项表示同时落在第 i 行第 j 列的观测值, $i = 1, 2, \cdots, n$, $j = 1, 2, \cdots, p$.

感兴趣的变量也可以是离散的数值变量, 如家庭成员数、保险公司一年要理赔的交通事故数等, 所以该变量每个可能的值都可以定义成一个行类别或列类别. 当然, 连续型的变量也可以纳入考虑范围, 只需将数值离散化, 如分成小区间, 每个区间代表一个类别. 列联表的应用范围广泛, 所以对应分析是常用的分析工具. 对应分析法整个处理过程由两部分组成: 表格和关联图. 对应分析法中的表格是一个二维的表格, 由行和列组成. 在关联图上, 各个样本都浓缩为一个点集合, 而样本的属性变量在图上同样也是以点集合的形式显示出来. 事实上对应分析的思想和主成分分析的思想相似. 主成分分析是把总方差分解成独立的主成分的方差贡献, 对应分析是把关联度的度量分解.

例题 13.1 设有 n 个类型的公司有 p 个办公点, 问: 是否存在某一类型的公司倾向于某一类的办公点? 即是否存在一地点指标对应特定类型的公司?

假设 $n = 3$, $p = 3$, 频数矩阵如下:

$$\boldsymbol{\mathcal{X}} = \begin{pmatrix} 4 & 0 & 2 \\ 0 & 1 & 1 \\ 1 & 1 & 4 \end{pmatrix}$$

其中, 行表示公司类型 A、B、C; 列代表公司地址 X、Y、Z. 如第三行第三列的频数 4 表示 C 类公司有 4 家在地点 Z.

设公司的权重向量为 $\boldsymbol{r} = (r_1, r_2, \cdots, r_n)^{\mathrm{T}}$, 则可定义地点指标 s_j 为

$$s_j = c \sum_{i=1}^{n} r_i \frac{x_{ij}}{x_{\cdot j}}, \tag{13.1}$$

其中$x_{\cdot j}=\sum_{i=1}^{n}x_{ij}$ 是办公地点在 j 地的公司数, c 是一常数. 例如, s_1 表示办公地点在 X 的公司的平均加权频数.

设地点的权重向量为 $\boldsymbol{s}=(s_1,s_2^*,\cdots,s_p)^{\mathrm{T}}$, 则可定义公司指标 r_i 为

$$r_i=c\sum_{j=1}^{p}s_j\frac{x_{ij}}{x_{i\cdot}},\tag{13.2}$$

其中 c 是个常数, $x_{i\cdot}=\sum_{j=1}^{p}x_{ij}$ 是矩阵 $\boldsymbol{\mathcal{X}}$ 第 i 行的元素之和, 即 i 类型的公司数目. 例如, r_2 表示 B 类公司的平均加权频数.

如果式 (13.1) 和 (13.2) 能够同时解得, 那么得到行权向量 $\boldsymbol{r}=(r_1,r_2,\cdots,r_n)^{\mathrm{T}}$ 和列权向量 $\boldsymbol{s}=(s_1,s_2,\cdots,s_p)^{\mathrm{T}}$, 可以在一维的图形上用 r_i, $i=1,2,\cdots,n$ 表示每个行类别, 用 s_j, $j=1,2,\cdots,p$ 表示每个列类别. 如果图形中的 r_i 和 s_j 近距离接近且远离原点, 就表明第 i 行的类别在 (13.1) 中有较大的条件频数 $x_{ij}/x_{\cdot j}$, 第 j 列的类别在 (13.2) 中有较大的条件频数 $x_{ij}/x_{i\cdot}$. 这就表明第 i 行和第 j 列有正相关的关系. 如果图形中的 r_i 和 s_j 离得很远, 那么表明条件频数较小, 或者说行和列间存在负相关关系.

13.2 卡方分解

衡量行和列变量之间相关性的另一种方法是对卡方检验统计量的值进行分解. 旨在检验一个二维列联表的独立性问题的卡方检验方法主要包含两步: 首先在独立性假设的前提下估计表中每个单元的期望值, 然后将相应的观测值与期望值依据下面的统计量进行对比:

$$t=\sum_{i=1}^{n}\sum_{j=1}^{p}(x_{ij}-E_{ij})^2/E_{ij},\tag{13.3}$$

其中 x_{ij} 是单元 (i,j) 观测到的频率值, E_{ij} 是在独立的前提下得到的相应的估计值, 即

$$E_{ij}=\frac{x_{i\cdot}x_{\cdot j}}{x_{\cdot\cdot}},\tag{13.4}$$

此时 $x_{\cdot\cdot}=\sum_{i=1}^{n}x_{i\cdot}$. 在独立性的前提下, t 服从 $\chi^2_{(n-1)(p-1)}$ 分布.

卡方分解需要找出矩阵 $\boldsymbol{C}(n\times p)$ 的奇异值分解, 其中

$$c_{ij}=(x_{ij}-E_{ij})/E_{ij}^{1/2},\tag{13.5}$$

元素 c_{ij} 可以认为是在独立性假设下, 对观测值 x_{ij} 偏离其理论期望值 E_{ij} 的一种度量. 为了简化起见, 定义矩阵 $\boldsymbol{A}(n\times n),\boldsymbol{B}(p\times p)$ 为

$$\boldsymbol{A}=\mathrm{diag}(x_{i\cdot}),\quad \boldsymbol{B}=\mathrm{diag}(x_{\cdot j}).\tag{13.6}$$

通过这两个矩阵可以得到边际行频率 $\boldsymbol{a}(n\times 1)$ 和边际列频率 $\boldsymbol{b}$ $(p\times 1)$,

$$\boldsymbol{a}=\boldsymbol{A}\mathbf{1}_n,\quad \boldsymbol{b}=\boldsymbol{B}\mathbf{1}_p, \tag{13.7}$$

很容易可以证得

$$\boldsymbol{C}\sqrt{\boldsymbol{b}}=\mathbf{0},\quad \boldsymbol{C}^{\mathrm{T}}\sqrt{\boldsymbol{a}}=\mathbf{0}, \tag{13.8}$$

那么 $R=\operatorname{rank}(\boldsymbol{C})\leqslant\min\{n-1,p-1\}$. 矩阵 $\boldsymbol{C}$ 的奇异值分解为

$$\boldsymbol{C}=\boldsymbol{\Gamma}\boldsymbol{\Lambda}\boldsymbol{\Delta}^{\mathrm{T}}, \tag{13.9}$$

其中 $\boldsymbol{\Gamma}$ 是 $\boldsymbol{C}\boldsymbol{C}^{\mathrm{T}}$ 的特征向量组成的矩阵, $\boldsymbol{\Lambda}$ 是 $\boldsymbol{C}^{\mathrm{T}}\boldsymbol{C}$ 的特征向量组成的矩阵,

$$\boldsymbol{\Lambda}=\operatorname{diag}(\lambda_1^{1/2},\lambda_2^{1/2},\cdots,\lambda_R^{1/2})$$

且 $\lambda_1\geqslant\lambda_2\geqslant\cdots\geqslant\lambda_R$. 根据等式 (13.9) 可得

$$c_{ij}=\sum_{k=1}^{R}\lambda_k^{1/2}\gamma_{ik}\delta_{jk}, \tag{13.10}$$

注意到等式 (13.3) 可以写成

$$\operatorname{tr}(\boldsymbol{C}\boldsymbol{C}^{\mathrm{T}})=\sum_{k=1}^{R}\lambda_k=\sum_{i=1}^{n}\sum_{j=1}^{p}c_{ij}^2=t, \tag{13.11}$$

上述关系说明 $\boldsymbol{C}$ 的奇异值分解是将 χ^2 的总值进行分解, 而不是如同第 8 章中, 对所有方差进行分解.

行空间和列空间的对偶关系如下:

对所有的 $k=1,2,\cdots,R$,

$$\boldsymbol{\delta}_k=\frac{1}{\sqrt{\lambda_k}}\boldsymbol{C}^{\mathrm{T}}\boldsymbol{\gamma}_k,\quad \boldsymbol{\gamma}_k=\frac{1}{\sqrt{\lambda_k}}\boldsymbol{C}\boldsymbol{\delta}_k. \tag{13.12}$$

矩阵 $\boldsymbol{C}$ 的行列向量的投影为

$$\boldsymbol{C}\boldsymbol{\delta}_k=\sqrt{\lambda_k}\boldsymbol{\gamma}_k,\quad \boldsymbol{C}^{\mathrm{T}}\boldsymbol{\gamma}_k=\sqrt{\lambda_k}\boldsymbol{\delta}_k. \tag{13.13}$$

注意到特征向量满足

$$\boldsymbol{\delta}_k^{\mathrm{T}}\sqrt{\boldsymbol{b}}=0,\quad \boldsymbol{\gamma}_k^{\mathrm{T}}\sqrt{\boldsymbol{a}}=0. \tag{13.14}$$

由 (13.10) 可知, 分析行列之间的相关关系时, 特征向量 $\boldsymbol{\delta}_k,\boldsymbol{\gamma}_k$ 是主要关注对象. 若式 (13.10) 中第一特征值占主导地位, 则

$$c_{ij}\approx\lambda_1^{1/2}\gamma_{i1}\delta_{j1}, \tag{13.15}$$

当 γ_{i1},δ_{j1} 中的坐标相对于其他坐标都很大且符号相同时, 那么 c_{ij} 也会很大, 同时也表明了列

联表中第 i 行和第 j 列分类之间呈正相关. 如果 γ_{i1}, δ_{j1} 都是值很大且符号相反时, 那么第 i 行和第 j 列之间呈负相关.

在很多情况下, 前两个特征值 λ_1, λ_2 起决定性作用, 并且由特征向量 $\boldsymbol{\gamma}_1, \boldsymbol{\gamma}_2, \boldsymbol{\delta}_1, \boldsymbol{\delta}_2$ 解释的全 χ^2 值的比例很大. 在 (13.13) 式的情形下, 利用 $(\boldsymbol{\gamma}_1, \boldsymbol{\gamma}_2)$ 可以得到表中 n 行之间的关系, $(\boldsymbol{\delta}_1, \boldsymbol{\delta}_2)$ 对表中的 p 列有类似作用.

在对应分析中, 使用矩阵 $\boldsymbol{C}$ 加权的行和加权的列的投影得到图形显示. 令 $\boldsymbol{r}_k(n \times 1)$ 表示 $\boldsymbol{A}^{-1/2}\boldsymbol{C}$ 在 $\boldsymbol{\delta}_k$ 上的投影, $\boldsymbol{s}_k(p \times 1)$ 表示 $\boldsymbol{B}^{-1/2}\boldsymbol{C}^{\mathrm{T}}$ 在 $\boldsymbol{\gamma}_k$ $(k = 1, 2, \cdots, R)$ 上的投影,

$$\boldsymbol{r}_k = \boldsymbol{A}^{-1/2}\boldsymbol{C}\boldsymbol{\delta}_k = \sqrt{\lambda_k}\boldsymbol{A}^{-1/2}\boldsymbol{\gamma}_k, \quad \boldsymbol{s}_k = \boldsymbol{B}^{-1/2}\boldsymbol{C}^{\mathrm{T}}\boldsymbol{\gamma}_k = \sqrt{\lambda_k}\boldsymbol{B}^{-1/2}\boldsymbol{\delta}_k. \tag{13.16}$$

上面的向量有如下的性质:

$$\boldsymbol{r}_k^{\mathrm{T}}\boldsymbol{a} = 0, \quad \boldsymbol{s}_k^{\mathrm{T}}\boldsymbol{b} = 0. \tag{13.17}$$

在每个轴上 $k = 1, 2, \cdots, R$ 得到的投影以自然权重 $\boldsymbol{a}$(矩阵 $\boldsymbol{C}$ 的行边际频率) 在零点对行坐标 $\boldsymbol{r}_k$ 中心化, 以自然权重 $\boldsymbol{b}$(矩阵 $\boldsymbol{C}$ 的列边际频率) 在零点对列坐标 $\boldsymbol{s}_k$ 中心化.

通过式 (13.16) 和矩阵 $\boldsymbol{C}$ 的奇异值分解可知,

$$\boldsymbol{r}_k^{\mathrm{T}}\boldsymbol{A}\boldsymbol{r}_k = \lambda_k, \quad \boldsymbol{s}_k^{\mathrm{T}}\boldsymbol{B}\boldsymbol{s}_k = \lambda_k. \tag{13.18}$$

根据 $\boldsymbol{\delta}_k, \boldsymbol{\gamma}_k$ 之间的对偶关系可知

$$\boldsymbol{r}_k = \frac{1}{\sqrt{\lambda_k}}\boldsymbol{A}^{-1/2}\boldsymbol{C}\boldsymbol{B}^{1/2}\boldsymbol{s}_k, \quad \boldsymbol{s}_k = \frac{1}{\sqrt{\lambda_k}}\boldsymbol{B}^{-1/2}\boldsymbol{C}^{\mathrm{T}}\boldsymbol{A}^{1/2}\boldsymbol{r}_k. \tag{13.19}$$

可以简化为

$$\boldsymbol{r}_k = \sqrt{\frac{x_{\cdot\cdot}}{\lambda_k}}\boldsymbol{A}^{-1}\boldsymbol{X}\boldsymbol{s}_k, \quad \boldsymbol{s}_k = \sqrt{\frac{x_{\cdot\cdot}}{\lambda_k}}\boldsymbol{B}^{-1}\boldsymbol{X}^{\mathrm{T}}\boldsymbol{r}_k. \tag{13.20}$$

对于 $k = 1, 2, \cdots, R$, 上述等式同时满足 (13.1)和 (13.2) 中的关系.

向量 $\boldsymbol{r}_k, \boldsymbol{s}_k$ 分别作为行向量和列向量, 有如下的均值和方差:

$$\bar{r}_k = \frac{1}{x_{\cdot\cdot}}\boldsymbol{r}_k^{\mathrm{T}}\boldsymbol{a} = 0, \quad \bar{s}_k = \frac{1}{x_{\cdot\cdot}}\boldsymbol{s}_k^{\mathrm{T}}\boldsymbol{b} = 0. \tag{13.21}$$

并且

$$\mathrm{Var}(\boldsymbol{r}_k) = \frac{1}{x_{\cdot\cdot}}\sum_{i=1}^{n} x_{i\cdot}r_{ki}^2 = \frac{\boldsymbol{r}_k^{\mathrm{T}}\boldsymbol{A}\boldsymbol{r}_k}{x_{\cdot\cdot}} = \frac{\lambda_k}{x_{\cdot\cdot}}, \quad \mathrm{Var}(\boldsymbol{s}_k) = \frac{1}{x_{\cdot\cdot}}\sum_{i=1}^{p} x_{\cdot j}s_{kj}^2 = \frac{\boldsymbol{s}_k^{\mathrm{T}}\boldsymbol{B}\boldsymbol{s}_k}{x_{\cdot\cdot}} = \frac{\lambda_k}{x_{\cdot\cdot}}. \tag{13.22}$$

因此, $\lambda_k / \sum_{k=1}^{j} \lambda_j$, 卡方统计量 t 分解的第 k 个因子, 可以认为是由因子 k 解释的方差比例. 比例

$$C_a(i, \boldsymbol{r}_k) = \frac{x_{i\cdot}r_{ki}^2}{\lambda_k}, \quad i = 1, 2, \cdots, n, \ k = 1, 2, \cdots, R \tag{13.23}$$

被称为是行 i 对行因子 $\boldsymbol{r}_k$ 的方差的绝对贡献. 这也可以表明哪一个行分类在第 k 个行因子的离差中是最重要的. 类似的, 下面的比例

$$C_a(j, \boldsymbol{s}_k) = \frac{x_{\cdot j} s_{kj}^2}{\lambda_k}, \quad j = 1, 2, \cdots, p, \ \ k = 1, 2, \cdots, R \tag{13.24}$$

被称为是列 j 对列因子 $\boldsymbol{s}_k$ 的方差的绝对贡献. 上述绝对贡献值有助于解释相关分析得到的图像.

13.3 应用举例

在坐标轴上以图的形式展示 $\boldsymbol{X}$ 的 n 行中的 k 轴及 p 列中的 k 轴, $k = 1, 2, \cdots, R$, 是通过 $\boldsymbol{r}_k$ 和 $\boldsymbol{s}_k$ 的元素呈现. 通常, 如果前两个因子解释的方差累积百分比, 即 $\Psi_2 = (\lambda_1 + \lambda_2) \Big/ \sum\limits_{k=1}^{R} \lambda_k$ 充分大时, 二维的图展示即可.

图的解释可以总结为如下几点:

(1) 两行 (两列) 的相近, 表明这两行 (两列) 具有相似的轮廓, 这里轮廓指的是一行 (列) 的条件频数分布; 这两行 (两列) 几乎是成比例的. 反之, 两行 (两列) 的背离则有相反的解释;

(2) 某行与某列的相近, 表明这一行 (列) 在这一列 (行) 上具有相当重要的权重. 与此相反, 某行与某列的距离大反映该列上几乎没有该行的观测 (反之亦然). 当然, 这些结论当数据点远离原点时成立;

(3) 原点是因子 $\boldsymbol{r}_k$ 和 $\boldsymbol{s}_k$ 的平均. 因此, 当某一点 (行或列) 经投影后接近原点时, 表明具有平均轮廓;

(4) 绝对贡献可用来衡量每一行 (列) 在因子方差上的权重;

(5) 上述解释必须基于图形表示的质量来进行, 类似于主成分分析, 这可以用所揭示方差的累计百分比来评估.

注 对应分析可以应用于更一般的矩阵 $\boldsymbol{X}$ $(n \times p)$.

只要对行和列求和具有统计意义 (或自然意义), 评注成立. 这意味着所有的变量具有相同的度量单位. 此时, $x_{\cdot\cdot}$ 由观测现象的总频数构成, 且个体之间 (n 行) 和变量之间 (p 列) 都可以共享这个总频数. $\boldsymbol{X}$ 的行与列的代表, $\boldsymbol{r}_k$ 和 $\boldsymbol{s}_k$ 具有 (13.9)式的基本性质, 反映了哪些变量对每个个体具有重要的权重, 反之亦然. 这种类型的分析是主成分分析的一个替代选择. 主成分分析主要关心的是协方差和相关系数, 而对应分析则分析一类更一般的相关关系 (参考例题 13.2).

例题 13.2 19 世纪 90 年代, 对经常读报纸的比利时居民进行了一项调查. 他们被问及居住地. 可能的回答有 10 个地区: 7 个省 (安特卫普 (anv)、西弗兰德 (for)、东弗兰德 (foc)、埃诺 (hai)、列日 (lig)、林堡 (lim) 和卢森堡 (lux)) 及布鲁塞尔周边的 3 个地区 (弗拉芒 – 布拉班特 (brf)、瓦隆 – 布拉班特 (brw) 及布鲁塞尔市 (bxl)). 他们还被问及经常看的是哪类报纸. 此问题有 15 种可能的回答, 可以分为 3 类: 弗兰德语报纸 (标记以 v 开头), 法语报纸 (标记以 f

开头) 以及双语报纸 (标记以 b 开头). 表 13.1 给出因子对应分析的特征值. 由于前两个特征值约解释了方差的 81%, 两维的展示就很让人满意了.

表 13.1 特征值及方差百分比

λ_j	方差百分比	累积百分比
183.40	0.653	0.653
43.75	0.156	0.809
25.21	0.090	0.898
11.74	0.042	0.940
8.04	0.029	0.969
4.68	0.017	0.985
2.13	0.008	0.993
1.20	0.004	0.997
0.82	0.003	1.000
0.00	0.000	1.000

图 13.1 给出了行投影 (15 种报纸) 和列投影 (10 个地区). 和预期的一样, 地区和所读报纸的类型之间有很高的相关性. 特别地, 安特卫普政府公报 (v_b) 在安特卫普省几乎没人读 (这在图像中是一个异常点). 图左边的点都属于弗兰德, 而右边的点都属于瓦隆. 注意到, 瓦隆–布拉班特和弗拉芒–布拉班特距离布鲁塞尔市不远. 布鲁塞尔市靠近中心并接近读双语报纸. 由于说法语人占多数, 它偏移原点靠右的地方. 前 3 个因子的绝对贡献列在表 13.2 和表 13.3.

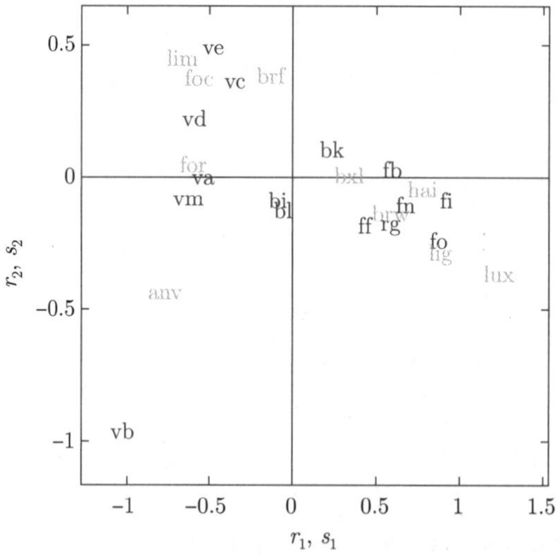

图 13.1 行投影 (15 种报纸) 和列投影 (10 个地区)

表 13.2 和表 13.3 显示了报纸 v_b 和安特卫普在确定因子的方差时起了重要作用. 显然, 第一个坐标轴显示了比利时 3 个部分的语言差异. 第二个坐标轴显示了弗兰德语区比法语区有更大的离散性. 第三个坐标轴展示了 f_i 报纸的重要作用, 且瓦隆–布拉班特 (brw) 和埃诺 (hai) 显示了最重要的贡献. f_i 在这个轴上的坐标是负的, brw 和 hai 的坐标也是负的. 显然, 这两个地区有较大比例的读者选择更本土的报纸.

表 13.2 行因子 r_k 的绝对贡献

	$C_\alpha(i,r_1)$	$C_\alpha(i,r_2)$	$C_\alpha(i,r_3)$
v_a	0.056 3	0.000 8	0.003 6
v_b	0.155 5	0.556 7	0.006 7
v_c	0.024 4	0.117 9	0.026 6
v_d	0.135 2	0.095 2	0.016 4
v_e	0.025 3	0.119 3	0.001 3
f_f	0.031 4	0.018 3	0.059 7
f_g	0.058 5	0.016 2	0.012 2
f_h	0.108 6	0.002 4	0.065 6
f_i	0.100 1	0.002 4	0.637 6
b_g	0.002 9	0.005 5	0.018 7
b_k	0.023 6	0.027 8	0.023 7
b_l	0.000 6	0.009 0	0.006 4
v_m	0.100 0	0.003 8	0.004 7
f_n	0.096 6	0.005 9	0.026 9
f_0	0.081 0	0.018 8	0.089 9
总计	1.000 0	1.000 0	1.000 0

表 13.3 列因子 s_k 的绝对贡献

	$C_\alpha(j,s_1)$	$C_\alpha(j,s_2)$	$C_\alpha(j,s_3)$
brw	0.088 7	0.021 0	0.286 0
bxl	0.125 9	0.001 0	0.096 0
anv	0.299 9	0.434 9	0.002 9
brf	0.006 4	0.237 0	0.009 0
foc	0.072 9	0.140 9	0.003 3
for	0.099 8	0.002 3	0.007 9
hai	0.104 6	0.001 2	0.314 1
lig	0.116 8	0.035 5	0.102 5
lim	0.056 2	0.116 2	0.002 7
lux	0.028 8	0.010 1	0.176 1
总计	1.000 0	1.000 0	1.000 0

13.4 双标图

双标图是数据矩阵 $\boldsymbol{X}$ 的低维展示图, 其中行和列由点来表示. 双标图的解释专门针对低维因子变量的内积, 并用来近似地恢复内积中数据矩阵的单个元素. 考虑一个 10×5 的数据矩阵, 其中的元素为 x_{ij}. 双标图的想法是找到 10 个行点 $\boldsymbol{q}_i\in\mathbf{R}^k$, $k<p$, $i=1,2,\cdots,10$ 和 5 个列点 $\boldsymbol{t}_j\in\mathbf{R}^k$, $j=1,2,\cdots,5$. 令这 50 个行向量与列向量的内积, 可以很近似数据矩阵 $\boldsymbol{X}$ 中的 50 个对应元素. 通常选择 $k=2$. 例如, $\boldsymbol{q}_7$ 和 $\boldsymbol{t}_4$ 应近似第 7 行、第 4 列的数据值 x_{74}. 双标图通常将数据 x_{ij} 建模为某个低维子空间内积与"残差项"之和

$$x_{ij}=\boldsymbol{q}_i^{\mathrm{T}}t_j+e_{ij}=\sum_k q_{ik}t_{jk}+e_{ij}. \tag{13.25}$$

为了理解对应分析与双标图直接的联系, 首先引入重构公式 (13.10), 该式将来自原数据矩阵的 x_{ij} 表示成行频数和列频数, 参见 (13.3).

$$x_{ij}=E_{ij}\left(1+\frac{\sum\limits_{k=1}^{R}\lambda_k^{\frac{1}{2}}\gamma_{ik}\delta_{jk}}{\sqrt{\dfrac{x_{i\cdot}x_{\cdot j}}{x_{\cdot\cdot}}}}\right). \tag{13.26}$$

现在考虑行轮廓 $x_{ij}/x_{i\cdot}$ (条件频数) 和平均行轮廓 $x_{i\cdot}/x_{\cdot\cdot}$. 通过 (13.26) 可以得到每个行轮廓与这个平均轮廓之间的差异

$$\left(\frac{x_{ij}}{x_{i\cdot}}-\frac{x_{i\cdot}}{x_{\cdot\cdot}}\right)=\sum_{k=1}^{R}\lambda_k^{\frac{1}{2}}\gamma_{ik}\left(\sqrt{\frac{x_{\cdot j}}{x_{i\cdot}x_{\cdot\cdot}}}\right)\delta_{jk}. \tag{13.27}$$

同样地, 可以得到每个列轮廓和平均列轮廓之间的差异

$$\left(\frac{x_{ij}}{x_{\cdot j}}-\frac{x_{\cdot j}}{x_{\cdot\cdot}}\right)=\sum_{k=1}^{R}\lambda_k^{\frac{1}{2}}\gamma_{ik}\left(\sqrt{\frac{x_{i\cdot}}{x_{\cdot j}x_{\cdot\cdot}}}\right)\delta_{jk}. \tag{13.28}$$

如果 $\lambda_1 \gg \lambda_2 \gg \lambda_3 \gg \cdots$, 那么用有限的 K 项 (通常取 $K=2$) 近似这些和项, 使用 (13.16) 得到

$$\left(\frac{x_{ij}}{x_{\cdot j}}-\frac{x_{i\cdot}}{x_{\cdot\cdot}}\right)=\sum_{k=1}^{K}\left(\frac{x_{\cdot i}}{\sqrt{\lambda_k x_{\cdot\cdot}}}r_{ki}\right)s_{kj}+e_{ij}, \tag{13.29}$$

$$\left(\frac{x_{ij}}{x_{i\cdot}}-\frac{x_{\cdot j}}{x_{\cdot\cdot}}\right)=\sum_{k=1}^{K}\left(\frac{x_{\cdot j}}{\sqrt{\lambda_k x_{\cdot\cdot}}}s_{kj}\right)r_{ki}+e'_{ij}, \tag{13.30}$$

其中, e_{ij} 和 e'_{ij} 是误差项. (13.29) 表明如果考虑展示行轮廓和平均轮廓之间的差异, 那么行轮廓 $\boldsymbol{r}_k$ 的投影和重标的列轮廓 $\boldsymbol{s}_k$ 投影则构成了这些差异的双标图. (13.30) 对列轮廓及其平均轮廓差异说明了同样的结论.

小结

1. 对应分析是对列联表进行因子分析. p 维个体和 n 维变量可以通过投影到较小维数的空间上以图的形式展示;

2. 实际计算中需要先计算 $\boldsymbol{A}^{-1}\boldsymbol{X}\boldsymbol{B}^{-1}\boldsymbol{X}^{\mathrm{T}}$ 和 $\boldsymbol{B}^{-1}\boldsymbol{X}^{\mathrm{T}}\boldsymbol{A}^{-1}\boldsymbol{X}$ 的谱分解, 这两个的前 p 个特征值相同. 通过画出 $\sqrt{\lambda_1}\boldsymbol{r}_1$ 对 $\sqrt{\lambda_2}\boldsymbol{r}_2$ 以及 $\sqrt{\lambda_1}\boldsymbol{s}_1$ 对 $\sqrt{\lambda_2}\boldsymbol{s}_2$. 通过适当地选取特征向量的方向, 可以将这两个图画在一张图上展示;

3. 对应分析为相关性度量 $c_{ij}=(x_{ij}-E_{ij})/E_{ij}^{1/2}$ 提供了图形展示;

4. 双标图是对数据矩阵的一种低维展示, 其中的行和列通过点来展示.

对应分析的 R 代码实现

习　题　13

习题 13.1　设一 $n\times n$ 的列联表是对角矩阵 $\boldsymbol{X}$, 请给出因素 $\boldsymbol{r}_k, \boldsymbol{s}_k$ 的表达式.

习题 13.2　证明: 矩阵 $\boldsymbol{A}^{-1}\boldsymbol{X}\boldsymbol{B}^{-1}\boldsymbol{X}^{\mathrm{T}}$ 和 $\boldsymbol{B}^{-1}\boldsymbol{X}^{\mathrm{T}}\boldsymbol{A}^{-1}\boldsymbol{X}$ 中有一个特征值为 1, 对应的特征向量与 $(1,1,\cdots,1)^{\mathrm{T}}$ 成比例.

习题 13.3　证明: $\boldsymbol{C}=\boldsymbol{A}^{-1/2}(\boldsymbol{X}-\boldsymbol{E})\boldsymbol{B}^{-1/2}\sqrt{x_{\cdot\cdot}}$ 和 $\boldsymbol{E}=\dfrac{\boldsymbol{a}\boldsymbol{b}^{\mathrm{T}}}{x_{\cdot\cdot}}$, 并证明式 (13.20).

第 14 章 典型相关分析

通过研究低维投影, 可以更好地理解复杂多元数据结构. 在对两个数据集进行联合研究时, 一个重要问题是哪种类型的低维投影有助于找到两个样本可能的联合结构. 典型相关分析是一种用于探索和量化两组变量之间关联的统计方法.

典型相关分析的基本技术基于投射. 定义一个指标 (投影多元变量): 对每个样本来说, 这个指标使两个变量的相关关系最大化. 典型相关分析通过两个变量的联合方差分析得到典型相关向量, 其目的是最大化两组数据集的低维投影间的联系.

在实际问题中, 经常遇到要研究一部分变量和另一部分变量之间的相关关系. 例如: 在工厂里, 考察原料的主要质量指标与产品的主要质量指标间的相关性; 在经济学中, 研究主要食品的价格与销售量之间的相关性等.

14.1 典型相关变量

典型相关分析识别和量化了两组变量间的相关关系. 该方法由霍特林 1953 年提出, 他分析了算术速度和能力与阅读速度和能力之间的相关关系. 其他例子包括政府政策变量和经济绩效变量之间的关系、工作和公司特征之间的关系.

给出两个随机变量 $\boldsymbol{X} \in \mathbf{R}^q$ 和 $\boldsymbol{Y} \in \mathbf{R}^p$, 考虑要找一个指标描述 $\boldsymbol{X}$ 和 $\boldsymbol{Y}$ 可能的联系. 典型相关分析基于线性指标, 例如随机变量: 线性组合 $\boldsymbol{a}^{\mathrm{T}}\boldsymbol{X}$ 和 $\boldsymbol{b}^{\mathrm{T}}\boldsymbol{Y}$. 典型相关分析旨在寻找向量 $\boldsymbol{a}$ 和 $\boldsymbol{b}$, 使得两个指标 $\boldsymbol{a}^{\mathrm{T}}\boldsymbol{x}$ 和 $\boldsymbol{b}^{\mathrm{T}}\boldsymbol{y}$ 之间的关系可以被量化. 确切地说, 典型相关分析寻找投影 $\boldsymbol{a}$ 和 $\boldsymbol{b}$, 使得投影间相关系数 $\rho(\boldsymbol{a},\boldsymbol{b})$ 最大, 其中 $\rho(\boldsymbol{a},\boldsymbol{b})$ 定义为

$$\rho(\boldsymbol{a},\boldsymbol{b}) = \rho_{\boldsymbol{a}^{\mathrm{T}}\boldsymbol{X}\boldsymbol{b}^{\mathrm{T}}\boldsymbol{Y}}. \tag{14.1}$$

下面进一步考虑两个投影间的相关系数 $\rho(\boldsymbol{a},\boldsymbol{b})$. 假设

$$\begin{pmatrix} \boldsymbol{X} \\ \boldsymbol{Y} \end{pmatrix} \sim \left(\begin{pmatrix} \boldsymbol{\mu} \\ \boldsymbol{\nu} \end{pmatrix}, \ \begin{pmatrix} \boldsymbol{\Sigma}_{\boldsymbol{XX}} & \boldsymbol{\Sigma}_{\boldsymbol{XY}} \\ \boldsymbol{\Sigma}_{\boldsymbol{YX}} & \boldsymbol{\Sigma}_{\boldsymbol{YY}} \end{pmatrix} \right)$$

其协方差结构的子矩阵为

$$\begin{aligned} \mathrm{Var}(\boldsymbol{X}) &= \boldsymbol{\Sigma}_{\boldsymbol{XX}}(q \times q), \\ \mathrm{Var}(\boldsymbol{Y}) &= \boldsymbol{\Sigma}_{\boldsymbol{YY}}(p \times p), \\ \mathrm{Cov}(\boldsymbol{X},\boldsymbol{Y}) &= E(\boldsymbol{X}-\boldsymbol{\mu})(\boldsymbol{Y}-\boldsymbol{\nu})^{\mathrm{T}} = \boldsymbol{\Sigma}_{\boldsymbol{XY}} = \boldsymbol{\Sigma}_{\boldsymbol{YX}}^{\mathrm{T}}(q \times p). \end{aligned}$$

因此

$$\rho(\boldsymbol{a},\boldsymbol{b})=\frac{\boldsymbol{a}^{\mathrm{T}}\boldsymbol{\Sigma}_{\boldsymbol{YX}}\boldsymbol{b}}{(\boldsymbol{a}^{\mathrm{T}}\boldsymbol{\Sigma}_{\boldsymbol{XX}}\boldsymbol{a})^{1/2}(\boldsymbol{b}^{\mathrm{T}}\boldsymbol{\Sigma}_{\boldsymbol{YY}}\boldsymbol{b})^{1/2}}. \tag{14.2}$$

显然, 对任意 $c\in\mathbf{R}^+$, $\rho(c\boldsymbol{a},\boldsymbol{b})=\rho(\boldsymbol{a},\boldsymbol{b})$. 考虑到标度不变性, 需要重新调整投影 $\boldsymbol{a}$ 和 $\boldsymbol{b}$. 等价于求解

$$\max_{\boldsymbol{a},\boldsymbol{b}}=\boldsymbol{a}^{\mathrm{T}}\boldsymbol{\Sigma}_{\boldsymbol{XY}}\boldsymbol{b},$$

满足约束条件

$$\boldsymbol{a}^{\mathrm{T}}\boldsymbol{\Sigma}_{\boldsymbol{XX}}\boldsymbol{a}=1,$$

$$\boldsymbol{b}^{\mathrm{T}}\boldsymbol{\Sigma}_{\boldsymbol{YY}}\boldsymbol{b}=1.$$

对于这个问题, 定义

$$\boldsymbol{\mathcal{K}}=\boldsymbol{\Sigma}_{\boldsymbol{XX}}^{-1/2}\boldsymbol{\Sigma}_{\boldsymbol{XY}}\boldsymbol{\Sigma}_{\boldsymbol{YY}}^{-1/2}, \tag{14.3}$$

对 $\boldsymbol{\mathcal{K}}$ 进行奇异值分解可以得到

$$\boldsymbol{\mathcal{K}}=\boldsymbol{\Gamma}\boldsymbol{\Lambda}\boldsymbol{\Delta}^{\mathrm{T}},$$

其中

$$\boldsymbol{\Gamma}=(\gamma_1,\gamma_2,\cdots,\gamma_k),$$

$$\boldsymbol{\Delta}=(\boldsymbol{\delta}_1,\boldsymbol{\delta}_2,\cdots,\boldsymbol{\delta}_k),$$

$$\boldsymbol{\Lambda}=\mathrm{diag}(\lambda_1^{1/2},\lambda_2^{1/2},\cdots,\lambda_k^{1/2}). \tag{14.4}$$

且

$$k=\mathrm{rank}(\boldsymbol{\mathcal{K}})=\mathrm{rank}(\boldsymbol{\Sigma}_{\boldsymbol{XY}})=\mathrm{rank}(\boldsymbol{\Sigma}_{\boldsymbol{YX}}),$$

$\lambda_1\geqslant\lambda_2\geqslant\cdots\geqslant\lambda_k$ 是 $\boldsymbol{\mathcal{N}}_1=\boldsymbol{\mathcal{K}}\boldsymbol{\mathcal{K}}^{\mathrm{T}}$ 和 $\boldsymbol{\mathcal{N}}_2=\boldsymbol{\mathcal{K}}^{\mathrm{T}}\boldsymbol{\mathcal{K}}$ 的非零特征值, 并且 γ_i 和 $\boldsymbol{\delta}_j$ 分别为 $\boldsymbol{\mathcal{N}}_1$ 和 $\boldsymbol{\mathcal{N}}_2$ 的标准化特征向量.

对 $i=1,2,\cdots,k$, 定义

$$\boldsymbol{a}_i=\boldsymbol{\Sigma}_{\boldsymbol{XX}}^{-1/2}\gamma_i, \tag{14.5}$$

$$\boldsymbol{b}_i=\boldsymbol{\Sigma}_{\boldsymbol{YY}}^{-1/2}\boldsymbol{\delta}_i \tag{14.6}$$

为典型相关向量. 基于典型相关向量, 定义典型相关变量

$$\boldsymbol{\eta}_i=\boldsymbol{a}_i^{\mathrm{T}}\boldsymbol{X}, \tag{14.7}$$

$$\boldsymbol{\varphi}_i=\boldsymbol{b}_i^{\mathrm{T}}\boldsymbol{Y}, \tag{14.8}$$

$\rho_i=\lambda_i^{1/2}$ 为典型相关系数.

由 (14.4) 给出的奇异值分解, 可以得到

$$\mathrm{Cov}(\boldsymbol{\eta}_i,\boldsymbol{\eta}_j)=\boldsymbol{a}_i^{\mathrm{T}}\boldsymbol{\Sigma}_{\boldsymbol{XX}}\boldsymbol{a}_j=\boldsymbol{\gamma}_i^{\mathrm{T}}\boldsymbol{\gamma}_j=\begin{cases}1, & i=j,\\ 0, & i\neq j.\end{cases} \tag{14.9}$$

类似地, 可以得到 $\mathrm{Cov}(\boldsymbol{\varphi}_i,\boldsymbol{\varphi}_j)$. 下一定理说明了典型相关向量是最大化 (14.1) 的解.

定理 14.1 对于给定的 r, $1\leqslant r\leqslant k$, 最大化

$$C(r)=\max_{\boldsymbol{a},\boldsymbol{b}}\boldsymbol{a}^{\mathrm{T}}\boldsymbol{\Sigma}_{\boldsymbol{XY}}\boldsymbol{b}, \tag{14.10}$$

约束条件:

$$\boldsymbol{a}^{\mathrm{T}}\boldsymbol{\Sigma}_{\boldsymbol{XX}}\boldsymbol{a}=1,\quad \boldsymbol{b}^{\mathrm{T}}\boldsymbol{\Sigma}_{\boldsymbol{YY}}\boldsymbol{b}=1,$$

$$\boldsymbol{a}_i^{\mathrm{T}}\boldsymbol{\Sigma}_{\boldsymbol{XX}}\boldsymbol{a}=0,\quad i=1,2,\cdots,r-1,$$

当 $\boldsymbol{a}=\boldsymbol{a}_r$ 和 $\boldsymbol{b}=\boldsymbol{b}_r$ 时, 可以得到最大值

$$C(r)=\rho_r=\lambda_r^{1/2}.$$

证明 证明分为三步.

(1) 固定 $\boldsymbol{a}$, 考虑变动的 $\boldsymbol{b}$, 求最大值. 解

$$\max_{\boldsymbol{b}}(\boldsymbol{a}^{\mathrm{T}}\boldsymbol{\Sigma}_{\boldsymbol{XY}}\boldsymbol{b})^2=\max_{\boldsymbol{b}}(\boldsymbol{b}^{\mathrm{T}}\boldsymbol{\Sigma}_{\boldsymbol{YX}}\boldsymbol{a})(\boldsymbol{a}^{\mathrm{T}}\boldsymbol{\Sigma}_{\boldsymbol{XY}}\boldsymbol{b}),$$

满足约束条件 $\boldsymbol{b}^{\mathrm{T}}\boldsymbol{\Sigma}_{\boldsymbol{YY}}\boldsymbol{b}=1$. 最大值为矩阵 $\boldsymbol{\Sigma}_{\boldsymbol{YY}}^{-1}\boldsymbol{\Sigma}_{YX}\boldsymbol{a}\boldsymbol{a}^{\mathrm{T}}\boldsymbol{\Sigma}_{\boldsymbol{XY}}$ 的最大特征值.

由定理 2.2, 唯一的非零特征值等于

$$\boldsymbol{a}^{\mathrm{T}}\boldsymbol{\Sigma}_{\boldsymbol{XY}}\boldsymbol{\Sigma}_{\boldsymbol{YY}}^{-1}\boldsymbol{\Sigma}_{\boldsymbol{YX}}\boldsymbol{a}, \tag{14.11}$$

(2) $\boldsymbol{a}$ 变动时, 在定理约束条件下最大化 (14.11) 式. 令 $\boldsymbol{\gamma}=\boldsymbol{\Sigma}_{\boldsymbol{XX}}^{1/2}\boldsymbol{a}$, 则 (14.11) 等于

$$\boldsymbol{\gamma}^{\mathrm{T}}\boldsymbol{\Sigma}_{\boldsymbol{XX}}^{-1/2}\boldsymbol{\Sigma}_{\boldsymbol{XY}}\boldsymbol{\Sigma}_{\boldsymbol{YY}}^{-1}\boldsymbol{\Sigma}_{\boldsymbol{YX}}\boldsymbol{\Sigma}_{\boldsymbol{XX}}^{-1/2}\boldsymbol{\gamma}=\boldsymbol{\gamma}^{\mathrm{T}}\boldsymbol{\mathcal{K}}\boldsymbol{\mathcal{K}}^{\mathrm{T}}\boldsymbol{\gamma}.$$

解决等价问题

$$\max_{\boldsymbol{\gamma}}\boldsymbol{\gamma}^{\mathrm{T}}\boldsymbol{\mathcal{N}}_1\boldsymbol{\gamma}, \tag{14.12}$$

满足约束条件 $\boldsymbol{\gamma}^{\mathrm{T}}\boldsymbol{\gamma}=1$, $\boldsymbol{\gamma}_i^{\mathrm{T}}\boldsymbol{\gamma}=0$, $i=1,2,\cdots,r-1$.

注意由 $\boldsymbol{\gamma}_i$ 是 $\boldsymbol{\mathcal{N}}_1$ 前 $r-1$ 个特征值对应的特征向量, 令 $\boldsymbol{\gamma}$ 等于第 r 特征值对应的特征向量可以得到 (14.12) 的最大值, 例如, $\boldsymbol{\gamma}=\boldsymbol{\gamma}_r$ 或者等价地 $\boldsymbol{a}=\boldsymbol{a}_r$. 得到

$$C^2(r)=\boldsymbol{\gamma}_r^{\mathrm{T}}\boldsymbol{\mathcal{N}}_1\boldsymbol{\gamma}_r=\lambda_r\boldsymbol{\gamma}_r^{\mathrm{T}}\boldsymbol{\gamma}_r=\lambda_r.$$

(3) 下证 $\boldsymbol{a}=\boldsymbol{a}_r$, $\boldsymbol{b}=\boldsymbol{b}_r$ 时达到最大值. 由 $\boldsymbol{\mathcal{K}}$ 的奇异值分解, 有 $\boldsymbol{\mathcal{K}}\boldsymbol{\delta}_r=\rho_r\boldsymbol{\gamma}_r$, 因此

$$\boldsymbol{a}_r^{\mathrm{T}}\boldsymbol{\Sigma}_{\boldsymbol{XY}}\boldsymbol{b}_r=\boldsymbol{\gamma}_r^{\mathrm{T}}\boldsymbol{\mathcal{K}}\boldsymbol{\delta}_r=\rho_r\boldsymbol{\gamma}_r^{\mathrm{T}}\boldsymbol{\gamma}_r=\rho_r.$$

令

$$\begin{pmatrix} \boldsymbol{X} \\ \boldsymbol{Y} \end{pmatrix} \sim \left(\begin{pmatrix} \boldsymbol{\mu} \\ \boldsymbol{\nu} \end{pmatrix}, \begin{pmatrix} \boldsymbol{\Sigma}_{\boldsymbol{XX}} & \boldsymbol{\Sigma}_{\boldsymbol{XY}} \\ \boldsymbol{\Sigma}_{\boldsymbol{YX}} & \boldsymbol{\Sigma}_{\boldsymbol{YY}} \end{pmatrix} \right).$$

典型相关向量为

$$\boldsymbol{a}_1 = \boldsymbol{\Sigma}_{\boldsymbol{XX}}^{-1/2} \gamma_1,$$

$$\boldsymbol{b}_1 = \boldsymbol{\Sigma}_{\boldsymbol{YY}}^{-1/2} \boldsymbol{\delta}_1.$$

最大化典型相关变量

$$\boldsymbol{\eta}_1 = \boldsymbol{a}_1^{\mathrm{T}} \boldsymbol{X},$$

$$\boldsymbol{\varphi}_1 = \boldsymbol{b}_1^{\mathrm{T}} \boldsymbol{Y}.$$

典型相关变量的协方差由下一个定理给出.

定理 14.2 设 η_i 和 φ_i 是第 i 个典型相关变量 $(i = 1, 2, \cdots, k)$. 定义 $\boldsymbol{\eta} = (\boldsymbol{\eta}_1, \boldsymbol{\eta}_2, \cdots, \boldsymbol{\eta}_k)$, $\boldsymbol{\varphi} = (\boldsymbol{\varphi}_1, \boldsymbol{\varphi}_2, \cdots, \boldsymbol{\varphi}_k)$, 则

$$\mathrm{Var} \begin{pmatrix} \boldsymbol{\eta} \\ \boldsymbol{\varphi} \end{pmatrix} = \begin{pmatrix} \boldsymbol{I}_k & \boldsymbol{\Lambda} \\ \boldsymbol{\Lambda} & \boldsymbol{I}_k \end{pmatrix},$$

其中 $\boldsymbol{\Lambda} = \mathrm{diag}(\lambda_1^{1/2}, \lambda_2^{1/2}, \cdots, \lambda_k^{1/2})$.

由定理 14.2 可知, 典型相关系数 $\rho_i = \lambda_i^{1/2}$ 是典型相关变量 $\boldsymbol{\eta}_i$ 和 $\boldsymbol{\varphi}_i$ 的协方差, $\boldsymbol{\eta}_1 = \boldsymbol{a}_1^{\mathrm{T}} \boldsymbol{X}$ 和 $\boldsymbol{\varphi}_1 = \boldsymbol{b}_1^{\mathrm{T}} \boldsymbol{Y}$ 的最大协方差是 $\sqrt{\lambda_1} = \rho_1$.

定理 14.3 令 $\boldsymbol{X}^* = \boldsymbol{U}^{\mathrm{T}} \boldsymbol{X} + \boldsymbol{u}$, $\boldsymbol{Y}^* = \boldsymbol{V}^{\mathrm{T}} \boldsymbol{Y} + \boldsymbol{v}$, 其中 $\boldsymbol{U}$ 和 $\boldsymbol{V}$ 是非奇异矩阵, 则 $\boldsymbol{X}^*$ 和 $\boldsymbol{Y}^*$ 的典型相关系数与 $\boldsymbol{X}$ 与 $\boldsymbol{Y}$ 的典型相关系数相同. $\boldsymbol{X}^*$ 和 $\boldsymbol{Y}^*$ 的典型相关向量是

$$\boldsymbol{a}_i^* = \boldsymbol{U}^{-1} \boldsymbol{a}_i,$$

$$\boldsymbol{b}_i^* = \boldsymbol{V}^{-1} \boldsymbol{b}_i. \tag{14.13}$$

定理 14.3 表明, 典型相关系数在原变量的线性变换下具有不变性.

例题 14.1 计算典型相关变量及典型相关系数. 假设有经标准化后的变量 $\boldsymbol{Z}^{(1)} = (\boldsymbol{Z}_1^{(1)}, \boldsymbol{Z}_2^{(1)})^{\mathrm{T}}$ 和 $\boldsymbol{Z}^{(2)} = (\boldsymbol{Z}_1^{(2)}, \boldsymbol{Z}_2^{(2)})^{\mathrm{T}}$. 令 $\boldsymbol{Z} = (\boldsymbol{Z}^{(1)}, \boldsymbol{Z}^{(2)})^{\mathrm{T}}$. 已知

$$\mathrm{Cov}(\boldsymbol{Z}) = \begin{pmatrix} \boldsymbol{\rho}_{11} & \boldsymbol{\rho}_{12} \\ \boldsymbol{\rho}_{21} & \boldsymbol{\rho}_{22} \end{pmatrix} = \begin{pmatrix} 1.0 & 0.4 & 0.5 & 0.6 \\ 0.4 & 1.0 & 0.3 & 0.4 \\ 0.5 & 0.3 & 1.0 & 0.2 \\ 0.6 & 0.4 & 0.2 & 1.0 \end{pmatrix}. \tag{14.14}$$

则有

$$\boldsymbol{\rho}_{11}^{-1/2}=\begin{pmatrix}1.068\,1 & -0.222\,9\\ -0.222\,9 & 1.068\,1\end{pmatrix},$$

$$\boldsymbol{\rho}_{22}^{-1}=\begin{pmatrix}1.041\,7 & -0.208\,3\\ -0.208\,3 & 1.041\,7\end{pmatrix}$$

和

$$\boldsymbol{\rho}_{11}^{-1/2}\boldsymbol{\rho}_{12}\boldsymbol{\rho}_{22}^{-1}\boldsymbol{\rho}_{21}\boldsymbol{\rho}_{11}^{-1/2}=\begin{pmatrix}0.437\,1 & 0.217\,8\\ 0.217\,8 & 0.109\,6\end{pmatrix}. \tag{14.15}$$

$\boldsymbol{\rho}_{11}^{-1/2}\boldsymbol{\rho}_{12}\boldsymbol{\rho}_{22}^{-1}\boldsymbol{\rho}_{21}\boldsymbol{\rho}_{11}^{-1/2}$ 的特征值 $\rho_1^{*2}=0.545\,8$, $\rho_2^{*2}=0.000\,9$, 可以利用下式求得:

$$0=\begin{vmatrix}0.437\,1-\lambda & 0.217\,8\\ 0.217\,8 & 0.109\,6-\lambda\end{vmatrix}=(0.437\,1-\lambda)(0.109\,6-\lambda)-0.217\,8^2$$

$$=\lambda^2-0.546\,7\lambda+0.000\,5.$$

对应特征值 ρ_1^{*2} 的特征向量 $\boldsymbol{e}_1^{\mathrm{T}}=(0.894\,7,0.446\,6)$.
所以

$$\boldsymbol{a}_1=\boldsymbol{\rho}_{11}^{-1/2}\boldsymbol{e}_1=\begin{pmatrix}0.856\,1\\ 0.277\,6\end{pmatrix}. \tag{14.16}$$

易得

$$\boldsymbol{b}_1\propto\boldsymbol{\rho}_{22}^{-1}\boldsymbol{\rho}_{21}\boldsymbol{a}_1=\begin{pmatrix}0.395\,9 & 0.229\,2\\ 0.520\,9 & 0.354\,2\end{pmatrix}\begin{pmatrix}0.856\,1\\ 0.277\,6\end{pmatrix}=\begin{pmatrix}0.402\,6\\ 0.544\,3\end{pmatrix}. \tag{14.17}$$

对 $\boldsymbol{b}_1$ 进行标准化, 使得

$$\mathrm{Var}(\boldsymbol{V}_1)=\mathrm{Var}(\boldsymbol{b}_1^{\mathrm{T}}\boldsymbol{Z}^{(2)})=\boldsymbol{b}_1^{\mathrm{T}}\boldsymbol{\rho}_{22}\boldsymbol{b}_1=1. \tag{14.18}$$

由 $(0.402\,6,0.544\,3)^{\mathrm{T}}$ 得到

$$(0.402\,6,0.544\,3)\begin{pmatrix}1.0 & 0.2\\ 0.2 & 1.0\end{pmatrix}\begin{pmatrix}0.402\,6\\ 0.544\,3\end{pmatrix}=0.546\,0. \tag{14.19}$$

利用 $\sqrt{0.546\,0}=0.738\,9$, 取

$$\boldsymbol{b}_1=\frac{1}{0.738\,9}\begin{pmatrix}0.402\,6\\ 0.544\,3\end{pmatrix}=\begin{pmatrix}0.544\,9\\ 0.736\,6\end{pmatrix}. \tag{14.20}$$

所以第 1 组典型相关变量为

$$\boldsymbol{U}_1=\boldsymbol{a}_1^{\mathrm{T}}\boldsymbol{Z}^{(1)}=0.86\boldsymbol{Z}_1^{(1)}+0.28\boldsymbol{Z}_2^{(1)}, \tag{14.21}$$

$$\boldsymbol{V}_1=\boldsymbol{b}_1^{\mathrm{T}}\boldsymbol{Z}^{(2)}=0.54\boldsymbol{Z}_1^{(2)}+0.74\boldsymbol{Z}_2^{(2)}. \tag{14.22}$$

其典型相关系数为

$$\rho_1^* = \sqrt{\rho_1^{*2}} = \sqrt{0.545\ 8} = 0.74. \tag{14.23}$$

第 2 个典型相关系数非常小, 为 $\rho_2^* = \sqrt{0.000\ 9} = 0.03$. 所以, 第 2 组典型相关变量只能反映非常少量的两组变量的相关性信息.

14.2 典型相关分析实践

例题 14.2　在实际操作中, $\boldsymbol{X}, \boldsymbol{Y}$ 各自的协方差矩阵以及 $\boldsymbol{X}$ 与 $\boldsymbol{Y}$ 之间的协方差矩阵往往是未知的. 因此, 在进行典型相关分析时, 往往需要估计这些协方差矩阵, 然后代入到相关的计算式里. 本节将使用 **R** 软件自带的 LifeCycleSavings 数据集来展示如何使用基于样本估计的协方差矩阵来进行典型相关分析并对典型相关系数进行检验. 该数据集包含了 50 个国家 1960 年到 1970 年间平均人均储蓄率. 数据集中有 5 个变量, 如表 14.1 所示.

表 14.1　变量定义表

变量名	变量类型	变量含义
sr	数值型	人均总储蓄额
pop15	数值型	15 岁以下人口所占比例 (%)
pop75	数值型	75 岁以上人口所占比例 (%)
dpi	数值型	人均实际可支配收入
ddpi	数值型	人均实际可支配收入增长率 (%)

考虑人均总储蓄额、人均实际可支配收入、人均实际可支配收入增长率与 15 岁以下人口所占比例以及 75 岁以上人口所占比例之间的典型相关关系.

对数据矩阵 $\boldsymbol{\mathcal{X}}$: $\{\text{sr}, \text{dpi}, \text{ddpi}\}$ 和 $\boldsymbol{\mathcal{Y}}$: $\{\text{pop15}, \text{pop75}\}$ 进行典型相关分析. 总样本协方差矩阵是

$$\begin{array}{ccccc} \text{sr} & \text{pop15} & \text{pop75} & \text{dpi} & \text{ddpi} \end{array}$$

$$\boldsymbol{S} = \begin{pmatrix} 20.07 & -18.68 & 1.83 & 978.28 & 3.91 \\ -18.68 & 83.75 & -10.73 & -6\ 857.23 & -1.25 \\ 1.83 & -10.73 & 1.66 & 1\ 006.56 & 0.09 \\ 978.28 & -6\ 857.23 & 1\ 006.56 & 981\ 821.15 & -368.21 \\ 3.91 & -1.25 & 0.09 & -368.21 & 8.23 \end{pmatrix},$$

因此

$$\boldsymbol{S}_{\boldsymbol{XX}} = \begin{pmatrix} 20.07 & 978.28 & 3.91 \\ 978.28 & 981\ 821.15 & -368.21 \\ 3.91 & -368.21 & 8.23 \end{pmatrix},$$

$$\boldsymbol{S}_{\boldsymbol{YY}} = \begin{pmatrix} 83.75 & -10.73 \\ -10.73 & 1.66 \end{pmatrix},$$

$$\boldsymbol{S}_{\boldsymbol{XY}} = \begin{pmatrix} -18.67 & 1.83 \\ -6\,857.236 & 1\,006.56 \\ -1.25 & 0.09 \end{pmatrix}.$$

从以上协方差矩阵可以看出一个有趣的现象, 人均总储蓄额与 15 岁以下人口所占比例成反比, 与 75 岁以上人口所占比例成正比. 这符合我们的常理, 因为老年人一般趋于比较稳健、保守的投资形式, 因此他们会将大部分资金放入储蓄账户, 而 15 岁以下人口所占比例越高, 说明人口的年轻化程度越高, 人们越倾向于更为冒险型的投资, 因此储蓄率会与其成反比. 另外, 人均储蓄总额与人均实际可支配收入成正比, 这也符合我们的认知, 因为收入越高的家庭或个人, 越能积累较多储蓄. 初步分析了 $\boldsymbol{\mathcal{X}}$ 和 $\boldsymbol{\mathcal{Y}}$ 的协方差矩阵, 现在我们来计算典型相关系数与典型相关向量.

由于 $\boldsymbol{\mathcal{K}} = \boldsymbol{\Sigma}_{\boldsymbol{XX}}^{-1/2}\boldsymbol{\Sigma}_{\boldsymbol{XY}}\boldsymbol{\Sigma}_{\boldsymbol{YY}}^{-1/2}$ 中包含未知量 $\boldsymbol{\Sigma}_{\boldsymbol{XX}}, \boldsymbol{\Sigma}_{\boldsymbol{XY}}, \boldsymbol{\Sigma}_{\boldsymbol{YY}}$, 我们使用如下估计:

$$\hat{\boldsymbol{\mathcal{K}}} = \boldsymbol{S}_{\boldsymbol{XX}}^{-1/2}\boldsymbol{S}_{\boldsymbol{XY}}\boldsymbol{S}_{\boldsymbol{YY}}^{-1/2},$$

并对 $\hat{\boldsymbol{\mathcal{K}}}$ 进行奇异值分解

$$\hat{\boldsymbol{\mathcal{K}}} = \boldsymbol{\mathcal{GLD}}^{\mathrm{T}} = (\boldsymbol{g}_1, \boldsymbol{g}_2)\,\mathrm{diag}(l_1^{1/2}, l_2^{1/2})(\boldsymbol{d}_1, \boldsymbol{d}_2)^{\mathrm{T}},$$

其中 l_i 是 $\hat{\boldsymbol{\mathcal{K}}}\hat{\boldsymbol{\mathcal{K}}}^{\mathrm{T}}$ 和 $\hat{\boldsymbol{\mathcal{K}}}^{\mathrm{T}}\hat{\boldsymbol{\mathcal{K}}}$ 对应的特征值, 并且 $\hat{\boldsymbol{\mathcal{K}}}$ 的秩是 2. $\boldsymbol{g}_i$ 和 $\boldsymbol{d}_i$ 分别是 $\hat{\boldsymbol{\mathcal{K}}}\hat{\boldsymbol{\mathcal{K}}}^{\mathrm{T}}$ 和 $\hat{\boldsymbol{\mathcal{K}}}^{\mathrm{T}}\hat{\boldsymbol{\mathcal{K}}}$ 对应的特征向量. 那么典型相关系数是

$$r_1 = l_1^{1/2} = 0.37, \quad r_2 = l_2^{1/2} = 0.83.$$

可以看到, 第一个典型相关系数偏小, 而第二个典型相关系数较大. 接下来计算第一个典型相关变量 (最大特征值的对应的典型相关向量):

$$\hat{\eta}_1 = \hat{\boldsymbol{a}}_1^{\mathrm{T}}\boldsymbol{x} = -0.27x_1 - 0.95x_2 - 0.12x_3,$$

$$\hat{\varphi}_1 = \hat{\boldsymbol{b}}_1^{\mathrm{T}}\boldsymbol{y} = -0.95y_1 + 0.30y_2.$$

可以看到在 $\hat{\eta}_1$ 中, 人均总储蓄额 x_1、人均实际可支配收入 x_2 和人均实际可支配收入增长率 x_3 的系数都是负的, 人均实际可支配收入 x_2 系数绝对值最大, 因此 η_1 可以被解释成储蓄能力的负增长程度. 在 $\hat{\varphi}_1$ 中, 15 岁以下人口所占比例 y_1 的系数是负的, 而 75 岁以上人口所占比例 y_2 的系数是正的, 并且 y_1 系数绝对值比 y_2 大. φ_1 可以被解释成人口老龄化程度.

例题 14.3 将典型相关分析应用于汽车市场数据集. 对于该数据集, 人们感兴趣的问题是价格与汽车运动性、安全性的关系. 特别地, 考虑汽车价值和汽车价格两个变量与其他变量的关系. 对数据矩阵 $\mathcal{X}$ 和 $\mathcal{Y}$ 进行典型相关分析, 它们分别对应于集合 {价格, 价值} 和 {经济性, 服务, 设计, 运动性, 安全性, 操作便捷性} 及相应的值. 估计的协方差矩阵 $\boldsymbol{S}$ 为

$$
\boldsymbol{S}=\begin{array}{c} \begin{matrix}\text{价格} & \text{价值} & \text{经济性} & \text{服务} & \text{设计} & \text{运动性} & \text{安全性} & \text{操作便捷性}\end{matrix} \\ \begin{pmatrix}
1.41 & -1.11 & 0.78 & -0.71 & -0.90 & -1.04 & -0.95 & 0.18 \\
-1.11 & 1.19 & -0.42 & 0.82 & 0.77 & 0.90 & 1.12 & 0.11 \\
\vdots & \vdots & \vdots & \vdots & \vdots & \vdots & \vdots & \vdots \\
0.78 & -0.42 & 0.75 & -0.23 & -0.45 & -0.42 & -0.28 & 0.28 \\
-0.71 & 0.82 & -0.23 & 0.66 & 0.52 & 0.57 & 0.85 & 0.14 \\
-0.90 & 0.77 & -0.45 & 0.52 & 0.72 & 0.77 & 0.68 & -0.10 \\
-1.04 & 0.90 & -0.42 & 0.57 & 0.77 & 1.05 & 0.76 & -0.15 \\
-0.95 & 1.12 & -0.28 & 0.85 & 0.68 & 0.76 & 1.26 & 0.22 \\
0.18 & 0.11 & 0.28 & 0.14 & -0.10 & -0.15 & 0.22 & 0.32
\end{pmatrix}\end{array}
$$

因此,

$$
\boldsymbol{S}_{XX}=\begin{pmatrix}1.41 & -1.11 \\ -1.11 & 1.19\end{pmatrix}, \quad \boldsymbol{S}_{XY}=\begin{pmatrix}0.78 & -0.71 & -0.90 & -1.04 & -0.95 & 0.18 \\ -0.42 & 0.82 & 0.77 & 0.90 & 1.12 & 0.11\end{pmatrix},
$$

$$
\boldsymbol{S}_{YY}=\begin{pmatrix}
0.75 & -0.23 & -0.45 & -0.42 & -0.28 & 0.28 \\
-0.23 & 0.66 & 0.52 & 0.57 & 0.85 & 0.14 \\
-0.45 & 0.52 & 0.72 & 0.77 & 0.68 & -0.10 \\
-0.42 & 0.57 & 0.77 & 1.05 & 0.76 & -0.15 \\
-0.28 & 0.85 & 0.68 & 0.76 & 1.26 & 0.22 \\
0.28 & 0.14 & -0.10 & -0.15 & 0.22 & 0.32
\end{pmatrix}.
$$

有趣的是, 价值和价格的协方差为负, 这是因为高价格的车辆往往比中等价格的车辆贬值更快.

接下来用 $\hat{\mathcal{K}}=\boldsymbol{S}_{XX}^{-1/2}\boldsymbol{S}_{XY}\boldsymbol{S}_{YY}^{-1/2}$ 估计 $\mathcal{K}=\boldsymbol{\Sigma}_{XX}^{-1/2}\boldsymbol{\Sigma}_{XY}\boldsymbol{\Sigma}_{YY}^{-1/2}$ 并对 $\hat{\mathcal{K}}$ 进行奇异值分解

$$
\hat{\mathcal{K}}=\mathcal{GLD}^{\mathrm{T}}=(\boldsymbol{g}_1,\boldsymbol{g}_2)\operatorname{diag}(\ell_1^{1/2},\ell_2^{1/2})(\boldsymbol{d}_1,\boldsymbol{d}_2)^{\mathrm{T}},
$$

其中 ℓ_1,ℓ_2 是 $\hat{\mathcal{K}}\hat{\mathcal{K}}^{\mathrm{T}}$ 和 $\hat{\mathcal{K}}^{\mathrm{T}}\hat{\mathcal{K}}$ 的特征值. $\boldsymbol{g}_i$ 和 $\boldsymbol{d}_i$ 分别是 $\hat{\mathcal{K}}\hat{\mathcal{K}}^{\mathrm{T}}$ 和 $\hat{\mathcal{K}}^{\mathrm{T}}\hat{\mathcal{K}}$ 对应的特征向量. 典型相关系数为

$$
r_1=\ell_1^{1/2}=0.98, \quad r_2=\ell_2^{1/2}=0.89.
$$

第一个典型相关变量是

$$
\begin{aligned}
\hat{\eta}_1&=\hat{\boldsymbol{a}}_1^{\mathrm{T}}\boldsymbol{x}=1.602x_1+1.686x_2,\\
\hat{\varphi}_1&=\hat{\boldsymbol{b}}_1^{\mathrm{T}}\boldsymbol{y}=0.568y_1+0.544y_2-0.012y_3-0.096y_4-0.014y_5+0.915y_6.
\end{aligned}
$$

变量 y_1, y_2 和 y_6 具有正系数, 变量 y_3, y_4 和 y_5 具有负系数. 典型相关变量 η_1 可以解释为价格和价值. 典型相关变量 φ_1 主要由定性变量经济性、服务和操作便捷性组成, 对设计、安

全性和运动性有负权重. 因此, 这些变量可能被解释为汽车价值的升值. 运动性、设计和安全性对价格和价值有负面影响.

典型相关系数的检验

在正态假定下, 可以使用威尔克斯似然比统计量来检验 $\mathcal{X}$ 与 $\mathcal{Y}$ 独立的假设:

$$\boldsymbol{T}^{2/n} = |\boldsymbol{I} - \boldsymbol{S}_{\boldsymbol{YY}}^{-1}\boldsymbol{S}_{\boldsymbol{YX}}\boldsymbol{S}_{\boldsymbol{XX}}^{-1}\boldsymbol{S}_{\boldsymbol{XY}}| = \prod_{i=1}^{k}(1-l_i).$$

然而, 这个统计量的分布非常复杂, 因此常用巴特利特统计量来代替它,

$$-[n-(p+q+3)/2]\ln\left(\prod_{i=1}^{k}(1-l_i)\right) \sim \chi^2_{pq}. \tag{14.24}$$

如果在典型相关分析中, 并不是所有的特征值都是非零, 只有前 s 个是非零的话, 我们需要检验只有前 s 个特征值是非零的原假设, 这个假设检验问题可以使用如下的统计量:

$$-[n-(p+q+3)/2]\ln\left(\prod_{i=s+1}^{k}(1-l_i)\right) \sim \chi^2_{(p-s)(q-s)}. \tag{14.25}$$

例题 14.4 在例题 14.2 中, 我们的数据集包含 50 个样本, $p=3$, $q=2$, 典型相关系数分别是 0.37 和 0.83. 那么 (14.24) 中的统计量可以按照如下的式子计算:

$$-[50-(2+3+3)/2]\ln\left((1-0.37^2)(1-0.83^2)\right) = 60.48 \sim \chi^2_6.$$

似然比统计量的值远远大于 χ^2_6 在 0.01 水平下的临界值 16.81, 因此 $\mathcal{X}$ 与 $\boldsymbol{Y}$ 独立的假设应该被拒绝. 在例题 14.2 中, 第二个特征值较小, 即典型相关系数较小. 因此我们需要检验第二个典型相关系数是否为 0. 我们使用公式 (14.25) ($s=1$) 来进行检验:

$$-[50-(2+3+3)/2]\ln(1-0.37^2) = 6.77 \sim \chi^2_2.$$

χ^2_2 在 0.01 水平下的临界值为 9.21, 似然比统计量的值小于其临界值, 因此应接受原假设, 即第二个典型相关系数为 0.

例题 14.5 有 40 个人 ($n=40$) 根据不同类别对汽车进行了评级, 其中 $p=2$ 和 $q=6$. 典型系数为 $r_1=0.98$ 和 $r_2=0.89$. 因此, 巴特利特统计量为

$$-[40-(2+6+3)/2]\ln\left((1-0.98^2)(1-0.89^2)\right) = 165.59 \sim \chi^2_{12},$$

这是十分显著的 (χ^2_{12} 的 99% 分位数为 26.23). 因此, 拒绝变量 $\mathcal{X}$ 和 $\mathcal{Y}$ 之间没有相关性的假设.

为检验第二典型相关系数是否不为 0, 使用 $s=1$ 的巴特利特统计量, 得到

$$-[40-(2+6+3)/2]\ln(1-0.89^2) = 54.19 \sim \chi^2_5,$$

同样, 对于 χ^2_5 分布也非常显著.

14.3 定性数据典型相关分析

典型相关分析可应用于定性数据. 定性数据用列联表 $\mathcal{N}$ 表示, 列联表同一般的数据矩阵的含义不同, 因此不能直接将先前介绍的方法应用于列联表. 定性数据典型相关分析的目标是解释 r 个行类别和 c 个列类别的关系.

将数据表示成 $n \times (r+c)$ 矩阵的形式, n 是列联表频数的总和, 记为 $\mathcal{Z} = (\mathcal{X}, \mathcal{Y})$. $\mathcal{X}$, $\mathcal{Y}$ 中的元素是 $0-1$ 哑变量, 元素的取值为

$$x_{ki} = \begin{cases} 1, & \text{如果第 } k \text{ 个个体属于第 } i \text{ 行的类别}, \\ 0, & \text{其他}, \end{cases}$$

$$y_{kj} = \begin{cases} 1, & \text{如果第 } k \text{ 个个体属于第 } j \text{ 列的类别}, \\ 0, & \text{其他}, \end{cases}$$

$$k = 1, 2, \cdots, n; \quad i = 1, 2, \cdots, r; \quad j = 1, 2, \cdots, c.$$

记 $\boldsymbol{x}_{(i)}$ 和 $\boldsymbol{y}_{(j)}$ 分别为矩阵 $\mathcal{X}$ 的第 i 列和矩阵 $\mathcal{Y}$ 的第 j 列, n_{ij} 表示列联表 $\mathcal{N}$ 第 i 行第 j 列的取值, 于是

$$\boldsymbol{x}_{(i)}^{\mathrm{T}} \boldsymbol{y}_{(j)} = n_{ij}.$$

例题 14.6　考虑列联表

$$\boldsymbol{N} = \begin{array}{c|cc} & y_1 & y_2 \\ \hline x_1 & 3 & 5 \\ x_2 & 1 & 2 \end{array}$$

$n = 3+5+1+2 = 11, \quad r = 2, \quad c = 2.$

$$\mathcal{X}_{n\times r} = \begin{pmatrix} 1 & 0 \\ 1 & 0 \\ 1 & 0 \\ 1 & 0 \\ 1 & 0 \\ 1 & 0 \\ 1 & 0 \\ 1 & 0 \\ 0 & 1 \\ 0 & 1 \\ 0 & 1 \end{pmatrix}, \quad \mathcal{Y}_{n\times c} = \begin{pmatrix} 1 & 0 \\ 1 & 0 \\ 1 & 0 \\ 0 & 1 \\ 0 & 1 \\ 0 & 1 \\ 0 & 1 \\ 0 & 1 \\ 1 & 0 \\ 0 & 1 \\ 0 & 1 \end{pmatrix}, \quad \mathcal{Z} = \begin{pmatrix} 1 & 0 & 1 & 0 \\ 1 & 0 & 1 & 0 \\ 1 & 0 & 1 & 0 \\ 1 & 0 & 0 & 1 \\ 1 & 0 & 0 & 1 \\ 1 & 0 & 0 & 1 \\ 1 & 0 & 0 & 1 \\ 1 & 0 & 0 & 1 \\ 0 & 1 & 1 & 0 \\ 0 & 1 & 0 & 1 \\ 0 & 1 & 0 & 1 \end{pmatrix},$$

于是 $n_{12} = \boldsymbol{x}_{(1)}^{\mathrm{T}} \boldsymbol{y}_{(2)} = 5.$

同定量数据一样, 我们要找到使得相关系数达到最大的典型相关变量 $\eta = \boldsymbol{a}^{\mathrm{T}}\boldsymbol{x}$ 和 $\varphi = \boldsymbol{b}^{\mathrm{T}}\boldsymbol{y}$. $\boldsymbol{x}$ 只有一个非 0 部分, 因此个体可以直接和典型相关变量或得分 (a_i, b_j) 建立联系. 每个 (a_i, b_j) 都有 n_{ij} 个点, 这些点代表的相关性可以看作联列表 $\boldsymbol{\mathcal{N}}$ 中行和列的依赖程度的测度.

$\boldsymbol{\mathcal{N}}$ 和 $\boldsymbol{\mathcal{Z}}$ 的含义与之前的定义相同, 定义

$$\boldsymbol{c}_{r\times 1} = (x_{i\cdot}), \quad \boldsymbol{d}_{c\times 1} = (x_{\cdot j}),$$
$$\boldsymbol{C} = \mathrm{diag}(\boldsymbol{c}_{r\times 1}), \quad \boldsymbol{D} = \mathrm{diag}(\boldsymbol{d}_{c\times 1}).$$

$x_{i\cdot} = \sum_{j=1}^{c} n_{ij}$, $x_{\cdot j} = \sum_{i=1}^{r} n_{ij}$ 对于所有 i 和 j, 有 $x_{i\cdot} > 0$, $x_{\cdot j} > 0$. $\boldsymbol{\mathcal{S}}$ 是 $\boldsymbol{\mathcal{Z}}$ 的协方差矩阵,

$$n\boldsymbol{\mathcal{S}} = \boldsymbol{\mathcal{Z}}^{\mathrm{T}}\boldsymbol{\mathcal{H}}\boldsymbol{\mathcal{Z}} = \boldsymbol{\mathcal{Z}}^{\mathrm{T}}\boldsymbol{\mathcal{Z}} - n\bar{\boldsymbol{z}}\bar{\boldsymbol{z}}^{\mathrm{T}} \begin{pmatrix} n\boldsymbol{S}_{\boldsymbol{XX}} & n\boldsymbol{S}_{\boldsymbol{XY}} \\ n\boldsymbol{S}_{\boldsymbol{YX}} & n\boldsymbol{S}_{\boldsymbol{YY}} \end{pmatrix}$$
$$= \frac{n}{n-1} \begin{pmatrix} \boldsymbol{\mathcal{C}} - n^{-1}\boldsymbol{c}\boldsymbol{c}^{\mathrm{T}} & \boldsymbol{\mathcal{N}} - \hat{\boldsymbol{\mathcal{N}}} \\ \boldsymbol{\mathcal{N}}^{\mathrm{T}} - \hat{\boldsymbol{\mathcal{N}}}^{\mathrm{T}} & \boldsymbol{\mathcal{D}} - n^{-1}\boldsymbol{d}\boldsymbol{d}^{\mathrm{T}} \end{pmatrix},$$

其中 $\hat{\boldsymbol{\mathcal{N}}} = \boldsymbol{c}\boldsymbol{d}^{\mathrm{T}}$ 是在行列独立假设下, 列联表 $\boldsymbol{\mathcal{N}}$ 的估计值. 然而

$$(n-1)\boldsymbol{\mathcal{S}}_{XX}\mathbf{1}_r = \boldsymbol{\mathcal{C}}\mathbf{1}_r - n^{-1}\boldsymbol{c}\boldsymbol{c}^{\mathrm{T}}\mathbf{1}_r = \boldsymbol{c} - \boldsymbol{c}(n^{-1}\boldsymbol{c}^{\mathrm{T}}\mathbf{1}_r) = \boldsymbol{c} - \boldsymbol{c}(n^{-1}n) = \mathbf{0},$$

这表明 $\boldsymbol{\mathcal{S}}_{XX}^{-1}$ 不存在, 同理 $\boldsymbol{\mathcal{S}}_{YY}^{-1}$ 不存在. 解决这个问题的方法是去掉 $\boldsymbol{\mathcal{X}}$ 和 $\boldsymbol{\mathcal{Y}}$ 的一列, 比如第一列. 令 $\bar{\boldsymbol{c}}$ 和 $\bar{\boldsymbol{d}}$ 是向量 $\boldsymbol{c}$ 和 $\boldsymbol{d}$ 剔除第一个元素后的向量, 并由 $\bar{\boldsymbol{c}}$ 和 $\bar{\boldsymbol{d}}$ 类似地定义 $\bar{\boldsymbol{\mathcal{C}}}, \bar{\boldsymbol{\mathcal{D}}}, \boldsymbol{\mathcal{S}}_{\boldsymbol{XX}}, \boldsymbol{\mathcal{S}}_{\boldsymbol{XY}}, \boldsymbol{\mathcal{S}}_{\boldsymbol{YY}}$. 于是得到

$$(n\bar{\boldsymbol{\mathcal{S}}}_{\boldsymbol{XX}})^{-1} = \bar{\boldsymbol{C}}^{-1} + n_{i\cdot}^{-1}\mathbf{1}_r\mathbf{1}_r^{\mathrm{T}},$$
$$(n\bar{\boldsymbol{\mathcal{S}}}_{\boldsymbol{YY}})^{-1} = \bar{\boldsymbol{D}}^{-1} + n_{\cdot j}^{-1}\mathbf{1}_c\mathbf{1}_c^{\mathrm{T}}.$$

个体在列联表 $\boldsymbol{\mathcal{N}}$ 第 1 个行类别 (列类别) 的得分为 0.

对纯定性数据的典型相关分析也可以拓展到定性定量混合数据中, 将定性数据的只含 0–1 哑变量的矩阵和定量数据部分的矩阵结合即可.

典型相关分析的
R 代码实现

习 题 14

习题 14.1 用矩阵 $\boldsymbol{\mathcal{K}}^{\mathrm{T}}\boldsymbol{\mathcal{K}}$ 和 $\boldsymbol{\mathcal{K}}\boldsymbol{\mathcal{K}}^{\mathrm{T}}$ 的特征值和特征向量表述矩阵 $\boldsymbol{\mathcal{K}}$ 和 $\boldsymbol{\mathcal{K}}^{\mathrm{T}}$ 的奇异值分解, 并且证明 $\boldsymbol{\mathcal{K}}^{\mathrm{T}}\boldsymbol{\mathcal{K}}$ 和 $\boldsymbol{\mathcal{K}}\boldsymbol{\mathcal{K}}^{\mathrm{T}}$ 的特征值相等, 非零特征值的个数等于 $\mathrm{rank}(\boldsymbol{\Sigma}_{\boldsymbol{XY}})$.

习题 14.2 运用矩阵 $\boldsymbol{\mathcal{K}}$ 的奇异值分解说明典型变量 $\boldsymbol{\eta}_1$ 和 $\boldsymbol{\eta}_2$ 是不相关的.

习题 14.3 如果 $\boldsymbol{\Sigma}_{XY} = \mathbf{0}_q\mathbf{0}_p^{\mathrm{T}}$, 对 $\boldsymbol{X}, \boldsymbol{Y}$ 进行典型相关系数分析会得到怎样的典型相关系数和典型相关变量?

习题 14.4 如果 $\boldsymbol{\Sigma}_{XY} = \boldsymbol{I}_p$, 对 $\boldsymbol{X}, \boldsymbol{Y}$ 进行典型相关系数分析会得到怎样的结果?

习题 14.5 如果 $\boldsymbol{Y} = \boldsymbol{X}$, 典型相关关系的结果是什么?

习题 14.6 如果满足 $\boldsymbol{\Sigma}_{XY} = \mathbf{0}$, 对 $\boldsymbol{X}$ 和 $\boldsymbol{Y}$ 的典型相关分析的结果是什么?

第 15 章 多维标度分析

15.1 背景介绍

高维数据分析的一个主要目的就是降维. 在欧氏坐标的数据度量里, 主成分分析和因子分析是主要使用的两个工具. 在某些应用型科学领域中, 数据是被排序以记录信息的. 例如, 在市场营销中, 记录的可能不是与产品有关的各项指标数据, 而是产品 A 比产品 B 好. 因此, 高维数据的观测将拥有混合的数据特征并包含相对于所定义标准的相对信息, 无法轻易使用前面章节介绍的多变量技术的绝对坐标信息.

多维标度分析是一种基于对象、个体或者它们的空间, 表示之间相近程度的方法. 接近程度表示的是数据对象之间相似或相异的程度. 既然多维标度分析的目的是找到一些低维度 (特别是二维) 的点来代表高维数据的相对结构, 因而它也是一种降维技术. 度量型多维标度分析关注的是欧氏空间里的数学表示. 通过一个合适的对距离矩阵的谱分解可以找到所要的映射.

度量型多维标度分析的解可能导致与原始数据观察值排序的冲突, 而非度量型多维标度分析则是可以通过在单调算法和最小二乘之间的反复迭代来解决该问题. 本章中的例子或者是基于一个距离矩阵重构数据图, 或者是产品排序之类的市场营销问题.

和前面讨论过的方法不同, 多维标度分析不是从原始多变量数据矩阵 $\boldsymbol{\mathcal{X}}$ 开始的, 而是从一个 $n \times n$ 的相异程度矩阵或者距离矩阵 $\boldsymbol{D}$ 开始的, 两者元素分别为 δ_{ij} 和 d_{ij}. 一般而言, 数据本身的维度未知.

多维标度分析是一种降维技术, 因为它主要关注的是在低维空间中找到一个点集来表示高维空间中数据的结构. 高维空间中数据的结构用距离矩阵或者相异程度矩阵 $\boldsymbol{D}$ 来表示.

多维标度分析是一门实用的技术, 经常用于考察人们如何认知和评价特定信号和信息. 例如, 政治学家用它来研究候选人的相似性或者相异性. 在市场营销中, 专家们可以利用多维标度分析来表示消费者对品牌以及评估产品品质之间的联系.

简而言之, 所有多维标度分析的首要目的都是为了揭示数据的结构或者模式, 并在一个简单的几何模型或图形中呈现出来. 其中一个目的是通过寻找一个 d 维空间使得观测相近程度和所度量的数据点之间的距离具有最大的对应关系, 从而确定一个低维的、易解释的模型.

基于相近程度的多维标度分析通常称作度量型多维标度分析, 而当相近程度用有序型标度来度量时, 应用更多的是非度量型多维标度分析.

例题 15.1 利用刻度尺和地图标尺来度量地图上城市间的距离是一个相当简单的问题. 然而, 考虑其反问题: 给定一个距离集合, 要求根据彼此间的距离来画出一张地图. 这是一个比较复杂的问题, 尽管也可能在二维平面上通过一把尺子和圆规粗略地画出. 多维标度分析则可以在任意维度上解决这个问题. 采用 R 软件中自带的欧洲部分城市间的距离集, 运用度量型多维标度分析技术来生成一个简单的地图, 如图 15.1 所示.

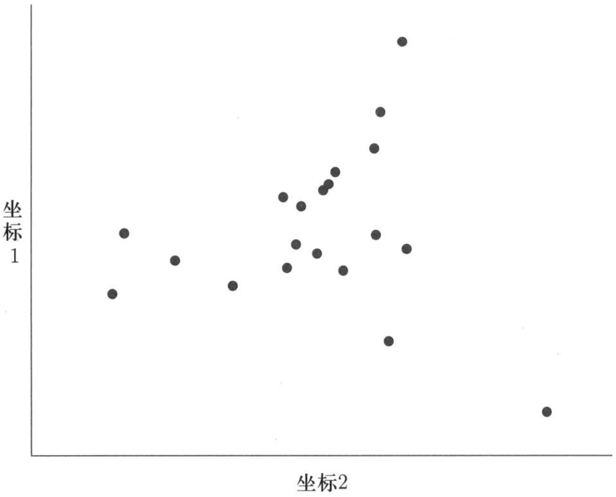

图 15.1 多维标度分析下的欧洲部分城市间距离图

需要注意的是, 这里的距离是实际距离而不是欧氏距离. 在现实应用中, 问题会变得更加复杂, 比如数据可能会有误差且其维数未知.

多维标度分析中, 欧氏空间的构图是基于给定距离. 其解通过旋转、映射和移动得到. 一般来说, 对于 $i=1,2,\cdots,n$, 对应于坐标 $\boldsymbol{x}_i=(x_{i1},x_{i2},\cdots,x_{ip})^{\mathrm{T}}$ 的点 $P_1,P_2,\cdots,P_n$ 代表了 p 维空间的一个多维标度分析的解. 则 $\boldsymbol{y}_i=\boldsymbol{\mathcal{A}}\boldsymbol{x}_i+\boldsymbol{b}$ 也代表一个多维标度分析的解. 其中, $\boldsymbol{\mathcal{A}}$ 是一个正交矩阵, $\boldsymbol{b}$ 是一个转移向量.

仅仅基于距离排序的方法被称为非度量型多维标度分析, 而例题 15.1 中所应用的方法被称为度量型多维标度分析.

15.2 度量型多维标度分析

度量型多维标度分析从 $n\times n$ 距离矩阵 $\boldsymbol{D}$ 开始, 矩阵元素为 d_{ij}, 其中 $i,j=1,2,\cdots,n$. 度量型多维标度分析的目标是从给定的数据点之间的距离中发现 p 维空间的点构图, 使得 p 维空间 n 个点的坐标生成一个欧氏距离矩阵, 其元素与给定距离矩阵 $\boldsymbol{D}$ 中元素尽可能相近.

15.2.1 古典求解法

古典法基于欧氏距离矩阵.

定义 15.1 如果对于一个数据点 $\boldsymbol{x}_1,\boldsymbol{x}_2,\cdots,\boldsymbol{x}_n\in\mathbf{R}^p$, 有 $d_{ij}^2=(\boldsymbol{x}_i-\boldsymbol{x}_j)^{\mathrm{T}}(\boldsymbol{x}_i-\boldsymbol{x}_j)$, 那么 $n\times n$ 距离矩阵 $\boldsymbol{D}=(d_{ij})$ 是欧氏空间的.

定理 15.1 将告诉我们一个距离矩阵是否是欧氏空间的.

定理 15.1 定义 $\mathcal{A}=(a_{ij}),\ a_{ij}=-\frac{1}{2}d_{ij}^2$, 且 $\mathcal{B}=\mathcal{HAH}$, 其中 $\mathcal{H}$ 是中心化的矩阵. $\mathcal{D}$ 是欧氏空间的矩阵, 当且仅当 $\mathcal{B}$ 是半正定的. 如果 $\mathcal{D}$ 是数据矩阵 $\mathcal{X}$ 的距离矩阵, 那么 $\mathcal{B}=\mathcal{X}\mathcal{X}^{\mathrm{T}}$, $\mathcal{B}$ 被称为内积矩阵.

15.2.2 坐标的复原

多维标度分析旨在从一个给定的距离矩阵找到最初的欧氏坐标, 令 p 维欧氏空间的 n 个点坐标为 $\boldsymbol{x}_i,\ i=1,2,\cdots,n$, 其中 $\boldsymbol{x}_i=(x_{i1},x_{i2},\cdots,x_{ip})^{\mathrm{T}}$. 称 $\mathcal{X}=(\boldsymbol{x}_1^{\mathrm{T}},\boldsymbol{x}_2^{\mathrm{T}},\cdots,\boldsymbol{x}_n^{\mathrm{T}})^{\mathrm{T}}$ 为坐标矩阵并假定 $\bar{\boldsymbol{x}}=\boldsymbol{0}$. 这样第 i 个点和第 j 个点之间的欧氏距离为

$$d_{ij}^2=\sum_{k=1}^{p}(x_{ik}-x_{jk})^2. \tag{15.1}$$

通常矩阵 $\mathcal{B}$ 的元素 b_{ij} 一般形式为

$$b_{ij}=\sum_{k=1}^{p}x_{ik}x_{jk}=\boldsymbol{x}_i^{\mathrm{T}}\boldsymbol{x}_j. \tag{15.2}$$

从已知的距离 d_{ij} 的平方推导得到矩阵 $\mathcal{B}$ 的元素, 从 $\mathcal{B}$ 则可以得到未知的坐标

$$d_{ij}^2=\boldsymbol{x}_i^{\mathrm{T}}\boldsymbol{x}_i+\boldsymbol{x}_j^{\mathrm{T}}\boldsymbol{x}_j-2\boldsymbol{x}_i^{\mathrm{T}}\boldsymbol{x}_j=b_{ii}+b_{jj}-2b_{ij}. \tag{15.3}$$

对坐标矩阵 $\mathcal{X}$ 中心化意味着 $\sum\limits_{i=1}^{n}b_{ij}=0$. 对式 (15.3) 分别基于 i,j 以及 i 和 j 进行求和, 得到

$$\begin{aligned}
\frac{1}{n}\sum_{i=1}^{n}d_{ij}^2&=\frac{1}{n}\sum_{i=1}^{n}b_{ii}+b_{jj},\\
\frac{1}{n}\sum_{j=1}^{n}d_{ij}^2&=b_{ii}+\frac{1}{n}\sum_{j=1}^{n}b_{jj},\\
\frac{1}{n^2}\sum_{i=1}^{n}\sum_{j=1}^{n}d_{ij}^2&=\frac{2}{n}\sum_{i=1}^{n}b_{ii}.
\end{aligned} \tag{15.4}$$

通过求解式 (15.3) 和 (15.4), 得到

$$b_{ij}=-\frac{1}{2}(d_{ij}^2-d_{i\cdot}^2-d_{\cdot j}^2+d_{\cdot\cdot}^2). \tag{15.5}$$

有 $a_{ij}=-\frac{1}{2}d_{ij}^2$, 且

$$a_{i\cdot}=\frac{1}{n}\sum_{j=1}^{n}a_{ij},$$

$$a_{\cdot j}=\frac{1}{n}\sum_{i=1}^{n}a_{ij},$$

$$a_{\cdot\cdot} = \frac{1}{n^2}\sum_{i=1}^{n}\sum_{j=1}^{n} a_{ij}. \tag{15.6}$$

这样我们便得到

$$b_{ij} = a_{ij} - a_{i\cdot} - a_{\cdot j} + a_{\cdot\cdot}. \tag{15.7}$$

定义矩阵 $\boldsymbol{\mathcal{A}}$ 为 (a_{ij}), 我们观察到

$$\boldsymbol{\mathcal{B}} = \boldsymbol{\mathcal{H}}\boldsymbol{\mathcal{A}}\boldsymbol{\mathcal{H}}. \tag{15.8}$$

内积矩阵 $\boldsymbol{\mathcal{B}}$ 可以表示为

$$\boldsymbol{\mathcal{B}} = \boldsymbol{\mathcal{X}}\boldsymbol{\mathcal{X}}^{\mathrm{T}}, \tag{15.9}$$

其中 $\boldsymbol{\mathcal{X}} = (\boldsymbol{x}_1, \boldsymbol{x}_2, \cdots, \boldsymbol{x}_n)^{\mathrm{T}}$ 为 $n \times p$ 坐标矩阵, 则矩阵 $\boldsymbol{\mathcal{B}}$ 的秩为

$$\mathrm{rank}(\boldsymbol{\mathcal{B}}) = \mathrm{rank}(\boldsymbol{\mathcal{X}}\boldsymbol{\mathcal{X}}^{\mathrm{T}}) = \mathrm{rank}(\boldsymbol{\mathcal{X}}) = p. \tag{15.10}$$

正如定理 15.1 所要求的, 矩阵 $\boldsymbol{\mathcal{B}}$ 为半正定的, 并且秩为 p, 这样矩阵 $\boldsymbol{\mathcal{B}}$ 有 p 个非负特征值和 $n-p$ 个零特征值. $\boldsymbol{\mathcal{B}}$ 可以写为

$$\boldsymbol{\mathcal{B}} = \boldsymbol{\Gamma}\boldsymbol{\Lambda}\boldsymbol{\Gamma}^{\mathrm{T}}, \tag{15.11}$$

其中 $\boldsymbol{\Lambda}$ 是由 $\boldsymbol{\mathcal{B}}$ 的特征值构成的对角矩阵, 也即 $\boldsymbol{\Lambda} = \mathrm{diag}(\lambda_1, \lambda_2, \cdots, \lambda_p)$. 而 $\boldsymbol{\Gamma} = (\boldsymbol{\gamma}_1, \boldsymbol{\gamma}_2, \cdots, \boldsymbol{\gamma}_p)$ 为对应的特征向量构成的矩阵. 因此, 在 $\mathbf{R}^p$ 上包含了点的结构的坐标矩阵 $\boldsymbol{\mathcal{X}}$ 为

$$\boldsymbol{\mathcal{X}} = \boldsymbol{\Gamma}\boldsymbol{\Lambda}^{\frac{1}{2}}. \tag{15.12}$$

15.2.3 维数的选择

维数由 $\boldsymbol{\mathcal{B}}$ 的秩或者非零特征值 λ_i 的数据决定, 为了便于解释, 要求维数较少. 如果 $\boldsymbol{\mathcal{B}}$ 是半正定的, 那么非零特征值的个数给出了表示距离 d_{ij} 所要求的特征值的个数.

由 p 维所解释的变化的比例为

$$\frac{\sum\limits_{i=1}^{p}\lambda_i}{\sum\limits_{i=1}^{n-1}\lambda_i}. \tag{15.13}$$

该式可以用来求解 p.

如果 $\boldsymbol{\mathcal{B}}$ 不是半正定的, 我们可以将式 (15.13) 修正为

$$\frac{\sum\limits_{i=1}^{p}\lambda_i}{\Sigma(\text{正的特征值})}. \tag{15.14}$$

在实际应用中, 特征值 λ_i 一般都非零. 为了能够在尽可能低的维度空间里表示对象, 我们可以把距离矩阵修正为

$$\mathcal{D}^* = (d_{ij}^*). \tag{15.15}$$

其中

$$d_{ij}^* = \begin{cases} 0, & i = j, \\ d_{ij} + e \geqslant 0, & i \neq j, \end{cases} \tag{15.16}$$

其中 e 的确定要使得内积矩阵 $\mathcal{B}$ 是一个半正定矩阵, 并且拥有一个较小的秩.

15.2.4 相似性

在一些情况下, 我们不是从距离矩阵而是从相似矩阵开始的. 从一个相似矩阵 $\mathcal{C}$ 转化为距离矩阵 $\mathcal{D}$ 的标准转换为

$$d_{ij} = (c_{ii} - 2c_{ij} + c_{jj})^{\frac{1}{2}}. \tag{15.17}$$

定理 15.2 如果 $\mathcal{C}$ 半负定, 那么由式 (15.17) 定义的距离矩阵 $\mathcal{D}$ 是欧氏空间的, 并且有一个中心化的内积矩阵 $\mathcal{B} = \mathcal{HCH}$.

15.2.5 与因子分析的关系

假定 $n \times p$ 矩阵 $\mathcal{X}$ 是中心化的, 使得 $\mathcal{X}^{\mathrm{T}}\mathcal{X}$ 等于协方差的常数倍 $n\mathcal{S}$. 假定 $n\mathcal{S}$ 的 p 个特征值 $\lambda_1, \lambda_2, \cdots, \lambda_p$ 不相同且不为零. 运用因子分析的对偶定理 8.3, 可以看到当 $\mathcal{D}$ 是 $\mathcal{X}$ 中行之间的欧氏距离时, $\lambda_1, \lambda_2, \cdots, \lambda_p$ 也是 $\mathcal{X}\mathcal{X}^{\mathrm{T}} = \boldsymbol{B}$ 的特征值. 这样度量型多维标度问题的 k 维解由 $\mathcal{X}$ 的前 k 个主成分给出.

古典多维标度解的最优特性

令 $\mathcal{X}$ 为一个 $n \times p$ 数据矩阵, 具有距离矩阵 $\mathcal{D}$. 多维标度分析的目的则是找到一个矩阵 $\mathcal{X}_1$, 它是在一个低维的欧氏空间 $\mathbf{R}^k$ 上的 $\mathcal{X}$ 的代表, 其点间距离矩阵 $\mathcal{D}_1$ 与矩阵 $\mathcal{D}$ 相近. 令 $\mathcal{L} = (\mathcal{L}_1, \mathcal{L}_2)$ 为一个 $p \times p$ 正交矩阵, 其中 $\mathcal{L}_1$ 是 $p \times k$ 的. $\mathcal{X}_1 = \mathcal{X}\mathcal{L}_1$ 代表了 $\mathcal{X}$ 在 $\mathcal{L}_1$ 的列空间上的映射. 或者说, $\mathcal{X}_1$ 可以看做 $\mathcal{X}$ 在 $\mathbf{R}^k$ 中的一个拟合构图. $\mathcal{D}$ 和 $\mathcal{D}_1 = \left(d_{ij}^{(1)}\right)$ 之间差异的度量由下式给出:

$$\phi = \sum_{i,j=1}^{n} \left(d_{ij} - d_{ij}^{(1)}\right)^2. \tag{15.18}$$

定理 15.3 $\mathcal{X}$ 在 $\mathbf{R}^k$ 的一个 k 维子空间上的所有映射 $\mathcal{X}\mathcal{L}_1$ 中, 当 $\mathcal{X}$ 被映射到其前 k 个主因子时, (15.18) 中的 ϕ 是最小的.

这样, 度量型多维标度分析与主因子分析是一样的.

例题 15.2 表 15.1 给出了 10 家公司中各对公司之间的欧氏距离, 这些数字是原始数据经标准化处理而成的.

表 15.1 10 家公司之间的欧氏距离

公司编号	1	2	3	4	5	6	7	8	9	10
1	0.00									
2	3.10	0.00								
3	3.68	4.92	0.00							
4	2.46	2.16	4.11	0.00						
5	4.12	3.85	4.47	4.13	0.00					
6	3.61	4.22	2.99	3.20	4.60	0.00				
7	3.90	3.45	4.22	3.97	4.60	3.35	0.00			
8	2.74	3.89	4.99	3.69	5.16	4.91	4.36	0.00		
9	3.25	3.96	2.75	3.75	4.49	3.73	2.80	3.59	0.00	
10	3.10	2.71	3.93	1.49	4.05	3.83	4.51	3.67	3.57	0.00

利用 R 软件中的 cmdscale 函数, 得到多维标度分析结果 ($p=2$) 如图 15.2 所示.

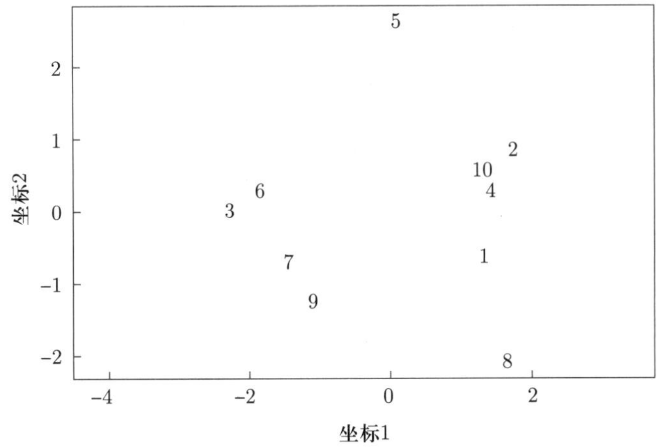

图 15.2 度量型多维标度分析—公司

例题 15.3 表 15.2 给出了 10 所大学有关的数据. 这些变量包括 X_1 为新生的平均入学成绩 (按一定规则换算后的成绩, 满分 16 分), X_2 为新生中在高中时期名列班上前 10% 的人数百分比 (%), X_3 为报名者被接受入学的百分比 (%), X_4 为学生与教师的比例 (%), X_5 为估计的年费用, X_6 为毕业比例 (%).

利用多维标度分析处理上述数据, 得到的二维表示, 如图 15.3 所示.

对于图中反映出来的信息, 从主成分角度看, 基本还是能够充分反映实际信息的.

本节最后, 对度量型多维标度分析的实际算法进行梳理:

(1) 从距离 d_{ij} 开始;

(2) 定义 $\boldsymbol{\mathcal{A}}=(a_{ij})=\left(-\dfrac{1}{2}d_{ij}^2\right)$;

表 15.2　10 所大学的数据

大学	X_1	$X_2/\%$	$X_3/\%$	$X_4/\%$	X_5	$X_6/\%$
A	14.00	91	14	11	39.525	97
B	13.75	91	14	8	30.220	95
C	13.75	95	19	11	43.514	96
D	13.60	90	20	12	36.450	93
E	13.80	94	30	10	34.870	91
F	13.15	90	30	12	31.585	95
G	14.15	100	25	6	63.575	81
H	13.40	89	23	10	32.162	95
I	13.10	89	22	13	22.704	94
G	12.80	83	33	13	21.864	90

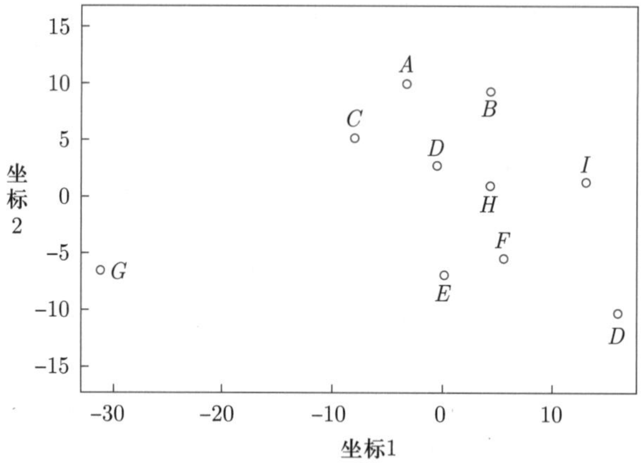

图 15.3　度量型多维标度分析—大学

(3) 定义 $\boldsymbol{\mathcal{B}} = (a_{ij} - a_{i\cdot} - a_{\cdot j} + a_{\cdot\cdot})$;

(4) 找到 $\boldsymbol{\mathcal{B}}$ 的特征值 $\lambda_1, \lambda_2, \cdots, \lambda_p$ 和相应的特征向量 $\boldsymbol{\gamma}_1, \boldsymbol{\gamma}_2, \cdots, \boldsymbol{\gamma}_p$, 其中特征向量被标准化使得 $\boldsymbol{\gamma}_i^{\mathrm{T}}\boldsymbol{\gamma}_i = 1$;

(5) 选择一个合适的维度 p(理想状况下 $p = 2$);

(6) 欧氏空间里的 n 个点的坐标为 $x_{ij} = \gamma_{ij}\lambda_i^{1/2}$, 其中 $i = 1, 2, \cdots, n$, $j = 1, 2, \cdots, p$.

15.3 非度量型多维标度分析

非度量型多维标度分析, 与度量型多维标度分析一样, 主要目的都是为了在 p 维空间上找到点的坐标, 使得观测到的近似程度和点之间的距离相一致. 非度量型多维标度分析的动机是基于度量型多维标度分析的两个主要弱点提出的:

(1) 为了从给定的相异性导出距离, 而对相异性和距离之间显式函数关系作出的定义;

(2) 欧氏几何在决定对象构图时有局限.

非度量型多维标度分析的思想是要找到相异性和距离之间的一个不太严格的关系. 假设有

一个单调递增函数 f 为

$$d_{ij} = f(\delta_{ij}), \tag{15.19}$$

用来产生一个距离集合 d_{ij} 作为给定的相异性 δ_{ij} 一个函数. 这里, f 满足性质: 如果 $\delta_{ij} < \delta_{rs}$, 那么有 $f(\delta_{ij}) < f(\delta_{rs})$. 刻度是基于相异性的排序. 这样, 非度量型多维标度分析本质上还是有序的.

用来决定元素 d_{ij} 以及获得只有排序信息的对象 $x_1, x_2, \cdots, x_n$ 的坐标的最常用方法是被称为 Shepard-Kruskal 算法的迭代过程.

Shepard-Kruskal 算法

(1) 第一步 (初始阶段), 先假定所有的对象有不同的坐标, 我们从一个任意选择的 p 维初始结构 $\mathcal{X}_0$ 来计算欧氏距离 $d_{ij}^{(0)}$. 如图 15.4 所示, 可能会用度量型多维标度分析来得到这里的初始坐标.

(2) 第二步 (非度量型阶段), 在若 $\delta_{ij} < \delta_{rs}$, 则有 $\hat{d}_{ij}^{(0)} \leqslant \hat{d}_{rs}^{(0)}$ 的要求下, 通过构造 $d_{ij}^{(0)}$ 和 d_{ij} 之间的一个单调回归关系来决定 $\hat{d}_{ij}^{(0)}$ 和 $d_{ij}^{(0)}$ 之间的差异, 这被称为弱单调性要求. 为了得到差异 $\hat{d}_{ij}^{(0)}$, 一个有用的近似方法是 PAV 算法. 令下式为 $k = n(n-1)/2$ 对对象相异性的排序:

$$(i_1, j_1) > (i_2, j_2) > \cdots > (i_k, j_k), \tag{15.20}$$

这与图 15.5 中的点相对应. PAV 算法可以这样描述: 从最小的值 δ_{ij} 开始, 将每一个 δ_{ij} 与邻近的 $d_{ij}^{(0)}$ 值进行对比, 检验是否与 δ_{ij} 单调相关. 当一系列连续的 $d_{ij}^{(0)}$ 值不满足单调性的要求时, 则将所有的 $d_{ij}^{(0)}$ 取平均值, 并与最近的没有违背单调性的 $d_{ij}^{(0)}$ 值一起获得一个估计值, 最后该系列所有的点都被赋予该值.

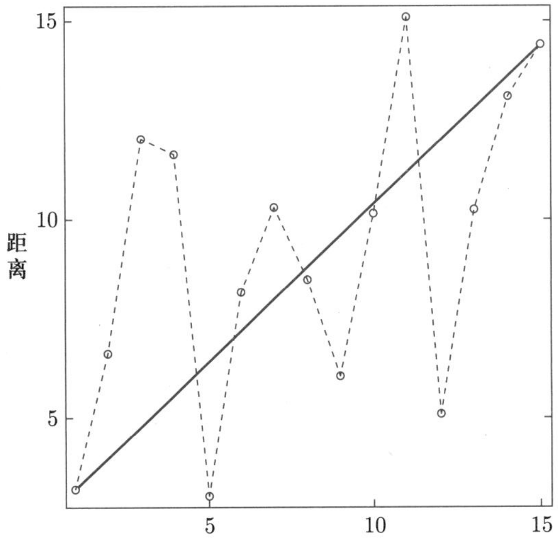

图 15.4 排序和距离

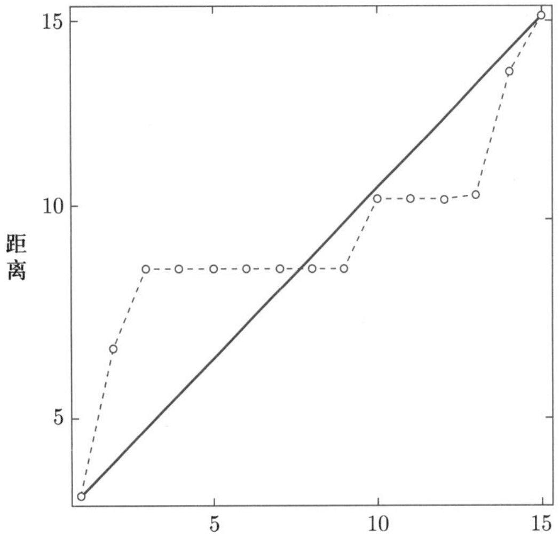

图 15.5 PAV 算法

(3) 第三步 (度量型阶段), 更改 $\mathcal{X}_0$ 的空间结构来得到 $\mathcal{X}_1$. 由 $\mathcal{X}_1$ 可以得到新的距离 $d_{ij}^{(1)}$, 由第 (2) 步可知该距离更加接近于 $\hat{d}_{ij}^{(0)}$.

为了衡量得到的结构在多大程度上拟合了差异性, 采用一种叫做 STRESS1 的度量,

$$\text{STRESS1} = \left(\frac{\sum\limits_{i<j} (d_{ij} - \hat{d}_{ij})^2}{\sum\limits_{i<j} d_{ij}^2} \right)^{\frac{1}{2}}, \tag{15.21}$$

一个替代的度量指标是 STRESS2,

$$\text{STRESS2} = \left(\frac{\sum\limits_{i<j} (d_{ij} - \hat{d}_{ij})^2}{\sum\limits_{i<j} (d_{ij} - \bar{d})^2} \right)^{\frac{1}{2}}, \tag{15.22}$$

其中 $\bar{d}$ 表示平均距离.

计算的目的是找到一个点结构来平衡 STRESS1 和非单调性之间的关系, 这可以通过迭代程序来达到. 更准确地说, 可以相对于对象 j 定义一个对象 i 的新位置,

$$x_{il}^{NEW} = x_{il} + \alpha \left(1 - \frac{\hat{d}_{ij}}{d_{ij}} \right) (x_{jl} - x_{il}), \quad l = 1, 2, \cdots, p^*, \tag{15.23}$$

这里, α 表示迭代的步长.

通过式 (15.23), 对象 i 的结构相对于对象 j 来说是改善了. 为了相对于所有剩余的点得到一个全面的改善, 则需用到

$$x_{il}^{NEW} = x_{il} + \frac{\alpha}{n-1} \sum_{j=1, j\neq i}^{n} \left(1 - \frac{\hat{d}_{ij}}{d_{ij}} \right) (x_{jl} - x_{il}), \quad l = 1, 2, \cdots, p^*. \tag{15.24}$$

对于步长 α 的选择至关重要. 建议从 $\alpha = 0.2$ 开始, 迭代过程可以通过诸如最速下降法或者牛顿–拉弗森等算法来完成.

(4) 第四步 (评估阶段), STRESS 度量被用来评估最终的迭代结果的改变是否足够小, 以评估该程序是否可以终止. 在该阶段, 对于给定的维度会得到一个最优的拟合. 所以, 整个程序需要在多个维度上运行.

为了得到合适的维度数 p^*, 需要构造一个图来表示最小的 STRESS 值 (S), 该值是维度的一个函数. 一个用来选择合适维度的标准是在图上找到一个使曲率变化明显的维度 (也可称为肘点).

一个经验法则用来决定一个 STRESS 值是否足够小:

$$S > 20\%, \text{差}; \quad S = 10\%, \text{一般}; \quad S < 5\%, \text{好}; \quad S = 0, \text{非常好}. \tag{15.25}$$

例题 15.4 利用非度量型多维标度分析来分析一组关于某国国会投票的数据 ($p = 2$), 与

度量型多维标度分析不同, 非度量型多维标度分析用的函数是 MASS 包中的 isoMDS.

从图 15.6 中可以看出, A 党 (R) 和 B 党 (D) 投票行为差别还是很明显的, 而且 A 党党内分散性或者说波动性更大一些.

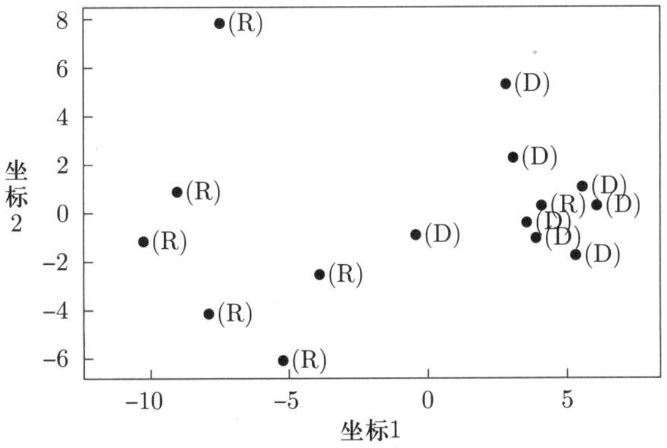

图 15.6 投票数据下非度量型 MDS

我们也知道, 原始差异性和通过多维标度分析降维后展示出来的差异性两者间还是有一定的差别的, 图 15.7 就将展示本例中投票数据表现出来的差异性.

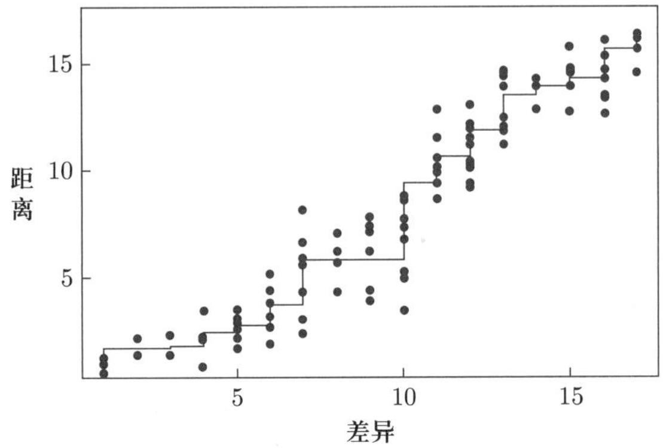

图 15.7 投票数据下原始差异与多维度分析结果差异之间的差距

例题 15.5 利用 R 软件中数据集 varespec 做非度量型多维标度分析.

该数据集共有 24 行 44 列, 每一列代表一类蔬菜的覆盖值. 利用该 R 软件中包含的函数, 可以得到三维标度图如图 15.8 所示. 从结果来看, 此时的数据大致呈现了从中间向三个方向的扩散情形, 相较于二维而言具有更好的解释性. 从三维情形的分析结果来看, A、B 以及 C 等的覆盖值可以归结为一个类别, D、E 和 F 等可以归结为一个类别, 而 G、H 以及 I 等则可以视为一类, 而且诸类之间具有明显的差异性.

像 15.2 节一样, 本节最后, 我们对非度量型多维标度分析的实际算法做一个明确展示:

(1) 选择一个初始结构;

(2) 从结构中找到 d_{ij};

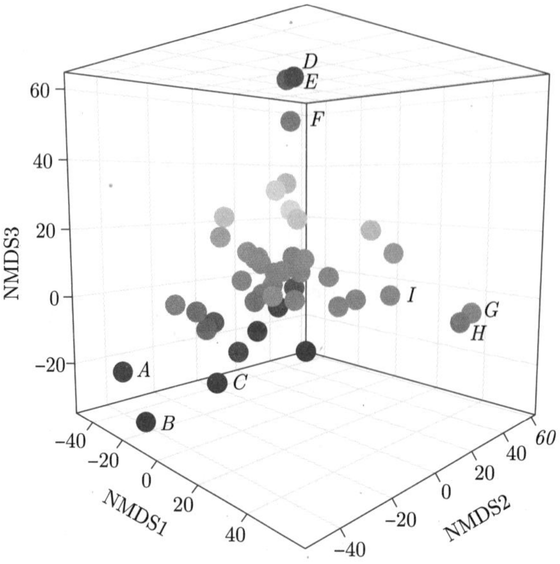

图 15.8　三维情形下的数据 NMDS

(3) 用 PAV 算法拟合差异 $\hat{d}_{ij}$;

(4) 采用最速下降法找到一个新的结构 $\mathcal{X}_{n+1}$;

(5) 重复步骤 (2).

多维标度分析的 R 代码实现

习　题　15

习题 15.1　利用式 (15.6), 证明式 (15.7) 可以推导出式 (15.2).

习题 15.2　根据定理 15.1 及其证明过程, 证明下式:

(1) $b_{ii} = a_{\cdot\cdot} - 2a_{i\cdot}$; $b_{ij} = a_{ij} - a_{i\cdot} - a_{\cdot j} + a_{\cdot\cdot}$; $i \neq j$;

(2) $\boldsymbol{\mathcal{B}} = \sum\limits_{i=1}^{n} \boldsymbol{x}_i \boldsymbol{x}_i^{\mathrm{T}}$;

(3) $\sum\limits_{i=1}^{p} \lambda_i = \sum\limits_{i=1}^{n} b_{ii} = \dfrac{1}{2n \sum\limits_{i,j=1}^{n} d_{ij}^2}$.

第 16 章

联合分析

联合分析在市场营销中应用广泛. 例如新产品的设计中, 知道产品的哪些属性能够给消费者带来更大的效用是非常重要的. 市场营销和广告策略都是基于新产品的总体效用. 对于汽车生产商来讲, 知道汽车运动性能的变化, 或者安全性能的变化, 或者舒适装备的变化能否增加汽车的整体效用, 这一点很重要. 联合分析是一种用于估计不同属性对消费者的相对重要性以及不同属性水平给消费者带来的效用的多元统计分析方法. 一个重要的前提假设是总体效用能够分解为各属性效用之和.

16.1 节将给出联合分析的背景介绍, 并给出了具体的例子加以说明. 16.2 节着重介绍问卷设计中对产品属性水平的赋值问题. 16.3 节介绍估计成分效用值的度量方法, 通过解一个最小二乘问题, 估计出的偏好排序可能不是单调的. 非度量法通过最小二乘法和 PAV 算法间的迭代运算解决了非一致性的问题.

16.1 背景介绍

日常生活中, 对于某类产品人们经常会面临选择, 通常需要根据产品的不同效用来进行最优化选择, 而在评价效用时, 总会存在一种偏好. 而在市场研究中, 对消费者偏好的研究是极其重要的, 一个经常遇到的问题是: 在所研究的产品或服务中, 具有哪些属性的产品最能够受到消费者的欢迎? 针对这样的问题, 传统的市场研究方法往往只能作定性研究, 难以作出定量的回答, 而联合分析则提供了研究消费者偏好的一种定量方法.

联合分析是在已知消费者对全部轮廓的评价结果的基础上, 经过分解的方法去估计其偏好结构的一种分析方法. 可帮助我们研究为什么消费者购买某一产品而不是其他产品这样一个核心的营销问题. 其因变量是消费者对某一轮廓的整体偏好评价, 自变量是组成各轮廓的不同属性水平.

联合分析假定整体效用可以解释为不同成分效用的可加分解. 例如在问卷调查中, 被调查者对产品的类型进行排序, 从而反映了他们的偏好排序. 联合分析的目的就是在观测数据的基础上, 将总体效用进行分解, 从而解释各成分效用或边际效用.

基本思想: 通过提供给消费者以不同的属性水平组合形成的产品或服务, 让消费者做出心理判断, 按其意愿程度给产品或服务组合打分或排序, 然后采用数理分析方法对每个属性水平赋值, 使评价结果与消费者的给分尽量保持一致, 来分析研究消费者的选择行为.

例题 16.1 假定 W 品牌是一个以中低档电脑为主的品牌, 公司计划推出一款新产品, 定价在 6 000 元左右, 与市场上的主要中低档电脑竞争. 研究表明, 电脑的价格、品牌、CPU 类型和硬盘容量是影响消费者选购电脑的主要因素. 于是建立起如表 16.1 所示的虚拟产品组合, 假设通过调查得到一组测试者对这 4 种电脑的偏好排序如表 16.2 所示.

表 16.1　虚拟产品组合

虚拟产品	A	B	C	D
品牌	W	X	Y	Z
价格	6 000 元	5 000 元	6 000 元	5 000 元
CPU 类型	α	β	β	γ
硬盘容量	4.3 G	4.3 G	3.2 G	3.2 G

表 16.2　消费者的偏好排序

虚拟产品	A	B	C	D
偏好排序	3	1	2	4

联合分析就是对产品不同的特征水平计算成分效用函数, 从而对每一特征以及特征水平的重要程度作出量化评价的方法. 分离出的消费者对每一特征以及特征水平的偏好值, 即为该特征的效用. 从而在新产品的设计和广告宣传策略中突出具有显著效用的特征.

16.2 实验设计

产品由各成分的特征定义而成, 譬如直接由不同的成分组合而成.

例题 16.2　下例为一个手机产品在产品测试中的应用, 假定某公司打算在市场上推出一款新型的手机产品, 首先要了解消费者对于手机产品的喜好, 消费者更重视手机的哪些属性或者特征？对这些属性又有什么特别的偏好？为设计出受消费者欢迎的手机, 该公司需要开展一次市场调研, 对各种配置的手机产品进行测试.

通过查阅有关的广告、收集资料和走访手机零售商, 可以确定: 容量、音质、价格、外形、品牌、功能、产地、电池使用时间、线控、屏显等 10 个产品特征是手机的潜在的重要属性, 通过前期预调查, 确定对容量、音质、外形和价格这 4 个属性进行联合分析, 特征水平见表 16.3. 可知该属性水平组合有 81 种 ($3 \times 3 \times 3 \times 3$).

表 16.3　手机的特征水平

容量	64 G	128 G	256 G
音质	好	一般	差
外形	时尚	一般	传统
价格	3 000 元	4 500 元	5 000 元

利用上述特征与特征水平可以组合起 81 种虚拟产品 ($3 \times 3 \times 3 \times 3 = 81$), 在一份调查问卷中受访者要对所有的 81 种虚拟产品进行一一评价, 此方法称为全轮廓法. 显然, 这种全轮廓

的偏好或评价, 是很麻烦的. 例如, 一个具有 6 个特征、每个特征有 3 个水平的产品, 一共可以组合成 $3^6 = 729$ 种虚拟产品.

两因素法是一种简化, 只同时考虑两个特征, 也称为权衡与折中法, 这一思想通过权衡矩阵来实现.

例题 16.3 接例题 16.1. 根据调查, W 电脑是面向中低消费水平消费者的, 目前的主要竞争对手是 X 电脑和 Y 电脑; 目前市场上的中低档电脑价格多在 5 000 ~ 7 000 元, 目前较普遍的中低档电脑的 CPU 类型为 α, β, γ, 硬盘容量常见的有 2.1 G, 3.2 G, 4.3 G, 因此最终选择的特征水平如表 16.4 所示.

表 16.4 电脑的特征水平

品牌	W	X	Y
价格/元	5 000	6 000	7 000
CPU 类型	α	β	γ
硬盘	4.3 G	3.2 G	2.1 G

各特征分别记为 X_1, X_2, X_3, X_4, 权衡矩阵见表 16.5.

表 16.5 个人电脑的权衡矩阵

(a)

X_4	X_3		
1	1	2	3
2	1	2	3
3	1	2	3

X_3	X_2		
1	1	2	3
2	1	2	3
3	1	2	3

(b)

X_4	X_2		
1	1	2	3
2	1	2	3
3	1	2	3

X_3	X_1		
1	1	2	3
2	1	2	3
3	1	2	3

(c)

X_4	X_1		
1	1	2	3
2	1	2	3
3	1	2	3

X_2	X_1		
1	1	2	3
2	1	2	3
3	1	2	3

进行联合分析时, 是选择全轮廓法还是权衡折中法, 需要考虑以下三个方面:

(1) 受访者的要求; (2) 时间消耗; (3) 产品感知.

第 (1) 点与受访者个人对不同特征水平产品组合的判断能力有关, 当然权衡折中法在这一点上很有优势, 因为受访者只需要同时考虑两个特征. 此外, 两因素法更容易实施, 一般不需要当面访谈, 调查问卷就可以解决.

全轮廓法能让受访者有完整的产品感知, 因为他们面对的不再是产品孤立的两方面特征, 产品的虚拟组合也可以通过图像等展现出它们的成品形状. 但是随着产品的特征数和特征水平的增加, 虚拟产品组合量呈指数增长, 让受访者一一作出评价是很麻烦的, 有时根本无法实施, 所以问卷调查的时间消耗也是实际中要考虑的一个重要因素.

一般来讲, 产品感知是最重要的一个方面, 所以实际中全轮廓法应用最广泛. 从时间损耗的角度来讲, 权衡折中法是最佳的. 但是, 我们可以利用数理统计中的一些方法, 如正交设计, 来减少虚拟产品的数量, 从而减少时间消耗. 比如例题 16.4 为正交设计的实例.

16.3 偏好排序的估计

例题 16.4 考虑加法模型, 表 16.6 反映了当消费者要购买电脑时, 对如下配置电脑的内在评价: 品牌, 处理器, 内存, 显示器, 硬盘, 价格.

表 16.6 对电脑的内在评价

属性	得分
品牌	20
处理器	20
内存	5
显示器	15
硬盘	10
价格	30
总效用	100

根据收集到的对不同特征水平组合的虚拟产品的偏好得分, 可以计算成分效用函数. 联合分析用如下形式的可加模型:

$$Y_k = \sum_{j=1}^{J}\sum_{l=1}^{L_j}\beta_{jl}I(X_j = x_{jl}) + \mu, \quad k = 1, 2, \cdots, K, \quad \forall j, \sum_{l=1}^{L_j}\beta_{jl} = 0, \tag{16.1}$$

其中, $X_j(j = 1, 2, \cdots, J)$ 表示各特征因素, $x_{jl}(l = 1, 2, \cdots, L_j)$ 表示特征 X_j 的特征水平, 系数 β_{jl} 表示成分效用函数, 常数 μ 表示总体水平, Y_k 表示观测到的每个虚拟产品的偏好得分, 所有虚拟产品组合的数量 $K = \prod_{j=1}^{J} L_j$.

式 (16.1) 目前没有误差项, 为了方便解释 (16.1) 如何写成标准的线性模型, 首先假定特征数 $J = 2$.

例题 16.5 续例题 16.3. 求 X_1(品牌) 和 X_2 (价格) (元) 的成分效用函数. 有 $x_{11} = 1$, $x_{12} = 2$, $x_{13} = 3$, $x_{21} = 1$, $x_{22} = 2, x_{23} = 3$, 故 $L_1 = 3$, $L_2 = 3$. 设一受访者对这 9 种虚拟产品的偏好排序如表 16.7 所示.

表 16.7 偏 好 排 序

			X_2		
			5 000	6 000	7 000
			1	2	3
	W	1	2	6	9
X_1	X	2	3	5	8
	Y	3	4	1	7

此处 $K=9$, 一共有 9 种偏好, 设这些所有的组合都排好序, Y_1 对应于品牌 1 和价格 1, Y_2 对应于品牌 1 和价格 2, 如此类推. 则由模型 (16.1) 有

$$Y_1=\beta_{11}+\beta_{21}+\mu,\quad Y_2=\beta_{11}+\beta_{22}+\mu,\quad Y_3=\beta_{11}+\beta_{23}+\mu,$$
$$Y_4=\beta_{12}+\beta_{21}+\mu,\quad Y_5=\beta_{12}+\beta_{22}+\mu,\quad Y_6=\beta_{12}+\beta_{23}+\mu,$$
$$Y_7=\beta_{13}+\beta_{21}+\mu,\quad Y_8=\beta_{13}+\beta_{22}+\mu,\quad Y_9=\beta_{13}+\beta_{23}+\mu.$$

由此, 接下来估计成分效用函数 β_{jl}.

下面介绍两种估计成分效用函数的方法, 一种是度量法, 另一种是非度量法.

16.3.1 度量法

联合分析的问题可以通过方差分析解决. 方差分析的一个重要前提是假设任意两个相邻有序偏好之间的距离对应相同的功效差异, 也就是说, 第 1 个和第 2 个产品之间的功效差异与第 4 个和第 5 个产品之间的功效差异是一样的. 此处应用有所不同的是, 将产品排序这样一种基数变量当做度量变量来处理.

引入均值功效. 例题 16.5 中的均值功效为 $\mu=(1+2+3+4+5+6+7+8+9)/9=5$. 为了检验这个功效与均值的偏离程度, 在其他因子水平给定的前提下, 加入均值功效 $\bar{p}_{x_j\cdot}$ 对表 16.7 进行扩展. 例题 16.5 的度量法解见表 16.8.

表 16.8 度 量 法 解

			X_2				
			5 000	6 000	7 000		
			1	2	3	$\bar{p}_{x_1\cdot}$	β_{1l}
	W	1	2	6	9	5.6	0.6
X_1	X	2	3	5	8	5.3	0.3
	Y	3	4	1	7	4	−1
$\bar{p}_{x_2\cdot}$			3	4	8	5	
β_{2l}			−2	−1	3		

系数 β_{jl} 是根据 $\bar{p}_{x_{jl}}-\mu$ 计算得到的, 其中 $\bar{p}_{x_{jl}}$ 是每个因子水平的平均偏好排序. 拟合程度可以通过计算拟合值与观测到的偏好排序之间的偏离程度得到.

上面的方法得到的表 16.8 中的解实际上是最小二乘问题的解. (16.1) 式中的联合测度问题可以改写成线性回归问题 (偏差 $\boldsymbol{\varepsilon}=\mathbf{0}$),

$$\boldsymbol{Y}=\boldsymbol{\mathcal{X}}\boldsymbol{\beta}+\varepsilon, \tag{16.2}$$

其中 $\boldsymbol{\mathcal{X}}$ 是具有哑变量的设计矩阵, 且 $\boldsymbol{\mathcal{X}}$ 的行维数为 $K=\prod\limits_{j=1}^{J}L_j$, 列维数为 $D=\sum\limits_{j=1}^{J}L_j-J$. 列维数有所减少是因为每一个因子只有 L_j-1 个向量是线性无关的, 不失一般性, 需要将问题进行标准化将每个因子的最后一个系数省略. 引入误差项 ε 的原因是, 即使只有一个观测对象, 偏好顺序也未必符合模型 (16.1).

例题 16.6 假定发动机功率 X_1 (kW) 与气囊安全性配置 X_2 有如表 16.9 所示的偏好排序,

表 16.9 偏好排序

			X_2	
			1	2
X_1	50	1	1	3
	70	2	2	6
	90	3	4	5

根据前面的方法可以得到其度量法解如表 16.10 所示,

表 16.10 度量法解

			X_2			
			1	2	$\bar{p}_{x_1\cdot}$	β_{1l}
X_1	50	1	1	3	2	-1.5
	70	2	2	6	4	0.5
	90	3	4	5	4.5	1
$\bar{p}_{x_2\cdot}$			2.33	4.66	3.5	
β_{2l}			-1.16	1.16		

下面将系数 β 写成如下形式:

$$\begin{pmatrix}\beta_1\\ \beta_2\\ \beta_3\\ \beta_4\end{pmatrix}=\begin{pmatrix}\mu+\beta_{13}+\beta_{22}\\ \beta_{11}-\beta_{13}\\ \beta_{12}-\beta_{13}\\ \beta_{21}-\beta_{22}\end{pmatrix},$$

定义设计矩阵为

$$\mathcal{X}=\left(\begin{array}{c|cc|c}1&1&0&1\\1&1&0&0\\\hline 1&0&1&1\\1&0&1&0\\\hline 1&0&0&1\\1&0&0&0\end{array}\right),$$

那么 (16.1) 式转化为下面的线性模型 (误差 $\boldsymbol{\varepsilon}=\mathbf{0}$):

$$\boldsymbol{Y}=\mathcal{X}\boldsymbol{\beta}+\boldsymbol{\varepsilon}. \tag{16.3}$$

实际中, 会有不止一个被观察者对不同的因子水平做出功效排序的回答. 那么相应的设计矩阵为上面设计矩阵的累积 n 次: 即对 n 个被观测者, 最终的设计矩阵为

$$\boldsymbol{\mathcal{X}}^*=\mathbf{1}_n\otimes\boldsymbol{\mathcal{X}}=\left.\begin{pmatrix}\boldsymbol{\mathcal{X}}\\ \vdots\\ \boldsymbol{\mathcal{X}}\end{pmatrix}\right\}n\text{ 个},$$

其维数为 $(nK)(L-J)$, 其中 $L=\sum\limits_{j=1}^{J}L_j$, $\boldsymbol{Y}^*=(\boldsymbol{Y}_1^{\mathrm{T}},\boldsymbol{Y}_2^{\mathrm{T}},\cdots,\boldsymbol{Y}_n^{\mathrm{T}})^{\mathrm{T}}$.

(16.3) 式中的线性模型可以转化为

$$\boldsymbol{Y}^*=\mathcal{X}^*\boldsymbol{\beta}+\boldsymbol{\varepsilon}^*, \tag{16.4}$$

由于不同的被观测者会给出不同的偏好排序, 因此模型中的误差项 $\boldsymbol{\varepsilon}^*$ 是必须存在的.

16.3.2 非度量法

忽略功效是根据度量尺度得到的基本假设, 就必须要用估计功效的调整设置来估计 (16.1) 中的系数. 更确切地讲, 就是利用单调方差分析方法. 主要过程如下: 首先, 用方差分析方法估计模型 (16.1); 然后对估计得到的刺激效用进行单调变换 $\hat{\boldsymbol{Z}}=f(\hat{\boldsymbol{Y}})$. 进行单调变换主要是因为偏好排序 $\boldsymbol{Y}_k$ 的拟合值 $\hat{\boldsymbol{Y}}_k$ 可能不是单调的. 变换 $\boldsymbol{Z}_k=f(\hat{\boldsymbol{Y}}_k)$ 是用来保证偏好排序的单调性. 前面例题 16.6 中, 观察到的 $\boldsymbol{Y}_k$ 的值为 $\boldsymbol{Y}=(1,3,2,6,4,5)^{\mathrm{T}}$. 估计值根据下面的计算可得

$$\begin{aligned}
\hat{Y}_1&=-1.5-1.16+3.5=0.84,\\
\hat{Y}_2&=-1.5+1.16+3.5=3.16,\\
\hat{Y}_3&=0.5-1.16+3.5=2.84,\\
\hat{Y}_4&=0.5+1.16+3.5=5.16,\\
\hat{Y}_5&=1-1.16+3.5=3.34,\\
\hat{Y}_6&=1+1.16+3.5=5.66,
\end{aligned}$$

可以看出估计值 $\hat{Y}_5=3.34$ 小于估计值 $\hat{Y}_4=5.16$, 这就导致了效用发生的不一致性. 单调变换 $\hat{\boldsymbol{Z}}_k=f(\hat{\boldsymbol{Y}}_k)$ 就是使之保持单调性. 一种很简单的变化是对“违规值” $\hat{Y}_4,\hat{Y}_5$ 求平均值, 但是模型 (16.1) 就会变得不合理. 现在的想法就是对上面的两步进行迭代直到压力测试

$$\text{STRESS}=\frac{\sum\limits_{k=1}^{K}(\hat{Z}_k-\hat{Y}_k)^2}{\sum\limits_{k=1}^{K}(\hat{Y}_k-\bar{\hat{Y}})^2}$$

在 β 和单调变换 f 的基础上取到最小值. 单调变换可以通过 PAV 算法得到.

联合分析的
R 代码实现

习　题　16

习题 16.1　假定被观察者针对三个汽车特性 $X_1=$ 发动机功率, $X_2=$ 安全性, $X_3=$ 车门, 给出偏好顺序. 偏好结果由下表给出:

X_1	X_2	X_3	偏好
1	1	1	1
1	1	2	3
1	1	3	2
1	2	1	5
1	2	2	4
1	2	3	6

X_1	X_2	X_3	偏好
2	1	1	7
2	1	2	8
3	1	3	9
2	2	1	10
2	2	2	12
2	2	3	11

X_1	X_2	X_3	偏好
3	1	1	13
3	1	2	15
3	1	3	14
3	2	1	16
3	2	2	17
3	2	3	18

对此进行效用估计并分析.

习题 16.2 简述联合分析的思想.

习题 16.3 简述联合分析在市场研究中的应用.

习题 16.4 联合分析的设计应注意哪些问题?

第 17 章 高维数据分类

17.1 背景介绍

统计学习理论的蓬勃发展在统计学界有目共睹, 它已经被广泛应用于生物、计算机科学和金融等众多领域. 近几年来, 统计学习尤其是监督式学习获得了快速发展. 监督学习的目标是通过一个或多个相联系的协变量来预测一个输出变量. 分类问题是监督式学习中的一个重要例子, 它主要通过在训练集上建立模型, 预测一个只有协变量的新样本应该归属于哪一类, 也可以看成是响应为类别变量的一种回归问题. 当响应变量是二值时, 即为两分类方法, 如果响应变量是多值的, 即为多分类方法. 文献中已有大量关于分类方法的研究, 如费希尔线性判别法 (LDA)、逻辑斯谛回归、k–近邻法、决策树、神经网络、Boosting 法, 还有其他更详细的分类方法.

17.1.1 小样本的高维数据分类法

当利用基于距离的分类方法时, 譬如基于支持向量机、平均距离法、最近相邻方法或者质心法等方法, 在总体规模不同的情况下会掩盖位置的不同. 在一些问题中, 这会导致分类效果不佳. 文献中出现了刻度校对法, 刻度校对法应用起来比较简单. 在每个训练样本中只需要两个或者更多数据向量, 并去除了所有第一顺序的规模效应. 在模型中数量分散, 因此决定问题次序的是向量的长度, 此长度虽然还是被认为是中等大小, 但是可以比训练样本量大得多. 参数设置和实际问题中需要的一样, 例如在基因组学中向量长度也许数以万计, 但是训练样本的大小却仅是十位数或者个位数.

对于分类方法, 如支持向量机和质心法, 规模的纠正随着训练样本的增加迅速地变得不那么重要. 对于中大型样本, 这些纠正也都失效, 除非样本的方差很大. 无论如何, 对于平均距离法和最近相邻法这些方法, 虽然训练样本增加了, 但是还是需要规模纠正的. 大样本中, 在诸如平均距离法和最近相邻法的方法中应用规模调整, 可以让这些分类方法比支持向量机更好. 当按照位置分类时, 除了规模差异可以纠正以外, 基于距离的方法可以调整以给出基于规模的有效分类方法. 另外, 规模的平均测量可以从训练数据中得到, 新数据的规模可以和前面对照比较, 从而决定样本来自哪里.

17.1.2 高维数据的稳健分类法

对于样本量远远小于其维数的分类问题, 截断后的最近相邻法能表现出很好的性质. 它有可能是一种具有高适应性的方法, 是因为其对数据的边际分布不需要任何明确的假设.

在高维数据集中, 传统的最近相邻法会受到向量成分中噪声的不利影响, 这些噪声没有包含对分类有用的信息. 同时, 传统方法对数据离群点也不够稳健. 特别地, 它会受到抽样分布重尾特性的严重影响. 当边际分布没有有限方差时, 它无法作出准确的分类. 其对于正确分类的灵敏度, 特别是在高维的情况下, 也不是很好理解. 在数据为高维、高度异质的情况下, 即在相同的数据向量内, 其分布的尾部可能从很薄变到很厚, 传统方法的性质也是未知的.

以上这些现象在基因芯片分析领域中经常发生. 每个芯片代表了成千上万个基因表达水平, 然而样本量往往很少. 此外, 这些基因表达水平的基本分布一般是未知的, 而且它们很可能有高度异质性、重尾性、高度相关性等特点. 当有这些特点时, 用传统的最近相邻法进行分析很可能是无效的.

Chan 和 Hall 2009 年提出了一个稳健的最近邻分类器. 其中, 阈值与 01 序列的截断是用于提高其性能的, 特别是以此来消除其对重尾特征的灵敏性. 选择合适的阈值是保证有较好的分类精度的一个关键, 阈值的选择必须适应数据的分布类型与各总体之间的区别. 他们提出了一种简单适用的用于阈值选择的方法. 该方法与交叉验证不同, 甚至当每个总体只有一个训练数据向量时, 它都能表现出较好的性质. 该方法对向量成分间的不独立性相对不敏感, 同时其在高维、高异质性的情况下有较好的分类精度. 在这些数据集下, 截断最近邻分类器的性质能超越其他方法, 如基于极值的方法、发现错误率方法 (FDR).

最近相邻法由于其适用于很多类型的数据, 故比较普遍. 该方法的实现仅要求一个距离的测量, 特别是, 它的实现不建立在数据的分布性质上. 因此, 最近邻分类器在复杂数据分类方面有较高的接受度, 如模式识别.

在这些相对经典的方法中, 通常将最近邻分类器的阶数 k 当做一个调整参数, 或许会试图进行关于它的最优化. 然而, 在目前很多应用中, 每个样本的数据量是如此之少, 特别是相对其维数来说, 以至于几乎不可能使 k 值大于 1.

17.1.3 高维数据中基于重心向量的分类方法

假设观测到样本 x 和 y, 都是由 p 维向量组成, 分别从总体 Π_X 和 Π_Y 中随机抽样得到. 在实际问题中, 样本量可以非常小. 比如, 在基因组问题里, p 一般都是成千上万, 但训练样本量可能只有十几甚至更少. 可以证明, 像这种情况, 一种比例调整的分类器是能够从最优化的角度判别只有位置差异的总体. 但使用距离分类器时, 比例调整消除了规模倾向以混淆位置差异; 而当位置差异相当小的时候, 比例调整还允许该方法有很高水平的性能.

假设位置差异存在于 p 个元素的比例为 q; 二者的训练样本量都至少为 2 且相等, 记为 ν; 数据向量中元素的相关性不强, 尤其是协方差绝对值求和的最大值, 与任一特定的元素相比, 是有限的. 然后, 若给定位置差异的大小为一个充分大的常数乘 $(\nu pq^2)^{-1/4}$, 那么一个好的分类器就可以根据训练样本来正确地区分总体. 此外, 在极小极大条件下, 距离是判别准确性的方法之一.

当维数 p 取很大值的情形, 尤其是在维数远大于训练样本量时更为有效. 然而, 如果样本量大于 p, 比如 p 固定而样本量增加, 那么这些结果就会出现错误. 在下限分析中, 硬性规定 q

超过一个常数乘 $(\nu/p)^{1/2}$, 这样可以防止稀疏度 q 过小. 这个假设提示要求 $(\nu pq^2)^{-1/4}$ 大于一个常数乘 $(\nu)^{-1/2}$, 而且限制了位置差异.

分类时遇到的难以解决的问题是找出区分两个总体的位置差异, 而这些差异就像随机过程一样那么不规则. 在这种情况下, 分类器很容易受到附加的随机干扰的影响而混淆位置差异. 因此, 当确定下限, 应将位置差异解释为与干扰项有相同分布 (重新换算后) 的随机变量.

与其他分类器的比较, 比如基于非参函数的估计量或者 k–近邻法, 在合适的条件下有一定的竞争力. 很多分类器可以明确地或含蓄地表示为贝叶斯分类器的经验近似. 例如, 经验分类器、k–近邻法. 在低维的情况下使用第二种方法, 如果随着样本量的增加而适当地变动 k, 那么这种分类器就能达到与贝叶斯方法一样的一阶渐进性能. 这是通过估计两个总体的未知分布 f_X 和 f_Y, 并以与贝叶斯准则一阶等价的方式适用它们来达到的, 即指定一个新的数据值 Z, 当 $f_X(Z) > f_Y(Z)$ 时为 Π_X, 而其他情况下则为 Π_Y. 如果随着训练样本量的变动的增加充分慢, 那么像这些经验分类器就会大大优于基于重心的方法.

然而, 当维数与样本量一样或更大时, f_X 和 f_Y 的显性估计或隐性估计都会无法有效进行. 这时, 像基于重心的分类器和支持向量机等方法就可以大放异彩了. 在支持向量机的情况中, 要求训练样本量的变动不能快于 $p^{1/8}$.

17.1.4 高维数据中基于先验概率的分类方法

在传统的分类问题中, 要求维数远远低于样本量, 而且可能需要由测试样本集来估计总体密度, 总体的先验概率是分类器方法论中非常重要的特征. 举例来说, 通过某一特定的参数模型, 运用先验概率可以明确地构建数据的似然性, 反之, 使用某一更加宽泛的基于模型的方法, 如线性或者二次差值则非常模糊. 在低维非参数分类器中, 总体概率可以通过平滑方法来估计, 先验概率在开发贝叶斯分类器时是非常重要的.

然而, 在高维问题中, 先验概率则往往被忽视. 使用先验概率的一个主要原因是, 在当总体聚拢在一起, 做分类非常困难的问题中, 先验概率能够降低参数的误差率. 可能有人会反对说, 如果先验概率与测试样本的相对大小是成比例的, 那么分类器的构建会自动地处理参数的误差. 但是, 做个简单的推断就可以证明这是不正确的. 事实上, 在分类相对较难且先验概率没有准确合并的问题中, 误差水平可以显著地增加. 另一方面, 在分类比较简单且全局误差率较低的问题中, 使用先验概率几乎得不到多少有用的信息. 有种经验方法将先验概率融入到通常的高维分类器中, 能够降低分类误差. 首先, 观察一个通常的分类器, 发现对它的简单执行要求对分类决策重新校验, 这涉及被分类数据的未知参数. 很显然, 当分类较难时, 这是非常困难的.

17.2 最大边际分类器

分类是统计分析中的重要工具. 常用于在生物信息学, 如使用高通量数据的疾病分类, 如微阵列或 SNP 和机器学习, 又如文档分类和图像识别. 它试图从输入特征对和分类输出组成的训练数据中学习一个函数. 这个函数将用于预测任何有效输入特性的类标签. 众所周知的分类方

法包括 (多元) 逻辑斯谛回归、费希尔判别分析、k 最近邻分类器、支持向量机等. 当代许多分类问题的一个共同特征是特征向量的维数 p 远大于可用的训练样本大小 n. 而且, 在大多数情况下, 这些 p 特征中只有一小部分在分类中是重要的. 虽然上述经典分类方法非常有用, 但它们在高维环境中不再发挥良好的性能.

在各种各样的分类方法中, 基于间隔界理论而发展起来的分类方法因其强大的高维复杂数据的应对能力而受到广泛关注. 最著名的最大边际分类器就是支持向量机 (SVM). 自从其问世就在机器学习和统计学中受到欢迎. 本节将介绍一些最大间隔界分类器的最新研究成果. 首先由间隔界和最大分隔引出 SVM 的概念, 然后在正则化方法的框架之下讨论 SVM, 并与几个其他现有方法作比较, 进一步讨论一些最新发展的 SVM 方法, 比如 ψ–学习、稳健 SVM、有界约束机、平衡 SVM. 有关多类别分类器和各种由两类推广到多类的方法也都作了相应探讨. 最后介绍硬分类器和其相关的类别概率估计问题.

17.2.1 SVM: 边际公式和支撑向量的含义

SVM 是一种强有力的分类工具且已在实际应用中取得了巨大成功. 其最初提出的思想是: 寻找一个最优的分隔超平面, 且该超平面有着完美的边际解释. 为了建立一个分类规则, 我们经常是已有一个训练样本 $\{(\boldsymbol{x}_i, y_i): i = 1, 2, \cdots, n\}$, 设该样本是来自某一已知的分布 $P(\boldsymbol{x}, y)$. 此处 $\boldsymbol{x}_i \in S \subset \mathbf{R}^p$ 为输入特征向量, y 为输出类别标签, 样本容量为 n, 输入特征变量的空间维数为 p. 当输入变量是二值时, 经常记为 -1 或 $+1$, 我们的目标便是估计一个从 $S \to \mathbf{R}$ 的映射, 即函数 $f(\cdot)$, 它的符号将用来作为分类法则.

1. 线性可分的 SVM

为简单起见, 首先考虑线性可分的 SVM. 在此情形下, 两个类在特征空间中是线性可分的. 于是可以有很多超平面将两类分开, 而 SVM 旨在从所有这些可分隔的超平面中找到一个能够最大限度分隔两类的超平面. 假定 $f(\boldsymbol{x}) = \boldsymbol{x}^{\mathrm{T}}\boldsymbol{w} + b$, $\boldsymbol{w} = (w_1, w_2, \cdots, w_p)^{\mathrm{T}}$, SVM 可以看成是求解如下优化问题:

$$\min \frac{1}{2}\|\boldsymbol{w}\|^2, \tag{17.1}$$

满足

$$y_i f(\boldsymbol{x}_i) \geqslant 1, \tag{17.2}$$

其中 $\|\boldsymbol{w}\| = \sqrt{\sum_{j=1}^{p} w_j^2}$ 为 $\boldsymbol{w}$ 的 2–范数, 约束条件 (17.2) 是为了保证每个观测能被分到正确的类, 该条件之所以能满足是因为有前面线性可分的假设. 形象地说, 该条件意味着迫使所有观测值处在超平面 $\{\boldsymbol{x}: \boldsymbol{x}^{\mathrm{T}}\boldsymbol{w} + b = 1\}$ 和 $\{\boldsymbol{x}: \boldsymbol{x}^{\mathrm{T}}\boldsymbol{w} + b = -1\}$ 所夹区域以外的地方, 两超平面之间的边际为 $\dfrac{2}{\|\boldsymbol{w}\|}$, 与 (17.1) 的目标函数成反比, 这就恰好说明了 SVM 意在寻求两类间的一个最大程度的分隔, 其图像如图 17.1.

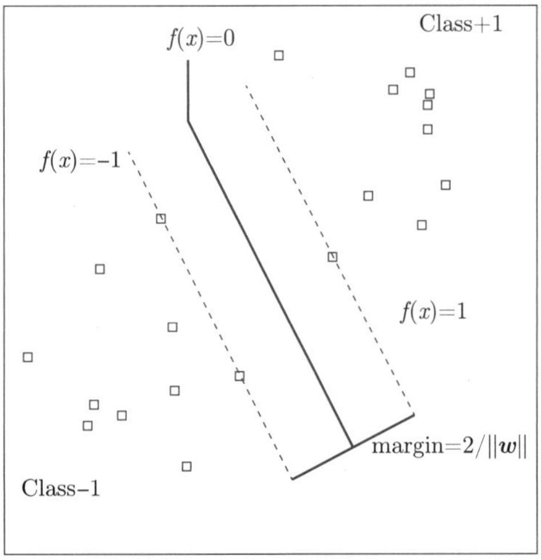

图 17.1 $\boldsymbol{x}^{\mathrm{T}}\boldsymbol{w}+b=0$ 定义的 SVM 决策边界、几何边界和超平面 $\boldsymbol{x}^T\boldsymbol{w}+b=\pm 1$ 上的三个支持向量的图像

式 (17.1) 涉及二次优化问题, 一般转化为其对偶问题来求解. (17.1) 的拉格朗日函数为

$$L_P(\boldsymbol{w},b,\boldsymbol{a})=\frac{1}{2}\|\boldsymbol{w}\|^2-\sum_{i=1}^{n}\alpha_i[y_i(\boldsymbol{x}_i^{\mathrm{T}}\boldsymbol{w}+b)-1], \tag{17.3}$$

其中拉格朗日乘子 $\alpha_i \geqslant 0, i=1,2,\cdots,n$, 关于原始变量 $\boldsymbol{w}$ 和 b 极大化拉格朗日原问题 (17.3) 可以得到其解表达式 $\boldsymbol{w}=\sum\limits_{i=1}^{n}\alpha_i y_i\boldsymbol{x}_i$ 和 KKT 条件 $\sum\limits_{i=1}^{n}\alpha_i y_i=0$, 将解代入原问题 (17.3) 得到拉格朗日对偶问题

$$L_D(\alpha)=\sum_{i=1}^{n}\alpha_i-\frac{1}{2}\sum_{1\leqslant i,j\leqslant n}\alpha_i\alpha_j y_i y_j\boldsymbol{x}_i\boldsymbol{x}_j^{\mathrm{T}}.$$

于是在对偶空间中, SVM 转化为求解

$$\max L_D(\boldsymbol{\alpha})=\sum_{i=1}^{n}\alpha_i-\frac{1}{2}\sum_{1\leqslant i,j\leqslant n}\alpha_i\alpha_j y_i y_j\boldsymbol{x}_i^{\mathrm{T}}\boldsymbol{x}_j, \tag{17.4}$$

满足

$$\sum_{i=1}^{n}\alpha_i y_i=0,\quad \alpha_i\geqslant 0; i=1,2,\cdots,n.$$

记优化问题 (17.4) 的解为 $\hat{\alpha}_i, i=1,2,\cdots,n$, 则 SVM 的解为 $\hat{\boldsymbol{w}}=\sum\limits_{i=1}^{n}\hat{\alpha}_i y_i\boldsymbol{x}_i$. 绝大多数 $\hat{\alpha}_i$, $i=1,2,\cdots,n$ 等于 0, 由 $\hat{\boldsymbol{w}}=\sum\limits_{i=1}^{n}\hat{\alpha}_i y_i\boldsymbol{x}_i$ 及 $\hat{\alpha}_i, i=1,2,\cdots,n$ 的稀疏性知 SVM 的优化问题

实际上仅仅只是依赖少数几个对应于 $\hat{\alpha}_i \geqslant 0$ 的观测 $(\boldsymbol{x}_i, y_i)$, 这些观测成为支持向量 (SV), 从而由此有支持向量机 (SVM) 这个名称.

一旦截距 b 求出, 整个有关 SVM 的优化问题就可完全解出. 由拉格朗日乘子的性质, 若 $\hat{\alpha}_i > 0$, 则意味着 (17.2) 中约束条件取 "=" 号, 即 $y_i(\boldsymbol{x}_i^{\mathrm{T}}\boldsymbol{w} + b) = 1$, 由此可解出 b 的估计 $\hat{b}$. 于是 SVM 分类边界为 $\{\boldsymbol{x}\colon \boldsymbol{x}^{\mathrm{T}}\hat{\boldsymbol{w}} + \hat{b} = 0\}$, 分类规则为 $\mathrm{sign}(\boldsymbol{x}^{\mathrm{T}}\hat{\boldsymbol{w}} + \hat{b})$.

上式中 $yf(\boldsymbol{x})$ 称为边际, 通过它来决定 $\boldsymbol{x}$ 被分到正确的类, 正边际意味着类别正确, 负边际意味着错分, 边际越大, 则越有把握做类别预测.

从图 17.1 可以看到分隔超平面完全由样本的一个子集, 即在超平面 $\{\boldsymbol{x}\colon \boldsymbol{x}^{\mathrm{T}}\boldsymbol{w} + b = 1\}$ 和 $\{\boldsymbol{x}\colon \boldsymbol{x}^{\mathrm{T}}\boldsymbol{w} + b = -1\}$ 上的支持向量所决定.

值得一提的是, 优化问题 (17.4) 的容量为 n (只与 n 有关), 于是对于维数高而样本量少, 即 $p \gg n$ 的数据 SVM 将非常有效, 比如基因芯片数据.

2. 线性不可分的 SVM

当两个类不是完全线性可分时, 无法找到一个线性超平面将两类中的数据点完全分开. 这时一种解决办法是容许一些观测点违反 (17.2) 的约束条件. 这些潜在的违反点可以通过引进松弛变量 $\xi_i \geqslant 0, i = 1, 2, \cdots, n$ 来解决, 放松约束条件: 对 $y_i = +1$ 约束放松为 $\boldsymbol{x}_i^{\mathrm{T}}\boldsymbol{w} + b \geqslant 1 - \xi_i$, 对 $y_i = -1$ 约束放松为 $\boldsymbol{x}_i^{\mathrm{T}}\boldsymbol{w} + b \leqslant -1 + \xi_i$, 在此情况下, 错判等价于 $\xi_i > 1$, 于是所有被错判的观测点数和为 $\displaystyle\sum_{i=1}^{n} I(\xi_i > 1)$. 由于示性函数 $I(\cdot)$ 既不光滑也不是凸函数, 因此在目标函数中如果包含 $\displaystyle\sum_{i=1}^{n} I(\xi_i > 1)$ 将很难求解, SVM 考虑用 ξ_i 代替 $I(\xi_i > 1)$, 此函数为凸函数, 能作为 $0-1$ 损失函数的一个替代.

于是对于线性不可分情形, SVM 为求解如下优化问题:

$$\min C \sum_{i=1}^{n} \xi_i + \frac{1}{2}\|\boldsymbol{w}\|^2, \tag{17.5}$$

满足

$$\xi_i \geqslant 0, y_i(\boldsymbol{x}_i^{\mathrm{T}}\boldsymbol{w} + b) \geqslant 1 - \xi_i, \quad i = 1, 2, \cdots, n,$$

这里 (17.5) 控制着容许错判的个数, 同时通过改变正则化参数 C 使边际最大. 与线性可分情形类似, 原始—对偶推导可得 (17.5) 的解 $\boldsymbol{w} = \displaystyle\sum_{i=1}^{n} \alpha_i y_i \boldsymbol{x}_i$ 和对应的 KKT 条件 $\displaystyle\sum_{i=1}^{n} \alpha_i y_i = 0$.

$$\alpha_i[y_i(\boldsymbol{x}_i^{\mathrm{T}}\boldsymbol{w} + b) - 1 + \xi_i] = 0, \quad i = 1, 2, \cdots, n, \tag{17.6}$$

$$(C - \alpha_i)\xi_i = 0, \quad i = 1, 2, \cdots, n. \tag{17.7}$$

可见, 对应的对偶问题除了增加约束条件 $\alpha_i \leqslant C$ 以外, 其他和线性可分时一样.

注意到支持向量是对应着拉格朗日乘子不为 0 的点, 在线性不可分情形下, 支持向量分为两种类型的点, 一种是对应着 $0<\alpha_i<C$ 的点, 另一种是对应着 $\alpha_i=C$ 的点. 对于前者, 当 $y_i=1$ 时, 对应 $\{\boldsymbol{x}\colon \boldsymbol{x}^{\mathrm{T}}\boldsymbol{w}+b=1\}$, $y_i=-1$ 对应 $\{\boldsymbol{x}\colon \boldsymbol{x}^{\mathrm{T}}\boldsymbol{w}+b=-1\}$, 由于 $0<\alpha_i<C$, 利用 (17.7) 可得 $\xi_i=0$, 因此可以利用 $0<\alpha_i<C$ 的支持向量来求解 b; 而后者对应的支持向量包含两种子集: 要么为错判的 ($\xi_i>1$), 要么判对但边际小于 1 ($0<\xi_i\leqslant 1$), 此处判对但边际小于 1 意味着 $y_i(\boldsymbol{x}_i^{\mathrm{T}}\boldsymbol{w}+b)\geqslant 0$ (判对) 且 $y_i(\boldsymbol{x}_i^{\mathrm{T}}\boldsymbol{w}+b)<1$ (边际小于 1).

3. 非线性 SVM

前面的讨论针对线性学习, 即假定 $f(\boldsymbol{x})=\boldsymbol{x}^{\mathrm{T}}\boldsymbol{w}+b$, 然而在实际中这有很大的局限性. 根据人们实际研究的问题, 有时假定非线性学习更为合适. 例如对每一分量 X_j, 我们可以考虑包括 X_j^2, X_j^3 项, 或甚至是更高阶多项式和交互项. 此时, 在这个扩展的特征空间上的线性学习就变成了由 X_j 张成的原特征空间上的非线性分类器. 样条基展开是另一个例子.

下面介绍基于核函数的非线性学习方法. 根据代表定理, 对于 Mercer 核函数 $K(\cdot,\cdot)$, 函数 $f(x)$ 可以表示为 $f(x)=\sum\limits_{i=1}^n c_iK(\boldsymbol{x}_i,\boldsymbol{x})+b$. 相应的 SVM 即是求解

$$\min C\sum_{i=1}^n\xi_i+\frac{1}{2}\sum_{1\leqslant i,j\leqslant n}c_iK(\boldsymbol{x}_i,\boldsymbol{x}_j)c_j, \tag{17.8}$$

满足

$$\begin{aligned}\xi_i\geqslant 0;\quad & i=1,2,\cdots,n,\\ y_i\left[\sum_{j=1}^n c_jK(\boldsymbol{x}_j,\boldsymbol{x})+b\right]\geqslant 1-\xi_i;\quad & i=1,2,\cdots,n,\end{aligned}$$

和线性情形一样, 利用拉格朗日乘子法, 对偶优化问题

$$\max\sum_{i=1}^n\alpha_i-\frac{1}{2}\sum_{1\leqslant i,j\leqslant n}\alpha_i\alpha_jy_iy_jK(\boldsymbol{x}_i,\boldsymbol{x}_j), \tag{17.9}$$

满足

$$\sum_{i=1}^n\alpha_iy_i=0,\quad 0\leqslant\alpha_i\leqslant C, i=1,2,\cdots,n.$$

唯一与线性情形不同的是, 将内积 $\boldsymbol{x}_i^{\mathrm{T}}\boldsymbol{x}_j$ 换成了 $K(\boldsymbol{x}_i,\boldsymbol{x}_j)$. 一旦解出 (17.8), 就可利用 KKT 条件或线性规划求出 b, 记估计值为 $\hat{\alpha}_i$ 和 $\hat{b}$, 分类器为 $\operatorname{sign}\left(\sum\limits_{j=1}^n\hat{\alpha}_jK(\boldsymbol{x}_j,\boldsymbol{x})+\hat{b}\right)$.

17.2.2 正则化框架

众所周知, SVM 可以被纳入正则化框架之下, 定义 hinge 损失函数 $H_1(u)=[1-u]_+, [u]_+=\max\{0,u\}$, 则 (17.5) 等价于

$$\min C\sum_{i=1}^n H_1(y_i(\boldsymbol{x}_i^{\mathrm{T}}\boldsymbol{w}+b))+\frac{1}{2}\|\boldsymbol{w}\|^2, \tag{17.10}$$

(17.10) 包括了线性可分的 SVM(17.1), 只需取 $C=\infty$, 即不允许有违背约束条件的点出现. 值得注意的是 (17.10) 也可以利用核函数技术推广至非线性 SVM.

1. 损失函数的选择

在正则化框架之下, 有许多可以用来分类的损失函数, 由于边际函数 $y_i f(\boldsymbol{x}_i)$ 表示正确分类的观测点, 所以人们经常将它作为损失函数 $V(\cdot)$ 的自变量.

注意到 hinge 损失函数是无界的, 当 $yf(\boldsymbol{x})\to-\infty$ 时, $H_i(yf(\boldsymbol{x}))\to\infty$, 这个性质意味着此优化问题的解受离群点的影响很大. 所谓的离群点是指离自己所在类别很远的观测样本, 这种潜在过分依赖于离群点的性质是人们在分类中不愿意看到的, 因为它有时会给出精度很差的预测.

ψ–学习

为了减轻对离群点的依赖, Shen 等人 2003 年建议用 ψ–学习, 该方法将 hinge 损失函数换为 ψ 损失函数, 它满足

$$0<\psi(u)\leqslant U,\quad u\in[0,T],$$

$$\psi(u)=I(u<0),\quad \text{否则}.$$

其中 $0<U\leqslant 1$ 和 $T>0$ 均为参数, ψ 损失函数在 $[0,T]$ 上是正值, 有助于对 0–1 损失进行缩放. 然而一般的 ψ 损失函数不是凸函数, 相应的优化问题求解比较困难, 在一些特殊情形下, 需要同时采用 D.C. 算法和混合整数规划技术求解相应的最优化问题.

稳健截尾型 hinge 损失 SVM

相似地, Wu 和 Lin 2007 年的文章中提出截尾型 hinge 损失函数 $T_s(u)=H_1(u)-H_s(u)$, 其中 $H_s(u)=[s-u]_+, s\leqslant 0$, 相应的方法被称为稳健截尾型 hinge 损失 SVM (RSVM), 与 ψ 损失函数类似, 截尾 hinge 损失函数也是非凸的, 相应的优化问题也需采用 D.C. 算法. 有趣的是, Liu 等人 2005 年的文章中提出的连续 ψ–损失函数可以看做是 $s=0$ 时的一种特殊的截尾 hinge 损失函数.

AdaBoost 法

Boosting 法是另外一种用于分类的机器学习方法, 其目标是如下问题: “一组弱学习器能否组成一个强学习器?” 弱学习器可以是任意一个比随意猜测强一点的分类器. Boosting 算法试图汇合众多弱学习器为一个强的学习器, 从而有很好的分类表现. 很多不同的 Boosting 算法被研究, 其都是基于不同的弱学习器对训练数据集施加不同的权重. 作为一个特别的例子, AdaBoost 法在众多不同的 Boosting 算法中极受欢迎.

逻辑斯谛回归

为了获得好的分类效果, 上述不同的损失函数被逐一提出. 逻辑斯谛回归是一种传统的分类方法, 其最初的想法是从似然函数的角度来考虑的. 它采用逻辑斯谛损失函数 $\ln(1+\mathrm{e}^{-u})$, 根据似然函数, 逻辑斯谛模型假定条件类别概率

$$P(Y=+1|X=\boldsymbol{x})=\mathrm{e}^{\boldsymbol{x}^{\mathrm{T}}\boldsymbol{w}+b}/(1+\mathrm{e}^{\boldsymbol{x}^{\mathrm{T}}\boldsymbol{w}+b}),\tag{17.11}$$

2–范数正则逻辑斯谛回归用 $\|\boldsymbol{w}\|^2$ 去正则化相应的对数似然函数, 即求解

$$\min C\sum_{i=1}^{n}\ln(1+\mathrm{e}^{-y_i(\boldsymbol{x}_i^{\mathrm{T}}\boldsymbol{w}+b)})+\|\boldsymbol{w}\|^2.$$

记上述问题最优解为 $\hat{\boldsymbol{w}}$ 和 $\hat{b}$, 除了其分类法则为 $\mathrm{sign}(\boldsymbol{x}^{\mathrm{T}}\hat{\boldsymbol{w}}+\hat{b})$ 外, 该方法还能估计条件类别概率, 只需将 $\hat{\boldsymbol{w}}$ 和 $\hat{b}$ 代入 (17.11) 中即得.

除了这里我们列出的几种损失函数, 还有很多其他类型的损失函数, 包括平方损失函数 $V(u)=(1-u)^2$、最小二乘 SVM、修正的最小二乘损失函数等, 图 17.2 是上述损失函数的图像.

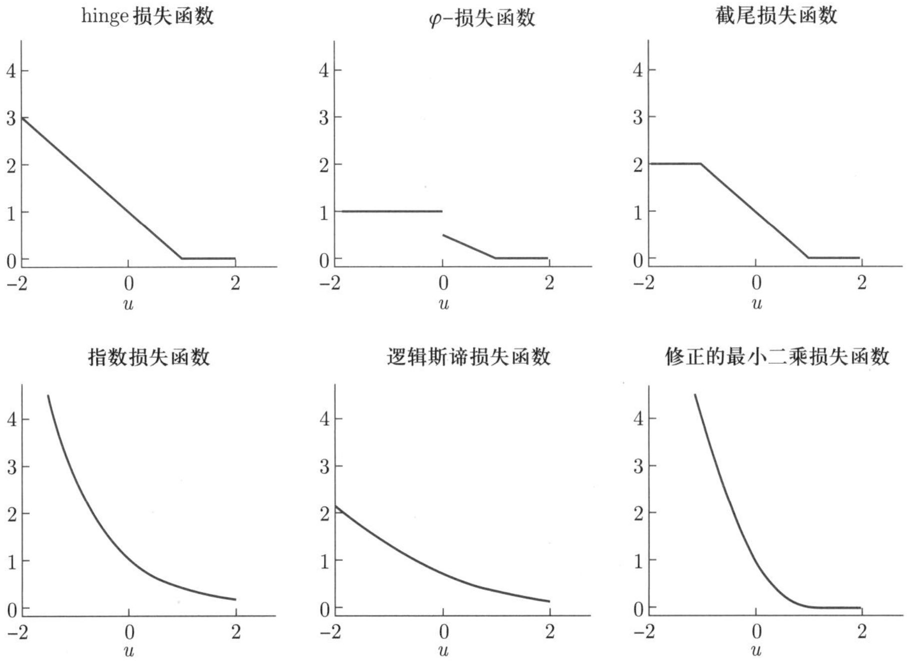

图 17.2 不同损失函数的图像

2. 惩罚的选择

对于线性函数 $\boldsymbol{x}^{\mathrm{T}}\boldsymbol{w}+b$, 标准的 SVM 采用 2–范数惩罚 $\|\boldsymbol{w}\|^2=\sum j=1^p w_j^2$, 当使用 2–范数惩罚时, 除了其良好的边际解释性外, 它还具有与岭回归类似的性质. 2–范数惩罚通过压缩系数使解更稳定, 但它不产生稀疏解, 在高维问题中稀疏性是一个基本的设想.

随着科技的进步, 高维数据越来越常见, 例如在基因芯片组和蛋白质组织学中经常包含了成千上万个预测变量, 当处理这种数据时, 我们不仅感兴趣于寻找表现良好的分类器, 也希望能挑选出较为重要的自变量.

为了实现变量选择, 可采用 L_1 惩罚 $\sum\limits_{j=1}^{p}\|w_j\|$. L_1 惩罚能有效地压缩较小或冗余的系数为 0. 在回归分析中, 该惩罚也称为 Lasso 惩罚. 可采用解路径算法求解 L_1 范数 SVM. 另外一种可用作变量选择的惩罚——SCAD 惩罚, 定义为

$$p_{\lambda,a}(\theta)=\begin{cases}\lambda|\theta|, & \theta\leqslant\lambda,\\ \dfrac{-(\theta^2-2a\lambda\theta+\lambda^2)}{2(a-1)}, & \lambda<|\theta|\leqslant a\lambda,\\ (a+1)\lambda^2/2, & |\theta|>a\lambda,\end{cases}$$

其中 $a>0,\lambda>0$ 为参数, 从贝叶斯的角度建议取 $a=3.7$.

17.2.3 SVM 的推广: 有界约束机和平衡 SVM

SVM 的设计使得其解只依赖于支持向量集, 这有助于我们简化求解. 然而在有些情况下, 利用更多的数据信息来决定分类边界可能会更好些. 例如, 如果训练集被离群点污染, 而支持向量集中又包含了这些离群点, 那么此时的解将会很糟糕. 可用有界约束机 (BCM) 和平衡 SVM(BSVM) 代替 SVM.

1. 有界约束机 (BCM)

可用一种不同的优化准则, 即采用极小化到边界的符号距离之和, 即求解如下问题:

$$\min_f J(f)-C\sum_{i=1}^n y_i f(\boldsymbol{x}_i),$$

满足

$$-1\leqslant f(\boldsymbol{x}_i)\leqslant 1,\forall i=1,2,\cdots,n.$$

上式意味着极大化 $\sum\limits_{i=1}^n y_i f(\boldsymbol{x}_i)$ 的同时又迫使所有训练集数据位于超平面 $f(x)=\pm1$ 之间, 我们也可以将 BCM 看作是 hinge 损失函数下的 SVM 加约束 $y_i f(x_i)\in[-1,+1]$, 与 SVM 不同的是, BCM 使用了训练集的所有点来获得分类器.

2. 平衡 SVM(BSVM)

SVM 只是用了支持向量集去计算求解, 而 BCM 用了所有训练点求解. 为了将二者联系起来, 采用如下损失的 BSVM

$$g(u)=\begin{cases}1-u, & u\leqslant 1,\\ v(u-1), & u>1,\end{cases} \tag{17.12}$$

其中 v 是当 $u>1$ 时损失函数的斜率, 如图 17.3 所示. 注意到 v 决定了解在多大程度上依赖于满足条件 $y_i f(x_i)\geqslant 1$ 的数据点, 当 $v=0$ 时, 问题就等价于 SVM, BSVM 可以看成是联系 SVM 与 BCM 之间的一座桥梁. 当 $v=-1$ 时, BSVM 变成求解

$$\min_{b,\boldsymbol{w}} J(f)-C\sum_{i=1}^n y_i f(\boldsymbol{x}_i),$$

满足

$$f(\boldsymbol{x}_i) \leqslant 1, \quad \forall i = 1, 2, \cdots, n. \tag{17.13}$$

将其与 BCM 对比, 仅有的差别在于 BCM 有约束 $f(\boldsymbol{x}_i) \geqslant -1$ 而 BSVM 在 $v = \infty$ 处没有. 一般来讲这点差别并无大碍, 因为 (17.13) 的解通常都满足这个条件 $f(\boldsymbol{x}_i) \geqslant -1$. BCM 与 BSVM 不同仅有的情况是当一个数据点远远离开自己所在的类, 其远离程度甚至超过其他类的点时, 而这种情况在实际中很少发生. 因此当 $v = \infty$ 时, BSVM 可以看成是 BCM 的一个很好的近似. 总之, BSVM 构建了一个从标准 SVM ($v = 0$) 到 BCM ($v = \infty$) 的连续体.

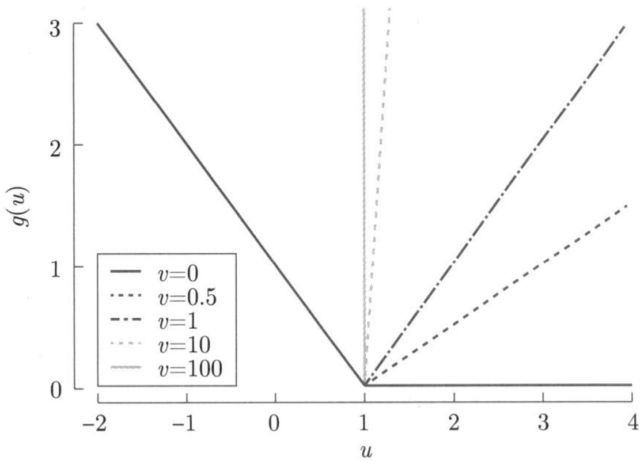

图 17.3 不同 v 取值下, BSVM 损失函数 $V(u) = g(u)$ 的图像

3. BSVM 的解释

因为 BSVM 损失函数并不是一个递减函数, 所以和错分点一样, 它对正确分类的点也施加一个较大的损失值, 这看起来似乎与直觉相反. 然而, 对于 $y_i f(\boldsymbol{x}_i) > 1$ 所增加的部分有助于将决策边界拉向正确分类的点, 在有些情况下这可能是我们所想要的. 为了进一步了解 BSVM, 讨论如下原始问题

$$\min_{b,\boldsymbol{w}} \frac{1}{2}\|\boldsymbol{w}\|^2 + C\sum_{i=1}^{n} \xi_i,$$

满足

$$\xi_i \geqslant 1 - f(\boldsymbol{x}_i); \quad \xi_i \geqslant v(y_i f(\boldsymbol{x}_i) - 1), \ \forall i = 1, 2, \cdots, n.$$

其对应的原始拉格朗日函数可写为

$$L(\boldsymbol{w}, b, \boldsymbol{\alpha}) = \frac{1}{2}\|\boldsymbol{w}\|^2 + C\sum_{i=1}^{n} \xi_i + \sum_{i=1}^{n} \gamma_i[1 - y_i f(\boldsymbol{x}_i) - \xi_i] + \sum_{i=1}^{n} \delta_i\left[v y_i f(\boldsymbol{x}_i) - v - \xi_i\right]. \tag{17.14}$$

令导数为 0 得到 KKT 条件

$$\gamma_i[1 - y_i f(\boldsymbol{x}_i) - \xi_i] = 0, \tag{17.15}$$

$$\delta_i[v y_i f(\boldsymbol{x}_i) - v - \xi_i] = 0. \tag{17.16}$$

其对应的对偶问题为

$$\min_{\alpha} \frac{1}{2} \sum_{i,j=1}^{n} y_i y_j \alpha_i \alpha_j \langle \boldsymbol{x}_i, \boldsymbol{x}_j \rangle - \sum_{i=1}^{n} \alpha_i, \tag{17.17}$$

满足

$$\sum_{i=1}^{n} \alpha_i y_i = 0, \quad -Cv \leqslant \alpha_i \leqslant C, \quad i = 1, 2, \cdots, n.$$

一旦求出 (17.17), $\boldsymbol{w} = \sum_{i=1}^{n} \alpha_i y_i \boldsymbol{x}_i$, b 也可以从 KKT 条件中求出, 这个问题几乎和 SVM (17.4) 一样, 其差别只是在约束条件上. 具体来讲, SVM 约束为 $0 \leqslant \alpha_i \leqslant C$ 而 BSVM 为 $-Cv \leqslant \alpha_i \leqslant C$. 这也可以帮助我们解释 SVM 与 BSVM 之间的不同. 与 SVM 相反, BSVM 在 $v > 0$ 时使用所有数据点来决定其解, 而满足 $y_i f(\boldsymbol{x}_i) \leqslant 1$ 的点可以帮助减小离群点带来的影响, 从而 BSVM 分类器对于离群点更为稳健.

在完全可分情形下, 标准的 SVM 即 BSVM 在 $v = 0$ 时旨在寻找决策边界使得决策边界到其最近点的距离最大, 也即使两超平面之间的距离最大. 此时软边界 $f(\boldsymbol{x}) = \pm 1$ 是每类数据点的界, 以迫使所有数据点落在软边界之外, 如图 17.4 (a) 所示. BSVM 在 $v > 0$ 时也是极大化 $f(\boldsymbol{x}) = \pm 1$ 之间的距离, 但观测点都聚集在 $f(\boldsymbol{x}) = \pm 1$ 的周围而不是被强迫到边界线之外. 当 $v = 1$ 时, BSVM 极小化 $\sum_{i=1}^{n} |1 - y_i f(\boldsymbol{x}_i)|$, 即使得落在 $f(\boldsymbol{x}) = \pm 1$ 以内的点数和以外的点数相等, 如图 17.4 (b) 所示. 当 v 增加时, $v[y_i f(\boldsymbol{x}_i) - 1]_+$ 、$f(\boldsymbol{x}) = \pm 1$ 之间的距离及落在两超平面外面的点也都在增加, 这样超平面 $f(\boldsymbol{x}) = \pm 1$ 将会向外面移动以减小它, 当 $v \to \infty$ 时 BSVM 就变为 BCM, 超平面已经移动得足够远使得所有点都在其中, 图 17.4 (c) 演示了 v 很大时的 BSVM(BCM).

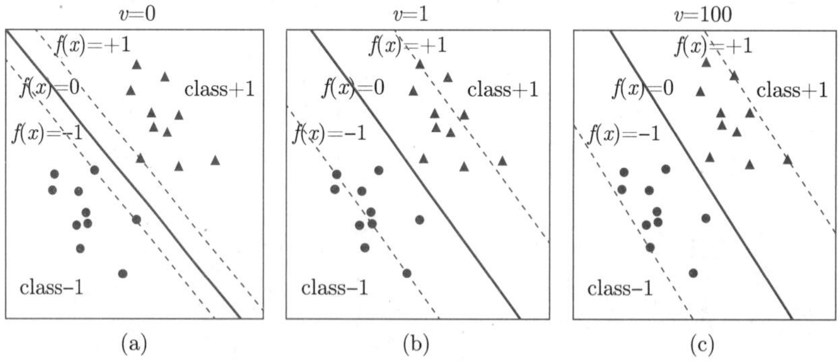

(a)　(b)　(c)

图 17.4　v 的不同取值对 BSVM 的影响

17.2.4　多类分类器

目前为止, 我们只关注二值分类问题, 然而人们在实际生活中经常会碰见多类别分类问题. 一般来说, 利用最大边际分类器处理多分类问题有以下两种方式: 第一种是通过一系列的二值分类器来解决, 比如用一对其他或一对一; 第二种是将二分类器推广至能同时进行多分类.

1. 多重二值

为了解决多类别问题, 一个很自然直接的想法就是进行多次二值分类. 例如人们可以采用一对其他或一对一的方式, 在一对其他的方式中, 我们可先任选一类 j 重新标记为 $+1$, 然后将不在第 j 类的所有训练点标记为 -1, 然后实施 k 个二值分类. 在这种方式之下, 人们很可能会得到一些相互矛盾的分类结果. 一对一的方法是从所有 k 类中任取两类 j_1 和 j_2 实施二值分类, 这样总共就可以得到 C_k^2 个二值分类器, 此情况下, 每个二值分类器的样本量可以很少.

在没有主导类时, 一对一的方法可能产生自相矛盾的结果, 费希尔一致性也得不到保证, 因此有必要将二值分类方法推广到能够同时考虑所有类别信息的多值分类问题上去, 并且还能够保持原来二值分类器的一些良好性质.

2. 同时损失公式

考虑 k 类分类问题, $k \geqslant 2$. $k=2$ 时, 简化为 17.3.2 小节的二值分类. 记 $\boldsymbol{f}=(f_1, f_2, \cdots, f_k)$ 为决策函数向量, 其中每个分量代表一类, 是一个从 $S \to R$ 上的映射. 为了去除冗余解, 我们增加约束 $\sum\limits_{j=1}^{k} f_j = 0$, 对于任意一个新的输出向量 x, 它的类别标签由下面法则决定: $\hat{y} = \arg \max\limits_{j=1,2,\cdots,k} f_j(\boldsymbol{x})$, 显然此处 $\arg\max$ 与二值时符号函数是等价的.

为简单起见, 我们只关注各类别错判损失相等的标准学习器, 当然这些技术也可以推广至更一般不平等损失的情形.

多类别 SVM

将 SVM 从两类推广至多类并不烦琐, 可以采取和二值时相同的边际思想, 推广最大边际的概念, 如图 17.5 所示. 但是这种推广在不是完全可分情形下, 解不唯一而且也很复杂, 而从损失函数的角度去考虑则相对容易些.

在讨论多类别 hinge 损失公式之前, 我们先介绍一个多类别费希尔相合性问题. 考虑 $y \in \{1, 2, \cdots, k\}$, 记 $P_j(\boldsymbol{x}) = P(Y=j|X=\boldsymbol{x})$, 假定 $V(f(\boldsymbol{x}), y)$ 是多类别损失函数, 费希尔相合性是指 $\arg\max_j(f_j^*) = \arg\max_j P_j$, 其中 $f^*(\boldsymbol{x}) = (f_1^*(\boldsymbol{x}), f_2^*(\boldsymbol{x}), \cdots, f_k^*(\boldsymbol{x}))$ 是使 $E[V(f(\boldsymbol{x}), Y) \mid X=\boldsymbol{x}]$ 达到最小的解. 尽管一致的损失并不总是对应着更好的分类准确性, 但费希尔相合性被认为是损失函数的一个令人期待的基本要求.

注意到, 如果 $y \neq \arg\max_j f_j(\boldsymbol{x})$, 那么点 $(\boldsymbol{x}, y)$ 被 f 错分, 于是一个明智的损失函数 V 应该是尽量使 f_y 在 k 个函数中达到最大, 一旦 V 确定, 多类别的 SVM 即求解

$$\begin{cases} \min_f \sum\limits_{j=1}^{k} J(f_j) + C \sum\limits_{i=1}^{n} V(f(\boldsymbol{x}_i), y_i), \\ \sum\limits_{j=1}^{k} f_j(\boldsymbol{x}) = 0, \end{cases} \tag{17.18}$$

将 SVM 从两类推广至多类最关键的是损失函数 V 的选择. 文献中有大量的将二者 hinge 损失

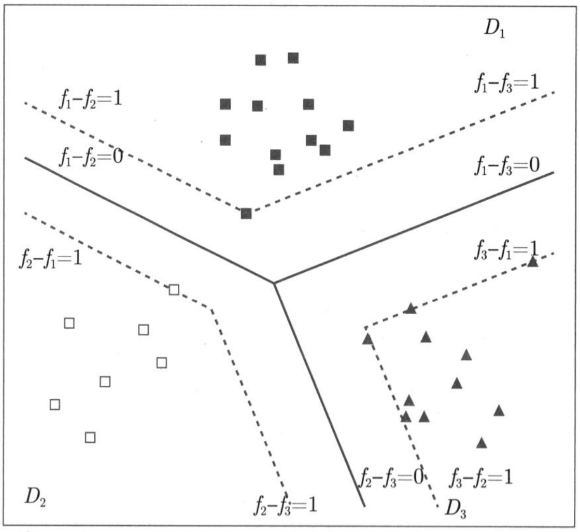

图 17.5 3 分类实例下的边际和支持向量

1—3 类的点分别落入多面体 D_j, $j=1,2,3$, 其中 $D_1=\{\boldsymbol{x}\colon f_1(\boldsymbol{x})-f_2(\boldsymbol{x})\geqslant 1,\ f_1(\boldsymbol{x})-f_3(\boldsymbol{x})\geqslant 1\}$, $D_2=\{\boldsymbol{x}\colon f_2(\boldsymbol{x})-f_1(\boldsymbol{x})\geqslant 1,\ f_2(\boldsymbol{x})-f_3(\boldsymbol{x})\geqslant 1\}$, $D_3=\{\boldsymbol{x}\colon f_3(\boldsymbol{x})-f_1(\boldsymbol{x})\geqslant 1,\ f_3(\boldsymbol{x})-f_2(\boldsymbol{x})\geqslant 1\}$. 最大化广义几何边界 $\gamma=\min\{\gamma_{12},\gamma_{13},\gamma_{23}\}$ 得到决策边界. 这三个多面体的边界上有五个支持向量. 在五个支持向量中, 一个来自类型 1, 一个来自类型 2, 其他三个来自类型 3.

函数推广至多类问题中, 我们考虑下面 4 种常见的推广形式:

(1) $[1-f_y(x)]_+$; (2) $\sum_{j\neq y}[1+f_j(x)]_+$;

(3) $\sum_{j\neq y}[1-f_y(x)-f_j(x)]_+$; (4) $1-\min_j(f_y(x)-f_j(x))$.

注意到这些损失函数中的常数 1 也可以换为一个一般的正数, 当将 f 重新缩放后其结果和上述所给的等价.

需要注意的是, 对于损失 (1) 和 (2), 约束 $\sum_{j=1}^{k} f_j(x)=0$ 很重要, 但对于损失 (3) 和 (4) 则不然. 损失 (3) 和 (4) 只包含了函数的差, 因而它们是位置不变的. 不难看到所有的损失函数都是迫使 f_y 在 k 个函数中达到最大, 有些是直接地, 有些是间接地. 有趣的是, 虽然这 4 个推广的损失函数都很有道理, 但却只有 (4) 总是费希尔相合的.

加强的 SVM

虽然损失函数 (1) 和 (2) 都是使 f_y 最大, 但 (1) 不相合, (2) 是相合的, 在 (1) 和 (2) 的基础上, 一种加强的多类别 hinge 损失函数, 即将 (1) 和 (2) 组合如下:

$$V(f(x),y)=\gamma[(k-1)-f_y(x)]_+ + (1-\gamma)\sum_{j\neq y}[1+f_j(x)]_+, \tag{17.19}$$

满足 $\sum_{j=1}^{k} f_j(x)=0$, 其中 $\gamma\in[0,1]$. 该损失函数中包含了两项, 每一项要么是直接地, 要么是间接地迫使 f_y 最大, 所以他们称该损失为加强的 hinge 损失函数.

注意到, 如果对 $\forall j \neq y$, $f_j = -1$, 那么由和为 0 的约束可得 $f_y = k-1$, 该损失函数对任意 $0 \leqslant \gamma \leqslant \dfrac{1}{2}$ 都是费希尔相合的, 费希尔相合损失函数只是这一组费希尔相合损失函数的一个特例, 即 $\gamma = 0$. 不同的 γ 值会影响加强的 SVM 的分类结果, 他们推荐取 $\gamma = 0.5$, 因为此时分类表现似乎最好.

有界的约束机

虽然损失函数 (1) 不相合而损失函数 (2) 相合, 但其渐近性质很相似, 实际上两者仅有的差别在于损失函数 (1) 的约束为对 $\forall l$, $f_l(x) \leqslant 1$, 而损失函数 (2) 的约束为对 $\forall l$, $f_l(x) \geqslant -1$. 因此最关键之处在于对最小化 f^* 时采用的约束限制. 可以对 f 增加一些额外的限制使得损失函数 (1) 是相合的. 事实上, 如果对损失函数 (1) 增加约束条件对 $\forall j$, $f_j \geqslant -\dfrac{1}{k-1}$, 那么当 $j = \arg\max_j P_j(x)$ 时, $f_j^*(x) = 1$, 否则 $f_j^*(x) = -\dfrac{1}{k-1}$. 从而对应的损失函数是费希尔相合的. 于是, 对 (1) 和 (2) 增加一些新的约束, 再经过适当的放缩, 就能得到如下新的损失函数:

$$-f_y(x) \text{ 满足 } \sum_{j=1}^{k} f_j(x) = 0 \text{ 且 } -1 \leqslant f_l(x) \leqslant k-1,$$

这种损失函数实际上是 17.2.3 小节二值 BCM 的推广.

约束 $-1 \leqslant f_l(x) \leqslant k-1$ 对所有 $x \in S$ 很难实施, 当简单地学习求解这个问题时, 他建议放松到只对所有训练点都采取约束的做法, 即 $-1 \leqslant f_l(x_i) \leqslant k-1$ 对 $i = 1, 2, \cdots, n$, $l = 1, 2, \cdots, k$, 于是多类别 BCM 为求解

$$\min_f \sum_{j=1}^{k} J(f_j) - C \sum_{i=1}^{n} f_{y_i}(x_i),$$

满足

$$\sum_{j}^{k} f_j(x_i) = 0; \quad f_l(x_i) \geqslant -1; \quad l = 1, 2, \cdots, k, \ i = 1, 2, \cdots, n. \tag{17.20}$$

ψ–学习和稳健的支持向量机

从 $\arg\max$ 判别法则我们知道, 如果 $y \neq \arg\max_j f_j(\boldsymbol{x})$, 也即 $\boldsymbol{g}(f(\boldsymbol{x}), y) = \{f_y(\boldsymbol{x}) - f_j(\boldsymbol{x})\} \leqslant 0$, 那么点 $(\boldsymbol{x}, y)$ 被错分, 于是 $\boldsymbol{g}(f(\boldsymbol{x}), y)$ 的最小值就是广义的边界函数, 在两类别情形 $y \in \{\pm 1\}$ 就简化为 $yf(\boldsymbol{x})$.

如果我们将 $\min \boldsymbol{g}(f(\boldsymbol{x}), y)$ 作为损失函数 $H_1(u)$ 的自变量, 那么就可以得到多类别 SVM 的一种形式, 即损失函数为 (4), 同两类时一样, 如果一个点使 $1 - \min \boldsymbol{g}(f(\boldsymbol{x}), y)$ 很大就会导致 H_1 很大, 从而极大影响最终解. 这些点经常离自己所在的类很远从而使得 SVM 表现很糟糕, 对于其他一些具有无界损失的最大边际分类器, 类似的观测点也能得到.

为了获得更好更稳健的推广, 可采用多类别 ψ–学习法, 具体而言, 他们定义 $k-1$ 个自变量的多元 ψ–函数为

$$U \geqslant \psi(\boldsymbol{u}) > 0, \quad \boldsymbol{u}_{\min} \in (0, T), \tag{17.21}$$
$$\psi(\boldsymbol{u}) = 1 - \operatorname{sign}(\boldsymbol{u}_{\min}), \quad 否则,$$

其中 $0 < T \leqslant 1$, $0 < \boldsymbol{u}_{\min} \leqslant 2$ 是常数, $\boldsymbol{u}_{\min}$ 是 $\boldsymbol{u}$ 的最小分量, $\psi(\boldsymbol{u})$ 关于 $\boldsymbol{u}_{\min}$ 非增. 这种多元视角保留了相应一元时的一些良好性质, 特别地, 多元函数 ψ 对任意与 $\min \boldsymbol{g}(f(\boldsymbol{x}_i), y_i) \in (0, T)$ 的边际赋予一个正惩罚以消除尺度问题. 为了在 D.C. 分解的基础上实行 D.C. 算法, 建议在应用中使用如下具体的 ψ:

$$\psi(\boldsymbol{u}) = 0 \cdot I(\boldsymbol{u}_{\min} \geqslant 0) + 2 \cdot I(\boldsymbol{u}_{\min} < 0) + 2(1 - \boldsymbol{u}_{\min}) I(0 \leqslant \boldsymbol{u}_{\min} < 1), \tag{17.22}$$

对于 $k = 3$ 时 ψ–函数的图像如图 17.6 所示. 通过对无界最大间隔损失函数截尾以减少离群点的影响. 对一个给定的非增最大间隔损失函数 $V(\cdot)$, 记 $V_{T_s}(\cdot) = \min\{V(\cdot), V(x)\}$ 为其相应的截尾损失, s 为截尾位置. 注意到截尾 hinge 损失函数 $T_s(u)$ 是 V_{T_s} 的一个特例.

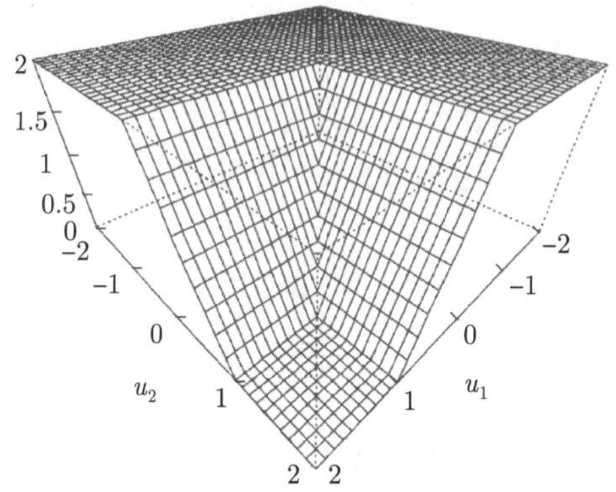

图 17.6 3 类别 ψ–函数投影

对于 $k > 2$ 的多类别问题, 费希尔相合性问题变得比较复杂. 在 V 满足一定的条件下, 仅当 $\max\limits_j P_j > \dfrac{1}{2}$ 即存在一个主导类别时, $V(\min g(\boldsymbol{f}(\boldsymbol{x}), y))$ 是费希尔相合的, 但对 $k > 2$ 的情形, 主导类存在不一定能得到保证. 有趣的是, 即使在没有主导类的情形下, 截尾 $V(\min g(\boldsymbol{f}(\boldsymbol{x}), y))$ 也具有费希尔相合性, 而且截尾值 s 依赖于类别的个数 k 数值模拟结果显示, 为了保证相合性, k 越大, 截尾越多.

对一个凸函数进行截尾处理会得到非凸函数, 从而在 $V = V_{T_s}$ 时, 凸优化问题 (17.18) 变成了非凸函数极小化问题, 相比凸函数极小化, 非凸函数极小化更有挑战性.

注意到对一个给定的凸损失函数 $V(u)$, 它的截尾函数 V_{T_s} 能分解为两个不同的凸函数 $V(u)$ 和 $[V(u) - V(s), 0]_+$, 利用这个性质, 采用 D.C. 算法求解包含截尾损失的非凸优化问题. D.C. 算法是通过极小化一系列凸子问题来解决非凸优化问题, 有意思的是, D.C. 算法也是 MM 算法的一种.

下面用线性学习简要介绍用 D.C. 算法求解稳健截尾型 hinge 损失 SVM (RSVM) 问题. 有趣的是, 该算法保留了支持向量集的解释.

记 $f_j(\boldsymbol{x}) = \boldsymbol{w}_j^{\mathrm{T}}\boldsymbol{x} + b_j$, $\boldsymbol{w}_j \in \mathbf{R}^d$, $\boldsymbol{b} = (b_1, b_2, \cdots, b_k)^{\mathrm{T}} \in \mathbf{R}^k$, 其中 $\boldsymbol{w}_j = (w_{1j}, w_{2j}, \cdots, w_{dj})^{\mathrm{T}}$, $\boldsymbol{W} = (\boldsymbol{w}_1, \boldsymbol{w}_2, \cdots, \boldsymbol{w}_k)$. 有 $V = T_s$. RSVM 求解

$$\min_{\boldsymbol{W},\boldsymbol{b}} \frac{1}{2}\sum_{j=1}^{k}\|\boldsymbol{w}_j\|_2^2 + C\sum_{i=1}^{n} T_s(\min g(f(\boldsymbol{x}_i), y_i)), \tag{17.23}$$

满足

$$\sum_{j=1}^{k} w_{mj} = 0, \quad m = 1, 2, \cdots, d, \quad \sum_{j=1}^{k} b_j = 0,$$

其中约束条件是为了避免解不可识别. 记 $\boldsymbol{\Theta} = (\boldsymbol{W}, \boldsymbol{b})$, 利用 $T_s = H_1 - H_s$, (17.23) 的目标函数

$$\begin{aligned} Q^s(\boldsymbol{\Theta}) &= \frac{1}{2}\sum_{j=1}^{k}\|\boldsymbol{w}_j\|_2^2 + C\sum_{i=1}^{n} H_1(\min g(f(\boldsymbol{x}_i), y_i)) - C\sum_{i=1}^{n} H_s(\min g(f(\boldsymbol{x}_i), y_i)) \\ &= Q_{vex}^s(\boldsymbol{\Theta}) + Q_{cav}^s(\boldsymbol{\Theta}), \end{aligned}$$

其中 $Q_{vex}^s(\boldsymbol{\Theta}) = \frac{1}{2}\sum_{j=1}^{k}\|\boldsymbol{w}_j\|_2^2 + C\sum_{i=1}^{n} H_1(\min g(f(\boldsymbol{x}_i), y_i))$, $Q_{cav}^s(\boldsymbol{\Theta}) = Q^s(\boldsymbol{\Theta}) - Q_{vex}^s(\boldsymbol{\Theta})$ 各自表示凸函数部分和凹函数部分.

给定第 t 步迭代的解, 凸函数的第 $t+1$ 步迭代为

$$\min_{\alpha} \frac{1}{2}\sum_{j=1}^{k}\left\| \sum_{i:\, y_i=j}\sum_{j'\neq y_i}(\alpha_{ij'} - \beta_{ij'})\boldsymbol{x}_i^{\mathrm{T}} - \sum_{i:\, y_i\neq j}(\alpha_{ij} - \beta_{ij})\boldsymbol{x}_i^{\mathrm{T}} \right\|_2^2 - \sum_{i=1}^{n}\sum_{j'\neq y_i}\alpha_{ij'},$$

满足

$$\sum_{i:\, y_i=j}\sum_{j'\neq y_i}(\alpha_{ij'} - \beta_{ij'}) - \sum_{i:\, y_i\neq j}(\alpha_{ij} - \beta_{ij}) = 0, \quad j = 1, 2, \cdots, k, \tag{17.24}$$

$$0 \leqslant \sum_{j\neq y_i}\alpha_{ij} \leqslant C, \quad i = 1, 2, \cdots, n, \tag{17.25}$$

$$\alpha_{ij} \geqslant 0, \quad i = 1, 2, \cdots, n, \ j \neq y_i, \tag{17.26}$$

如果 $f_{y_i}^t(\boldsymbol{x}_i) - f_j^t(\boldsymbol{x}_i) < s$, $j = \arg\max(f_{j'}^t(\boldsymbol{x}_i)\colon j' \neq y_i)$, 那么 $\beta_{ij} = C$, 否则为 0.

此对偶问题同标准 SVM 一样是一个二次规划问题, 有很多优化软件可以来求解, 一旦其解求出, 系数就可得到

$$\boldsymbol{w}_j = \sum_{i:\, y_i=j}\sum_{j'\neq y_i}(\alpha_{ij'} - \beta_{ij'})\boldsymbol{x}_i - \sum_{i:\, y_i\neq j}(\alpha_{ij} - \beta_{ij})\boldsymbol{x}_i, \tag{17.27}$$

有趣的是, 上述 $\boldsymbol{w}_j$ 自动满足约束条件, 可以看到 $\boldsymbol{w}_j$ 的系数完全由 $\alpha_{ij} - \beta_{ij}$ 不等于 0 对应的点所决定, 这些点正是 RSVM 的支持向量集, 在 D.C. 算法中 RSVM 所使用的支持向量集仅是原 SVM 支持向量集的一个子集. RSVM 试图从原始支持向量集中去除满足条件 $f_{y_i}^t(\boldsymbol{x}_i) - f_j^t(\boldsymbol{x}_i) < s$, $j = \arg\max(f_{j'}^t(\boldsymbol{x}_i)\colon j' \neq y_i)$ 的点, 从而消除离群点的影响, 这为 RSVM 对离群点的稳健性提供了一个直观算法上的解释. $\boldsymbol{W}$ 解出后, $\boldsymbol{b}$ 可通过 KKT 条件或线性规划来解出.

需要指出的是, 本节对 RSVM 的讨论主要集中在损失函数 (4) 上, 也可以使用其他的多类

别损失进行截尾操作.

图 17.7 分别给出了原始 SVM 和 RSVM 的决策边界和支持向量集. (a) 是所有观测点及贝叶斯边界, (b) (c) (d) 中, 分别画出了三种不同损失 H_1, T_0, $T_{-0.5}$ 下用非线性学习得到的边界. 从这些图中, 可以看到 RSVM 使用了较少的支持向量集但却同时得到了比标准 SVM 更精确的分类边界.

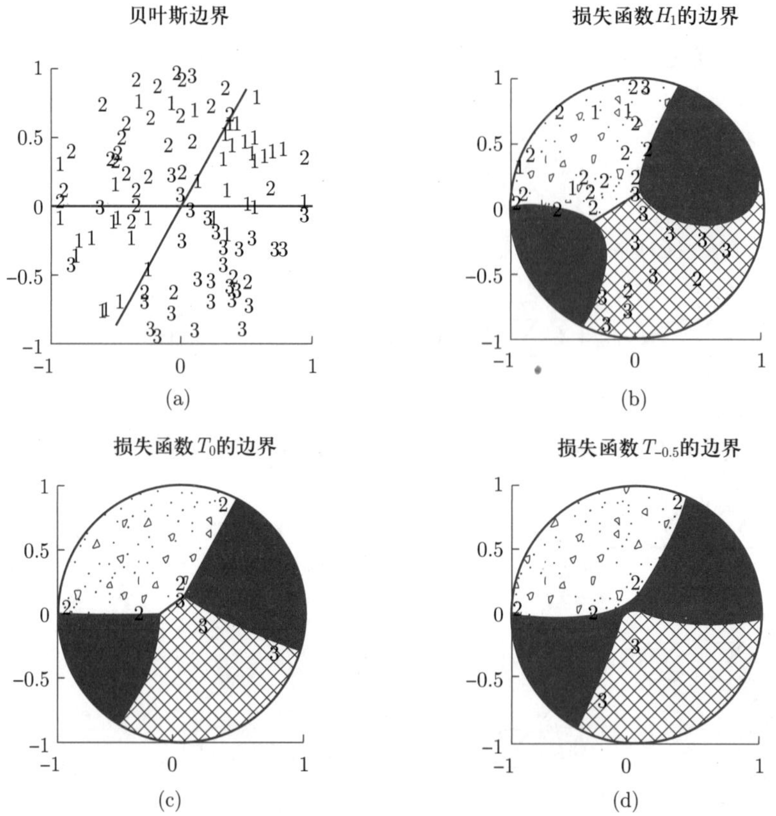

图 17.7 原始 SVM 和 RSVM 的决策边界和支持向量集
图 (a) 中用直线绘制了所有观测结果, 这些直线显示为贝叶斯边界;
其余三个图显示了使用不同损失函数得到的分类边界.

最后还需指出, 不管是 BSVM 还是 RSVM 都能得到稳健的分类器. 其中, RSVM 通过消去标准 SVM 的支持向量集中潜在的离群点而获得稳健性, 即使用了一个更小但是更稳健的观测集; 而 BSVM 则是通过利用更多的数据点来减少离群点的影响. 两种方法从不同的角度使用训练集数据信息来获得稳健性, 都有其合理性.

3. 惩罚的选择: L_1, L_1−max

如前面讨论一样, 挑选相关变量也是分类问题的一个重要目标, 特别是对于高维问题, 可以通过修改惩罚函数来达到变量选择的目的, 虽然本节重点关注的是 SVM, 但这里所讨论的方法并不只适用于 SVM.

对二分类 SVM, L_1 惩罚能够将较小的或冗余的系数压缩到 0, 从而实现变量选择. 对于二值 SVM 还有很多其他的惩罚方法, 如 L_0 惩罚、SCAD、L_q 惩罚、L_0 与 L_1 组合惩罚、L_1 与 L_2 组合惩罚、范数惩罚等其他.

对于多分类问题, 变量选择要复杂得多. 这是因为 MSVM 需要估计多个判别函数, 而预测变量对每个判别函数的重要性有所不同. 一个自然的想法是将 L_1 惩罚 SVM 推广至 L_1 惩罚 MSVM. 然而, L_1 惩罚不区分系数来源, 无论它们是否对应同一变量, 也不管它们之间是否相关, 对所有系数都平等对待. 对变量选择问题有一种新的更为有效的正则化 MSVM 方法, 与 L_1 惩罚 MSVM 不同, 该方法对所有系数绝对值之和实施惩罚, 用上确界范数 SVM 惩罚与每个变量相关的系数; 在不损失预测精度的前提下, 该方法的模型形式比 L_1 MSVM 更简约.

定义系数矩阵 $\boldsymbol{W}_{k\times d}$, 其第 (l,j) 元为 w_{lj}, 记 $\boldsymbol{w}_j=(w_{j1},w_{j2},\cdots,w_{jd})^{\mathrm{T}}$ 为 $\boldsymbol{W}$ 的第 j 个行向量, $\boldsymbol{w}_{(j)}=(w_{1j},w_{2j},\cdots,w_{kj})^{\mathrm{T}}$ 为 $\boldsymbol{W}$ 的第 j 个列向量, $b_j+\boldsymbol{w}_j^{\mathrm{T}}\boldsymbol{x}$ 的值定义为第 j 类的相似得分, $\boldsymbol{x}$ 的相似得分最高的行指标即是预测变量的标签. L_1 MSVM 对所有 w_{lj} 同等对待; 相反, 上确界惩罚 SVM 考虑到有些系数是与同一自变量相联系的, 因此将它们作为一个组对待. $\boldsymbol{w}_{(j)}$ 的上确界范数为

$$\|\boldsymbol{w}_{(j)}\|_\infty=\max_{l=1,2,\cdots,k}|w_{lj}|. \tag{17.28}$$

根据定义, 每个变量的重要程度直接由它的最大的系数绝对值所控制, 上确界范数正则化 MSVM 为

$$\min_{\boldsymbol{v},\boldsymbol{w}}\frac{1}{n}\sum_{i=1}^{n}\sum_{l=1}^{k}I(y_i\neq l)(b_l+\boldsymbol{w}_l^{\mathrm{T}}\boldsymbol{x}_i+1)_+ +\lambda\sum_{j=1}^{d}\|\boldsymbol{w}_{(j)}\|_\infty,$$

满足

$$\mathbf{1}^{\mathrm{T}}\boldsymbol{v}=0,\quad \mathbf{1}^{\mathrm{T}}\boldsymbol{w}_{(j)}=0,\quad j=1,2,\cdots,d, \tag{17.29}$$

其中 $\boldsymbol{v}=(b_1,b_2,\cdots,b_k)^{\mathrm{T}}$.

上确界范数 MSVM 的解比 L_1 MSVM 更稀疏, 其识别重要自变量的精度也更高. 为了进一步理解上确界范数 MSVM 的主要思想, 注意到当施加上确界范数惩罚时, 一个噪声变量被去除当且仅当其相应的 k 个估计系数全为 0; 另一方面, 与 L_1 惩罚不同, 如果一个自变量很重要, 其上确界范数为正, 此时上确界范数惩罚并不对其他的 $k-1$ 个系数增加额外的惩罚, 而这正是人们所期望的, 即只要 k 个系数的上确界范数是正的, 这个变量就将被保留, 根据变量选择的思想, 此时就不需要再对该变量的其他系数作进一步压缩.

在标准的 L_1 惩罚和上确界 L_1 惩罚中, 不同变量的权重相同. 但从直观上而言, 为了在模型中保留重要变量, 对其赋予更小的惩罚是合理的, 根据变量相对重要程度施加不同的惩罚. 理想的情况是: 对于冗余变量, 为使其更容易从模型中消除, 应该施加较大惩罚, 而重要变量则应该施加很小的惩罚, 有如下自适应 L_1 MSVM:

$$\min_{\boldsymbol{v},\boldsymbol{w}}\frac{1}{n}\sum_{i=1}^{n}\sum_{l=1}^{k}I(y_i\neq l)(b_l+\boldsymbol{w}_l^{\mathrm{T}}\boldsymbol{x}_i+1)_+ +\lambda\sum_{l=1}^{k}\sum_{j=1}^{d}T_{lj}|w_{lj}|,$$

满足

$$\mathbf{1}^{\mathrm{T}}\boldsymbol{v}=0,\quad \mathbf{1}^{\mathrm{T}}\boldsymbol{w}_{(j)}=0,\quad j=1,2,\cdots,d, \tag{17.30}$$

其中 T_{lj} 为系数 w_{lj} 的权重.

对每个变量进行自适应惩罚的方法在回归问题中已经被广泛讨论, 包括线性回归模型的自适应 Lasso、风险比例模型、分位回归. 特别地, 有自适应 Lasso 的 Oracle 性质. 为讨论简洁起见, 这里只关注损失函数 (4), 当然, 这些惩罚同样可以应用到其他损失上. 对于上确界范数 SVM, 考虑施加如下两种方式的自适应惩罚方法:

$$\min_{\boldsymbol{v},\boldsymbol{w}}\frac{1}{n}\sum_{i=1}^{n}\sum_{l=1}^{k}I(y_i\neq l)(b_l+\boldsymbol{w}_l^{\mathrm{T}}\boldsymbol{x}_i+1)_{+}+\lambda\sum_{l=1}^{k}T_j\|\boldsymbol{w}_j\|_{\infty},$$

满足

$$\mathbf{1}^{\mathrm{T}}\boldsymbol{v}=0,\quad \mathbf{1}^{\mathrm{T}}\boldsymbol{w}_{(j)}=0,\quad j=1,2,\cdots,d. \tag{17.31}$$

$$\min_{\boldsymbol{v},\boldsymbol{w}}\frac{1}{n}\sum_{i=1}^{n}\sum_{l=1}^{k}I(y_i\neq l)(b_l+\boldsymbol{w}_l^{\mathrm{T}}\boldsymbol{x}_i+1)_{+}+\lambda\sum_{j=1}^{d}\|(\boldsymbol{T}\boldsymbol{w})_{(j)}\|_{\infty},$$

满足

$$\mathbf{1}^{\mathrm{T}}\boldsymbol{v}=0,\quad \mathbf{1}^{\mathrm{T}}\boldsymbol{w}_{(j)}=0,\quad j=1,2,\cdots,d, \tag{17.32}$$

其中 $(\boldsymbol{T}\boldsymbol{w})_{(j)}=(T_{1j}w_{1j},T_{2j}w_{2j},\cdots,T_{kj}w_{kj})^{\mathrm{T}}$, $j=1,2,\cdots,d$.

在 (17.30), (17.31) 和 (17.32) 中, 权重可以看成是水平因子, 它可以自适应地选取以使较大惩罚施加在不重要的自变量上而使较小的惩罚施加在重要自变量上. 记 $\tilde{\boldsymbol{w}}$ 为损失函数 (4) 在 L_2 惩罚下的标准 MSVM 的解, 经验建议使用

$$T_{lj}=\frac{1}{|\tilde{w}_{lj}|},$$

这对 (17.30) 和 (17.32) 是好的选择, 并且对 (17.31),

$$T_j=\frac{1}{\|\hat{\boldsymbol{w}}_{(j)}\|_{\infty}},$$

也是个好的选择. 如果 $\tilde{w}_{lj}=0$, 那么意味着对 w_{lj} 施加无穷大惩罚, 因此设相应的系数 $\hat{w}_{lj}=0$.

关于计算方面, (17.30), (17.31) 和 (17.32) 都可通过 LP 解决.

17.2.5 概率估计

除了分类的精确性, 人们还感兴趣估计二值条件概率 $P(\boldsymbol{x})=P(Y=1\mid\boldsymbol{X}=\boldsymbol{x})$ 和多分类条件概率 $P_j(\boldsymbol{x})=P(Y=j\mid\boldsymbol{X}=\boldsymbol{x})$, $j=1,2,\cdots,k$. 如果分类器直接针对分类边界而不顾及条件类别概率, 那么称为硬分类器. 例如 SVM 是一种硬分类器, 因为它只能判断二值情况下的条件概率 $P(Y=1|\boldsymbol{X}=\boldsymbol{x})$ 是否大于 $\frac{1}{2}$. 而软分类器则提供了条件概率的估计, 估计概率可

用于基于 arg max 准则的类预测. 逻辑斯谛回归是软分类器. 由于 hinge 损失函数是分段线性函数, 因此 SVM 的解具有系数性, 这也导致其无法估计条件概率. 若将 hinge 损失函数替换某个可导函数, 则可以实现对条件概率的估计, 例如, 逻辑斯谛损失函数就是可导的, 从而能对条件概率进行估计.

硬分类器能够被用来估计条件概率吗？带着这样一个问题, 下面将讨论如何从硬分类器中抽取条件类别概率的信息.

1. Platt 方法

一种基于 SVM 最优解或更一般最大间隔分类器的条件概率估计方法, Platt 做了如下 S 形模型假设:

$$P(Y=1\mid \boldsymbol{X}=\boldsymbol{x})=\frac{1}{1+\mathrm{e}^{Af(\boldsymbol{x})+B}},\tag{17.33}$$

其中 $f(\cdot)$ 为任一最大间隔分类器, 他提出通过最小化横向元素来估计常数 A 与 B 的值.

一旦得到 A, B 的估计, 就可以利用 (17.33) 估计条件概率. 虽然 Platt 的方法具有操作性和实用性, 但其缺少理论支撑. SVM 实际上只是通过判断条件概率是否大于 $\dfrac{1}{2}$ 估计贝叶斯边界, 因此 Platt 方法中对 S 形模型的假设也很难判定.

2. 两类硬分类器的概率估计

SVM 分类器相合于贝叶斯分类规则, 其目标在于估计贝叶斯分类边界 $\boldsymbol{x}$: $P(\boldsymbol{x})=\dfrac{1}{2}$, 这也就意味着 SVM 重在解决条件概率是否大于 $\dfrac{1}{2}$ 的问题.

通过对不同类别的观测点赋予不同的权重, 求解如下加权 SVM:

$$C\left[(1-\pi)\sum_{i:y_i=1}H_1(f(\boldsymbol{x}_i))+\pi\sum_{i:y_i=-1}H_1(-f(\boldsymbol{x}_i))\right]+J(f),\tag{17.34}$$

其中 $0<\pi<1$, $f(\cdot)$ 要么是线性的要么是非线性的, $J(f)$ 是一个被选定的适当惩罚. 对于加权 SVM(17.34), 其分类边界相合于边界 $\{\boldsymbol{x}\colon P(\boldsymbol{x})=\pi\}$. 该加权分类器对 $+1$ 类赋予权重 $1-\pi$ 和对 -1 类赋予权重 π, 实际上是在传递条件概率是否大于 π 的信息. 但这种信息是有限的, 因为它只能判断条件概率是否大于 π.

可以通过求解不同权重的加权 SVM 来获得条件概率的区间估计. 在一束权重 $0=\pi_1<\pi_2<\cdots<\pi_M=1$, π_m 上求解 (17.34) 式, 对应的最优解记为 $\hat{f}_{\pi_m}(\cdot)$, $m=1,2,\cdots,M$. 对任意 $\boldsymbol{x}$ 定义 $\overline{m}(\boldsymbol{x})=\max\{m\colon \hat{f}_{\pi_m}\geqslant 0\}$, $\underline{m}(\boldsymbol{x})=\min\{m\colon \hat{f}_{\pi_m}\leqslant 0\}$, 则条件概率 $P(\boldsymbol{x})$ 的一个点估计为 $\dfrac{1}{2}(\pi_{\overline{m}(\boldsymbol{x})}+\pi_{\underline{m}(\boldsymbol{x})})$. 于是条件概率的估计算法如下:

(1) 初始化 $\pi_m=(m-1)/(M-1)$, $m=1,2,\cdots,M$;

(2) 对每个 π_m 求解其加权最大间隔分类器并记解为 $\hat{f}_{\pi_m}(\boldsymbol{x}),m=1,2,\cdots,M$;

(3) 对每个 $\boldsymbol{x}$ 计算 $\overline{m}=\overline{m}(\boldsymbol{x})$ 和 $\underline{m}=\underline{m}(\boldsymbol{x})$, 则条件概率估计值为 $\hat{P}(\boldsymbol{x})=\dfrac{1}{2}(\pi_{\overline{m}}+\pi_{\underline{m}})$.

3. 无交叉概率估计

从理论上来说, 对不同的 π, 贝叶斯边界 $\{\boldsymbol{x}\colon P(\boldsymbol{x})-P=0\}$ 相互之间不会交叉. 为了估计条件概率, 需要在有限训练样本上求加权最大间隔界分类器来估计贝叶斯边界, 因此不同的 π 值对应的估计边界难免会相互交叉, 尤其是当样本量很小时.

为了简单起见, 在线性情况下讨论上述问题. 记 m_0 为所有不同 π_m 中最接近 $\dfrac{1}{2}$ 的 π_m 对应的指标, 即 $\left|\pi_{m_0}-\dfrac{1}{2}\right|=\min\limits_{1\leqslant m\leqslant M}\left|\pi_m-\dfrac{1}{2}\right|$. 假设分类边界是线性的, 即 π_m 对应的分类边界为 $f_m(\boldsymbol{x})=\boldsymbol{x}^{\mathrm{T}}\boldsymbol{w}_m+b_m$, $m=1,2,\cdots,M$.

首先求解如下优化问题, 来估计 π_{m_0} 对应的分类边界:

$$\min\left\{(1-\pi_{m_0})\sum_{i:y_i=1}[1-(\boldsymbol{x}_i^{\mathrm{T}}\boldsymbol{w}+b)]_+ +\pi_{m_0}\sum_{i:y_i=-1}[1+(\boldsymbol{x}_i^{\mathrm{T}}\boldsymbol{w}+b)]_+ +\lambda\sum_{j=1}^{p}w_j^2\right\},\quad(17.35)$$

其中正则化参数可采用独立的调整数据集或交叉验证法来调整, 记相应的估计为 $\hat{\boldsymbol{w}}_{m_0}$ 和 $\hat{b}_{m_0}$.

对任意 $m>m_0$, 要求 π_m 对应的边界在数据点所在的凸区域内与 π_{m-1} 不交叉, 为达到此目标, 可以考虑求解下面的限制优化问题:

$$\min\left\{(1-\pi_m)\sum_{i:y_i=1}[1-(\boldsymbol{x}_i^{\mathrm{T}}\boldsymbol{w}+b)]_+ +\pi_m\sum_{i:y_i=-1}[1+(\boldsymbol{x}_i^{\mathrm{T}}\boldsymbol{w}+b)]_+ +\lambda\sum_{j=1}^{p}w_j^2\right\},$$

满足

$$\boldsymbol{x}^{\mathrm{T}}\boldsymbol{w}+b\leqslant 0,\quad \forall\boldsymbol{x}\in\{\boldsymbol{x}\colon \boldsymbol{x}^{\mathrm{T}}\hat{\boldsymbol{w}}_{m-1}+\hat{b}_{m-1}=0\}\bigcap H_{\text{convex}}(\boldsymbol{x}_1,\boldsymbol{x}_2,\cdots,\boldsymbol{x}_n).\quad(17.36)$$

注意到只需曲面 $\boldsymbol{x}\in\{\boldsymbol{x}\colon \boldsymbol{x}^{\mathrm{T}}\hat{\boldsymbol{w}}_{m-1}+\hat{b}_{m-1}=0\}$ 与凸区域 $H_{\text{convex}}(\boldsymbol{x}_1,\boldsymbol{x}_2,\cdots,\boldsymbol{x}_n)$ 边界交集中的任一点 $\boldsymbol{x}$ 满足 $\boldsymbol{x}^{\mathrm{T}}\boldsymbol{w}+b\leqslant 0$, 则限制条件可得到满足. 一旦获得上述交集中的点, 即可利用二次规划来求解约束加权 SVM, 记优化解为 $\hat{\boldsymbol{w}}_m$ 和 $\hat{b}_m$.

当 $m<m_0$ 时, 同样可以通过求解如下式子来估计分类边界:

$$\min\left\{(1-\pi_m)\sum_{i:y_i=1}[1-(\boldsymbol{x}_i^{\mathrm{T}}\boldsymbol{w}+b)]_+ +\pi_m\sum_{i:y_i=-1}[1+(\boldsymbol{x}_i^{\mathrm{T}}\boldsymbol{w}+b)]_+ +\lambda\sum_{j=1}^{p}w_j^2\right\},$$

满足

$$\boldsymbol{x}^{\mathrm{T}}\boldsymbol{w}+b\leqslant 0,\quad \forall\boldsymbol{x}\in\{\boldsymbol{x}\colon \boldsymbol{x}^{\mathrm{T}}\hat{\boldsymbol{w}}_{m+1}+\hat{b}_{m+1}=0\}\bigcap H_{\text{convex}}(\boldsymbol{x}_1,\boldsymbol{x}_2,\cdots,\boldsymbol{x}_n),\quad(17.37)$$

相应的最优解为 $\hat{\boldsymbol{w}}_m$ 和 $\hat{b}_m$.

注意到, 上述方法从中心处开始向两头逐步移动估计分类边界, 通过施加限制条件以保证所估分类边界在训练数据所在凸区域上不会相互交叉.

用所估计出来的条件概率对训练集做预测, 这样有助于去除那些潜在的离群点从而获得更稳健的分类器. 对于一个噪声水平很低的训练集, 人们希望其绝大多数点都落在自己所处的类中, 那些远离自己类别的点通常被当作离群点. 具体而言, $y_i=1$ $(y_i=-1)$ 类中的非离群点 $\boldsymbol{x}_i$

其条件概率估计值 $\hat{P}(\boldsymbol{x}_i)$ 应该大于 (小于) $\frac{1}{2}$, 这有助于我们识别离群点. 如果对于 $y_i = 1$ 类中的点 $\boldsymbol{x}_i$, 且 $\hat{P}(\boldsymbol{x}_i)$ 很接近于 0 而 $y_i = -1$ 类中的点 $\boldsymbol{x}_i$, 且 $\hat{P}(\boldsymbol{x}_i)$ 很接近于 1, 那么这些点很可能是离群点.

一旦潜在离群点被识别, 人们就可以将其类别度量 y_i 矫正为 $-y_i$, 然后在新的修改后的训练集上求标准的 SVM, 通过这种方式可以消除离群点对 SVM 造成的不良影响. 这种技术称为预处理, 在文献中, 它也被用在了回归分析之中. 特别需要提到的是, 在估计回归函数之前首先产生一个预处理响应变量, 然后对这个预处理响应变量实施标准的变量选择过程, 这种预处理步骤有助于得到更好的变量选择效果.

4. 多类别分类器

条件概率估计对多类别问题来说比较复杂, 因为这时需要估计多个函数 $P(Y = j \mid \boldsymbol{X} = \boldsymbol{x})$, $j = 1, 2, \cdots, K$. 现有估计方法包括多元逻辑斯谛回归, 线性/二次判别分析等. 用成对耦合方法估计多类别条件概率, 其中心思想是对任意 $i, j \in \{1, 2, \cdots, K\}$ 估计一对条件概率 $P(Y = j \mid \boldsymbol{X} = \boldsymbol{x}, Y \in \{i, j\})$, 一旦这些条件概率被估计出来了, 各种不同的耦合方法就将其结合起来去估计 $P(Y = j \mid \boldsymbol{X} = \boldsymbol{x})$, $j \in \{1, 2, \cdots, K\}$.

多类别问题中, 使用截尾 hinge 损失函数并赋予观测值权重 π_j 的加权分类器被证明是与加权贝叶斯判别法 $\arg\max\limits_{j} \pi_j P(Y = j \mid \boldsymbol{X} = \boldsymbol{x})$ 相合的. 在加权截尾 hinge 损失 SVM 相合性的基础上, 将 17.2.5 小节的条件概率估计程序推广至多类别情形.

小结

本节回顾和介绍了以 SVM 及其推广为代表的最大边际分类器, 讨论了损失函数的选择和相关的计算, 同时考虑了两类和多类别问题, 此外还讨论了硬最大间隔分类器的概率估计和变量选择问题. 目前"硬分类和软分类到底哪个更好"是一个很有意思但尚未解决的课题.

本节仅关注了有监督学习里的标准分类问题, 还有一些别的类型的分类问题, 比如半监督式学习, 即除有一个已知类别的训练集之外还有一个未知类别的训练集, 考虑同时利用两个训练集来最大化分类器的精确性.

17.3 半监督平滑方法

半监督学习方法考虑使用可用的响应数据和全部特征数据, 显式地训练分类器或回归器. 在许多情形下, 响应数据通常比特征数据更难获得. 例如, 在一些非临床药物应用中, 特征数据通常是对化合物的测量, 而响应是很难确定的属性, 例如药物是否会有特定的副作用. 其他应用例子有文本分析, 电子邮件检测问题中的垃圾邮件, 化学基因组学和蛋白质组学等. 这些大数据技术面临的一个共同难题是, 可获得的特征数据集很大, 但只观察到了一些响应数据. 处理这类不匹配数据问题是最近机器学习的兴趣所在, 由于响应信息的获取成本很高, 因此倾向于采取能利用所有可用数据的半监督方法. 本节重点介绍半监督学习中的局部核回归方法, 为理解一般的半监督学习方法提供了一个很好的起点.

17.3.1 半监督局部核回归

在半监督学习中, 首先考虑部分观察到的响应数据和完整观测的特征数据集. 形式上, 假设 (y_i, r_i, x_i) 是来自随机变量 Y, R 以及随机向量 $\boldsymbol{X}$ 联合分布的样本, 其中 r_i 表示响应是否缺失的示性变量. 假定响应完全随机缺失 (MCAR), 即 $\boldsymbol{R} \perp \boldsymbol{Y}|\boldsymbol{X}$ 和 $\boldsymbol{R}|\boldsymbol{X}$ 是成功概率为 $P(\boldsymbol{X}) = p$ 的伯努利分布, 这是半监督方法的常见假定.

首先, 假定获得了 n 个 $(y_i, r_i, \boldsymbol{x}_i)$ 的观测值. 在监督学习中, 所有的训练都是用响应 $r_i y_i$ 和数据 $r_i\boldsymbol{x}_i$ 进行的. 这通常被称为标记数据, 它是由集合 $L = \{i|r_i = 1\}$ 索引的. 这项工作的重点是获得对 $\boldsymbol{x}_0$ 点的预测值. 在机器学习中, 将任意 $\boldsymbol{x}_0$ 的预测与所谓的预测 $(1 - r_i)\boldsymbol{x}_i$ 的转导预测问题进行了区分. 与转导预测问题相对应的观测结果称为无标号指标集 $U = \{i|r_i = 0\}$. 未标记数据的潜在响应向量由 $\boldsymbol{Y}_U$ 表示, 无法进行训练. 对于集 L 和 U 固定的有限样本, 为简化讨论, 假定第一个 m 观测值有标记, 其余的 $n - m$ 观测值无标记; 将数据集分为两部分:

$$\boldsymbol{Y}(\boldsymbol{Y}_U) = \begin{pmatrix} \boldsymbol{Y}_L \\ \boldsymbol{Y}_U \end{pmatrix}, \quad \boldsymbol{X} = \begin{pmatrix} \boldsymbol{X}_L \\ \boldsymbol{X}_U \end{pmatrix}, \tag{17.38}$$

其中 $\boldsymbol{Y}_U \in \mathbf{R}^{|U|}$.

1. 有监督核回归

局部核平滑器在一个核矩阵上运行, 该矩阵涉及观测结果 x_i 与 x_j 之间的距离, 即 $D_{ij} = \| \boldsymbol{x}_i - \boldsymbol{x}_j \|_2$ (欧氏距离) 或 $D_{ij} =\| \boldsymbol{x}_i - \boldsymbol{x}_j \|_1^1$ (曼哈顿距离). 通过距离函数, 局部核函数可以表示为 $K_h(\boldsymbol{x}_i, \boldsymbol{x}_0) = K(D_{i0}/h)$, 其中 $\boldsymbol{x}_i, \boldsymbol{x}_0 \in \mathbf{R}^p$, 最常见的如高斯核可表示为 $K_h(\boldsymbol{x}_i, \boldsymbol{x}_0) = \exp\{- \| \boldsymbol{x}_i - \boldsymbol{x}_0 \|_2^2 /(2h)\}$. 通常用 y 表示任意的相应变量, 其长度为 k, 数据 $\boldsymbol{X}$ 的维度为 $k \times p$, 则观测值 $\boldsymbol{x}_0$ 点的预测值可表示为

$$\hat{m}_y(\boldsymbol{x}_0) = \frac{\sum_{i=1}^{k} K_h(\boldsymbol{x}_i, \boldsymbol{x}_0) y_i}{\sum_{i=1}^{k} K_h(\boldsymbol{x}_i, \boldsymbol{x}_0)}. \tag{17.39}$$

在有监督局部核回归中, 此估计量的形式为

$$\hat{m}_y(\boldsymbol{x}_0) = \frac{\sum_{i=1}^{k} K_h(\boldsymbol{x}_i, \boldsymbol{x}_0) r_i y_i}{\sum_{i=1}^{k} K_h(\boldsymbol{x}_i, \boldsymbol{x}_0) r_i}. \tag{17.40}$$

参数 h 可通过对标记数据进行交叉验证来估计. 有监督的局部核估计已得到广泛研究. 本小节旨在阐明这种局部平滑概念是如何在半监督环境中使用的.

以 L 和 U 将样本点进行区分, 定义 $\boldsymbol{W}_{ij} = K(D_{ij}/h)$, 可得核权矩阵

$$\boldsymbol{W}=\begin{pmatrix}\boldsymbol{W}_{LL} & \boldsymbol{W}_{LU}\\ \boldsymbol{W}_{UL} & \boldsymbol{W}_{UU}\end{pmatrix},\tag{17.41}$$

其中 $\boldsymbol{W}_{LL}$ 为有标签观测值之间的权, $\boldsymbol{W}_{UL}=\boldsymbol{W}_{LU}^{\mathrm{T}}$ 表示有标签与无标签观测值之间的权, $\boldsymbol{W}_{UU}$ 表示无标签观测值之间的权.

用矩阵的形式表示公式 (17.40), 有

$$\tilde{\boldsymbol{m}}=\begin{pmatrix}\tilde{\boldsymbol{m}}_L\\ \tilde{\boldsymbol{m}}_U\end{pmatrix}=\begin{pmatrix}\boldsymbol{D}_{LL}^{-1}\boldsymbol{W}_{LL}\boldsymbol{Y}_L\\ \boldsymbol{D}_{UL}^{-1}\boldsymbol{W}_{UL}\boldsymbol{Y}_L\end{pmatrix}=\begin{pmatrix}\boldsymbol{T}_{LL}\boldsymbol{Y}_L\\ \boldsymbol{T}_{UL}\boldsymbol{Y}_L\end{pmatrix},\tag{17.42}$$

其中, $\boldsymbol{D}_{LL}$ 表示 $\boldsymbol{W}$ 中对应下标矩阵的行和组成的对角矩阵, 后简称对角行和矩阵, $\boldsymbol{T}_{LL}$ 为对应的右随机核矩阵.

为了得到唯一的预测 (17.42), 需要矩阵 $\boldsymbol{D}_{UL}$ 的逆. 当未标记的情况对所有标记的情况都有零权重时, 这种逆是非唯一的. 从某种意义上说, 监督核估计器的假设是每个未标记的情形与有标记的情形有一个非零的邻接关系. 这是一个非常强的假设, 正如下面将看到的那样, 半监督估计使用 $\boldsymbol{W}$ 中的未标记连通性来推广这个限制. 图 17.8 提供了双月型数据集的监督预测边界.

图 17.8 展示了双月型数据集的例子. 有监督的局部核平滑器仅使用标记的观察 (第一类为圆圈, 第二类为方块) 进行逻辑分类. 未标记的数据显示了两个结构化的月型数据集. 半监督的局部核估计器穿过两个月型数据. 虽然这个例子证明了半监督估计的使用是合理的, 但从实际数据并不经常符合完美分类的意义上讲, 它可能会产生误导. 经验证据的优势和大量的实际经验表明, 当标记数据相对于未标记数据的大小较小时, 半监督的局部核回归通常会优于监督的局部核. 考虑到这种完美的聚类通常不会发生, 人们还不完全理解为什么这些估计器在实践中如此有效.

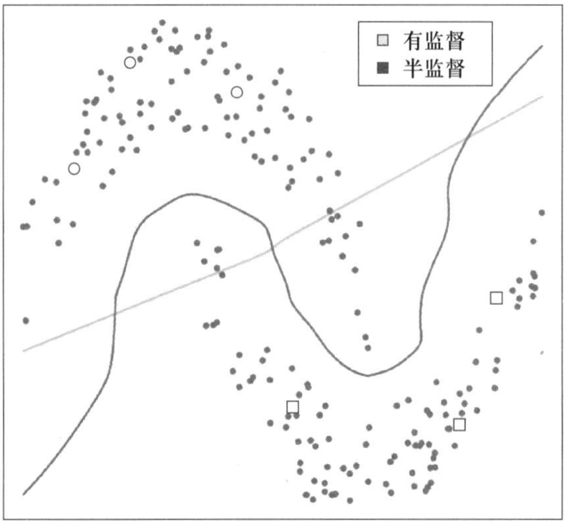

图 17.8 彩图

图 17.8 双月型数据集

例题 17.1　假定样本容量为 6, 其中 x 可以全部观测到, y 中有标签的 $L=\{1,2,3,4\}$, 无标签的 $U=\{5,6\}$. 即

$$\boldsymbol{Y}_L=\begin{pmatrix}1\\1\\-1\\-1\end{pmatrix},\quad \boldsymbol{X}=\begin{pmatrix}0.2\\0.9\\1.8\\4.3\\6.1\\7.8\end{pmatrix}.$$

令窗宽 $h=0.9$, 为便于展示, 核函数只保留 1 位小数, 此时权重矩阵为

$$\boldsymbol{W}=\begin{pmatrix}1.0&0.8&0.2&0.0&0.0&0.0\\0.8&1.0&0.6&0.0&0.0&0.0\\0.2&0.6&1.0&0.0&0.0&0.0\\0.0&0.0&0.0&1.0&0.2&0.0\\0.0&0.0&0.0&0.2&1.0&0.2\\0.0&0.0&0.0&0.0&0.2&1.0\end{pmatrix},$$

对应的分块矩阵分别为

$$\boldsymbol{W}_{LL}=\begin{pmatrix}1.0&0.8&0.2&0.0\\0.8&1.0&0.6&0.0\\0.2&0.6&1.0&0.0\\0.0&0.0&0.0&1.0\end{pmatrix},\quad \boldsymbol{W}_{LU}=\boldsymbol{W}_{UL}^{\mathrm{T}}=\begin{pmatrix}0.0&0.0\\0.0&0.0\\0.0&0.0\\0.2&0.0\end{pmatrix},$$

$$\boldsymbol{W}_{UU}=\begin{pmatrix}1.0&0.2\\0.2&1.0\end{pmatrix}.$$

有标签的 4×4 对角行和矩阵为

$$\boldsymbol{D}_{LL}=\begin{pmatrix}2.0&0.0&0.0&0.0\\0.0&2.4&0.0&0.0\\0.0&0.0&1.8&0.0\\0.0&0.0&0.0&1.0\end{pmatrix},\quad \boldsymbol{D}_{LU}=\begin{pmatrix}0.0&0.0&0.0&0.0\\0.0&0.0&0.0&0.0\\0.0&0.0&0.0&0.0\\0.0&0.0&0.0&0.2\end{pmatrix},$$

相应无标签的 2×2 矩阵为

$$\boldsymbol{D}_{UL}=\begin{pmatrix}0.2&0.0\\0.0&0.0\end{pmatrix},\quad \boldsymbol{D}_{UU}=\begin{pmatrix}1.2&0.0\\0.0&1.2\end{pmatrix},$$

由于此例中 $(\boldsymbol{D}_{UL})_{1,1}=0.0$, 监督估计量不是唯一的. 取广义逆 $\boldsymbol{D}_{UL}^{-1}=0.0$, 由此可得到监督随机矩阵

$$
\boldsymbol{T}_{LL}=\begin{pmatrix}0.50 & 0.40 & 0.10 & 0.00\\ 0.33 & 0.42 & 0.25 & 0.00\\ 0.11 & 0.33 & 0.56 & 0.00\\ 0.00 & 0.00 & 0.00 & 1.00\end{pmatrix},\quad \boldsymbol{T}_{UL}=\begin{pmatrix}0.0 & 0.0 & 0.0 & 1.0\\ 0.0 & 0.0 & 0.0 & 0.0\end{pmatrix},
$$

最终可得到有监督估计量为

$$
\tilde{\boldsymbol{m}}=\begin{pmatrix}\boldsymbol{T}_{LL}\boldsymbol{Y}_L\\ \boldsymbol{T}_{UL}\boldsymbol{Y}_L\end{pmatrix}=\begin{pmatrix}0.80\\ 0.50\\ -0.11\\ -1.00\\ -1.00\\ 0.00\end{pmatrix}.
$$

可以看到, 通过此方法计算的 $\tilde{\boldsymbol{m}}_6=0.0$, 且 $\tilde{\boldsymbol{m}}_5=-1.0$, 即观测值 5 大概率分为 -1.0 类. 也就是说, 看起来观测值 6 与观测值 5 的特征变量相近, 也应被分到相同的类中, 但有监督估计量没有做到这点.

这一观测与未标记的观测值 5 非常接近, 而未标记的观测值 5 被强烈分类为 -1.0 . 观测值 6 也应被归类为 -1.0 , 这似乎是合理的. 这就是半监督估计器在训练中使用未标记数据来解决的问题. 下面介绍的半监督估计器将重新讨论此示例.

2. 带有潜在响应向量的半监督核回归

在半监督核回归方法中, 对无监督问题引入潜在响应向量 $\boldsymbol{Y}_U\in\mathbf{R}^{|U|}$. 也就是说, 估计量 $\hat{m}_{\boldsymbol{Y}(\boldsymbol{Y}_U)}(\boldsymbol{x}_0)$ 可看做 $\boldsymbol{Y}_U$ 的一个函数. 估计问题由此转变为两部分:

(1) 使用带固定 $\boldsymbol{Y}_U$ 的有监督核回归得到估计量 $\hat{m}_{\boldsymbol{Y}(\boldsymbol{Y}_U)}(\boldsymbol{x}_0)$;

(2) 决定 $\hat{\boldsymbol{Y}}_U$ 的估计. 得到半监督核估计量为 $\hat{m}_{\boldsymbol{Y}(\hat{\boldsymbol{Y}}_U)}(\boldsymbol{x}_0)$.

以 $\boldsymbol{Y}_U$ 表示无标签的潜在响应向量, 半监督局部核估计量的形式为

$$
\hat{m}_{\boldsymbol{Y}(\boldsymbol{Y}_U)}(\boldsymbol{x}_0)=\frac{\sum\limits_{i\in L\cup U}K_h(\boldsymbol{x}_i,\boldsymbol{x}_0)Y_i(Y_U)}{\sum\limits_{i\in L\cup U}K_h(\boldsymbol{x}_i,\boldsymbol{x}_0)},\tag{17.43}
$$

可以看出, 通过训练得到 $\boldsymbol{Y}_U$ 的值后, 估计量 $\hat{m}_{\boldsymbol{Y}(\boldsymbol{Y}_U)}(\boldsymbol{x}_0)$ 即为有监督核回归估计量.

定义 $\hat{\boldsymbol{m}}(\boldsymbol{Y}_U)=(\hat{m}_{\boldsymbol{Y}(\boldsymbol{Y}_U)}(\boldsymbol{x}_i))_{i\in L\cup U}$, 为半监督数据的估计量. 同样的, 为使用矩阵的形式表示此估计量, 令 $\boldsymbol{S}_{ij}=\dfrac{K_h(\boldsymbol{x}_i,\boldsymbol{x}_j)}{\sum\limits_{l\in L\cup U}K_h(\boldsymbol{x}_i,\boldsymbol{x}_l)}$, 右随机核平滑矩阵为

$$
\boldsymbol{S}=\begin{pmatrix}\boldsymbol{S}_{LL} & \boldsymbol{S}_{LU}\\ \boldsymbol{S}_{UL} & \boldsymbol{S}_{UU}\end{pmatrix},\tag{17.44}
$$

对于任意的 $\boldsymbol{Y}_U$, 观测特征数据的估计量可记为

$$\hat{\boldsymbol{m}}(\boldsymbol{Y}_U) = \boldsymbol{S}\boldsymbol{Y}(\boldsymbol{Y}_U) = \begin{pmatrix} \boldsymbol{S}_{LL}\boldsymbol{Y}_L + \boldsymbol{S}_{LU}\boldsymbol{Y}_U \\ \boldsymbol{S}_{UL}\boldsymbol{Y}_L + \boldsymbol{S}_{UU}\boldsymbol{Y}_U \end{pmatrix} = \begin{pmatrix} \hat{\boldsymbol{m}}(\boldsymbol{Y}_U) \\ \hat{\boldsymbol{m}}_U(\boldsymbol{Y}_U) \end{pmatrix}. \tag{17.45}$$

为得到最优的 $\boldsymbol{Y}_U$, 考虑最小化残差

$$\hat{\epsilon}_U(\boldsymbol{Y}_U) = \boldsymbol{Y}_U - \hat{\boldsymbol{m}}_U(\boldsymbol{Y}_U), \tag{17.46}$$

由于 $\boldsymbol{Y}_U$ 未知, 一个合理的选择是考虑 $\hat{\boldsymbol{Y}}_U$ 作为未标记剩余平方误差的最小值点, 即选择 $\hat{\boldsymbol{Y}}_U$ 使得

$$\mathrm{RSS}_U(\boldsymbol{Y}_U) = \hat{\epsilon}_U(\boldsymbol{Y}_U)^{\mathrm{T}}\hat{\epsilon}_U(\boldsymbol{Y}_U) = 0,$$

上述方程的解要求每个未标记的拟合残差为 0, 或等价地,

$$\hat{\boldsymbol{Y}}_U = \hat{\boldsymbol{m}}_U(\boldsymbol{Y}_U) = \boldsymbol{S}_{UL}\boldsymbol{Y}_L + \boldsymbol{S}_{UU}\hat{\boldsymbol{Y}}_U \tag{17.47}$$

$$= (\boldsymbol{I} - \boldsymbol{S}_{UU})^{-1}\boldsymbol{S}_{UL}\boldsymbol{Y}_L. \tag{17.48}$$

估计量 $\hat{\boldsymbol{Y}}_U$ 是唯一的, 只需 $\boldsymbol{S}_{UU}$ 的特征值存在且严格小于 1. 应用潜在响应向量的预测结果, 则估计量可表达为

$$\hat{m}_{\boldsymbol{Y}(\hat{\boldsymbol{Y}}_U)}(\boldsymbol{x}_0) = \frac{\displaystyle\sum_{i\in L\cup U} K_h(\boldsymbol{x}_i, \boldsymbol{x}_0) Y_i(\hat{Y}_U)}{\displaystyle\sum_{i\in L\cup U} K_h(\boldsymbol{x}_i, \boldsymbol{x}_0)}. \tag{17.49}$$

将其限制到 $L\cup U$ 的情形下, 可得到下面的拟合响应向量:

$$\hat{\boldsymbol{m}}(\boldsymbol{Y}_U) = \begin{pmatrix} \boldsymbol{S}_{LL}\boldsymbol{Y}_L + \boldsymbol{S}_{LU}(\boldsymbol{I} - \boldsymbol{S}_{UU})^{-1}\boldsymbol{S}_{UL}\boldsymbol{Y}_U \\ (\boldsymbol{I} - \boldsymbol{S}_{UU})^{-1}\boldsymbol{S}_{UL}\boldsymbol{Y}_U \end{pmatrix}. \tag{17.50}$$

矩阵 $(\boldsymbol{I} - \boldsymbol{S}_{UU})^{-1}\boldsymbol{S}_{UL}$ 是 $|U|\times|U|$ 的右随机矩阵 $\boldsymbol{P} = (\boldsymbol{I} - \boldsymbol{S}_{UU})^{-1}(\boldsymbol{D}_{UU} + \boldsymbol{D}_{UL})^{-1}\boldsymbol{D}_{UL}$ 与 $|U|\times|L|$ 的有监督预测矩阵 $\boldsymbol{T}_{UL} = \boldsymbol{D}_{UL}^{-1}\boldsymbol{W}_{UL}$ (当 $\boldsymbol{D}_{UL}^{-1}$ 不唯一时取其广义逆) 的乘积, 即

$$\hat{\boldsymbol{m}}_U(\boldsymbol{Y}_U) = (\boldsymbol{I} - \boldsymbol{S}_{UU})^{-1}(\boldsymbol{D}_{UU} + \boldsymbol{D}_{UL})^{-1}\boldsymbol{D}_{UL}\boldsymbol{Y}_U \tag{17.51}$$

$$= (\boldsymbol{I} - \boldsymbol{S}_{UU})^{-1}\boldsymbol{S}_{UL}\boldsymbol{T}_{UL}\boldsymbol{Y}_U \tag{17.52}$$

$$= \boldsymbol{P}\tilde{\boldsymbol{m}}_U. \tag{17.53}$$

每个未标记半监督估计都是局部监督核平滑器应用于 U 中观测的概率加权线性组合. 图 17.1 提供了双月型数据集的半监督预测边界.

承例题 17.1, 半监督估计量为

$$\hat{\boldsymbol{m}}(\hat{\boldsymbol{Y}}_U) = \begin{pmatrix} \boldsymbol{S}_{LL}\boldsymbol{Y}_L + \boldsymbol{S}_{LU}\hat{\boldsymbol{Y}}_U \\ \hat{\boldsymbol{Y}}_U \end{pmatrix} = \begin{pmatrix} 0.80 \\ 0.50 \\ -0.11 \\ -1.00 \\ -1.00 \\ -1.00 \end{pmatrix}.$$

在半监督核回归方法下, 无标签的观测值 5 和 6 被分为一类. 半监督估计量利用未标记特征数据的接近度, 对更远的距离、未标记的观察结果进行了分类.

3. 适应性半监督核回归

半监督估计器利用无标记特征数据中的结构来提高性能. 如果将大量误差加到特征数据中, 这些结构将变得不可用, 而半监督估计器的性能将很差. 监督估计器也会表现不佳, 但在这些情况下可能有优势. 在纯半监督式估计 (17.49) 和纯监督估计 (17.40) 之间进行调整以优化预测性能的偏差/方差是合理的.

一种平衡的方法是, 考虑式 (17.43) 中带潜在响应估计值 $\hat{\boldsymbol{Y}}_U = 0$ 的函数 $\hat{\boldsymbol{m}}(0)$. 利用零向量作为潜在响应与有监督估计器有很好的联系. 要看到这一点, 请注意, 对于预测 $\boldsymbol{x}_0$, 半监督估计器被分解为

$$\hat{m}_{\boldsymbol{Y}(\boldsymbol{Y}_U)}(\boldsymbol{x}_0) = p(\boldsymbol{x}_0)\hat{m}_{\boldsymbol{Y}_L}(\boldsymbol{x}_0) + [1 - p(\boldsymbol{x}_0)]\hat{m}_{\boldsymbol{Y}_L}(\boldsymbol{x}_0), \tag{17.54}$$

其中

$$p(\boldsymbol{x}_0) = \frac{\displaystyle\sum_{i \in L} K_h(\boldsymbol{x}_i, \boldsymbol{x}_0)}{\displaystyle\sum_{i \in L \cup U} K_h(\boldsymbol{x}_i, \boldsymbol{x}_0)}.$$

将 $\hat{\boldsymbol{Y}}_U = 0$ 的结果代入到带有 $|\hat{\boldsymbol{m}}_{\boldsymbol{Y}(0)}(\boldsymbol{x}_0)| = |p(\boldsymbol{x}_0)\hat{m}_{\boldsymbol{Y}_L}(\boldsymbol{x}_0)| \leqslant |\hat{m}_{\boldsymbol{Y}_L}(\boldsymbol{x}_0)|$ 的有监督估计的收缩形式中. 在实践中, 这些估计量通常比较接近 (例如, 它们在分类上有相同的符号, 其响应为 ± 1). 为了使半监督估计器具有自适应性, 我们考虑了一组以参数 γ 为索引的收缩响应, 其中 $\gamma = 0$ 的结果是纯半监督的, $\gamma = \infty$ 的结果是近似有监督的. 考虑用调节参数 γ 来控制估计量的表现, 有

$$\hat{\boldsymbol{Y}}_{U_\gamma} = \frac{1}{1+\gamma}\left(\boldsymbol{I} - \frac{1}{1+\gamma}\boldsymbol{S}_{UU}\right)^{-1}\boldsymbol{S}_{UL}\boldsymbol{Y}_L, \tag{17.55}$$

可在有监督与半监督的极端情况之间变化. 考虑图 17.9 中的双月型数据案例. 当 γ 增大时, 分类边界接近有监督分类边界. 实践中, 这种适应性估计量可有效地处理极端情况. 既允许利用无标签数据的结构, 也可以有效地适应噪声干扰. 为了更清楚地展示这点, 考虑图 17.10 中的模拟研究. 这里双月型数据中的每一个数据观测点都带有噪声 $x_i^* \sim N(x_i, \sigma^2)$. 将无标签误差作成 σ 的函数, 具有最优无标签误差的最优技术是: 小 σ 纯半监督, 大 σ 纯监督, 中间 σ 对应自适应解.

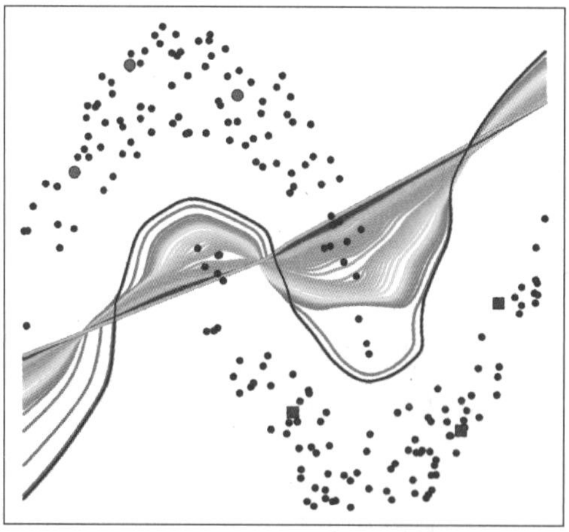

图 17.9 彩图

图 17.9　具有正则化分类边界曲线的双月型数据集 (彩虹光谱按 $\gamma \in (0,\infty)$ 排序)

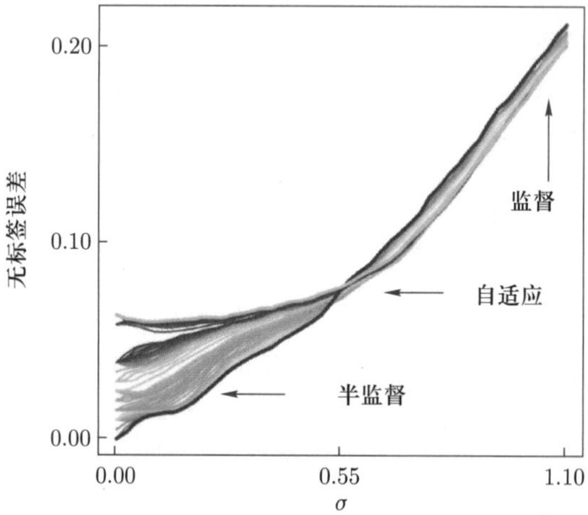

图 17.10 彩图

图 17.10　双月型数据集的噪声退化研究
(彩图中黑色: $\gamma = 0$ (调和极值), 灰色: $\gamma = \infty$ (监督极值),
彩虹光谱按 $\gamma \in (0,\infty)$ 排序)

4. 大数据的计算问题

上面讨论的应用情形多为有标签数据集较小, 无标签数据集较大. 在这种情形下, 半监督估计量 $\hat{m}_{\boldsymbol{Y}(\hat{\boldsymbol{Y}}_{U_\gamma})(\boldsymbol{x}_0)}$ 需要确定调节参数 (h,γ) 并通过 $(\hat{h},\hat{\gamma})$ 得到式 (17.55) 中的无标签响应 $\hat{\boldsymbol{Y}}_{U_\gamma}$. 然后直接通过适应性半监督估计量 $\hat{m}_{\boldsymbol{Y}}(\hat{\boldsymbol{Y}}_{U_\gamma})(\boldsymbol{x}_0)$ 对任意 $\boldsymbol{x}_0$ 点进行预测. 如果无标签数据集特别大, 可从中选取代表集 $\tilde{U} \subseteq U$, 应用数据 $(\boldsymbol{Y}_L, \boldsymbol{X}_L, \boldsymbol{X}_{\tilde{U}})$, 通过交叉验证估计 (h,γ) 即可得到 $\hat{\boldsymbol{Y}}_{\tilde{U}_{\hat{\gamma}}}$. 最后 $\boldsymbol{x}_0$ 点的预测值 $\hat{m}_{\boldsymbol{Y}}(\hat{\boldsymbol{Y}}_{\tilde{U}_{\hat{\gamma}}})(\boldsymbol{x}_0)$ 即由整个无标签数据或新的观测得到. 半监督学习中, $|L \cup U|$ 和 p 都很大的情形下, 针对结构和局部核估计量已做了大量研究工作. 其主要思想是将局部核矩阵稀疏化. 通常 $\boldsymbol{W}$ 被视为图的 $n \times n$ 邻接矩阵. 每个观测值被视为图的一个节点, 加权边由 $\boldsymbol{W}$ 中的非零非对角元定义. 在计算 K-NN 或图形中元素的 ϵ 阈值方面也已做了大量工

作. 图的构造往往对基于核的半监督学习方法的性能有很大的影响. 快速计算大型数据集的图形通常涉及锚点方法. 从概念上讲, 需要一个有代表性的点样本来构造图的中心节点, 以此更快地进行图的构造. 这通常用于构造 $\boldsymbol{W}$ 的快速算法. 这种从特征数据构造图的问题有时被称为学习图问题. 在该领域的早期工作将参数 h 的估计作为学习图问题的一部分; 然而, 一般认为通过交叉验证来估计这个参数是更好的方法.

17.3.2 半监督学习的优化框架

上述半监督的局部核平滑器为理解半监督学习中如何使用无标记数据提供了一个很好的起点. 大多数半监督方法都是基于在损失函数或惩罚函数中使用无标签数据的优化框架, 或者两者兼而有之. 对于具有 n 个节点的图, $\boldsymbol{W}$ 矩阵常被视为 $n \times n$ 邻接矩阵. 现在, 图形是不固定的, 几乎所有的技术都可以预测训练过程中不可用的新节点. 接下来介绍基础的方法, 并给出其基于监督局部核技术的方法的主要思想. 众所周知, 有监督 Nadaraya-Watson 核估计量解决以下最优化问题:

$$\min_{f(\boldsymbol{x}_0)\in \mathbf{R}} \sum_{i\in L} K_h(\boldsymbol{x}_i, \boldsymbol{x}_0)(\boldsymbol{Y}_{L_i} - f(\boldsymbol{x}_0))^2. \tag{17.56}$$

首先考虑只训练有标签函数并将 $\boldsymbol{W}_{LL}$ 视作一个图. 该图的离散组合拉普拉斯算子由 $\tilde{\Delta}_{LL} = \boldsymbol{D}_{LL} - \boldsymbol{W}_{LL}$ 给出. 结果表明, 有监督函数向量 $\tilde{\boldsymbol{m}}_L$ 的估计量是下面优化问题的解:

$$\min_{f_L} (\boldsymbol{Y}_L - f_L)^{\mathrm{T}} \boldsymbol{W}_{LL} (\boldsymbol{Y}_L - f_L) + f_L^T \tilde{\Delta}_{LL} f_L. \tag{17.57}$$

解上述优化问题可以看到, 最优解为 $\tilde{\boldsymbol{m}}_L$. 该优化问题没有解释如何预测无标签的观测值, 但可以从它出发来了解几种半监督方法.

第一类方法基于有标签损失准则. 其主要思想是根据定义在全图上的惩罚矩阵对无标签的预测向量进行惩罚. 通常惩罚矩阵是离散组合拉普拉斯矩阵 $\boldsymbol{\Delta} = \boldsymbol{D} - \boldsymbol{W}$ 的一个变体, 其中 $\boldsymbol{D}$ 是 $\boldsymbol{W}$ 的行和矩阵. 将优化问题 (17.57) 中的惩罚函数推广到 $f^{\mathrm{T}} \boldsymbol{\Delta} f$. 优化问题

$$\min_{f} (\boldsymbol{Y}_L - f_L)^{\mathrm{T}} (\boldsymbol{Y}_L - f_L) + f^{\mathrm{T}} \boldsymbol{\Delta} f,$$

即为此类推广的一种. 在半监督学习中, 有标签损失优化框架为

$$\min_{f} L(\boldsymbol{Y}_L, f_L) + \eta_1 f^{\mathrm{T}} \boldsymbol{\Delta} f + \eta_2 f^{\mathrm{T}} f, \tag{17.58}$$

其中 $L(\cdot,\cdot)$ 是一个损失函数且有 $\eta_1 \geqslant 0$ 与 $\eta_2 \geqslant 0$. 几种基于图的半监督学习技术是基于这一般准则的, 其中包括流形正则化即适用于希尔伯特空间优化, 能量扩散与归一化拉普拉斯和变形拉普拉斯方法.

调和性质在图上产生了一个一般的平均估计量, 对于半监督学习来说, 其中任意的函数 f 若满足以下性质, 都是调和的:

$$\hat{f} = \begin{pmatrix} \hat{f}_L \\ \hat{f}_U \end{pmatrix} = \begin{pmatrix} \hat{f}_L \\ (\boldsymbol{I} - \boldsymbol{S}_{UU})^{-1} \boldsymbol{S}_{UL} \hat{f}_L \end{pmatrix}. \tag{17.59}$$

注意它与式 (17.50) 中无标签估计量的相似性. 对于任意的损失函数, 有 $\eta_2 = 0$ 的所有的有

标签损失函数的解都是调和的, 即 $\hat{f}_L$ 是 $\min\limits_{f_L} L(\boldsymbol{Y}_L, f_L) + \eta f_L^{\mathrm{T}} \boldsymbol{\Delta}_{LL}^* f_L$, 其中 $\boldsymbol{\Delta}_{LL}^* = \boldsymbol{\Delta}_{LL} - \boldsymbol{\Delta}_{LU}(\boldsymbol{\Delta}_{UU})^{-1}\boldsymbol{\Delta}_{UL}$. 这就证明了损失函数直接决定了少数有标签观测值的估计, 并给出了无标签数据的调和估计量.

联合训练提供了另一类半监督的方法. 在这种情况下, 类似于半监督的局部核估计量 (17.49), 需要一个潜在的响应. 联合训练优化函数

$$\min_{f, \boldsymbol{Y}_U} L(\boldsymbol{Y}(\boldsymbol{Y}_U), f) + \eta_1 J_1(f) + \eta_2 J_2(\boldsymbol{Y}_U), \tag{17.60}$$

同时产生了一个无标签响应估计和函数. 其与 (17.40) 中半监督核回归的联系可由 (17.57) 的自然拓展说明, 即

$$\min_{f, \boldsymbol{Y}_U} (\boldsymbol{Y}(\boldsymbol{Y}_U) - f)^{\mathrm{T}} \boldsymbol{W} (\boldsymbol{Y}(\boldsymbol{Y}_U) - f) + f^{\mathrm{T}} \boldsymbol{\Delta} f + \gamma \boldsymbol{Y}_U^{\mathrm{T}} \boldsymbol{Y}_U, \tag{17.61}$$

也就可以得到

$$\hat{m}_{\boldsymbol{Y}(\tilde{\boldsymbol{Y}}_{U_\gamma})}(\boldsymbol{x}_0) = \frac{\sum\limits_{i \in L \cup U} K_h(\boldsymbol{x}_i, \boldsymbol{x}_0) \boldsymbol{Y}_i(\tilde{\boldsymbol{Y}}_{U_\gamma})}{\sum\limits_{i \in L \cup U} K_h(\boldsymbol{x}_i, \boldsymbol{x}_0)}, \tag{17.62}$$

其中

$$\tilde{\boldsymbol{Y}}_{U_\gamma} = ((\boldsymbol{\Delta S})_{UU} + \gamma \boldsymbol{I})^{-1} (\boldsymbol{\Delta S})_{UL} \boldsymbol{Y}_L. \tag{17.63}$$

此估计量与式 (17.49) 中的局部半监督核平滑器有类似性质. 其他形式的联合最优化问题也值得注意, 如使用绞合损失的 S^3VM, ψ–学习方法. 联合优化问题是一个有研究价值的框架, 最近愈发引起了研究者们的兴趣.

自训练是拟合半监督估计量的另外一类方法. 其主要思想是将潜在响应向量 $\boldsymbol{Y}_U$ 视作已知然后迭代更新. 举例来说, 核平滑器可由以下方式拓展至半监督学习: 令 $\hat{f}_U = 0$ 然后通过 $\hat{f} = \boldsymbol{SY}(\hat{f}_U)$ 更新. 此问题的解收敛至 $\hat{f} = \hat{\boldsymbol{m}}_U(\hat{\boldsymbol{Y}}_U)$, 即解正是式 (17.49) 的半监督核平滑器. 该算法简化了常用的自训练算法, 包括: Yarowski 算法和拟合算法. 这种方法的纯一般性是特别值得注意的, 因为可以使用自我训练来扩展任何有监督的技术. 然而, 目前对于自训练算法在使用泛型监督函数时的一般行为知之甚少. 文献中有许多其他技术是从不同的角度出发的, 包括能量优化和物理学, 学习者协议方法, 以及广义 EM 方法. 本章的目的是从将局部核平滑扩展到半监督学习的角度, 来说明半监督学习的关键研究领域.

监督/半监督
分类器的
R 代码实现

习 题 17

习题 17.1 支持向量机背后的基本思想是什么？

习题 17.2 在使用 SVM 训练具有数百万个样本和数百个特征的模型时, 应该使用原始

形式还是对偶形式?

习题 17.3　为什么要将求解 SVM 的原始问题转换为其对偶问题?

习题 17.4　线性支持向量机还可以定义为以下形式:

$$\begin{aligned}\min_{\boldsymbol{w},b,\xi}\quad & \frac{1}{2}\|\boldsymbol{w}\|^2+C\sum_{i=1}^{N}\xi_i^2\\ \text{s.t.}\quad & y_i\left(\boldsymbol{w}\boldsymbol{x}_i+b\right)\geqslant 1-\xi_i,\quad i=1,2,\cdots,N,\\ & \xi_i\geqslant 0,\quad i=1,2,\cdots,N.\end{aligned}$$

试求其对偶形式.

习题 17.5　请总结支持向量机方法的优缺点.

习题 17.6　给出线性可分的定义, 并具给出一个线性不可分的例子.

习题 17.7　证明内积的正整数幂函数 $K(\boldsymbol{x},\boldsymbol{z})=(\boldsymbol{x}\cdot\boldsymbol{z})^p$ 是正定核函数, 这里 p 是正整数, $\boldsymbol{x},\boldsymbol{z}\in\mathbf{R}^n$.

习题 17.8　请解释 SVM 类方法受离群点影响较大的原因, 列举几种能够克服该问题的分类方法, 并给出相应的损失函数.

参考文献

[1] 高惠璇. 2005. 应用多元统计分析. 北京: 北京大学出版社.

[2] 方积乾. 1979. 序贯判别分析. 应用数学学报, 3: 287-293.

[3] 张尧庭, 方开泰. 1982. 多元统计分析引论. 北京: 科学出版社.

[4] Johnson R A, Wichern D W. 2008. 实用多元统计分析. 6 版. 陆璇, 叶俊, 译. 北京: 清华大学出版社.

[5] 茆诗松, 王静龙, 濮晓龙. 2022. 高等数理统计. 3 版. 北京: 高等教育出版社.

[6] 田茂再. 2014. 复杂数据统计推断理论、方法及应用. 北京: 科学出版社.

[7] 田茂再. 2015. 高等分层分位回归建模理论. 北京: 科学出版社.

[8] 田茂再. 2015. 现代分层分位回归: 理论、方法与应用. 北京: 清华大学出版社.

[9] Cai T, Shen X T. 2011. High-Dimensional Data Analysis. Singapore: World Scientific.

[10] Härdle W K, Simar L. 2003. Applied Multivariate Statistical Analysis. New York: Springer.

[11] Härdle W K, Lu H H-S, Shen X T. 2018. Handbook of Big Data Analytics, New York: Springer.